中国海岸带和沿海地区
对气候变化的响应及脆弱性研究

蔡榕硕 等　著

科学出版社

北　京

内 容 简 介

本书基于联合国政府间气候变化专门委员会（IPCC）的气候变化综合风险理论，构建了中国海岸带和沿海地区自然与社会系统承灾体的气候变化综合风险评估体系，应用历史观测与调查资料、再分析资料和卫星遥感数据，以及数理统计、模式模拟和室内外实验等方法，分析了中国海岸带和沿海地区主要气候致灾因子危害（险）性的变化，评估了红树林、盐沼与海草床、珊瑚礁、河口、滨海城市、农田、森林、草地等生态系统，以及近海渔业资源、沿海港口和社会经济等承灾体对气候变化的响应、脆弱性和综合风险，研究并提出了承灾体的气候变化综合风险管理适应策略，以期为中国海岸带和沿海地区应对气候变化提供科学依据。

本书可供从事气候变化影响、风险和适应等学科研究的专业人员与科研院校师生，以及管理人员等参考。

审图号：GS 京（2025）1170 号

图书在版编目（CIP）数据

中国海岸带和沿海地区对气候变化的响应及脆弱性研究 / 蔡榕硕等著. -- 北京：科学出版社，2025.6. -- ISBN 978-7-03-079953-1

Ⅰ．P748

中国国家版本馆 CIP 数据核字第 2024ZL9039 号

责任编辑·朱 瑾 习慧丽/责任校对：严 娜
责任印制：肖 兴/封面设计：无极书装

科 学 出 版 社 出版
北京东黄城根北街 16 号
邮政编码：100717
http://www.sciencep.com

北京中科印刷有限公司印刷
科学出版社发行 各地新华书店经销
*
2025 年 6 月第 一 版 开本：787×1092 1/16
2025 年 6 月第一次印刷 印张：32 1/4
字数：765 000
定价：468.00 元
（如有印装质量问题，我社负责调换）

前言

自工业革命以来，人类工农业生产和生活等活动向地球大气累积排放了大量的CO_2等温室气体，造成了气候系统持续变暖，这是人类活动造成的气候变化，本书简称人为气候变化。2021年8月9日，政府间气候变化专门委员会（IPCC）第一工作组（WGⅠ）发布的第六次评估报告（AR6）指出，人为影响已造成的气候变暖是2000年来前所未有的，当前气候系统许多层面的状态也是过去几个世纪甚至几千年来前所未有的。自1850年以来，最近的40年中每一个10年相比之前的任何一个10年都暖。2001~2020年全球表面平均温度比1850~1900年高0.99（0.84~1.10）℃，2011~2020年全球表面温度比1850~1900年高1.09（0.95~1.20）℃，而海洋表面的增温幅度则为0.88（0.68~1.01）℃。1901~2018年全球平均海平面上升了0.20（0.15~0.25）m。1901~1971年，海平面平均上升速率为1.3（0.6~2.1）mm/a，1971~2006年增加到1.9（0.8~2.9）mm/a，2006~2018年进一步增加到3.7（3.2~4.2）mm/a[*]。无论是地球表面的升温，还是海平面的上升，均呈现加速态势，人为气候变化已经影响全球每个区域，且伴随很多极端天气气候事件。

2023年7月27日，联合国秘书长就7月全球气温创下新高发表声明。他表示，这仅仅是一个开始，全球变暖的时代已经结束，全球沸腾的时代到来了。极端气候正成为新常态，各国必须做出反应来适应极端气候。联合国秘书长采用"沸腾时代"一词对全球气候变暖的继续发展，以及未来极端气候将趋于常态化发出了严峻的警告。

观测表明，21世纪的前20年（2000~2019年）全球共发生7348起重大灾害，造成约123万人死亡，以及约2.97万亿美元的经济损失，相比20世纪的最后20年（1980~1999年）灾害大增主要是气候灾害激增导致，其中洪水和风暴是发生频率最高的致灾事件，分别是20世纪的最后20年的2.3倍、1.4倍[**]。21世纪的前20年登陆中国的（超）强台风数是20世纪的最后20年的2倍多，海平面上升叠加台风风暴潮、高温热浪和强降水等极端事件严重威胁着中国沿海地区经济社会的可持续发展[***]。

本书在国家重点研发计划"全球变化及应对"重点专项"海岸带和沿海地区全球变化综合风险研究"项目（批准号：2017YFA0604900）"海岸带和沿海地区对海平面变化、极端气候事件的响应及脆弱性研究"课题（编号：2017YFA0604902）的资助下，以中国

---

[*] IPCC. 2021. Summary for policymakers//Masson-Delmotte V，Zhai P，Pirani A，et al. Climate Change 2021：the Physical Science Basis. Contribution of Working Group Ⅰ to the Sixth Assessment Report of the Intergovernmental Panel on Climate Change.

[**] UNDRR. 2020. The human cost of disasters：an overview of the last 20 years（2000-2019）.

[***] 蔡榕硕，刘克修，谭红建. 2020. 气候变化对中国海洋和海岸带的影响、风险与适应对策. 中国人口·资源与环境，30(9): 1-8.

海岸带和沿海地区的若干自然和社会系统承灾体对气候变化尤其是极端天气气候事件的响应及脆弱性为主要研究目标，开展了中国海岸带和沿海地区自然和社会系统承灾体对气候变化的响应、适应和脆弱性的研究与评估，包括气候致灾因子危害性的变化、承灾体的暴露度和脆弱性、综合风险特征，以及适应策略等内容。

本书的研究与评估工作历时 5 年，主要研究并阐述了中国海岸带和沿海地区主要气候致灾因子的观测事实，评估并揭示了中国海岸带生态系统和沿海地区陆域生态系统，包括红树林、盐沼与海草床、珊瑚礁、河口、滨海城市、农田、森林、草地等生态系统，以及近海渔业资源、重要渔场沿海地区社会经济（包括沿海省市县区域社会经济、滨海城市社会经济）和港口建设对主要气候致灾因子的响应、适应和脆弱性，评估了不同气候情景下未来（2030 ~ 2100 年）中国海岸带和沿海地区的气候致灾因子危害性、自然和社会系统的承灾体脆弱性，以及全球变化综合风险，包括潜在的灾难性风险，分析并提出了相关的气候变化风险管理等适应策略，以期为中国海岸带和沿海地区应对气候变化及管理决策提供科学依据。

本书内容安排及主要作者如下：第 1 章，绪论（蔡榕硕）；第 2 章，红树林（蔡榕硕、颜秀花、丁如一、李翠华）；第 3 章，盐沼与海草床（杨正先、韩建波、程浩、苏岫、韩成伟）；第 4 章，珊瑚礁（蔡榕硕、谭红建、郭海峡、肖家光）；第 5 章，河口浮游植物生态系统（郭海峡、蔡榕硕、谭红建）；第 6 章，近海重要渔业资源（韩志强、刘星雨、王迎宾、刘雪琴）；第 7 章，近海重要渔场（韩志强、周永东、刘星雨）；第 8 章，滨海城市生态系统（徐霞、江红蕾、关梦茜、张童）；第 9 章，农田生态系统（徐霞、江红蕾、关梦茜、张童）；第 10 章，森林生态系统（徐霞、江红蕾、关梦茜、黄奕钦）；第 11 章，草地生态系统（徐霞、江红蕾、关梦茜、黄奕钦）；第 12 章，沿海地区社会经济（李翠华、蔡榕硕、颜秀花）；第 13 章，滨海城市社会经济（蔡榕硕、许炜宏）；第 14 章，港口建设（纪棋严、庄圆、鲁明洋）；第 15 章，影响、风险和适应综合评估（蔡榕硕）。全书由蔡榕硕统稿，由颜秀花、李翠华、郭海峡承担格式的统一及图表的编排等工作。

本书涉及的学科较多，观测调查资料有限，气候变化综合风险具有不确定性，包括多致灾因子的叠加影响、多承灾体暴露度和脆弱性的动态变化，沿海地区灾害损失多样，因此本书的研究成果及对相关气候变化影响的认识仍然存在较多的局限性，不妥之处恳请读者予以指正。

蔡榕硕

2024 年 12 月 30 日

目录

第 1 章

绪　　论

1.1　引　　言

在全球气候变暖背景下，最近几十年来中国海洋与气候发生了显著的变化，海岸带和沿海地区的自然和社会系统对此产生了明显的响应。其中，1960～2022年中国近海尤其是渤海、黄海和东海（以下简称"中国东部海域"）有显著的变暖趋势，远超全球海洋平均增加量，中国东部海域升温速率（约0.016℃/a）高于中国内陆的升温速率（约0.015℃/a）(Cai et al.，2017；Yan et al.，2020)。海水温度的快速上升导致海洋热浪（marine heatwave，MHW）的发生频率和强度显著增大。海洋热浪是指发生在海洋中的中短期气候尺度的极端高海温事件，其持续时间通常是数日到几个月，甚至更长，范围可延伸数百千米至上千千米，并可向深海发展（Hobday et al.，2016)。中国近海显著的升温变暖是海洋热浪频繁发生的重要原因之一。观测显示，自1982年以来，中国近海海洋热浪增多变强，尤其是2010～2019年的变化更显著，中国东部海域、南海（5～9月）海洋热浪的平均发生频率分别是20世纪80年代的20倍和4倍（蔡榕硕和谭红建，2024；Tan et al.，2022，2023)。

近60年来，在中国海洋升温变暖并频繁出现海洋热浪的同时，中国沿海地区的海平面呈现明显的上升趋势，并有显著的区域性特征。其中，自20世纪80年代以来，中国沿海地区海平面几乎每10年上升一个明显的台阶（自然资源部，2022)。海平面的上升增加了沿海低洼地被淹没和滨海湿地生境丧失的风险，并且抬高了极值水位（极端海面）发生的基础水位，极值水位也呈现明显升高的趋势，未来极值水位的重现期明显缩短（许炜宏和蔡榕硕，2022)。值得注意的是，登陆中国沿海地区的强热带气旋如强或超强台风正在增多变强（蔡榕硕等，2020b)，台风风暴潮叠加海平面变化对海岸带和沿海地区自然和社会系统造成的影响和风险也在持续加剧（蔡榕硕等，2020b，2021；蔡榕硕和许炜宏，2022)。研究还显示，未来登陆中国的台风将增多变强，这将增加海岸洪水发生的频率，沿海地区尤其是北方沿海地区将面临更严重的台风灾害（聂心宇等，2023)，沿海地区洪涝灾害的加剧也将增加人员伤亡和社会经济损失。上述分析表明，中国海岸带和沿海地区正在经受气候变暖、海平面上升以及随之而来的各种增多变强的极端事件的影响。因此，有关中国海岸带和沿海地区自然和社会系统对气候变化的响应及脆弱性，包括气候变化影响、风险和适应等问题的研究愈显迫切。

为便于读者理解本书中气候变化及其影响等相关的基本概念，本章将首先介绍气候变化、影响、适应、脆弱性和风险，以及海面、海平面和极端事件等的基本概念与定义；其次回顾国内外研究进展，包括研究计划、研究现状及主要科学问题和关键技术问题；最后简要介绍本书结构。

1.2　基本概念与定义

1.2.1　气候变化

根据 IPCC 有关气候变化的概念与定义，气候变化是指气候状态的变化，包括气候系统的自然变率和人为排放温室气体造成的变化，即气候变化的原因可能是自然的内部过程或外部强迫，如太阳周期的改变、火山喷发等，也可能是人为活动，如排放温室气体造成大气成分变化或土地开发利用变化。气候状态的变化可通过其长期的平均值和（或）变率的变化来判断，并且这种变化会持续较长时间，通常为几十年或更长时间。这也是 IPCC 气候变化科学评估报告与联合国气候变化框架公约（UNFCCC）定义的气候变化的区别，UNFCCC 的第一条将气候变化定义为："除在可比时期内所观测到的自然气候变率之外，直接或间接归因于人类活动改变全球大气成分所导致的气候变化"。因此，UNFCCC 对人类活动改变大气成分后导致的气候变化与自然原因导致的气候变率作了明确的区分，即 UNFCCC 定义的气候变化主要指人为活动影响造成的气候变化。

本书主要采用 IPCC 对气候变化的定义。气候变化的概念与定义还存在狭义与广义之分。在传统的大气科学方面，气候以大气中的气温、气压、湿度和降水量等气象（候）要素在 30 年内的长期平均状态来界定，这是狭义的气候变化。20 世纪初，人们认为气候是不变的，即 30 年内平均的气象（候）要素值是稳定的。但之后人们认识到，30 年内的气候平均状态是变化的。后来，人们又认识到，表征海洋、冰雪、陆面和生物圈特征的代表性要素的长期平均值也是变化的。因此，气候变化的概念不仅限于大气科学，还可以延伸到其他领域。例如，人们采用海水的温度、盐度和流场等要素在 30 年内的平均值来研究海洋的长期变化。因此，传统意义上气候变化的定义延伸至其他学科或用于分析自然现象等要素的长期变化，就成为广义的气候变化（蔡榕硕等，2022）。

1.2.2　影响、适应、脆弱性和风险

2014 年 4 月，IPCC 第二工作组（WG Ⅱ）发布的第五次评估报告（AR5）基于影响、适应和脆弱性，评估了气候变化导致的风险，这是该报告的亮点。IPCC WG Ⅱ 的 AR5 指出，就观测到的影响、脆弱性和暴露度而言，近几十年来气候变化已对所有大陆和海洋的自然与人类系统产生影响。对于自然系统而言，气候变化影响的证据是最有力和最全面的。IPCC WG Ⅱ 的 AR5 还指出，有关气候变化影响的风险（risk）来自气候变化的相关危害性（hazard）（包括危害性事件和趋势）与自然和人类系统的暴露度（exposure）和脆弱性（vulnerability）的相互作用；气候系统的变化与社会经济过程的变化（包括适应和减缓）是气候变化危害性、暴露度和脆弱性的驱动因子（IPCC，2014）。

2022 年 2 月，IPCC WG Ⅱ 发布的第六次评估报告（AR6）指出，风险概念是 IPCC 3 个工作组的核心，并再次强调，在气候变化的背景下，与气候有关的危险（危害）性、受影响的人类与生态系统的暴露度和脆弱性之间的动态相互作用可能产生风险，还指出人类对气候变化的反应可能带来的风险是风险概念中考虑的一个新方面，而自然和人类系统的脆弱性是风险的一个组成部分（IPCC，2022）。值得注意的是，IPCC WG Ⅱ 的 AR6 强调了韧性（resilience），也称为恢复力，具有广泛的意义。适应通常是围绕恢复力来组织的，即在受到扰动后反弹并恢复到以前的状态。同时，IPCC WG Ⅱ 的 AR6 特别关注系统转型和能源转型，其中系统转型指自然和人类系统的基本属性发生变化，这也与具有气候适应性的可持续发展紧密相关。

从 IPCC WG Ⅱ 的 AR5 到 AR6，有关气候变化的危害性、暴露度和脆弱性，以及影响、风险和适应等概念与定义基本保持不变。本书主要采用 IPCC WG Ⅱ 的 AR5 和 AR6 中的基本概念与定义。气候变化危害性（H）也称为危险性，是指可能发生的自然或人为等物理致灾事件（致灾因子）或趋势及其物理影响，可造成生命损失、伤害或其他健康影响，以及财产、基础设施、生计、服务提供、生态系统、环境资源的损害和损失。暴露度（E）是指自然和人类系统中人员、生计、物种或生态系统、环境功能、服务和资源、基础设施或经济、社会或文化资产有可能受到不利影响的位置和环境。脆弱性（V）也称为易损性，是指自然和人类系统中承灾体易受不利影响的倾向或习性，内含各种概念和要素，包括对危害的敏感性（S）或易感性以及应对和适应能力的缺乏，是一种容易受到致灾因子不利影响的状态，与其对气候致灾因子不利影响的敏感性和适应性（A）密切相关。具体而言，敏感性是承灾体容易感受到气候致灾因子和人类干扰的内在属性，适应性则是承灾体面对气候致灾因子和人类干扰时的应对能力及恢复能力。简言之，脆弱性是自然和人类系统等承灾体的内在属性，不论气候变化致灾事件是否发生，脆弱性均存在，而暴露度指自然物理致灾事件（气候致灾因子）发生时的影响范围与承灾体在空间分布上的交集，即承灾体受到气候致灾因子不利影响的范围或数量，范围越大或数量越多，则暴露度越大（秦大河，2015）。

本书中有关气候变化的影响（impact）主要是指气候变化（包括极端天气气候事件）对自然和人类系统等承灾体的影响，通常也是指某一特定时期的气候变化或危险气候事件之间的相互作用以及暴露的自然和人类系统的脆弱性，对生命、生活、健康状况、生态系统、经济、社会、文化、服务和基础设施产生的作用。风险（R）是指造成有价值的事物（承载体）处于险境且结果不确定的可能性，通常表述为危害性事件或趋势发生的概率与其可能影响的乘积，或表达为气候致灾因子危害性（H）、承灾体暴露度（E）和脆弱性（V）3 个因素构成的函数，即 $R=f(H, E, V)$。

书中的风险主要是指气候变化影响的风险，且风险主要来自脆弱性、暴露度以及危害性的相互作用。此外，适应还指对实际或预期的气候及其影响进行调整的过程。在某些系统中，适应是为了趋利避害。在自然系统中，人为干预可能会促进对预期的气候及其影响的调整。

1.2.3 海面、海平面和极端事件

海面是海洋表面的简称，主要呈现海流、波浪和潮汐等海水不停运动的各种状态。

海平面是指人们为了更容易认识海洋表面的变化，消除了海洋中波浪和潮汐等波动后在一定时间内海面高度的平均状态，通常是指长期观测 19 年以上通过各种滤波后的平均海面。因此，海平面实际上是指假定海面波动停止或静止时的水位，是一种无形的水平面。平均海平面一般采用观测 19 年以上每小时潮位高度的平均值，这是为了消除天文潮 18.61 年的交点分潮。

沿海地区发生的极端事件包括极值水位（极端水位）、极端高海温、强和超强台风等。其中，极值水位或极端水位又称为极端海面或极端海平面（extreme sea level，ESL），是指在一定时间内海洋中包括沿海某处观测水位的极值，一般采用 1 年内的极大值。极值水位主要由海平面、风暴增水和潮汐等组成。值得注意的是，即使是小幅度的海平面上升，也能显著增加沿海地区低洼地海岸洪水发生的频率和强度，这是由于海平面的上升抬高了潮汐、波浪和风暴潮的基础水位，这种变化在沿海地区尤其是陆架海区尤为显著（Oppenheimer et al.，2019；蔡榕硕和谭红建，2020）。

极端高海温事件又称为海洋热浪，通常以 30 年作为基准期，如 1982～2011 年，当海水表面温度至少连续 5d 超过季节性变化的阈值（通常将日变化的第 90 百分位数定义为热浪阈值），即表明发生海洋热浪，并且将间隔时间小于等于 2d 的两次极端高海温事件也看作同一次海洋热浪（Hobday et al.，2016）。海洋热浪一旦发生，可用一系列指标来定量描述海洋热浪的特征，包含热浪的平均强度、持续时间、最大强度、累积强度、发生频次等。强热带气旋（如台风或强台风）是指发生在热带或副热带洋面上的热带天气系统，将热带气旋底层中心附近最大平均风力（风速）达 12 级及以上的，统称为台风。强（超强）台风经常伴随破坏性的大风、强降水、风暴潮和大浪，通常对沿海地区的自然和社会系统产生严重影响。

本书涉及的极端降水和极端温度等其他极端事件将在相关章节作必要解释。

1.2.4 研究对象

与海岸带和沿海地区有密切联系的自然和经济社会尤其容易受到海洋变化的影响，包括海平面上升、台风风暴潮、海洋热浪等极端事件。远离海岸的其他社区也会受到海洋变化的影响，如极端高海温等事件。当前，全球沿海低洼地区居住着约 6.8 亿人（约占 2010 年全球人口的 10%），预计到 2050 年将超过 10 亿人（IPCC，2014）。本书的研究对象为中国海岸带和沿海地区自然和社会系统，包括红树林、盐沼与海草床、珊瑚礁、河口，近海渔业资源、沿海地区的滨海城市、农田、草地、森林等生态系统，沿海地区与滨海城市的社会经济及港口建设。具体的研究对象与界定将在后续各章节分别详述。

1.3 国内外研究进展

1.3.1 研究计划

有关气候变化的影响、脆弱性和适应，以及综合风险研究，国际上先后启动了国际地圈 - 生物圈计划（IGBP）、国际全球环境变化人文因素计划（IHDP）、灾害风险综合研究计划（RDR）等重大计划。2012 年，IPCC 发布了《管理极端事件和灾害风险 推进气候变化适应特别报告》。2011 年，联合国国际减灾战略（UNISDR）发布的《全球减灾评估报告》评估了全球气候变化背景下的灾害事件风险；2015 年，UNISDR 发布了2015 ～ 2030 年减轻灾害风险框架，将"减轻灾害风险与应对气候变化"作为未来减轻灾害风险的重点领域。近年启动的"未来地球计划"（Future Earth）等国际科学计划也高度关注全球气候变化的风险研究。此外，2014 年 4 月 IPCC WG Ⅱ 发布的 AR5 聚焦于气候变化的风险，这成为该报告的一个新亮点，而气候变化风险也是 IPCC 3 个工作组的核心概念。

"十二五"期间，中国启动了全球变化研究重大计划，包括"我国典型海岸带系统对气候变化的响应机制及脆弱性评估研究"等 973 项目，以及国际综合风险防范计划（IHDP-IRG）"等重大国际合作研究项目；2015 年，中国还发布了《中国极端气候事件和灾害风险管理与适应国家评估报告》。国家海洋局发布了一系列有关海平面变化、风暴潮、海浪及海冰等灾害的风险评估技术标准，但全球气候变化影响尚未被全面系统地纳入评估技术标准中。"十三五"期间，中国颁布了《国家应对气候变化规划（2014—2020 年）》《国家综合防灾减灾规划（2016—2020 年）》等规划，极大促进了中国应对灾害风险能力的提高。在 2016 年启动的国家重点研发计划"全球变化及应对"重点专项中，更是将全球变化影响、风险、减缓和适应等作为专项的总体目标之一。

1.3.2　研究现状

自 20 世纪 80 年代以来，自然灾害风险评估的发展经历了以下阶段：初期，发展出"压力 - 状态 - 响应""源 - 途径 - 受体 - 影响""致灾因子 - 承灾体 - 脆弱性 - 风险"等概念模型；之后，针对灾害系统的平稳随机性，从基于观测数据的单致灾因子简单统计模型发展到多致灾因子的联合概率模型，并考虑到极端气候事件的全球和区域气候模式，建立了多致灾因子 - 多承灾体 - 损失分布的复杂联合概率 / 数值模型。近年来，针对全球变化影响下自然灾害系统出现阶段性、周期性及趋势性的非平稳性带来的挑战，目前的热点是要发展出能刻画孕灾环境渐变性与极端事件突发性相结合的新评估方法。此外，风险评估对象从承灾体物理损毁及直接经济损失，逐步深入到生态系统和社会经济系统功能损失，评估成果从单指标逐步转变为多指标和多灾种的综合表达。

近百年特别是最近几十年来，对海岸带和沿海地区有重要影响的气候变化特征为显著升温和海平面上升及伴随的极端事件。特别是，自 20 世纪 90 年代初以来，海洋变暖正在加速，海平面加快上升，海洋热浪等极端事件也在增加。这些海洋气候致灾因子的变化，如海平面上升、海洋变暖、海水酸化和脱氧等，正在重塑海洋生态系统并影响人类社会的安全（IPCC，2019；Oppenheimer et al.，2019；Bindoff et al.，2019；蔡榕硕和谭红建，2020；蔡榕硕等，2020a）。在全球气候变暖背景下，渐变性与突发性的气候致灾因子（事件）正在对海岸带和海洋生态系统产生严重的影响。例如，相比大洋，海岸带和沿海地区的红树林、盐沼与海草床、珊瑚礁、河口等生态系统以及近海渔业资源更易受到升温变暖、海平面变化和极端气候事件等气候致灾因子的影响。目前已出现滨海湿地减少、生物多样性下降、生态系统结构和功能退化等问题，而海岸带的富营养化、围填海和过度捕捞等人类干扰因素则进一步加剧了气候变化带来的影响和风险。

研究表明，自 19 世纪以来，由于气候变暖、海平面上升、极端气候事件和人类活动的影响，全球湿地面积相对于工业化前水平下降了近 50%。其中，自 20 世纪 60 年代以来，全球红树林更是出现大规模死亡现象，并归因于海平面变化、热带气旋、高温热浪和干旱等极端天气气候事件（蔡榕硕等，2020；Bindoff et al.，2019；Sippo et al.，2018）。此外，过去几十年来，海水淹没、海岸侵蚀和盐碱化正在加速湿地植被向陆地一侧迁移。在温室气体低浓度和很高浓度排放情景（RCP2.6 和 RCP8.5）下，未来全球海岸带湿地将损失 20% ~ 90%；全球升温 1.5℃和 2℃时，暖水珊瑚礁将分别减少 70% ~ 90% 和 99%以上。自 20 世纪 70 年代以来，世界上河口区的营养盐和有机质不断累积和增加。自 20世纪 80 年代初以来，海洋变暖、缺氧加剧和富营养化导致近海区域的有害藻华（harmful algal blooms，HAB）增加尤其显著，这对粮食供应、旅游业、经济发展及人类健康产生了一系列负面的影响。此外，分析表明，1930 ~ 2010 年全球 235 种鱼类种群的最大潜在渔获量下降了 4.1%，这可能增加以下风险：对人类生计和粮食安全的影响，以及由鱼类种群分布变化引起的潜在冲突（蔡榕硕等，2020a；Bindoff et al.，2019）。

由于全球气候变化具有显著的多样性及多尺度特征，中国沿海地区的升温变暖、海平面变化和极端事件危险性的时空格局复杂多变，海岸带和沿海地区的各类承灾体，包括红树林、盐沼与海草床、珊瑚礁、河口等海岸带生态系统，农田、草地、森林和滨海城市等沿海地区陆域生态系统，以及近海渔业资源、沿海地区社会经济和港口建设，对全球气候变化的响应机制不一，并且存在叠加耦合放大效应。因此，海岸带和沿海地区的气候变化综合风险具有高度的不确定性。迄今，有关中国海岸带和沿海地区承灾体对气候变化的响应特征、机制及未来变化趋势的研究还相当薄弱，亟待深入认识，这也是中国海岸带和沿海地区应对气候变化的重要科学基础。

1.3.3 主要科学问题和关键技术问题

在气候变暖背景下，最近 40 年来地球表面温度几乎每 10 年上升一个台阶，极端高海温、强（超强）台风事件也显著增加（IPCC，2021；蔡榕硕等，2020b）。与此同时，中国沿海地区平均海平面的高度也是几乎每 10 年上升一个台阶（自然资源部，2022）。IPCC WG Ⅱ 的 AR6 指出，全球每升温 0.1℃都将对地方和区域产生额外的影响，这种影响通常也是极端的，并且许多自然生态系统正因此面临突破其气候临界点，即生态阈值，而一旦突破系统的临界点，将从一种状态跃变到另一种状态，并产生一系列的骨牌效应（IPCC，2022）。这也将使得人类社会特别是沿海地区经济社会的可持续发展受到严重的威胁（蔡榕硕等，2019，2021）。

这种变化既揭示了中国海岸带和沿海地区承灾体气候暴露度和气候变化危害性的不断增加，也预示了未来承灾体的气候变化综合风险很可能趋于加剧。为此，本书将通过分析气候变化背景下中国海岸带和沿海地区的多致灾因子气候危害性与多承灾体暴露度、脆弱性的相互作用，并基于构建的气候致灾因子危害性 - 承灾体暴露度和脆弱性 - 综合风险的评估技术体系，开展气候变化危害性、承灾体的暴露度和脆弱性相互作用产生的影响与风险以及相关适应性的评估，力图阐明海岸带和沿海地区自然和社会系统等承灾体的气候变化综合风险系统构成及机制，探讨不同气候情景下未来承灾体面临的气候变化影响、脆弱性和适应性，评估综合风险，并针对不同的承灾体提出应对气候变化影响和风险的适应策略措施，以期为中国海岸带和沿海地区应对气候变化、参与国际气候谈判与治理提供科学参考。

1.4　本 书 结 构

本书重点分析近 60 年来影响中国海岸带和沿海地区的气候致灾因子的危害性，评估海岸带生态系统、近海渔业资源、沿海地区陆域生态系统及沿海地区社会经济沿海和港口等承灾体的气候脆弱性和适应性，并给出不同气候情景下未来承灾体的气候变化综合风险评估结果。

全书共分为两部分，共有 15 章，分别为海岸带和沿海地区的自然系统和社会系统承灾体对气候变化的响应及脆弱性。第一部分为海岸带和沿海地区的自然系统部分，由第 1～7 章组成：第 1 章为绪论，主要阐述本书涉及的基本概念与定义、国内外研究进展，包括本书重点关注的主要科学问题和关键技术问题；第 2～5 章分别为海岸带的红树林、盐沼与海草床、珊瑚礁、河口等生态系统；第 6～7 章分别为近海重要渔业资源和重要渔场。第二部分为海岸带和沿海地区的陆域生态和社会系统部分，由第 8～15 章组成：第 8～11 章分别为沿海地区的滨海城市、农田、森林和草地 4 种陆域生态系统；第 12～13 章分别为沿海省市县、滨海城市的社会经济；第 14 章为港口建设；第 15 章为影响、风险和适应综合评估。各章的结构及要点如下：第 1 章为绪论，第 2～14 章由引言、数据与方法、结果与分析、结语组成，第 15 章为综合评估。

参 考 文 献

蔡榕硕, 韩志强, 杨正先. 2020a. 海洋的变化及其对生态系统和人类社会的影响、风险及应对. 气候变化研究进展, 16(2): 182-193.

蔡榕硕, 刘克修, 谭红建. 2020b. 气候变化对中国海洋和海岸带的影响、风险与适应对策. 中国人口•资源与环境, 30(9): 1-8.

蔡榕硕, 谭红建. 2020. 海平面加速上升对低海拔岛屿、沿海地区及社会的影响和风险. 气候变化研究进展, 16(2): 163-171.

蔡榕硕, 谭红建. 2024. 中国近海变暖和海洋热浪演变特征及气候成因研究进展. 大气科学, 48(1): 121-146.

蔡榕硕, 谭红建, 郭海峡. 2019. 中国沿海地区对全球变化的响应及风险研究. 应用海洋学学报, 38(4): 514-527.

蔡榕硕, 谭红建, 郭海峡, 等. 2022. 气候变化与中国近海初级生产. 北京: 科学出版社.

蔡榕硕, 王慧, 郑惠泽, 等. 2021. 气候临界点及应对: 碳中和. 中国人口•资源与环境, 31(9): 16-23.

蔡榕硕, 许炜宏. 2022. 未来中国滨海城市海岸洪水灾害的社会经济损失风险. 中国人口•资源与环境, 32(8): 174-184.

聂心宇, 谭红建, 蔡榕硕, 等. 2023. 利用区域气候模式预估未来登陆中国热带气旋活动. 气候变化研究进展, 19(1): 23-37.

秦大河. 2015. 中国极端天气气候事件和灾害风险管理与适应国家评估报告: 精华版. 北京: 科学出版社.

许炜宏, 蔡榕硕. 2022. 不同气候情景下中国滨海城市海岸极值水位重现期预估. 海洋通报, 41(4): 379-390.

自然资源部. 2022. 2021 中国海平面公报.

Bindoff N L, Cheung W W L, Kairo J G, et al. 2019. Changing ocean, marine ecosystems, and dependent communities//Pörtner H O, Roberts D C, Masson-Delmotte V, et al. IPCC Special Report on the Ocean and Cryosphere in a Changing Climate. Cambridge, New York: Cambridge University Press.

Cai R S, Tan H J, Kontoyiannis H. 2017. Robust surface warming in offshore China seas and its relationship to the east Asian monsoon wind field and ocean forcing on interdecadal time scales. Journal of Climate, 30(22): 8987-9005.

Hobday A, Alexander L, Perkins S, et al. 2016. A hierarchical approach to defining marine heatwaves. Progress in Oceanography, 141: 227-238.

IPCC. 2014. Summary for policymakers//Field C B, Barros V R, Dokken D J, et al. Climate Change 2014: Impacts, Adaptation, and Vulnerability. Part A: Global and Sectoral Aspects. Contribution of Working Group II to the Fifth Assessment Report of the Intergovernmental Panel on Climate Change. Cambridge, New York: Cambridge University Press: 1-32.

IPCC. 2019. Summary for policymakers//Pörtner H O, Roberts D C, Masson-Delmotte V, et al. IPCC Special Report on the Ocean and Cryosphere in a Changing Climate. Cambridge, New York: Cambridge University Press.

IPCC. 2021. Summary for policymakers//Masson-Delmotte V, Zhai P, Pirani A, et al. Climate Change 2021: the Physical Science Basis. Contribution of Working Group I to the Sixth Assessment Report of the Intergovernmental Panel on Climate Change. Cambridge, New York: Cambridge University Press.

IPCC. 2022. Summary for policymakers//Pörtner H O, Roberts D C, Poloczanska E S, et al. Climate Change 2022: Impacts, Adaptation and Vulnerability. Contribution of Working Group II to the Sixth Assessment Report of the Intergovernmental Panel on Climate Change. Cambridge, New York: Cambridge University Press.

Oppenheimer M B C, Glavovic J, Hinkel R, et al. 2019. Sea level rise and implications for low-lying islands, coasts and communities//Pörtner H O, Roberts D C, Masson-Delmotte V, et al. IPCC Special Report on the Ocean and Cryosphere in a Changing Climate. Cambridge, New York: Cambridge University Press.

Sippo J Z, Lovelock C E, Santos I R, et al. 2018. Mangrove mortality in a changing climate: an overview. Estuarine, Coastal and Shelf Science, 215: 241-249.

Tan H J, Cai R S, Bai D P, et al. 2023. Causes of 2022 summer marine heatwave in the East China Seas. Advances in Climate Change Research, 14(5): 633-641.

Tan H J, Cai R S, Wu R G. 2022. Summer marine heatwaves in the South China Sea: trend, variability and possible causes. Advances in Climate Change Research, 13(3): 323-332.

UNDRR. 2020. The human cost of disasters: an overview of the last 20 years (2000-2019).

Yan Z W, Ding Y H, Zhai P M, et al. 2020. Re-assessing climatic warming in China since 1900. Journal of Meteorological Research, 34(2): 243-251.

第 2 章

红 树 林

2.1 引 言

红树林主要生长在热带、亚热带海岸潮间带，是以红树植物为主体的常绿灌木或乔木组成的耐盐常绿森林，属于潮滩湿地木本生物群落，主要分布于淤泥深厚的海湾或河口盐渍土壤的滨海湿地。红树林湿地是指分布有一定面积红树林的滨海湿地，包括有林地、林外裸滩、潮沟等，是陆地与海洋的交错过渡地带。红树林生态系统是指以真红树或半红树等植物为生产者和消费者、分解者等生物与非生物环境组成的系统，是生产力最高的海岸带生态系统之一，具有抵抗风浪、保护海岸的作用，并具有碳汇的功能，因此在适应和减缓气候变化的影响和风险方面具有重要作用（Alongi，2008，2015）。

研究指出，近半个世纪以来，全球红树林面积减少了约 35%，到 2015 年全球红树林面积为 1.4752×10^5 km^2，较 2010 年减少 3.98%（联合国粮食及农业组织，2015）。其中，自 20 世纪 60 年代以来，全球出现了大规模的红树林死亡，约有 70% 是由海平面变化及热浪和干旱等极端天气气候事件引起的（Sippo et al.，2018）。中国海岸带红树林自然分布于南北回归线之间的海南、广西、广东、福建、台湾、香港、澳门等地（林鹏，1997；王文卿和王瑁，2007），但主要集中分布于海南、广东和广西的海岸带，占全国红树林总面积的 97%（未统计台湾）。其中，红树林天然分布的北界是福建福鼎，红树林人工引种的北界为浙江乐清，南界在海南岛南岸。根据红树林的种类组成、外貌结构和演替特征，中国红树林植物可分为 7 个植物群系，即木榄群系、红树群系、秋茄群系、桐花树群系、白骨壤群系、海桑群系和水椰群系（林鹏，1997；王文卿和王瑁，2007）。其中，木榄群系和红树群系主要分布于海南、广东雷州半岛和广西钦州地区；海桑群系和水椰群系仅分布于海南；秋茄群系、桐花树群系和白骨壤群系分布最广，中国东南沿海绝大部分地区都有分布。海南的红树林几乎包括了中国红树植物的全部种类（王友绍，2013）。随着纬度的提高，红树植物种类减少，且矮化现象极为明显。在福建厦门以北地区主要分布有秋茄。

就面积大小而言，中国红树林面积仅占全球红树林面积的约 1.5‰（FAO，2007；

Spalding et al.，2010），分布于全球红树林分布区的北缘。近几十年来，随着中国沿海地区经济社会的快速发展，人口快速向海岸带地区集中，城市化进程加快，海岸带深受多次大规模围填海、过度捕捞和陆源污染物排放等的影响（中国科学院，2014），海岸带红树林生态系统也因此受到了剧烈的环境变化与人类活动的干扰。历史上中国红树林面积曾达 25 万 hm²（国家海洋局，1996），20 世纪 50 年代面积锐减至不到 5 万 hm²（张乔民，2001），至 1973 年面积为 4.87 万 hm²，并持续减少至 2000 年的 1.86 万 hm²，且红树林斑块破碎化，形状不规则，连通度低。2000 年以来，中国对红树林的保护、管理与恢复日益重视，红树林面积也得到了一定程度的恢复。2010 年后，红树林面积逐步恢复至 2.08 万 hm²，2013 年红树林面积约为 3.21 万 hm²（贾明明，2014）。

然而，近几十年来，在气候变化背景下沿海海平面快速上升（IPCC，2019；自然资源部，2023）。预计到 21 世纪末，RCP2.6 和 RCP8.5 情景下全球海平面均值分别上升约 0.43 m（0.29～0.59 m）和 0.84 m（0.61～1.10 m），RCP4.5 和 RCP8.5 情景下东海海平面分别上升 33～84 cm、47～122 cm，南海海平面分别上升 34～79 cm、49～109 cm（Oppenheimer et al.，2019；蔡榕硕和谭红建，2020；王慧等，2018）。研究指出，气候变化背景下海平面的持续快速上升将对红树林构成严重威胁。当海平面上升速率大于 6.1 mm/a 时，红树林生境将难以有效应对海平面上升（SLR）的影响（Alongi，2008；Sasmito et al.，2016；Saintilan et al.，2020），并且增多变强的台（飓）风风暴潮等极端事件对红树林等生态系统也有明显的影响。例如，2013 年"海燕"超强台风对菲律宾中部红树林造成了严重的损毁，包括连根拔起、折断等，受影响面积占菲律宾红树林总面积的 3.5%（Long et al.，2016；Villamayor et al.，2016）；2014 年"威马逊"台风对海南省海口东寨港红树林造成损毁（颜秀花等，2019）。

为此，本章重点关注中国红树林对气候变化的响应及脆弱性，包括影响、风险和适应。首先，基于 IPCC 气候变化综合风险核心概念及理论框架，构建红树林气候变化综合风险评估指标体系；其次，利用历史文献、现场采样、遥感观测和模式模拟等数据，应用 ArcGIS、谷歌地球引擎、MATLAB 等工具，分析红树林的变化趋势及其对气候变化和人类活动的响应，包括分布面积和风险格局变化，研究红树林的气候致灾因子危害性、暴露度和脆弱性；最后，评估 3 种温室气体排放情景 RCP2.6、RCP4.5、RCP8.5（分别代表低浓度、中等浓度、很高浓度排放情景，统称 RCPs）下未来红树林的气候变化综合风险水平，分析并提出红树林适应气候变化的对策措施。

2.2　数据与方法

2.2.1　数据

研究对象主要包括分布于海南省、广西壮族自治区、广东省、福建省、浙江省的红树林，基本涵盖了中国红树林主要分布区（图 2.1）。红树林分布面积的变化分析主要利用历史文献、调查观测和遥感数据。

气候致灾因子危害性、红树林的暴露度和脆弱性评估，以及综合风险评估应用了以下数据资料。

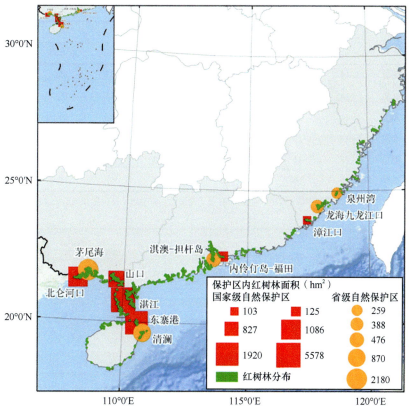

图 2.1 中国红树林分布及红树林国家级和省级自然保护区分布（数据资料：Zhang et al.，2021）

注：香港、澳门、台湾资料暂缺

1. 数字高程模型

采用美国国家航空航天局（NASA）发布的数字高程模型 SRTM（Shuttle Radar Topography Mission）3.0 版本数据，空间分辨率为 1″×1″（约 30 m×30 m），采集于 2000 年 2 月，高程基准为大地水准面，数据从 https://earthdata.nasa.gov/ 网站下载。

2. 海平面与热带气旋数据

（1）海平面

海平面数据源自《2022 年中国海平面公报》及验潮站观测数据（自然资源部，2023；颜秀花等，2019）、第五次国际耦合模式比较计划（Coupled Model Intercomparison Project Phase 5，CMIP5）的模式结果，主要采用 RCPs 情景下到 2030 年、2050 年和 2100 年时沿海验潮站海平面上升预估值（表 2.1）（Kopp et al.，2014），沿海验潮站分布如图 2.2 所示。

表 2.1　不同气候情景下沿海验潮站海平面上升预估值　　　　（单位：mm）

序号	站位	RCP2.6			RCP4.5			RCP8.5		
		2030 年	2050 年	2100 年	2030 年	2050 年	2100 年	2030 年	2050 年	2100 年
1	厦门	14	25	51	14	26	61	14	29	83
2	澳门	10	19	40	10	21	51	11	24	72

序号	站位	RCP2.6			RCP4.5			RCP8.5		
		2030 年	2050 年	2100 年	2030 年	2050 年	2100 年	2030 年	2050 年	2100 年
3	闸坡	14	25	52	14	27	63	15	30	84
4	汕尾	14	25	53	14	27	63	15	30	85
5	东方	14	25	52	14	27	62	14	29	83
6	北海	13	23	49	13	25	59	13	28	80
7	海口	18	31	65	18	33	75	18	36	96
8	北角	10	19	41	11	21	51	11	24	72

注：①本表仅给出预测范围的中值；②预测值为相对海平面变化，即考虑了站位所在地的地面沉降速率。

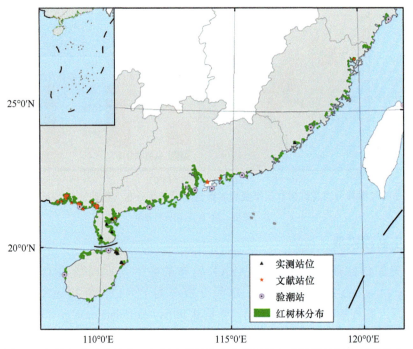

图 2.2　沿海沉积速率站位（包括实测站位和文献站位）和验潮站及红树林分布

注：香港、澳门、台湾资料暂缺

（2）热带气旋

热带气旋数据源自中国气象局热带气旋最佳路径数据集的历史观测数据（Ying et al.，2014）、不同气候情景下未来登陆中国的热带气旋模拟数据，模拟数据是基于全球气候模式（HadGEM2–ES）（分辨率为192×145）的数据，采用区域气候模式（RegCM4）动力降尺度模拟获取的未来登陆中国的热带气旋数据（聂心宇等，2022；Wu et al.，2022），包括风场、海平面气压等，空间分辨率为 0.25°×0.25°，时间分辨率为 6 h，空间范围为 5°N ～ 45°N，100°E ～ 140°E。

3. 潮滩沉积速率

通过查阅历史文献，收集到中国红树林湿地沉积速率数据（表 2.2）。现状调查数据为 2020 年 12 月至 2022 年 2 月在海南东寨港国家级自然保护区、海南清澜红树林省级自然保护区、儋州新英湾红树林市级自然保护区、彩桥红树林保护区、海南花场湾红树林自然保护区、钦州市（非保护区内红树林湿地）、广东湛江红树林国家级自然保护区、福建漳江口红树林国家级自然保护区开展的沉积速率调查与分析数据（图 2.2）。部分红树林湿地的现场采样工作如图 2.3 所示。

表 2.2 中国红树林湿地沉积速率历史文献收集数据

省份	位置	编号	纬度（N）	经度（E）	采样时间（年/月）	采样深度（m）	沉积速率（cm/a）	数据来源
海南	东寨港林市村	–	–	–	–	–	0.41	张乔民等，1996
海南	东寨港道学村	YBL	–	–	2007/7	2.58	1.15	张振克等，2010
海南	东寨港道学村	DX07	19°55′52.56″	110°35′50.36″	2009/7	3.05	0.64	王秀玲，2011
海南	清澜港		–	–	–	–	1.50	郑德璋等，1995
海南	清澜港	M3	–	–	–	0.37	0.27	Bao et al.，2013
广西	钦州湾	BS09D38	21°50′42.28″	108°35′42.66″	2009/4	0.80	0.93	甘华阳等，2013
广西	钦州湾	BS09D72	21°34′42.44″	109°05′55.67″	2009/4	1.00	1.75	甘华阳等，2013
广西	钦州湾	BS09D110	21°24′36.04″	109°45′43.45″	2009/4	1.12	1.54	甘华阳等，2013
广西	三娘湾	SN2	21°36′54″	108°45′43″	2012/8	0.40	0.458	何正中，2015
广西	三娘湾	3#	21°35′55″	109°00′56″	2014/1	0.86	0.93	何正中，2015
广西	珍珠湾	ZZW-1	21°36′56.17″	108°13′42.01″	–	–	0.26	徐慧鹏，2020
广西	防城港东湾渔洲坪	YZP-1	21°38′35.56″	108°22′38.53″	–	–	0.40	徐慧鹏，2020
广西	防城港东湾渔洲坪	YZP-2	21°38′26.61″	108°22′44.39″	–	–	0.36	徐慧鹏，2020
广西	南流江河口	C3	21°34′45.67″	109°05′46.22″	–	–	0.73	徐慧鹏，2020
广西	金海湾	JHW-1	21°25′02.67″	109°12′44.85″	–	–	0.55	徐慧鹏，2020
广西	铁山湾	TSW-1	21°40′00.83″	109°34′18.33″	–	–	0.17	徐慧鹏，2020
广西	铁山湾	TSW-2	21°39′37.61″	109°34′01.34″	–	–	0.55	徐慧鹏，2020
广西	钦州湾	Q32	21°50′45.46″	108°35′30.96″	–	0.86	1.68	李贞等，2010
广西	南流江河口	C11	21°35′51.13″	109°03′27.30″	2007/3	0.64	0.70	夏鹏，2011
广西	山口红树林保护区	O18	21°28′50.00″	109°45′34.50″	2007/3	0.84	0.44	夏鹏，2011
广西	钦江口	Q24	21°52′10.59″	108°30′21.53″	2007/4	0.82	0.25	夏鹏，2011
广西	茅岭江口	Q37	21°48′33.80″	108°30′17.72″	2007/4	0.90	0.63	夏鹏，2011
广西	龙门岛	LM01	21°45′13.45″	108°32′49.51″	2007/5	0.97	0.61	夏鹏，2011
广西	珍珠湾	F14	21°37′03.02″	108°14′37.32″	2007/12	0.80	0.67	夏鹏，2011
广西	茅尾海	SJC	–	–	2011/5	1.00	0.78	夏鹏等，2015
广西	茅尾海	HXL	–	–	2011/5	0.90	0.44	夏鹏等，2015
广西	茅尾海	JXW	–	–	2011/5	0.86	0.52	夏鹏等，2015
广西	丹兜海	DDH	–	–	2011/5	0.50	0.16	夏鹏等，2015
广西	英罗湾	YLW01	–	–	2011/5	0.66	0.31	夏鹏等，2015
广西	英罗湾	YLW02	21°29′39″	109°45′48″	2011/5	0.88	0.26	夏鹏等，2015
广西	英罗湾	YLW03	21°29′53″	109°45′38″	2011/5	0.50	0.24	夏鹏等，2015

省份	位置	编号	纬度（N）	经度（E）	采样时间（年/月）	采样深度（m）	沉积速率（cm/a）	数据来源
广西	英罗湾	YLW04	–	–	2011/5	0.52	0.22	夏鹏等，2015
广西	南流江河口	NL1	–	–	2013/5	0.50	1.03	刘涛等，2017
广西	金海湾	DS3	–	–	2014/8	0.70	1.76	刘涛等，2017
广东	高桥镇凤地村	–	–	–	–	–	0.62	张乔民等，1996
广东	高桥镇	A1	–	–	2011/7	–	0.65	朱耀军等，2016
广东	高桥镇	A2	–	–	2011/7	–	0.65	朱耀军等，2016
广东	高桥镇	A3	–	–	2011/7	–	0.86	朱耀军等，2016
广东	高桥镇	B1	–	–	2011/7	–	1.10	朱耀军等，2016
广东	高桥镇	B2	–	–	2011/7	–	1.07	朱耀军等，2016
广东	高桥镇	B3	–	–	2011/7	–	1.10	朱耀军等，2016
广东	深圳福田	–	–	–	2011/7	1.00	1.38	李瑞利等，2012
广东	深圳福田	HS	22°31′36.67″	114°00′25.74″	2014/12	0.98	0.88	燕鸿宇，2019
广东	深圳福田	QQ	22°31′22.95″	114°01′00.62″	2014/12	0.78	0.92	燕鸿宇，2019
广东	深圳福田	BGR	22°31′24.47″	114°01′00.45″	2014/12	0.74	0.94	燕鸿宇，2019
广东	深圳福田	TT	22°31′18.85″	114°00′57.02″	2014/12	0.79	0.81	燕鸿宇，2019
广东	深圳福田	FT	–	–	2016/9	–	1.53	丁苏丽，2018
广东	深圳坝光	BG	–	–	2016/9	–	0.92	丁苏丽，2018
广东	湛江南海堤	NHD	21°09′12″	110°29′22″	2017/4～7	1.00	1.28	罗松英等，2020
广东	湛江东头山岛	DTSD	21°06′13″	110°23′30″	2017/4～7	1.00	1.03	罗松英等，2020
香港	香港米埔	MP	–	–	2017/1	–	1.43	丁苏丽，2018
福建	漳江口	B	–	–	–	–	2.10	Chen et al.，2018
福建	三沙湾	SD-7	26°49′50.18″	119°49′08.65″	–	0.82	1.70	李健成等，2021
福建	三沙湾	SD-8	26°49′48.19″	119°49′11.77″	–	0.74	1.90	李健成等，2021
福建	漳江口	ZJ-1	23°55′34.04″	117°24′57.08″	2021/3	0.90	0.47	李健成等，2021

注："–"表示无数据

（1）调查时间

在东寨港的调查时间为 2020 年 11 月 24～27 日。在清澜港的调查时间为 2021 年 1 月 19～26 日。在漳江口的调查时间为 2021 年 3 月 4～6 日。在湛江的调查时间为 2021 年 4 月 8～15 日。

（2）检测方法

百年尺度内测年首选 ^{210}Pb 和 ^{137}Cs 计年法。^{210}Pb 是一种放射性核素，为 ^{238}U 系列中 ^{226}Ra（半衰期为 1622 年）经过一系列短寿命衰变生成的中间产物 ^{222}Rn（半衰期为 3.8 d）的 α 衰变子体。^{210}Pb 进入沉积物有两种途径：①由于土壤侵蚀，表土中部分 ^{226}Ra 随侵

图 2.3　部分红树林湿地的现场采样工作

蚀物质一并进入水体并被保存在沉积物中，其发生衰变生成的 ^{210}Pb 与沉积物中的 ^{226}Ra 处于放射平衡状态，称为 ^{210}Pb "本底值"；②地壳中由 ^{226}Ra 产生的部分 ^{222}Rn 经土壤空隙扩散进入大气中生成 ^{210}Pb，并迅速吸附在气溶胶颗粒物上，随降水一同降落，其中一部分直接进入海水并被保存，另一部分落到海域所在流域，但也在一定时期内随流水进入海水，最终被保存在沉积物中，其含量在海底封闭体系中随沉积物深度的增加呈指数衰减，这两部分 ^{210}Pb 因与沉积物中的母体 ^{226}Ra 并非处于放射平衡状态，被称为过剩 ^{210}Pb（记作 ^{210}Pb$_{ex}$），其物理衰变构成了 ^{210}Pb 年代学基础。在理想情况下，^{210}Pb$_{ex}$ 含量随着柱样深度呈指数单调递减，根据这一性质就能通过测量样品中不同深度的 ^{210}Pb$_{ex}$ 含量来推测剖面的年代框架，并计算其沉积速率。^{210}Pb 半衰期为 22.3 年，经过 4 ～ 5 次衰变后其含量已经难以检测，所以该方法一般用于百年尺度内的沉积物测年。

　　^{210}Pb$_{ex}$ 测年技术最基本的假设：某一地区大气沉降的 ^{210}Pb 通量不随时间变化。在该假设的基础上，人们总结出了 3 种 ^{210}Pb 测年模式，即恒定沉积速率模式、变沉积速率模式和恒定初始浓度模式。本次补充调查测年采用恒定沉积速率模式计算。恒定沉积速率模式是应用最多的 ^{210}Pb 测年模式，全称是恒通量 - 恒沉积速率模式（constant flux-constant sedimentation rate model，CF-CS）。该模式假设沉积物的沉积通量不随时间变化，加上恒定的 ^{210}Pb 沉降通量，使得初始沉积物中有恒定的 ^{210}Pb 含量。结果显示，沉积物岩芯中的 ^{210}Pb 含量随深度变化呈指数衰减，可用以下公式描述：

$$^{210}\text{Pb}–^{226}\text{Ra}=（^{210}\text{Pb}_0–^{226}\text{Ra}_0）\,e^{-dl} \tag{2.1}$$

式中，^{210}Pb–^{226}Ra 为深度 l 处沉积物中过剩 ^{210}Pb 的活度；^{210}Pb$_0$–^{226}Ra$_0$ 为初始表层沉积物中过剩 ^{210}Pb 的活度；d 为由实验数据拟合所得常数。沉积速率 V 为

$$V=\frac{\ln 2}{dT} \tag{2.2}$$

式中，T 为半衰期。

　　沉积物中 ^{210}Pb$_{ex}$ 的放射性比活度符合以下衰变规律：

$$A_h=A_0\mathrm{e}^{-\lambda t} \tag{2.3}$$

式中，A_h 和 A_0 分别为经压实校正后的深度 h（cm）处和表层 $^{210}\mathrm{Pb}_{\mathrm{ex}}$ 的放射性比活度；λ 为 $^{210}\mathrm{Pb}$ 的衰变常数（$0.03\mathrm{a}^{-1}$）；t 为深度 h 处沉积物的沉积时间，即年龄。经变换可得

$$\ln A_h=\ln A_0-\lambda t \tag{2.4}$$

当沉积速率恒定时，令 s 为沉积速率，则有 $t=h/s$，可得

$$\ln A_h=\ln A_0-\lambda h/s \tag{2.5}$$

即 $\ln A_h$ 与 h 呈线性关系，其斜率为 $-\lambda/s$，因此可用 $\ln A_h$ 对 h 作图，设其斜率为 a，则可求得沉积速率：

$$s=-\frac{\lambda}{a} \tag{2.6}$$

$^{137}\mathrm{Cs}$ 是地面核爆炸试验后产生的一种人造放射性核素，半衰期是 30.2 年。核爆炸试验将大量 $^{137}\mathrm{Cs}$ 释放到大气层中，其通过大气沉降作用进入水体，被水体中的悬浮物吸附，沉降到水体底部，并逐年积累。20 世纪 50 年代的核试验使 $^{137}\mathrm{Cs}$ 开始广泛散布到全球环境中，在北半球沉积物中最早检测到 $^{137}\mathrm{Cs}$ 的时间为 1954 年。全球大规模的核试验集中在 1961 ~ 1963 年，北半球 $^{137}\mathrm{Cs}$ 沉降的最大峰值出现在 1963 年。1986 年，苏联切尔诺贝利核电站泄漏事故将放射性物质喷射到大气层中，致使欧亚很多地区能检测到由核事故产生的 $^{137}\mathrm{Cs}$。所以，在北半球，理想 $^{137}\mathrm{Cs}$ 沉积剖面一般存在 3 个明显峰值：1954 年（初始出现的层位）、1963 年（最大值）和 1986 年。核试验散落的 $^{137}\mathrm{Cs}$ 沉降有明显的时序性，因此 $^{137}\mathrm{Cs}$ 在沉积物中的峰值可作为计年时标。1945 年世界上首枚原子弹爆炸成功，由于频繁试爆核弹，1954 年北半球 $^{137}\mathrm{Cs}$ 明显增加，在 1960 年有 1 个低值，在 1963 年达到最高值。其中，1954 年蓄积峰经过半个多世纪的衰变，目前已难以辨识；1963 ~ 1964 年是全球核尘散落高峰期，为最重要时标；1986 年苏联切尔诺贝利核电站泄漏事故是非人工核试验，导致 $^{137}\mathrm{Cs}$ 在全球范围内散落，也同样保留在沉积物的相应层位中，具备辅助计年价值。

$^{137}\mathrm{Cs}$ 计年法主要通过检测 20 世纪以来人工核试验产生的 $^{137}\mathrm{Cs}$ 峰值来检验 $^{210}\mathrm{Pb}$ 计年法的测年结果，从而度量基于 $^{210}\mathrm{Pb}$ 测定沉积速率的可靠性。由于海岸带的生物扰动和水动力作用强烈、沉积环境复杂，单独使用 $^{137}\mathrm{Cs}$ 计年法或 $^{210}\mathrm{Pb}$ 计年法进行沉积速率分析，得到的测年成果精确度和可信度均不高。$^{137}\mathrm{Cs}$ 计年法和 $^{210}\mathrm{Pb}$ 计年法的原理完全不同且都具有局限性，因此 $^{210}\mathrm{Pb}$ 计年法和 $^{137}\mathrm{Cs}$ 计年法互相结合、互相印证可以弥补各自的缺点，可以使现代沉积速率的计算结果更准确，可信度更高。

$^{137}\mathrm{Cs}$ 计年法的原理是利用沉积物中的 $^{137}\mathrm{Cs}$ 垂直剖面沉积峰的位置与时标年的关系来计算沉积物的平均沉积速率（s）：

$$s=Z/(T_0-T_t) \tag{2.7}$$

式中，Z 为 $^{137}\mathrm{Cs}$ 沉积峰值所对应的深度；T_0 为沉积物采集时所对应的年份；T_t 为 $^{137}\mathrm{Cs}$ 比活度峰值所对应的年份。

（3）检测依据

根据《海洋沉积物中放射性核素的测定 γ 能谱法》（GB/T 30738—2014），海洋沉积物中放射性核素的测定采用 γ 能谱法。

（4）测试仪器

测试仪器包括：美国堪培拉（Canberra）公司的高纯锗（HPGe）多道 γ 能谱仪 GR4021、美国奥泰克（ORTEC）公司的高纯锗 γ 能谱仪 GEM-S9030-LB-C-HJ-S。^{137}Cs 的检测限为 0.20 Bq/kg，^{210}Pb 的检测限为 0.16 Bq/kg。计数统计误差总体上小于 3%。

（5）测试过程

样品制备：将收集到的湿样品剔除贝壳碎屑等异物，冷冻干燥至恒重，压碎过筛称重后装入与效率刻度源相同形状和几何高度的样品盒中，密封放置 20 d 以上，以求母体 ^{226}Ra 与其子体 ^{222}Rn 达到长期的放射性准平衡状态。然后，将样品放入低背景多道 γ 能谱分析系统的高纯锗井型探头中进行 γ 射线能谱测量，测量时间约为 2 个昼夜（48 h）。

效率刻度：在样品测量之前，用已知 ^{210}Pb 和 ^{226}Ra 放射性活度的标准样品对所用的 γ 能谱仪进行全能峰效率刻度。全能峰效率是观察到的指定能量 γ 射线全能峰面积（计数率）与刻度源/测量对象光子发射的概率的比值。

探测器对入射的 γ 射线的探测效率是 γ 射线能量的函数。分别收集刻度源 γ 谱、模拟基质本底 γ 谱，测量实验效率值 ε_c。某个能量的 γ 射线源效率计算公式为

$$\varepsilon_c = \frac{N_c / T_c - N_{bm} / T_{bm}}{A_c Y} \tag{2.8}$$

式中，ε_c 为探测器对入射 γ 射线的探测效率；N_c 为刻度源 γ 能谱峰面积；T_c 为刻度源 γ 能谱数据收集时间，单位为秒（s）；N_{bm} 为基质本底 γ 能谱峰面积；T_{bm} 为基质本底 γ 能谱数据收集时间，单位为秒（s）；A_c 为刻度源活度，单位为贝克（Bq）；Y 为 γ 射线分支比。

为方便计算，并不直接计算 γ 射线的绝对效率，这里我们引入一种刻度系数 C_{ji}，按照各种计算机解谱方法，如总峰面积法、函数拟合法、逐道最小二乘拟合法等，计算出标准刻度源和样品谱中各特征峰的全能峰面积，然后按照下式计算各个标准源的刻度系数 C_{ji}：

$$C_{ji} = \frac{\text{第}j\text{种核素体标准源的活度}}{\text{第}j\text{种核素体标准源的第}i\text{个特征峰的全能峰面积}} \tag{2.9}$$

式中，C_{ji} 为第 j 种核素体标准源的第 i 个特征峰的刻度系数。

当受采样条件等限制，沉积物样品较少，无法达到与效率刻度源相同的几何高度时，按照以下方法对样品的全能峰效率进行计算：利用二次多项式拟合 γ 射线刻度系数随样品质量的变化，内插得到不同样品质量的刻度系数值。将制好的刻度源物质和模拟基质分别装入直径为 75mm 的聚乙烯塑料样品盒内，装样质量分别为 30 g、50 g、70 g、90 g。

样品测量：将封装好的沉积物样品放置在 γ 能谱仪探头的端帽上进行测量。测量刻度源时，其相对于探测器的位置应与测量沉积物样品时相同。测量时间根据被测标准源或样品的强弱而定，通常情况下 γ 能谱的测量时间超过 12 h。

在沉积物样品 γ 能谱测量中，^{226}Ra 比活度可以通过测量其子核 ^{214}Pb 和 ^{214}Bi 放射（能量为 295 keV、352 keV 和 609 keV）的光子数获得，^{137}Cs 比活度可以通过读取多道能谱中 ^{137}Cs 的全能峰的计数（对应 661.61 keV）获得，^{210}Pb 比活度可以通过读取多道能谱中 ^{210}Pb 的全能峰的计数（对应 46.52 keV）获得。补偿 ^{210}Pb 是 ^{226}Ra 的衰变子体，在样品达到长期放射性平衡时，^{226}Ra、^{210}Pb 和 ^{214}Pb 活度相同，则 ^{226}Ra（^{210}Pb$_{sup}$）的比活度可通过测量平衡子体 ^{214}Pb 的全能峰的计数（对应 352 keV）获得。高纯锗探测器的能量分辨率

约为 0.221%。$^{210}Pb_{ex}$ 比活度通过 ^{210}Pb 比活度扣除 ^{226}Ra（$^{210}Pb_{sup}$）的比活度得到。

4. 红树林分布

红树林分布信息通过中国红树林空间分布卫星遥感数据集（Zhang et al.，2021）获得。该遥感数据集的分辨率为 2 m，时间为 2018 年，利用高分一号和资源三号卫星获得数据。采用基于对象的图像分析（object-based image analysis，OBIA）、解释器编辑和实地调查相结合的方法提取红树林分布信息。

2.2.2 方法

1. 红树林气候变化综合风险评估指标体系的构建

基于 IPCC WG Ⅱ 的 AR5 和 AR6 中有关气候变化综合风险的核心概念及定义（IPCC，2014，2022），气候变化综合风险即承灾体处于危险中且结果的发生和程度不确定的情况下，可能出现的不良后果，也可理解为损失的可能性，主要来自气候致灾因子危害性、承灾体的暴露度和脆弱性之间的相互作用。气候致灾因子指可能不利于承灾体生存发展的各种气候变化影响因子，如缓发性的海平面上升、突发性的热带气旋和风暴潮等。气候致灾因子危害性以气候致灾因子出现的强度、频率、范围来表征。承灾体的暴露度为气候致灾因子危害性的影响范围与承灾体在空间分布上的交集。承灾体的脆弱性为承灾体受到不利影响的倾向，包括对气候致灾因子危害性的敏感性较高，以及缺乏应对风险和适应变化的能力。基于"致灾因子危害性 - 暴露度 - 脆弱性 - 风险"的理论框架进行风险评估，既考虑到了致灾因子的潜在影响，也考虑到了生态系统的固有脆弱性（Cavan and Kingston，2012）。可通过降低承灾体的暴露度和脆弱性，提高承灾体的气候恢复力（也可称为气候韧性），从而规避或减轻风险（图 2.4）。因此，首先分析对中国红树林有危害的气候致灾因子及其变化，再分析红树林分布区与气候致灾因子影响范围的空间交集，即红树林暴露度的主要特征，以及红树林对气候致灾因子的脆弱性（敏感性和适应性），从而筛选并构建中国红树林气候变化综合风险评估指标体系。

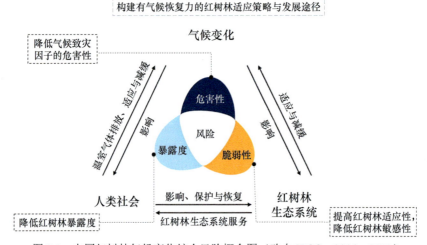

图 2.4　中国红树林气候变化综合风险概念图（改自 IPCC，2014，2022）

（1）红树林气候致灾因子的选取

在气候变化背景下，海平面上升、干旱、极端高温、极端低温、强热带气旋、风暴潮、海洋热浪等事件都威胁红树林的生存（Mafi-Gholami et al.，2020），但鉴于气温即使升高 1.5～4.5℃对红树林物种的影响也较小（卢昌义等，1995），以及中国部分红树林物种具有耐低温的特性（牟爱友等，2005），且华南地区降水量丰沛，高温、低温或干旱等因素对红树林的影响较不明显。然而，由于中国沿海海平面上升速率较高，并且登陆中国的强热带气旋（强台风）的数量显著增加（蔡榕硕等，2020；Kossin et al.，2014），因此从气候致灾因子对红树林危害性的角度考虑，缓发性的海平面上升可对红树林湿地生境造成侵蚀、海水永久淹没或超长时间淹没等，导致红树林生境发生永久性的改变。而强台风或超强台风等极端事件对红树林的破坏作用呈现显著的突发性致灾特点，可造成红树林的损毁，损失率可达 14%～80%，如超强台风"海燕"、台风"苏达尔"（Sodal）对菲律宾和密克罗尼西亚联邦等的红树林造成严重损毁（Villamayor et al.，2016；Malabrigo et al.，2016；Carlos et al.，2015）。

综上所述，选取气候变化背景下缓发性的海平面上升和突发性的热带气旋为中国红树林的气候致灾因子，其危害性以海平面上升的高度，以及热带气旋的强度、频率和范围等来表征。

（2）红树林暴露度和脆弱性的识别

基于承灾体暴露度的定义，红树林暴露度为气候致灾因子危害性的影响范围与红树林分布区在空间上的交集。红树林距离水体越近，湿地泥面高程越低，越容易因海平面上升而被海水永久淹没或超长时间淹没，而当热带气旋引起的风暴潮消退后，位于低洼地的红树林根部易被残留积水长时间浸泡而死亡（Lagomasino et al.，2021）。因此，湿地泥面高程越低和越接近平均海平面水体的红树林越易受风暴潮影响，其暴露度也越大。

承灾体脆弱性指其易受到不利影响的倾向，包括对致灾因子影响的敏感性较高，以及缺乏应对影响和环境变化的适应能力（IPCC，2014），因此脆弱性主要由敏感性和适应性组成。红树林敏感性与以下 5 个方面有关：①在红树林的结构组成中，林带的宽度越窄，对热带气旋侵袭的抵御或缓冲的能力越差，敏感性越高（陈玉军等，2000）；②斑块密度通过林区破碎程度来体现，红树林林区越破碎，斑块密度越大，其生境越脆弱（丁立仲等，2005），其敏感性也就越高；③红树林的边界密度表现其形状特征，当面积相对稳定时，形状越偏向于条带状，边界密度越大，敏感性越高（肖寒等，2001）；④越高的树木在热带气旋过境期间越容易受到大风的影响（Smith et al.，1994；McCoy et al.，1996），敏感性越高；⑤红树林越稀疏，健康状况越差，敏感性越高（Amad et al.，2021；邱明红等，2016）。考虑到不同种类红树林在不同季节的生长状态存在差异，采用年平均的归一化植被指数（NDVI）来衡量红树林的林分密度和健康情况。红树林湿地的沉积速率越大，越有利于湿地滩面沉积物累积和高程的抬升，对海平面上升的适应性越强（Lovelock et al.，2015；Ellison and Zouh，2012）。研究显示，中国红树林陆地侧生境主要包括混凝土海堤（83.0%）、土质海堤（10.0%）、道路（4.0%）和陆坡（3.0%）4 种类型（傅海峰，2019），而海堤阻碍了红树林通过向陆地的自然迁移来适应海平面上升的影响。

（3）红树林气候变化综合风险评估指标体系的构建

基于前文的分析，以及 IPCC 气候变化综合风险核心概念及理论框架，主要考虑缓发性的海平面上升和突发性的热带气旋两种气候致灾因子对红树林的危害性，以及红树林的暴露度、脆弱性指标因子，由此构建了中国红树林气候变化综合风险评估指标体系（表 2.3）。

表 2.3　中国沿海地区红树林气候变化综合风险评估指标体系

气候致灾因子危害性	红树林暴露度	红树林脆弱性		影响与风险
		红树林敏感性	红树林适应性	
①SLR（缓发性）：中国 SLR 速率高于全球平均 SLR 速率；中国 SLR 速率大于 9～12 mm/a 时，红树林可能无法适应（Gilman et al.，2008）；中国 SLR 速率大于 6.1 mm/a 时，很可能超过红树林的生存阈值（Saintilan et al.，2020）。②热带气旋（突发性）：当风速大于 7 级（13.9 m/s）时，对红树林产生一定的影响或损毁作用（邱治军等，2010）	①红树林距海域水体的距离，即红树林湿地到平均海平面与陆地的交界线的距离。②红树林高程低的生境（简称低地生境）：红树林湿地中，0 m 等高线向陆一侧，高程低于 0 m 的红树林湿地易受台风暴潮的影响	①林带宽度：带宽越窄，红树林对 SLR 及台风越敏感。②株高：按群落类型的平均高度统计，株高越高，越容易受到台风的影响。③郁闭度（林冠层盖度）：反映林分密度，红树林越稀疏，越敏感。④斑块密度：林区越破碎，斑块密度越大，生境越脆弱（丁立仲等，2005），对 SLR 越敏感。⑤边界密度：周长除以面积，值越大，敏感性越高	①高程：泥面高程越高，受 SLR 的影响越小；沉积作用反映在高程中，沉积速率越大，对 SLR 的适应性越强（Lovelock et al.，2015）。注：潮滩坡度越小，适应性越弱。②海堤：后方陆域海堤阻碍红树林对 SLR 的适应（丁平兴，2016；傅海峰，2019）。③沉积速率（Saintilan et al.，2020）	①SLR 的影响：SLR 速率大于沉积速率，影响红树林生长，生境被破坏（面积减少）；SLR 将导致海岸侵蚀和林区破碎化加剧，进而导致生物资源减少、多样性下降、储碳（碳汇）减少；海堤阻碍红树林向陆后退或扩展的自适应。②SLR 的风险：主要考虑 SLR 造成的红树林生境永久损失，即红树林因 SLR 而永久消失的生境（面积损失）。③热带气旋的影响：强热带气旋如台风可对红树林造成严重的损伤。④热带气旋的风险：强热带气旋和台风对红树林结构的损毁，导致红树林的服务功能减少或丧失

注：中国的红树林主要分布在海南、广东、广西、福建和浙江（张乔民和隋淑珍，2001），气候致灾因子为 SLR 和热带气旋；南海 SLR 速率高于全球平均 SLR 速率；大部分（约 80%）红树林后方建有海堤或养殖池，红树林适应气候致灾因子危害性的能力较弱；红树林生境受损且出现破碎化现象（王浩等，2020）。

2. 评估指标因子计算方法

（1）红树林气候致灾因子危害性评估方法

基于气候致灾因子危害性的概念和定义，构建红树林气候致灾因子危害性评估流程，如图 2.5 所示。

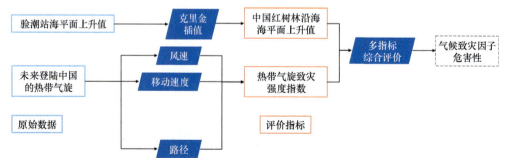

图 2.5　红树林气候致灾因子危害性评估流程

气候致灾因子危害性（H）的计算方法为

$$H = H_s \times a_1 + H_t \times a_2 \tag{2.10}$$

式中，H_s 为海平面上升值标准化（归一化）后的无量纲值；H_t 为热带气旋致灾强度指数标准化值；a_1 和 a_2 为权重。标准化方法为最大值 - 最小值标准化法，对各指标进行线性变换，使结果映射区间为 0 ～ 1。基于 IPCC CMIP5 多模式数据结果（Kopp et al.，2014），分析并提取了不同气候情景（RCP2.6、RCP4.5、RCP8.5）下，相对于 2000 年，到 2030 年、2050 年、2100 年中国沿海验潮站的海平面上升值，并使用克里金插值方法计算了红树林生境海域的海平面上升值。

相较于海平面上升，热带气旋具有多样性和复杂性，多样性体现在既包含大风和强降水两大直接致灾因子，又包含洪水、风暴潮等次生致灾因子，复杂性体现在直接致灾因子和次生致灾因子可能"并发"，引发"灾害链"或"复合灾害"，可能导致生态系统的巨大损失（陈文方等，2017）。鉴于最大风速越大、移动速度越慢、经过的热带气旋越多，对红树林的影响越大，危害性也越高，且热带气旋的破坏性与其中心附近最大风速的三次方成正比（Emanuel，2005），因此在计算热带气旋致灾强度指数时采用 v_i^3，热带气旋致灾强度指数标准化值（H_t）的计算公式为

$$H_t = \sum_{i=1}^{m} \left[\sum_{j}^{n} v_i^3 / (s_i \times r_j) \right] \tag{2.11}$$

式中，v_i 为不同气候情景不同年代第 i 场热带气旋中心附近的平均最大风速；s_i 为第 i 场热带气旋的平均移动速度；r_j 为红树林和热带气旋路径之间的距离等级；n 为热带气旋路径缓冲区等级（分为 5 级）；m 为 10 年间影响中国红树林的热带气旋场数。

基于未来登陆中国的热带气旋模拟数据（聂心宇等，2022），选取历史和未来（1986 ～ 1995 年、2030 ～ 2039 年、2050 ～ 2059 年、2089 ～ 2098 年）经过中国红树林附近（以红树林为中心，250 km 为半径）的热带气旋中心附近的最大风速与路径等数据（注：模式结果缺失 2099 年和 2100 年的数据，因而选取 2089 ～ 2098 年代表 21 世纪的最后 10 年）。热带气旋的平均移动速度采用热带气旋的两个最大风速点之间的距离除以模式数据的时间分辨率（6 h）获得。热带气旋的最大风速与最大风速半径、大风半径无关（Guo and Tan，2017），但热带气旋中心风速越大，越靠近热带气旋中心（路径）的红树林越易受灾，因此分别选取热带气旋路径 r_1=50 km、r_2=100 km、r_3=150 km、r_4=200 km、r_5=250 km 的影响范围作为缓冲区，如图 2.6 所示。

研究认为，强热带气旋如台风过境后红树林的恢复可能非常缓慢（Milmrandt et al.，2006；Smith et al.，2009），且不同红树物种对台风损害的敏感性和恢复力不同（Baldwin et al.，2001）。未来中国沿海地区海平面上升为缓发性的大概率事件，而影响海南东寨港地区的强热带气旋为突发性的小概率事件，且强热带气旋有明显北移的现象（自然资源部，2023；Kopp et al.，2014；Cai et al.，2020）。统计结果显示，2000 ～ 2016 年自然原因导致了全球约 38% 的红树林损失，其中海岸侵蚀原因占 27%，极端天气事件原因占 11%（Goldberg et al.，2020）。由此可见，海平面上升对红树林的危害性要高于强热带气旋。基于上述分析，并通过专家判断以及运用层次分析法，确定了 H_s 和 H_t 的权重分别为 a_1=0.71、a_2=0.29，并据此获得气候致灾因子危害性指数（H）。

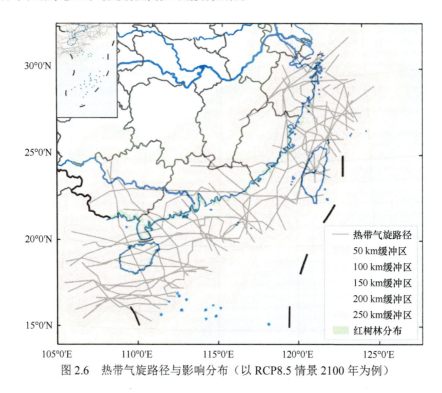

图 2.6　热带气旋路径与影响分布（以 RCP8.5 情景 2100 年为例）

（2）红树林暴露度评估方法

根据表 2.3 中有关红树林暴露度的界定，红树林暴露度评估流程如图 2.7 所示。

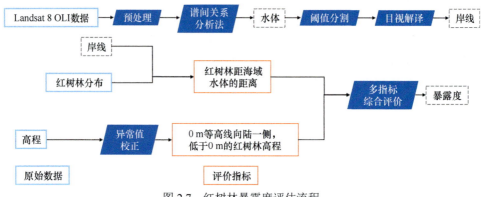

图 2.7　红树林暴露度评估流程

红树林暴露度（E）的计算方法为

$$E=1/L\times b_1+|G_0|\times b_2 \tag{2.12}$$

式中，L 为红树林距海域水体（岸线）距离的标准化值；G_0 为低于海平面的红树林湿地泥面高程的标准化值；b_1、b_2 为权重。标准化方法为最大值 - 最小值标准化法，对各指标进行线性变换，使结果映射区间为 0 ～ 1。使用 ArcGIS 计算红树林像元与岸线的距离即可得到 L，并提取小于 0 m 的红树林高程，即可得到 G_0。采取类似于气候致灾因子危害性的权重确定方法，确定暴露度指标的权重分别为 b_1=0.7、b_2=0.3。

（3）红树林脆弱性评估方法

基于表 2.3 中有关红树林脆弱性的界定，红树林脆弱性评估流程如图 2.8 所示。

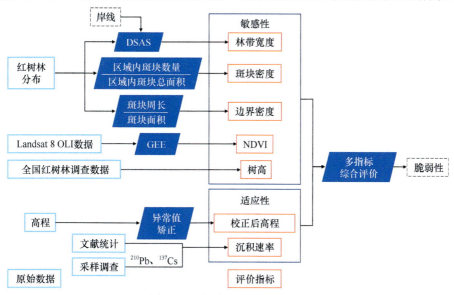

图 2.8　红树林脆弱性评估流程

DSAS 是一个用于海岸线变化分析的软件系统；GEE 是专门处理卫星图像和其他地球观测数据的云端计算平台

红树林脆弱性（V）的计算方法为

$$V=W\times c_1+\text{PD}\times c_2+\text{ED}\times c_3+h\times c_4+I_{\text{NDVI}}\times c_5-G\times c_6-V_\text{a}\times c_7 \tag{2.13}$$

式中，W 为林带宽度的标准化值；PD 为斑块密度的标准化值；ED 为边界密度的标准化值；h 为树高；I_{NDVI} 为红树林年平均归一化植被指数（NDVI）的标准化值；G 为对高程数据的异常值进行校正后的红树林泥面高程的标准化值；V_a 为沉积速率的标准化值；$c_1 \sim c_7$ 分别为每项评估指标的权重。标准化方法为最大值 - 最小值标准化法，对各指标进行线性变换，使结果映射区间为 0 ～ 1。

使用 ArcGIS 拓展工具包数字岸线分析系统（digital shoreline analysis system，DSAS）得到垂直于岸线的等间隔线，与红树林分布叠加，即可得到林带宽度的标准化值。斑块密度的标准化值为

$$\text{PD}=N/A \tag{2.14}$$

式中，N 为区域内斑块数量；A 为区域内斑块总面积。其中，区域划分依据为聚集生长的红树林群落。边界密度的标准化值为

$$\text{ED}=S_i/A_i \tag{2.15}$$

式中，S_i 为每个红树林斑块的周长；A_i 为每个红树林斑块的面积。去除 SRTM DEM 原始数据中距平均值大于两个标准差的数据，并对剩余数据插值，即可得到修正后的红树林泥面高程的标准化值。沉积速率 $V_\text{a}=\lambda/d$，其中 λ 为 ^{210}Pb 的衰变常数（0.03a^{-1}），d 为由实验数据拟合所得常数。结合主观的层次分析法和客观的熵值法（王靖和张金锁，2001），分析并确定每项评估指标的权重，分别为 $c_1=0.1514$、$c_2=0.1161$、$c_3=0.1220$、$c_4=0.0991$、$c_5=0.1041$、$c_6=0.2166$、$c_7=0.1908$。最后将各项指标与权重相乘，得到红树林脆弱性。

（4）气候变化综合风险评估方法

基于气候变化综合风险的核心概念与定义及对风险系统组成成分的分析可知，风险（R）是气候致灾因子危害性（H）、红树林暴露度（E）和脆弱性（V）3 个因素构成的函数：

$$R=f(H，E，V) \tag{2.16}$$

参考 Allen 等（2016）和 Satta 等（2017）的方法，将 H、E、V 标准化后相乘获得指标值，用于代表红树林的气候变化综合风险水平，标准化方法为最大值 - 最小值标准化法，对各指标进行线性变换，使结果映射区间为 0 ～ 1，表达式为

$$R=H×E×V \tag{2.17}$$

综上所述，中国红树林气候变化综合风险评估指标计算方法如表 2.4 所示。

表 2.4　中国红树林气候变化综合风险评估指标计算方法

评估指标		计算式	各指标计算方法及含义
气候致灾因子危害性（H）	海平面上升指标（H_s）、热带气旋指标（H_t）	$H=H_s×a_1+H_t×a_2$ $H_t=\sum_{i=1}^{m}\left[\sum_{j}^{n} v_i^3/(s_i×r_j)\right]$	H_s：海平面上升值标准化（归一化）后的无量纲值。H_t：热带气旋致灾强度指数标准化值。a_1 和 a_2：权重，$a_1=0.71$、$a_2=0.29$。v_i：不同气候情景不同年代第 i 场热带气旋中心的平均最大风速。s_i：第 i 场热带气旋的平均移动速度。r_j：红树林和热带气旋路径之间的距离等级。n：热带气旋路径缓冲区等级（分为 5 级）。m：10 年间影响中国红树林的热带气旋场数
红树林暴露度（E）		$E=1/L×b_1+\|G_0\|×b_2$	L：红树林距海域水体（岸线）距离的标准化值。G_0：低于海平面的红树林湿地泥面高程的标准化值。b_1、b_2：权重，$b_1=0.7$、$b_2=0.3$
红树林脆弱性（V）	敏感性指标（S）、适应性指标（A）	$V=S–A$ $S=W×c_1+PD×c_2+ED×c_3+h×c_4+I_{NDVI}×c_5$ $A=G×c_6+V_a×c_7$ $PD=N/A；ED=S_i/A_i$	W：林带宽度的标准化值。PD：斑块密度的标准化值。ED：边界密度的标准化值。h：树高。I_{NDVI}：红树林年平均归一化植被指数的标准化值。N：区域内斑块数量。A：区域内斑块总面积。S_i：每个红树林斑块的周长。A_i：每个红树林斑块的面积。G：对高程数据的异常值进行校正后的红树林泥面高程的标准化值。V_a：沉积速率的标准化值。$c_1 \sim c_7$：权重，$c_1=0.1514$、$c_2=0.1161$、$c_3=0.1220$、$c_4=0.0991$、$c_5=0.1041$、$c_6=0.2166$、$c_7=0.1908$
风险（R）		$R=f(H，E，V)$	气候致灾因子危害性（H）、红树林暴露度（E）和脆弱性（V）标准化后相乘获得的指标值用于代表红树林的气候变化综合风险水平

应用上述方法，可获得气候致灾因子危害性和红树林暴露度、脆弱性。为了评估气候致灾因子危害性与红树林暴露度、脆弱性相互作用产生的综合风险水平，采用谱聚类法将红树林气候变化综合风险水平划分为 5 个等级，即很低、低、中等、高、很高，最后获得 5 个等级的风险水平指标值，从低到高分别为：0.00 ～ 0.08、0.08 ～ 0.16、0.16 ～ 0.27、0.27 ～ 0.42、0.42 ～ 1.00。

综上所述，图 2.9 以东寨港红树林为例，展示了红树林气候变化综合风险评估流程。

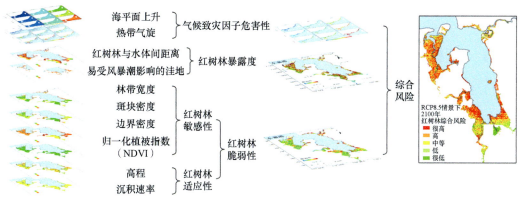

图 2.9　红树林气候变化综合风险评估流程（以东寨港红树林为例）

（5）海平面上升淹没风险评估方法

红树林的气候致灾因子危害性中，海平面上升占据主要权重，因此基于红树林湿地的沉积速率数据、海平面上升预估值，通过地理信息系统（GIS）平台，进一步分析不同气候情景下未来相对海平面上升可能对国家级、省级自然保护区红树林生境造成的潜在损失风险。

具体方法：红树林外边界高程（向海边界高程）为平均海平面或稍上，内边界高程（或林内最大高程）为回归潮平均高高潮位（或大潮平均高潮位）（张乔民等，1997），因此选取最接近红树林外边界的一条最长的等高线，其高度为目前平均海平面（H_0）。首先使用 Global Mapper 软件，利用地表高程数据生成红树林分布区的等高线，再预估未来某年的平均海平面（H）：

$$H=H_0-\Delta H_{2000\sim 2018}+\Delta H_{2000\sim N}-V_a\times T \tag{2.18}$$

式中，$\Delta H_{2000\sim 2018}$ 为 2000～2018 年平均海平面的变化；$\Delta H_{2000\sim N}$ 为以 2000 年为基准年，不同气候情景下未来某年（2030 年、2050 年或 2100 年）海平面上升的高度；V_a 为红树林湿地沉积速率；T 为时间跨度。以中国红树林空间分布遥感数据集为基础，将 ArcGIS 软件作为主要分析工具，研究国家级、省级自然保护区红树林受海平面上升影响被淹没的风险，分析流程如图 2.10 所示。

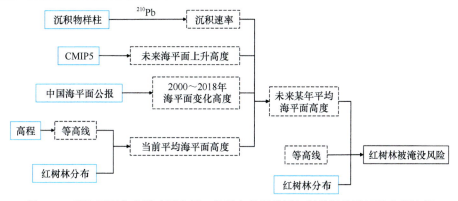

图 2.10　受海平面上升影响国家级、省级自然保护区红树林被淹没风险分析流程

2.3 结果与分析

2.3.1 红树林演变特征及归因分析

1. 红树林分布的历史演变特征

（1）面积分布及变化

基于文献资料的分析表明，中国红树林主要分布在热带和亚热带的海南、广西、广东、福建、台湾等省（区）的海岸带地区，总面积为 21 148 ～ 24 801 hm^2（Zhao and Qin，2020）。其中，海南、广东、广西和福建的海岸带红树林面积占全国红树林总面积的 97%。海南全省红树林面积为 3930.3 hm^2，主要分布在东北部的东寨港和清澜港、南部的三亚港以及西部的新英港等，其中连片面积最大、红树物种最丰富的红树林位于海南东寨港国家级自然保护区（以下简称东寨港红树林），该保护区是中国最早建立的国家级红树林湿地保护区，红树植物种类共有 19 科 35 种，占全国红树植物种类的 97%（辜晓虹，2023）。广东红树林主要分布在湛江市、深圳市和珠海市等地，总面积为 9084.0 hm^2，是中国红树林面积最大的省份，占全国红树林总面积的近 40%。广西红树林主要分布在英罗港、丹兜海、铁山港、钦州湾、北仑河口、珍珠湾等地，总面积为 8374.9 hm^2，仅次于广东。福建红树林主要分布在云霄漳江口、九龙江口及宁德地区的沙埕港等地，总面积为 615.1 hm^2。浙江没有天然红树林的分布，成片的分布区主要在温州市乐清湾，面积为 20.6 hm^2，主要分布秋茄一种。香港红树林主要分布于深圳湾、米埔、大埔汀角、西贡和大屿山岛等地，总面积为 380 hm^2。澳门红树林主要分布于氹仔赛马场外侧、氹仔岛与路环岛之间大桥西侧等地的海滩上，总面积为 10 hm^2。

如前所述，中国红树林面积曾达到 25 万 hm^2，后来由于人类的直接破坏活动，如过度砍伐、围海造田、挖塘养殖等，红树林不断减少，至 20 世纪 50 年代、70 年代和 2000 年，分别锐减至不到 5 万 hm^2、4.87 万 hm^2、1.86 万 hm^2；随着红树林的生态价值得到高度重视与保护，2000 年以来红树林面积恢复，并在 2013 年增至 3.21 万 hm^2（国家海洋局，1996；张乔民，2001；贾明明，2014；林天维等，2020）。

自 20 世纪 90 年代末以来，中国红树林面积得到恢复并有所增加，主要在于对红树林的保护与修复，如红树林自然保护区的设立。例如，自 20 世纪 80 年代以来，为了保护数量不多的红树林，中国采取的重要措施之一是建立各级自然保护区。1980 年在海南海口市建立了首个省级的东寨港红树林自然保护区，并在 1986 年提升为国家级自然保护区。截至 2015 年，中国共建立了 32 个以红树林为主要保护对象的自然保护区（本统计数据未包含台湾淡水河河口、关渡、北门沿海和香港米埔的红树林保护区），其中国家级有 6 个（海南 1 个、广西 2 个、广东 2 个、福建 1 个），省级有 5 个（海南、广东、广西各 1 个，福建 2 个），市级和县级共 21 个（海南 6 个、广东 13 个、福建 2 个）。保护区总面积约为 9.76 万 hm^2，其中红树林分布面积约 1.67 万 hm^2，占中国现有红树林总面积的 75.9%，为中国红树林湿地的有效保护提供了重要基础（表 2.5）。

表 2.5 中国主要红树林自然保护区概况

序号	级别	保护区名称	行政区域	面积（hm²）	主要保护对象	始建年份
1	国家级	海南东寨港国家级自然保护区	海南海口市美兰区	3 337	红树林生态系统	1980
2		广西北仑河口国家级自然保护区	广西防城港市防城区、东兴市	3 000	红树林生态系统	1990
3		广西山口红树林生态国家级自然保护区	广西合浦县	8 000	红树林生态系统	1990
4		广东湛江红树林国家级自然保护区	广东湛江市	19 300	红树林生态系统	1990
5		广东内伶仃岛 - 福田国家级自然保护区	广东深圳市宝安区、福田区	815	猕猴、鸟类、红树林湿地生态系统	1984
6		福建漳江口红树林国家级自然保护区	福建云霄县	2 360	红树林生态系统和东南沿海水产种质资源	1992
7	省区级	福建泉州湾河口湿地省级自然保护区	福建泉州市惠安县、洛江区、丰泽区、晋江市、石狮市	7 008.84	红树林和滨海湿地生态系统及珍稀濒危物种	2002
8		福建龙海九龙江口红树林省级自然保护区	福建漳州市龙海区	420.2	红树林生态系统及濒危动植物	1988
9		广东珠海淇澳 - 担杆岛省级自然保护区	广东珠海市	7 373.77	红树林湿地生态系统及猕猴等动物	1989
10		广西茅尾海红树林自治区级自然保护区	广西钦州市钦南区	3 454	红树林湿地生态系统	2005
11		海南清澜红树林省级自然保护区	海南文昌市	2 904.5	红树林生态系统	1981
12	市级	宁德环三都澳湿地水禽红树林市级自然保护区	福建宁德市蕉城区	2 406.29	红树林生态系统及珍稀水禽	1997
13		深圳大鹏半岛市级自然保护区	广东深圳市龙岗区	14 622	南亚热带常绿阔叶林、红树林湿地生态系统及珍稀动植物	2010
14		汕头湿地市级自然保护区	广东汕头市	10 333.3	红树林湿地生态系统及候鸟	2001
15		茂名市电白红树林市级自然保护区	广东茂名市电白区	1 950	红树林湿地生态系统及候鸟	1999
16		惠东红树林市级自然保护区	广东惠州市惠东县	533.3	红树林湿地生态系统及候鸟	1999
17		三亚河红树林市级自然保护区	海南三亚市	343.83	红树林生态系统	1992
18		铁炉港红树林市级自然保护区	海南三亚市	292	红树林生态系统	1999
19		亚龙湾青梅港红树林市级自然保护区	海南三亚市	156	红树林生态系统	1989
20	县级	龙海九龙江河口湿地县级自然保护区	福建漳州市龙海区	4 360	红树林等湿地生态系统及鸟类	2004
21		台山镇海湾红树林县级自然保护区	广东江门市台山市	119.33	红树林生态系统	2000
22		恩平红树林县级自然保护区	广东江门市恩平市	700	红树林生态系统	2005
23		五里南山红树林县级自然保护区	广东湛江市徐闻县	7	红树林生态系统	1997

序号	级别	保护区名称	行政区域	面积（hm²）	主要保护对象	始建年份
24	县级	新寮仑头红树林县级自然保护区	广东湛江市徐闻县	309	红树林生态系统	1997
25		南渡河口县级自然保护区	广东湛江市雷州市	200	红树林湿地生态系统	2003
26		茂港红树林县级自然保护区	广东茂名市茂名港区	800	红树林湿地生态系统	2001
27		岗列对岸三角洲县级自然保护区	广东阳江市江城区	40	红树林	2005
28		平冈红树林湿地县级自然保护区	广东阳江市高新区	800	红树林及湿地生态系统	2005
29		程村豪光红树林县级自然保护区	广东阳江市阳西县	1 000	红树林生态系统	2000
30		新英湾红树林县级自然保护区	海南儋州市	115.4	红树林生态系统	1992
31		花场湾沿岸红树林县级自然保护区	海南澄迈县	150	红树林生态系统	1995
32		彩桥红树林县级自然保护区	海南临高县	350	红树林生态系统	1986

注：引自生态环境部 2015 年公布的《全国自然保护区名录》。

此外，中国还有一批红树林湿地被列入《国际重要湿地名录》，如海南东寨港、广东湛江、广西山口、香港米埔等红树林湿地。按照《全国海洋功能区划》的要求，今后还将增设一批新的红树林自然保护区和保护小区。保护区的建立有效地保护了中国的红树林资源，是中国红树林资源保护的主体。目前，中国所有的真红树植物和半红树植物均在保护区内得到了较好的保护，而且保护区为大量的珍稀鸟类提供了重要的越冬和栖息场所。此外，保护区还是开展科学研究、进行宣传教育的良好场所，其中香港米埔自然保护区受世界自然基金会（WWF）的资助，已发展成为一个国际性的红树林保护和教育基地。

从上述分析可见，中国红树林分布面积的变化趋势基本都是先快速减少，后平稳增加（贾明明等，2021）。由于采取的数据源和研究方法不同，不同研究得出的中国红树林面积变化的拐点出现时间不同，但大致在 1990～2000 年（王浩等，2020；贾明明等，2021）。在此之前，1973～2000 年全国红树林面积减少了 30 199 hm²，约 62% 的红树林消失；2000～2020 年红树林面积增加 9408 hm²，增长约 51%。2020 年中国红树林总面积基本恢复到 1980 年水平（贾明明等，2021），这主要是因为 2000 年以后中国红树林的保护和管理得到了空前的关注和重视，大面积侵占红树林的活动基本停止，保护区建立增多，对红树林保护起到了主导作用。

从各省（区）红树林面积变化趋势来看，广东红树林面积呈现先大幅度减少，2000年之后逐步增加的趋势（贾明明，2014；王浩等，2020；林天维等，2020；杨加志等，2018）；广西红树林面积在 1990 年之前大幅度缩减，1990 年之后明显增加，是增加最显著的省（区），2013 年恢复至高于 1973 年的面积水平；海南红树林面积先减少后增加，整体变化幅度相对较小，但 1973～2010 年红树林面积一直呈缩减态势，近 10 年来才缓慢增加，但依然未恢复到 1990 年的面积水平；福建红树林面积以 2000 年左右为分界呈现先减少后增加的趋势，增加面积主要位于保护区内；浙江红树林面积较小，多为人工引种，其面积变化受引种影响较大，2000 年以来也呈增加趋势。

简而言之，中国红树林分布面积的变化经历了从 20 世纪 50 年代开始至 2000 年大幅度减少，2000 年以后红树林面积开始逐步恢复，2010 年以后随着人工种植面积的增加，红树林面积缓慢增加的演变趋势（图 2.11）。

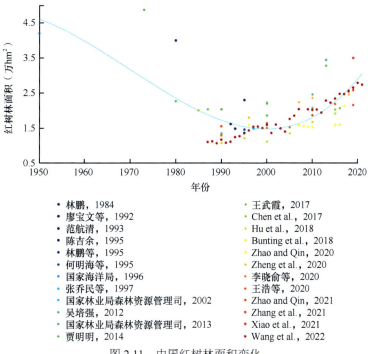

图 2.11 中国红树林面积变化

（2）物种分布及变化

中国红树林物种最丰富的片区主要集中在海南、广西和广东 3 个省（区），其中海南红树林物种最丰富。但在同一地区，不同学者、不同时段记录的红树林种类差别较大，这与研究方法、样地选取等有关系。按照调查或论文发表时间顺序，各省（区）红树林植物的调查结果如下。

海南是中国红树林种类最多、生物多样性最丰富的地区之一。在 20 世纪 80 年代的调查研究中，学者鉴定出的红树林物种为 27 ～ 41 种（高蕴章，1985；林鹏和卢昌义，1985；陈焕雄和陈二英，1985；何明海，1990）。1998 年现场调查发现，海南岛共有红树植物 31 种（莫燕妮等，1999）。2001 年全国湿地调查结果表明，海南岛共有红树植物 33 种（海南省林业厅，2002）。2010 年第二次全国湿地调查结果表明，海南红树林包括真红树 20 种、半红树 7 种、外来引进种 1 种；红树林植物群落中海莲群落、白骨壤群落、红海榄群落、红树群落等分布最广（国家林业局，2015d）。在综合前人研究资料的基础上，辛欣等（2016）认为海南现有红树植物 38 种，其中真红树植物有 26 种（包括杂交种 2 种、引进种 2 种），半红树植物有 12 种。现有资料与 20 世纪 80 年代初的调查结果相比，海南各地红树林内少见秋茄散生，红榄李和水芫花也不多见，新增了拟海桑、无瓣海桑和拉关木3种真红树植物（辛欣等，2016）。

广西红树林的种类也较多，群落结构复杂。1981年调查结果显示，广西共有红树植物12种，群落组成主要有8种，其中白骨壤群落分布面积最大，其次是桐花树群落（林鹏和胡继添，1983）。1990年调查结果显示，广西红树植物共有22种，群落组成可划分为10个群系19个群落，分布最广、面积最大的是桐花树群落（李信贤等，1991）。到2000年左右，广西共有红树植物15种，其中真红树有11种，半红树有4种（张忠华等，2007），群落组成主要有16种，其中以桐花树群落分布面积最大，其次为白骨壤群落（梁维平和黄志平，2003）。2006～2008年的现场调查结果显示，广西共有红树植物19种，其中真红树有11种，半红树有8种，红树植物群落中桐花树群落分布面积最大，其次为白骨壤群落（徐淑庆等，2010）。2010年第二次全国湿地调查结果显示，广西红树植物共有17种，其中真红树有11种，半红树有6种，红树植物群落中桐花树群落、白骨壤群落、秋茄群落等分布最广（国家林业局，2015c）。潘良浩等（2018）在大量野外勘查的基础上，结合前人的研究资料，认为广西沿海地区共有20种红树植物，其中真红树有12种（2种为外来种），半红树有8种，红树群落类型大致可分为11个群系，其中白骨壤群落是广西红树群落类型中占比最高的群落类型，桐花树群落占比次之。

广东红树林群落的外貌相对简单，主要为灌木或小乔木；一般高约3 m，最高也不超过6～7 m；很多群落分层不明显，密度一般较大，覆盖度为60%～90%。早期的统计结果显示，广东共有红树植物28种（高蕴璋，1985），但也有学者认为这28种红树植物中实际只有12种属于红树植物，其中真红树有9种，半红树有3种（Peng et al.，2016）。根据2001年的调查结果，广东共采集到22种真红树、半红树，其中木本植物有17种，草本、藤本、蕨类植物有5种；植物群落中白骨壤群落面积最大，桐花树群落面积次之（广东省林业勘测设计院，2002）。但也有学者对2001年调查结果归纳后认为，广东的红树植物共有28种（林中大和刘惠民，2003）。2010年的调查结果显示，广东红树种类为23种，其中真红树有14种，半红树有9种，优势种为白骨壤、桐花树、秋茄、红海榄和木榄，均为纯林，以白骨壤纯林最多，其次为桐花树纯林，其余均以混生群落居多（国家林业局，2015b）。2015年中山大学的调查结果显示，广东红树植物共24种，其中真红树有14种，半红树有10种（Peng et al.，2016）。广东红树林种类丰富，主要优势种为白骨壤、桐花树、秋茄、红海榄和木榄，但空间分布不均匀：雷州半岛及粤西沿岸红树林优势种（或优势群落）比较复杂多样；中部珠江三角洲地区红树林优势种（或优势群落）明显减少，主要优势种（或优势群落）有白骨壤、桐花树、秋茄、无瓣海桑、卤蕨＋老鼠簕、银叶树等，群落外貌和结构相对简单；粤东沿岸的红树林优势种则主要集中在少数几种，如桐花树、无瓣海桑等，群落外貌和结构更为简单（何克军等，2006）。

福建由于纬度更靠北，红树物种类别随纬度的增高而递减，群落类型也相应减少，但从已有研究结果看，其物种数量呈现增加趋势。历史调查结果显示，1951年福建红树种类共有3种（何景，1951），1957年共有5种（何景，1957），1981年共有6种（林鹏和韦信敏，1981），1987年共有10种（倪正泉等，1987），2000年共有真红树10种、半红树4种（王文卿等，2000），2010年调查发现福建真红树和半红树共有11种（国家林业局，2015a）。福建红树林的外貌比较平整，呈浓绿色或黄绿色，种类不多，结构单纯，一般高仅为 4 ～ 5 m，中部仅为 2 m，东北部仅为 1 m 多（林益明和林鹏，1999）。福建红树林主要群落类型有秋茄 + 木榄 - 桐花树群落、秋茄 - 桐花树群落、白骨壤群落和秋茄群落（国家林业局，2015a）。

浙江沿海地区没有天然红树林分布，其红树林均为人工引种。根据陈秋夏等（2019）的统计分析，在 20 世纪 50 年代末至 60 年代初，浙江开展了大规模的红树林引种造林，但最终保存下来的很少；20 世纪 80 年代中后期，浙江强调海岸防护林建设，在苍南县、瑞安市、瓯海县、玉环县等地掀起了红树林引种造林的第二个高潮；20 世纪 90 年代至 21 世纪初浙江又开展了新一轮的红树林引种造林，所引种类主要是秋茄。

（3）景观格局及变化

近几十年来，中国红树林面积经历了先减少后增加的过程，自 2000 年以来，在红树林面积增加的情况下，红树林的斑块密度依然是逐年增加（王浩等，2020；贾明明，2014；徐晓然，2018；甄佳宁等，2019）。从整体来看，红树林平均斑块面积逐年减小，斑块数显著增加，景观格局趋于破碎化，有较大红树林斑块出现萎缩、碎片化现象，且内部连通性降低，其中广东湛江红树林国家级自然保护区的核心区碎片化最为严重（王浩等，2020）。

此外，研究发现，全国红树林质心向东北方向小幅度移动，这表明随着全球气温的升高，浙江、福建越来越适宜红树林生长，浙江、福建人工引种的成果显著（王浩等，2020）。

2. 红树林对气候变化和人类活动的响应

全球气候变化背景下热带气旋、海平面变化、海洋热浪、干旱等极端气候事件是造成 20 世纪 60 年代以来全球大规模红树林死亡的主要原因（Sippo et al.，2018）。但有研究认为，在适度的温度上升范围内，红树林将加速生长，并且有助于其纬度分布范围向南向北扩大。例如，卢昌义等（1995）认为如果全球气温上升 1.5 ～ 4.5℃，似乎对各个红树林物种都不会产生严重的不良后果，但要考虑温度升高的累积效应；Alongi（2014）则结合降水的多寡，分析了温度上升对红树林分布的影响，认为在降水频繁地带，温度上升是正效应，反之则是负效应。

红树林生长于海岸潮间带湿地，因此近年来人们高度关注海平面持续上升对红树林湿地的负面影响。尽管红树林湿地可通过泥沙沉积作用提高表面高程，以适应海平面上升，然而当沉积速率小于当地的海平面上升速率，如全球海平面上升速率达 7.6 mm/a 时，红树林将无法适应海平面上升（Alongi，2014；Ellison，2015；Saintilan et al.，2020；Cai et al.，2022）。1980 年以来，中国沿海地区海平面的上升速率为 3.4 mm/a，高于同期全球平均水平，并且高海平面加剧了沿海台风风暴潮和海岸侵蚀等不利影响因子的作用。研究表明，在温室气体高浓度排放情景（RCP8.5）下，21 世纪中叶以后全球仅局部的红树林湿地沉积速率可与海平面上升保持同步（Sasmito et al.，2016）。例如，在加勒比地区红树林边缘，红树林区的沉积速率能与海平面上升速率持平。但当海平面上升速率超过 5 mm/a 时，加勒比地区的红树林岛屿可能无法持续存在（McKee et al.，2007），而中国海南省东寨港将有 17% 以上的红树林湿地消失（Cai et al.，2022）。在印度洋 - 太平洋热带地区，约有 69% 受关注的红树林湿地将消失，特别是低潮差和沉积物补充量低的地区，红树林湿地可能最早在 2070 年被淹没（Lovelock et al.，2015）。

降水的变化影响红树林的生长和空间分布（Field，1995；Ellison，2000）。一方面，降水的减少和蒸发的加强将使得盐度升高，降低红树林净初级生产力和幼苗成活率，改变物种间竞争关系，降低系统生物多样性，进而引起红树林面积的显著减少（Field，1995；Duke et al.，1998）。随着土壤盐分的增加，红树林会提高组织盐含量，同时降低水的利用率，从而降低生产力（Field，1995）。同时，盐度升高会增强硫酸盐在海水中的有效性，这会加强泥炭的厌氧分解，进而增强红树林对海平面上升的脆弱性（Snedaker，1993，1995）。降水的减少还可能导致红树林入侵盐沼和淡水湿地（Saintilan and Wilton，2001；Rogers et al.，2005）。另一方面，降水的增加可使红树林的生长速率、生物多样性和面积增加，甚至向陆地方向扩张（Field，1995；Duke et al.，1998）。例如，在全球大部分地区，与低雨量的岸线相比，高雨量岸线的红树林往往更高、更多样化（Duke et al.，1998），可能河流沉积物和营养物质的供应量增加、对硫酸盐暴露度的降低导致了红树林生产力和多样性的提高（McKee，1993；Field，1995；Ellison，2000）。

气候变暖使得强台风增多，而强台风对海岸带和沿海地区的影响日益显著。其中，增多变强的强大风暴可造成红树林生态系统结构的损毁，进而导致红树植物的直接死亡，降低红树林的多样性指数，并且强风暴和海浪可增强土壤侵蚀或海岸冲刷作用，降低红树林沉积速率，对红树林生境造成进一步破坏，从而进一步增强红树林对海平面上升的脆弱性（Cahoon and Hensel，2006；Long et al.，2016；Villamayor et al.，2016；陈小勇和林鹏，1999）。此外，大气中 CO_2 浓度增加反而可提高某些红树物种的生产力（Field，1995；Ball et al.，1997；Komiyama et al.，2008），但并不是所有的红树物种都有类似的响应特征，且不同的环境条件（如温度、盐度、营养盐水平、水文条件等）均会影响红树林对 CO_2 浓度增加的响应（Field，1995）。例如，Alongi（2008）认为，温度升高且降水增多的红树林分布区可能受益于 CO_2 浓度的增加；Ball 等（1997）指出，CO_2 浓度加倍对超高盐度区域的红树林生产力的影响很小，而在低盐度地区影响很大。目前关于 CO_2 浓度增加对红树林的影响的认识还不充分，有待进一步加强研究。

从近 50 年来中国红树林湿地面积的剧烈变化可以看出人类活动产生的重要影响。历史上人类活动对红树林生长发育既有严重的破坏作用，如大规模的围填海、围垦养殖、污水排放等，又有保护与恢复等正面作用，如红树林自然保护区的设立和红树林的补种等。例如，全国红树林分布范围普遍经历了自 20 世纪 50 年代以来的锐减，到 1980 年至 20 世纪 90 年代保持基本的稳定，再到 2000 年之后有一定恢复。局部的红树林分布也经历了类似的变化过程。例如，海南东寨港、广西铁山港、广东雷州湾红树林湿地面积和景观的变化（Cai et al.，2022；曹林等，2010；莫权芳和钟仕全，2014；黄星等，2015；孙艳伟等，2015）主要归因于围填海、围垦养殖、城市建设，或者红树林保护区的建设及恢复等人类活动。国外红树林也有类似现象，如印度东海岸 Coringa 地区、马达加斯加曼戈基河口等地的毁林造田、养殖业的扩张对红树林湿地的破坏作用，具体包括农田种植、农业开发、虾场养殖等活动（Barbier and Cox，2003；Reddi et al.，2003；Rakotomavo et al.，2018）。

综上分析，在过去几十年中，尤其是 1980 年之前，在中国红树林的动态演变锐减中，人为的破坏因素起到了主要作用，但随着人们对红树林保育规划的重视，破坏活动得到抑制，红树林得到恢复，而在气候变暖背景下海平面的持续上升和强热带气旋的增强对红树林的影响和威胁日益突显。

2.3.2 红树林气候致灾因子危害性分析

首先，基于 CMIP5 模式数据，分析不同气候情景下未来（2030 年、2050 年、2100 年）中国红树林分布区的海平面上升；其次，应用区域气候模式（RegCM4）通过降尺度获得未来登陆中国的热带气旋的模拟数据，计算登陆中国红树林分布区的热带气旋致灾强度指数；最后，评估不同气候情景下未来红树林的海平面上升和热带气旋两种气候致灾因子的危害性，为后续红树林气候变化综合风险的评估提供基础。

1. 不同气候情景下中国沿海海平面上升值预估

根据《2022 年中国海平面公报》和分析结果，中国沿海海平面变化总体呈波动上升趋势。1980 ～ 2022 年，中国沿海海平面上升速率为 3.5 mm/a，高于同时段全球平均水平（自然资源部，2023）。由 2.2.1 小节的海平面上升预估结果分析可知，未来海平面上升速率将进一步加快。图 2.12 为不同气候情景下相对于 2000 年未来（2030 年、2050 年、2100 年）中国南方沿海海平面上升值分布，表 2.6 为中国红树林分布区附近验潮站海平面的上升值。

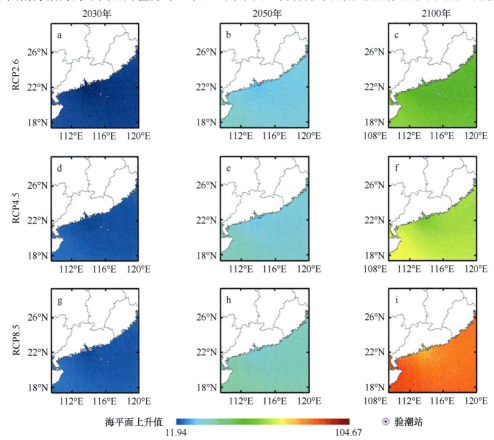

图 2.12　不同气候情景下相对于 2000 年未来（2030 年、2050 年、2100 年）中国南方沿海海平面上升值分布（单位：cm）

表 2.6　不同气候情景下相对于 2000 年未来中国红树林分布区附近验潮站海平面的上升值（单位：cm）

序号	站位	RCP2.6			RCP4.5			RCP8.5		
		2030 年	2050 年	2100 年	2030 年	2050 年	2100 年	2030 年	2050 年	2100 年
1	东方	14	25	52	14	27	62	14	29	83
2	海口	18	31	65	18	33	75	18	36	96
3	北海	13	23	49	13	25	59	13	28	80
4	闸坡	14	25	52	14	27	63	15	30	84
5	澳门	10	19	40	10	21	51	11	24	72
6	北角	10	19	41	11	21	51	11	24	72
7	汕尾	14	25	53	14	27	63	15	30	85
8	厦门	14	25	51	14	26	61	14	29	83
9	基隆	13	24	49	13	25	59	14	29	82
10	吕四	21	37	75	21	39	87	22	42	109

由图 2.12a～c 和表 2.6 可知，在 RCP2.6 情景下，相对于 2000 年，到 2030 年、2050 年、2100 年中国红树林分布区平均海平面将分别上升 14.10 cm、25.05 cm、52.63 cm，平均海平面上升速率分别为 4.70 mm/a、5.01 mm/a、5.26 mm/a。

由图 2.12d～f 和表 2.6 可知，在 RCP4.5 情景下，相对于 2000 年，到 2030 年、2050 年、2100 年中国红树林分布区平均海平面将分别上升 14.15 cm、26.97 cm、62.82 cm，平均海平面上升速率分别为 4.72 mm/a、5.39 mm/a、6.28 mm/a，平均海平面上升高度和速率均高于 RCP2.6 情景。

由图 2.12g～i 和表 2.6 可知，在 RCP8.5 情景下，相对于 2000 年，到 2030 年、2050 年、2100 年中国红树林分布区平均海平面将分别上升 14.42 cm、29.85 cm、83.91 cm，平均海平面上升速率分别为 4.81 mm/a、5.97 mm/a、8.39 mm/a，平均海平面上升高度和速率又明显高于 RCP4.5 情景，这主要是由于升温使得海水热膨胀和南极冰盖融化加快。总体来看，海平面上升速率将随时间推移和温室气体浓度的增加而升高。

在海南、广东、广西、浙江、福建 5 个省（区）中，广西平均海平面上升速率最低，浙江南部和海南平均海平面上升速率最高。以 RCP8.5 情景下 2100 年的平均海平面上升为例，海南、广西、广东、福建、浙江南部海平面将分别升高 88.16 cm、82.69 cm、83.10 cm、83.68 cm、88.17 cm。广东珠江口附近海平面上升速率最低，上海长江口附近海平面上升速率最高，这主要是由于两个验潮站（北角和吕四）的地面垂直运动差别较大（Feng et al., 2019）。

2. 不同气候情景下热带气旋致灾强度指数

应用 2.2.2 小节构建的红树林气候致灾因子危害性评估方法，计算分析不同气候情景下未来（2030 年、2050 年、2100 年）热带气旋路径与热带气旋致灾强度指数分布（图 2.13），表 2.7 为不同气候情景下未来热带气旋致灾强度指数统计值。

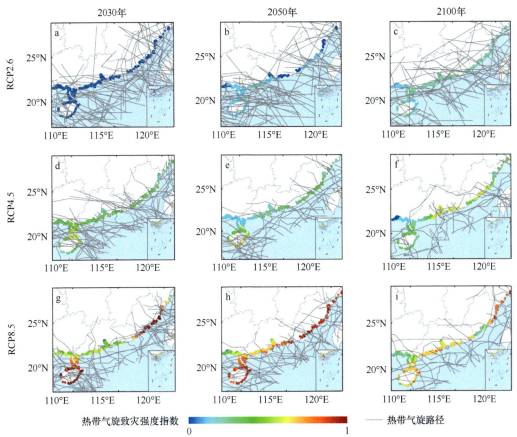

图 2.13 不同气候情景下未来热带气旋路径与热带气旋致灾强度指数分布

注: 香港、澳门、台湾资料暂缺

表 2.7 不同气候情景下未来热带气旋致灾强度指数统计值

RCPs 情景	2030 年			2050 年			2100 年		
	最小值	平均值	最大值	最小值	平均值	最大值	最小值	平均值	最大值
RCP2.6	0.00	0.02	0.04	0.03	0.09	0.14	0.07	0.13	0.20
RCP4.5	0.12	0.27	0.41	0.06	0.16	0.47	0.02	0.19	0.46
RCP8.5	0.22	0.48	1.00	0.22	0.49	0.83	0.25	0.39	0.69

由图 2.13a ～ c 和表 2.7 可知, 在 RCP2.6 情景下, 热带气旋致灾强度指数随时间推移而增大, 到 2030 年、2050 年、2100 年平均值分别为 0.02、0.09、0.13。虽然登陆中国红树林生境附近的热带气旋随时间推移而减少, 但热带气旋致灾强度指数还是因热带气旋强度增大而增大。

由图 2.13d ～ f 和表 2.7 可知, 在 RCP4.5 情景下, 到 2030 年、2050 年、2100 年热带气旋致灾强度指数平均值分别为 0.27、0.16、0.19, 总体大于 RCP2.6 情景。到 2030 年广东雷州半岛和海南东北部热带气旋致灾强度指数最大; 到 2050 年广西和广东西部热带气旋致灾强度指数减小, 海南南部热带气旋致灾强度指数增大; 到 2100 年广西热带气旋致灾强度指数进一步减小, 广东中部和福建南部热带气旋致灾强度指数则明显增大。

由图 2.13g ～ i 和表 2.7 可知, 在 RCP8.5 情景下, 到 2030 年、2050 年、2100 年热带气

旋致灾强度指数平均值分别为0.48、0.49、0.39，总体大于RCP2.6和RCP4.5情景，且热带气旋路径的北移现象最为明显。到2030年海南和福建热带气旋致灾强度指数最大，浙江热带气旋致灾强度指数呈中等水平；到2050年海南和福建热带气旋致灾强度指数有所减小，浙江热带气旋致灾强度指数明显增大；到2100年海南和福建热带气旋致灾强度指数相比2050年进一步减小，但福建北部和浙江热带气旋致灾强度指数还维持在较高水平。

研究表明，1960～2016年在西北太平洋地区登陆中国北部的强热带气旋（包括台风和超强台风）明显增加（蔡榕硕等，2020；Liu and Chan，2018），但登陆中国南部沿海地区的热带气旋变化不大，甚至有减少的现象（Wu et al.，2022；Li et al.，2017）。此外，在过去30年里，热带气旋达到其生命期最大强度的平均纬度出现明显的极向迁移现象（Kossin et al.，2014）。研究还显示，在全球变暖背景下，未来热带气旋将不变或减少，但强台风和超强台风将进一步增加（Kossin et al.，2020；IPCC，2019）。在气候变化背景下，登陆中国的热带气旋有北移现象，这使得未来热带气旋对中国红树林的致灾作用呈减弱趋势。

3. 不同气候情景下气候致灾因子危害性

基于2.2.2小节中气候致灾因子危害性（H）的计算方法，获得不同气候情景下未来（2030年、2050年、2100年）中国红树林的气候致灾因子危害性分布，如图2.14所示，表2.8为不同气候情景下未来（2030年、2050年、2100年）中国红树林分布区气候致灾因子危害性统计值。

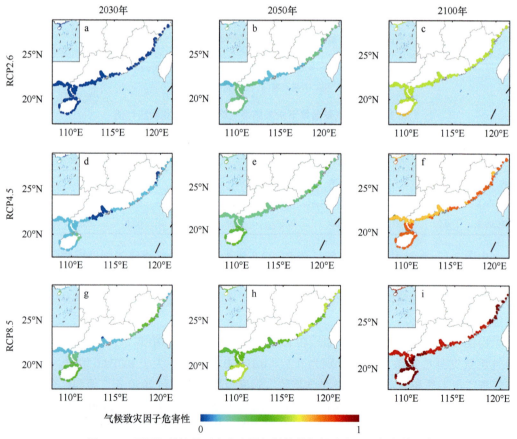

图2.14　不同气候情景下未来中国红树林的气候致灾因子危害性分布

注：香港、澳门、台湾资料暂缺

表 2.8 不同气候情景下未来中国红树林分布区气候致灾因子危害性统计值

RCPs 情景	2030 年			2050 年			2100 年		
	最小值	平均值	最大值	最小值	平均值	最大值	最小值	平均值	最大值
RCP2.6	0.00	0.03	0.04	0.05	0.11	0.16	0.08	0.18	0.34
RCP4.5	0.11	0.16	0.20	0.15	0.20	0.33	0.24	0.34	0.47
RCP8.5	0.40	0.45	0.51	0.51	0.58	0.66	0.78	0.86	1.00

从表 2.8 可知，红树林的气候致灾因子危害性随着时间的推移和温室气体浓度增加而上升。从图 2.14a～c 可以看出，在 RCP2.6 情景下，到 2030 年红树林的气候致灾因子危害性最低；到 2050 年海南、广东西部、福建和浙江气候致灾因子危害性明显升高；到 2100 年红树林气候致灾因子危害性进一步上升，海南南部最高。

由图 2.14d～f 可见，在 RCP4.5 情景下，红树林气候致灾因子危害性高于 RCP2.6 情景。到 2030 年海南东北部（海南东寨港国家级自然保护区和海南清澜红树林省级自然保护区）红树林气候致灾因子危害性较高，广东中部和福建北部气候致灾因子危害性较低；到 2050 年海南和福建气候致灾因子危害性偏高；到 2100 年广西和广东中部气候致灾因子危害性偏低。

图 2.14g～i 显示，在 RCP8.5 情景下，红树林气候致灾因子危害性高于 RCP2.6 和 RCP4.5 情景。到 2030 年海南和福建红树林气候致灾因子危害性最高；到 2050 年气候致灾因子危害性同样也是海南和福建最高；到 2100 年海南、广东雷州半岛、福建北部和浙江的气候致灾因子危害性最高，主要归因于这些地区的海平面上升速率较高。

2.3.3 全国红树林暴露度、脆弱性及综合风险评估

本小节基于 2.2.2 小节构建的评估指标体系、评估方法与技术流程，评估全国红树林暴露度和脆弱性及综合风险。

1. 暴露度

从图 2.15 可以看出，广东雷州半岛西岸和珠江口、福建漳江口红树林国家级自然保护区内的红树林暴露度较高，主要是由于这些区域的红树林泥面高程普遍较低，更容易暴露在风暴潮（由海平面上升和热带气旋引起）引起的永久或超长海水淹没的影响下。

如图 2.16 所示，在海南、广东、广西、福建和浙江 5 个省（区）中，浙江红树林暴露度平均值最高，为 0.90，其次为广东红树林暴露度，平均值为 0.81，两地的红树林暴露度均高于全国平均水平（0.79）；红树林暴露度最低的是海南、广西和福建，平均值都为 0.75。

2. 脆弱性

海南、广东、广西、福建和浙江 5 个省（区）中，海南红树林脆弱性平均值最高，为 0.53，其次为广东红树林，脆弱性平均值为 0.49，二者均高于全国平均水平（0.45）；广西和浙江红树林的脆弱性平均值与全国平均水平相当，分别为 0.46 和 0.45；福建红树林脆弱性平均值最低，为 0.32（图 2.16）。总体来看，中国南部红树林的脆弱性高于北部红树林，部分原因在于中国南部的红树林平均树高基本高于北部红树林，且沉积速率平

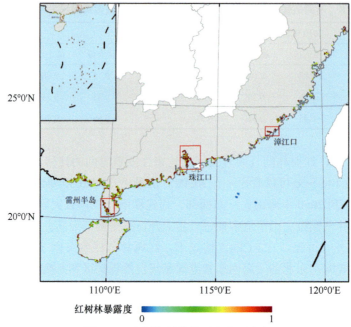

图 2.15　中国红树林暴露度水平分布

注：香港、澳门、台湾资料暂缺

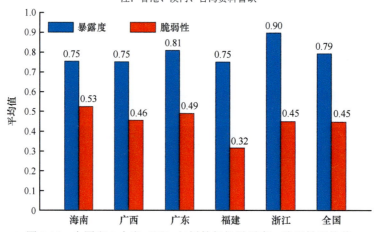

图 2.16　全国和 5 个省（区）红树林气候暴露度、脆弱性平均值

均值较小，因此脆弱性普遍较高。

　　由图 2.17 可以看出，脆弱性较高的红树林分布在海南澄迈县、儋州市、三亚市、琼海市博鳌镇，以及广东雷州半岛西部、珠江口附近，脆弱性较低的红树林主要分布在广西北海市、广东珠海淇澳 - 担杆岛省级自然保护区、福建龙海九龙江口红树林省级自然保护区和泉州湾河口湿地省级自然保护区。

3. 综合风险

　　如图 2.18 所示，随着温室气体浓度的上升和时间的推移，红树林气候变化综合风险持续上升。表 2.9 为不同气候情景下未来 5 个省（区）红树林气候变化综合风险等级面积比例。

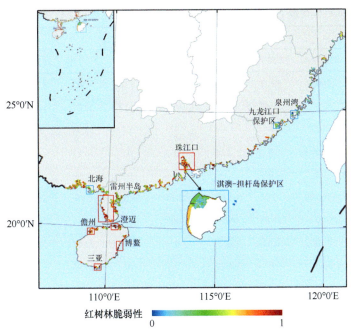

图 2.17 中国红树林脆弱性水平分布

注：香港、澳门、台湾资料暂缺

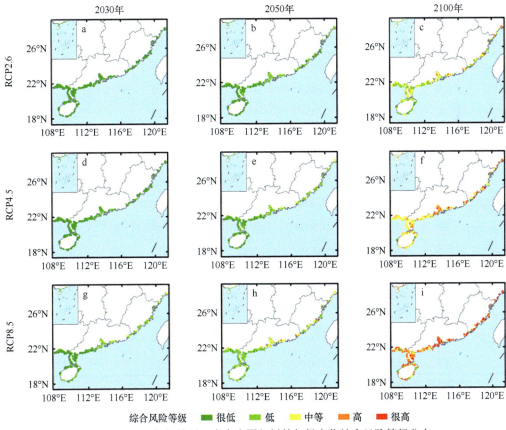

图 2.18 不同气候情景下未来中国红树林气候变化综合风险等级分布

注：香港、澳门、台湾资料暂缺

表 2.9　不同气候情景下未来 5 个省（区）红树林气候变化综合风险等级面积比例（%）

省（区）	风险等级	RCP2.6			RCP4.5			RCP8.5		
		2030 年	2050 年	2100 年	2030 年	2050 年	2100 年	2030 年	2050 年	2100 年
海南	很低	100.00	88.38	8.88	99.98	66.16	4.40	83.09	17.75	1.85
	低	0	11.62	45.65	0.02	33.77	22.27	16.57	66.06	9.36
	中等	0	0	43.23	0	0.07	53.96	0.34	15.74	27.31
	高	0	0	2.24	0	0	18.83	0	0.45	45.66
	很高	0	0	0	0	0	0.53	0	0	15.82
广西	很低	100.00	72.95	1.69	92.14	53.69	0.76	64.17	12.00	0.09
	低	0	27.05	40.31	7.86	45.46	19.56	34.18	62.61	3.08
	中等	0	0.01	51.22	0	0.84	57.47	1.64	23.87	26.06
	高	0	0	6.77	0	0	20.96	0	1.52	52.02
	很高	0	0	0	0	0	1.26	0	0	18.75
广东	很低	100.00	64.62	1.57	87.08	49.69	0.57	66.97	11.50	0.09
	低	0	35.29	35.06	12.92	45.54	18.55	26.67	58.59	3.06
	中等	0	0.09	50.90	0	4.77	48.95	6.36	25.81	22.41
	高	0	0	12.39	0	0	29.34	0	4.09	44.41
	很高	0	0	0.08	0	0	2.59	0	0.01	30.03
福建	很低	100.00	47.39	0.05	84.81	5.60	0.05	3.94	0.09	0.04
	低	0	52.47	18.47	15.19	78.17	2.37	77.06	40.81	0.02
	中等	0	0.15	62.62	0	16.20	49.40	18.96	48.67	8.45
	高	0	0	18.73	0	0.03	38.33	0.05	10.43	53.23
	很高	0	0	0.14	0	0	9.85	0	0	38.26
浙江	很低	100.00	15.07	0	100.00	0	0	0	0	0
	低	0	84.93	0	0	42.47	0	64.58	12.33	0
	中等	0	0	44.62	0	57.53	17.03	35.42	76.13	0
	高	0	0	55.38	0	0	70.84	0	11.55	26.61
	很高	0	0	0	0	0	12.13	0	0	73.39
总计	很低	100.00	57.68	2.44	92.80	35.03	1.15	43.63	8.27	0.41
	低	0	42.27	27.90	7.20	49.08	12.55	43.81	48.08	3.10
	中等	0	0.05	50.52	0	15.88	45.36	12.54	38.04	16.85
	高	0	0	19.10	0	0.01	35.66	0.01	5.61	44.39
	很高	0	0	0.04	0	0	5.27	0	0	35.25

注：表中数据经过四舍五入，存在舍入误差。

　　在 RCP2.6 情景下，如图 2.18a、表 2.9 所示，到 2030 年中国红树林气候变化综合风险等级为很低，这表明红树林所受到的气候变化影响和风险都很小。其中，海南红树林气候变化综合风险水平相对较高，其次是浙江红树林，风险水平最低的是广东红树林，主要归因于海南和浙江红树林分布区海平面上升速率比其他省（区）更高。与 2030 年相比，到 2050 年中国红树林气候变化综合风险略有增加，在红树林分布的 5 个省（区）中，约 0.05% 的红树林风险等级为中等，42.27% 的红树林风险等级为低，其余红树林风险等级仍为很低。如图 2.18b、表 2.9 所示，到 2050 年广东珠江口以东区域红树林风险明显升高，浙江红树林风险最高，84.93% 的红树林风险等级为低，其次为福建红树林，52.47% 的红树林风险等级为低，红树林风险最低的为海南，仅 11.62% 的红树林风险等级为低。到 2100 年红树林风险进一步上升，0.04% 的红树林风险等级为很高，19.10% 的红树林风险等级为高，50.52% 的红树林风险等级为中等，仅 2.44% 的红树林风险等级为很低。如图 2.18c、表 2.9 所示，到 2100 年海南和广西红树林风险等级较低，所有红树林的风险等级都处于高及以下，浙江红树林风险等级最高，风险等级为高的红树林占 55.38%，风险等级较高的红树林还分布在广东东部、雷州半岛部分区域。

在 RCP4.5 情景下，如图 2.18d、表 2.9 所示，到 2030 年中国红树林气候变化综合风险明显高于 RCP2.6 情景，已有 7.20% 的红树林风险等级为低，而 RCP2.6 情景下红树林风险等级都为很低。在 RCP4.5 情景下，到 2030 年 5 个省（区）中福建红树林气候变化综合风险最高，15.19% 的红树林风险等级为低；浙江红树林风险等级最低，所有红树林风险等级都为很低。如图 2.18e、表 2.9 所示，到 2050 年红树林风险同样高于 RCP2.6 情景，0.01% 的红树林风险等级为高，15.88% 的红树林风险等级为中等，49.08% 的红树林风险等级为低，其余红树林风险等级为很低。其中，浙江红树林风险最高，57.53% 的红树林风险等级为中等；其次是福建红树林，16.20% 的红树林风险等级为中等；海南红树林风险最低。如图 2.18f、表 2.9 所示，到 2100 年中国红树林气候变化综合风险将进一步上升，40.93% 的红树林风险等级为高及以上，5 个省（区）中浙江红树林风险等级最高，82.97% 的红树林风险等级为高及以上，其次是福建红树林，48.18% 的红树林风险等级为高及以上，海南红树林风险最低。

在 RCP8.5 情景下，如图 2.18g、表 2.9 所示，到 2030 年中国红树林气候变化综合风险高于 RCP2.6、RCP4.5 情景，0.01% 的红树林风险等级为高，12.54% 的红树林风险等级为中等，43.81% 的红树林风险等级为低，其余红树林风险等级为很低。浙江红树林风险等级最高，35.42% 的红树林风险等级为中等，海南红树林风险等级最低。如图 2.18h、表 2.9 所示，到 2050 年中国红树林气候变化综合风险等级为高的红树林占 5.61%，风险水平高于 RCP2.6、RCP4.5 情景。红树林分布的 5 个省（区）中红树林风险等级最高的为浙江红树林，11.55% 的红树林风险等级为高；其次为福建红树林，10.43% 的红树林风险等级为高；海南红树林风险等级最低。如图 2.18i、表 2.9 所示，到 2100 年中国红树林风险达到最高，35.25% 的红树林风险等级为很高，44.39% 的红树林风险等级为高，其余红树林风险等级为中等及以下。其中，浙江红树林风险等级最高，所有红树林风险等级均为高及以上。另外，广东珠江口和雷州半岛红树林风险等级也明显较高。

综上所述，在 RCP8.5 情景下，到 2100 年中国红树林气候变化综合风险达到最高，其中浙江红树林风险等级最高，其次是福建红树林，海南红树林风险等级最低。这主要归因于浙江和福建红树林的气候致灾因子危害性更高，特别是浙江的海平面上升速率最高，并且热带气旋尤其是强台风和超强台风级别的热带气旋北移趋势明显，使得未来登陆浙江的强热带气旋多于其他红树林分布的省（区）。

2.3.4 国家级和省级自然保护区红树林暴露度、脆弱性及综合风险评估

基于前文对中国红树林演变的归因分析，采用表 2.3 中构建的气候变化综合风险评估指标体系，评估中国海岸带红树林的暴露度、脆弱性及风险特征。

限于篇幅，本小节只展示国家级和省级自然保护区的评估结果，按照海南、广东、广西和福建的顺序排列展示和分析，其中每个省（区）按照自然保护区从国家级到省级的顺序排列。

1. 海南东寨港国家级自然保护区

海南东寨港国家级自然保护区隶属于海口市美兰区，建成于 1980 年，1986 年经国务院批准成为中国第一个国家级自然保护区，总面积为 3337 hm²。1992 年保护区被列入《国际重要湿地名录》，1996 年被列入联合国教育、科学及文化组织的《世界文化与自然遗产预备名单》，2012 年被列入世界自然保护联盟（IUCN）生物多样性关键区（http://www.keybiodiversityareas.org/kba-data[2025-6-17]）。保护区及周边的红树林主要分布于东寨港西侧和南侧的海口市的塔市村、演丰镇中心区、道学村、三江农场 4 个片区，少量分布于东寨港东侧的文昌市（图 2.19）。

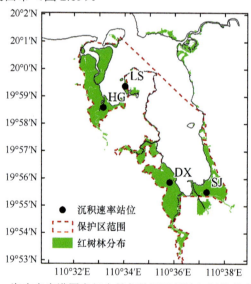

图 2.19 海南东寨港国家级自然保护区及周边红树林的空间分布

海南东寨港处于低纬度热带北缘，属于热带季风海洋性气候，年平均气温为 24.4℃，月平均气温最高值、最低值分别出现在 7 月（28.8℃）和 1 月（18.0℃），光热资源充足，年平均相对湿度为 85%，年平均日照时数超过 2000 h。雨水充沛，年平均降水量达 1673 mm 以上，降水主要集中在 5～10 月汛期，占年降水量的 81%。5～10 月刮东南风，天气炎热潮湿；11 月至翌年 4 月刮东北风，天气干燥少雨（海南气象局）。

东寨港属于溺谷型海湾（张乔民等，1996），总面积为 5240 hm^2，呈不规则的南北向长条形状分布，海湾的岸滩较为平缓，主要为淤泥质浅滩或沼泽区，并分布有许多潮水沟，面积约为 25 km^2（张乔民等，1997），海岸线总长为 80～84 km（贾明明，2014；林雪云，2019）。东寨港潮汐属于不规则半日潮，平均潮差约为 1 m（倪海祥和张乔民，1996）。涨潮时，海水从北面的湾口流入东寨港；退潮时，海水从湾内向北通过北港岛两侧的潮汐通道流向外海。此外，周边有演州河、罗雅河、演丰东河及演丰西河等淡水河流汇入。

作为中国成片面积最大、种类最全的红树林生态系统，海南东寨港红树林多年来一直受到高度关注。东寨港位于海口市琼山区，因 1605 年琼州大地震下陷形成，地势平缓，海岸线曲折多弯（符国瑗，1995）。研究表明，在 1960 年以前，东寨港红树林以天然红树林为主，面积为 3416 hm^2（陈焕雄和陈二英，1985），演州河、罗雅河、演丰东河及演丰西河等河流汇入东寨港的流量近 7 亿 m^3/a，河流裹挟的大量泥沙在东寨港内沉积，形成了宽阔的滩涂沼泽湿地，为东寨港红树林的生长提供了适宜的环境（王胤等，2006）。由于人类的砍伐破坏、围海造田或造林（塘）等活动，1980 年东寨港红树林面积锐减 50% 以上（陈焕雄和陈二英，1985；王胤等，2006；孙艳伟等，2015）。20 世纪 80 年代，东寨港成立自然保护区后，红树林得到了一定的保护，但红树林面积仍有起伏变化，总体稳定在 1600 hm^2 左右（王胤等，2006；黄星等，2015；李翠华等，2020）。

出于地域完整性的考虑，本次评估针对整个东寨港范围的红树林，即除了保护区内的红树林，还考虑了东寨港东北部属于文昌市的零星分布的红树林（图 2.19）。

（1）暴露度

为了便于描述红树林暴露度和脆弱性的空间分布特征，根据东寨港红树林的分布，将其分为 4 个部分（从东寨港西北方向开始按逆时针顺序）：塔市片区、演丰片区、道学片区、三江片区。从图 2.20 可见，红树林越靠近水域，其暴露度越高；而红树林泥面高程越低，其暴露度也越高，如位于低洼地等高程较低的红树林暴露度等级较高。东寨港红树林暴露度的平均值为 0.75（图 2.21），低于全国平均水平（0.79）。其中，塔市片区的红树林暴露度较高，平均值为 0.77；道学片区的红树林暴露度最低，平均值为 0.72。

（2）脆弱性

如图 2.21 所示，海南东寨港国家级自然保护区红树林脆弱性平均值为 0.50，高于全国平均水平（0.45），但略低于海南红树林脆弱性平均值（0.53）。图 2.22 显示，自然保护区脆弱性较高的红树林主要分布在塔市片区北部、道学片区北部及罗雅河沿岸、三江片区，红树林脆弱性最高的为三江片区，最低的为演丰片区，这与 Cai 等（2022）的研究结果一致。该结果表明，红树林脆弱性水平与红树林的敏感性和适应性密切相关。例如，演丰片区的沉积速率较高，则适应性较高，对脆弱性的贡献较小；而三江片区的沉积速率较低，对脆弱性的贡献较大。此外，道学片区北部的林带宽度小，塔市片区北部的 NDVI 值较低，这表明其敏感性较高，对脆弱性的贡献也较大。

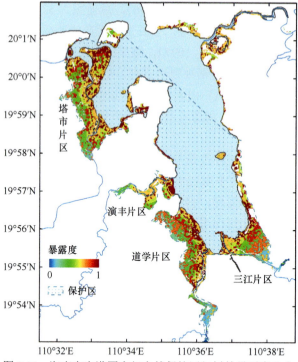

图 2.20　海南东寨港国家级自然保护区红树林暴露度分布

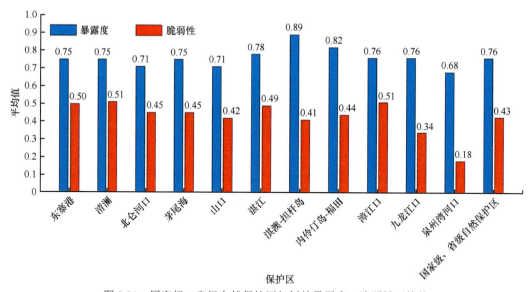

图 2.21　国家级、省级自然保护区红树林暴露度、脆弱性平均值

（3）综合风险

在不同气候情景下未来（2030 年、2050 年、2100 年）海南东寨港国家级自然保护区红树林气候变化综合风险等级分布如图 2.23 所示。图 2.23a ～ f、表 2.10 显示，在 RCP2.6、RCP4.5 情景下，到 2030 年、2050 年海南东寨港国家级自然保护区红树林气候变化综合风险水平有所上升，但变化不大；到 2100 年红树林气候变化综合风险水平则有较明显上升：在 RCP2.6 情景下，高等级的风险区面积占总面积的 2.19%；在 RCP4.5 情景下，高等级的风险区

面积占总面积的 22.12%，很高等级的风险区面积占总面积的 0.05%，主要分布在塔市片区东北部和林市站位南侧、道学片区靠海侧、三江片区中部沿海及罗豆片区（由于罗豆片区属于清澜保护区，但位于东寨港，因此为体现东寨港红树林的整体性，在此一并评估）。

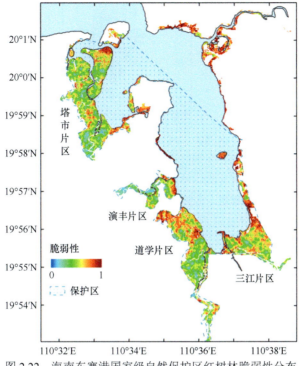

图 2.22　海南东寨港国家级自然保护区红树林脆弱性分布

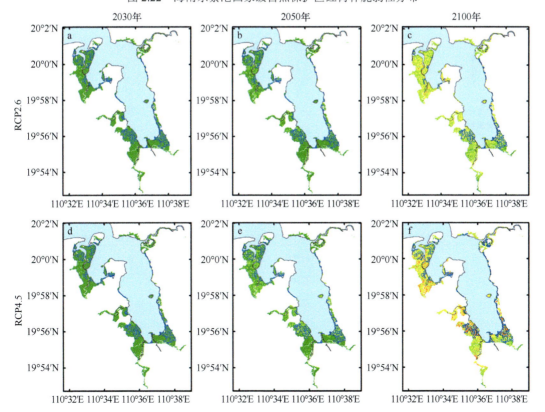

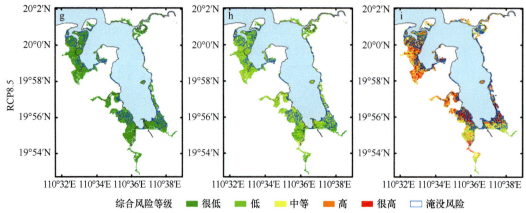

综合风险等级　■ 很低　■ 低　■ 中等　■ 高　■ 很高　□ 淹没风险

图 2.23　不同气候情景下未来海南东寨港国家级自然保护区红树林气候变化综合风险等级分布

图中还给出了海南清澜红树林省级自然保护区罗豆片区的红树林气候变化综合风险等级分布

表 2.10　不同气候情景下未来国家级、省级自然保护区红树林气候变化综合风险等级面积比例（%）

自然保护区	风险等级	RCP2.6			RCP4.5			RCP8.5		
		2030 年	2050 年	2100 年	2030 年	2050 年	2100 年	2030 年	2050 年	2100 年
海南东寨港国家级自然保护区	很低	100.00	84.50	3.95	99.99	65.04	0.79	93.40	17.04	0.04
	低	0	15.50	47.80	0.01	34.96	23.13	6.60	70.45	5.72
	中等	0	0	46.06	0	0	53.92	0	12.51	28.52
	高	0	0	2.19	0	0	22.12	0	0	46.06
	很高	0	0	0	0	0	0.05	0	0	19.66
海南清澜红树林省级自然保护区	很低	100.00	92.81	17.48	99.92	65.37	10.02	60.94	23.70	4.72
	低	0	7.19	48.69	0.08	34.63	27.72	38.57	56.31	16.82
	中等	0	0	32.70	0	0	49.87	0.49	19.73	30.54
	高	0	0	1.12	0	0	12.29	0	0.26	39.83
	很高	0	0	0	0	0	0.10	0	0	8.09
广西北仑河口国家级自然保护区	很低	100.00	92.87	0.57	99.88	79.68	0.14	96.02	24.63	0
	低	0	7.13	60.88	0.12	20.32	34.80	3.98	72.84	2.61
	中等	0	0	36.40	0	0	58.03	0	2.53	44.87
	高	0	0	2.15	0	0	7.04	0	0	45.92
	很高	0	0	0	0	0	0	0	0	6.60
广西茅尾海红树林自治区级自然保护区	很低	100.00	51.26	0.01	79.63	17.99	0	15.26	0.11	0
	低	0	48.72	26.33	20.37	78.86	5.55	78.61	45.42	0.04
	中等	0	0.03	61.22	0	3.15	58.13	6.14	49.55	11.56
	高	0	0	12.44	0	0	32.95	0	4.92	58.22
	很高	0	0	0.01	0	0	3.37	0	0	30.17
广西山口红树林生态国家级自然保护区	很低	100.00	91.92	8.72	99.86	82.61	3.99	96.42	31.80	0.51
	低	0	8.08	57.05	0.14	17.39	40.40	3.58	63.61	14.19
	中等	0	0	31.24	0	0	47.55	0	4.59	40.11
	高	0	0	3.00	0	0	8.02	0	0	37.92
	很高	0	0	0	0	0	0.03	0	0	7.27

续表

自然保护区	风险等级	RCP2.6			RCP4.5			RCP8.5		
		2030 年	2050 年	2100 年	2030 年	2050 年	2100 年	2030 年	2050 年	2100 年
广东湛江红树林国家级自然保护区	很低	100.00	80.85	1.81	99.33	67.48	0.51	91.67	16.32	0.06
	低	0	19.15	46.31	0.67	32.52	25.82	8.33	73.59	4.02
	中等	0	0	47.50	0	0	56.54	0	10.08	30.11
	高	0	0	4.37	0	0	17.08	0	0	49.04
	很高	0	0	0	0	0	0.06	0	0	16.78
广东珠海淇澳 - 担杆岛省级自然保护区	很低	100.00	25.76	0	48.01	4.25	0	3.41	0	0
	低	0	74.24	13.52	51.99	67.91	4.16	62.83	15.69	0.05
	中等	0	0	58.00	0	27.84	32.50	33.76	60.11	5.61
	高	0	0	28.48	0	0	58.03	0	24.20	31.33
	很高	0	0	0	0	0	5.31	0	0	63.01
广东内伶仃岛 - 福田国家级自然保护区	很低	100.00	39.35	0	66.82	3.24	0	2.39	0	0
	低	0	60.65	20.99	33.18	83.02	3.01	79.24	23.69	0
	中等	0	0	64.43	0	13.73	53.09	18.36	65.35	5.71
	高	0	0	14.58	0	0	43.36	0	10.96	51.08
	很高	0	0	0	0	0	0.54	0	0	43.21
福建漳江口红树林国家级自然保护区	很低	100.00	60.60	0	88.89	17.64	0	10.54	0.11	0
	低	0	39.40	32.76	11.11	78.01	8.13	78.58	58.42	0
	中等	0	0	55.10	0	4.35	54.64	10.88	40.09	19.13
	高	0	0	12.14	0	0	34.82	0	1.37	50.63
	很高	0	0	0	0	0	2.41	0	0	30.24
福建龙海九龙江口红树林省级自然保护区	很低	100.00	46.69	0	85.46	8.08	0	5.78	0.07	0
	低	0	53.31	17.86	14.54	81.27	2.69	79.94	42.06	0
	中等	0	0	65.21	0	10.65	47.40	14.29	51.06	8.51
	高	0	0	16.82	0	0	41.60	0	6.81	54.99
	很高	0	0	0.12	0	0	8.31	0	0	36.49
福建泉州湾河口湿地省级自然保护区	很低	100.00	54.21	0	91.09	2.41	0	1.69	0	0
	低	0	45.79	21.85	8.91	89.20	1.37	87.84	44.26	0
	中等	0	0	70.89	0	8.39	60.20	10.47	50.70	9.11
	高	0	0	7.25	0	0	35.45	0	5.04	61.11
	很高	0	0	0	0	0	2.99	0	0	29.79

　　图 2.23g ～ i、表 2.10 显示，在 RCP8.5 情景下，到 2030 年、2050 年海南东寨港国家级自然保护区红树林气候变化综合风险等级明显高于 RCP2.6、RCP4.5 情景；到 2100年，等级为很高的风险区面积占总面积的 19.66%。其中，三江片区中部沿海区域和道学

片区北部的红树林风险等级较高，演丰片区的红树林风险最低。此外，研究还显示，海桑属的无瓣海桑主要分布在道学片区中部和三江片区西侧演州河沿岸，海桑主要分布在道学片区罗雅河沿岸和三江片区中部沿海（颜葵，2015），而这些区域红树林风险等级都很高，可能与树种易受强热带气旋的影响密切相关（陈玉军等，2000；邱明红等，2016；邱治军等，2010）。

鉴于海平面上升的危害性较为突出，针对海平面上升的危害性进一步评估未来（2030 年、2050 年、2100 年）国家级、省级自然保护区红树林的淹没面积比例，结果如表 2.11 所示。

表 2.11 不同气候情景下未来国家级、省级自然保护区红树林因海平面上升被淹没面积比例（%）

保护区	RCP2.6			RCP4.5			RCP8.5		
	2030 年	2050 年	2100 年	2030 年	2050 年	2100 年	2030 年	2050 年	2100 年
海南东寨港国家级自然保护区	16.40	16.73	17.60	16.40	16.95	26.56	16.40	17.22	31.99
海南清澜红树林省级自然保护区	4.26	4.44	16.86	4.26	4.49	17.71	4.26	14.22	25.52
广西北仑河口国家级自然保护区	3.95	3.99	4.07	3.95	4.07	4.51	3.95	4.20	8.14
广西茅尾海红树林自治区级自然保护区	1.41	—	—	1.41	—	—	1.41	1.43	2.01
广西山口红树林生态国家级自然保护区	8.95	8.95	9.16	8.95	9.09	9.88	8.95	9.30	15.22
广东湛江红树林国家级自然保护区	13.17	11.96	12.34	13.17	13.38	22.67	13.17	13.60	26.87
广东珠海淇澳 - 担杆岛省级自然保护区	—	—	—	—	—	—	—	—	—
广东内伶仃岛 - 福田国家级自然保护区	—	—	—	—	—	—	—	—	—
福建漳江口红树林国家级自然保护区	0.17	0.19	0.26	0.17	0.22	0.48	0.17	0.28	0.96
福建龙海九龙江口红树林省级自然保护区	0.45	0.50	0.68	0.45	0.56	1.35	0.45	0.74	2.93
福建泉州湾河口湿地省级自然保护区	2.72	2.73	2.78	2.72	2.75	2.92	2.72	2.79	5.25

注："—"表示红树林外边界高程高于平均海平面，即红树林未被淹没。

研究结果显示，在不同气候情景下，到 2100 年海平面上升将可能导致海南东寨港国家级自然保护区 17.60%（RCP2.6）、26.56%（RCP4.5）和 31.99%（RCP8.5）的红树林被淹没，这与红树林等级为高和很高水平的风险区基本相对应。其中，在 RCP8.5 情景下，2100 年塔市片区北部（27.76%）、演丰片区东部（8.72%）、道学片区北部（25.07%）和三江片区北部（50.40%）的部分红树林面临因海平面上升而永久被淹没的风险。

2. 海南清澜红树林省级自然保护区

海南清澜红树林省级自然保护区位于文昌市，地处海南岛东北侧，管辖范围包括冯家港、铺前港等。保护区于 1981 年建立，原为县级自然保护区，后升级为省级，根据《全国自然保护区名录》（2017 年）总面积为 2914.6 hm^2，其中红树林面积为 1223.3 hm^2。保护区有 3 块区域：一是八门湾片区，位于文昌市东南方的八门湾（清澜港）沿岸，毗邻文城、东郊、文教、龙楼、东阁 5 个镇，距文城镇约 4 km；二是罗豆片区，位于文昌市北部铺前港、罗豆海域沿海一带；三是会文片区，位于文昌市南部冠南沿海一带（图 2.24）。

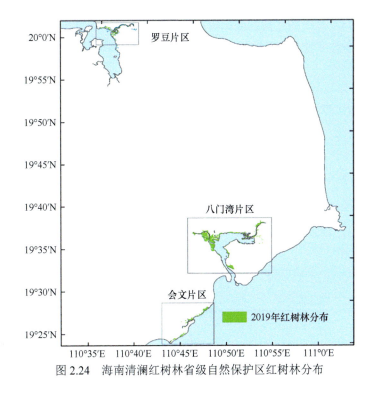

图 2.24 海南清澜红树林省级自然保护区红树林分布

保护区内的清澜港湾深入内陆，形成了口窄内宽的漏斗状。文昌江和文教河汇入湾内，沿岸淤泥深厚，风浪微弱，为典型的潟湖（河口湿地生境），很适宜红树林生长。保护区土壤主要是成土母质，是典型的滩涂冲积层。保护区气候属热带季风海洋性气候，终年无霜，雨水充沛，年平均气温为 24.1℃，年平均降水量为 1749.5 mm，8 月的降水量最高，2 月的降水量最低。保护区的潮汐为不规则半日潮，铺前点最高潮位为 2.15 m，最低潮位为 0.01 m，最大潮差为 1.95 m；清澜点最高潮位为 2.38 m，最低潮位为 0.01 m，最大潮差为 2.07 m。因为潮差大，所以潮间带相对较宽，为红树林生长提供了较大的空间。

海南清澜红树林省级自然保护区是中国红树植物天然分布种类最多的地区，也是海南海桑（*Sonneratia × hainanensis*）唯一的分布区（王文卿和王瑁，2007）。保护区红树林林地面积大，树龄也大，许多林相显示出原生林的特征，全国最高大的红树林生长在这里，如树龄达百年以上的海莲（*Bruguiera sexangula*）原生林、独特的成片红树（*Rhizophora apiculata*）林、小片的木果楝（*Xylocarpus granaturn*）群落，除红榄李（*Lumnitzera littorea*）外，国内所有的红树植物都可以在保护区内找到（郭菊兰等，2015）。

1987～2003 年，清澜港红树林面积从 1671.35 hm² 减少到 1160.65 hm²，减少了 30.6%。2003～2017 年，清澜港红树林面积呈缓慢增加趋势（甄佳宁等，2019）。红树林面积减少的主要原因是围塘养殖、海堤建设等人类活动的干扰（甄佳宁等，2019；郭菊兰等，2015），但海平面上升对红树林湿地的干扰呈逐年增强趋势（郭菊兰等，2015）。

（1）暴露度

如图 2.16、图 2.21 所示，海南清澜红树林省级自然保护区红树林暴露度平均值为 0.75，与海南东寨港国家级自然保护区红树林暴露度平均值相当，低于全国平均水平（0.79）。图 2.25 为海南清澜红树林省级自然保护区红树林暴露度分布，八门湾片区红树林暴露度最低，平均值为 0.74，湾口的红树林暴露度较高，湾内尤其是西北部的红树林暴露度最低。罗豆片区红树林暴露度较高，平均值为 0.77。会文片区红树林暴露度最高，平均值为 0.78。

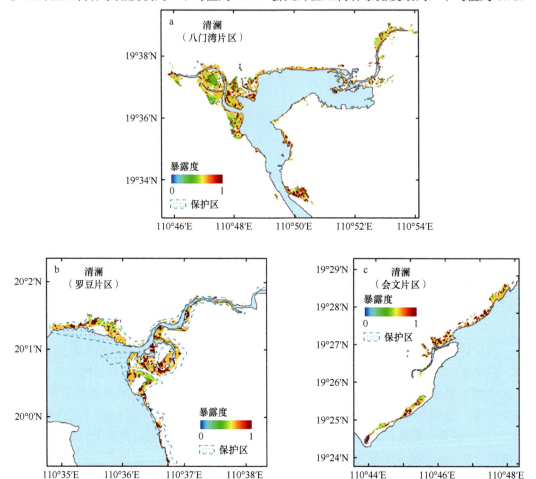

图 2.25　海南清澜红树林省级自然保护区红树林暴露度分布

（2）脆弱性

图 2.26 为海南清澜红树林省级自然保护区红树林脆弱性分布。可以看出，八门湾

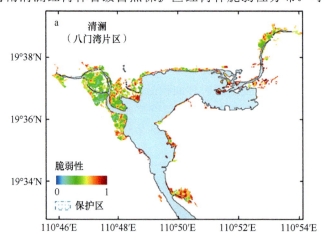

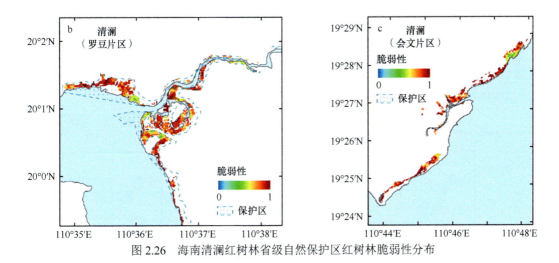

图 2.26 海南清澜红树林省级自然保护区红树林脆弱性分布

片区红树林脆弱性最低（平均值为 0.51），原因是该片区西北部的红树林连片面积较大，NDVI 值较高，高程也较高；罗豆片区和会文片区红树林脆弱性较高（平均值分别为 0.62 和 0.64），原因是这两个片区红树林林带狭窄，NDVI 值较低，因此红树林的脆弱性比八门湾片区更高。

（3）综合风险

不同气候情景下未来（2030 年、2050 年、2100 年）海南清澜红树林省级自然保护区八门湾片区和会文片区红树林气候变化综合风险等级分布如图 2.27 所示，罗豆片区红树林气候变化综合风险等级分布如图 2.23 所示。在 RCP2.6 情景下，如图 2.23a～c、图 2.27a1～c1、图 2.27a2～c2 和表 2.10 所示，到 2030 年和 2050 年红树林风险偏低，保护区 90% 以上的红树林风险等级为很低；到 2100 年红树林风险明显上升，高等级的风险区面积占总面积的 1.12%。在 RCP4.5 情景下，如图 2.23d～f、图 2.27d1～f1、图 2.27d2～f2 和表 2.10 所示，到 2030 年和 2050 年罗豆片区红树林风险等级较低；到 2100 年红树林风险明显上升，风险等级为高和很高的区域面积之和占总面积的 12.39%，风险较高的红树林主要分布在八门湾片区和罗豆片区。在 RCP8.5 情景下，如图 2.23g～i、图 2.27g1～i1、图 2.27g2～i2 和表 2.10 所示，到 2100 年红树林风险明显上升，高和很高等级的风险区面积之和占总面积的 47.92%，其中八门湾片区北部、会文片区北部、罗豆片区沿海地区红树林风险更高。

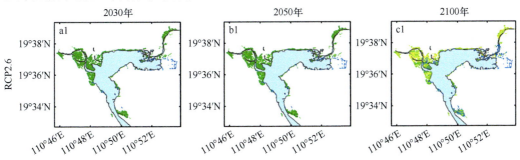

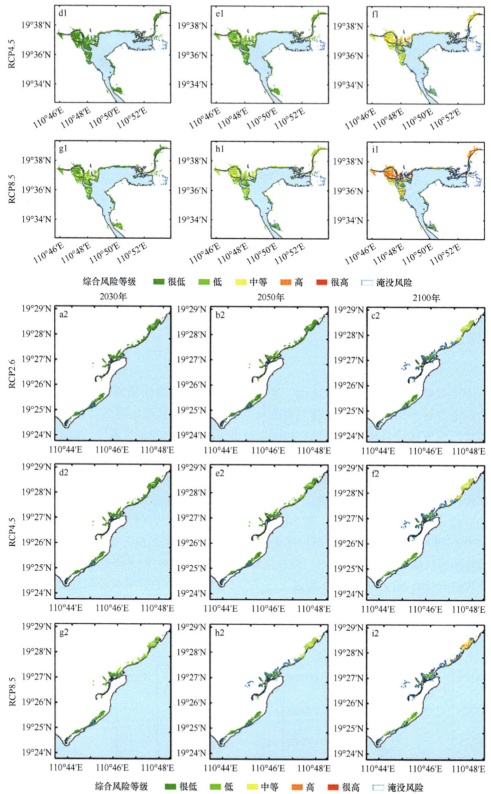

图 2.27　不同气候情景下未来海南清澜红树林省级自然保护区八门湾片区和会文片区红树林气候变化综合风险等级分布

图 a1～i1 展示的是八门湾片区；图 a2～i2 展示的是会文片区

若仅考虑海平面上升的危害性，在不同气候情景下，到 2100 年海平面上升将可能导致八门湾片区 14.51%（RCP2.6）、15.24%（RCP4.5）和 22.45%（RCP8.5）的红树林被淹没，其中八门湾东部与鱼塘交错分布的红树林淹没风险更高；到 2100 年海平面上升将可能导致会文片区 28.24%（RCP2.6）、29.64%（RCP4.5）和 40.35%（RCP8.5）的红树林被淹没，片区中部和南部的红树林淹没风险更高。总体来看，在 RCP8.5 情景下到 2100 年海平面上升将导致保护区 25.52% 的红树林被淹没。

3. 广东湛江红树林国家级自然保护区

广东湛江红树林国家级自然保护区位于湛江市，是中国现存红树林面积最大的自然保护区，1990 年经广东省人民政府批准建立，1997 年晋升为国家级自然保护区。保护区红树林呈带状散式分布在广东西南部的雷州半岛沿海滩涂上，跨湛江市的徐闻、雷州、麻章、廉江 4 个县（市、区）。保护区总面积为 19 300hm²，其中红树林面积为 7256hm²，占全国红树林总面积的 33%，占广东红树林总面积的 79%，是除海南岛外中国红树植物种类最多的地区。

广东湛江红树林国家级自然保护区属于森林与湿地类型的自然保护区，主要保护对象为红树林生态系统，包括红树林资源、邻近滩涂、水面和栖息于林内的野生动物，保护区于 2002 年 1 月被列入《国际重要湿地名录》。

（1）暴露度

广东湛江红树林国家级自然保护区红树林暴露度分布如图 2.28 所示。图 2.28a 中，红树林主要分布在廉江市西部，紧邻英罗港，后称廉江片区，红树林还分布在廉江市安铺港，后称安铺港片区；图 2.28b 中，红树林主要分布在雷州市西部企水湾、海康港，

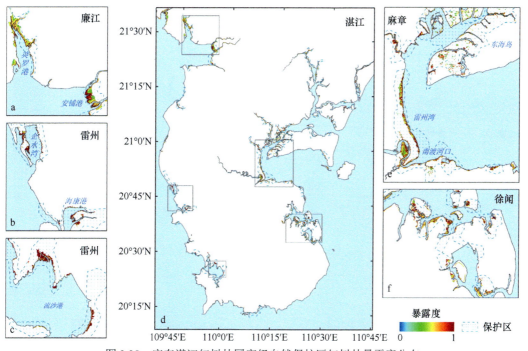

图 2.28　广东湛江红树林国家级自然保护区红树林暴露度分布

后分别称企水湾片区、海康港片区；图2.28c中，红树林主要分布在雷州市流沙港，后称流沙港片区；图2.28e中，红树林主要分布在湛江市麻章区的东海岛、雷州湾以及南渡河口，后分别称东海岛片区、雷州湾片区；图2.28f中，红树林主要分布在徐闻县锦和镇北部及雷州市东里镇周边，后称东里片区。

广东湛江红树林国家级自然保护区红树林暴露度平均值为0.78（图2.21），仅略低于全国平均水平（0.79）（图2.16），在广东的3个自然保护区中暴露度最低。如图2.28所示，暴露度较高的红树林主要分布在安铺港片区、企水湾片区、海康港片区、流沙港片区、东里片区及雷州湾片区，其中企水湾片区、海康港片区、流沙港片区暴露度较高，平均值分别为0.92、0.91、0.92。这些地区暴露度较高的主要原因为红树林较窄，与海水之间的距离很近，且高程较低，更易受到海平面上升和热带气旋的影响。

（2）脆弱性

广东湛江红树林国家级自然保护区红树林脆弱性平均值为0.49（图2.21），高于全国平均水平（0.45）和国家级、省级自然保护区平均水平（0.43）。其中，脆弱性最高的红树林片区为流沙港片区（图2.29c），该片区红树林脆弱性平均值为0.65，脆弱性最高的原因主要在于该地区红树林泥面高程较低；其次是企水湾片区和海康港片区（图2.29b），这两个片区的脆弱性平均值分别为0.62和0.63，这是由于该地区红树林NDVI值较低，林带宽度小，且沉积速率较低；脆弱性最低的红树林片区是廉江片区（图2.29a），其脆弱性平均值仅为0.36，主要是由于该地区沉积速率较高，林带宽度较大，NDVI值较高。雷州湾片区（图2.29e）整体的脆弱性平均值为0.53，虽然南渡河口红树林连片面积很大，脆弱性较低，但是雷州湾大部分红树林呈带状沿湾内分布，且沉积速率较低，NDVI值较小，因此整体脆弱性偏高。

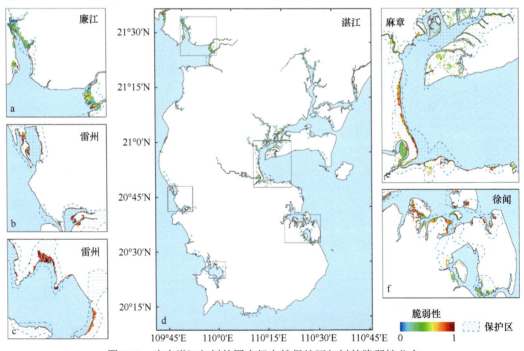

图2.29 广东湛江红树林国家级自然保护区红树林脆弱性分布

（3）综合风险

如表 2.10 所示，在 RCP2.6、RCP4.5 情景下，到 2030 年和 2050 年广东湛江红树林国家级自然保护区红树林气候变化综合风险均较低，所有红树林风险等级为低及以下；在 RCP2.6 情景下，2100 年红树林风险略有升高，风险等级为高的红树林面积占该保护区红树林总面积的 4.37%；在 RCP4.5 情景下，到 2100 年红树林风险上升较明显，风险等级为高以上的红树林面积占该保护区红树林总面积的 17.14%；在 RCP8.5 情景下，到2100 年红树林风险显著上升，风险等级为高以上的红树林面积占该保护区红树林总面积的 65.82%。图 2.30 为不同气候情景下未来（2030 年、2050 年、2100 年）广东湛江红树林国家级自然保护区红树林气候变化综合风险等级分布。该保护区内红树林分布范围广泛，因此选取红树林较为集中分布的廉江片区、安铺港片区、东海岛片区和雷州湾片区作为代表区域展示。展示的保护区部分片区中，廉江片区南部区域、安铺港片区南部区域及雷州湾片区的红树林风险等级更高。

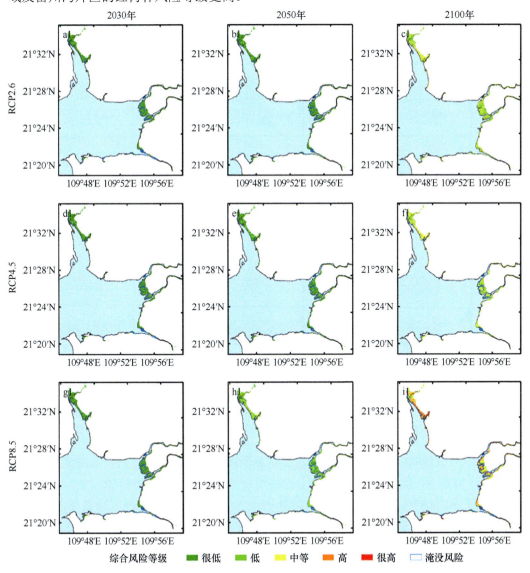

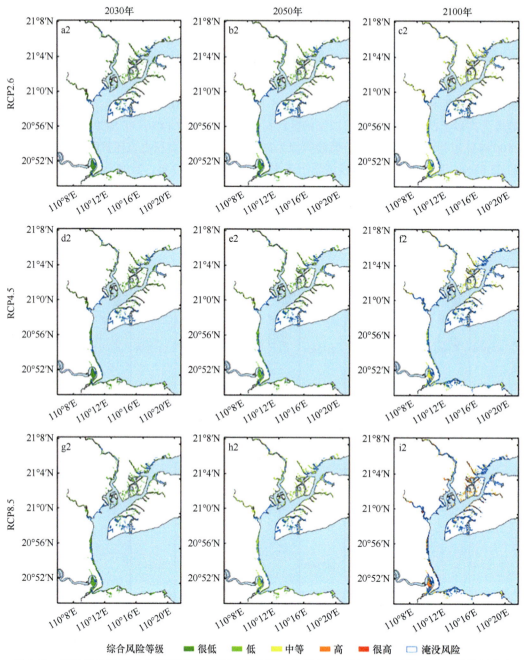

综合风险等级 ■ 很低 ■ 低 ■ 中等 ■ 高 ■ 很高 □ 淹没风险

图 2.30 不同气候情景下未来广东湛江红树林国家级自然保护区红树林气候变化综合风险等级分布

图 a1～i1 展示的是廉江片区、安铺港片区；图 a2～i2 展示的是东海岛片区、雷州湾片区

广东湛江红树林国家级自然保护区红树林因海平面上升被淹没的风险结果显示，在不同气候情景下，到 2100 年海平面上升将可能导致保护区 12.34%（RCP2.6）、22.67%（RCP4.5）和 26.87%（RCP8.5）的红树林消失（表 2.11）。在 RCP8.5 情景下，到 2100 年廉江片区和安铺港片区（1.08%）、企水湾片区和海康港片区（34.26%）、流沙港片区（88.34%）、东海岛片区和雷州湾片区（35.26%）及东里片区（37.47%）的部分红树林面临被永久淹没的风险。从图 2.30 可以看出，安铺港片区南部、东海岛片区东部和雷州湾

片区南部红树林淹没风险更高。

4. 广东内伶仃岛 - 福田国家级自然保护区

广东内伶仃岛 - 福田国家级自然保护区位于深圳市宝安区、福田区，面积为 815 hm²，1984 年 10 月经广东省人民政府批准建立，1988 年 5 月升级为国家级自然保护区，主要保护对象为猕猴、鸟类和红树林湿地生态系统。该保护区由内伶仃岛和福田两个区域组成。其中，福田区域位于深圳市沿海一带，红树林东起新洲河口，西至深圳市红树林海滨生态公园，长约 9 km，总面积约 367 hm²，是全国唯一一处位于城市腹地、面积最小的国家级森林和野生动物类型的自然保护区，红树林和鸟类资源丰富，与香港米埔自然保护区只一水之隔。

（1）暴露度

广东内伶仃岛 - 福田国家级自然保护区的红树林分布在深圳市福田区深圳湾，其地理位置见图 2.1。如图 2.16、图 2.21 所示，保护区红树林暴露度平均值为 0.82，高于全国平均水平（0.79）、广东省平均水平（0.81）。从图 2.31 可以看出，红树林暴露度较高的区域主要分布在保护区东南角，位于深圳河口沿岸，主要是由于该地区红树林泥面高程较低。

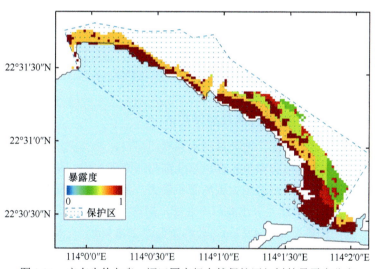

图 2.31　广东内伶仃岛 - 福田国家级自然保护区红树林暴露度分布

（2）脆弱性

广东内伶仃岛 - 福田国家级自然保护区红树林脆弱性分布见图 2.32，可以看出保护区内红树林脆弱性偏低，仅有少量靠海分布的红树林脆弱性较高。如图 2.16、图 2.21 所示，保护区内红树林脆弱性平均值为 0.44，低于全国平均水平（0.45），高于国家级、省级自然保护区平均水平（0.43）。保护区内大部分沿海红树林脆弱性水平中等，最北端沿海红树林脆弱性偏低，主要是由于该地区红树林泥面高程更高。

（3）综合风险

不同气候情景下未来（2030 年、2050 年、2100 年）广东内伶仃岛 - 福田国家级自然保护区红树林气候变化综合风险等级分布如图 2.33 所示，风险较高的红树林主要分布在保护区中部和南部沿海区域。如表 2.10 所示，RCP2.6 情景下到 2030 年和 2050 年，以及 RCP4.5 情景下到 2030 年，红树林风险均较低；在 RCP4.5 情景下，到 2050 年风险等级为中等的红树林面积占保护区红树林总面积的 13.73%，到 2100 年红树林风险略有上升，风险等级为高及以上的红树林面积占保护区红树林总面积的 43.90%；在 RCP8.5 情景下，到 2100 年红树林风险明显上升，该比例上升至 94.29%。由于保护区湿地的高程较高，海平面上升淹没风险的分析结果显示，未来保护区红树林被淹没风险很低。

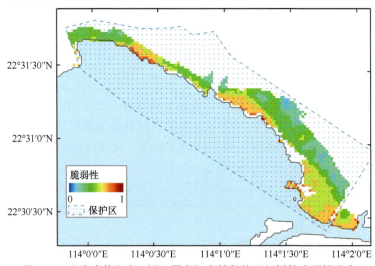

图 2.32　广东内伶仃岛 - 福田国家级自然保护区红树林脆弱性分布

5. 广东珠海淇澳 - 担杆岛省级自然保护区

淇澳岛位于珠海市东北部，地处珠江水系横门河口，北与虎门相对，东与香港、深圳隔海相望，有淇澳大桥与唐家镇相连，东北部与西南部多山，中间平地为居民区，环岛形成多个海湾，其中以石井湾和大围湾面积最大，但都有海堤围垦。淇澳岛是穗港澳"金三角"的中心，位于珠江八大出海口中北部，扼珠江西岸四大出海口之咽喉，海岸线长约 23.2 km，其中围垦海堤长 4.9 km，岛屿面积 23.8 km^2，是伶仃洋岛群中陆地面积最大的岛屿。岛屿潮汐属不正规半日潮，平均高潮位为 0.17 m。

珠海是中国人工种植红树林面积最大的城市，淇澳岛更是中国最早进行红树林人工种植的保护区（邱霓等，2019），其红树林不仅是防风防浪的海上森林，也是鸟类和海洋生物栖息、繁衍的场所，更是中国三大候鸟迁徙途经地之一（雷振胜等，2008）。2000 年 4 月，珠海市人民政府批准成立淇澳岛红树林自然保护区；2004 年 11 月，广东省人民政府批准同意淇澳岛红树林自然保护区与担杆岛省级自然保护区合并，成立珠海淇澳 - 担杆岛省级自然保护区。保护区主要保护对象为红树植物和鸟类，保护区总面积为 7373.77hm^2。但关于岛上红树林的实际面积，不同学者给出的数值相差较大，如王树功等（2005）通过遥感影像分析得出的淇澳岛 1988 年、1995 年和 2002 年红树林面积分别为 20.16 hm^2、28.08 hm^2、57.96 hm^2，张留恩和廖宝文（2011）给出的红树林面积为 678 hm^2，邱霓等（2019）指出岛上红树林湿地面积为 394.6 hm^2。本书采用的数据分析则得出淇澳岛红树林面积约 476 hm^2。

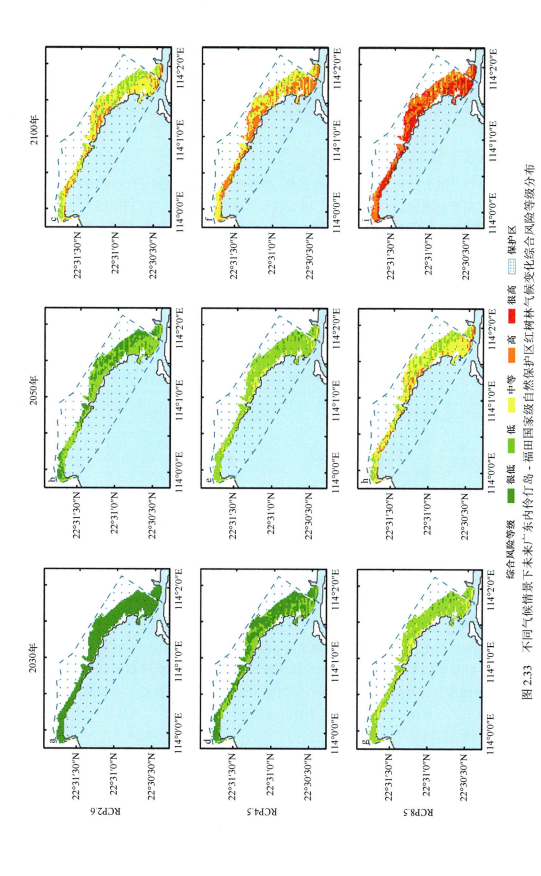

图 2.33 不同气候情景下未来广东内伶仃岛－福田国家级自然保护区红树林气候变化综合风险等级分布

淇澳岛红树林群落类型分布变动较大,雷振胜等(2008)2006年调查时提出红树林群落类型有6种;邱霓等(2019)2013～2014年调查提出红树林群落类型有10种,主要群落类型为真红树植物群落,以无瓣海桑群落、秋茄群落、卤蕨群落和老鼠簕群落为主。其中,无瓣海桑、海桑都是引进的速生种,其适应性强,扩张迅速,但抗寒性较弱,对乡土树种的生长有一定的抑制作用;秋茄等乡土树种抗寒性较强,但生长速度较慢。

(1)暴露度

如图2.16、图2.21所示,广东珠海淇澳-担杆岛省级自然保护区红树林暴露度平均值为0.89,高于全国平均水平(0.79)和广东平均水平(0.81),在广东的3个国家级、省级自然保护区中暴露度最高。由图2.34可知,红树林暴露度较高的区域为整个沿海地区,主要因为该岛高程较低。

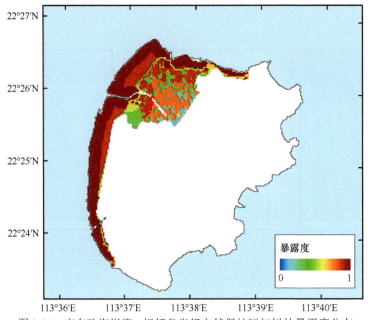

图2.34 广东珠海淇澳-担杆岛省级自然保护区红树林暴露度分布

(2)脆弱性

如图2.16、图2.21所示,广东珠海淇澳-担杆岛省级自然保护区红树林脆弱性平均值为0.41,低于全国平均水平(0.45)和国家级、省级自然保护区平均水平(0.43)。保护区红树林脆弱性分布如图2.35所示,保护区北部红树林脆弱性低,主要原因在于保护区北部有大片红树林林带宽度较大、NDVI值较高;保护区南部红树林林带宽度较小、高程较低,因而脆弱性较高。

(3)综合风险

图2.36为不同气候情景下未来(2030年、2050年、2100年)广东珠海淇澳-担杆岛省级自然保护区红树林气候变化综合风险等级分布,风险较高的红树林主要分布在保护区西南部和东北部沿海,西北部成片分布的红树林风险等级较低。如表2.10所示,在

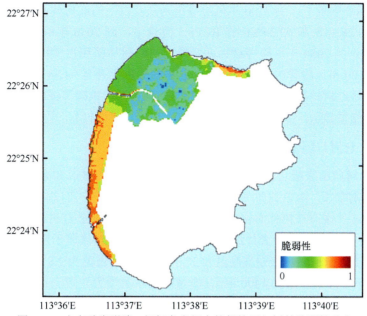

图 2.35　广东珠海淇澳 - 担杆岛省级自然保护区红树林脆弱性分布

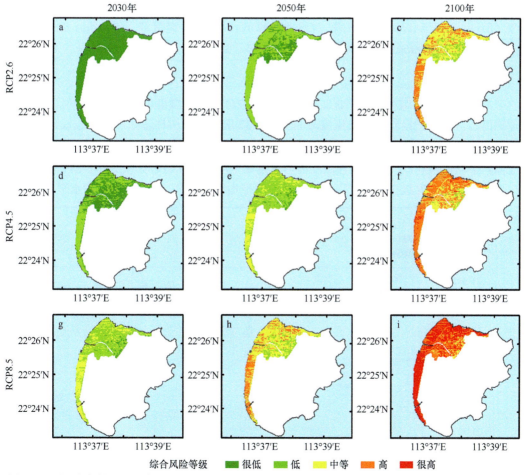

图 2.36　不同气候情景下未来广东珠海淇澳 - 担杆岛省级自然保护区红树林气候变化综合风险等级分布

RCP2.6、RCP4.5 情景下，到 2100 年风险等级为高及以上的红树林面积分别占保护区红树林总面积的 28.48% 和 63.34%；在 RCP8.5 情景下，到 2030 年所有红树林风险等级为中等及以下，到 2050 年风险等级为高及以上的红树林面积占保护区红树林总面积的 24.20%，到 2100 年风险等级为高及以上的红树林比例上升至 94.34%，红树林风险明显上升；该保护区红树林在 11 个国家级、省级自然保护区中风险等级最高。海平面上升淹没风险的分析结果显示，保护区红树林无被淹没风险（表 2.11）。

6. 广西北仑河口国家级自然保护区

广西北仑河口国家级自然保护区地处广西防城港市防城区和东兴市，东南临北部湾，西南与越南毗邻，由东到西跨越珍珠湾、江平三岛和北仑河口，岸线长 105 km，滩涂面积为 53 km²，现有红树林面积约 1274 hm²，其中 1081 hm² 红树林分布于珍珠湾（胡刚等，2018），是中国沿岸最大片红树林之一。该地区的气候属于南亚热带海洋季风气候，年平均气温为 22.3℃，极端最高温为 37.8℃，极端最低温为 2.8℃，年平均降水量为 2220.5 mm，年平均蒸发量为 1400 mm；海域的潮汐类型为正规全日潮，多年平均潮差为 2.22 m（以黄海基准面起算），最大潮差为 5.64 m，多年平均潮位为 0.34 m，海水年平均温度为 23.5℃，年平均盐度为 23.1‰。保护区现有红树植物 16 种，其中真红树有 11 种，半红树有 5 种，除常见红树植物秋茄、桐花树、白骨壤和木榄外，还有红海榄、海漆（*Excoecaria agallocha*）、榄李（*Lumnitzera racemosa*）、老鼠簕（*Acanthus ilicifolius*）、小花老鼠簕（*Acanthus ebracteatus*）等（胡刚等，2018）。

（1）暴露度

广西北仑河口国家级自然保护区红树林主要分布在防城港市西部的北仑河口片区和珍珠湾片区。保护区红树林暴露度分布如图 2.37 所示，红树林暴露度处于较低水平，暴露度较高的红树林主要分布在北仑河口沿岸及珍珠湾西部，北仑河口片区红树林暴露度更高，平均值为 0.75，珍珠湾片区红树林暴露度平均值为 0.71。如图 2.16、图 2.21 所示，广西北仑河口国家级自然保护区红树林暴露度平均值为 0.71，低于全国平均水平（0.79），

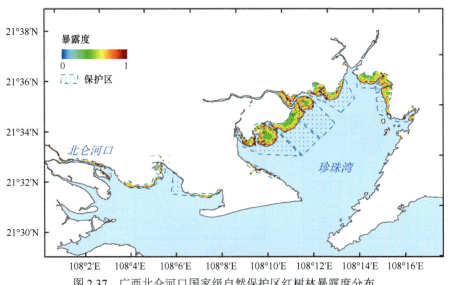

图 2.37 广西北仑河口国家级自然保护区红树林暴露度分布

在所有国家级、省级自然保护区中也处于较低水平。

（2）脆弱性

如图 2.16、图 2.21 所示，广西北仑河口国家级自然保护区红树林脆弱性总体较低，脆弱性平均值为 0.45，与全国平均水平（0.45）相当，在所有国家级、省级自然保护区中处于较高水平。保护区中北仑河口片区红树林脆弱性更高，脆弱性平均值为 0.52，珍珠湾片区红树林脆弱性更低，平均值为 0.44，脆弱性较高的红树林分布在北仑河口沿岸和珍珠湾西部（图 2.38），主要是由于这部分红树林林带宽度较小，破碎化程度较高，NDVI 值较小。

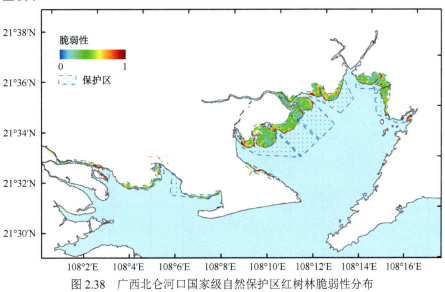

图 2.38　广西北仑河口国家级自然保护区红树林脆弱性分布

（3）综合风险

不同气候情景下未来（2030 年、2050 年、2100 年）广西北仑河口国家级自然保护区红树林气候变化综合风险等级分布如图 2.39 所示，北仑河口沿岸红树林和珍珠湾片区西部沿海红树林风险更高。如表 2.10 所示，在 3 种气候情景下，到 2030 年、2050 年红树林风险一直偏低，97% 以上的红树林风险等级一直为低及以下；在 RCP2.6 情景下，到 2100 年红树林风险仍偏低，风险等级为高的红树林面积占保护区红树林总面积的 2.15%；在 RCP4.5 情景下，到 2100 年红树林风险略有上升，风险等级为高的红树林面积占保护区红树林总面积的 7.04%；在 RCP8.5 情景下，到 2100 年红树林风险明显上升，风险等级为高以上的红树林面积占保护区红树林总面积的 52.52%。

广西北仑河口国家级自然保护区红树林淹没风险见表 2.11，2100 年海平面上升将可能导致 4.07%（RCP2.6）、4.51%（RCP4.5）和 8.14%（RCP8.5）的红树林被淹没。与综合风险相对应，北仑河口沿岸红树林和珍珠湾片区西部沿海红树林淹没风险更高。

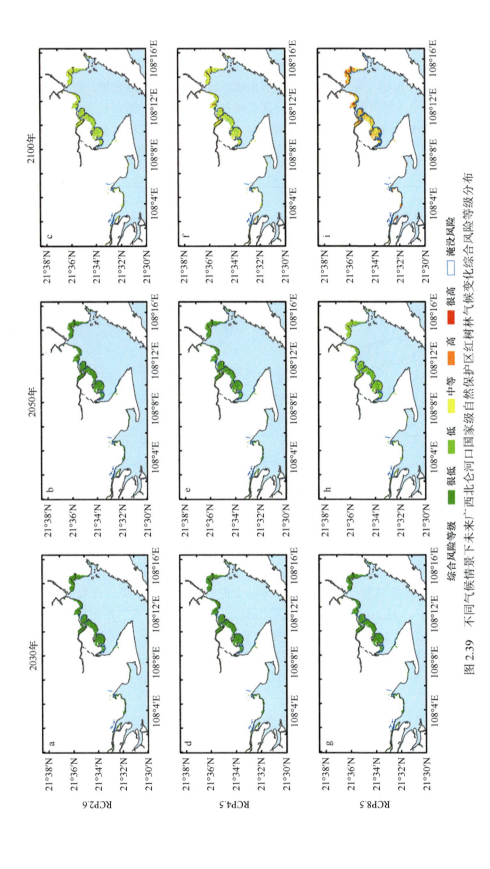

图 2.39 不同气候情景下未来广西北仑河口国家级自然保护区红树林气候变化综合风险等级分布

7. 广西山口红树林生态国家级自然保护区

广西山口红树林生态国家级自然保护区位于北海市合浦县，东面隔海临广东雷州半岛，西为丹兜港，南临大海。保护区海岸线长 50 km，总面积为 8000 hm²，气候属热带季风类型，光热充足，雨水充沛，受台风海潮威胁严重。太阳年辐射总量为 460.6 J/cm²，年日照时数为 1796～1800 h，年均气温为 23.4℃，年降水量为 1500～1700 mm，多集中于 4～9 月，约占全年降水量的 84%，年蒸发量为 1000～1400 mm，相对湿度为 80%。主要灾害性天气为台风（年均 2～3 次），多在 7～8 月（范航清等，2005）。气候温和，干湿季节分明，有效积温高的气候特点十分有利于红树林植物的生长发育。

广西山口于 1990 年经国务院批准建立国家级自然保护区，主要保护对象为红树林生态系统，2000 年加入联合国教育、科学及文化组织"人与生物圈国际保护区网络"，2002 年被列入《国际重要湿地名录》。保护区有中国海岸典型的红树林滩面，中外滩生长有木榄、红海榄、秋茄、白骨壤和桐花树等单优群落。另外，在英罗湾红树林区外围部分，还生长有喜盐草、互花米草等海草（余桂东，2015）。

（1）暴露度

广西山口红树林生态国家级自然保护区红树林的暴露度分布如图 2.40 所示，西侧片区红树林环绕丹兜海分布，右侧片区红树林环绕英罗港分布，分别称为丹兜海片区和英罗港片区，暴露度最高的红树林主要分布在丹兜海片区内的小岛上，以及英罗港片区北部沿海。保护区中丹兜海片区红树林暴露度平均值为 0.71，英罗港片区红树林暴露度平均值为 0.72。如图 2.16、图 2.21 所示，广西山口红树林生态国家级自然保护区红树林暴露度平均值为 0.71，与广西北仑河口国家级自然保护区相当，低于全国平均水平（0.79）。

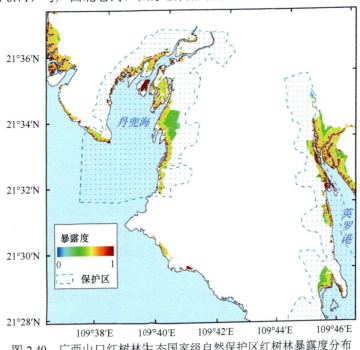

图 2.40　广西山口红树林生态国家级自然保护区红树林暴露度分布

（2）脆弱性

如图 2.16、图 2.21 所示，广西山口红树林生态国家级自然保护区红树林脆弱性平均值为 0.42，低于全国平均水平（0.45），在广西的 3 个国家级、省级自然保护区中脆弱性最低。其中，丹兜海片区红树林脆弱性平均值为 0.44，英罗港片区红树林脆弱性平均值为 0.39。保护区红树林脆弱性分布如图 2.41 所示，脆弱性较高的红树林主要分布在丹兜海东北部，主要原因为该处的红树林林带宽度较小，NDVI 值较小；英罗港最南端也有一小片红树林脆弱性较高，主要是由于该海湾内沉积速率较低。

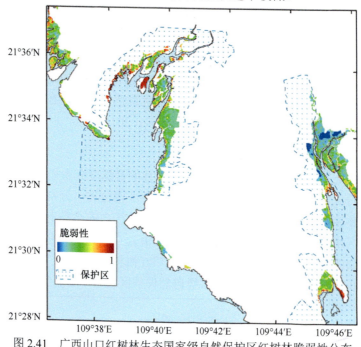

图 2.41　广西山口红树林生态国家级自然保护区红树林脆弱性分布

（3）综合风险

图 2.42 为不同气候情景下未来（2030 年、2050 年、2100 年）广西山口红树林生态国家级自然保护区红树林气候变化综合风险等级分布，风险较高的红树林主要分布在丹兜海片区南部沿海区域和英罗港片区中部沿海区域。如表 2.10 所示，在 3 种气候情景下，到 2030 年和 2050 年保护区红树林风险较低，其中 RCP8.5 情景下到 2050 年红树林风险等级为中等的红树林面积占保护区红树林总面积的 4.59%，其余情况下红树林风险等级皆为低和很低；在 RCP2.6 和 RCP4.5 情景下，到 2100 年红树林风险略有上升，风险等级为高及以上的红树林面积分别占保护区红树林总面积的 3.00% 和 8.05%；在 RCP8.5 情景下，到 2100 年该比例上升至 45.19%。

广西山口红树林生态国家级自然保护区红树林海平面上升淹没风险结果见表 2.11，在 RCPs 情景下，到 2100 年海平面上升将可能导致保护区 9.16%（RCP 2.6）、9.88%（RCP 4.5）和 15.22%（RCP 8.5）的红树林被海平面淹没，其中丹兜海片区东北部和英罗港片区北部红树林面临的淹没风险更高。

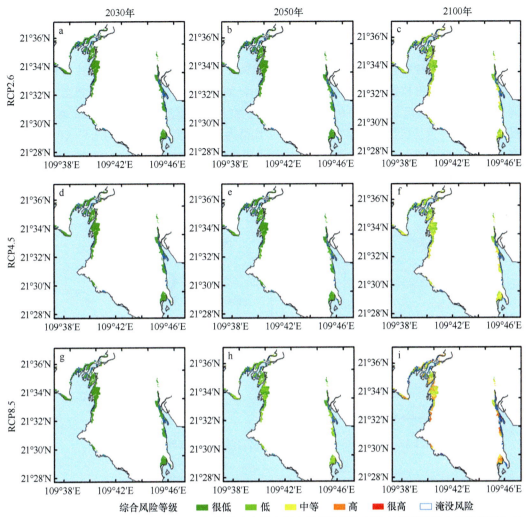

图 2.42　不同气候情景下未来广西山口红树林生态国家级自然保护区红树林气候变化综合风险等级分布

8. 广西茅尾海红树林自治区级自然保护区

广西茅尾海红树林自治区级自然保护区位于钦州市钦南区，南临北部湾，东西分别与北海市合浦县和防城港市茅岭镇接壤，海岸线总长为 115.5 km。保护区规划总面积为 3454 hm², 有红树林 2302.1 hm², 其中天然林面积为 1990.7 hm², 占比为 86.5%（文彦，2001）。茅尾海入海的主要河流共 3 条，西有茅岭江、中有钦江、东有大风江，所临内陆多为馒头状的低丘，海拔低于 40 m，地势较为平坦，多条河流与海水的共同作用使得入海口形成泥沙质平滩和潮沟岛屿景观。保护区属南亚热带气候，具有南亚热带向热带过渡性质的季风特点，年平均气温为 22℃，年平均降水量为 2104.2 mm，潮汐为不规则全日潮，平均潮差为 2.51 m（蒙良莉等，2020），具有高温多雨、夏长冬短、夏湿冬干、显著的季节性变化、季风较大和台风较多等特点。

广西茅尾海红树林自治区级自然保护区现有红树植物 11 科 16 种（含半红树植物和红树伴生植物），占中国红树林植物的 43.2%，占广西红树林植物的 69.6%。保护区分布有全国最典型的岛群红树林、特有的岩生红树以及七十二泾的"龙泾环珠"岛群红树林，是研究红树林生物群落及其生境、开展生态旅游、教育大众的理想场所（刘永泉等，2009）。

（1）暴露度

广西茅尾海红树林自治区级自然保护区有两个片区，分别是茅尾海湾片区和大风江片区。保护区红树林暴露度分布如图 2.43 所示，两个片区红树林的暴露度相当，茅尾海湾片区红树林暴露度平均值为 0.76，大风江片区红树林暴露度平均值为 0.75。如图 2.16、图 2.21 所示，保护区红树林整体的暴露度平均值为 0.75，低于全国平均水平（0.79），但在广西的 3 个国家级、省级自然保护区中处于最高水平。

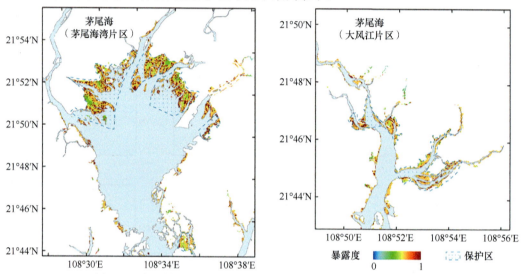

图 2.43　广西茅尾海红树林自治区级自然保护区红树林暴露度分布

（2）脆弱性

广西茅尾海红树林自治区级自然保护区红树林脆弱性平均值为 0.45（图 2.21），其中茅尾海湾片区红树林脆弱性平均值为 0.44，大风江片区红树林脆弱性平均值为 0.51。从图 2.44 可看出，茅尾海湾片区红树林脆弱性更低，主要是由于茅尾海湾片区红树林斑块面积更大，敏感性较低，湾内沉积速率较大，红树林适应性更高，而大风江片区红树林林带宽度较小，NDVI 值也较小，敏感性更高。从图 2.16、图 2.21 来看，广西茅尾海红树林自治区级自然保护区红树林脆弱性与全国平均水平基本相当，在 11 个国家级、省级自然保护区中处于中等水平。

（3）综合风险

图 2.45 为不同气候情景下未来（2030 年、2050 年、2100 年）广西茅尾海红树林自治区级自然保护区红树林气候变化综合风险等级分布，风险等级较高的红树林主要分布在茅尾海湾片区靠海侧及大风江片区西北部河流沿岸。如表 2.10 所示，在 RCP2.6、RCP4.5 情景下，到 2100 年风险等级为高及以上的红树林面积分别占保护区红树林总面积的 12.45% 和 36.32%；在 RCP8.5 情景下，到 2030 年所有红树林风险等级皆为中等及以下，到 2050 年风险等级为高的红树林面积占保护区红树林总面积的 4.92%，到 2100 年风险等级为高及以上的红树林比例上升至 88.39%，红树林风险明显上升。

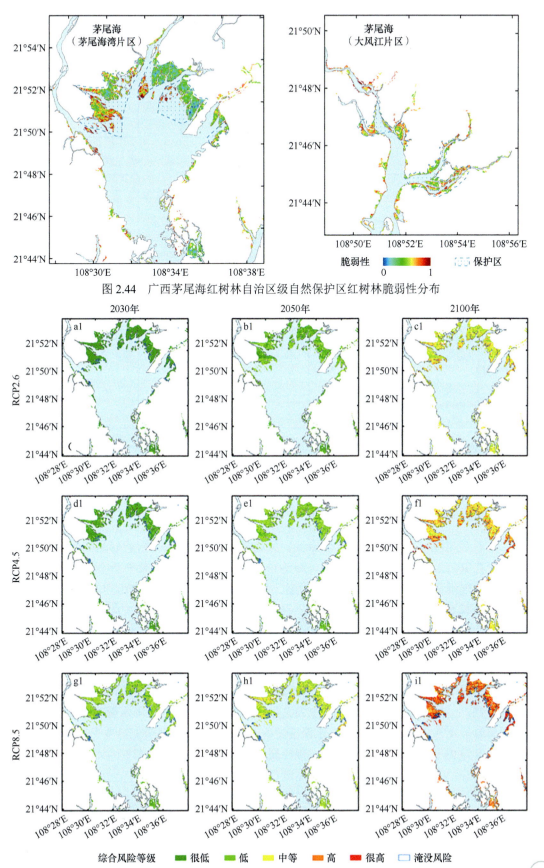

图 2.44　广西茅尾海红树林自治区级自然保护区红树林脆弱性分布

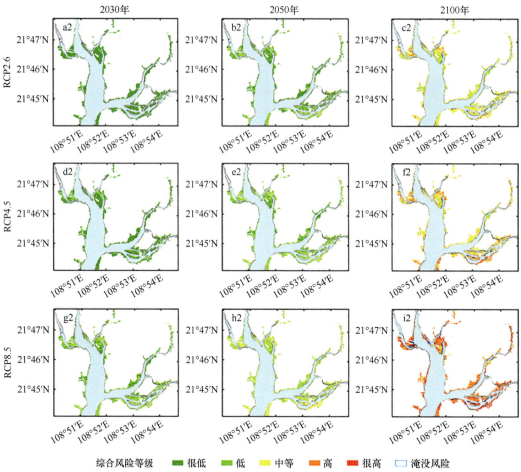

图 2.45　不同气候情景下未来广西茅尾海红树林自治区级自然保护区红树林气候变化综合风险等级分布

图 a1～i1 展示的是茅尾海湾片区；图 a2～i2 展示的是大风江片区

　　广西茅尾海红树林自治区级自然保护区红树林海平面上升淹没风险结果（表 2.11）显示，在 RCP2.6 和 RCP4.5 情景下，海湾内沉积速率总体高于海平面上升速率，因此在这两种气候情景下，红树林将向海扩展；在 RCP8.5 情景下，到 2100 年海平面上升将可能导致保护区 2.01% 的红树林被永久淹没，其中茅尾海湾片区 4.94% 和大风江片区 18.18% 的红树林面临被永久淹没的风险。

9. 福建漳江口红树林国家级自然保护区

　　福建漳江口红树林国家级自然保护区位于漳州市云霄县。保护区属南亚热带海洋性季风气候，日照充足，年平均气温为 21.2℃，雨水充沛，年平均降水量为 1714.50 mm，主要集中于 4～9 月。近岸表层海水温度随季节变化较大，2 月最低温度为 14.9℃，8 月最高温度为 25.6℃（乐通潮，2014）。潮汐属不规则半日潮，最大潮差为 4.67 m，最小潮差为 0.43 m，平均潮差为 2.32 m，最高潮位为 2.80 m，最低潮位为 –2.00 m，平均海平面为 0.46 m（黄海基准面），平均涨潮历时 6.62 h，平均落潮历时 5.25 h（林鹏，2001）。

　　漳江口红树林自然保护区于 1992 年建立，2003 年 6 月晋升为国家级自然保护区，2008 年 2 月被列入《国际重要湿地名录》。保护区红树植物主要有木榄、秋茄、桐花树、海漆、白骨壤、老鼠簕等，拥有中国天然分布最靠北、福建省面积最大的红树林，具有较高的研究价值。保护区同时也是东亚水鸟迁徙的重要驿站，每年有大量的湿地水鸟途经保护区（郑晓敏，2017）。

（1）暴露度

图 2.46 为福建漳江口红树林国家级自然保护区红树林暴露度分布，暴露度较高的红树林主要分布在漳江沿岸。如图 2.16、图 2.21 所示，福建漳江口红树林国家级自然保护区红树林暴露度平均值为 0.76，低于全国平均水平（0.79），略高于福建平均水平（0.75）。

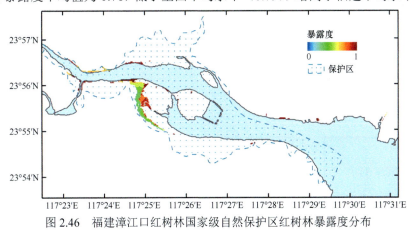

图 2.46　福建漳江口红树林国家级自然保护区红树林暴露度分布

（2）脆弱性

图 2.47 为福建漳江口红树林国家级自然保护区红树林脆弱性分布，脆弱性高的红树林主要分布在漳江沿岸，主要是因为该地区泥面高程较低。如图 2.16、图 2.21 所示，福建漳江口红树林国家级自然保护区红树林脆弱性平均值为 0.51，高于全国平均水平（0.45）和国家级、省级自然保护区平均水平（0.43），在 11 个国家级、省级自然保护区中，该保护区和海南清澜红树林省级自然保护区的红树林脆弱性并列最高。

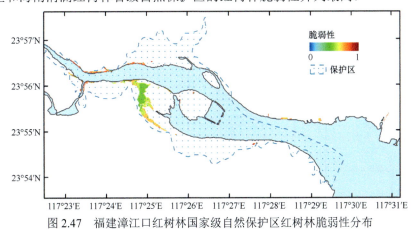

图 2.47　福建漳江口红树林国家级自然保护区红树林脆弱性分布

（3）综合风险

图 2.48 为不同气候情景下未来（2030 年、2050 年、2100 年）福建漳江口红树林国家级自然保护区红树林气候变化综合风险等级分布。如表 2.10 所示，在 RCP2.6 和

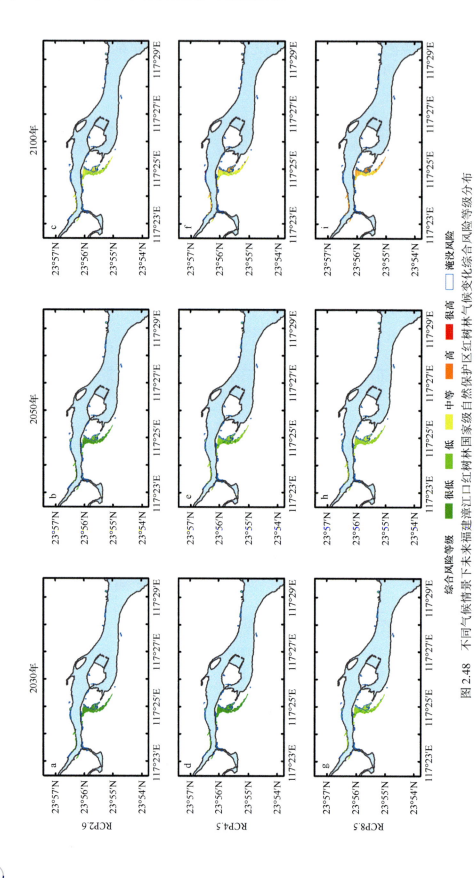

图 2.48 不同气候情景下未来福建漳江口红树林国家级自然保护区红树林气候变化综合风险等级分布

RCP4.5 情景下，到 2030 年和 2050 年保护区红树林风险等级较低，95% 以上的红树林风险等级为低及以下；在 RCP2.6 情景下，到 2100 年红树林风险有所上升，风险等级为高的红树林面积占保护区红树林总面积的 12.14%；在 RCP4.5 情景下，到 2100 年风险等级为高及以上的红树林面积占保护区红树林总面积的 37.23%；在 RCP8.5 情景下，到 2100 年红树林风险上升明显，风险等级为高及以上的红树林面积占保护区红树林总面积的 80.87%。

表 2.11 显示，在 RCP8.5 情景下，到 2100 年被淹没的红树林面积比例将增加至 0.96%，主要分布在漳江沿岸和保护区中部靠海潮滩。

10. 福建泉州湾河口湿地省级自然保护区

福建泉州湾河口湿地省级自然保护区位于泉州市泉州湾沿岸。保护区以泉州湾河口为主体，潮汐类型为正规半日潮，内有晋江和洛阳江两条河流注入，总面积为 7008.84 hm^2。保护区年平均气温为 20.4℃，年平均相对湿度为 78%，属于海洋性季风气候，夏季以西南风为主，其余季节主要为东北风，台风主要集中在 7～9 月，有影响的台风年平均达 5.7 次。年平均降水量为 1095.41 mm，干湿季分明，降水主要集中在夏季，降水量占全年降水量的 44%，春季降水量占全年降水量的 33%，秋冬季节降水量较少（莫文超，2017）。泉州湾地区潮汐属于半日潮，平均高潮位为 4.83 m，平均低潮位为 0.31 m，平均潮差为 4.52 m（刘荣成，2011）。

保护区主要保护对象为红树林湿地生态系统，红树植物主要包括秋茄、桐花树、白骨壤、老鼠簕等，米草主要包括大米草与互花米草两类。保护区湿地环境为众多野生动物提供了适宜的栖息地，主要包括中华白海豚、中华鲟、黄嘴白鹭、黑嘴鸥等一系列国家重点保护野生动物，以及中日、中澳候鸟保护协定的鸟类（路春燕等，2019）。

（1）暴露度

福建泉州湾河口湿地省级自然保护区红树林暴露度分布如图 2.49 所示，保护区内暴露度最高的红树林分布在西南部晋江江口。如图 2.21 所示，福建泉州湾河口湿地省级自然保护区红树林暴露度平均值为 0.68，在 11 个国家级、省级自然保护区中暴露度平均值最低，主要是由于保护区内红树林泥面高程较高。

（2）脆弱性

图 2.50 为福建泉州湾河口湿地省级自然保护区红树林脆弱性分布，可以看出，保护区红树林脆弱性很低。如图 2.16、图 2.21 所示，福建泉州湾河口湿地省级自然保护区红树林脆弱性平均值为 0.18，远低于全国平均水平（0.45）和国家级、省级自然保护区平均水平（0.43），在 11 个国家级、省级自然保护区中其脆弱性最低，主要是由于保护区红树林的泥面高程较高，树高较低，平均沉积速率较高。

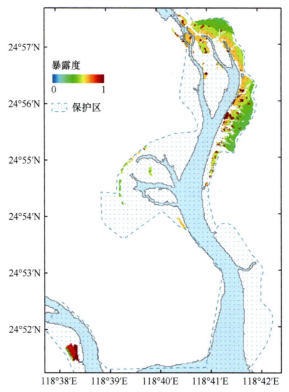

图 2.49　福建泉州湾河口湿地省级自然保护区红树林暴露度分布

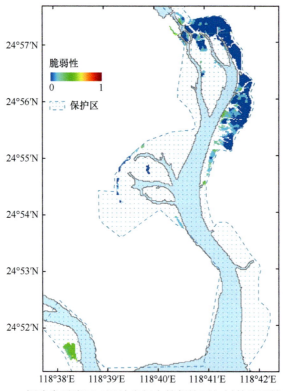

图 2.50　福建泉州湾河口湿地省级自然保护区红树林脆弱性分布

（3）综合风险

不同气候情景下未来（2030 年、2050 年、2100 年）福建泉州湾河口湿地省级自然保护区红树林气候变化综合风险等级分布如图 2.51 所示，风险较高的红树林主要分布在保护区西南部晋江江口，主要归因于这部分红树林暴露度和脆弱性较高。如表 2.10 所示，在 RCP2.6、RCP4.5 情景下，到 2030 年福建泉州湾河口湿地省级自然保护区红树林风险较低；到 2100 年，风险等级为高及以上的红树林面积分别占保护区红树林总面积的 7.25%（RCP2.6）、38.44%（RCP4.5）、90.90%（RCP8.5），RCP8.5 情景下红树林风险明显上升。

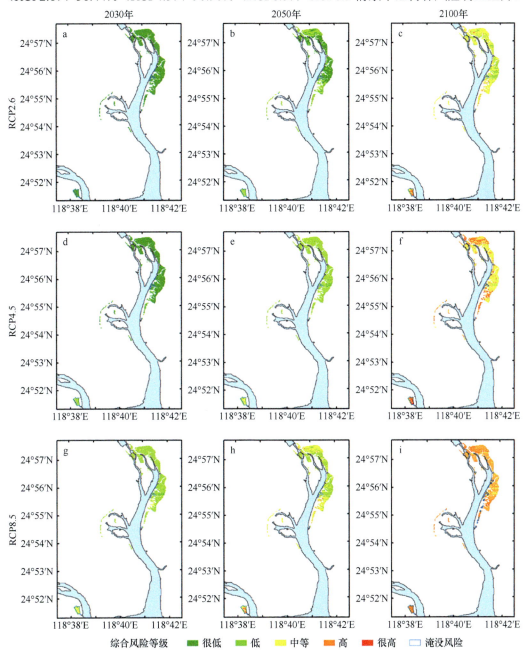

图 2.51　不同气候情景下未来福建泉州湾河口湿地省级自然保护区红树林气候变化综合风险等级分布

福建泉州湾河口湿地省级自然保护区红树林淹没风险如表 2.11 所示，3 种气候情景下，2100 年海平面上升将可能导致 2.78%（RCP2.6）、2.92%（RCP4.5）和 5.25%（RCP8.5）的红树林被淹没。如图 2.51 所示，与综合风险相对应，保护区西南部晋江江口红树林面临的淹没风险更高，东北部红树林高程较高，因此面临的淹没风险很低。

11. 福建龙海九龙江口红树林省级自然保护区

福建龙海九龙江口红树林省级自然保护区位于漳州市龙海区，地处福建省第二大江——九龙江入海口的滩涂潮间带。该地区属于南亚热带海洋性季风气候，年平均气温为 21℃，年平均降水量为 1371.3 mm，年平均相对湿度为 86%，年平均日照时数为 2719 h。该地段海拔为 0 ～ 3 m，地势低洼开阔，湿地资源丰富，湿地面积达 2000 hm²。

保护区成立于 1988 年，总面积为 420.2 hm²，保护区内红树林林地面积达 379.8 hm²，其中成林面积为 297.3 hm²。保护区红树林主要呈块状或带状分布，江口几个岛屿周围的红树林形成块状分布；沿海、沿江两岸滩涂潮间带的红树林形成带状分布，分布在漳州市龙海区的浮宫、东园、海澄、紫泥、角美 5 个镇，红树植物种类主要有秋茄、桐花树、白骨壤和老鼠簕等（薛志勇，2005）。保护区属于海洋与海岸生态系统类型的自然保护区，主要保护对象为红树林生态系统、濒危野生动植物和湿地鸟类等。近年来，由于当地人口增长、畜禽及水产养殖业高速发展、过量有机化肥的施用及养殖业的排污，九龙江口的水环境及生物群落结构发生变化（侯丽媛等，2014）。

（1）暴露度

福建龙海九龙江口红树林省级自然保护区红树林暴露度分布如图 2.52 所示，暴露度较高的红树林分布在九龙江北港和中港之间的潮间带及河流沿岸。如图 2.16、图 2.21 所

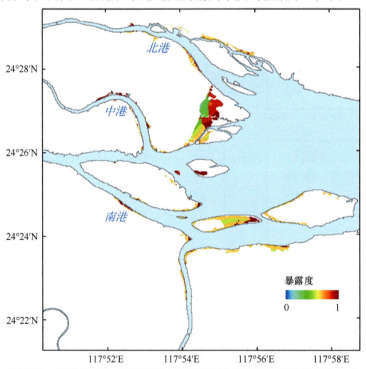

图 2.52　福建龙海九龙江口红树林省级自然保护区红树林暴露度分布

示，福建龙海九龙江口红树林省级自然保护区红树林暴露度平均值为 0.76，与福建漳江口红树林国家级自然保护区相当，低于全国平均水平（0.79）。

（2）脆弱性

福建龙海九龙江口红树林省级自然保护区红树林脆弱性分布如图 2.53 所示，可以看出红树林脆弱性较低，主要是由于保护区红树林泥面高程较高，脆弱性最高的红树林分布在九龙江口北港、中港和南港沿岸。如图 2.21 所示，福建龙海九龙江口红树林省级自然保护区红树林脆弱性平均值为 0.34，在 11 个国家级、省级自然保护区中红树林脆弱性仅高于福建泉州湾河口湿地省级自然保护区。

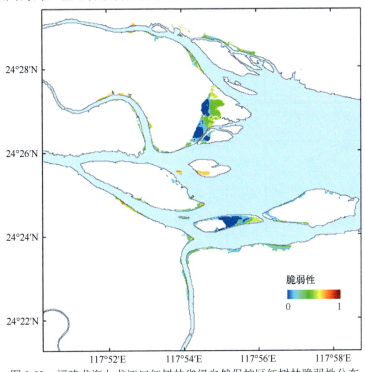

图 2.53　福建龙海九龙江口红树林省级自然保护区红树林脆弱性分布

（3）综合风险

图 2.54 为不同气候情景下未来（2030 年、2050 年、2100 年）福建龙海九龙江口红树林省级自然保护区红树林气候变化综合风险等级分布。如图 2.54a、d 所示，在 RCP2.6、RCP4.5 情景下，到 2030 年保护区红树林风险几乎为很低，而其他红树林风险等级主要在低和高之间，风险等级较高的红树林主要分布在九龙江口沿岸，以及北港和中港之间靠近光滩的部分区域。如表 2.10 所示，在 RCP2.6 情景下，到 2100 年风险等级为高及以上的红树林面积占保护区红树林总面积的 16.94%；在 RCP4.5 情景下，到 2100 年该比例为 49.91%；在 RCP8.5 情景下，到 2100 年该比例则为 91.48%，红树林风险仅次于广东珠海淇澳 - 担杆岛省级自然保护区和广东内伶仃岛 - 福田国家级自然保护区的红树林风险。

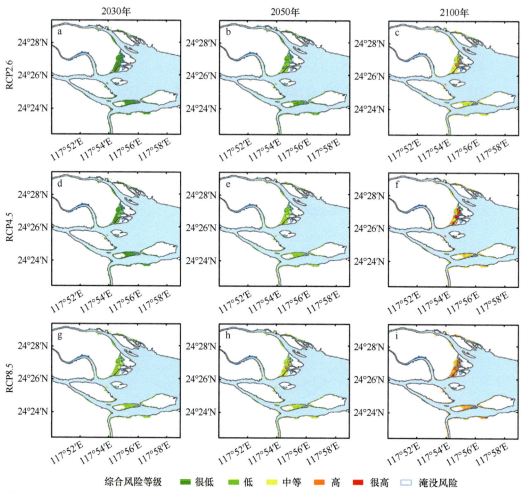

综合风险等级　■ 很低　■ 低　■ 中等　■ 高　■ 很高　□ 淹没风险

图 2.54　不同气候情景下未来福建龙海九龙江口红树林省级自然保护区红树林气候变化综合风险等级分布

表 2.11 显示，在 RCP8.5 情景下，到 2100 年被淹没的红树林面积比例将增加至 2.93%，对应综合风险分布情况，可能被淹没的红树林主要分布在九龙江中港和保护区中部靠海潮滩（图 2.54）。

12. 国家级、省级自然保护区红树林暴露度、脆弱性及综合风险比较评估

国家级、省级自然保护区红树林暴露度、脆弱性平均值见图 2.21。在红树林暴露度方面，总体来看，11 个国家级、省级自然保护区所有红树林暴露度指数的平均值为 0.76，低于全国平均水平（0.79）（图 2.16），这是由于国家级、省级自然保护区红树林连片面积较大，林带宽度较大，后方有较大片的红树林离海较远，而非国家级、省级自然保护区红树林普遍呈长条状沿岸分布，离海更近，因此暴露度也更高。在 11 个国家级、省级自然保护区中，红树林暴露度最高的为广东珠海淇澳 - 担杆岛省级自然保护区，其暴露度平均值为 0.89；暴露度最低的为福建泉州湾河口湿地省级自然保护区，其暴露度平均值为 0.68，主要是由于该保护区红树林的泥面高程高于其他保护区。

在红树林脆弱性方面，总体来看，11 个国家级、省级自然保护区所有红树林脆弱

性平均值为 0.43，低于全国平均水平（0.45）（图 2.16），这是由于国家级、省级自然保护区红树林连片面积较大，斑块破碎程度较低，林带宽度较大，红树林健康状况良好，NDVI 值较高。在 11 个国家级、省级自然保护区中，红树林脆弱性最高的为海南清澜红树林省级自然保护区和福建漳江口红树林国家级自然保护区，二者脆弱性平均值均为 0.51；脆弱性最低的为福建泉州湾河口湿地省级自然保护区，其脆弱性平均值为 0.18，其脆弱性最低的原因主要在于保护区红树林的泥面高程较高。除了海南清澜红树林省级自然保护区和福建漳江口红树林国家级自然保护区，红树林脆弱性较高的还有海南东寨港国家级自然保护区和广东湛江红树林国家级自然保护区，这是由于海南东寨港和广东湛江红树林的树高较高，因此红树林对热带气旋致灾的敏感性也较高。

在 11 个国家级、省级自然保护区中，3 种不同气候情景下到 2100 年广东珠海淇澳-担杆岛省级自然保护区红树林气候变化综合风险最高，风险等级为高及以上的红树林面积分别占保护区红树林总面积的 28.48%、63.34% 和 94.34%，主要原因为该保护区气候致灾因子危害性和红树林暴露度很高。在 RCP2.6 情景下，到 2100 年风险最低的为海南清澜红树林省级自然保护区红树林，风险等级为高及以上的红树林面积仅占保护区红树林总面积的 1.12%；在 RCP4.5、RCP8.5 情景下，到 2100 年风险最低的分别为广西北仑河口国家级自然保护区红树林和广西山口红树林生态国家级自然保护区红树林，风险等级为高及以上的红树林面积分别占保护区红树林总面积的 7.04%、52.52%、8.05% 和 45.19%（表 2.10）。

对比 11 个国家级、省级自然保护区红树林气候变化综合风险水平和全国平均风险水平，在不同气候情景下，到 2100 年 11 个国家级、省级自然保护区红树林风险等级为高及以上的红树林面积分别占保护区内红树林总面积的 8.72%、27.99% 和 68.12%，低于全国平均水平（19.14%、40.93% 和 79.64%），主要是由于保护区红树林暴露度、脆弱性水平较低。

此外，在 11 个国家级、省级自然保护区中，在不同气候情景下，到 2100 年海南东寨港国家级自然保护区红树林因海平面上升被淹没的风险最高，在 RCP8.5 情景下，到 2100 年有 31.99% 的红树林可能被上升的海平面淹没；其次是广东湛江红树林国家级自然保护区和海南清澜红树林省级自然保护区，在 RCP8.5 情景下，到 2100 年被淹没红树林面积分别占保护区红树林总面积的 26.87% 和 25.52%；在 RCP2.6 和 RCP4.5 情景下，广西茅尾海红树林自治区级自然保护区红树林因海平面上升被淹没的风险很低，但在 RCP8.5 情景下，到 2100 年该保护区 2.01% 的红树林可能会因海平面上升被淹没；由于广东珠海淇澳-担杆岛省级自然保护区和广东内伶仃岛-福田国家级自然保护区红树林高程较高，保护区红树林因海平面上升被淹没的风险很低。

2.3.5　红树林适应性分析

鉴于海南东寨港国家级自然保护区的红树林是中国连片面积最大、物种最丰富的红树林，并且该保护区成立时间最早，本小节主要以该保护区为例，再兼顾其他保护区，分析并提出发展红树林保护区具有气候恢复力的适应策略。

1. 海南东寨港国家级自然保护区

气候变化综合风险源于气候致灾因子的危害性、承灾体的暴露度和脆弱性的相互作用（IPCC，2014，2022），有效的风险管理对策也源于此，即通过减小气候致灾因子的危害性、降低红树林的暴露度和脆弱性，从而达到降低风险的目的。

基于前述对海南东寨港国家级自然保护区红树林气候变化综合风险等级分布的原因分析，本小节进一步分析并提出红树林的风险管理保护与修复并行的原则，即需发展具有气候韧性的红树林适应气候变化的策略措施与途径（图 2.55），并遵循"自然恢复为主，人工干预为辅"的生态理念。首先，在红树林保护与修复方面，已采取或未来可强化的措施包括：在红树林向海侧开展本土物种的人工种植补植，或在向陆侧采取"退塘还林"等措施；同时，在红树林湿地采用木桩或牡蛎壳等构造生物护岸，减缓海平面上升侵蚀海岸的影响，并提高红树林潮滩捕沙促淤的能力（Cai et al.，2022）。其次，根据海南东寨港国家级自然保护区红树林片区的暴露度和脆弱性情况，即塔市片区北部、道学片区北部、三江片区东北部和罗豆片区的红树林暴露度和脆弱性较高，其中塔市片区北部和南部后方均有防潮堤阻隔，或交错分布有村庄道路和养殖池，道学片区和三江片区后方则主要为养殖池塘，在权衡相关投入成本与生态社会效益等综合因素后，可采取的韧性策略措施与途径如图 2.55 所示。

发展具有气候恢复力的海南东寨港国家级自然保护区红树林适应气候变化的具体对策：一是对于塔市片区和道学片区向海一侧的红树林，采取生物护岸形式，或引入本地滩涂草本植物促进湿地捕沙促淤（吴绍镇和彭培相，1994），对于向陆一侧的村庄道路或防潮堤，考虑将其后移并进行生态化改造，同时在防潮堤、道路与保护区红树林之间设立人类活动缓冲带；二是"退塘还林"，并在红树林退化区域补种本地红树物种，这是由于红树林退化区域的恢复力较弱，采用人工种植本地红树物种的干预方式有利于恢复，并减小外来物种入侵的可能性；三是塔市港湾年输沙量仅约 1300 t（谭晓林和张乔民，1997），红树林湿地的沉积速率相对较低，对于东寨港入海河流，如塔市片区塔市支渠，考虑对其入海口闸门加以改造，以提高入海河流的输沙量，改善红树林湿地岸滩的捕沙促淤功能，营造红树林自然恢复环境，增强红树林应对气候变化的适应性。

2. 海南清澜红树林省级自然保护区

海南清澜红树林省级自然保护区的八门湾片区东西侧各有一条河流汇入湾内，片区内的红树林后方有大量鱼塘，湾内红树林地表沉积速率较低，片区内的红树林附近光滩较少；会文片区北部红树林后方多为鱼塘，南部红树林后方多为堤坝和道路，因此发展海南清澜红树林省级自然保护区红树林适应气候变化的韧性策略措施与途径如图 2.56 所示。

3. 广西北仑河口国家级自然保护区

广西北仑河口国家级自然保护区的北仑河口片区附近有两条河流汇入海洋，片区内红树林后方多为道路和堤坝；珍珠湾片区内有两条河流汇入珍珠湾，片区内红树林后方有大量鱼塘与少量堤坝，湾内红树林地表沉积速率较低（徐慧鹏，2020；夏鹏等，2015）。因此，在北仑河口片区，可依据 2050 年潮位线预测结果，优先在向海侧实施人工补植本地红树物种，缓解沉积速率不足的生态压力。珍珠湾片区则可通过拆除鱼塘并恢复湿地基底，同步重建并通过调控闸门，增加河流输沙量，提升潮滩促淤能力。发展广西北仑河口国家级自然保护区红树林适应气候变化的韧性策略措施与途径如图 2.57 所示。

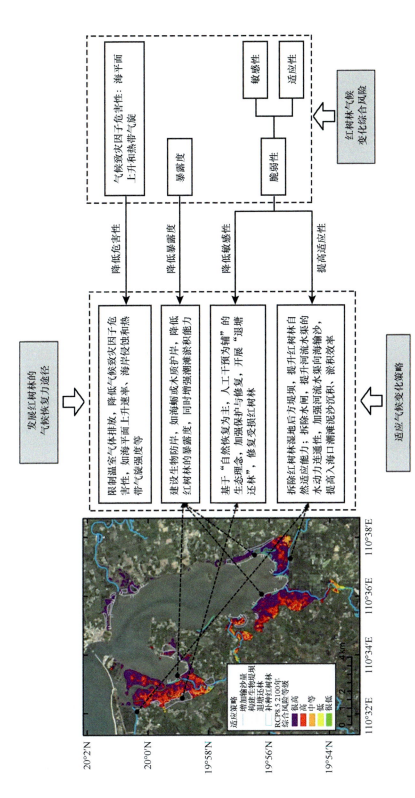

图 2.55　发展海南东寨港国家级自然保护区红树林适应气候变化的韧性策略措施与途径

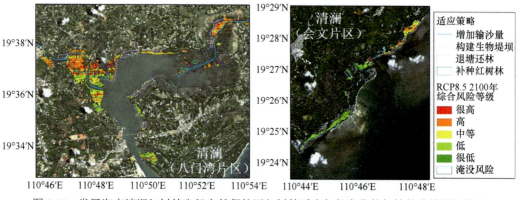

图 2.56　发展海南清澜红树林省级自然保护区红树林适应气候变化的韧性策略措施与途径

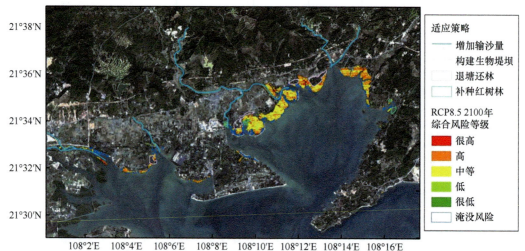

图 2.57　发展广西北仑河口国家级自然保护区红树林适应气候变化的韧性策略措施与途径

4. 广西茅尾海红树林自治区级自然保护区

广西茅尾海红树林自治区级自然保护区的茅尾海湾片区附近有 3 条河流汇入茅尾海湾，片区内红树林后方几乎都是鱼塘和堤坝，并存在少量光滩，湾内红树林地表沉积速率较低（夏鹏等，2015）。包括大风江在内的多条河流流经大风江片区，片区内的红树林后方多为树林，也存在少量鱼塘。在茅尾海湾片区，可采用木桩或牡蛎壳等生物护岸减缓 SLR 侵蚀，同步修复光滩以增强自然恢复潜力。在大风江片区，结合多河流特征，可实施"退塘还林"工程，降低鱼塘开发活动对红树林的影响。发展广西茅尾海红树林自治区级自然保护区红树林适应气候变化的韧性策略措施与途径如图 2.58 所示。

5. 广西山口红树林生态国家级自然保护区

在广西山口红树林生态国家级自然保护区的丹兜海片区，有两条河流在湾顶交汇并流入丹兜海，湾内红树林后方有大量鱼塘和堤坝，红树林很难向陆扩展，红树林前方有大量光滩，片区内红树林地表沉积速率很低（夏鹏等，2015）；在英罗港片区，同样有两条河流在湾顶交汇并流入英罗湾，湾内红树林后方只有少量鱼塘，多为堤坝和道路，红树林几乎没有后退空间，片区内红树林地表沉积速率很低（夏鹏等，2015）。结合丹兜海片区的潮位线与海堤分布，以此划定红树林向陆扩展适宜区，人工补植耐盐碱本地物种。英罗港片区可通过重建入海河流闸门调控输沙量，增加沉积物通量，提升潮滩自然沉积速率，缓解堤坝对红树林后退空间的限制。发展广西山口红树林生态国家级自然保护区红树林适应气候变化的韧性策略措施与途径如图 2.59 所示。

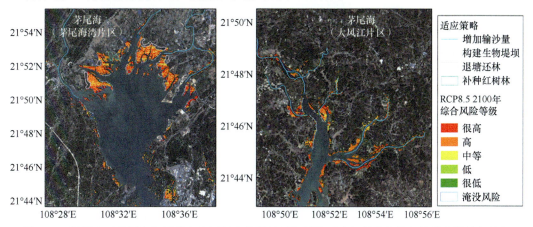

图 2.58　发展广西茅尾海红树林自治区级自然保护区红树林适应气候变化的韧性策略措施与途径

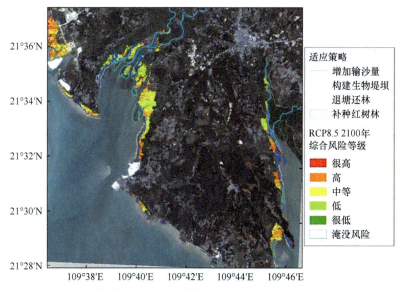

图 2.59　发展广西山口红树林生态国家级自然保护区红树林适应气候变化的韧性策略措施与途径

6. 广东湛江红树林国家级自然保护区

图 2.60 为发展广东湛江红树林国家级自然保护区红树林适应气候变化的韧性策略措施与途径。对于图 2.60a 中的廉江片区，主要通过补种红树林的方式提高红树林适应性；而安铺港片区红树林泥面高程较低，沉积速率也较低，因此红树林被淹没风险较高，主要采取构建生物堤坝和增加片区两侧河流输沙量的方式提高红树林捕沙促淤能力。图 2.60b 所示的企水湾片区和海康港片区，以及图 2.60c 所示的流沙港片区，红树林被淹没风险同样较高，因此也可采取构建生物堤坝和增加输沙量的方式。图 2.60e 所示的雷州

湾片区红树林被淹没风险较低，通过对比 1985 年的遥感影像可知，该片区北部曾有一块大片红树林被改造为鱼塘，可通过退塘还林的方式修复，还有一块红树林退化为裸地，可在裸滩上通过补种本地红树的方式恢复红树林。

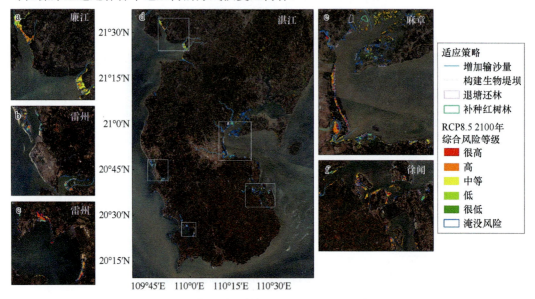

图 2.60　发展广东湛江红树林国家级自然保护区红树林适应气候变化的韧性策略措施与途径

7. 广东内伶仃岛 - 福田国家级自然保护区

广东内伶仃岛 - 福田国家级自然保护区的红树林后方为道路和建筑，红树林无法通过向陆扩展来适应海平面上升，仅考虑海平面上升造成的红树林淹没风险结果时（表 2.11），可能是该保护区红树林湿地沉积速率较高（李瑞利等，2012；燕鸿宇，2019；丁苏丽，2018），从而使得红树林面临海平面上升淹没的风险低。但考虑海平面上升和热带气旋两种致灾因子的复合影响时，该保护区的西南侧海岸湿地有较高的风险，可考虑在红树林靠海一侧的裸滩补种本地红树物种，并进一步构筑有一定透水率的生物护岸，以增强该岸段红树林的气候韧性。发展广东内伶仃岛 - 福田国家级自然保护区红树林适应气候变化的韧性策略措施与途径如图 2.61 所示。

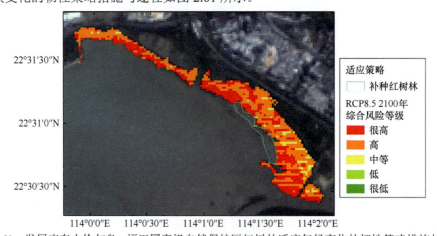

图 2.61　发展广东内伶仃岛 - 福田国家级自然保护区红树林适应气候变化的韧性策略措施与途径

8. 广东珠海淇澳 - 担杆岛省级自然保护区

仅考虑海平面上升造成的红树林淹没风险结果（表 2.11）时，广东珠海淇澳 - 担杆岛省级自然保护区面临的风险较低，可能是由于该保护区作为珠江三角洲最大的人工恢复区，促淤速率达 5.94 cm/a（叶翔等，2018），该保护区红树林湿地的沉积速率较高，应对海平面上升风险的能力也较高。但考虑海平面上升和热带气旋两种致灾因子的复合影响时，该保护区西南 - 东北向海岸带较易遭受台风风暴潮的海水淹没和侵蚀，从而形成连续高风险廊道（图 2.36），因此可在红树林向海一侧进一步构筑有一定透水率的生物护岸，以提高该岸段红树林应对未来气候变化综合风险的韧性适应力。

9. 福建漳江口红树林国家级自然保护区

福建漳江口红树林国家级自然保护区的红树林后方有大量带堤坝的鱼塘，前方有大片光滩，保护区红树林地表沉积速率较低（李健成等，2021）。发展福建漳江口红树林国家级自然保护区红树林适应气候变化的韧性策略措施与途径如图 2.62 所示，分布在漳江两岸的红树林被淹没风险较高，因此可在其靠海测构建生物堤坝，从而提高沉积速率。

图 2.62　发展福建漳江口红树林国家级自然保护区红树林适应气候变化的韧性策略措施与途径

10. 福建龙海九龙江口红树林省级自然保护区

对于福建龙海九龙江口红树林省级自然保护区，除北龙江北港、中港、南港外，还有一条河从南部注入九龙江口，红树林后方几乎为带堤坝的鱼塘，红树林前方有大量光滩。发展福建龙海九龙江口红树林省级自然保护区红树林适应气候变化的韧性策略措施与途径如图 2.63 所示。

11. 福建泉州湾河口湿地省级自然保护区

福建泉州湾河口湿地省级自然保护区西南角的晋江入海口口处红树林后方为道路，前方有大片裸地，东北部红树林后方多为城镇和道路，还有少量鱼塘，红树林前方有大量裸地。因此，对于泉州湾保护区前方的裸地可以通过补种红树林来提高红树林的适应性，降低脆弱性。同时，对保护区向海侧的红树林，可考虑采取生物护岸形式，或引入本地滩涂草本植物促进湿地补沙促淤。发展福建泉州湾河口湿地省级自然保护区红树林适应气候变化的韧性策略措施与途径如图 2.64 所示。

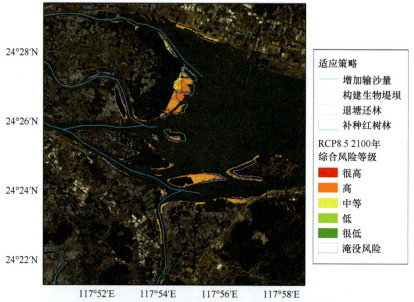

图 2.63　发展福建龙海九龙江口红树林省级自然保护区红树林适应气候变化的韧性策略措施与途径

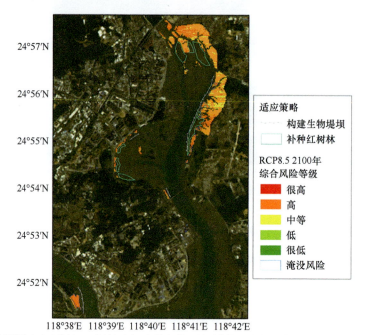

图 2.64　发展福建泉州湾河口湿地省级自然保护区红树林适应气候变化的韧性策略措施与途径

2.4　结　语

本章基于 IPCC 气候变化综合风险核心概念、定义及理论框架，构建了中国红树林气候变化综合风险评估指标体系，确定了具体的评估方法，选取了基本可涵盖中国红树林分布区的海南、广西、广东、福建和浙江 5 个省（区）的红树林为主要研究对象，通过文献资料、现场补充调查资料、遥感影像和模式模拟等数据，利用 ArcGIS、谷歌地球引擎、MATLAB 等工具开展研究。首先，分析了不同气候情景（RCP2.6、RCP4.5、RCP8.5）下，中国红树林的主要气候致灾因子（缓发性的海平面上升和突发性的热带气旋）危害性的时空分布；其次，评估了全国红树林的暴露度和脆弱性分布，重点分析了 11 个国家级和省级自然保护区红树林的暴露度、脆弱性以及综合风险水平；最后，评估了不同气候情景下到 2030 年、2050 年、2100 年中国红树林气候变化综合风险等级的时空分布特征，并针对 11 个国家级和省级自然保护区提出了发展红树林适应气候变化的韧性策略措施与途径，主要结论如下。

1）中国红树林分布面积的变化经历了从 25 万 hm² 锐减至 20 世纪 50 年代的不足 5 万 hm²，再减少至 1973 年的 4.87 万 hm²、至 2000 年的 1.86 万 hm²，2010 年后红树林逐步恢复至 2.08 万 hm²，至 2013 年红树林面积已恢复至约 3.21 万 hm²。过去几十年来，在中国红树林的动态演变锐减中，人为的破坏因素起了主要作用，但 1980 年之后随着人们对红树林保育规划的重视，破坏活动得到抑制，红树林得到一定程度的恢复。然而，在气候变暖背景下，海平面的持续上升和强热带气旋的增强，突显了未来气候变化对红树林的影响和威胁。

2）不同气候情景下，未来中国红树林分布区沿海海平面将加速上升，相对 21 世纪初（2000 年），到 2100 年海平面将分别上升 52.63 cm（RCP2.6）、62.82 cm（RCP4.5）和 83.91 cm（RCP8.5）。在 5 个红树林分布省（区）中，浙江和海南海平面上升平均速率最高，广西则最低。在地区尺度上，上海长江口附近区域平均海平面上升速率最高，广东珠江口附近区域平均海平面上升速率则最低。

3）不同气候情景下，未来登陆中国红树林分布区及附近的热带气旋数量将随时间推移和温室气体浓度的增大而减少，热带气旋强度则有所增大。红树林的热带气旋致灾强度指数基本上随时间推移而增大；在 RCP8.5 情景下，红树林分布区热带气旋致灾强度指数高，且有北移的趋势，其中海南红树林热带气旋致灾强度指数将随时间推移而明显降低。

4）不同气候情景下，缓发性的海平面上升叠加突发性的热带气旋引起的气候致灾因子危害性随时间推移和温室气体排放浓度的增大而增大；到 2100 年海南、广东雷州半岛、福建北部和浙江红树林的气候致灾因子危害性最大，主要归因于这些地区的海平面上升速率较高，海平面上升对红树林的危害性已明显高于热带气旋。

5）在 5 个红树林分布省（区）中，浙江的红树林暴露度最高，其次为广东。在地区尺度上，广东雷州半岛西岸、珠江口和福建漳江口的暴露度更高，主要原因是这些地区的红树林泥面高程普遍较低，更容易受到海平面上升和台风风暴潮的影响。在 11 个国家级、省级自然保护区中，红树林暴露度最高的为广东珠海淇澳 - 担杆岛省级自然保护区，暴露度最低的为福建泉州湾河口湿地省级自然保护区。国家级、省级自然保护区的红树林暴露度大多低于全国平均水平，主要归因于国家级、省级自然保护区红树林连片面积较大。

6）在 5 个红树林分布省（区）中，海南红树林脆弱性最高，其次为广东红树林，呈现分布纬度越高脆弱性越低的特点，主要是由于红树林树高较小，对热带气旋的敏感性普遍较低。地区尺度上，海南澄迈县、儋州市、三亚市、琼海市博鳌镇，以及广东雷州半岛西部、珠江口附近的红树林脆弱性更高。在 11 个国家级、省级自然保护区中，脆弱性最高的为海南清澜红树林省级自然保护区和福建漳江口红树林国家级自然保护区的红树林，其次为海南东寨港国家级自然保护区和广东湛江红树林国家级自然保护区的红树林，主要是由于红树林树高较大，其敏感性较高。国家级、省级自然保护区的红树林脆弱性平均水平低于全国平均水平，主要是由于国家级、省级自然保护区红树林连片面积较大，林带宽度较大，斑块破碎程度较低，红树林健康状况良好，NDVI 值较高。

7）不同气候情景下，到 2100 年中国红树林气候变化综合风险等级为高及以上的红树林面积分别占红树林总面积的 19.14%、40.93% 和 79.64%。在 RCP8.5 情景下，到 2100 年红树林风险等级为最高，其中浙江红树林风险等级最高，海南红树林风险等级最低，主要归因于浙江红树林气候致灾因子的危害性高。3 种气候情景下，到 2100 年在 11 个国家级、省级自然保护区中广东珠海淇澳 - 担杆岛省级自然保护区红树林风险最高，主要归因于其暴露度较高。从总体看，国家级、省级自然保护区红树林风险平均水平低于全国平均水平，主要归因于保护区红树林暴露度和脆弱性较低。

8）基于"自然恢复为主，人工干预为辅"的生态理念，对于风险较高的保护区红树林，可通过发展具有气候恢复力的途径以提高其适应能力，具体措施主要包括：在红树林靠海一侧和红树林被破坏区域补种本地红树物种并构筑有一定透水率的生物护岸，提高入海河流输沙量，增强红树林湿地捕沙促淤能力等，同时在红树林靠陆一侧视条件采取"退塘还林"或"退堤还林"等方式，从而提高红树林的气候韧性，以降低红树林面临的气候变化综合风险。

参 考 文 献

蔡榕硕, 刘克修, 谭红建 . 2020. 气候变化对中国海洋和海岸带的影响、风险与适应对策 . 中国人口·资源与环境 , 30(9): 1-8.

蔡榕硕, 谭红建 . 2020. 海平面加速上升对低海拔岛屿、沿海地区及社会的影响和风险 . 气候变化研究进展 , 16(2): 163-171.

曹林, 韩维栋, 李凤凤, 等 . 2010. 雷州湾红树湿地景观格局演变及驱动力分析 . 林业科技开发 , (4): 18-23.

陈焕雄, 陈二英 . 1985. 海南岛红树林分布的现状 . 热带海洋 , 4(3): 74-79, 93-94.

陈吉余 . 1995. 中国海岸带地貌 . 北京 : 海洋出版社 .

陈秋夏, 杨升, 王金旺, 等 . 2019. 浙江红树林发展历程及探讨 . 浙江农业科学 , 60(7): 1177-1181.

陈文方, 端义宏, 陆逸, 等 . 2017. 热带气旋灾害风险评估现状综述 . 灾害学 , 32(4): 146-152.

陈小勇, 林鹏 . 1999. 我国红树林对全球气候变化的响应及其作用 . 海洋湖沼通报 , 21(2): 11-17.

陈玉军, 郑德璋, 廖宝文, 等 . 2000. 台风对红树林损害及预防的研究 . 林业科学研究 , 13(5): 524-529.

丁立仲, 徐高福, 卢剑波, 等 . 2005. 景观破碎化及其对生物多样性的影响 . 江苏林业科技 , 32(4): 45-49, 57.

丁平兴 . 2016. 气候变化影响下我国典型海岸带演变趋势与脆弱性评估 . 北京 : 科学出版社 : 200-248.

丁苏丽 . 2018. 深港两地红树林沉积物中重金属污染及其与微生物群落结构的关系研究 . 深圳 : 深圳大学硕士学位论文 .

范航清, 陈光华, 何斌原, 等 . 2005. 山口红树林滨海湿地与管理 . 北京 : 海洋出版社 .

范航清 . 1993. 成立"中国红树林研究中心"的必要性和中心的任务 . 广西科学院学报 , 9(2): 122-129.

冯兴如, 杨德周, 尹宝树, 等 . 2018. 中国浙江和福建海域台风浪变化特征和趋势 . 海洋与湖沼 , 49(2): 233-241.

符国瑷 . 1995. 海南东寨港红树林自然保护区的红树林 . 广西植物 , 15(4): 340-346.

傅海峰 . 2019. 中国红树林地表高程变化以及海平面上升对红树林的影响 . 厦门 : 厦门大学博士学位论文 .

甘华阳 , 梁开 , 林进清 , 等 . 2013. 北部湾北部滨海湿地沉积物中砷与镉和汞元素的分布与累积 . 海洋
　　地质与第四纪地质 , 33(3): 15-28.

高江波 , 焦珂伟 , 吴绍洪 , 等 . 2017. 气候变化影响与风险研究的理论范式和方法体系 . 生态学报 ,
　　37(7): 2169-2178.

高蕴章 . 1985. 广东的红树林 . 热带地理 , 5(1): 1-8.

辜晓虹 . 2023. 海南东寨港红树林自然保护区保护成效研究 . 海口 : 海南师范大学硕士学位论文 .

广东省林业勘测设计院 . 2002. 广东省红树林资源调查报告 . 广州 : 广东省林业厅 .

郭菊兰 , 朱耀军 , 武高洁 , 等 . 2015. 海南省清澜港红树林湿地健康评价 . 林业科学 , 51(10): 17-25.

国家海洋局 . 1996. 中国海洋 21 世纪议程 . 北京 : 海洋出版社 .

国家海洋局 . 1996. 中国海洋 21 世纪议程行动计划 . 北京 ; 国家海洋局 .

国家林业局 . 2015a. 中国湿地资源 : 福建卷 . 北京 : 中国林业出版社 .

国家林业局 . 2015b. 中国湿地资源 : 广东卷 . 北京 : 中国林业出版社 .

国家林业局 . 2015c. 中国湿地资源 : 广西卷 . 北京 : 中国林业出版社 .

国家林业局 . 2015d. 中国湿地资源 : 海南卷 . 北京 : 中国林业出版社 .

国家林业局森林资源管理司 . 2002. 全国红树林资源报告 .

国家林业局森林资源管理司 . 2013. 全国红树林资源报告 .

海南省林业厅 . 2002. 海南省红树林资源调查报告 .

何景 . 1951. 福建的植物区域和植物群落 . 中国科学 , (2): 193-213.

何景 . 1957. 红树林的生态学 . 生物学通报 , (8): 1-5.

何克军 , 林寿明 , 林中大 . 2006. 广东红树林资源调查及其分析 . 广东林业科技 , 22(2): 89-93.

何明海 , 范航清 . 1995. 中国红树林研究与管理 . 北京 : 科学出版社 .

何明海 . 1990. 海南岛红树林资源的现状及管理保护 . 南海研究与开发 , (3): 37-42.

何正中 . 2015. 广西北部湾沉积速率研究 . 南宁 : 广西大学硕士学位论文 .

侯丽媛 , 胡安谊 , 于昌平 , 等 . 2014. 九龙江 - 河口表层水体营养盐含量的时空变化及潜在富营养化评价 .
　　应用海洋学学报 , 33(3): 369-377.

胡刚 , 黎洁 , 覃盈盈 , 等 . 2018. 广西北仑河口红树植物种群结构与动态特征 . 生态学报 , 38(9): 3022-
　　3034.

胡志宇 , 徐艺裴 . 2017. 2014 年台风活动对八门湾红树林影响的实地调查分析 . 福建质量管理 , (15): 281.

黄星 , 辛琨 , 李秀珍 , 等 . 2015. 基于斑块的东寨港红树林湿地景观格局变化及其驱动力 . 应用生态学报 ,
　　26(5): 1510-1518.

贾明明 , 王宗明 , 毛德华 , 等 . 2021. 面向可持续发展目标的中国红树林近 50 年变化分析 . 科学通报 ,
　　66(30): 3886-3901.

贾明明 . 2014. 1973 ～ 2013 年中国红树林动态变化遥感分析 . 长春 : 中国科学院研究生院 (东北地理
　　与农业生态研究所) 博士学位论文 .

乐通潮 . 2014. 漳江口红树林景观动态、结构特征与健康经营技术研究 . 北京 : 中国林业科学研究院博
　　士学位论文 .

雷振胜 , 李玫 , 廖宝文 . 2008. 珠海淇澳红树林湿地生物多样性现状及保护 . 广东林业科技 , 24(5): 56-60.

李翠华 , 蔡榕硕 , 颜秀花 . 2020. 2010—2018 年海南东寨港红树林湿地碳收支的变化分析 . 海洋通报 ,
　　39(4): 488-497.

李健成 , 吴伊婧 , 江彬彬 , 等 . 2021. 不同植被类型对福建三沙湾潮滩有机碳埋藏的影响 . 海洋科学 ,
　　45(6): 13-21.

李瑞利 , 柴民伟 , 邱国玉 , 等 . 2012. 近 50 年来深圳湾红树林湿地 Hg、Cu 累积及其生态危害评价 . 环
　　境科学 , 33(12): 4276-4283.

李莎莎.2014.海平面上升影响下广西海岸带红树林生态系统脆弱性评估.上海:华东师范大学博士学位论文.

李晓俞,张东水,马宇,等.2020.1990~2015年间四省红树林变化监测及其驱动力分析.地理空间信息,18(2):76-80.

李信贤,温远光,何妙光.1991.广西红树林类型及生态.广西农学院学报,10(4):70-81.

李贞,李珍,张卫国,等.2010.广西钦州湾海岸带孢粉组合和沉积环境演变.第四纪研究,30(3):598-608.

李贞.2010.广西海岸带孢粉组合特征及近百年来沉积环境演变.上海:华东师范大学硕士学位论文.

联合国粮食及农业组织.2015.2015年全球森林资源评估报告.https://openknowledge.fao.org/server/api/core/bitstreams/661649ab-db0b-423b-b6f8-41126faa4d11/content.

梁维平,黄志平.2003.广西红树林资源现状及保护发展对策.林业调查规划,28(4):59-62.

廖宝文,郑德璋,郑松发.我国东南沿海防护林的特殊类型——红树林[J].广东林业科技,1992,1:30-33,39.

林鹏.1984.红树林.北京:海洋出版社.

林鹏.1997.中国红树林生态系.北京:科学出版社.

林鹏.2001.中国红树林研究进展.厦门大学学报(自然科学版),40(2):592-603.

林鹏,胡继添.1983.广西的红树林.广西植物,3(2):95-102.

林鹏,卢昌义.1985.海南岛的红树群落.厦门大学学报(自然科学版),24(1):116-127.

林鹏,韦信敏.1981.福建亚热带红树林生态学的研究.植物生态学与地植物学丛刊,5(3):177-186.

林天维,柴清志,孙子钧,等.2020.我国红树林的面积变化及其治理.海洋开发与管理,37(2):48-52.

林雪云.2019.浅谈东寨港保护区的资源保护及管理对策.热带林业,47(4):62-65.

林益明,林鹏.1999.福建红树林资源的现状与保护.生态经济,15(3):16-19.

林中大,刘惠民.2003.广东红树林资源及其保护管理的对策.中南林业调查规划,22(2):35-38.

刘凯,聂格格,张森.2020.中国1951—2018年气温和降水的时空演变特征研究.地球科学进展,35(11):1113-1126.

刘荣成.2011.泉州湾河口湿地植物环境适应性研究及其应用.镇江:江苏大学博士学位论文.

刘涛,刘莹,乐远福.2017.红树林湿地沉积速率对于气候变化的响应.热带海洋学报,36(2):40-47.

刘永泉,凌博闻,徐鹏飞.2009.谈广西钦州茅尾海红树林保护区的湿地生态保护.河北农业科学,13(4):97-99,102.

卢昌义,林鹏,叶勇,等.1995.全球气候变化对红树林生态系统的影响与研究对策.地球科学进展,10(4):341-347.

路春燕,高弋斌,陈远丽,等.2019.基于RS/GIS的泉州湾红树林湿地时空动态变化分析.森林与环境学报,39(2):143-152.

罗松英,梁绮霞,邢雯淋,等.2020.湛江湾红树林湿地土壤重金属含量分析及污染评价.分析测试学报,39(3):308-314.

蒙良莉,凌子燕,蒋卫国,等.2020.基于Sentinel遥感数据的红树林信息提取研究:以广西茅尾海为例.地理与地理信息科学,36(4):41-47.

莫权芳,钟仕全.2014.基于Landsat数据的铁山港区红树林变迁及其驱动力分析研究.科学技术与工程,14(23):8-14.

莫文超.2017.近20年泉州湾滨海湿地遥感监测与景观格局分析.福州:福建农林大学硕士学位论文.

莫兴国,胡实,卢洪健,等.2018.GCM预测情景下中国21世纪干旱演变趋势分析.自然资源学报,33(7):1244-1256.

莫燕妮,庚志忠,苏文拔.1999.海南岛红树林调查报告.热带林业,27(1):19-22.

牟爱友,刘际建,杨建青,等.2005.我国最北缘秋茄红树林引种试验调查.防护林科技,(S1):6-8.

倪海洋,张乔民,赵焕庭.1996.海南东寨港红树林港湾潮汐动力研究.热带海洋,15(4):17-25.

倪正泉,余友茂,徐志雄.1987.福建海岸红树林的种类和分布.福建水产,9(3):50-54.

聂心宇, 谭红建, 蔡榕硕, 等. 2022. 利用区域气候模式预估未来登陆中国热带气旋活动. 气候变化研究进展, 19(1): 23-37.

潘良浩, 史小芳, 曾聪, 等. 2018. 广西红树林的植物类型. 广西科学, 25(4): 352-362.

秦大河. 2015. 中国极端天气气候事件和灾害风险管理与适应国家评估报告. 北京: 科学出版社: 22-24.

邱明红, 王荣丽, 丁冬静, 等. 2016. 台风"威马逊"对东寨港红树林灾害程度影响因子分析. 生态科学, 35(2): 118-122.

邱霓, 徐颂军, 邱彭华, 等. 2019. 珠海淇澳岛红树林群落分布与景观格局. 林业科学, 55(1): 1-10.

邱治军, 王旭, 杨怀, 等. 2010. 热带风暴对海南东寨港红树林林分结构的影响. 安徽农业科学, 38(21): 11286-11288, 11339.

孙艳伟, 廖宝文, 管伟, 等. 2015. 海南东寨港红树林急速退化的空间分布特征及影响因素分析. 华南农业大学学报, 36(6): 111-118.

谭晓林, 张乔民. 1997. 红树林潮滩沉积速率及海平面上升对我国红树林的影响. 海洋通报, 16(4): 29-35.

王浩, 任广波, 吴培强, 等. 2020. 1990—2019 年中国红树林变迁遥感监测与景观格局变化分析. 海洋技术学报, 39(5): 1-12.

王浩, 任广波, 吴培强, 等. 2020. 1990—2019 年中国红树林变迁遥感监测与景观格局变化分析. 海洋技术学报, 39(5): 1-12.

王慧, 刘秋林, 李欢, 等. 2018. 海平面变化研究进展. 海洋信息, 33(3): 19-25, 54.

王靖, 张金锁. 2001. 综合评价中确定权重向量的几种方法比较. 河北工业大学学报, 30(2): 52-57.

王树功, 黎夏, 周永章, 等. 2005. 珠江口淇澳岛红树林湿地变化及调控对策研究. 湿地科学, 3(1): 13-20.

王文卿, 王瑁. 2007. 中国红树林. 北京: 科学出版社: 71-143.

王文卿, 赵萌莉, 邓传远, 等. 2000. 福建沿岸地区红树林的种类与分布. 台湾海峡, 19(4): 534-540.

王武霞. 2017. 南海沿岸红树林 30 年时空变化分析. 兰州. 兰州交通大学.

王秀玲. 2011. 海南岛东寨港全新世以来沉积环境与历史地震事件的沉积记录研究. 南京: 南京大学硕士学位论文.

王胤, 左平, 黄仲琪, 等. 2006. 海南东寨港红树林湿地面积变化及其驱动力分析. 四川环境, 25(3): 44-49.

王友绍. 2013. 红树林生态系统评价与修复技术. 北京: 科学出版社: 6.

文彦. 2001. 茅尾海红树林自然保护区可持续发展探讨. 中南林业调查规划, 20(4): 37-39.

吴培强. 2012. 近 20 年来我国红树林资源变化遥感监测与分析. 青岛. 国家海洋局第一海洋研究所.

吴绍洪, 潘韬, 贺山峰. 2011. 气候变化风险研究的初步探讨. 气候变化研究进展, 7(5): 363-368.

吴绍镇, 彭培相. 1994. 互花米草试种及其在江堤闸浦护岸防塌中的应用. 东海海洋, 12(3): 70-72.

夏鹏, 孟宪伟, 丰爱平, 等. 2015. 压实作用下广西典型红树区沉积速率及海平面上升对红树林迁移效应的制衡. 沉积学报, 33(3): 551-560.

夏鹏. 2011. 广西海岸带近百年来人类活动影响下的沉积环境质量演变及其对红树林生长发育的影响. 青岛: 中国海洋大学博士学位论文.

肖寒, 欧阳志云, 赵景柱, 等. 2001. 海南岛景观空间结构分析. 生态学报, 21(1): 20-27.

辛欣, 宋希强, 雷金睿, 等. 2016. 海南红树林植物资源现状及其保护策略. 热带生物学报, 7(4): 477-483.

徐慧鹏. 2020. 广西典型红树林沉积与碳埋藏特征及其扩张历史研究. 南宁: 广西大学硕士学位论文.

徐淑庆, 李家明, 卢世标, 等. 2010. 广西北部湾红树林资源现状及可持续发展对策. 生物学通报, 45(5): 11-14, 63-64.

徐晓然. 2018. 海南省八门湾红树林湿地近 50 年来动态变化分析. 海口: 海南师范大学硕士学位论文.

徐新创, 张学珍, 戴尔阜, 等. 2014. 1961—2010 年中国降水强度变化趋势及其对降水量影响分析. 地理研究, 33(7): 1335-1347.

薛志勇. 2005. 福建九龙江口红树林生存现状分析. 福建林业科技, 32(3): 190-193, 197.

颜葵. 2015. 海南东寨港红树林湿地碳储量及固碳价值评估. 海口: 海南师范大学硕士学位论文.

颜秀花，蔡榕硕，郭海峡，等 . 2019. 气候变化背景下海南东寨港红树林生态系统的脆弱性评估 . 应用海洋学学报，38(3): 338-349.

燕鸿宇 . 2019. 深圳湾福田红树林湿地记录的环境变迁与城市化进程：基于遥感技术和沉积特征 . 广州：暨南大学硕士学位论文 .

杨加志，胡喻华，罗勇，等 . 2018. 广东省红树林分布现状与动态变化研究 . 林业与环境科学，34(5): 24-27.

余桂东 . 2015. 广西山口国家级红树林自然保护区冬季鸟类对沿海植被的利用 . 南宁：广西大学硕士学位论文 .

张留恩，廖宝文 . 2011. 珠海市淇澳岛红树林湿地的研究进展与展望 . 生态科学，30(1): 81-87.

张乔民，隋淑珍 . 2001. 中国红树林湿地资源及其保护 . 自然资源学报，16(1): 28-36.

张乔民，温孝胜，宋朝景，等 . 1996. 红树林潮滩沉积速率测量与研究 . 热带海洋，15(4): 57-62.

张乔民，于红兵，陈欣树，等 . 1997. 红树林生长带与潮汐水位关系的研究 . 生态学报，17(3): 258-265.

张乔民，张叶春 . 1997. 华南红树林海岸生物地貌过程研究 . 第四纪研究，(4): 344-353.

张乔民 . 2001. 我国热带生物海岸的现状及生态系统的修复与重建 . 海洋与湖沼，32(4): 454-464.

张振克，孟红明，谢丽，等 . 2010. 海南岛东寨港红树林区岩芯地球化学特征及其古地震指示 . 地理科学，30(5): 777-782.

张忠华，胡刚，梁士楚 . 2007. 广西红树林资源与保护 . 海洋环境科学，26(3): 275-279, 282.

甄佳宁，廖静娟，沈国状 . 2019. 1987 以来海南省清澜港红树林变化的遥感监测与分析 . 湿地科学，17(1): 44-51.

郑崇伟，林刚，邵龙潭 . 2013. 1988—2010 年中国海大浪频率及其长期变化趋势 . 厦门大学学报 (自然版), 52(3): 395-399.

郑德璋，廖宝文，郑松发，等 . 1995. 海南岛清澜港红树林垂直结构与演变动态规律 . 林业科学研究，8(2): 152-158.

郑晓敏 . 2017. 1985 ～ 2015 年中国典型红树林自然保护区遥感监测与分析 . 福州：福建农林大学硕士学位论文 .

中国科学院 . 2014. 中国海洋与海岸工程生态安全中若干科学问题及对策建议 . 北京：科学出版社：1-21.

朱耀军，赵峰，郭菊兰，等 . 2016. 湛江高桥红树林湿地有机碳分布及埋藏特征 . 生态学报，36(23): 7841-7849.

自然资源部 . 2020. 2019 中国海平面公报 .

自然资源部 . 2023. 2022 中国海平面公报 .

Allen S K, Linsbauer A, Randhawa S S, et al. 2016. Glacial lake outburst flood risk in Himachal Pradesh, India: an integrative and anticipatory approach considering current and future threats. Natural Hazards, 84(3): 1741-1763.

Alongi D M. 2008. Mangrove forests: resilience, protection from tsunamis, and responses to global climate change. Estuarine, Coastal and Shelf Science, 76(1): 1-13.

Alongi D M. 2014. Mangrove Forests of Timor-leste: Ecology, Degradation and Vulnerability to Climate Change. New York: Springer.

Alongi D M. 2015. The impact of climate change on mangrove forests. Current Climate Change Reports, 1: 30-39.

Amad F S, Yunus M Z M, Wahab A K A, et al. 2021. Mapping the mangrove vulnerability index using geographical information system. International Journal of Innovative Computing, 11(1): 69-81.

Baldwin A, Egnotovich M, Ford M, et al. 2001. Regeneration in fringe mangrove forests damaged by Hurricane Andrew. Plant Ecology, 157(2): 151-164.

Ball M C, Cochrane M J, Rawason H M. 1997. Growth and water use of the mangroves *Rhizophora apiculata* and *R. stylosa* in response to salinity and humidity under ambient and elevated concentration of atmospheric CO_2. Plant, Cell & Environment, 20(9): 1158-1166.

Bao H Y, Wu Y, Unger D, et al. 2013. Impact of the conversion of mangroves into aquaculture ponds on the sedimentary organic matter composition in a tidal flat estuary (Hainan Island, China). Continental Shelf Research, 57: 82-91.

Barbier E B, Cox M. 2003. Does economic development lead to mangrove loss? A cross-country analysis. Contemporary Economic Policy, 21(4): 418-432.

Bunting P, Rosenqvist A, Lucas R, et al. 2018. The Global Mangrove Watch—A New 2010 Global Baseline of Mangrove Extent. Remote Sensing, 10(10): 1669.

Cahoon D R, Hensel P. 2006. High-resolution global assessment of mangrove responses to sea-level rise: a review. Proceedings of the Symposium on Mangrove Responses to Relative Sea Level Rise and Other Climate Change Effects: 9-17.

Cai R S, Ding R Y, Yan X H, et al. 2022. Adaptive response of Dongzhaigang mangrove in China to future sea level rise. Scientific Reports, 12(1): 11495.

Cai R S, Han Z Q, Yang Z X. 2020. Impacts and risks of changing ocean on marine ecosystems and dependent communities and related responses. Climate Change Research, 16(2): 182-193.

Cai R S, Tan H J, Kontoyiannis H. 2017. Robust surface warming in offshore China seas and its relationship to the east Asian monsoon wind field and ocean forcing on interdecadal time scales. Journal of Climate, 30(22): 8987-9005.

Carlos C, Delfino R J, Juanico D E, et al. 2015. Vegetation resistance and regeneration potential of *Rhizophora*, *Sonneratia* and *Avicennia* in the Typhoon Haiyan-affected mangroves in the Philippines: implications on rehabilitation practices. Climate, Disaster and Development Journal, 1(1): 1-8.

Cavan G, Kingston R. 2012. Development of a climate change risk and vulnerability assessment tool for urban areas. International Journal of Disaster Resilience in the Built Environment, 3(3): 253-269.

Chen B, Xiao X, Li X, et al. 2017. A mangrove forest map of China in 2015: Analysis of time series Landsat 7/8 and Sentinel-1A imagery in Google Earth Engine cloud computing platform. ISPRS Journal of Photogrammetry and Remote Sensing, 131: 104-120.

Chen Y N, Li Y, Thompson C, et al. 2018. Differential sediment trapping abilities of mangrove and saltmarsh vegetation in a subtropical estuary. Geomorphology, 318: 270-282.

Dahdouh-Guebas F, Jayatissa L P, Di Nitto D, et al. 2005. How effective were mangroves as a defence against the recent tsunami? Current Biology, 15(12): R443-R447.

Danielsen F, Sørensen M K, Olwig M F, et al. 2005. The Asian tsunami: a protective role for coastal vegetation. Science, 310(5748): 643.

Doyle T W, Girod G F, Brooks M A. 2003. Modeling mangrove forest migration along the southwest coast of Florida under climate change//Ning Z H, Turner R E, Doyle T W, et al. Integrated Assessment of Climate Change Impacts on the Gulf Coast Region. Baton Rouge: GRCCC and LSU Graphic Services: 211-221.

Duke N C, Ball M C, Ellison J C. 1998. Factors influencing biodiversity and distributional gradients in mangroves. Global Ecology & Biogeography Letters, 7(1): 27-47.

Ellison J C, Zouh I. 2012. Vulnerability to climate change of mangroves: assessment from Cameroon, Central Africa. Biology, 1(3): 617-638.

Ellison J C. 2000. How South Pacific mangroves may respond to predicted climate change and sea-level rise// Gillespie A, Burns W C. GClimate Change in the South Pacific: Impacts and Responses in Australia, New Zealand, and Small Island States. Dordrecht: Springer.

Ellison J C. 2015. Vulnerability assessment of mangroves to climate change and sea-level rise impacts. Wetlands Ecology and Management, 23(2): 115-137.

Emanuel K. 2005. Increasing destructiveness of tropical cyclones over the past 30 years. Nature, 436(7051):

686-688.

FAO. 2007. The world's mangroves 1980-2005. FAO forestry paper, 153. Rome: Food and Agriculture Organization of the United Nations.

Feng J L, Li D L, Wang T, et al. 2019. Acceleration of the extreme sea level rise along the Chinese coast. Earth and Space Science, 6(10): 1942-1956.

Field C D. 1995. Impact of expected climate change on mangroves//Wong Y S, Tam N F Y. Asia-Pacific Symposium on Mangrove Ecosystems. Dordrecht: Springer.

Gilman E L, Ellison J, Duke N C, et al. 2008. Threats to mangroves from climate change and adaptation options: a review. Aquatic Botany, 89(2): 237-250.

Goldberg L, Lagomasino D, Thomas N, et al. 2020. Global declines in human-driven mangrove loss. Global Change Biology, 26(10): 5844-5855.

Guo X, Tan Z M. 2017. Tropical cyclone fullness: a new concept for interpreting storm intensity. Geophysical Research Letters, 44(9): 4324-4331.

Hoegh-Guldberg O R, Cai E S, Poloczanska P G, et al. 2014. The ocean//Field C B, Barros V R, Dokken D J, et al. Climate Change 2014: Impacts, Adaptation, and Vulnerability. Part B: Regional Aspects. Contribution of Working Group Ⅱ to the Fifth Assessment Report of the Intergovernmental Panel on Climate Change. Cambridge, New York: Cambridge University Press: 1655-1731.

Hu L, Li W, Xu B. 2018. Monitoring mangrove forest change in China from 1990 to 2015 using Landsat-derived spectral-temporal variability metrics. International Journal of Applied Earth Observation and Geoinformation, 73: 88-98.

IPCC. 2014. Summary for policymakers//Field C B, Barros V R, Dokken D J, et al. Climate Change 2014: Impacts, Adaptation, and Vulnerability. Part A: Global and Sectoral Aspects. Contribution of Working Group Ⅱ to the Fifth Assessment Report of the Intergovernmental Panel on Climate Change. Cambridge, New York: Cambridge University Press: 1-32.

IPCC. 2019. Summary for policymakers//Pörtner H O, Roberts D C, Masson-Delmotte V, et al. IPCC Special Report on the Ocean and Cryosphere in a Changing Climate. Cambridge, New York: Cambridge University Press.

IPCC. 2022. Summary for policymakers//Pörtner H O, Roberts D C, Poloczanska E S, et al. Climate Change 2022: Impacts, Adaptation, and Vulnerability. Contribution of Working Group Ⅱ to the Sixth Assessment Report of the Intergovernmental Panel on Climate Change. Cambridge, New York: Cambridge University Press.

Jones R N. 2001. An environmental risk assessment/management framework for climate change impact assessments. Natural Hazards, 23(2): 197-230.

Kathiresan K, Rajendran N. 2005. Coastal mangrove forests mitigated tsunami. Estuarine, Coastal and Shelf Science, 65(3): 601-606.

Komiyama A, Ong J E, Poungparn S. 2008. Allometry, biomass, and productivity of mangrove forests: a review. Aquatic Botany, 89(2): 128-137.

Kopp R E, Horton R M, Little C M, et al. 2014. Probabilistic 21st and 22nd century sea-level projections at a global network of tide-gauge sites. Earth's Future, 2(8): 383-406.

Kossin J P, Emanuel K A, Vecchi G A. 2014. The poleward migration of the location of tropical cyclone maximum intensity. Nature, 509(7500): 349-352.

Kossin J P, Knapp K R, Olander T L, et al. 2020. Global increase in major tropical cyclone exceedance probability over the past four decades. Proceedings of the National Academy of Sciences of the United States of America, 117(22): 11975-11980.

Lagomasino D, Fatoyinbo T, Castañeda-Moya E, et al. 2021. Storm surge and ponding explain mangrove dieback in southwest Florida following Hurricane Irma. Nature Communications, 12(1): 4003.

Li R C Y, Zhou W, Shun C M, et al. 2017. Change in destructiveness of landfalling tropical cyclones over China in recent decades. Journal of Climate, 30(9): 3367-3379.

Liu K S, Chan J C L. 2019. Inter-decadal variability of the location of maximum intensity of category 4-5 typhoons and its implication on landfall intensity in East Asia. International Journal of Climatology, 39(4): 1839-1852.

Long J, Giri C, Primavera J H, et al. 2016. Damage and recovery assessment of the Philippines' mangroves following Super Typhoon Haiyan. Marine Pollution Bulletin, 109(2): 734-743.

Lovelock C E, Cahoon D R, Friess D A, et al. 2015. The vulnerability of Indo-Pacific mangrove forests to sea-level rise. Nature, 526(7574): 559-563.

Luo Z K, Sun O J, Wang E L, et al. 2010. Modeling productivity in mangrove forests as impacted by effective soil water availability and its sensitivity to climate change using Biome-BGC. Ecosystems, 13(7): 949-965.

Mafi-Gholami D M, Jaafari A, Zenner E K, et al. 2020. Spatial modeling of exposure of mangrove ecosystems to multiple environmental hazards. Science of the Total Environment, 740: 140167.

Malabrigo Jr P, Umali A G, Replan E. 2016. Damage assessment and recovery monitoring of the mangrove forests in Calauit island affected by Typhoon Yolanda (Haiyan). Journal of Environmental Science and Management, (2): 39-46.

McCoy E D, Mushinsky H R, Johnson D, et al. 1996. Mangrove damage caused by Hurricane Andrew on the southwestern coast of Florida. Bulletin of Marine Science, 59: 1-8.

McKee K L. 1993. Soil physicochemical patterns and mangrove species distribution-reciprocal effects? Journal of Ecology, 81: 477-487.

McKee K L, Cahoon D R, Feller I C. 2007. Caribbean mangroves adjust to rising sea level through biotic controls on change in soil elevation. Global Ecology & Biogeography, 16(5): 545-556.

Milmrandt E C, Greenawalt-Boswell J M, Sokoloff P D, et al. 2006. Impact and response of southwest Florida mangroves to the 2004 hurricane season. Estuaries and Coasts, 29(6): 979-984.

Oppenheimer M, Glavovic B, Hinkel J, et al. 2019. Sea level rise and implications for low lying islands, coasts and communities//Pörtner H O, Roberts D C, Masson-Delmotte V, et al. IPCC special report on the ocean and cryosphere in a changing climate. Cambridge, New York: Cambridge University Press.

Osinowo A, Lin X P, Zhao D L, et al. 2016. Long-term variability of extreme significant wave height in the South China Sea. Advances in Meteorology, (7): 2419353.

Peng Y S, Zheng M X, Zheng Z X, et al. 2016. Virtual increase or latent loss? A reassessment of mangrove populations and their conservation in Guangdong, southern China. Marine Pollution Bulletin, 109(2): 691-699.

Rakotomavo A, Mandimbinirina D S, Roger E. 2018. Development prospects of the mangrove relic of foulpointe: east Madagascar. Journal of Environmental Protection, 9(8): 859-869.

Reddi E U B. 2003. A study on impact of hinterland farm practices on coringa mangroves with some eco-economic sustainable solutions. Ecology, Environment and Conservation, (3): 9.

Rogers K, Saintilan N, Heijnis H. 2005. Mangrove encroachment of salt marsh in Western Port Bay, Victoria: the role of sedimentation, subsidence, and sea level rise. Estuaries, 28(4): 551-559.

Saintilan N, Khan N S, Ashe E, et al. 2020. Thresholds of mangrove survival under rapid sea level rise. Science, 368(6495): 1118-1121.

Saintilan N, Wilton K. 2001. Changes in the distribution of mangroves and saltmarshes in Jervis Bay, Australia. Wetlands Ecology and Management, 9(5): 409-420.

Sasmito S D, Murdiyarso D, Friess D A, et al. 2016. Can mangroves keep pace with contemporary sea level rise? A global data review. Wetlands Ecology and Management, 24(2): 263-278.

Satta A, Puddu M, Venturini S, et al. 2017. Assessment of coastal risks to climate change related impacts at the regional scale: the case of the Mediterranean region. International Journal of Disaster Risk Reduction, 24: 284-296.

Sippo J Z, Lovelock C E, Santos I R, et al. 2018. Mangrove mortality in a changing climate: an overview. Estuarine, Coastal and Shelf Science, 215: 241-249.

Smith T J, Anderson G H, Balentine K, et al. 2009. Cumulative impacts of hurricanes on Florida mangrove ecosystems: sediment deposition, storm surges and vegetation. Wetlands, 29(1): 24-34.

Smith T J, Robblee M B, Wanless H R, et al. 1994. Mangroves, hurricanes, and lightning strikes. BioScience, 44(4): 256-262.

Snedaker S C. 1993. Impact on mangroves//Maul G A. Climate Change in the Intra-American Seas: Implications of Future Climate Change on the Ecosystems and Socio-economic Structure of the Marine and Coastal Regimes of the Caribbean Sea, Gulf of Mexico, Bahamas and N. E. Coast of South America. London: Edward Arnold: 282-305.

Snedaker S C. 1995. Mangroves and climate change in the Florida and Caribbean region: scenarios and hypotheses. Hydrobiologia, 295(1): 43-49.

Spalding M, Kainuma M, Collins L. 2010. World atlas of mangroves. World Atlas of Mangroves. Routledge.

Tan H J, Cai R S. 2018. What caused the record-breaking warming in East China Seas during August 2016? Atmospheric Science Letters, 19(10): e853.

Ventura A D, Lana P D. 2014. A new empirical index for assessing the vulnerability of peri-urban mangroves. Journal of Environmental Management, 145: 289-298.

Villamayor B M R, Rollon R N, Samson M S, et al. 2016. Impact of Haiyan on Philippine mangroves: implications to the fate of the widespread monospecific *Rhizophora* plantations against strong typhoons. Ocean and Coastal Management, 132: 1-14.

Wang Z, Liu K, Cao J, et al. 2022. Annual change analysis of mangrove forests in china during 1986-2021 based on google earth engine. Forests, 13(9): 1489.

Wu J, Gao X J, Zhu Y M, et al. 2022. Projection of the future changes in tropical cyclone activity affecting east Asia over the western north Pacific based on Multi-RegCM4 simulations. Advances in Atmospheric Sciences, 39(2): 284-303.

Xiao H, Su F, Fu D, et al. 2021. Optimal and robust vegetation mapping in complex environments using multiple satellite imagery: Application to mangroves in Southeast Asia. International Journal of Applied Earth Observation and Geoinformation, 99: 102320.

Ying M, Zhang W, Yu H, et al. 2014. An overview of the China meteorological administration tropical cyclone database. Journal of Atmospheric and Oceanic Technology, 31(2): 287-301.

Zhang T, Hu S S, He Y, et al. 2021. A fine-scale mangrove map of China derived from 2-meter resolution satellite observations and field data. ISPRS International Journal of Geo-Information, 10(2): 92.

Zhao C P, Qin C Z. 2020. 10-m-resolution mangrove maps of China derived from multi-source and multi-temporal satellite observations. ISPRS Journal of Photogrammetry and Remote Sensing, 169: 389-405.

Zheng Y, Takeuchi W. 2020. Quantitative Assessment and Driving Force Analysis of Mangrove Forest Changes in China from 1985 to 2018 by Integrating Optical and Radar Imagery. ISPRS International Journal of Geo-Information, 9(9): 513.

第3章

盐沼与海草床

3.1 引　　言

　　海岸带盐沼与海草床均为位于海陆边界的生态系统，与陆地森林、海洋珊瑚礁等生态系统相比，其空间位置及状态存在很大的变化性。海岸带盐沼、海草床与海平面、径流泥沙输入、区域气候等自然因素的变化密切相关，并受到围填海、城市港口建设、农业生产等人类活动的直接影响。海岸带盐沼、海草床均为淤泥或泥沙基质的高生产力海岸湿地生态系统，具有抵御风暴潮灾害、净化污染物、减缓气候变化、为珍稀濒危生物提供生境等功能。其中，海岸带盐沼具有较高的草本或低矮灌木植被覆盖度，受潮汐的影响，被海水周期性淹没。在中国主要有碱蓬、芦苇、柽柳、茅草、海三棱藨草和茳芏等本土类型，而互花米草则为外来入侵物种。海草起源于陆地被子植物，且大部分是7000万年前由同一种被子植物进化而来，在几百万年前重新进入海洋并形成独特的生活习性（王锁民等，2016）。大面积的连片海草被称为海草床，一般分布在低潮带和潮下带。鉴于盐沼、海草床均位于海陆边界，且均分布有受海平面上升和极端气候影响的耐盐水生高等植物，因而对二者可采用相似的评估方法和差异化的评估指标体系，合并开展其对气候变化的响应及脆弱性评估，并通过案例分析，突出其差异性。

　　盐沼在中国沿海各省（区、市）均有分布，曾广泛存在于杭州湾以北的北方沿海地区，包括渤海海岸、黄海海岸和长江三角洲，但由于围垦造地等因素，目前较为完整的盐沼仅存在于辽宁双台子河口、山东黄河口、江苏盐城等地区的自然保护区内。盐沼也分布在东南沿海，但是面积及规模有限。根据自然资源部的调查结果，全国盐沼分布面积为1132.15 km²，其中芦苇沼泽的分布最广，仅辽河三角洲的芦苇沼泽面积就达606 km²，最南分布到香港米埔湿地（王中建，2022）。碱蓬沼泽是中国北方典型的滨海湿地类型，在辽河三角洲面积达20 km²，被誉为"红地毯"，在黄河口及盐城湿地也有分布。自1979年引进互花米草之后，互花米草在中国沿海迅速扩张，并成为沿海植被中分布最广的入侵物种，对滨海湿地生态环境，包括底栖动物的种类组成及鸟类多样性产生了极大影响（张华兵，2013；王聪和刘红玉，2014；Mao et al.，2019）。此外，中国南方沿海盐沼植物茳芏（*Cyperus malaccensis*）主要分布于广东雷州半岛、广西海岸带，常与红树林形成交错带，属于连续分布且面积超过 1 hm^2 的少数南方盐沼种类之一（潘良浩等，2017）。

海草床主要分布于南海和黄海、渤海（郑凤英等，2013）。调查结果显示，中国海草床面积为 264.9569 km^2（周毅等，2023），主要包括 6 个海草群系：鳗草（*Zostera marina*）群系、海菖蒲（*Enhalus acoroides*）群系、泰来草（*Thalassia hemprichii*）群系、卵叶喜盐草（*Halophila ovalis*）群系、日本鳗草（*Zostera japonica*）群系、贝克喜盐草（*Halophila beccarii*）群系。在温带海域，如河北曹妃甸、山东黄河口、山东荣成天鹅湖等地，主要的海草群系包括鳗草群系和日本鳗草群系；在亚热带海域，如广西、广东和福建沿岸的潮间带，常见的海草群系包括卵叶喜盐草群系、贝克喜盐草群系和日本鳗草群系；在热带海域，如海南沿岸及附属岛屿，常见的海草群系包括海菖蒲群系、泰来草群系和卵叶喜盐草群系。

近年来，在人为活动干扰（如富营养化、不合理捕捞、围垦造地等）、生物入侵和气候变化（如气候变暖、极端气候事件增加）等多重胁迫下，全球海岸带盐沼和海草床生态系统正处于急剧退化之中。上游沉积物输送减少、地面沉降、海岸带侵蚀和海平面上升，以及沿海岸线硬化、开发和填海等人类活动造成全球滨海湿地的大量消失。1984～2016 年全球滨海湿地面积减少了约 16.02%（Murray et al.，2019）。全球有植被覆盖的海岸带生态系统面积占比正在以每年 0.03%～1% 的速度减少，约是热带森林面积减少速度的 2 倍（McLeod et al.，2011）。目前全球约有 50% 的盐沼已退化（Barbier et al.，2011），全球 18.5% 的海草床已经完全消失。中国盐沼湿地和海草床面积也明显缩减。1985～2019 年中国盐沼湿地总面积减少了 23.74%，其中芦苇面积从 605.11 km^2 减少到 331.93 km^2，减少了 45.1%；碱蓬面积减少迅速，从 777.41 km^2 减少到 35.63 km^2，减少了 95.4%；互花米草面积则从 0.99 km^2 急剧扩张到 675.27 km^2（Chen et al.，2022）。与 20 世纪 80 年代以前相比，中国近岸海域超过 80% 的海草床已经消失（周毅等，2023）。近 40 年来，山东黄河口及莱州湾、广西北海、海南陵水等地的海草床都受到人为活动或生物入侵等因素的影响而大面积减少。当前中国已实施"退养还湿""清淤降滩"等多种修复措施，对盐沼湿地和海草床的修复虽有明显成效，人类活动的直接影响也在逐步减弱，但在全球气候变暖加剧的背景下，盐沼湿地和海草床面临海平面持续上升、极端气候事件增加的严重威胁。因此，亟待深入研究全球气候变暖背景下中国盐沼和海草床群落生态格局和过程的变化，为全球气候变化下盐沼、海草床生态系统的科学管理与保护提供重要参考。

为此，本章着重关注中国海岸带盐沼与海草床对气候变化的响应及脆弱性，包括影响、适应和脆弱性，以及综合风险。首先，基于 IPCC 气候变化综合风险理论框架，构建盐沼与海草床气候变化综合风险评估指标体系；其次，利用历史文献、现场采样、遥感观测等数据，应用 ArcGIS 等软件工具，分析处理在气候变化和人类活动的扰动下，海岸带盐沼与海草床生态系统的气候致灾因子危害性、暴露度和脆弱性；最后，评估温室气体低浓度、中等浓度和很高浓度排放（RCP2.6、RCP4.5、RCP8.5，统称 RCPs）情景下未来盐沼与海草床的气候变化综合风险水平，分析并提出盐沼与海草床适应气候变化的对策措施。

3.2　数据与方法

3.2.1　数据

高空间分辨率卫星遥感影像和无人机影像等可以更加细致地反映地物的几何构造和纹理信息，被广泛应用于植物群落及湿地信息的遥感分类和提取，特别应用于面积较小的研究区，为实现滨海湿地精细化分类提供了可能（刘润红等，2017）。因此，本章采用卫星遥感 - 无人机 - 现场调查结合的方法，提高滨海湿地不同生境分类的精度及空间覆盖度，分析盐沼与海草床的空间分布现状及历史变化情况，并基于区域沉积速率、海岸侵蚀等关键要素，分析未来海平面上升背景下盐沼与海草床的脆弱性、综合风险及控制对策。

采用的卫星遥感数据主要包括 1999～2021 年高分一号卫星的遥感数据，结合无人机影像及现场调查，采用目视解译方法结合土地利用类型数据和地形数据，根据不同地物在遥感图像上的光谱、纹理和空间特征，对湿地进行分类。

1. 植被空间分布

采用卫星遥感 - 无人机 - 现场调查结合的方法，确定盐沼与海草床的植被空间分布。

1）无人机设备：采用大疆御 2 无人机，该无人机采用的是全球定位系统（GPS）+全球导航卫星系统（GNSS）双模卫星定位。无人机配备 1/2 英寸 CMOS 图像传感器，传感器有效像素为 1200 万～4800 万，可获取 JPEG/DNG（RAW）格式照片，像素为4800 万（8000×6000）。

2）卫星遥感影像：包括 1999～2021 年高分一号卫星及 WorldView-2 卫星的遥感影像。其中，高分一号卫星是中国高分辨率对地观测系统的首发星，实现高分辨率与大幅宽的结合，2 m 高分辨率实现大于 60 km 成像幅宽，16 m 分辨率实现大于 800 km 成像幅宽，适应多种时间分辨率、多种光谱分辨率、多源遥感数据的综合需求，满足不同应用要求；WorldView-2 卫星是数字地球（DigitalGlobe）公司的全球第一颗高分辨率 8 波段的商业卫星，可提供 0.46 m 分辨率的全彩色影像和 1.84 m（星下点）分辨率的多光谱影像，满足对研究区域湿地分布范围的提取要求。

3）现场调查：2018～2021 年开展了海南陵水黎安港海草床、山东荣成天鹅湖海草床、苏北盐城盐沼、辽河口盐沼、黄河口盐沼、广西茅尾海茳芏盐沼的生物样采集、柱状样采样、水深地形及无人机航拍等外业调查（图 3.1）。按照《海洋调查规范 第 6 部分：海洋生物调查》（GB/T 12763.6—2007）中潮间带生物调查的方法，在大潮期间的低潮时，在 0.5 m×0.5 m 的样本定量框选取样本并进行采集。样方选取基本上是在一个标段上选取 2～3 个，每个样方面积为 0.25 m²，样方间隔为 20～30 m，各样方位置均严格按照绳索标记位置，无论该位置上生物多寡，均不能移位。主要采集的指标有：经度、纬度、高程、水深、植株高度和盖度等。现场统计湿生物量，回到实验室，将其烘干至恒重后，称量生物量干重，统计干生物量。

图 3.1 盐沼与海草床外业调查

2. 海平面变化

基于气候模式模拟结果（Kopp et al., 2014），结合研究区与周边验潮站数据，进一步分析得出 RCP2.6、RCP4.5 和 RCP8.5 情景下未来（2030 年、2050 年和 2100 年）沿岸的海平面上升预估值，见表 3.1。

表 3.1 不同气候情景下未来沿岸的海平面上升预估值　（单位：mm）

序号	站位	RCP2.6			RCP4.5			RCP8.5		
		2030 年	2050 年	2100 年	2030 年	2050 年	2100 年	2030 年	2050 年	2100 年
1	秦皇岛	11	20	39	11	22	52	11	24	74
2	塘沽	14	21	42	14	22	53	14	25	76
3	烟台	11	19	39	10	21	51	11	24	73

续表

序号	站位	RCP2.6			RCP4.5			RCP8.5		
		2030 年	2050 年	2100 年	2030 年	2050 年	2100 年	2030 年	2050 年	2100 年
4	吕四	21	37	75	21	39	87	22	42	109
5	北海	13	23	49	13	25	59	13	28	80
6	海口	18	31	65	18	33	75	18	36	96

注：本表仅给出预测范围的中值。

3. 海表温度变化

根据已有研究（Tan et al.，2020），由于温室气体排放量的增加，中国沿海将在未来几十年内经历气候显著变暖。如表 3.2 所示，与南海相比，中国东部海域（包括渤海、黄海和东海）的海表温度上升幅度较大。

表 3.2　不同气候情景下未来中国近海的海表温度相对于 1980 ～ 2005 年的上升预估值（单位：℃）

区域	RCP2.6			RCP4.5			RCP8.5		
	2020 ～ 2029 年	2050 ～ 2059 年	2090 ～ 2099 年	2020 ～ 2029 年	2050 ～ 2059 年	2090 ～ 2099 年	2020 ～ 2029 年	2050 ～ 2059 年	2090 ～ 2099 年
中国东部海域	0.63±0.41	0.71±0.30	0.74±0.49	1.00±0.49	1.36±0.51	1.75±0.65	1.07±0.62	1.73±0.72	3.24±1.23
南海	0.58±0.35	0.65±0.41	0.69±0.50	0.87±0.38	1.16±0.40	1.51±0.45	0.89±0.42	1.47±0.44	2.92±0.77

4. 潮滩沉积速率

经过文献资料搜集总结后发现，有关典型盐沼与海草床的沉积速率的历史调查结果较少，因此针对上述地区重新进行了沉积速率调查，利用过剩 ^{210}Pb 测年法（刘广山，2016）获得了黄河口盐沼、苏北盐城盐沼、广西茅尾海盐沼、海南陵水黎安港海草床湿地沉积物柱状样的沉积速率。沉积物柱状样中的 ^{210}Pb 采用 α 能谱法来测量，测量仪器为堪培拉（Canberra）公司生产的 7200 型 α 能谱仪，样品的分析过程严格按照《海洋环境放射性核素监测技术规程》（HY/T 235—2018）、《海洋监测规范 第 2 部分：数据处理与分析质量控制》（GB 17378.2—2007）的要求执行。本次补充调查测年采用恒定沉积速率模式计算，该模式是应用最多的 ^{210}Pb 测年模式，全称是恒通量 - 恒沉积速率模式（constant flux-constant sedimentation rate model，CF-CS）。该模式假设沉积物的沉积通量不随时间变化，同时 ^{210}Pb 沉降通量保持恒定，通过测量沉积物柱状样中不同深度过剩 ^{210}Pb 的活度衰减，结合恒定沉积速率计算沉积年代。盐沼与海草床潮滩的沉积速率如表 3.3 所示。

表 3.3　盐沼与海草床潮滩的沉积速率　　（单位：cm/a）

分类	区域	沉积速率	数据来源
盐沼	辽河口	2.62	Wang et al，2016
	黄河口	0.80 ～ 0.94	补充调查
	苏北盐城	0.66 ～ 0.92	补充调查
	广西茅尾海	1.20	补充调查
海草床	山东荣成天鹅湖	1.40 ～ 18.20	贾建军等，2004
	海南陵水黎安港	0.30	补充调查

3.2.2　方法

1. 盐沼与海草床气候变化综合风险评估指标体系的构建

基于 IPCC WG Ⅱ 的 AR5、AR6（IPCC，2014，2022）有关气候变化综合风险的相关概念与定义，构建了中国滨海盐沼与海草床气候变化综合风险评估指标体系。其中，气候变化综合风险是指造成承灾体（如滨海盐沼与海草床）处于险境且结果不确定的可能性，来源于盐沼与海草床的脆弱性、暴露度及气候致灾因子危害性的相互作用，其中脆弱性包括敏感性和适应性。为此，根据这两种承灾体的主要特点及海平面上升和极端气候事件的影响机制，筛选主要因子来构建具有针对性的评估指标体系。在评估因子筛选过程中，遵循以下原则：①重要性原则，选取的指标对其风险评估有较大的影响；②差异性原则，指标在研究区域内及区域间有较为明显的变化，便于划分等级；③稳定性原则，评估因子在年际时间尺度范围内具有相对稳定性；④可获取原则，评估因子的测量或者观测数据可以通过遥感、现场调查等方法获得。有关盐沼与海草床的气候致灾因子的筛选，以及暴露度和脆弱性的分析如下。

（1）气候致灾因子危害性

灾害的形成常常表现为突变或渐变两种过程，并以此影响不同时空尺度的可持续发展（史培军，2002）。对于盐沼植物与海草床，主要气候致灾因子包括缓发性的海平面上升及突发性的极端热事件（包括极端高温和海洋热浪）。这是因为滨海盐沼与海草床对海平面持续上升高度敏感，海平面上升可改变海水淹没盐沼植物与海草床的周期或水深，进而影响盐沼植物与海草床的光合作用；盐沼植物与海草床虽有一定的耐热性，但在气候持续变暖背景下，极端热事件的强度、频次和持续时间明显增加，很可能超过部分盐沼植物与海草床的耐热阈值，并使之进一步退化。

IPCC WG Ⅰ 的 AR6 指出，2006 ～ 2018 年全球平均海平面处于加速上升状态（3.7 mm/a），未来还将持续上升，且呈现不可逆的趋势（Fox-Kemper et al.，2021；张通等，2022）。在温室气体很低排放（SSP1-1.9）、温室气体很高排放（SSP5-8.5）情景下，预估到 2050 年全球平均海平面分别上升 0.15 ～ 0.23 m 和 0.20 ～ 0.30 m，预估到 2100 年全球平均海平面分别上升 0.28 ～ 0.55 m 和 0.63 ～ 1.02 m。南极冰盖不稳定性是未来海平面上升预估的最大不确定性来源之一，1993 ～ 2018 年海平面在西太平洋上升最快，到 21 世纪末全球绝大多数沿海区域的潮汐振幅都会发生显著的变化（Fox-Kemper et al.，2021；张通等，2022）。

近 40 年来，中国沿海海平面呈加速上升趋势，随着城市化进程加快，沿海地区面临的海平面上升风险进一步加大，1980 ～ 2020 年中国沿海海平面上升速率为 3.4 mm/a，其中渤海沿海海平面上升速率为 3.6 mm/a，黄海沿海海平面上升速率为 3.2 mm/a，东海沿海海平面上升速率为 3.4 mm/a，南海沿海海平面上升速率为 3.5 mm/a。预计未来 30 年，中国沿海海平面将上升 55 ～ 170 mm，应加强基于生态理念的海岸防护，全面提升海平面上升适应能力（自然资源部，2021）。

研究表明，1982 ～ 2016 年全球海洋热浪发生的频次增加了近 1 倍，其中高强度海洋热浪的发生频次增加了 20 倍（Frölicher et al.，2018）。过去 20 年来，地球上所有海洋

盆地都发生过海洋热浪，即特定地区出现的极端海温事件的现象，对海洋生物和生态系统产生了严重的负面影响（Viglione，2021）。人为活动导致的气候变化使得大规模海洋热浪的持续时间、强度和累积强度的发生频率增加了 20 倍以上。在工业化前，每 100 年到几千年才发生一次的海洋热浪，预计将在变暖 1.5℃ 的条件下成为每 10 年到每 100 年发生一次的事件，在变暖 3℃ 的条件下成为每年到每 10 年发生一次的事件，并且破坏生态系统、损害渔业（Laufkötter et al，2020）。

自 1950 年以来，极端热事件发生得越来越频繁，且越来越严重（周波涛和钱进，2021）。根据 IPCC WG Ⅰ 的 AR6（IPCC，2021），在未来全球气候进一步变暖的情形下，在全球尺度和大陆尺度以及所有人类居住的区域，极端热事件将继续增多，且强度将加大。高温热浪在全球大部分陆地区域发生的频率和持续的时间均呈增加趋势，对人类生存、社会经济发展和生态环境构成严重威胁（武夕琳等，2019），且自 20 世纪 90 年代以来中国高温热浪事件发生的范围明显增大（廉毅等，2005）。就中国高温热浪发生的频次而言，除东北地区变化不明显外，其他 7 个经济区都呈增加的趋势，南部沿海地区增加趋势最显著。目前国际上对高温热浪的定义尚没有统一的标准，国内关于高温热浪的判定可以概括为 3 类：①温度超过绝对阈值；②温度超过由百分数确定的相对阈值；③采用综合温度和湿度的方法进行判定（刘金平等，2022）。

在过去数十年里，中国大部分地区干旱及高温热浪的发生频率及受灾面积均有所增加，对中国 1961 ～ 2014 年及 2021 ～ 2080 年复合事件的发生概率进行比较，发现未来中国大部分地区复合高温干旱事件的发生概率将会增加（Zhou and Liu，2018）。1961 ～ 2014 年，中国大部分地区夏季复合高温干旱事件的发生频率有所增加，且空间发生面积呈现显著增长的趋势，这一结论与已有的基于不同尺度及定义方法的复合高温干旱事件的研究结论基本一致。极端热事件的发生频次随全球增暖幅度增大而呈非线性增加，越极端的事件，其发生频次的增长百分比越大，可以采用标准化温度指数（standardized temperature index，STI）对极端高温进行分析（Zscheischler et al.，2014）。沿海滩涂高温引起所谓的"热干旱"——大气将土壤中的水分更多地蒸发出来，导致干旱更严重，因此相同的降水减少却造成更严重的干旱（IPCC，2021）。极端热事件对盐沼与海草床均有负面影响，温度上升与极端热事件具有相关性。

《第四次气候变化国家评估报告》指出，与 1986 ～ 2005 年相比，在 RCP2.6、RCP4.5、RCP8.5 这 3 种气候情景下，到 21 世纪前期中国年平均气温将分别上升约 1.02℃、1.0℃、1.2℃，到 21 世纪中期将分别上升约 1.45℃、2.07℃、2.84℃，到 21 世纪末期将分别上升约 1.39℃、2.59℃、5.14℃，3 个时期平均高温热浪发生天数将分别增加 4 ～ 6 d、7 ～ 15 d 和 7 ～ 31 d（江志红等，2022）。

（2）暴露度

暴露度是指盐沼与海草床生态系统的空间分布与气候致灾因子影响的交集，包括范围与程度，具体参数有海草床的水深和盐沼的高程及分布范围。在太阳光的照射下，海洋植物通过光合作用合成有机物质（糖、淀粉等），以满足自身生存的需要。光合作用必须有阳光，而阳光只能透过海水表层，这使得普通海草仅能生活在浅海或大洋的表层，大的海草也只能生活在水深几十米以内的海底。

高程与盐沼分布密切相关，并在很大程度上决定了湿度、盐度等重要参数。目前的研究表明，同一地点、不同物种间，含盐量高的土壤上碱蓬的植物生物量最低，显著低于其他物种，如芦苇。盐沼的水分含量和盐度表现出高度的同一性，在植被带表现出两者均从陆地向海洋递增的趋势。芦苇滩属于淡水生态系统，土壤盐度低，平均值为0.347%。除少数河口区域以外，海水是海滨湿地土壤水分和盐分的主要来源。芦苇滩高，离海远，受到海水的影响弱，所以土壤水分含量低。黄河口以南的碱蓬滩通常位于芦苇滩与互花米草滩的中间地带，茂密的互花米草的促淤功能致使互花米草滩高程提升，导致海水很难进入碱蓬滩，所以碱蓬滩的土壤水分含量和盐度低于互花米草滩；而相对于芦苇滩，碱蓬滩位于地势低洼处，水分含量又高于芦苇滩。互花米草滩频繁受到海水浸没，所以其盐度明显高于碱蓬滩和芦苇滩，而其离海洋近，所以土壤水分含量高。因此，土壤水分含量和盐分高值出现在互花米草滩，低值出现在芦苇滩，碱蓬滩居中。辽河口盐沼碱蓬的暴露度高于芦苇，而苏北滩涂部分区域碱蓬的暴露度高于互花米草和芦苇。与之类似，由于深水区域的海草床难以接收到阳光，中国近岸的海草通常分布于水深 4 m 以内。在海平面上升的背景下，暴露度与水深正相关，即深水区域的海草暴露度更大。对于海洋热浪而言，暴露度主要体现在大尺度差异，区域内的差异较小，因此不作为重点来考虑。

（3）脆弱性

脆弱性的概念内涵在适应各学科的描述中得以发展，同时学术界对于脆弱性的界定和理解也存在分歧。其中，脆弱性的本质属性是内生性属性还是内生性和外生性相结合的属性，成为争论的焦点问题，在概念要素上具体表现为暴露度是否应该被涵盖进脆弱性概念框架当中（黄倩，2020）。基于脆弱性是内生性和外生性相结合的属性，脆弱性来源于系统内部和外部，Polsky 等（2007）提出了暴露 - 敏感 - 适应的评估体系（简称 ESA 或 VSD）。该模型基于脆弱性的概念，提出脆弱性由暴露度、敏感性和适应性 3 部分构成。在本章的研究中，脆弱性评估仅考虑敏感性和适应性，暴露度、脆弱性与气候致灾因子强度共同支撑风险等级评估。从"方面层 - 指标层 - 参数层"3 个层面构建完善的脆弱性评估体系，为脆弱性评估分析提供坚实的理论基础和可行的评估方案。VSD 模型的优越性在于构建出一个分析和评估脆弱性的基本思路框架，阐述了脆弱性分析的基本步骤，确定了脆弱性评估体系的通用模式，并对脆弱性评估体系的指标层给出了具体说明。基于该模型，相关研究可以构建出基于相同概念的、完整的脆弱性评估体系。暴露度指压力和扰动的程度，敏感性指系统受压力和扰动影响而改变的容易程度，适应性指系统能够承受压力和扰动并从中恢复的能力（Adger，2006）。脆弱性随着暴露度和敏感性的升高而升高；相反，脆弱性与适应性负相关，即脆弱性随着适应性的升高而降低。

20 世纪 80 年代末至 90 年代初，全球气候变暖及其影响引起国际社会的高度关注，脆弱性的概念开始被引入气候变化影响研究和评估当中，随后其内涵得到不断丰富和发展。1988 年 IPCC 成立，并于 1990 年第一次发布评估报告，对气候变化的脆弱性进行初步的论述，脆弱性问题开始受到普遍关注。IPCC 在 1996 年发布的第二次评估报告中，将脆弱性定义为气候变化对系统损伤或危害的程度，并指出脆弱性不仅取决于系统对气候变化的敏感性（系统对给定气候变化情景的反应，包括有益的和有害的影响），还与系统对新的气候条件的适应性（一个系统、地区或社区对气候变化及其影响和人类扰动的

应对能力及其恢复能力）有关（IPCC，1996）。

随着脆弱性问题研究的不断深化和普及，IPCC（2001）进一步界定气候脆弱性的概念，指出脆弱性是"系统在多大程度上易受气候变化的不利影响以及系统应对气候变化影响的能力"，将脆弱性界定为气候变化、系统敏感性和适应性的函数。指标评估法是脆弱性评估研究中最为常见的评估方法（黄倩，2020），这种评估方法具有适用性广、操作步骤清晰易懂等特点。

敏感性是指生态系统对气候变化的响应程度，对于高敏感系统，微小的变化也会造成明显的影响。敏感性指标包括盐沼/海草床生物量（植被覆盖度、植被高度）、斑块面积、物种组成、富营养化程度（主要是海草）等要素。其中，同一种类的植被覆盖度及植被高度可以代表盐沼植物或海草的生长健康状况，与生物量正相关，而植被覆盖度低、植被高度低、生长不良均会导致敏感性较高，难以适应气候变化及极端气候条件。盐沼植物或海草的种类及其组合也在很大程度上决定了自身敏感性，比如芦苇对极端高温的敏感性要高于相对较小型的碱蓬，大型海草对于光照衰减的敏感性也高于小型海草。富营养化引起的藻华影响光衰减，有效光合辐射是影响海草光合作用的最主要非生物因素之一（杨顶田等，2013）。和陆生植物相比，海草的光饱和强度较低，这与海草生活在水下较难得到光照有直接的关系，这也说明海草对光照有较强的亲和力，较低的光强就能够使海草达到最大的初级生产力。例如，鳗草的饱和光强是 $78\mu E/(m^2 \cdot s)$（Vermaat et al.，2000），远远低于陆生植物。对光照强度的需求决定海草的分布深度，据统计，海草正常生长所需要的光照强度是水表面光照强度的 4%～29%（Dennison et al.，1993），平均值为 11%（Duarte，1991）。

脆弱性是指气候变化可能威胁或危害生态系统的程度，这不仅与生态系统的敏感性有关，还与生态系统适应新的气候条件的能力（即适应性）有关。适应性反映了生态系统以某种方式适应外部响应的能力。与无植物生长区域相比，有植物覆盖的湿地具有更高的地面土壤沉积速率（Baustian et al.，2012）。盐沼植物主要通过地上植株密度、高度等因素来影响地面泥沙沉积过程（Li and Yang，2009），并对海平面上升过程具有适应性。与相对矮小的碱蓬相比，通常芦苇、互花米草、茳芏等盐沼植物具有更高的土壤垂向沉积速率和地面高程变化速率（Krauss et al.，2014；Lovelock et al.，2011），因为这三者可以通过无性繁殖，形成高大的植株形态和密集的种群结构，同时塑造更为粗糙的土壤表面，因此更有利于降低水流速度，促进其对泥沙的拦截与沉积（Li and Yang，2009；高芳磊等，2015）。研究表明，芦苇沼泽的水流特征和泥沙沉积特征与相邻区域的互花米草沼泽相比并没有显著的差异（Leonard et al.，2002），这说明沉积特征主要与植被的形态有关，还与泥沙供给能力密切相关，河流入海口附近区域的沉积速率通常较高。对于适应性，可以通过沉积速率实测结果来分析。

滨海湿地为适应海平面的变化，通常会向陆退化，进而导致面积减少。但实际上，其变化不仅与海平面变化相关，还与盐沼物种类型、地面沉降、沉积速率、海岸侵蚀、高程、水深、泥沙运动、人类活动（易思等，2017）等诸多因素有关，呈现多种变化。此外，盐沼与海草床所在区域的保护等级、水环境状况（对于海草床主要是富营养化）、坡度、海堤分布及滩涂整体的淤涨/侵蚀情况与适应性密切相关。沉积速率相对上述其他要素来说更重要，但若所在区域属于海岸侵蚀岸线，高程会在短时间内发生逆转，直

接导致生境丧失。黄河口盐沼就存在这一问题：虽然沉积速率较高，但是岸线处于侵蚀过程中，向海一侧的盐沼植被会更容易衰退乃至消失。钦江口仍处于淤涨状态，适应性较高。辽河口部分区域淤涨，总体保持稳定。不同的区域间及区域内的适应性均有差异。

综合考虑评估指标的代表性、数据可获得性，构建中国沿海地区盐沼与海草床气候变化综合风险评估指标体系，如表 3.4 所示。

表 3.4　中国沿海地区盐沼与海草床气候变化综合风险评估指标体系

气候致灾因子危害性	盐沼与海草床暴露度	盐沼与海草床脆弱性		影响与风险
		盐沼与海草床敏感性	盐沼与海草床适应性	
① SLR（缓发性）：中国 SLR 速率高于全球平均 SLR 速率；海拔为 1 m 以下的湿地将变为水域，滩涂、盐沼、净水沼泽向后逐次推进（王宝强 等，2015）。②极端热事件（突发性）：持续热浪造成海草床的损失（Mazarrasa et al.，2007），采用标准化温度指数（STI）进行分析（Zscheischler, et al.，2014）	①盐沼高程。②海草床水深	①生物量：植被覆盖度和高度越低，对气候致灾因子越敏感。②斑块面积：群落斑块面积越小，越容易衰退或被替代。③物种组成：盐沼与海草床中不同的物种组成是敏感性的重要因素，如盐沼植被中的碱蓬、海草床中的海菖蒲等。④水体富营养化程度（主要是海草）：水体富营养化程度越高，吸附在海草上的藻类越多，水体透明度越低，海草越敏感	①地表高程上升率：是地壳抬升（沉降）与地表沉积速度的加和，上升率越大，适应 SLR 的能力越强（Lovelock and Ellison，2007）。②保护区等级：保护区等级越高，人为保护和生态修复的力度越大，适应 SLR 的能力越强。③岸线人工化：决定了湿地的向岸可迁移性，人工化岸堤或建筑物会阻碍盐沼与海草床对 SLR 的适应（丁平兴，2016）。④岸线侵蚀：若岸线处于侵蚀过程中，向海一侧的盐沼植被会更容易衰退乃至消失，适应性较差	① SLR 的影响：SLR 速率大于地表高程上升率，会导致盐沼被淹没，生境丧失，也会导致海草上覆水体加深，影响光照条件；SLR 将导致海岸侵蚀加剧，海岸一侧不再适合原有盐沼植物种类生存。② SLR 的风险：本次研究主要考虑 SLR 造成的盐沼与海草床生境永久损失，即盐沼与海草床因 SLR 而永久消失的生境（面积损失）。③极端热事件的风险：海洋热浪会引起海草床的衰退，甚至大规模死亡，极端高温会导致盐沼的"热干旱"，降低盐沼生物量

2. 评估方法

风险（R）是指造成有价值的事物处于险境且结果不确定的可能性，来源于脆弱性（V）、暴露度（E）及气候致灾因子危害性（H）的相互作用 [公式（3.1）]，其中脆弱性（V）包括敏感性（S）和适应性（A）。采用定性分级的方式对指标进行无量纲化处理，一般采用极差标准化及阈值比较法去除指标因子量纲，具体赋值分级情况见表 3.5，对正向指标和负向指标采取不同的标准化方式，通过赋值计算得到风险分值，根据分值所在区间确定最终的风险等级。根据脆弱性（V）、暴露度（E）及气候致灾因子危害性（H）对风险的贡献分为 5 级，最后合并计算得到风险等级。

$$R= \sqrt[3]{V \times E \times H} \tag{3.1}$$

式中，R 为气候变化风险，赋值 1～5 分别代表风险很高、高、中等、低、很低；V 为生态系统在气候变化下的脆弱性；E 为生态系统在气候变化下的暴露度，盐沼采用高程（E_1）赋值，海草床采用水深（E_2）赋值；H 为气候致灾因子危害性，取海平面上升（H_1）与温度升高（H_2）最大赋值，计算公式如下：

$$H=MAX(H_1+H_2) \tag{3.2}$$

盐沼或海草床生态系统脆弱性的计算公式如下：

$$V= \sqrt{S \times A} \tag{3.3}$$

式中，V 赋值 $1 \sim 5$ 分别代表脆弱性很高、高、中等、低、很低；S 为生态系统在气候变化下的敏感性，由下一级指标 [生物量（S_1）、斑块面积（S_2）、富营养化等级（S_3）、物种组成（S_4）] 得分计算均值取整得到敏感性赋值；A 为生态系统在气候变化下的适应性，由下一级指标 [地表高程上升率（A_1）、岸线人工化（A_2）、保护区等级（A_3）、侵蚀风险（A_4）、坡度（A_5）] 得分计算均值取整得到适应性等级（表 3.5）。

表 3.5　盐沼与海草床的气候变化风险指标分级标准

指标赋值		5	4	3	2	1
气候致灾因子危害性（H）	H_1（m）	$H_1 < 0.2$	$0.2 \leq H_1 < 0.4$	$0.4 \leq H_1 < 0.6$	$0.6 \leq H_1 < 0.8$	$H_1 \geq 0.8$
	H_2（℃）	$H_2 < 1$	$1 \leq H_2 < 2$	$2 \leq H_2 < 3$	$3 \leq H_2 < 4$	$H_2 \geq 4$
暴露度（E）	E_1（m）	$E_1 < 0.5$	$0.5 \leq E_1 < 1$	$1 \leq E_1 < 2$	$2 \leq E_1 < 3$	$E_1 \geq 3$
	E_2（m）	$E_2 \geq 4$	$3 \leq E_2 < 4$	$2 \leq E_2 < 3$	$1 \leq E_2 < 2$	$E_2 < 1$
脆弱性（V） 敏感性（S）	S_1	$S_1 < 0.2$	$0.2 \leq S_1 < 0.4$	$0.4 \leq S_1 < 0.6$	$0.6 \leq S_1 < 0.8$	$S_1 \geq 0.8$
	S_2（km²）	$S_2 < 0.01$	$0.01 \leq S_2 < 0.1$	$0.1 \leq S_2 < 1$	$1 \leq S_2 < 10$	$S_2 \geq 10$
	S_3	重度富营养	中度富营养	轻度富营养	中度营养	贫营养
	S_4	碱蓬 / 小型海草	柽柳 / 中型海草	茳芏 / 大型海草	芦苇	互花米草
适应性（A）	A_1（cm/a）	$A_1 < 0.2$	$0.2 \leq A_1 < 0.4$	$0.4 \leq A_1 < 0.8$	$0.8 \leq A_1 < 1.6$	$A_1 > 1.6$
	A_2	码头等岸线	养殖岸线	防潮海堤	修复滩涂	自然滩涂
	A_3	一般区	生态重要区	试验区	缓冲区	核心区
	A_4　A_{4-1}（m/a）	$A_{4-1} \geq 15$	$10 \leq A_{4-1} < 15$	$5 \leq A_{4-1} < 10$	$0 \leq A_{4-1} < 5$	$A_{4-1} < 0$
	A_{4-2}（km）	$A_{4-2} < 1$	$1 \leq A_{4-2} < 2$	$2 \leq A_{4-2} < 4$	$4 \leq A_{4-2} < 6$	$A_{4-2} \geq 6$
	A_5（‰）	$A_5 < 2$	$2 \leq A_5 < 5$	$5 \leq A_5 < 10$	$10 \leq A_5 < 20$	$A_5 \geq 20$

注：S_3 仅是海草床指标；A_4 仅是盐沼指标，其中 A_{4-1} 表示侵蚀速率，A_{4-2} 表示离岸距离。

采用的制图方法：从原始数据处理到图层叠加，以及输出最终评估等级划分结果，均以 ArcGIS 软件作为技术支持。首先采用克里金插值法，将参数从矢量数据转为栅格图层；然后根据环境因素单因子评分对各环境因素的栅格图层进行重分类，将重分类的栅格图层进行重采样以统一分辨率；最后利用 ArcGIS 软件的栅格计算功能将重采样的栅格图层进行叠加，输出 5 个风险等级的图，包括很高、高、中等、低、很低（表 3.6）。

表 3.6　盐沼与海草床的气候变化风险分级

风险等级	特征	颜色（RGB 值）	风险等级	特征	颜色（RGB 值）
很低	风险极低，风险小	84，255，1	高	风险高，应重点关注	254，0，3
低	风险低，定期监测	254，254，8	很高	风险很高，应强化保护	169，0，136
中等	风险中等，应加强监测	255，169，4			

3.3 结果与分析

3.3.1 盐沼的历史变化及归因分析

1. 盐沼分布的历史演变特征

（1）面积分布及变化

全球海岸带湿地面积约为 20.3 万 km^2，中国海岸带湿地面积约占全球滨海湿地总面积的 1/4，其中滨海盐沼湿地是中国最主要的滨海湿地类型（曹磊等，2013）。2020 年自然资源部首次组织开展了全国滨海盐沼生态系统调查，结果显示中国滨海盐沼面积为 1132.15 km^2（王中建，2022）。

在当前盐沼湿地面积变化的研究中，常把光滩和盐沼作为同类型进行分析，即将二者综合研究滩涂的面积变化。根据 Murray（2019）的最新统计结果，中国滩涂总面积约为 12 049 km^2，潮滩面积位居全球前列。国内潮滩主要集中分布于沿海 11 个省（区、市）和港澳台地区（陆健健，1998；Jia et al.，2021），其中江苏、浙江和福建的滩涂面积位列全国沿海 11 个省（区、市）潮滩面积的前三，上海的潮滩面积占全国滩涂总面积的 4.1%（Jia et al.，2021）。崔丽娟等（2022）以 GEP 遥感影像为数据源，通过谷歌地球引擎（GEE）平台和随机森林分类方法，解译了 1990～2020 年中国滨海地区的遥感影像，研究得出，1990～2020 年中国滩涂湿地面积变化趋势为明显减少，总面积由 1990 年的 140.99 万 hm^2 减少到 2020 年的 80.39 万 hm^2，减少了 42.98%。1990～2000 年，滩涂湿地面积呈现持续减少的趋势，减少了 20.56 万 hm^2（14.58%）；2000～2010 年，滩涂湿地面积呈现先保持动态平稳后减少的趋势，减少了 15.69 万 hm^2（13.03%）；2010～2020 年，滩涂湿地面积呈现先持续减少后保持平稳的趋势，减少了 24.35 万 hm^2（23.25%）。2020 年沿海各省（区、市）滩涂湿地面积及其占比见表 3.7。

表 3.7　2020 年沿海各省（区、市）滩涂湿地面积及其占比（崔丽娟等，2022）

省（区、市）	光滩面积（万 hm^2）	光滩面积占比（%）	盐沼面积（万 hm^2）	盐沼面积占比（%）	总面积（万 hm^2）	总面积占比（%）
辽宁	6.39	9.02	0.22	2.33	6.61	8.22
河北	2.14	3.02	0.03	0.27	2.16	2.69
天津	0.76	1.07	0.01	0.11	0.77	0.95
山东	9.37	13.24	1.17	12.21	10.55	13.12
江苏	21.99	31.07	2.48	25.77	24.47	30.44
上海	3.07	4.33	2.42	25.16	5.48	6.82
浙江	13.98	19.74	0.96	10.01	14.94	18.58
福建	6.01	8.49	0.45	4.71	6.46	8.04
广东	3.08	4.35	0.80	8.31	3.88	4.82
广西	2.01	2.85	0.78	8.17	2.80	3.48
海南	0.50	0.71	0.26	2.71	0.76	0.95

续表

省（区、市）	光滩面积 （万 hm²）	光滩面积占比 （%）	盐沼面积 （万 hm²）	盐沼面积占比 （%）	总面积 （万 hm²）	总面积占比 （%）
台湾	1.49	2.11	0.02	0.26	1.52	1.88
合计	70.79	100.00	9.61	100.00	80.39	100.00

注：表中数据经过四舍五入，存在舍入误差。

当前，由于分类学应用的不同，对中国盐沼湿地面积的统计结果存在明显差异（王法明等，2021）：周晨昊等（2016）估计中国盐沼湿地的面积为 1207 ～ 3434 km²；根据联合国环境规划署认可的全球盐沼湿地遥感数据，中国盐沼湿地的面积为 5448 km²（Mcowen et al.，2017）；叶思源等（2021）2017 年的调查数据显示，中国有植被覆盖的滨海湿地和潮滩的总面积达 9862 km²；Mao 等（2020）制作的中国国家尺度湿地遥感图中盐沼湿地面积仅为 2979 km²。

Chen 等（2022）选用 1985 ～ 2019 年时间序列的 Landsat 5/8 和 Sentinel-2 卫星遥感影像，研究得出，34 年间中国盐沼总面积从 151 324 hm² 减少到 115 397 hm²（1985 年盐沼总面积为 151 324 hm²，1990 年总面积为 157 776 hm²，1995 年总面积为 151 809 hm²，2000 年总面积为 117 599 hm²，2005 年总面积为 87 639 hm²，2010 年总面积为 97 173 hm²，2015 年总面积为 91 411 hm²，2019 年总面积为 115 397 hm²）。34 年间盐沼总面积变化呈现明显不同的趋势：1985 ～ 2005 年总面积呈现减少趋势，其中 1995 ～ 2005 年面积减少的幅度较大，2005 年面积最小，相比 1995 年减少 42.3%；2015 ～ 2019 年总面积呈现增加趋势。Chen 等（2022）的研究结果表明，中国不同沿海省（区、市）的盐沼湿地面积差异明显，盐沼湿地主要集中分布在辽宁、山东、江苏、上海及浙江等地，各地呈现不同的缩减和扩张状态，辽宁、天津、河北、山东和江苏等地的盐沼总面积呈现减少趋势，上海、浙江、福建、台湾、广东等地的盐沼总面积呈现增加趋势，其中盐沼面积减少最多的是山东，面积增加最多的是上海。

崔丽娟等（2022）分析了 1990 ～ 2020 年的盐沼总面积，结果显示，中国 2020 年盐沼总面积为 9.61 万 hm²，大范围盐沼主要集中在 3 个纬度区间：① 21°N ～ 23°N，为珠江三角洲所在地；② 30°N ～ 34°N，为长江三角洲及江苏盐城滩涂湿地所在地；③ 37°N ～ 41°N，为辽河三角洲及黄河三角洲所在地。长江三角洲、黄河三角洲、江苏盐城等沿海地段的盐沼面积共计约占中国盐沼总面积的 45.4%。2020 年盐沼面积较大的省（市）为江苏、上海、山东、浙江，面积及占比分别为 2.48 万 hm²（25.77%）、2.42 万 hm²（25.16%）、1.17 万 hm²（12.21%）、0.96 万 hm²（10.01%）。从 1990 ～ 2020 年盐沼面积变化情况来看，中国盐沼面积总体较为平稳并略有增加，增加了 0.45 万 hm²（4.95%）。2020 年沿海各省（区、市）盐沼面积较 1990 年变化差异明显，面积减少的省（市）有江苏、广东、辽宁、河北、天津，减少的面积及其占比分别为 8700 hm²（25.97%）、6100 hm²（43.34%）、5800 hm²（72.2%）、900 hm²（77.43%）、10 hm²（9.18%），其余沿海省（区、市）的盐沼面积均增加，其中广西增幅最大，面积增加了 6800 hm²，增加比例达到 687.99%，增幅较为明显的还有台湾，面积增加了 200 hm²（556.31%），福建面积增加了 3600 hm²（365.79%），浙江面积增加了 5900 hm²（159.62%）。中国滨海地区共分布有四大三角洲类型的滩涂湿地，分别为长江三角洲湿地、黄河三角洲湿地、辽河三角洲湿地和珠江三角洲湿地（Chu et al.，2006；Wu et al.，2019；闫晓露等，2019）。崔丽娟等（2022）按照上述类型分区得出，1990～2020年的四大三角洲滩涂湿地面积整体呈减少趋势，盐沼面积均随时间明显减少，2020年长江三角洲、黄河三角洲、辽河三角洲、珠江三角洲的盐沼面积对比1990年分别减少了8700 hm²（52.53%）、200 hm²（2.17%）、5300 hm²（77.29%）、6100 hm²（68.52%）。

随着盐沼湿地保护形势的不断严峻，辽宁实施了清淤降滩等系列修复工程，盘锦市红海滩风景廊道景区盐地碱蓬覆盖面积由2018年的2000亩*扩大到2023年的2.5万亩。2014年以来，盘锦市辽河口湿地连续8次成为国家湿地生态效益补偿试点，累计投入资金1.78亿元，盘锦市"退养还湿"工作累计恢复湿地8.59万亩，恢复自然岸线15.77 km。辽宁团山国家级海洋公园通过拆除围海养殖围堰、育苗大棚等建筑设施，退养还滩30.27 hm²，修复滨海湿地70.38 hm²，整治修复岸线2.12 km，解决了养殖活动占用滨海湿地和自然岸线的问题，逐步恢复芦苇-碱蓬湿地。2023年山东黄河三角洲恢复盐地碱蓬、海草床6.2万亩。江苏盐城湿地珍禽国家级自然保护区修复盐沼107.33 hm²。上海长江口修复重建海三棱藨草群落面积逾110 hm²。上海奉贤滨海海洋生态保护修复项目于2023年6月启动，并于2024年12月顺利通过完工验收，工程的部分修复内容为互花米草生态防治51.97 hm²、潮沟系统恢复4115 m、本土盐沼植被恢复69 hm²。

（2）物种分布及变化

中国主要的盐沼包括灌丛盐沼[如柽柳（*Tamarix chinensis*）群系]、草丛盐沼[如碱蓬（*Suaeda* spp.）群系、藨草（*Scirpus* spp.）群系]、禾草盐沼[如芦苇（*Phragmites australis*）群系、互花米草（*Spartina alterniflora*）群系]等主要类型（关道明，2012）。芦苇是中国盐沼湿地典型的本土物种，其生存范围广泛，常见于江河湖泽、池塘沟渠沿岸和低湿地，主要分布在杭州湾以北的温带区域，在长江口、黄河口、辽河口等区域均有大面积分布，是北方主要的盐沼植被类型之一。芦苇盐沼分布广泛，仅辽河三角洲的芦苇盐沼就达6.06万 hm²，且最南可以分布到香港米埔湿地。碱蓬盐沼是中国北方典型的滨海湿地类型，在辽河三角洲的面积达2000 hm²，被誉为"红地毯"，其中双台子河口的盐地碱蓬群落面积曾达2000 hm²。自1979年引进互花米草之后，互花米草在中国沿海迅速扩张，成为沿海植被中分布最广的入侵物种，对中国滨海湿地环境产生了一系列影响（张华兵，2013），互花米草全面入侵红树林和滨海盐沼后逐步形成单一优势群落，植被面积已扩展到5.52万 hm²（Mao et al.，2019）。此外，中国滨海盐沼植物茳芏（*Cyperus malaccensis*）分布于华南沿海，是一种具有保滩护岸、促淤造陆、改良盐碱地、提高滩涂初级生产力和扩大碳减排空间等作用的盐沼植被。茳芏主要分布区位于雷州半岛、广西海岸带，常与红树林形成交错带，属于连续分布且面积超过1 hm²的少数盐沼种类之一（潘良浩等，2017）。在广西茅尾海，茳芏是原生滨海盐沼植被中分布最广的种群，集中分布于南流江、钦江和茅岭江的河口区，通常以与红树植物混生的方式分布于潮间带的上部及中部，分布区域基本与红树林一致。

根据 Chen 等（2022）分析的1985～2019年中国潮间带盐沼植被种类和面积分布（表3.8），芦苇面积从60 511 hm²减少到33 193 hm²，减少了45.1%；碱蓬面积减少迅

---

* 1 亩 ≈ 666.7m²。

速，从 77 741 hm^2 减少到 3563 hm^2，减少了 95.4%；互花米草面积从 99 hm^2 急剧扩张到 67 527 hm^2，2019 年占全国盐沼总面积的 58.5%，已经远超全国所有的潮间带本土盐沼面积总和。1985 ~ 2000 年，盐沼主要分布于山东和江苏等地，植被以芦苇和碱蓬为主；2005 ~ 2019 年，盐沼主要分布于上海和江苏等地，植被以互花米草和碱蓬为主。在盐沼植被物种的变化中，互花米草面积增加最快，碱蓬面积减少最多。

表 3.8　1985 ~ 2019 年中国潮间带盐沼植被种类和面积分布（Chen et al., 2022）　（单位：hm^2）

省（区、市）	植被种类	1985 年	1990 年	1995 年	2000 年	2005 年	2010 年	2015 年	2019 年
辽宁	互花米草	—	—	—	—	—	—	—	33
	芦苇	7 924	6 952	7 006	5 955	4 921	4 806	3 497	3 717
	碱蓬	5 032	3 159	3 756	2 795	2 926	1 982	2 170	1 431
河北 / 天津	互花米草	—	—	1.6	26	101	286	611	430
	芦苇	752	480	397	192	70	130	94	204
	碱蓬	1 827	708	967	484	0.4	15	13	27
山东	互花米草	—	—	—	—	—	416	2 920	6 981
	芦苇 [a]	36 111	16 184	11 102	11 446	11 519	10 996	6 063	8 108
	碱蓬	33 668	55 570	49 878	22 315	9 097	9 492	3 840	1 591
江苏	互花米草	29	662	5 566	18 052	13 658	14 847	13 766	16 919
	芦苇	6 163	21835	21 358	9 967	4 377	5 191	8 137	7 593
	碱蓬 [b]	37 214	25183	21 285	7 632	9 013	6 649	802	514
上海	互花米草	—	—	—	77	4 194	4 878	9 527	16 228
	芦苇	9 104	9 789	10 943	10 358	6 139	9 382	10 107	11 372
	海三棱藨草	8 415	7 416	7 436	6 407	4 643	4 860	4 685	6 486
浙江	互花米草	36	279	4 136	8 121	8 327	11 518	9 364	14 877
	芦苇	413	712	1 141	928	1 334	1 248	415	1 063
	海三棱藨草	3 131	4 665	3 022	762	1 929	2 158	2 313	3 869
福建	互花米草	2	2 142	4 135	4 822	6 246	6 501	10 574	10 217
	海三棱藨草 [c]	284	169	259	182	27	34	132	266
台湾	互花米草	—	—	—	—	12	112	98	149
	芦苇	—	—	—	—	34	35	31	28
	海马齿 [d]	—	—	—	—	85	82	79	87
广东 [f]	互花米草	32	318	394	416	391	409	602	557
	芦苇 [e]	43	473	134	198	218	173	230	356
广西	互花米草	—	—	—	26	147	372	1 114	1 133
	茳芏	1 143	864	903	644	266	154	224	387
海南	芦苇	—	—	—	—	—	—	1	1
总计		151 324	157 776	151 809	117 599	87 639	97 173	91 411	115 397

注：a- 芦苇和芦苇与柽柳等的混生群落；b- 碱蓬和海三棱藨草的混生群落；c- 海三棱藨草和芦苇的混生群落；d- 海马齿和茳芏的混生群落；e- 芦苇和茳芏的混生群落；f- 香港和澳门的数据被统计到了广东数据中。鉴于 2005 年之前的谷歌地球影像数量较少，研究中台湾的盐沼面积只统计了 2005 ~ 2019 年，之前可能也有盐沼分布，但无可参考的数据。

（3）景观格局及变化

盐沼湿地的景观格局反映了不同生态系统之间的综合相互作用，受水文、气候、人类活动和其他相关因素的影响。这些复杂的环境变量改变了景观结构，进而影响了盐沼湿地的常驻植物群落的分布和组成。

辽河口是中国众多河口湿地的重要代表。2018 年辽河口潮滩自然景观面积缩减至1986 年的 41.58%（王旖旎等，2021），消失的自然景观主要转化为养殖池、水利工程设施和农田等人工景观；区域岸线的长度波动增长且向南部海域扩张，岸线的主要类型由自然岸线向养殖区、城镇工业区、港口与码头岸线转换；在景观类型水平上，辽河口潮滩自然景观的优势景观地位丧失，斑块形状向简单化、规律化方向发展，湿地景观格局整体破碎化严重；辽河口潮滩的工程建设直接影响各景观类型的面积大小与空间分布，并加速了芦苇演替为碱蓬的进程。结果表明，养殖业及水利工程建设等人为活动对辽河口潮滩景观格局的影响较大。曹晨晨等（2022）认为，1985～2019 年辽河口盐地碱蓬湿地呈退化趋势，具体表现为湿地面积萎缩、湿地景观破碎化加剧。盐地碱蓬湿地面积在 1988 年达到最大值 4158.81 hm^2，景观聚集度较高；此后湿地景观破碎度出现先增大后减小再增大的波动变化；2003 年和 2019 年盐地碱蓬湿地景观破碎化较为严重，破碎度分别达到 5.90 和 7.89。辽河口盐地碱蓬湿地景观破碎化的主要驱动因素为人为开发活动和水文过程，景观破碎化的整体上升趋势与道路修建、农田开发、水产养殖、径流量和输沙量有较好的空间对应关系，道路修建、农田开发和水产养殖面积的增加以及年径流量的减小是盐地碱蓬湿地景观破碎化的主导因素。Chen 等（2022）发现，1986～2020 年辽河口湿地景观中碱蓬、潮滩和水域面积急剧减少，而芦苇、农田和建筑物面积显著增加。研究区景观格局变化的主要驱动因素是社会经济因素。1997～2021 年辽河口滨海湿地碱蓬面积经历了 4 个阶段：波动减少（1997～2002 年）、恢复（2003～2014 年）、再减少（2015～2019 年）和波动再恢复（2020～2021 年）。

江苏盐城海岸带地处江苏中部沿海，是中国连片面积最大的、生态类型最齐全的典型淤泥质潮滩湿地（刘青松等，2003；Fang et al.，2009）。1995～2016 年江苏盐城盐沼湿地的景观格局变化明显（宋怀荣等，2021）：1995～2006 年，滨海湿地区域的农用地、植被区、水产养殖区面积都明显增加，建筑用地面积也随之增加，但是浅海区和河流面积有所减少；2006～2016 年，水产养殖区面积依然增加迅速，而植被区、农用地、浅海区面积明显减少，建筑用地面积与河流面积基本持平。总体来说，江苏盐城湿地面积总体呈增加趋势，向浅海区不断扩张，主要表现为水产养殖区的扩建，虽然 1995～2006 年植被、建筑用地和农用地面积都有所增加，但是 2006～2016 年面积基本保持稳定，特别是自然保护区的面积基本持平，这与当地政府推行的环境保护政策密不可分。另外，一项研究证明，2001～2015 年盐城滨海湿地各景观面积占比大小依次为耕地＞湿地＞滩涂＞林地＞海洋＞居民区（夏成琪和毋语菲，2021）。研究区自然景观面积比重逐年下降，人工景观面积比重持续上升，主要表现为原生滩涂面积逐渐减少，耕地、湿地、居民区面积增加，其中滩涂面积变化最大，减少了 292.4 km^2。湿地、林地、耕地、居民区等人工景观无序扩张，导致盐城滨海各类型水平景观破碎化、边界被割裂的程度加剧，景观复杂程度加大。整个盐城海岸带的景观水平格局指数反映出景观破碎化加剧，景观整体形状趋于复杂，景观多样性下降，分布变得不均衡。相关性分析表明，滩涂、耕地、居民区的面积变化主要受到社会经济因素的驱动，湿地、海洋、林地的面积变化主要受到自然因素的驱动。

黄河三角洲拥有中国暖温带最完整、最年轻的滨海湿地生态系统，是黄河流域生态系统健康的"晴雨表"。研究表明，1973～2020 年黄河三角洲盐沼湿地范围总体向外海迁移且趋于集中（尹小岚等，2024）。其中，盐沼湿地景观的转出类型主要为草地、养殖池／盐田和耕地，转入类型主要为滩涂未利用地和水体。黄河口盐沼湿地景观格局的演化模式呈现明显的阶段性特征：1973～1995 年为动荡期，演化模式以消失和破碎为主；1995～2010 年为过渡期，演化模式逐渐转变为以扩张为主；2010 年后为稳定期，格局发生演化的区域较少，总体以新增和扩张为主。在多年的变化中，黄河三角洲 36% 的盐沼湿地出现了多次景观格局演化模式的转变，滩涂未利用地、耕地对于景观格局演化频数的影响最为显著，建筑物、养殖池／盐田和道路堤坝的建设导致了盐沼湿地的破碎和消失。

2. 盐沼对气候变化和人类活动的响应

影响滨海盐沼生态系统的气候致灾因素主要包括海平面上升、台风及风暴潮增水、高温热浪及干旱，还包括沿海地区的围垦造地、围海养殖等人类开发活动，以及互花米草等生物入侵等。盐沼对海平面上升导致的盐碱化及淹没效应的耐受性，取决于植被高程、植物种类、植物生长状况及盐沼垂向淤积速度等因素。盐沼随着生物量积累和沉积物沉积，对于海平面上升有一定的适应能力。全球变暖引起的海平面上升、极端天气事件等会导致植物群落生物量、碳储量、土壤高程的降低，以及植物种类的变化、局部的种群灭绝、从盐沼到滩涂的生境重建、生物多样性丧失、泥沙稳定性降低等多种效应。

首先，气候变化带来的极端天气气候事件和海平面上升对盐沼湿地变化的影响较为明显（Chen et al.，2022）。一方面，全球或区域气温上升、降水量下降、蒸发量增加和径流减少等导致滨海湿地水生态失衡和土壤盐碱化加剧（张明亮，2022）。温度升高促进盐沼湿地水分的蒸发，导致土壤含盐量增加，致使芦苇等耐盐性弱的植被生长缓慢。蔺草属植物在 0～4‰ 盐度条件下生长良好，在 16‰ 盐度条件下生长明显受到抑制，而在 32‰ 盐度条件下会完全死亡。干燥的气候会引发区域降水量和河流径流量的大幅度减少，降低湿地水流补给和水文连通度，进而导致湿地生态系统失衡（Nielsen et al.，2020）。河流径流量减少会加重土壤的盐碱化，降低湿地植被的存活率（孙万龙等，2017），加剧盐沼湿地的损失。另一方面，海平面上升、海岸侵蚀或风暴潮等海洋灾害，使得滨海湿地面积减少和湿地植被严重退化（张明亮，2022）。海平面上升增加了潮间带盐沼湿地潮汐的频率和时间，导致土壤盐度进一步升高，同时增加了水土流失的概率（Zhang et al.，2004）。海平面上升对中国影响最严重的区域为长江口，海平面上升的速率为 6.5～11.0 mm/a；其次为黄河口和杭州湾北部区域。同时，海平面上升可能导致入侵物种互花米草的大肆扩张，加大其对本土盐沼植被的影响（Wang et al.，2006）。

然后，水文条件是盐沼湿地稳定发展的关键因素。水文条件包括水位波动、淹水时间、频率范围及水文连通度等，直接影响盐沼湿地生态系统的形成、发育和演替。水文变化带来的泥沙等沉积物是盐沼湿地形成的重要物质基础（Huete et al.，2002），盐沼面积的变化与河流的径流和泥沙输移密切相关。1983～2013 年黄河口和长江口的盐沼湿地面积随着泥沙输移量的减少而减少（Chen et al.，2022）。卢晓宁等（2016）的研究证明，1973～2012年黄河径流量和输沙量总体呈现减少趋势，该时期黄河口的盐沼湿地面积同样呈现减少趋势。另外，入侵物种对水位变化具有较高的耐受性，当水位出现波动时，入侵物种极易替代本土物种成为湿地优势植被，进而破坏湿地生态平衡（Magee and Kentula.，2005）。淹水时间、频率、范围不仅能通过改变盐度来影响盐沼植被的生长和分布，还能控制植物种子的扩散、定植和生长等关键过程。在淹水条件下，湿地土壤氧化还原电位会减小，致使植株光合作用降低，不利于湿地植被的生长（Pezeshki，2001）。随着淹水时间的延长及盐度的升高，芦苇的生长受到抑制，区域内的盐地碱蓬替代芦苇成为盐沼湿地的优势种群，但当淹水时间超过3.4 h/d时，此时盐度过高，区域植被生长都将受到抑制，进而影响盐沼湿地生态系统（Wang and Zhang，2021）。

最后，人类活动的干预对盐沼湿地的影响尤为明显。围垦、农牧业发展、水利工程和基础设施建设等人类活动，通过改变湿地水文条件和土壤理化性质直接导致湿地退化，其中围海造地是影响盐沼湿地生态系统最主要的因素（Zheng et al.，2016；Gu et al.，2018）。例如，在辽河三角洲、天津沿海、黄河三角洲、江苏沿海、长江三角洲和杭州湾地区，人类活动对原生盐沼湿地产生很大影响。1985～2010年中国沿海湿地的填海面积达到了755 186 hm^2（Wu et al.，2019），填海造成的海岸线变化对盐沼的分布产生了很大影响。外来物种的引入是人类活动干预的又一个重要表现。互花米草原产于大西洋沿岸和墨西哥湾（谢宝华等，2018）。19世纪20年代以来，受自然和人为因素的影响，互花米草在全球范围广泛传播，目前其入侵地主要分布在中国东部沿海、欧洲西部海岸等地区（Zuo et al.，2012）。1979年首次将互花米草引入中国后，经过一段时间的生长发育，其在东部沿海地区迅速扩张（Zuo et al.，2012）；1990～2015年互花米草在中国的入侵面积增加了5.02万hm^2，国家林草局组织的第一次全国互花米草防治工作现场会（2023年）初步统计得出，近年全国互花米草面积约为6.8万hm^2，其中江苏、浙江、上海、福建和山东等省（市）有大面积分布。互花米草的入侵使得盐沼湿地的土壤含水量、孔隙度、粒度、pH、盐度等土壤理化性质发生变化，进而对入侵地的物质循环（碳循环、氮循环、磷循环和重金属元素循环）以及生物群落（微生物、植物和动物）产生一定的影响（解雪峰等，2020）。国家高度重视互花米草清除治理工作，2022年国家林草局等部门发布《互花米草防治专项行动计划（2022～2025年）》；2023年全国互花米草防治工作会议提出，"力争到2025年全国互花米草得到有效治理，各省份清除率达到90%以上"；2023年12月，自然资源部组织编制并发布了《互花米草治理区域生态修复技术指南（试行）》。此外，沿海各省（区、市）发布了治理方案并开展治理工程，截至2021年11月，山东黄河三角洲国家级自然保护区已完成互花米草治理3.84万亩；在第二次全国互花米草防治工作现场会上，国家林草局有关负责人表示，截至2023年11月28日，福建、山东、辽宁、海南等省已完成全域范围内的互花米草清除工作，全面转入管护和生态修复阶段。截至2023年10月底，福建、山东、辽宁、海南等省已清除互花米草45万亩，占年度目标任务的86%。

综上分析，在过去几十年中，盐沼湿地面积锐减的主要原因是人为活动的干预，包括围填海、开垦和滨海养殖等，外来物种的引入是造成盐沼湿地物种变化的重要原因，当前国家高度重视，加大力度开展修复和治理工作，盐沼湿地损害已受到明显抑制，但随着气候变化问题的不断加剧，温度、水文和海平面状况不断变化，未来对盐沼湿地生态系统的威胁日益严峻。

3.3.2　海草床的历史变化及归因分析

1. 海草床分布的历史演变特征

（1）面积分布及变化

中国海草床"家底"信息极度匮乏，截至 2013 年，中国海草床统计面积仅为 87.6510 km²，其中 80% 的海草床分布在中国热带 - 亚热带海域（郑凤英等，2013）。2015～2020 年周毅等（2023）牵头完成的国家科技基础性工作专项"我国近海重要海草资源及生境调查"结果显示，中国海草床面积为 264.9569 km²，其中温带海域海草床面积为 170.9501 km²，热带 - 亚热带海域海草床面积为 94.0068 km²。沿海各省（区、市）的海草床面积分别为辽宁 3205.48 hm²、河北 9170.56 hm²、天津 466.00 hm²、山东 4192.93 hm²、江苏 50.05 hm²、浙江 10.00 hm²、福建 469.78 hm²、广东 1537.71 hm²、广西 665.46 hm² 和海南 6727.73 hm²。2020～2024 年，自然资源部连续组织各地方单位开展全国海草床生态系统监测，开展了海草床生态监测评估和预警评估，获取了大批量调查数据，中国海草床面积约为 10 787.73hm²（赵宁，2024），与周毅等（2023）公布的结果有差异，可能是调查时间、调查范围及统计标准的差异所致。

辽宁共记录海草床 35 处，分布总面积为 3205.48 hm²，分别分布于大连（1771.32 hm²）、葫芦岛（1213.84 hm²）、盘锦（120.32 hm²）和营口（100.00 hm²）沿海区域。其中，大连海草床主要分布在大长山岛林阳北海、小长山岛西大滩、广鹿岛拉脖子湾、广鹿岛盐场、大三官庙、小三官庙、二道沟、哈仙岛等地沿海（Xu et al.，2021）；葫芦岛海草床主要分布在兴城、小海山岛等地沿海（周毅等，2023；Xu et al.，2021）。

河北和天津共记录海草床 4 处，总面积为 9636.56 hm²，分别分布于唐山乐亭 - 曹妃甸（9025.56 hm²）（周毅等，2023；Xu et al.，2021）、唐山湾国际旅游岛（100.00 hm²）、秦皇岛北戴河（45.00 hm²）和天津大港区（466.00 hm²）。其中，唐山乐亭 - 曹妃甸海草床是中国面积最大的海草床。

山东共记录海草床 30 处，海草分布总面积为 4192.93 hm²，分别分布于威海（1630.76 hm²）（Xu et al.，2021；李洪辰等，2019；李政等，2020，2021；邓筱凡等，2022）、东营（1834.72 hm²）、烟台（264.67 hm²）、滨州（300.00 hm²）、潍坊（146.81 hm²）和青岛（15.97 hm²）等沿海区域，其中东营黄河三角洲海草床是中国面积最大的日本鳗草海草床，海草分布面积达 1031.80 hm²（周毅等，2023；Zhang et al.，2004）。

江苏和浙江共记录海草床 5 处，海草分布总面积为 60.05 hm²，分别分布于江苏连云港（25.05 hm²）、盐城（25.00 hm²）和浙江舟山（10.00 hm²）。

福建共记录海草床 6 处，海草分布总面积为 469.78 hm²，分别分布在诏安（273.48 hm²）、云霄（59.42 hm²）、翔安（0.23 hm²）、泉港（2.69 hm²）、平潭（7.02 hm²）和福清（126.94 hm²）。

广东共记录海草床 17 处，海草分布总面积为 1537.71 hm²，主要分布在汕头义丰溪（417.95 hm²）、莲下（36.85 hm²）、南澳（1.77 hm²）、珠海横琴（25.28 hm²）、三灶（1.84 hm²）、上川岛沙塘（0.011 hm²）、阳江新丰（128.82 hm²）、阳西溪头（2.18 hm²）、茂名水东（1.66 hm²）、

湛江南三（2.03 hm²）、东山（54.23 hm²）、新寮镇（4.62 hm²）和海安（1.63 hm²）等区域。

广西共记录海草床 12 处，海草分布总面积为 665.46 hm²。在广西沿海三市中，北海海草面积最大，共计 361.72 hm²（邱广龙等，2021）；其次是防城港，海草面积为 297.89 hm²；钦州海草面积最小，仅 5.85 hm²。由于土地利用方式的改变（主要是围填海），与国家海洋局 908 专项 2008 年调查结果（海草总面积为 942.2 hm²）相比，354 hm² 曾经分布有海草的生境已被填埋，已永久失去了海草生境的功能，此部分海草面积占 908 专项调查海草总面积的 37.6%。

海南共记录海草床 18 处，海草分布总面积为 6727.73 hm²，主要分布在海南岛和三沙市两个区域（邱广龙等，2016；Jiang et al.，2017；黄小平等，2018），其中海南岛的海草主要分布在文昌市、琼海市、陵水黎族自治县、三亚市、澄迈县、临高县、东方市、乐东黎族自治县等周边岸线，三沙市的海草主要分布在宣德群岛。

海草退化已是公认的全球性问题，中国海草分布也急剧萎缩。近 40 年来中国沿海各地海草床的退化非常严重。据《中国海湾志》记载，1982 年山东莱州湾芙蓉岛附近分布有面积约为 1300 hm² 的鳗草海草床，如今已消失不见（中国海湾志编纂委员会，1993）；2015 ~ 2021 年山东黄河口超过 1000 hm² 的日本鳗草海草床受互花米草入侵和台风的影响而迅速退化；2008 ~ 2016 年广西沿海对海草分布区进行围填，改造为港口码头用地、房地产用地等，已造成共计 354 hm² 海草生境的永久性丧失，生境年均丧失率为 5.5%。总体而言，与 20 世纪 80 年代以前相比，中国近岸海域超过 80% 的海草床已经消失。

为进一步保护和修复海草床生态系统，中国首个海草床生态系统修复技术国家标准《海洋生态修复技术指南 第 4 部分：海草床生态修复》（GB/T 41339.4—2023）于 2023 年 12 月 1 日正式实施。沿海省（区、市）开展了海草床修复工作，河北共修复海草床 300 hm²，海草床覆盖率从 30% 提高到 51%，海草床退化得到缓解，截至 2023 年 6 月，唐山市曹妃甸区海草床修复面积达到了预定计划（计划总修复面积为 636 hm²）的 80%。山东近年来大力开展生态修复工作，探索形成"黄河口湿地修复模式"，至 2023 年恢复盐地碱蓬、海草床 6.2 万亩。

（2）物种分布及变化

中国现有海草 4 科 9 属 16 种（周毅等，2023），4 科分别为鳗草科（Zosteraceae）、水鳖科（Hydrocharitaceae）、丝粉草科（Cymodoceaceae）、川蔓草科（Ruppiaceae）；9 属分别为鳗草属（Zostera）、虾形草属（Phyllospadix）、海菖蒲属（Enhalus）、泰来草属（Thalassia）、喜盐草属（Halophila）、丝粉草属（Cymodocea）、二药草属（Halodule）、针叶草属（Syringodium）和川蔓草属（Ruppia）；16 种海草分别为鳗草（Zostera marina）、日本鳗草（Zostera japonica）、丛生鳗草（Zostera caespitosa）、红纤维虾形草（Phyllospadix iwatensis）、海菖蒲（Enhalus acoroides）、泰来草（Thalassia hemprichii）、卵叶喜盐草（Halophila ovalis）、小喜盐草（Halophila minor）、贝克喜盐草（Halophila beccarii）、圆叶丝粉草（Cymodocea rotundata）、齿叶丝粉草（Cymodocea serrulata）、单脉二药草（Halodule uninervis）、羽叶二药草（Halodule pinifolia）、针叶草（Syringodium isoetifolium）、中国川蔓草（Ruppia sinensis）和短柄川蔓草（Ruppia brevipedunculata），其中鳗草和日本鳗

草为温带海域海草优势种，泰来草、海菖蒲、贝克喜盐草和卵叶喜盐草为热带 - 亚热带海域海草优势种。海南是海草分布种类最多的省份，达 12 种；广东、广西、辽宁和山东海草分布种类较多，均为 5 种（表 3.9）。此外，温带海域优势种日本鳗草在辽宁、河北、山东、福建、广东、广西及海南等省沿海均有广泛分布。

表 3.9　中国海草种类及其分布（周毅等，2023）

序号	海草种类		分布省（区、市）									
			辽宁	天津	河北	山东	江苏	浙江	福建	广东	广西	海南
1	鳗草	*Zostera marina*	+		+	+						
2	日本鳗草	*Zostera japonica*	+		+	+			+	+	+	+
3	丛生鳗草	*Zostera caespitosa*	+			+						
4	红纤维虾形草	*Phyllospadix iwatensis*	+			+						
5	海菖蒲	*Enhalus acoroides*										+
6	泰来草	*Thalassia hemprichii*										+
7	卵叶喜盐草	*Halophila ovalis*								+	+	+
8	小喜盐草	*Halophila minor*										+
9	贝克喜盐草	*Halophila beccarii*								+	+	+
10	圆叶丝粉草	*Cymodocea rotundata*										+
11	齿叶丝粉草	*Cymodocea serrulata*										+
12	单脉二药草	*Halodule uninervis*								+	+	+
13	羽叶二药草	*Halodule pinifolia*										+
14	针叶草	*Syringodium isoetifolium*										+
15	中国川蔓草	*Ruppia sinensis*	+	+	+	+	+	+				
16	短柄川蔓草	*Ruppia brevipedunculata*								+	+	+
	种类合计		5	1	3	5	1	1	3	5	5	12

注："+"代表海草在对应省（区、市）有分布。

由于纬度差异，沿海各省（区、市）海草种类存在明显区别。辽宁沿海共有 5 种海草，分别为鳗草、日本鳗草、丛生鳗草、红纤维虾形草和中国川蔓草，但未发现历史记录的 3 种海草，即宽叶鳗草、具茎鳗草和黑纤维虾形草，其中宽叶鳗草和具茎鳗草原为辽宁沿海特有海草种，分布范围很狭窄。

河北共有 3 种海草，分别为鳗草、日本鳗草、中国川蔓草，未发现历史记录的 3 种海草，即丛生鳗草、红纤维虾形草和黑纤维虾形草。天津仅有 1 种海草，即中国川蔓草。山东共有 5 种海草，分别为鳗草、红纤维虾形、日本鳗草、丛生鳗草和中国川蔓草，但未发现历史记录的 2 种海草，即黑纤维虾形草和大果川蔓草，其中大果川蔓草仅记录分布于山东青岛和江苏盐城。

浙江和江苏仅有 1 种海草，即中国川蔓草，在江苏并未发现大果川蔓草，该海草仅记录分布于江苏盐城和山东青岛。在上海未发现海草。综上，江苏、浙江和上海海草分布极少，这可能与江 - 浙 - 沪沿海的海水透明度低有关。

福建的海草共有 3 种，分别为贝克喜盐草、短柄川蔓草和日本鳗草。广东的海草共有 5 种，分别为卵叶喜盐草、贝克喜盐草、日本鳗草、单脉二药草和短柄川蔓草。广东优势种为卵叶喜盐草与贝克喜盐草，多数海草床为贝克喜盐草单优海草床，仅有少数为混生海草床，包括卵叶喜盐草与贝克喜盐草混生、卵叶喜盐草与日本鳗草混生、贝克喜盐草与日本鳗草混生等（Jiang et al.，2017）。

广西的海草共有 5 种，分别为卵叶喜盐草、日本鳗草、贝克喜盐草、单脉二药草和短柄川蔓草，但未发现 908 专项期间（2008 年）记录的 2 种海草，即羽叶二药草和小喜盐草。

海南的海草共有 12 种，分别为泰来草、海菖蒲、圆叶丝粉草、齿叶丝粉草、单脉二药草、羽叶二药草、针叶草、卵叶喜盐草、小喜盐草、贝克喜盐草、日本鳗草和短柄川蔓草，未发现历史记录的全楔草，优势种为泰来草、海菖蒲、贝克喜盐草和卵叶喜盐草。在海南岛东部和南部海岸线的海草床，泰来草和海菖蒲是优势种，而在海南岛西部和北部海岸线的海草床，贝克喜盐草和卵叶喜盐草为优势种，这可能是沉积物底质差异造成的，东部和南部海域以珊瑚礁底质为主，而西部和北部海域以泥沙质为主。三沙市的海草优势种是泰来草和卵叶喜盐草，主要分布在珊瑚礁底质上。2012 年、2018 年、2020年海南文昌沿岸海草床的调查结果表明，文昌海草床的分布呈现明显退化的趋势，海草床面积由 2012 年的 31.8 km² 减少到 2018 年的 24.2 km²，2020 年进一步减少至 18.8 km²，海草平均盖度由 18.0% 减少至 12.7%，海草的密度及生物量变化呈现明显的波动（徐步欣，2022）。

2. 海草床对气候变化和人类活动的响应

在人为活动干扰和全球气候变化的双重压力下，全球的海草床加速退化，海草床的生态功能及生物多样性大幅度下降。除人为活动直接破坏以外，海草床的风险因素主要包括海平面上升、气候变暖及海洋热浪、极端海浪等。

一方面，气候变化引起的海平面上升和极端气候事件对海草床产生明显的影响。海草床可以通过生物量积累和沉积物沉积来削减海平面上升产生的部分影响，但是其对极端天气气候事件的适应能力有限，如强台风、风暴潮、热浪高温、暴雨带来的洪水等，这些可能导致海草被连根拔起或埋入泥沙中，造成海草床大面积消失。例如，2019 年超强台风"利奇马"过境，使黄河口日本鳗草海草床被沉积物掩埋，导致该区域日本鳗草海草床毁灭殆尽（Yue et al.，2021）。高温热浪容易导致潮间带海草的灼伤死亡，同时热浪可能引起大规模死亡事件、热带入侵物种的扩散、生态系统生物多样性丧失，如持续热浪在澳大利亚西澳大利亚州鲨鱼湾造成 929 km² 的海草丧失（Ariasortiz et al.，2018）。在海平面上升的情况下，随着水深的增加，光照越来越少。光是海草植物进行光合作用的根本推动力，由于光照随着海水深度增加而衰减，海草在滨海地区不可能分布在太深的海区，但也不能分布在较高的潮滩，否则会因过强过长的太阳曝晒而脱水死亡。因此，光的可获性对海草分布有较大影响（de Boer，2007）。

另一方面，人类活动的影响是海草床退化的重要原因之一，包括海岸工程建设及围填海活动、陆源污染、渔业活动等。海岸工程等活动可以直接导致海草床生境被侵占，也可引发工程周边海域水体环境恶化，这类活动往往造成水体悬浮物增加、浊度上升、悬浮泥沙附着于海草叶片表面，直接影响海草的光合作用，从而导致海草床退化（Xu et al., 2021）。潮间带养殖池塘的建造会直接侵占海草床生境，对海草床破坏极大。例如，由于虾塘养殖、网箱养殖和贝类挖掘的加剧，流沙湾海草床面积减少了 47.40 hm²（周毅等，2023）。

3.3.3 典型盐沼、海草床气候致灾因子危害性分析

本节首先基于 CMIP5 模式数据，分析不同气候情景下未来（2030 年、2050 年、2100 年）中国典型盐沼、海草床分布区的海平面上升及海表温度上升；然后计算海平面上升及极端热事件致灾强度指数；最后评估不同气候情景下未来（2030 年、2050 年、2100 年）盐沼、海草床的海平面上升和极端热事件两种气候致灾因子的危害性（H），为后续盐沼及海草床气候变化综合风险评估奠定基础。

1. 不同气候情景下盐沼、海草床分布区的海平面上升预估

根据《2022 年中国海平面公报》的分析结果，在气候变暖背景下，中国沿海海平面变化总体呈现加速上升趋势：1980～2022 年中国沿海海平面上升速率为 3.5 mm/a，1993～2022 年中国沿海海平面上升速率为 4.0 mm/a。受区域海洋大气动力过程、地面沉降和淡水通量等因素的影响，海平面变化存在区域差异，中国沿海海平面平均上升速率高于同时段全球平均水平（自然资源部，2023）。由 3.2 节所述的海平面模式预估结果可知，未来海平面上升速率还将进一步升高。表 3.10 为不同气候情景下未来（2030 年、2050 年、2100 年）中国典型盐沼与海草床分布区周边海域的海平面上升预估值。

表 3.10 不同气候情景下未来中国典型盐沼与海草床分布区周边海域的海平面上升预估值（单位：cm）

序号	分布区	RCP2.6			RCP4.5			RCP8.5		
		2030 年	2050 年	2100 年	2030 年	2050 年	2100 年	2030 年	2050 年	2100 年
1	辽河口盐沼	11	20	39	11	22	52	11	24	74
2	黄河口盐沼	14	21	42	14	22	53	14	25	76
3	山东荣成天鹅湖海草床	11	19	39	10	21	51	11	24	73
4	苏北盐城盐沼	21	37	75	21	39	87	22	42	109
5	广西茅尾海茳芏盐沼	13	23	49	13	25	59	13	28	80
6	海南陵水黎安港海草床	18	31	65	18	33	75	18	36	96

注：本表仅给出预测范围的中值。

在 6 个典型分布区中，山东荣成天鹅湖海草床及辽河口盐沼周边海域的海平面上升速率较低，而苏北盐城盐沼及海南陵水黎安港海草床周边海域的海平面上升速率较高。RCP8.5 情景下的海平面上升速率明显高于 RCP4.5 及 RCP2.6 情景，其中 RCP8.5 情景下到 2100 年苏北盐城盐沼周边海域的海平面上升预估值超过 100 cm。

2. 不同气候情景下海表温度上升预估

基于 Tan 等（2020）的研究结果，可分析不同气候情景下未来（2030 年、2050 年、

2100 年）的海表温度（SST）上升情况。在 RCP2.6 情景下，海表温度在 2050 年之前将会增加，并维持稳定；在 RCP2.6、RCP4.5 和 RCP8.5 情景下，相对于 1980 ~ 2005 年，到 2090 ~ 2099 年中国东部海域的最大增温将分别达到（0.74±0.49）℃、（1.75±0.65）℃和（3.24±1.23）℃；在相同情景下，预估中国东部海域的增温速度快于南海，其中 RCP8.5 情景下南海海温在 2090 ~ 2099 年将增加（2.92±0.77）℃，比中国东部海域海表温度低约 0.3℃（Tan et al.，2020）。

在全球变暖背景下，极端热（冷）事件的频率和强度将继续增大（减小）。这一趋势在全球几乎所有地区都适用，前提是全球变暖幅度稳定在 1.5℃。当全球变暖幅度为 2（3）℃时，极端高温强度将至少达到 1.5℃变暖情景的 2（4）倍，且极端热事件强度的变化与变暖幅度成正比，最高可达后者的 2 ~ 3 倍（高信度）。因此，随着不同气候情景下增温幅度的提高，极端热事件的危害性大幅度提升。

3. 不同气候情景下气候致灾因子危害性

基于 3.2.2 小节中气候致灾因子危害性的计算方法，可获得不同气候情景下未来中国典型盐沼与海草床分布区的气候致灾因子危害性分布。如表 3.11 所示，气候致灾因子危害性随着时间的推移和温室气体排放浓度上升而升高，到 2030 年中国典型盐沼与海草床分布区的气候致灾因子危害性均很低，3 种气候情景下到 2050 年各分布区的气候致灾因子危害性差异显现。

表 3.11　不同气候情景下未来中国典型盐沼与海草床分布区的气候致灾因子危害性预估

分布区	RCP2.6			RCP4.5			RCP8.5		
	2030 年	2050 年	2100 年	2030 年	2050 年	2100 年	2030 年	2050 年	2100 年
辽河口盐沼	很低	很低	低	很低	低	中等	很低	低	高
黄河口盐沼	很低	很低	低	很低	低	中等	很低	低	高
苏北盐城盐沼	很低	低	高	很低	低	很高	很低	中等	很高
广西茅尾海茳芏盐沼	很低	低	中等	很低	低	中等	很低	低	高
山东荣成天鹅湖海草床	很低	很低	低	很低	低	中等	很低	低	高
海南陵水黎安港海草床	很低	低	中等	很低	低	高	很低	低	很高

在 RCP2.6 情景下，到 2050 年苏北盐城盐沼、广西茅尾海茳芏盐沼、海南陵水黎安港海草床分布区气候致灾因子危害性有所上升；到 2100 年苏北盐城盐沼分布区气候致灾因子危害性为高，广西茅尾海茳芏盐沼、海南陵水黎安港海草床分布区气候致灾因子危害性为中等，而辽河口盐沼、黄河口盐沼及山东荣成天鹅湖海草床分布区气候致灾因子危害性仍处于低等级。在 RCP4.5 情景下，到 2050 年中国典型盐沼与海草床分布区气候致灾因子危害性均有所上升；到 2100 年苏北盐城盐沼分布区气候致灾因子危害性为很高，海南陵水黎安港海草床分布区气候致灾因子危害性为高，其他盐沼与海草床分布区气候致灾因子危害性为中等。在 RCP8.5 情景下，到 2050 年苏北盐城盐沼分布区气候致灾因子危害性为中等，其他盐沼与海草床分布区气候致灾因子危害性为低；到 2100 年苏北盐城盐沼及海南陵水黎安港海草床分布区气候致灾因子危害性为很高，其他盐沼与海草床

分布区气候致灾因子危害性为高。

3.3.4 典型盐沼暴露度、脆弱性及综合风险评估

1. 辽河口盐沼

辽河口湿地位于渤海辽东湾北岸，处于辽河三角洲的最南端，由大辽河、辽河、大凌河、小凌河等河流综合供水，形成辽东湾顶部延绵的永久性的淡水沼泽、盐沼、沙滩和潮间泥滩湿地，面积达 3149 km²，由天然湿地和人工湿地组成，坡降为 1/4000 ～ 1/2000（王丽华和王峰，2012）。辽河口盐沼生态景观独特，芦苇、碱蓬滩涂绵延（图 3.2），共分布维管植物 126 种，尤其是以芦苇为优势种的植被群落与苇田构成了辽河三角洲 8 万 hm² 的芦苇沼泽，不仅具有养育野生动物、涵养水源、防洪泄洪等生态功能，还在维持区域生态安全、改善生态环境方面具有无可取代的作用。绵延百里的滨海滩涂，分布有茂密的碱蓬群落，是滩涂造陆的先锋植物，构成了保护区湿地生态类型中独特又著名的"红海滩"景观，成为重要的生态旅游资源。

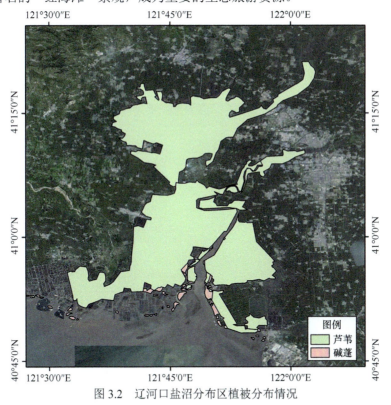

图 3.2 辽河口盐沼分布区植被分布情况

（1）脆弱性

收集辽河口盐沼分布区的卫星遥感影像数据、保护区及岸线侵蚀信息，并于 2018 年 7 月开展了 22 个站点的现场采样及影像验证工作，数据来源如表 3.12 所示，参照表 3.4 中脆弱性指标评估标准对相关指标进行赋值，具体根据生物量（S_1）、斑块面积（S_2）、物种组成（S_4）3 个指标分析敏感性，根据地表高程上升率（A_1）、岸线人工化（A_2）、保护

区等级（A_3）、侵蚀速率（A_{4-1}）、坡度（A_5）5 个指标分析适应性，最后计算出综合指数，得到辽河口盐沼分布区脆弱性等级分布。

表 3.12　辽河口盐沼分布区脆弱性评估数据来源

指标参数		数据来源
敏感性（S）	S_1	2018 年 7 月现场调查
	S_2（km²）	2018 年遥感影像解析
	S_4	2018 年遥感影像解析及 2018 年 7 月现场调查
适应性（A）	A_1（cm/a）	文献数据（Wang et al.，2016）
	A_2	2018 年遥感影像解析
	A_3	辽宁辽河口国家级自然保护区功能区划图
	A_{4-1}（m/a）	文献数据（李海福，2020）
	A_5（‰）	文献数据（王丽华和王峰，2012）

根据生物量、斑块面积、物种组成 3 个指标评估敏感性，如图 3.3 所示，辽河口盐沼分布区敏感性空间分布差异较大，等级为很低、低、中等和高，空间变化趋势整体表现为离海岸线近的区域敏感性等级为中等和高，内陆区域敏感性等级为很低和低。此外，芦苇分布区域的敏感性较低，而碱蓬分布区域的敏感性较高。

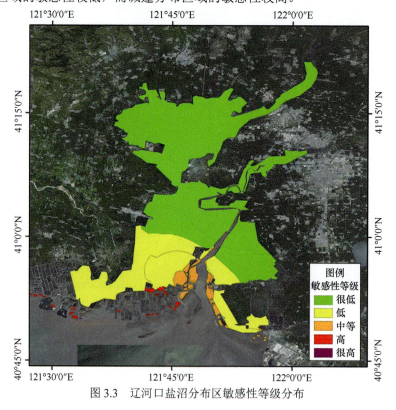

图 3.3　辽河口盐沼分布区敏感性等级分布

根据地表高程上升率、岸线人工化、保护区等级、侵蚀速率、坡度 5 个指标评估适应性，如图 3.4 所示，辽河口盐沼分布区适应性空间分布差异较大，等级为很低、低、中等和高，空间变化趋势整体表现为离海岸线近的区域适应性等级为很低和低，其他区域为中等和高。此外，碱蓬分布区域的适应性较低，而芦苇分布区域的适应性较高，主要受到沉降速率、侵蚀风险等因素的影响。

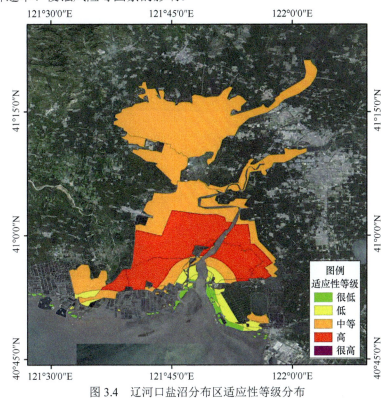

图 3.4　辽河口盐沼分布区适应性等级分布

综合敏感性、适应性等级分布对脆弱性进行评估，如图 3.5 所示，辽河口盐沼分布区脆弱性空间分布差异较大，等级为很低、低、中等、高和很高，空间变化趋势整体表现为离海岸线近的区域脆弱性等级为很高，内陆区域脆弱性等级为很低。此外，碱蓬分布区域的脆弱性等级为高、很高，而芦苇分布区域的脆弱性较低。

（2）暴露度

根据地面高程数据评估暴露度，如图 3.6 所示，辽河口盐沼分布区暴露度空间分布差异较大，等级为很低、低、中等、高、很高，空间变化趋势整体表现为离海岸线近的区域暴露度等级为很高，内陆区域暴露度等级为很低。此外，碱蓬分布区域的暴露度很高，而芦苇分布区域的暴露度较低。

（3）综合风险

不同气候情景（RCP2.6、RCP4.5、RCP8.5）下未来（2030 年、2050 年和 2100 年）辽河口盐沼分布区气候变化综合风险等级分布如图 3.7 所示。辽河口盐沼分布区风险空间分布差异较大，空间变化趋势整体表现为离海岸线近的区域风险等级为很高，内陆区

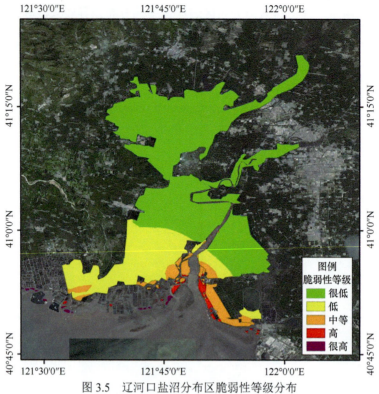

图 3.5　辽河口盐沼分布区脆弱性等级分布

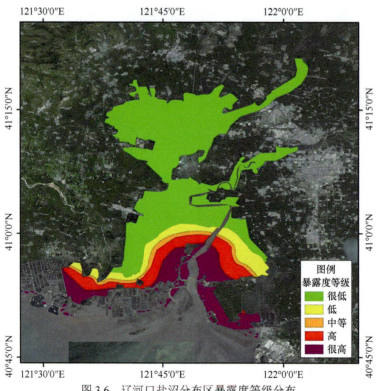

图 3.6　辽河口盐沼分布区暴露度等级分布

域风险等级为很低。其中，碱蓬分布区域的风险等级为高和很高，而芦苇分布区域的风险较低。在 RCP8.5 情景下，90% 以上碱蓬分布区将面临消失的风险。此外，离海岸线近的芦苇分布区域也有高风险区域。

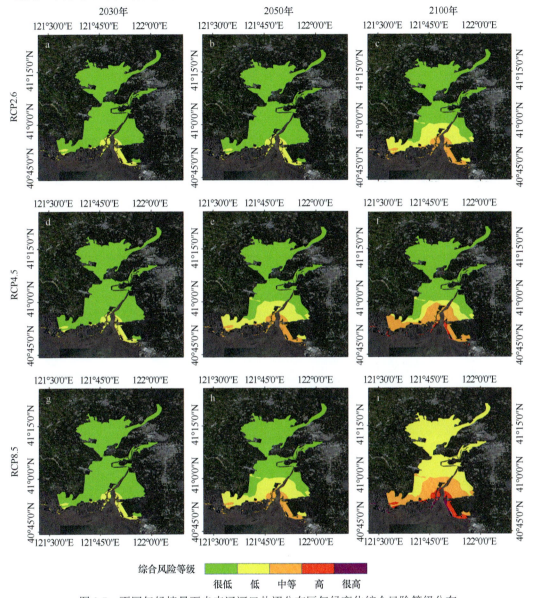

图 3.7 不同气候情景下未来辽河口盐沼分布区气候变化综合风险等级分布

2. 黄河口盐沼

黄河三角洲位于东营市，属于北温带半湿润大陆性气候，四季分明，气温适中，雨热同期，光照充足，年平均降水量为 533 mm，年平均气温为 12.2℃。由于黄河挟带泥沙的淤积，黄河三角洲湿地平均每年以 2000 ~ 3000 hm² 的速度形成新的滨海陆地。三角洲面积为 80.53 万 hm²，其中湿地面积为 40.22 万 hm²，包括：浅海湿地面积为 16.8 万 hm²，占比为 41.8%；滩涂湿地面积为 10.2 万 hm²，占比为 25.4%；河流水面面积为

1.59 万 hm²，占比为 4.0%；水库水面面积为 1.36 万 hm²，占比为 3.4%；坑塘苇地面积为 4.20 万 hm²，占比为 10.4%；沟渠和水工建筑物占地面积为 5.72 万 hm²，占比为 14.2%；其他湿地面积为 0.35 万 hm²，占比为 0.9%。黄河三角洲地区已经成为以保护新生湿地生态系统和珍稀、濒危鸟类为主的国家级自然保护区，已划为保护区的湿地面积为 15.3 万 km²，其中核心区面积为 7.9 万 hm²，缓冲区面积为 1.1 万 hm²，试验区面积为 6.3 万 hm²。

黄河三角洲湿地是国际重要湿地之一，是中国暖温带最完整、最广阔、最年轻的湿地生态系统，是东北亚内陆和环西太平洋鸟类迁徙的中转站、越冬地和繁殖地，在中国生物多样性保护和湿地研究中占有非常重要的地位。自然保护区有各种野生生物 1917 种，包括野生动物 1524 种（其中鸟类有 269 种）、野生植物 393 种。自然保护区生长有天然芦苇 3.3 万 hm²（图 3.8）、天然杂草地 1.8 万 hm²、天然柽柳林 2000 hm²、天然柽柳灌木林 8100 hm²、人工刺槐林 5600 hm²。目前，它是中国华北沿海保存最完整、面积最大的自然植被区。每年经过该区的鸻类水鸟达 100 万余只，世界濒危鸟类黑嘴鸥现仅存 3000 余只，在该区观察到 1500 余只，这里已成为世界上珍贵鸟类最重要的繁殖栖息地。

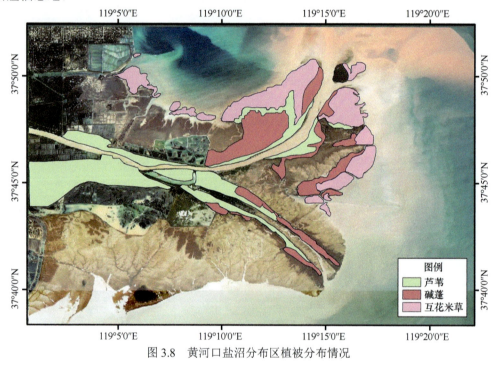

图 3.8　黄河口盐沼分布区植被分布情况

（1）脆弱性

收集黄河口盐沼分布区的卫星遥感影像、保护区及岸线侵蚀信息，并于 2021 年 4 月开展了现场采样及影像验证工作，数据来源如表 3.13 所示，参照表 3.4 中脆弱性指标评估标准对相关指标进行赋值，具体根据生物量（S_1）、斑块面积（S_2）、物种组成（S_4）3 个指标评估敏感性，根据地表高程上升率（A_1）、岸线人工化（A_2）、保护区等级（A_3）、侵蚀速率（A_{4-1}）、坡度（A_5）5 个指标评估适应性，最后计算出综合指数，得到黄河口盐沼分布区脆弱性等级分布。

表 3.13 黄河口盐沼分布区脆弱性评估数据来源

指标参数		数据来源
敏感性（S）	S_1	文献数据（胡星云等，2017）
	S_2（km²）	2019 年遥感影像解析
	S_4	2019 年遥感影像解析及 2021 年 4 月现场调查
适应性（A）	A_1（cm/a）	2021 年 4 月柱状样数据及实验室分析数据
	A_2	2019 年遥感影像解析
	A_3	山东黄河三角洲国家级自然保护区功能区划图
	A_{4-1}（m/a）	文献数据（丁平兴，2016）
	A_5（‰）	文献数据（霍浩然等，2018）

根据生物量、斑块面积、物种组成 3 个指标评估敏感性，如图 3.9 所示，黄河口盐沼分布区敏感性等级为很低、低和中等，海岸线附近互花米草分布区域敏感性等级为很低，碱蓬分布区域部分离海岸线较近的区域敏感性等级为中等，离海岸线较远的区域敏感性等级为低，芦苇分布区域敏感性等级为很低及低。

图 3.9 黄河口盐沼分布区敏感性等级分布

根据地表高程上升率、岸线人工化、保护区等级、侵蚀速率、坡度 5 个指标评估适应性，如图 3.10 所示，黄河口盐沼分布区适应性等级为很低和低，主要因为盐沼靠海一侧的侵蚀风险较高，并且黄河口基本为沉降区域，导致该区域应对气候变化的适应性低，并且会对脆弱性造成较大影响。

综合敏感性、适应性等级分布对脆弱性进行评估，如图 3.11 所示，黄河口盐沼分布区脆弱性等级为高与中等，主要因为盐沼所在区域适应性低，难以应对未来海平面上升。

离海最近的互花米草分布区域及内陆芦苇分布区域的脆弱性为中等，但离海岸线较近的碱蓬分布区域及部分芦苇分布区域脆弱性为高。

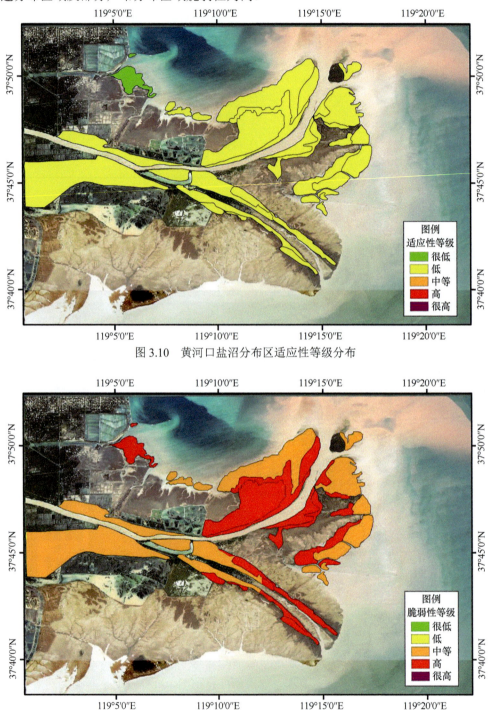

图 3.10　黄河口盐沼分布区适应性等级分布

图 3.11　黄河口盐沼分布区脆弱性等级分布

（2）暴露度

根据地面高程数据评估暴露度，如图 3.12 所示，黄河口盐沼分布区暴露度等级为高和很高，主要因为盐沼所在区域高程较低，难以应对未来海平面上升，对区域脆弱性造成较大影响。

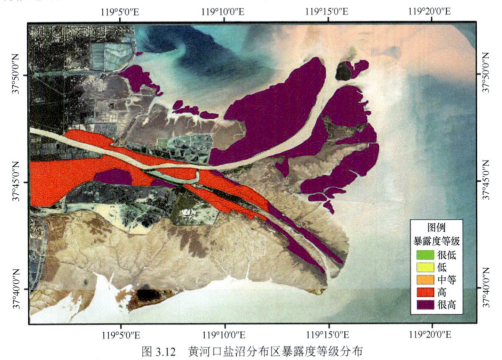

图 3.12　黄河口盐沼分布区暴露度等级分布

（3）综合风险

不同气候情景（RCP2.6、RCP4.5、RCP8.5）下未来（2030 年、2050 年、2100 年）黄河口盐沼分布区气候变化综合风险等级分布如图 3.13 所示。除互花米草区域以外，黄河口盐沼分布区风险空间分布整体表现为离入海口近的区域风险高于离入海口远的区域。其中，碱蓬分布区域及离入海口近的芦苇分布区域风险高于互花米草分布区域及离入海口远的芦苇分布区域。在 RCP8.5 情景下，到 2100 年碱蓬分布区域及离入海口近的芦苇分布区域风险基本上为高，75% 以上碱蓬分布区域将面临消失的风险。

3. 苏北盐城盐沼

苏北盐城海岸位于南黄海之滨，是长江北侧典型的淤泥质海岸类型。苏北盐城海滨湿地，地处江苏中部沿海，总面积为 4533 km²，约占江苏海滨湿地总面积的 60%，约占全国海滨湿地总面积的 7.63%，海岸线南北绵延 582 km，占全省海岸线总长度的 56%，是中国乃至世界集潮间带滩涂、潮汐、河流、盐沼、芦苇沼泽和互花米草沼泽于一体的最典型和最具代表性的淤泥质海滨湿地之一，是太平洋西岸、亚洲大陆边缘面积最大的沿海淤泥质滩涂湿地（张华兵，2013）。该区域是东亚 - 澳大利亚候鸟迁徙路线上的关键区域，是国际濒危鸟类丹顶鹤的最大越冬地、国家保护鸟类黑嘴鸥的重要繁殖地，以及每年 30 万～ 40 万只候鸟的迁徙停歇地，这使得该区域在国际生物多样性保护中具有十分重要的地位与作用（曹铭昌等，2019）。

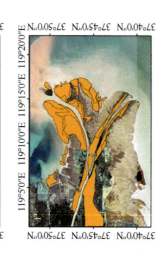

图 3.13　不同气候情景下未来黄河口盐沼分布区气候变化综合风险等级分布

1983 年开始，为了保滩护岸，增强促淤功能，江苏沿海引种了互花米草，改变了海滨湿地原生演变规律。互花米草由于具有宽生态幅特征，较原生盐沼植被具有更强的竞争优势，其扩散能力远高于碱蓬和芦苇。因此，在光滩上互花米草取代碱蓬成为先锋群落，原有的海滨湿地景观演变序列相应地变为光滩 → 互花米草滩、碱蓬滩 → 互花米草滩、碱蓬滩 → 芦苇滩三个演变序列。在空间上，从海洋向陆地表现为光滩—互花米草滩—碱蓬滩—芦苇滩的景观格局（张华兵，2013）。

以江苏盐城湿地珍禽国家级自然保护区核心区及周边区域作为研究区，其南以斗龙港出海河北岸为界，北以新洋港出海河南岸为界，东至海水 0 m 等深线，西至海堤。江苏盐城湿地珍禽国家级自然保护区核心区是淤泥质海岸湿地的典型代表，与之相关的研究较多。核心区受到严格保护，大部分区域保持着自然湿地景观。该区域植被分布以互花米草、芦苇及碱蓬为主（图 3.14）。

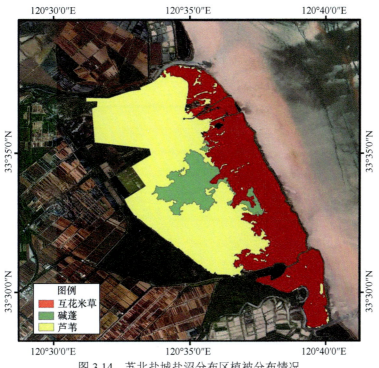

图 3.14　苏北盐城盐沼分布区植被分布情况

（1）脆弱性

收集苏北盐城盐沼分布区的卫星遥感影像、保护区及岸线侵蚀信息，并于 2019 年 8 月开展了 15 个站点的现场采样及影像验证工作，数据来源如表 3.14 所示，参照表 3.4 中脆弱性指标评估标准对相关指标进行赋值，具体根据生物量（S_1）、斑块面积（S_2）、物种组成（S_4）3 个指标评估敏感性，根据地表高程上升率（A_1）、岸线人工化（A_2）、保护区等级（A_3）、侵蚀速率（A_{4-1}）、坡度（A_5）5 个指标评估适应性，最后计算出综合指数，得到苏北盐城盐沼分布区脆弱性等级分布。

表 3.14 苏北盐城盐沼分布区脆弱性评估数据来源

指标参数		数据来源
敏感性（S）	S_1	文献数据（张学勤等，2006）
	S_2（km²）	2020 年遥感影像解析
	S_4	2020 年遥感影像解析及 2019 年 8 月现场调查
适应性（A）	A_1（cm/a）	2021 年 6 月柱状样数据、文献数据（朱冬，2015）
	A_2	2020 年遥感影像解析
	A_3	江苏盐城湿地珍禽国家级自然保护区功能区划图
	A_{4-1}（m/a）	文献数据（丁海燕，2021）
	A_5（‰）	文献数据（侯明行等，2013）

　　根据生物量、斑块面积、物种组成 3 个指标评估敏感性，如图 3.15 所示，苏北盐城盐沼分布区敏感性等级为很低、低、中等、高，海岸线附近互花米草分布区域敏感性很低，碱蓬分布区域部分离海岸线较近的小片区域敏感性高，较远的区域敏感性中等，芦苇分布区域敏感性很低。

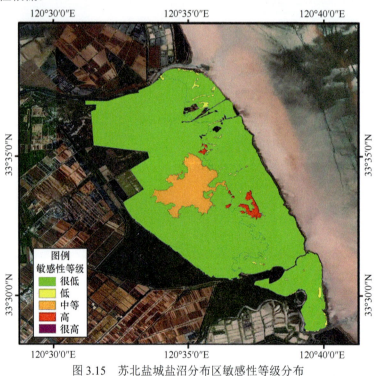

图 3.15 苏北盐城盐沼分布区敏感性等级分布

　　根据地表高程上升率、岸线人工化、保护区等级、侵蚀速率、坡度 5 个指标评估适应性，如图 3.16 所示，苏北盐城盐沼分布区适应性等级为很高和高，主要因为该区域是淤涨滩涂，盐沼分布区沉积速率较高，可以在一定程度上抵御海平面上升等的影响，并且该区域主要为自然保护区核心区，人为保护及生态修复会提高盐沼分布区的适应性，因此整体适应性高。

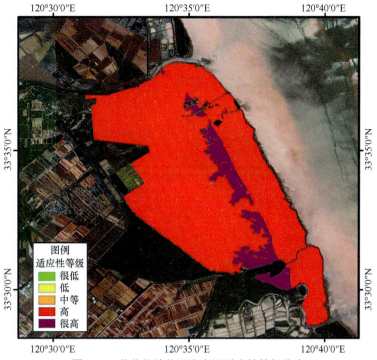

图 3.16 苏北盐城盐沼分布区适应性等级分布

综合敏感性、适应性等级分布对脆弱性进行评估，如图 3.17 所示，苏北盐城盐沼分布区脆弱性等级为很低、低及中等，主要因为盐沼分布区适应性较高、敏感性较低，且沉积速率较高，具有一定应对未来海平面上升的能力。离海最近的互花米草分布区域及内陆芦苇分布区域的脆弱性很低，碱蓬分布区域脆弱性低或中等。

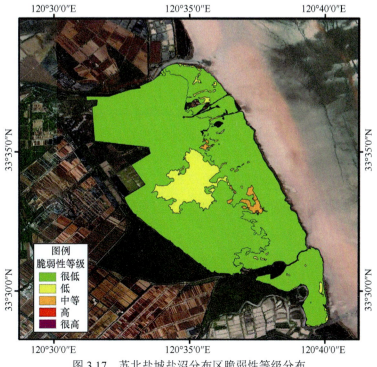

图 3.17 苏北盐城盐沼分布区脆弱性等级分布

（2）暴露度

根据地面高程数据评估暴露度，如图 3.18 所示，苏北盐城盐沼分布区暴露度等级为低至很高，主要因为盐沼分布区的高程差异较大，东南侧近海区域的高程较低，低于 0.5 m，在海平面上升及风暴潮等灾害影响下暴露度较高，西南侧暴露度较低。

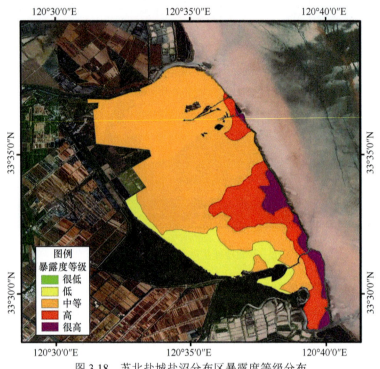

图 3.18　苏北盐城盐沼分布区暴露度等级分布

（3）综合风险

不同气候情景（RCP2.6、RCP4.5、RCP8.5）下未来（2030 年、2050 年和 2100 年）苏北盐城盐沼分布区气候变化综合风险等级分布如图 3.19 所示。苏北盐城盐沼分布区风险空间分布差异较大，整体表现为离海岸线近的区域风险高于内陆区域，碱蓬分布区域风险高于芦苇及互花米草分布区域。在 RCP8.5 情景下，到 2100 年碱蓬分布区域风险等级为高，75% 以上碱蓬分布区域将面临消失的风险。

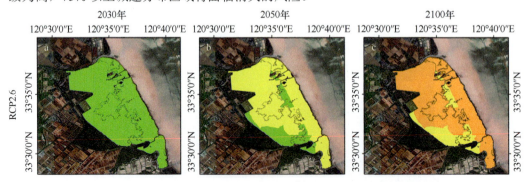

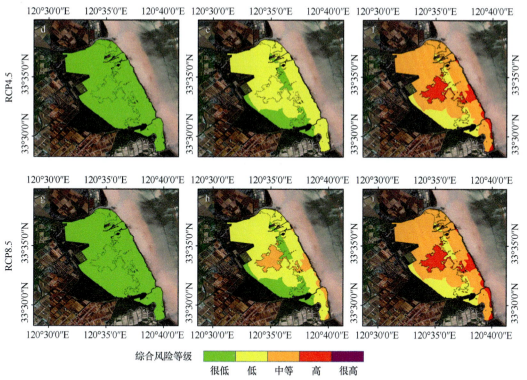

图 3.19 不同气候情景下未来苏北盐城盐沼分布区气候变化综合风险等级分布

4. 广西茅尾海茳芏盐沼

茳芏（*Cyperus malaccensis*）是莎草科莎草属的植物，在江苏、福建、广东、广西等省（区）的滨海湿地均有分布（韦江玲，2011），在广西滨海特别是茅尾海成片分布，是该区域分布最广且成片分布的盐沼种群（潘良浩等，2017）。目前茅尾海茳芏的相关研究主要是针对茳芏生理生态特征及湿地污染情况（黄星等，2022），以下基于茳芏空间分布现状、沉积速率及径流变化等因素，分析未来海平面上升和极端高温对茳芏湿地的影响及风险控制对策。

茅尾海是距今 8000～7000 年前海平面快速上升导致海水侵入钦江和茅岭江古河谷而形成的巨型溺谷湾。该湾东、西、北三面为陆地所环绕，南面与钦州湾的外湾相接后，与北部湾相通（中国海湾志编纂委员会，1993），是一个半封闭的天然海湾。茅尾海为钦州港的内湾，该湾口门宽约 2 km，纵深约 15 km，全湾岸线总长 169 km，海湾面积约 135 km²（潘良浩，2011）。西岸、北岸现大多为人工海岸，东岸为淤泥型海岸、泥沙质海岸和生物海岸等。湾顶的钦江和茅岭江挟带来的泥沙在河口附近沉积并不断向海推进，形成广阔的沙质和泥沙质潮间浅滩、潮沟、河口沙坝和潮流冲刷深槽等（林桂兰等，2012）。钦江河口形成三角洲海岸，其特征是海岸发育在河口湾内；汊道河床密布，岸线切割破碎，潮坪宽度大，特别是茅尾海沿岸，潮坪面积约占 80%，潮滩宽为 5～7 km，坡度小于 1‰；海成砂堤发育，岸线向海淤进明显，岸外均有人工堤保护（钦州市地方志编纂委员会，2000）。茅尾海东北岸有大片沙质和泥质浅滩，孕育了丰富的海岸滩涂资源，具有典型的红树林、盐沼生态系统，植物群落主要有茳芏群落、桐花树群落，其中茳芏常可形成单优势群落（图3.20），面积约45 hm^2，范围较广。

图3.20　2021年7月广西茅尾海茳芏无人机影像（茳芏与桐花树间隔生长）

（1）脆弱性

收集广西茅尾海茳芏盐沼分布区的卫星遥感影像、保护区及岸线侵蚀信息，并于2021年9月开展了现场采样及影像验证工作，数据来源如表3.15所示，参照表3.4中脆弱性指标评估标准对相关指标进行赋值，具体根据生物量（S_1）、斑块面积（S_2）、物种组成（S_4）3个指标评估敏感性，根据地表高程上升率（A_1）、岸线人工化（A_2）、保护区等级（A_3）、侵蚀速率（A_{4-1}）、坡度（A_5）5个指标评估适应性，最后计算出综合指数，得到广西茅尾海茳芏盐沼分布区脆弱性等级分布。

表3.15　广西茅尾海茳芏盐沼分布区脆弱性评估数据来源

指标参数		数据来源
敏感性（S）	S_1	2021年9月现场调查
	S_2（km^2）	2020年遥感影像解析
	S_4	2020年遥感影像解析及2021年9月现场调查
适应性（A）	A_1（cm/a）	2021年9月柱状样数据、实验室分析数据
	A_2	2020年遥感影像解析
	A_3	广西茅尾海红树林自治区级自然保护区功能区划图
	A_{4-1}（m/a）	文献数据（Meng et al.，2016）
	A_5（‰）	文献数据（钦州市地方志编纂委员会，2000）

根据生物量、斑块面积、物种组成3个指标评估敏感性。现场调查发现，茳芏各分布区域的滩位高度几乎一致，生物量差异也较小，体现出较好的均一性；茳芏斑块面积有一定差异，通常斑块越大，植被生存能力越强，可以避免被其他植被（包括红树林）侵占。广西茅尾海茳芏盐沼分布区的敏感性整体上差异较小，等级均为中等（图3.21）。

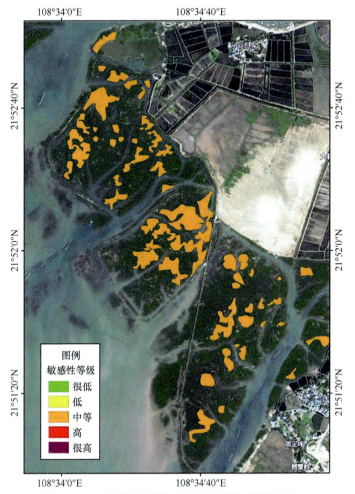

图 3.21　广西茅尾海茳芏盐沼分布区敏感性等级分布

根据地表高程上升率、岸线人工化、保护区等级、侵蚀速率、坡度 5 个指标评估适应性，如图 3.22 所示，广西茅尾海茳芏盐沼分布区适应性等级为很高、高及中等，主要因为该区域为淤涨滩涂，沉积速率较高，可以在一定程度上抵御海平面上升等的影响，并且该区域主要为自然保护区核心区，人为保护及生态修复也会提高盐沼的适应性，因此多数区域的适应性很高。

综合敏感性、适应性等级分布对脆弱性进行评估，如图 3.23 所示，广西茅尾海茳芏盐沼分布区脆弱性等级整体为很低，离海较远的区域有部分脆弱性等级为低及中等，主要因为盐沼分布区适应性较高、敏感性中等。茳芏分布于钦江河口，因此沉积速率较高，可以在很大程度上抵消海平面上升带来的不利影响。根据年度数据比较可以发现，茳芏分布区域还处于向海扩张状态，需要重点关注未来的变化趋势。

（2）暴露度

根据地面高程数据评估暴露度，如图 3.24 所示，广西茅尾海茳芏盐沼分布区暴露度等级为高，主要因为盐沼分布区高程较低，均低于 1 m，空间差异小。

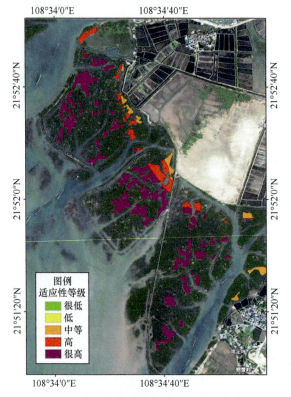

图 3.22　广西茅尾海茳芏盐沼分布区适应性等级分布

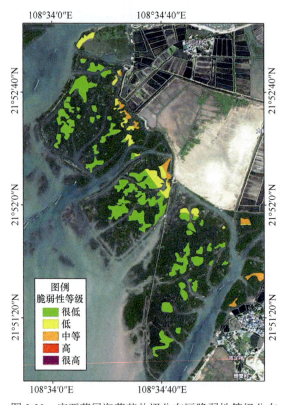

图 3.23　广西茅尾海茳芏盐沼分布区脆弱性等级分布

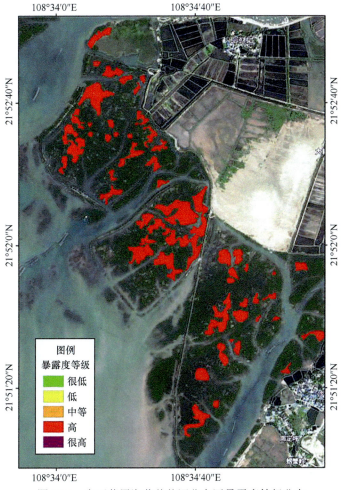

图 3.24 广西茅尾海茳芏盐沼分布区暴露度等级分布

（3）综合风险

不同气候情景（RCP2.6、RCP4.5、RCP8.5）下未来（2030 年、2050 年和 2100 年）广西茅尾海江芏盐沼分布区气候变化综合风险等级分布如图 3.25 所示。总体而言，广西茅尾海茳芏盐沼分布区风险差异较小，到 2050 年风险等级为低，到 2100 年风险等级升至中等。

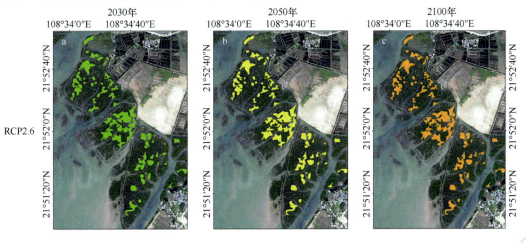

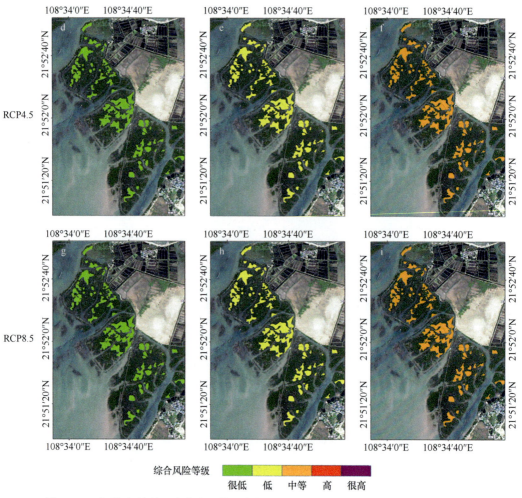

综合风险等级

很低　低　中等　高　很高

图 3.25　不同气候情景下未来广西茅尾海茳芏盐沼分布区气候变化综合风险等级分布

3.3.5　典型海草床暴露度、脆弱性及综合风险评估

1. 山东荣成天鹅湖海草床

山东荣成天鹅湖位于山东半岛的东端、荣成湾（属于南黄海）西南侧的一个海岸潟湖，属于荣成湾的内湖。天鹅湖长约 2.1 km，宽约 1.8 km，面积约 4.8 km²，北、西、南三面环陆，东侧由一条长约 2.5 km 的沙坝将其与外海隔开，仅东南部有一宽约 132 m 的潮流通道与黄海相通，构成典型的潟湖 - 潮汐汊道体系。湖内大部分区域水深小于 1.5 m，大潮潮差为 1.15 m，小潮潮差为 0.64 m，潮流性质属于不规则半日潮。天鹅湖沉积物粒径较细，呈环带状分布。40% 的湖区底质以粉砂质砂为主，间有泥和泥沙底质，其余湖区则为泥含量 20%～50% 的泥沙底质。天鹅湖的潮间带上部生长着密集的日本鳗草（*Zostera japonica*），潮间带中下部和潮下带则生长着密集的鳗草（*Zostera marina*），其覆盖面积高达 1.5 km²。天鹅湖的环境和水质条件很适宜刺参生长，湖中有菲律宾蛤仔增殖区，但由于封闭性强、水体交换能力差，湖区生态环境相当脆弱，极易遭到破坏。天鹅

湖是荣成大天鹅国家级自然保护区的核心，为大天鹅（*Cygnus cygnus*）提供食物来源和越冬栖息地，是亚洲最大的天鹅越冬栖息地（贾建军等，2004）。

根据现场调查情况，结合遥感信息，山东荣成海草床空间分布如图 3.26 所示，海草均为鳗草科。鳗草属于广温物种，主要分布于北半球温带的浅水海域，如海湾、潟湖和河流入海口，广布于辽宁、河北和山东近海，以及太平洋及和大西洋地区的欧亚、北非、北美沿海地区，南至 35°N 左右，北达北极圈内。山东荣成海草床对于温度上升的敏感性较低，主要考虑海平面上升后水下光照水平降低导致的植物适应性降低问题。

图 3.26　山东荣成海草床空间分布

经现场调查，山东荣成其他区域如东楮岛、桑沟湾等也有小面积的海草生长，但是分布宽度和面积有限，因此以下重点对山东荣成天鹅湖海草床的暴露度、脆弱性和气候变化综合风险进行评估。

（1）脆弱性

敏感性与生物量（S_1）、斑块面积（S_2）、富营养化等级（S_3）、物种组成（S_4）4 个因素密切相关，数据来源见表 3.16，海草床越破碎，生物量越低，对海平面上升越敏感。山东荣成天鹅湖主要分布鳗草及日本鳗草，敏感性低。相对而言，山东荣成天鹅湖海草床分布区中部区域的敏感性较低，靠近边缘的区域敏感性较高（图 3.27）。

表 3.16　山东荣成天鹅湖海草床分布区脆弱性评估数据来源

指标参数		数据来源
敏感性（S）	S_1	文献数据（许帅，2019）
	S_2（km^2）	遥感影像解析及 2021 年 9 月现场调查
	S_3	文献数据（赵鹏，2016）
	S_4	2021 年 9 月现场调查
适应性（A）	A_1（cm/a）	文献数据（贾建军等，2004）
	A_2	遥感影像解析及 2021 年 9 月现场调查
	A_3	荣成大天鹅国家级自然保护区功能区划图
	A_5（‰）	2021 年 9 月现场调查

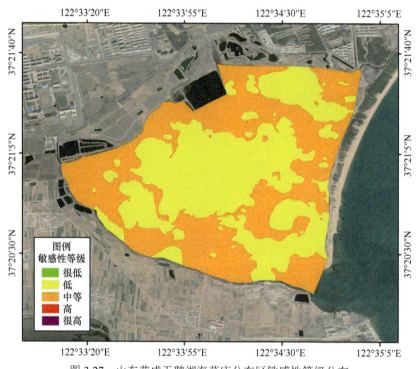

图 3.27　山东荣成天鹅湖海草床分布区敏感性等级分布

适应性主要受地表高程上升率（A_1）、岸线人工化（A_2）、保护区等级（A_3）和坡度（A_5）4 个因素的影响，数据来源见表 3.16。如图 3.28 所示，山东荣成天鹅湖海草床分布区中部区域为核心区，适应性较高，主要因素包括地表高程上升率较高，最高点超过1 cm/a；周边区域适应性较低，主要因为岸线人工化和地表高程上升率较低。

山东荣成天鹅湖海草床分布区敏感性主要受海草生长状况的影响，表现为中间低、四周高（图 3.27）；适应性表现为中间高、四周低（图 3.28）；脆弱性综合评估结果为中间较低、周边较高（图 3.29）。

（2）暴露度

如图 3.30 所示，山东荣成天鹅湖海草床分布区东南侧口门附近暴露度最高，此处也是海水最深的区域。

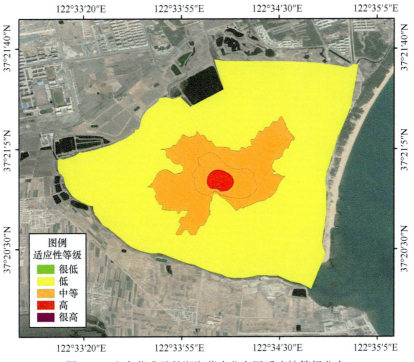

图 3.28　山东荣成天鹅湖海草床分布区适应性等级分布

图 3.29　山东荣成天鹅湖海草床分布区脆弱性等级分布

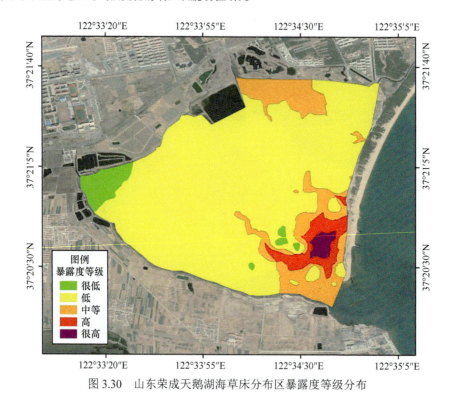

图3.30 山东荣成天鹅湖海草床分布区暴露度等级分布

（3）综合风险

综合脆弱性、暴露度等级分布，以及不同气候情景（RCP2.6、RCP4.5、RCP8.5）下的气候致灾因子危害性，得到山东荣成天鹅湖海草床分布区气候变化综合风险等级分布，结果如图3.31所示。海草床风险差异较大：3种RCPs情景下到2030年以及RCP2.6情景下到2050年，多数区域风险等级为很低，仅湾口附近深水区域风险等级为低；RCP4.5、RCP8.5情景下到2050年以及RCP2.6情景下到2100年，多数区域风险等级为低，仅湾口附近深水区域风险等级为中等；RCP4.5、RCP8.5情景下到2100年多数区域风险等级为中等，湾口附近深水区域风险等级为高。

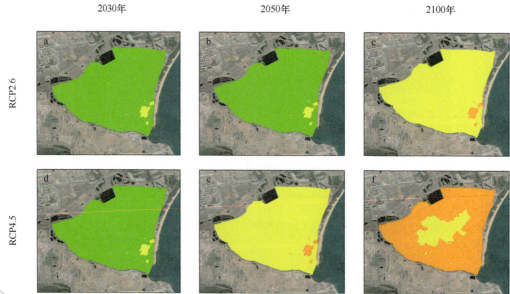

综合风险等级

很低　低　中等　高　很高

图 3.31　不同气候情景下未来山东荣成天鹅湖海草床分布区气候变化综合风险等级分布

2. 海南陵水黎安港海草床

陵水新村港和黎安港位于海南岛东南部，均为天然的近封闭港湾，并且拥有广阔的、成片的海草床（图 3.32）。2007 年，海南省人民政府批准建立了陵水新村港与黎安港海草特别保护区，该保护区是中国首个海草类型的特别保护区（吴瑞和王道儒，2013）。保护区总面积为 23.2 km²，其中新村港保护区面积为 13.1 km²，黎安港保护区面积为 10.1 km²，分布的海草超过 2 科 6 种（王道儒等，2012），是海南省海草品种最多、成片面积最大、生长最好的区域（涂志刚等，2016）。

图 3.32　海南陵水海草床空间分布

（1）脆弱性

收集海南陵水黎安港海草床分布区的资源三号高分辨率卫星遥感影像、陵水新村港与黎安港海草特别保护区功能区划图以及文献数据，并于 2021 年 9 月开展了沉积速率现场采样、影像现场验证及单波速海水测深工作，评估数据来源如表 3.17 所示，参照表 3.4 中脆弱性指标评估标准对相关指标进行赋值，具体根据生物量（S_1）、斑块面积（S_2）、富营养化等级（S_3）、物种组成（S_4）4 个指标评估敏感性，根据地表高程上升率（A_1）、岸线人工化（A_2）、保护区等级（A_3）、坡度（A_5）4 个指标评估适应性，最后计算出综合指数，得到海南陵水黎安港海草床分布区脆弱性等级分布。

表 3.17　海南陵水黎安港海草床脆弱性评估数据来源

指标参数		数据来源
敏感性（S）	S_1	文献数据（陈石泉等，2020）
	S_2（km²）	2020 年资源三号卫星遥感影像解析及 2021 年 9 月现场调查
	S_3	文献数据（陈娴和李洋，2020）
	S_4	2020 年遥感影像解析及 2021 年现场调查
适应性（A）	A_1（cm/a）	2021 年 9 月现场采样及实验室分析
	A_2	2020 年资源三号卫星遥感影像解析及 2021 年 9 月现场调查
	A_3	陵水新村港与黎安港海草特别保护区功能区划图
	A_5（‰）	2021 年 9 月现场调查

根据生物量、斑块面积、富营养化等级、物种组成 4 个要素评估敏感性，如图 3.33 所示，海南陵水黎安港海草床分布区敏感性等级为高和中等，西北侧部分区域的海草以敏感性较高的原叶丝粉草为主，且生物量较小，与其他区域（以海菖蒲为主）不同，因此敏感性高于其他区域。

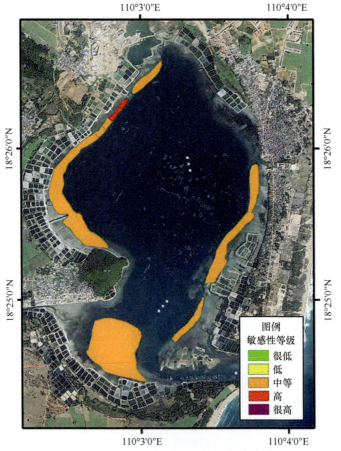

图 3.33　海南陵水黎安港海草床分布区敏感性等级分布

根据地表高程上升率、岸线人工化、保护区等级、坡度 4 个指标评估适应性，如图 3.34 所示，海南陵水黎安港海草床分布区适应性等级为高、中等及低，西南侧海草床分布区的沉降速率较低、坡度较小，因此适应性低，东侧海草床分布区的沉降速率较高、坡度较大，因此适应性高，西北侧海草床分布区适应性等级为中等，居于前两者之间。

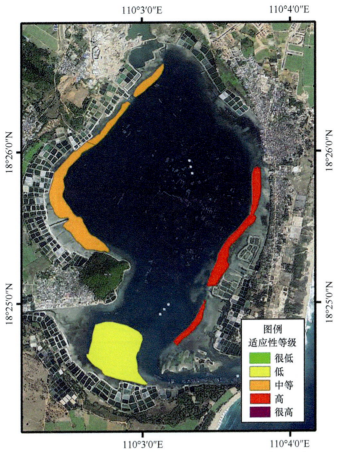

图 3.34　海南陵水黎安港海草床分布区适应性等级分布

综合敏感性、适应性等级分布对脆弱性进行评估，如图 3.35 所示，海南陵水黎安港海草床分布区脆弱性等级为低及中等，东侧海草区域脆弱性低，西侧及西南侧浅水区域脆弱性中等。

（2）暴露度

根据水深情况评估暴露度，海南陵水黎安港海草床分布区暴露度等级为很低至很高，主要因为海草床分布区水深变化较大，以暴露度很低（水深较浅）的区域为主。

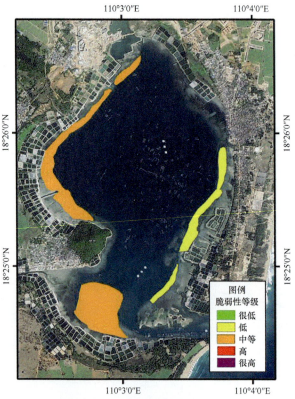

图 3.35　海南陵水黎安港海草床分布区脆弱性等级分布

图 3.36　海南陵水黎安港海草床分布区暴露度等级分布

（3）综合风险

综合脆弱性、暴露度等级分布，以及不同气候情景（RCP2.6、RCP4.5、RCP8.5）下的气候致灾因子危害性，得到海南陵水黎安港海草床分布区气候变化综合风险等级分布，结果如图 3.37 所示。海南陵水黎安港海草床分布区风险差异较大：在 3 种 RCPs 情景下，到 2030 年多数区域风险等级为很低，到 2050 年多数区域风险等级为低，RCP8.5 情景下到 2100 年西南侧大面积海草分布区处于高风险等级。

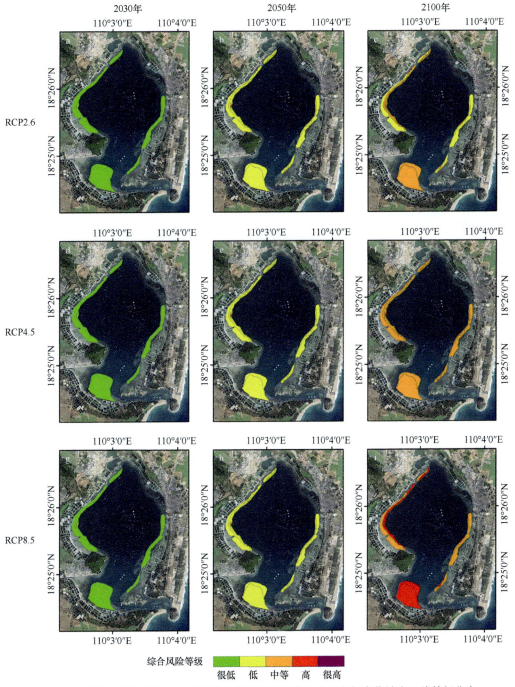

图 3.37　不同气候情景下未来海南陵水黎安港海草床分布区气候变化综合风险等级分布

3.3.6 典型盐沼、海草床评估结果综合分析

本研究基于历史数据及补充调查，研究了海平面上升及极端热事件对盐沼植物及海草床的影响机制，并确定了评估指标和关键阈值，系统构建了中国沿海地区盐沼、海草床气候变化综合风险评估指标体系，分析不同气候情景下未来中国典型盐沼、海草床分布区脆弱性、暴露度及综合风险（图3.38～图3.41）。

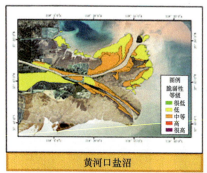
黄河口盐沼

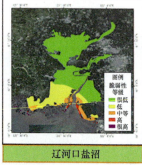
辽河口盐沼

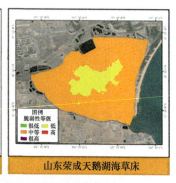
山东荣成天鹅湖海草床

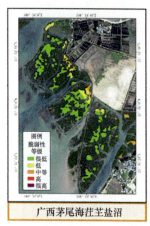
广西茅尾海茳芏盐沼

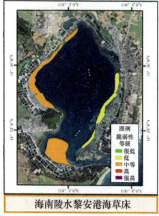
海南陵水黎安港海草床

苏北盐城盐沼

图3.38　中国典型盐沼、海草床分布区脆弱性等级分布

研究发现，近30年来盐沼和海草床主要受人类活动（如侵占）的影响，导致面积衰减，近几年有些区域的保护和生态修复行动使得面积衰减趋势逐步得到遏制，部分区域（辽河口盐沼、广西茅尾海茳芏盐沼）面积出现增加趋势。自2022年6月1日起施行《中华人民共和国湿地保护法》后，人类活动对中国盐沼及海草床将不再是主要影响因子，而是以海平面上升等气候变化的影响为主，还有外来生物入侵（如互花米草入侵）等因素的影响。

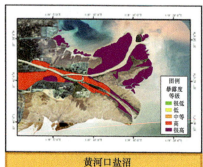
黄河口盐沼

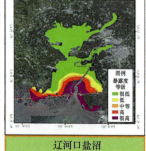
辽河口盐沼

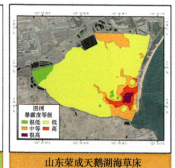
山东荣成天鹅湖海草床

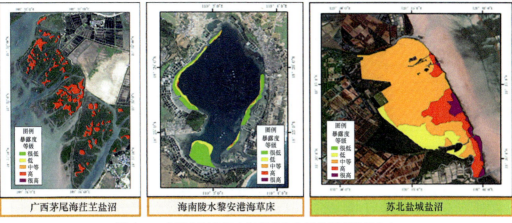

图 3.39　中国典型盐沼、海草床分布区暴露度等级分布

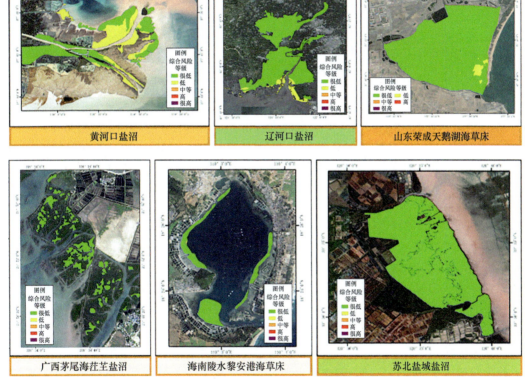

图 3.40　中国典型盐沼、海草床分布区气候变化综合风险等级分布（RCP2.6，2030 年）

　　评估结果显示，在 6 个典型盐沼、海草床分布区中，辽河口盐沼、黄河口盐沼、苏北盐城盐沼分布区的敏感性较低，而海南陵水黎安港海草床、山东荣成天鹅湖海草床以及广西茅尾海茳芏盐沼分布区的敏感性较高；广西茅尾海茳芏盐沼分布区的适应性最高，其次是苏北盐城盐沼、辽河口盐沼，黄河口盐沼的适应性最低，主要是受侵蚀程度及地面沉降等因素的影响。综合上述因素，脆弱性排列顺序为：山东荣成天鹅湖海草床＞海南陵水黎安港海草床＞黄河口盐沼＞辽河口盐沼＞广西茅尾海茳芏盐沼＞苏北盐城盐沼

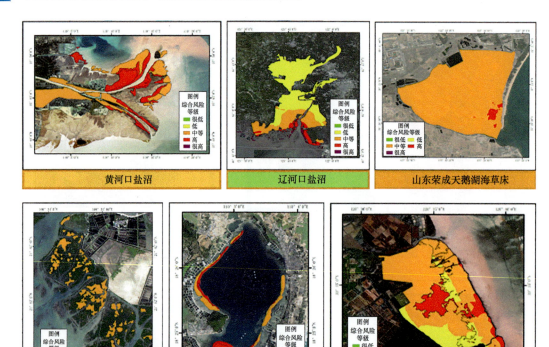

图 3.41　中国典型盐沼、海草床分布区气候变化综合风险等级分布（RCP8.5，2100 年）

（图 3.38）。在 4 个典型盐沼分布区中，脆弱性整体较高的是黄河口盐沼，中等级的面积占比为 59.5%，低等级的面积占比为 40.5%；其次是辽河口盐沼，很高、高、中等级的面积占比分别为 0.4%、1.3%、6.7%，低及以下等级的区域较大，面积占比分别为 22.5% 及 69.1%，空间差异较大；广西茅尾海茳芏盐沼及苏北盐城盐沼的脆弱性较低，均为中等以下，其中很低等级的面积占比分别为 76.1% 及 90.0%。从植被群落来看，碱蓬的脆弱性最高，辽河口盐沼部分区域的碱蓬分布区脆弱性等级为很高及高。在 2 个典型海草床分布区中，山东荣成天鹅湖海草床分布区脆弱性较高，中等级的面积占比为 82.5%，低等级的面积占比为 17.5%；海南陵水黎安港海草床分布区脆弱性相对较低，中等级的面积占比为 77.4%，低等级的面积占比为 22.6%。

　　暴露度排列顺序为：黄河口盐沼＞广西茅尾海茳芏盐沼＞苏北盐城盐沼＞山东荣成天鹅湖海草床＞辽河口盐沼＞海南陵水黎安港海草床。在 4 个典型盐沼分布区中，黄河口盐沼分布区高程较低，更容易受到海平面的影响（图 3.39），高和很高等级的面积占比分别达 32% 和 68%；其次是广西茅尾海茳芏盐沼分布区，高等级面积占比为 100%；苏北盐城盐沼分布区暴露度高和很高等级面积占比为 20%；暴露度最低的是辽河口盐沼分布区，高和很高等级的面积占比为 25%。在 2 个典型海草床分布区中，山东荣成天鹅湖海草床分布区暴露度较高，高和很高等级面积占比为 5%；海南陵水黎安港海草床分布区暴露度较低，高和很高等级面积占比为 2%。

　　最后得到风险（以 RCP8.5 情景下 2100 年为代表）排列顺序为海南陵水黎安港海草

床＞黄河口盐沼＞山东荣成天鹅湖海草床＞广西茅尾海茳芏盐沼＞苏北盐城盐沼＞辽河口盐沼。不同区域、不同气候情景的风险差异明显，在 RCP8.5 情景下，到 2100 年现有碱蓬分布区域风险基本上为很高（90% 以上丧失），整体上黄河口盐沼及海南陵水黎安港海草床分布区风险较高。如表 3.18、表 3.19 所示，3 种气候情景下，到 2030 年 6 个典型盐沼及海草床分布区的整体风险都处于很低水平；到 2050 年风险逐步上升，特别是黄河口盐沼在 RCP4.5 情景下风险升级为中等，预计现有盐沼分布区的面积会减少 32.0%；到 2100 年风险进一步上升，在 RCP8.5 情景下黄河口盐沼及海南陵水黎安港海草床已经处于高风险，预计现有分布区面积分别减少 60.0% 及 64.8%。

表 3.18　不同气候情景下未来典型盐沼、海草床分布区气候变化综合风险等级

分布区域	RCP2.6			RCP4.5			RCP8.5		
	2030 年	2050 年	2100 年	2030 年	2050 年	2100 年	2030 年	2050 年	2100 年
辽河口盐沼	很低	很低	很低	很低	很低	低	很低	很低	中等
黄河口盐沼	很低	很低	中等	很低	中等	中等	很低	中等	高
苏北盐城盐沼	很低	低	中等	很低	低	中等	很低	低	中等
广西茅尾海茳芏盐沼	很低	低	中等	很低	低	中等	很低	低	中等
山东荣成天鹅湖海草床	很低	低	低	很低	低	中等	很低	低	中等
海南陵水黎安港海草床	很低	低	中等	很低	低	中等	很低	低	高

表 3.19　不同气候情景下未来典型盐沼、海草床分布区预计减少面积比例（%）

分布区域	RCP2.6			RCP4.5			RCP8.5		
	2030 年	2050 年	2100 年	2030 年	2050 年	2100 年	2030 年	2050 年	2100 年
辽河口盐沼	1.7	1.7	9.1	1.7	9.1	13.5	1.7	9.1	32.3
黄河口盐沼	7.7	7.7	32.0	7.7	32.0	50.0	7.7	32.0	60.0
苏北盐城盐沼	0.0	16.4	44.5	0.0	16.4	48.0	0.0	20.5	48.0
广西茅尾海茳芏盐沼	0.0	20.0	50.0	0.0	20.0	50.0	0.0	20.0	50.0
山东荣成天鹅湖海草床	0.4	20.5	20.5	0.4	20.5	45.1	0.4	20.5	50.5
海南陵水黎安港海草床	0.1	20.1	37.7	0.1	20.1	50.1	0.1	20.1	64.8

3.3.7　盐沼与海草床适应性分析

1. 盐沼

（1）辽河口盐沼

辽河每年挟带大量泥沙入海，在潮流的作用下泥沙逐年堆积，鸳鸯岛区域的潮水不能形成周期性淹没，2003 ～ 2017 年该区域碱蓬演变过程（Lu et al.，2018）见图 3.42。2003 年鸳鸯岛仍然是一个以碱蓬为主的小海湾，随着入口的快速扩张，碱蓬的面积不断增加，2009 年面积达到最大。从 2011 年开始，碱蓬的覆盖度迅速下降，并且碱蓬被芦苇所取代，2017 年 9 月该岛以芦苇为主，碱蓬只占该岛的一小部分，主要分布在该岛的最南端和东缘。近 7 年来，红滩面积迅速减少，岛上的大部分原生碱蓬群落逐渐被芦苇所取代。总体上，辽河口潮滩湿地的碱蓬植被向南迁移，东、西两侧的碱蓬呈现向辽河两岸聚拢的趋势；辽河口西北部的芦苇向陆地方向扩张，辽河两岸的芦苇呈现向南扩张的趋势。1995 年盘锦三角洲水库的修建导致辽河上游淡水减少，这是影响碱蓬群落向南迁移的重要因素。此外，受辽河径流和海域潮流变化的相互作用，河口沉积地貌发育明显，逐步形成了鸳鸯岛和众多水下浅滩。由 2015 年遥感影像可知，三道沟渔港东侧浅滩出现大面积的碱蓬植被，其形成原因主要是工程建设改变了辽河口海域的水动力特性，致使该浅滩淤积加速（赵雪等，2018），地形升高，形成了适合碱蓬生长的环境。此外，辽河口潮滩上的芦苇耐盐性较差，该群落的淹水时间不能过长，因此地形的升高导致碱蓬群落被芦苇群落所取代（王旖旎等，2021）。双台子河口岸线处于一个较稳定的侵蚀基面，岸线变化较为稳定（陈文熙，2019）。

图 3.42　2003～2017 年辽河口鸳鸯岛区域碱蓬演变过程（Lu et al.，2018）

历史上，辽河口区域潮滩以每年 1～2 m 的速度向外淤涨，加快了河口区域冲积沙洲的发育。自 20 世纪 90 年代中期以来，位于鸳鸯沟处的水下沙洲逐渐出露，形成低潮高地，2000 年以后完全出露，之后面积逐步增加，高程逐步提升，其上的植被覆盖经历了光滩→碱蓬→碱蓬与芦苇共生→以芦苇为主的发展过程，形成现在的鸳鸯岛。冲积作用显著改变了河口地区的自然环境，一是岸线的外扩和地形的不断抬升，二是伴随地形抬升地表植被的演替和生境条件的变化。

1996～2006 年，辽河口湿地潮滩区净岸线运动处于持续波动状态（李海福，2020），总体上潮滩岸线由海向陆迁移。其间潮滩区净岸线运动变化特征分析结果显示，潮滩区净岸线运动变化较为频繁的区域位于辽河口西侧海产养殖、辽河入海口前端、辽东湾新区，其中辽东湾新区岸线向陆迁移最为剧烈，其他区域处于波动状态，无较大的突变。2007～2017 年，辽河口湿地潮滩区净岸线总体上表现为由陆向海淤积，潮滩区净岸线运动较为剧烈的区域位于辽河口西侧多支流汇入口、辽河口西侧海产养殖区、辽河入海口前端、辽东湾新区，其中辽河口西侧潮滩区岸线处于由陆向海迁移的状态，辽河入海口附近和东侧潮滩区岸线呈波动的状态（李海福，2020）。

近年来，受自然环境变化和人为活动的影响，辽河入海口的碱蓬植被自然分布面积在经历增加达到高峰后逐年缩减，并且呈现整体向南漂移的趋势（孟泰舟，2020）。北部很大一部分区域的碱蓬植被为芦苇植被所取代，造成碱蓬面积逐年减少；另一部分原有的碱蓬生长区域生长环境发生改变，植被退化形成裸滩，使得碱蓬面积进一步减少。此外，有些区域已经发芽的碱蓬枯萎或被天津厚蟹摄食，造成大面积的碱蓬死亡，碱蓬面积进一步减少。

2018 年辽河口湿地潮滩自然景观面积缩减至 1986 年的 41.58%，消失的自然景观主要转化为养殖池、水利工程设施和农田等人工景观。辽河口湿地植被演替呈现南移趋势，芦苇群落演替为碱蓬群落的速度加快，鸳鸯岛区域出现了明显的"红退绿进"现象。总体而言，1986 ～ 2018 年人类活动是辽河口湿地潮滩面积变化的重要影响因素，也是景观破碎化的主要原因，人类活动加速了潮滩植被的演替过程（王旖旎等，2021）。

海平面上升对全球滨海湿地造成了严重威胁，滨海湿地的地面高程能否与不断上升的海平面发生对应的同步变化，是滨海湿地能否成功应对海平面上升的关键（王国栋等，2019）。根据中国沿岸海平面变化预测模型（杜碧兰，1997），辽河三角洲的海平面上升预测值为：到 2030 年上升 13 cm，到 2050 年上升 23 cm，到 2100 年上升 69 cm。对辽河三角洲开展的研究表明，2011 ～ 2016 年滨海湿地土壤垂向累积速率为 10.7 ～ 17.8 mm/a，湿地地面高程变化速率为 2.0 ～ 10.1 mm/a，浅层沉陷速率为 –9.7 ～ –6.2 mm/a（Wang et al.，2017）。1963 ～ 2017 年辽河口湿地潮滩的沉积物平均沉积速率为 2.24 cm/a，1963 ～ 1986 年平均沉积速率为 1.80 cm/a，1986 ～ 2017 年平均沉积速率为 2.62 cm/a（李海福，2020）。上游河流泥沙输入多寡直接影响下游河口潮滩的淤积和侵蚀状态，总体表现为上游河流的输沙减少时，潮滩将向侵蚀状态演变。2011 年后随着自然保护区监管力度的加大，以及 2018 年《渤海综合治理攻坚战行动计划》的实施，辽河口湿地潮滩的人为开发活动受到抑制，潮滩面积有所增加，岸线整体向海迁移，处于淤积状态，但人为开发的干扰程度依旧很高，潮滩总岸线长度减小，人工岸线比例增加，部分区域自然岸线被人工岸线代替，阻断了潮滩正常的水动力交换，导致近年来辽河口湿地潮滩的生态稳定性整体降低（李海福，2020）。辽河三角洲湿地土壤垂向累积速率相对较高，使得目前湿地地面高程变化速率总体上高于该区域的海平面上升速率（3.7 mm/a）（Wang et al.，2017）。

分析结果表明，芦苇沼泽比碱蓬沼泽具有更高的沉积速率，脆弱性较低，部分碱蓬盐沼的地面高程变化已经不足以抵消海平面上升的威胁，脆弱性较高。另外，高温热浪未来将加剧，对于辽河口湿地也是重要威胁，应引起关注。

（2）黄河口盐沼

1976 年以前，黄河由刁口河向北入海。自 1976 年以来，黄河在东营市先后经历了两次重大人工改道：1976 年在黄河西河口人工改道，改为由清水沟入海，入海口开始向东淤出，并向东南方向延伸；1996 年，在清 8 剖面处人工改道，入海口开始向东北方向延伸，而东南方向逐渐蚀退。1976 ～ 1990 年，黄河挟带泥沙量较大，以淤积造陆为主；1990 ～

2003 年，黄河中上游的水土保持措施发挥作用，下游泥沙量减少，造陆面积减少；2003 ～ 2004 年，开展 3 次黄河调水调沙试验，下游河道淤积的大量泥沙被冲刷入海，造陆面积增加；2004 ～ 2013 年，入海水沙量减少，三角洲整体又呈现蚀退状态；自 2013 年以来，黄河水沙总量趋于稳定，清水口区域面积略有增加，刁口河区域略有蚀退，三角洲总面积基本趋于稳定。

黄河三角洲滨海湿地地处河、海、陆的交错地带，是中国保存较为完整、典型、年轻的湿地生态系统，拥有大量的盐沼植物资源，以芦苇、碱蓬、互花米草、柽柳、薹草为主。2006 ～ 2016 年互花米草总面积由 3.45 km² 增加到 25.14 km²，碱蓬总面积则大幅度减少，碱蓬分布区向陆地方向小幅度后退。1996 ～ 2016 年，滨海湿地人类活动呈增加趋势，黄河三角洲河口受重大人工改道、初期的断流、风暴潮等人为活动和自然灾害的强烈影响，互花米草、碱蓬等滨海湿地植被面积变化明显，预计近期互花米草面积的激增将对整个黄河三角洲地区生态环境造成显著影响（陈柯欣等，2021）。长期实施人工引水工程导致柽柳林发生淹水现象，现场调查发现了大面积柽柳死亡，水深过高是幼龄柽柳死亡的主要原因（赵欣胜等，2009）。

黄河三角洲不断发育，形成了中国北方最年轻、最有潜力的土地。黄河口盐沼湿地面积变化主要受两方面因素的影响：一方面，内陆泥沙在水力搬运作用下不断在河口淤积，形成新生湿地；另一方面，海浪和风暴潮不断侵蚀海岸线，导致湿地大量流失。这两方面因素相互作用，最终决定了盐沼面积的变化，并且随着气候变化，海平面上升也会极大地改变湿地形态及盐沼状况。近年来，黄土高原的水土保持工作初见成效，泥沙流失速度减缓，从根源上减少了上游的来沙量，但也会导致侵蚀加剧。结合海平面上升加剧，未来黄河口湿地可能会面临较大的衰退风险。

根据分析结果，黄河三角洲地区的生态环境受到互花米草入侵的显著影响，敏感性较低。随着海平面上升和黄河口的侵蚀，互花米草分布范围会向陆发展。离海较近的碱蓬具有高脆弱性，其部分分布区被互花米草侵占；芦苇也表现出高脆弱性，随着海平面和盐度上升，芦苇容易死亡，其部分分布区会被碱蓬和互花米草占据。

整体而言，黄河口三角洲的侵蚀作用强烈，侵蚀后退速度可达 150 ～ 250 m/a，沉积速率虽然较大（柱状样沉积速率均值为 0.87 cm/a），但是会在特定的时间突然转变为地表高程下降，黄河口盐沼的脆弱性要高于辽河口盐沼，应引起关注，并做好预防措施。

研究发现，沉积物固结压实和石油开采对地面沉降的影响较为显著，其中新废弃的三角洲叶瓣沉积物的自然固结压实对地面沉降的贡献量为 14.1 mm/a，石油开采活动使得局部区域沉降加剧，早期东营市东营区胜利油田长时间高强度石油开采对地面沉降的贡献量达到 21.0 mm/a。此外，由于地表荷载增加，一般城区建设对地面沉降的贡献量约为 4.7 mm/a，东营市广饶县盐场抽取地下卤水晒盐引发的地面沉降速率为 5.1 mm/a（张金芝等，2016）。

（3）苏北盐城盐沼

苏北盐城盐沼的景观格局变化上，主要表现为芦苇沼泽向海扩张，互花米草沼泽向海和向陆两个方向同时扩张，碱蓬沼泽则主要向中心收缩（刘翔，2018）。

根据 ^{137}Cs、^{210}Pb 测定结果，苏北盐城沉积速率为 3 mm/a（王爱军等，2005），控制海滨湿地景观演变的土壤水分和盐度具有明显的阈值效应。研究表明，不同景观类型水、盐阈值具有明显的差异性。其中，芦苇沼泽的水分阈值范围为 33%～42%，盐度阈值范围为 0.15%～0.53%；碱蓬沼泽的水分阈值范围为 33%～49%，盐度阈值范围为 0.53%～0.89%；互花米草沼泽的水分阈值范围为 26%～55%，盐度阈值范围为 0.89%～1.44%（张华兵，2013）。

评估结果表明，根据区域发展和景观变化特征，碱蓬沼泽是受影响最为显著的湿地类型。在芦苇沼泽和互花米草沼泽持续迅速扩张的影响下，苏北盐城盐沼的碱蓬沼泽将于 2050 年基本消失。在生态恢复及对互花米草人为控制的模式下，碱蓬沼泽面积减少速度变缓；在自然情况下，随着海平面上升，互花米草还会继续向陆地方向扩张。

综合而言，苏北盐城盐沼的互花米草滩最不敏感，原因是互花米草本身敏感性较低，并且海岸线附近区域的沉降速率快；中间的碱蓬滩最敏感；芦苇滩次之。

在射阳河口以南区域，海岸线普遍呈现向海推进趋势：1992～2000 年新洋港区域岸线向海推进速率高，推进距离大，2000～2008 年大丰港一段岸线向海推进速率高，2008～2018 年大丰港以南至盐城界岸线向海推进速率高。2018 年射阳河口以南区域的陆地面积较 1992 年有大幅度增加，根据 ArcGIS 软件计算得出，盐城射阳河口以南的陆域面积增加了 938.4 km^2，以年均增长 36 km^2 的速度向外扩张（丁海燕，2021）。

研究估算结果表明，长江三角洲附近的沿海潮滩和湿地面积均有不同程度的减少，各岸段的损失率相差悬殊，侵蚀岸段的损失率较大，淤涨岸段淤涨减缓，甚至转为侵蚀。在海岸侵蚀范围不断扩大的原因中，海平面上升所占比重越来越大（季子修等，1994）。近 10 年的岸线变化体现了海平面上升对岸线侵蚀的强烈影响（丁海燕，2021）。

互花米草于 1979 年引入中国，1980 年试种成功，随后广泛推广到广东、福建、浙江、江苏和山东等沿海省份。多年来，互花米草在苏北盐城的滩涂湿地上广泛传播，特别是 1997 年盐城沿海开始大规模种植互花米草，1983～2017 年互花米草盐沼面积占比从 1.693% 增加到 24.93%（张华兵等，2020）。

互花米草引进的目的是促淤、增加滩涂面积，但目前在盐城海岸潮间带互花米草面积已达 132 km^2 左右，最宽达 3 km 之多（2000 年面积最大，为 163 km^2，之后受围垦的影响，面积有所减少），并且连续分布在整个潮间带滩涂上。互花米草入侵盐城海岸并快速扩张，使得原有湿地景观特征和栖息地结构发生巨大改变，本地植被碱蓬萎缩和退化十分明显。同时，潮间带的底栖动物种类和生产力也发生改变，严重影响了水鸟空间活动和觅食格局（侯森林等，2012）。目前，互花米草带已经形成一条自然植被堤，对潮间带的地形地貌和潮汐过程产生了严重影响，并直接威胁区域生物多样性和生态平衡。

苏北盐城盐沼是中国沿海潮差最大的区域之一（平均潮差为 2～4 m），含沙量达 1～33 g/L，并且平均涨潮流速大于落潮流速，落潮平均含沙量明显小于涨潮平均含沙量（两者之比约为 0.81），因此形成泥沙向岸运动和沉积的水动力环境，为潮滩发育提供了广阔的空间（李恒鹏和杨桂山，2001）。1980～1994 年盐城海岸多年平均潮位线以上淤积而成的滩面高程淤高速率与海平面上升速率持平，但是仅限于平均高潮线附近；平均潮位线及以下的滩面高程则趋于蚀低，且侵蚀强度较大，侵蚀有加剧的趋势（杨桂山等，2002）。射阳河口附近平均高潮线的年均蚀退量不足 5 m，但平均低潮线附近低潮滩的年均蚀退量却超过 30 m。向南的斗龙港附近，平均高潮线附近的年均淤进量达 100 m，而平均低潮线附近的年均淤进量只有 50 m（张学勤等，2006）。

近年来，黄海的海平面上升速率加快，与 1991～2000 年相比，2001～2010 年江苏海平面上升了 21 mm（何霄嘉等，2012），海岸侵蚀更加明显，加上风暴潮影响加大，未来盐城海岸湿地将承受更大压力（刘红玉等，2021）。

（4）广西茅尾海茳芏盐沼

北部湾的沉积速率范围为 0.10～1.039 cm/a（夏鹏等，2015），茅尾海的沉积速率则远高于该值，这与钦江入海口泥沙较多、海水悬浮物含量高且茅尾海水动力条件适宜沉积等原因有关。茳芏分布区域处于钦江河口，沉积速率较高，因此可以在很大程度上抵消海平面上升带来的不利影响。比较遥感数据可以发现，茳芏分布区域还处于向海扩张的状态。广西沿海地区的海平面平均上升速率为 2.2～2.4 mm/a，可作为广西沿海海平面上升速率，略低于全球平均海平面上升速率，这源于区域板块构造的抬升（王雪和罗新正，2013）。

自全新世至现代，印度洋板块向欧亚板块强烈挤压，青藏高原上升拉动云贵高原的抬升，进而牵引广西附近地壳上升，导致广西区域地壳大面积缓慢上升。莫永杰等（1995）根据收集的地壳垂直形变资料，采用国家均衡基准，绘制了广西沿海地壳垂直形变等值线图。

钦州周边海域海平面是上升的，地壳也上升。胡惠民等（1992）利用 20 世纪 50～80 年代中国东部沿海的精密水准复测资料，在均衡基准下研究了中国沿海地区近代地壳垂直运动，结果表明，中国沿岸大致以杭州至温州一带为界，北部海岸以下降为主，间有上升，南部海岸则以上升为主。从北海到柳州以西为陆地地壳上升区，上升速率为 4～5 mm/a（叶叔华，1997）。

在茅尾海东北部钦江入海口的附近海域，茳芏的高生物量、发达的茎、发达的根系和强萌芽力以及钦江泥沙的输入，对潮间带茳芏盐沼能起到明显的促淤沉积效果，补充调查发现茅尾海茳芏盐沼分布区的沉积速率高达 1.20 cm/a。与 2010 年的茳芏分布（潘良浩，2011）相比，目前茳芏的分布已经发生较大的变化，茳芏滩目前的生长范围已经向海一侧扩大，这与当地沉积速率较高有关，当地的滩涂仍处于淤涨阶段，说明短期内茳芏的脆弱性处于中等以下水平。

钦江为北部湾水系河流，发源于广西灵山县平山镇白牛岭，由东北向西南横穿灵山县，至钦州市尖山街道入茅尾海，全长为 179 km，流域面积达 2457 km²。其中，钦州河段长度为 90.4 km，流域面积达 851 km²。钦州降水序列的近 65 年（1953～2017 年）平均降水量为 2159 mm（基于钦州气象站数据），降水量总体呈现微弱的上升趋势，上升幅度为 4.3 mm/a，占近 65 年平均降水量的 0.2%（魏炜等，2021）。

根据丁波等（2021）的研究结果，茅尾海茳芏盐沼是钦州湾内悬浮物含量最高的区域，表层水体悬浮物含量可达 1500 mg/L，这是沉积速率高的重要原因。钦江是茅尾海主要入海河流之一，向海洋输送淡水和泥沙，年均径流量为 19.6 亿 m³，年输沙量为 46.5 万 t，对河口生态和地貌产生非常重要的影响。近年来，钦江流域的降水量虽然呈现微弱的上升趋势（陈立华等，2016），但由于受到人类活动（包括人工造林用水量增加）的影响，径流量和输沙量的下降趋势显著（黎树式和黄鹄，2018）。径流量和输沙量的下降趋势除了与降水量有关，还与广西林业建设和森林转型紧密相关（莫剑等，2020）。

盐沼中的植物主要通过地上植株的密度和高度来影响地面泥沙沉积过程（Li and Yang，2009）。在辽河口，与碱蓬盐沼相比，芦苇盐沼具有更高的土壤垂向沉积速率和地表高程上升率（Wang et al.，2016）。与无植物生长区域相比，有植物覆盖的湿地具有更高的地表高程上升率（Baustian et al.，2012）。

钦江口茳芏生长区域的地表高程上升率高于海平面上升速率，近期被海水淹没而导致盐沼退化的风险较低，钦江的入海径流量应保持稳定，河口周边区域应避免大规模建设，以免影响水动力条件和沉积环境。在海平面上升背景下，茅尾海其他区域特别是离径流入海较远区域的茳芏退化风险较高，应引起关注。在海平面上升的影响下，通常情况下靠近水域高程较低的茳芏湿地会首先被淹没，转为光滩或者开放水体，茳芏会逐步向陆迁移。但是目前茳芏分布区域的边界已经位于养殖场的人工堤坝，缺乏迁移的空间，当未来海平面上升速率超过地表高程上升率时，茳芏湿地有迅速退化的风险，建议通过退养还滩等生态修复工程，为未来茳芏随着海平面上升的向陆迁移提供一定的缓冲空间。

总体上，全球滨海湿地生态系统已经受到海平面上升的严重威胁，不同区域、物种组成和水动力条件下盐沼生态系统的稳定性具有明显差异，且随着周边人为活动的情况而变化。建议未来开展滨海湿地地面高程的大面积高精度测量，且需要定期分析滨海湿地的地表高程上升是否与区域海平面上升速率保持同步，可考虑使用美国地质调查局研发的杆形地面高程 - 水平标志层（RSET-MH）监测技术，该项技术可满足滨海湿地应对海平面上升研究需求的高精度监测要求（Lynch et al.，2015），旨在揭示滨海湿地垂向沉积、高程变化和浅层沉降的年际尺度高精度变化趋势。

2006 年以来，钦州外湾两岸大量的围填海工程建设使得海岸线向海推进，湾口宽度由天然的 29 km 缩小到 16.5 km；2012 年 5 月，广西壮族自治区人民政府批复的《钦州港总体规划》中围填海总面积超过 54 km^2；之后新增的规划填海工程大多布置在湾口及外海，如湾口东侧的三墩扩区、西侧的企沙离岸岛项目，湾口宽度进一步缩小到 9.4 km，这导致纳潮量和水体交换能力下降，对茅尾海的生态环境变化产生重要影响（郭雅琼等，2016）。

2. 海草床

（1）山东荣成天鹅湖海草床

根据 1984 年、1993 年、2004 年和 2014 年夏季 Landsat TM 和 OLI 影像（分辨率为 30 m），在几何校正和大气校正的基础上，使用监督分类方法反演山东荣成天鹅湖海草床的盖度和分布情况。从反演结果看，山东荣成天鹅湖海草床面积由 1984 年的 17 757 hm^2 下降至 2004 年的 24.48 hm^2，2014 年回升至 33.37 hm^2。山东荣成天鹅湖海草床由 1984 年和 1993 年的连片分布发生逆行演替，到 2004 年和 2014 年已呈斑块化、破碎化。具体情况如下：1984 年涨潮三角洲发育良好，北岸有大面积滩涂，口门被堤坝封堵；1993 年口门和西北岸修建了两个养虾池，牡蛎礁明显发育，主水道由向北改为向西；2004年北岸大片滩涂被改造成陆地，口门处虾池被拆除，西岸出现淤积；2014年北岸残留沙坝的海草床总体上呈现大面积退化趋势，自1994年以来这种趋势更为显著，虽然2004年以后，海草床的受创程度不断降低，但硬毛藻的频繁暴发会进一步加剧破碎化的程度。

在经历了20世纪70年代末期的筑坝封堵潟湖口门，20世纪80年代西北及西南侧修筑养殖虾池、拆除口门处部分堤坝，20世纪90年代北岸修筑养殖虾池，21世纪的前10年拆除北岸部分养殖虾池等事件后，山东荣成天鹅湖生态系统处于频繁调整状态，总体上呈现退化趋势。目前已在山东荣成天鹅湖建立荣成大天鹅国家级自然保护区，并开展了拆除人工构筑物、移植海草等工作。2017年荣成大天鹅国家级自然保护区移植株高20 cm以上的鳗草5.1万株，底播种子13万粒，这是山东省首次进行海草床规模化修复，也是中国首次开展鳗草规模化移植，对打造鱼、虾、蟹、贝、藻（草）等多营养级协调发展的生态养殖模式、完善和提升海洋牧场生态功能、缓解天鹅湖近岸海域生态压力、恢复渔业生态环境以及维护生物多样性等具有重要意义。随着保护工作的持续开展和成效逐步显现，短期内生态风险较小，但是山东荣成天鹅湖生态系统的保护形势仍不容乐观，随着海平面上升，风险会逐步增加，其他因素如持续高温也会对海草床产生重要影响。

光合作用是沉水植物最重要的代谢活动，光照强度是影响沉水植物生长的最主要因素。鳗草通常生长在水深6 m以内，在非常清澈海域的30 m水深处也有生长，这是因为此处海水透明度高，光线在透明海水中的衰减系数比较低，增加了鳗草的分布深度。如果沉水植物长期处于弱光环境下，其光合作用产物就不能满足其呼吸作用的消耗，进而造成沉水植物衰竭。

（2）海南陵水黎安港海草床

目前海南岛东海岸、龙湾、长圮港和高隆湾等地的生物处于健康状态，新村港与黎安港的生物分别处于亚健康与不健康状态，若未来不加强生态环境改善，新村港与黎安港生物的健康状况将进一步恶化（吴钟解等，2014）。但是潟湖内的海草床水深较浅，随着保护区保护工作的逐步深入，未来对气候变化仍具有一定的适应能力。海南岛东海岸海草床主要是对环境要求苛刻且适应能力不强的种类，其分布面积逐渐减少；而根系发达且植株高大的海菖蒲分布面积变化不大，且具有占据其他种类生境的趋势。

3.4 结　语

本章首先基于IPCC气候变化综合风险的核心概念、定义及理论框架，构建了中国沿海地区盐沼、海草床气候变化综合风险评估指标体系，提出了具体的评估方法，其次选取了辽河口盐沼、黄河口盐沼、苏北盐城盐沼、广西茅尾海茳芏盐沼、山东荣成天鹅湖海草床和海南陵水黎安港海草床分布区作为研究区域，一是阐述了典型盐沼、海草床的历史变化并进行归因分析，二是分析了各研究区域的气候致灾因子危害性，三是评估了典型盐沼、海草床分布区的暴露度和脆弱性等级分布，四是开展了不同气候情景下，到2030年、2050年、2100年典型盐沼、海草床分布区气候变化综合风险评估，并对评估结果进行了综合分析，五是针对典型盐沼、海草床的气候变化综合风险提出了适应策略，主要结论如下。

1）在 4 个典型盐沼分布区中，暴露度等级分布差异较大：整体暴露度最高的是黄河口盐沼分布区，高和很高等级的面积占比分别达 32% 和 68%；其次是广西茅尾海茳芏盐沼分布区，高等级面积占比为 100%；苏北盐城盐沼分布区暴露度高和很高等级面积占比为 20%；暴露度最低的是辽河口盐沼分布区，高和很高等级的面积占比为 25%。在 2 个典型海草床分布区中，山东荣成天鹅湖海草床分布区暴露度较高，高和很高等级面积占比为 5%；海南陵水黎安港海草床分布区暴露度较低，高和很高等级面积占比为 2%。

2）在 4 个典型盐沼分布区中，脆弱性整体较高的是黄河口盐沼，中等级的面积占比为 59.5%，低等级的面积占比为 40.5%；其次是辽河口盐沼，很高、高、中等级的面积占比分别为 0.4%、1.3%、6.7%，低及很低等级的区域较大，面积占比分别为 22.5% 及 69.1%，空间差异较大；广西茅尾海茳芏盐沼及苏北盐城盐沼的脆弱性较低，均为中等以下，其中很低等级的面积占比分别为 76.1% 及 90.0%。从植被群落来看，碱蓬的脆弱性最高，辽河口部分区域的碱蓬分布区脆弱性为很高及高。在 2 个典型海草床分布区中，山东荣成天鹅湖海草床分布区脆弱性较高，中等级的面积占比为 82.5%，低等级的面积占比为 17.5%；海南陵水黎安港海草床分布区脆弱性较低，中等级的面积占比为 77.4%，低等级的面积占比为 22.6%。

3）在不同气候情景下，到 2030 年 6 个典型盐沼及海草床分布区的整体风险都处于很低水平；到 2050 年风险升高，但不同区域的风险差异明显，如 RCP4.5 情景下黄河口盐沼分布区风险升级为中等，预计现有盐沼分布区的面积将减少 32.0%；到 2100 年风险进一步升高，RCP8.5 情景下黄河口盐沼及海南陵水黎安港海草床分布区已经处于高风险，预计二者现有分布区面积将分别减少 60.0% 及 64.8%。

4）评估结果揭示，在不同气候情景下，未来中国典型盐沼和海草床将出现不同程度的退化。在 4 个代表性盐沼分布区中，黄河口盐沼由于暴露度较高，易受到海平面上升的影响，并且黄河泥沙入海量下降、海岸侵蚀率较高、同时存在地面沉降，使得黄河口盐沼对海平面上升的适应性降低，因此黄河口盐沼分布区的整体风险水平是 4 个盐沼分布区中最高的。其他盐沼分布区的风险相对较低，但是苏北盐城盐沼分布区互花米草的大规模入侵导致原有的盐沼种群及生态功能发生变化，应引起关注。从盐沼种群来分，碱蓬风险最高，在 RCP8.5 情景下，到 2100 年辽河口盐沼 90% 以上碱蓬分布区、黄河口盐沼和苏北盐城盐沼 75% 以上碱蓬分布区将面临消失的风险。

5）海南陵水黎安港海草床的整体风险高于山东荣成天鹅湖海草床，在 RCP8.5 情景下，到 2100 年陵水黎安港西南侧大面积海草处于高风险等级，很可能发生大面积衰退（预估 64.8% 面积退化）。因此，可考虑在潟湖西南侧为海草床的向陆迁移预留缓冲空间，以避免周边缓坡人工化导致海草床适应性降低。此外，应加强海草床所在海域的氮磷污染控制，提高水质和透明度，将有利于降低海草床的脆弱性。

参 考 文 献

曹晨晨, 苏芳莉, 李海福, 等 . 2022. 辽河口盐地碱蓬湿地景观破碎化及驱动机制 . 生态学报, 42(2):

581-589.

曹磊，宋金明，李学刚，等 . 2013. 中国滨海盐沼湿地碳收支与碳循环过程研究进展 . 生态学报，33(17): 5141-5152.

曹铭昌，刘威，刘彬，等 . 2019. 盐城滨海湿地及水鸟栖息地保护 . 环境生态学，1(1): 74-79.

陈柯欣，丛丕福，曲丽梅，等 . 2021. 黄河三角洲互花米草、碱蓬种群变化及扩散模拟 . 北京师范大学学报 (自然科学版)，57(1): 128-134.

陈立华，王焰，易凯，等 . 2016. 钦州市降雨及入海河流径流演变规律与趋势分析 . 水文，36(6): 89-96.

陈鹭真，潘良浩，邱广龙 . 2021. 中国滨海蓝碳及其人为活动影响 . 广西科学院学报，37(3): 186-194.

陈石泉，庞巧珠，蔡泽富，等 . 2020. 海南黎安港海草床分布特征、健康状况及影响因素分析 . 海洋科学，44(11): 57-64.

陈文熙 . 2019. 辽河口海岸线演变特征及沿海滩涂特性分析 . 水利规划与设计，(6): 32-34, 111.

陈娴，李洋 . 2020. 陵水黎安港水质环境分析及评价 . 广东化工，47(7): 76-78, 87.

崔丽娟，李伟，窦志国，等 . 2022. 近 30 年中国滨海滩涂湿地变化及其驱动力 . 生态学报，42(18): 7297-7307.

邓筱凡，张宏瑜，吴忠迅，等 . 2022. 荣成马山里海域海草床分布现状及其生态特征 . 海洋学报，44(8): 97-109.

丁波，李伟，胡克 . 2022. 基于同期光学与微波遥感的茅尾海及其入海口水体悬浮物反演 . 自然资源遥感，34(1): 10-17.

丁海燕 . 2021. 盐城海岸线 30 年变迁及海岸带可持续发展路径 . 盐城师范学院学报 (人文社会科学版)，41(4): 11-20.

丁蕾，马毅 . 2015. 基于现场光谱的黄河口湿地芦苇生物量估算模型研究 . 海洋环境科学，34(5): 718-722, 728.

丁平兴 . 2016. 气候变化影响下我国典型海岸带演变趋势与脆弱性评估 . 北京 : 科学出版社 .

杜碧兰 . 1997. 海平面上升对中国沿海主要脆弱区的影响及对策 . 北京 : 海洋出版社 .

高芳磊，王浩东，郭宏宇，等 . 2015. 盐地碱蓬和芦苇苗期的竞争作用 . 湿地科学，13(5): 582-586.

关道明 . 2012. 中国滨海湿地 . 北京 : 海洋出版社 .

郭雅琼，马进荣，邹国良，等 . 2016. 钦州湾湾口填海对茅尾海水交换能力的影响 . 水运工程，(6): 84-92, 124.

何霄嘉，张九天，仉天宇，等 . 2012. 海平面上升对我国沿海地区的影响及其适应对策 . 海洋预报，29(6): 84-91.

贺强，安渊，崔保山 . 2010. 滨海盐沼及其植物群落的分布与多样性 . 生态环境学报，19(3): 657-664.

侯明行，刘红玉，张华兵，等 . 2013. 盐城淤泥质滨海湿地 DEM 构建及其精度评估研究 . 海洋科学进展，31(2): 196-204.

侯森林，余晓韵，鲁长虎 . 2012. 盐城自然保护区射阳河口越冬期鸻鹬类生境选择 . 安徽农业大学学报，39(6): 984-988.

胡惠民，黄立人，杨国华 . 1992. 长江三角洲及其邻近地区的现代地壳垂直运动 . 地理学报，47(1): 22-30.

胡星云，孙志高，孙文广，等 . 2017. 黄河口新生湿地碱蓬生物量及氮累积与分配对外源氮输入的响应 . 生态学报，37(1): 226-237.

黄倩 . 2020. 旅游目的地脆弱性对旅游突发事件的影响机制 . 泉州 : 华侨大学博士学位论文 .

黄小平，江志坚，张景平，等 . 2018. 全球海草的中文命名 . 海洋学报，40(4): 127-133.

黄星，袁菁菁，马基仪，等 . 2022. 沙井港不同湿地植被群落沉积物中有机碳含量与分布特征 . 科学技术创新，(2): 25-28.

霍浩然，邹志利，常承书 . 2018. 黄河口地貌形态演变过程数值模拟 . 海岸工程，37(2): 1-14.

季子修，蒋自巽，朱季文，等 . 1994. 海平面上升对长江三角洲附近沿海潮滩和湿地的影响 . 海洋与湖沼，

25(6): 582-590.

贾建军, 高抒, 薛允传, 等 . 2004. 山东荣成月湖潮汐汊道系统的沉积物平衡问题: 兼论人类活动的影响 . 地理科学, 24(1): 83-88.

江志红, 吴统文, 俞永强, 等 . 2022. 中国气候变化的年代际预测和未来预估 //《第四次气候变化国家评估报告》编写委员会 . 第四次气候变化国家评估报告 . 北京: 科学出版社: 90-125.

劳世毓, 邢维东, 李灿 . 2010. 钦州市近 56a 降水变化特征分析 . 云南大学学报 (自然科学版), 32(S2): 201-204.

黎树式, 黄鹄 . 2018. 近 50 年钦江水沙变化研究 . 广西科学, 25(4): 409-417.

李海福 . 2020. 辽河口湿地潮滩区淤蚀动态特征与生态稳定性研究 . 泰安: 山东农业大学博士学位论文 .

李恒鹏, 杨桂山 . 2001. 长江三角洲与苏北海岸动态类型划分及侵蚀危险度研究 . 自然灾害学报, 10(4): 20-25.

李洪辰, 张沛东, 李文涛, 等 . 2019. 黄海镇鮱岛海域海草床数量分布及其生态特征 . 海洋科学, 43(4): 46-51.

李贞 . 2010. 广西海岸带孢粉组合特征及近百年来沉积环境演变 . 上海: 华东师范大学硕士学位论文 .

李政, 李文涛, 杨晓龙, 等 . 2020. 威海荣成桑沟湾海域海草床分布现状及其生态特征 . 海洋科学, 44(10): 52-59.

李政, 李文涛, 杨晓龙, 等 . 2021. 威海双岛湾海域海草分布及其生态特征 . 渔业科学进展, 42(2): 176-183.

廉毅, 沈柏竹, 高枞亭, 等 . 2005. 中国气候过渡带干旱化发展趋势与东亚夏季风、极涡活动相关研究 . 气象学报, 63(5): 740-749.

林桂兰, 许江, 于东生, 等 . 2012. 广西茅尾海河口湾资源环境演变趋势和综合整治初探 . 海洋开发与管理, 29(1): 91-97.

林鹏 . 2006. 海洋高等植物生态学 . 北京: 科学出版社 .

刘广山 . 2016. 海洋放射年代学 . 厦门: 厦门大学出版社 .

刘红玉, 周奕, 郭紫茹, 等 . 2021. 盐沼湿地大规模恢复的概念生态模型: 以盐城为例 . 生态学杂志, 40(1): 278-291.

刘金平, 任艳群, 陶辉, 等 . 2022. 中国高温热浪对碳排放量的响应 . 中国环境科学, 42(1): 415-424.

刘青松, 李杨帆, 朱晓东 . 2003. 江苏盐城自然保护区滨海湿地生态系统的特征与健康设计 . 海洋学报, 25(3): 143-148.

刘润红, 梁士楚, 赵红艳, 等 . 2017. 中国滨海湿地遥感研究进展 . 遥感技术与应用, 32(6): 998-1011.

刘涛, 刘莹, 乐远福 . 2017. 红树林湿地沉积速率对于气候变化的响应 . 热带海洋学报, 36(2): 40-47.

刘翔 . 2018. 盐城滨海湿地不同入侵年限互花米草空间格局及其变化特征 . 南京: 南京师范大学硕士学位论文 .

卢晓宁, 张静怡, 洪佳, 等 . 2016. 基于遥感影像的黄河三角洲湿地景观演变及驱动因素分析 . 农业工程学报, 32(S1): 214-223.

陆健健 . 1998. 中国湿地研究和保护 . 上海: 华东师范大学出版社 .

孟泰舟 . 2020. 辽河入海口两岸翅碱蓬分布变化情况及退化影响因素分析 . 现代农业科技, (11): 216-217.

莫剑, 卢远, 王丹媛, 等 . 2020. 广西钦江流域水沙年际变化规律分析 . 水利水电技术, 51(1): 130-138.

莫永杰, 廖思明, 葛文标, 等 . 1995. 现代海平面上升对广西沿海影响的初步分析 . 广西科学, 2(1): 38-41, 62.

潘良浩, 史小芳, 范航清 . 2015. 茳芏 (Cyperus malaccensis Lam.) 生物量估测模型 . 广西科学院学报, 31(4): 259-263.

潘良浩, 史小芳, 曾聪, 等 . 2017. 广西滨海盐沼生态系统研究现状及展望 . 广西科学, 24(5): 453-461.

潘良浩 . 2011. 广西茅尾海茳芏种群生理生态学研究 . 南宁: 广西大学硕士学位论文 .

钦州市地方志编纂委员会.2000.钦州市志.南宁：广西人民出版社.

邱广龙.2021.海草第一大国—澳大利亚的海草资源现状、恢复、监测与研究.广西科学院学报,37(3): 171-177.

邱广龙,苏治南,钟才荣,等.2016.濒危海草贝克喜盐草在海南东寨港的分布及其群落基本特征.广西植物,36(7): 882-889.

盛芳,智海,刘海龙,等.2016.中国近海海平面变化趋势的对比分析.气候与环境研究,21(3): 346-356.

史培军.2002.三论灾害研究的理论与实践.自然灾害学报,11(3): 1-9.

宋怀荣,苏国辉,孙记红,等.2021.基于随机森林的盐城湿地近20年景观格局变化.海洋地质前沿, 37(12): 75-82.

孙万龙,孙志高,田莉萍,等.2017.黄河三角洲潮间带不同类型湿地景观格局变化与趋势预测.生态学报,37(1): 215-225.

涂志刚,韩涛生,陈晓慧,等.2016.海南陵水新村港与黎安港海草特别保护区大型底栖动物群落结构与多样性.海洋环境科学,35(1): 41-48.

王爱军,高抒,贾建军,等.2005.江苏王港盐沼的现代沉积速率.地理学报,60(1): 61-70.

王宝强,苏珊,彭仲仁,等.2015.海平面上升对沿海湿地的影响评估.同济大学学报(自然科学版), 43(4): 569-575.

王聪,刘红玉.2014.江苏淤泥质潮滩湿地互花米草扩张对湿地景观的影响.资源科学,36(11): 2413-2422.

王道儒,吴钟解,陈春华,等.2012.海南岛海草资源分布现状及存在威胁.海洋环境科学,31(1): 34-38.

王法明,唐剑武,叶思源,等.2021.中国滨海湿地的蓝色碳汇功能及碳中和对策.中国科学院院刊, 36(3): 241-251.

王国栋,吕宪国,刘兴土,等.2019.植物对滨海湿地地面高程变化的影响研究进展.湿地科学,17(3): 261-266.

王丽华,王峰.2012.辽河口湿地资源与环境承载力分析及其可持续利用.水资源与水工程学报,23(3): 58-61.

王龙.2013.基于19年卫星测高数据的中国海海平面变化及其影响因素研究.青岛：中国海洋大学硕士学位论文.

王锁民,崔彦农,刘金祥,等.2016.海草及海草场生态系统研究进展.草业学报,25(11): 149-159.

王雪,罗新正.2013.海平面上升对广西珍珠港红树林分布的影响.烟台大学学报：自然科学与工程版, 26(3): 225-230.

王旖旎,康亚茹,陈旭,等.2021.辽河口潮滩湿地景观格局空间演变的动态分析.大连海洋大学学报, 36(6): 1009-1017.

王中建.2022.海岸带保护修复工程系列标准发布.中国自然资源报,2022-04-05(1).

韦江玲.2011.镉胁迫对苎麻生理生态特征的影响.安徽农业科学,39(20): 12125-12128.

魏炜,李程程,莫崇勋,等.2021.广西沿海城市近65年降水演变特征及归因分析.广西水利水电,(2): 47-51.

吴瑞,王道儒.2013.海南省海草床现状和生态系统修复与重建.海洋开发与管理,30(6): 69-72.

吴文挺,田波,周云轩,等.2016.中国海岸带围垦遥感分析.生态学报,36(16): 5007-5016.

吴钟解,陈石泉,王道儒,等.2014.海南岛东海岸海草床生态系统健康评价.海洋科学,38(8): 67-74.

武夕琳,刘庆生,刘高焕,等.2019.高温热浪风险评估研究综述.地球信息科学学报,21(7): 1029-1039.

夏成琪,毋语菲.2021.盐城海岸带土地利用与景观空间格局动态变化分析.西南林业大学学报(自然科学),41(1): 140-149.

夏鹏,孟宪伟,丰爱平,等.2015.压实作用下广西典型红树林区沉积速率及海平面上升对红树林迁移

效应的制衡 . 沉积学报 , 33(3): 551-560.

肖德荣 . 2010. 长江河口盐沼湿地外来物种互花米草扩散方式与机理研究 . 上海 : 华东师范大学博士学位论文 .

谢宝华 , 韩广轩 . 2018. 外来入侵种互花米草防治研究进展 . 应用生态学报 , 29(10): 3464-3476.

解雪峰 , 孙晓敏 , 吴涛 , 等 . 2020. 互花米草入侵对滨海湿地生态系统的影响研究进展 . 应用生态学报 , 31(6): 2119-2128.

徐步欣 . 2022. 海南不同区域海草床底栖食物网表征分析 . 三亚 : 海南热带海洋学院硕士学位论文 .

许帅 . 2019. 黄渤海典型鳗草海草床声呐探测及种子保存研究 . 青岛 : 中国科学院海洋研究所硕士学位论文 .

闫晓露 , 钟敬秋 , 韩增林 , 等 . 2019. 近 40 年辽东湾北部围垦区内外滨海湿地景观演替特征及驱动力分析 . 地理科学 , 39(7): 1155-1165.

杨顶田 . 2017. 中国海草分布、生态系统结构及碳通量遥感 . 北京 : 科学出版社 .

杨顶田 , 刘素敏 , 单秀娟 . 2013. 海草碳通量的卫星遥感检测研究进展 . 热带海洋学报 , 32(6): 108-114.

杨桂山 , 施雅风 , 季子修 . 2002. 江苏淤泥质潮滩对海平面变化的形态响应 . 地理学报 , 57(1): 76-84.

叶叔华 . 1997. 运动的地球 . 长沙 : 湖南科学技术出版社 .

叶思源 , 谢柳娟 , 何磊 . 2021. 湿地 : 地球之肾 生命之舟 . 北京 : 科学出版社 .

易思 , 谭金凯 , 李梦雅 , 等 . 2017. 长江口海平面上升预测及其对滨海湿地影响 . 气候变化研究进展 , 13(6): 598-605.

尹小岚 , 谭程月 , 柯樱海 , 等 . 2024. 1973—2020 年黄河三角洲滨海盐沼湿地景观格局演化模式和驱动因素 . 生态学报 , 44(1): 67-80.

张华兵 . 2013. 自然和人为影响下海滨湿地景观演变特征与机制研究 . 南京 : 南京师范大学博士学位论文 .

张华兵 , 甄艳 , 吴菲儿 , 等 . 2020. 滨海湿地生境质量演变与互花米草扩张的关系 : 以江苏盐城国家级珍禽自然保护区为例 . 资源科学 , 42(5): 1004-1014.

张金芝 , 黄海军 , 毕海波 , 等 . 2016. SBAS 时序分析技术监测现代黄河三角洲地面沉降 . 武汉大学学报 (信息科学版), 41(2): 242-248.

张明亮 . 2022. 滨海盐沼湿地退化机制及生态修复技术研究进展 . 大连海洋大学学报 , 37(4): 539-549.

张通 , 俞永强 , 效存德 , 等 . 2022. IPCC AR6 解读 : 全球和区域海平面变化的监测和预估 . 气候变化研究进展 , 18(1): 12-18.

张学勤 , 王国祥 , 王艳红 , 等 . 2006. 江苏盐城沿海滩涂淤淀蚀及湿地植被消长变化 . 海洋科学 , 30(6): 35-39.

赵宁 . 2024. 来自"海底草原"的声音 . 自然资源通讯 , (8): 22-23.

赵鹏 . 2016. 荣成月湖海草床和大天鹅分布观测与格局分析 . 北京 : 中国科学院大学博士学位论文 .

赵欣胜 , 吕卷章 , 孙涛 . 2009. 黄河三角洲植被分布环境解释及柽柳空间分布点格局分析 . 北京林业大学学报 , 31(3): 29-36.

赵雪 , 刘大为 , 李家存 , 等 . 2018. 基于 RS 的辽河口三角洲现代沉积体形态演变研究 . 海洋开发与管理 , 35(1): 73-78.

郑凤英 , 邱广龙 , 范航清 , 等 . 2013. 中国海草的多样性、分布及保护 . 生物多样性 , 21(5): 517-526.

中国海湾志编纂委员会 . 1993. 中国海湾志 : 第十二分册 (广西海湾). 北京 : 海洋出版社 .

中国科学院 . 2022. 我国"海洋之肺"须倍加呵护 . https://www. cas. cn/kx/kpwz/202209/t20220915_4847668. shtml. [2024-01-23].

周波涛 , 钱进 . 2021. IPCC AR6 报告解读 : 极端天气气候事件变化 . 气候变化研究进展 , 17(6): 713-718.

周晨昊 , 毛覃愉 , 徐晓 , 等 . 2016. 中国海岸带蓝碳生态系统碳汇潜力的初步分析 . 中国科学 : 生命科学 , 46(4): 475-486.

周毅 , 江志坚 , 邱广龙 , 等 . 2023. 中国海草资源分布现状、退化原因与保护对策 . 海洋与湖沼 , 54(5): 1248-1257.

朱冬 . 2015. 江苏中部海岸潮滩沉积速率大面积测算方法 . 南京 : 南京大学硕士学位论文 .

祝振昌，张利权，肖德荣. 2011. 上海崇明东滩互花米草种子产量及其萌发对温度的响应. 生态学报，31(6): 1574-1581.

自然资源部. 2021. 2020 中国海平面公报.

自然资源部. 2023. 废弃养殖蜕变红滩绿苇，盐沼湿地修复助推双碳目标—辽宁团山国家级海洋公园生态修复项目. https://mp. weixin. qq. com/s/NwHVTn2DXX1dzYSXEBsquA. [2024-01-23].

自然资源部北海局. 2022. 聚焦渤海综合治理攻坚战生态修复之河北篇. https://ncs. mnr. gov. cn/n1/n127/n134/220711164400174640. html. [2024-01-23].

Adam P. 1990. Salt Marsh Ecology. Cambridge: Cambridge University Press.

Adger W N. 2006. Vulnerability. Global Environmental Change, 16(3): 268-281.

Arias-Ortiz A, Serrano O, Masqué P, et al. 2018. A marine heat wave drives massive losses from the world's largest seagrass carbon stocks. Nature Climate Change, 8(4): 338-344.

Asplund M E, Dahl M, Ismail R O, et al. 2021. Dynamics and fate of blue carbon in a mangrove-seagrass seascape: influence of landscape configuration and land-use change. Landscape Ecology, 36(5): 1489-1509.

Barbier E B, Hacker S D, Kennedy C, et al. 2011. The value of estuarine and coastal ecosystem services. Ecological Monographs, 81(2): 169-193.

Baustian J J, Mendelssohn I A, Hester M W. 2012. Vegetation's importance in regulating surface elevation in a coastal salt marsh facing elevated rates of sea level rise. Global Change Biology, 18(11): 3377-3382.

Chen G W, Jin R J, Ye Z J, et al. 2022. Spatiotemporal mapping of salt marshes in the intertidal zone of China during 1985-2019. Journal of Remote Sensing: 9793626.

Chu Z X, Sun X G, Zhai S K, et al. 2006. Changing pattern of accretion/erosion of the modern Yellow River (Huanghe) subaerial delta, China: based on remote sensing images. Marine Geology, 227(1/2): 13-30.

de Boer W F. 2007. Seagrass-sediment interactions, positive feedbacks and critical thresholds for occurrence: a review. Hydrobiologia, 591(1): 5-24.

Dennison W C, Orth R J, Moore K A, et al. 1993. Assessing water quality with submersed aquatic vegetation: habitat requirements as barometers of Chesapeake Bay health. BioScience, 43(2): 86-94.

Duarte C M. 1991. Seagrass depth limits. Aquatic Botany, 40(4): 363-377.

Fang S B, Zhang X S, Jia X B, et al. 2009. Evaluation of potential habitat with an integrated analysis of a spatial conservation strategy for David's deer, *Elaphurus davidians*. Environmental Monitoring and Assessment, 150(1): 455-468.

Fox-Kemper B, Hewitt H T, Xiao C, et al. 2021. Ocean, cryosphere and sea level change//Masson-Delmotte V, Zhai P, Pirani A, et al. Climate Change 2021: the Physical Science Basis. Contribution of Working Group I to the Sixth Assessment Report of the Intergovernmental Panel on Climate Change. Cambridge, New York: Cambridge University Press.

Frölicher T L, Fischer E M, Gruber N. 2018. Marine heatwaves under global warming. Nature, 560(7718): 360-364.

Gu J L, Luo M, Zhang X J, et al. 2018. Losses of salt marsh in China: trends, threats and management. Estuarine, Coastal and Shelf Science, 214: 98-109.

Hobday A J, Alexander L V, Perkins S E, et al. 2016. A hierarchical approach to defining marine heatwaves. Progress in Oceanography, 141: 227-238.

Huete A, Didan K, Miura T, et al. 2002. Overview of the radiometric and biophysical performance of the MODIS vegetation indices. Remote Sensing of Environment, 83(1-2): 195-213.

IPCC. 1996. The Regional Impaets of Climate Change: An Assessment of Vulnerability. Cambridge: Cambridge University Press.

IPCC. 2001. Climate Change 2001: Impacts, Adaption, and Vulnerability. Cambridge: Cambridge University Press.

IPCC. 2014. Climate Change 2014: Impacts, Adaptation, and Vulnerability. Part A: Global and Sectoral Aspects. Contribution of Working Group II to the Fifth Assessment Report of the Intergovernmental Panel on Climate Change. Cambridge, New York: Cambridge University Press.

IPCC. 2021. Climate Change 2021: the Physical Science Basis. Contribution of Working Group I to the Sixth Assessment Report of the Intergovernmental Panel on Climate Change. Cambridge, New York: Cambridge University Press.

IPCC. 2022. Climate Change 2022: Impacts, Adaptation, and Vulnerability. Contribution of Working Group II to the Sixth Assessment Report of the Intergovernmental Panel on Climate Change. Cambridge, New York: Cambridge University Press.

Jia M M, Wang Z M, Mao D H, et al. 2021. Rapid, robust, and automated mapping of tidal flats in China using time series sentinel-2 images and Google Earth Engine. Remote Sensing of Environment, 255(1-2): 112285.

Jiang Z J, Liu S L, Zhang J P, et al. 2017. Newly discovered seagrass beds and their potential for blue carbon in the coastal seas of Hainan Island, South China Sea. Marine Pollution Bulletin, 125(1/2): 513-521.

Kopp R E, Horton R M, Little C M, et al. 2014. Probabilistic 21st and 22nd century sea-level projections at a global network of tide-gauge sites. Earth's Future, 2(8): 383-406.

Krauss K W, McKee K L, Lovelock C E, et al. 2014. How mangrove forests adjust to rising sea level. New Phytologist, 202(1): 19-34.

Laufkötter C, Zscheischler J, Frölicher T L. 2020. High-impact marine heatwaves attributable to human-induced global warming. Science, 369(6511): 1621-1625.

Leonard L A, Wren P A, Beavers R L. 2002. Flow dynamics and sedimentation in Spartina alterniflora and Phragmites australis marshes of the Chesapeake Bay. Wetlands, 22(2): 415-424.

Li H, Yang S L. 2009. Trapping effect of tidal marsh vegetation on suspended sediment, Yangtze Delta. Journal of Coastal Research, 254: 915-924.

Lovelock C E, Bennion V, Grinham A, et al. 2011. The role of surface and subsurface processes in keeping pace with sea level rise in intertidal wetlands of Moreton Bay, Queensland, Australia. Ecosystems, 14(5): 745-757.

Lovelock C E, Ellison J C. 2007. Vulnerability of mangroves and tidal wetlands of the Great Barrier Reef to climate change. Great Barrier Reef Marine Park Authority.

Lu W Z, Xiao J F, Lei W, et al. 2018. Human activities accelerated the degradation of saline seepweed red beaches by amplifying top-down and bottom-up forces. Ecosphere, 9(7): e02352.

Lynch J C, Hensel P, Cahoon D R. 2015. The surface elevation table and marker horizon technique: a protocol for monitoring wetland elevation dynamics. National Park Service.

Magee T K, Kentula M E. 2005. Response of wetland plant species to hydrologic conditions. Wetlands Ecology and Management, 13(2): 163-181.

Mao D H, Liu M Y, Wang Z M, et al. 2019. Rapid invasion of Spartina alterniflora in the coastal zone of mainland China: spatiotemporal patterns and human prevention. Sensors, 19(10): 2308.

Mao D H, Wang Z M, Du B J, et al. 2020. National wetland mapping in China: a new product resulting from object-based and hierarchical classification of Landsat 8 OLI images. ISPRS Journal of Photogrammetry and Remote Sensing, 164: 11-25.

Mazarrasa I, Marbà N, Garcia-Orellana J, et al. 2017. Dynamics of carbon sources supporting burial in seagrass sediments under increasing anthropogenic pressure. Limnology and Oceanography, 62(4): 1451-1465.

McLeod E, Chmura G L, Bouillon S, et al. 2011. A blueprint for blue carbon:toward an improved understanding of the role of vegetated coastal habitats in sequestering CO_2. Frontiers in Ecology and the Environment, 9(10): 552-560.

Mcowen C J, Weatherdon L V, van Bochove J W, et al. 2017. A global map of saltmarshes. Biodiversity Data Journal, (5): e11764.

Meng X W, Xia P, Li Z, et al. 2016. Mangrove forest degradation indicated by mangrove-derived organic matter in the Qinzhou Bay, Guangxi, China, and its response to the Asian monsoon during the Holocene climatic optimum. Acta Oceanologica Sinica, 35(2): 95-100.

Murray N J, Phinn S R, DeWitt M, et al. 2019. The global distribution and trajectory of tidal flats. Nature, 565(7738): 222-225.

Nielsen D L, Merrin L E, Pollino C A, et al. 2020. Climate change and dam development: effects on wetland connectivity and ecological habitat in tropical wetlands. Ecohydrology, 13(6): e2228.

Pezeshki S R. 2001. Wetland plant responses to soil flooding. Environmental and Experimental Botany, 46(3): 299-312.

Polsky C, Neff R, Yarnal B. 2007. Building comparable global change vulnerability assessments: the vulnerability scoping diagram. Global Environmental Change, 17(3-4): 472-485.

Tan H J, Cai R S, Huo Y L, et al. 2020. Projections of changes in marine environment in coastal China seas over the 21st century based on CMIP5 models. Journal of Oceanology and Limnology, 38(6): 1676-1691.

Tan H J, Cai R S, Wu R G. 2022. Summer marine heatwaves in the South China Sea: trend, variability and possible causes. Advances in Climate Change Research, 13(3): 323-332.

Vermaat J E, Verhagen F C A, Lindenburg D. 2000. Contrasting responses in two populations of *Zostera noltii* Hornem. to experimental photoperiod manipulation at two salinities. Aquatic Botany, 67(3): 179-189.

Viglione G. 2021. Fevers are plaguing the oceans-and climate change is making them worse. Nature, 593(7857): 26-28.

Wang G D, Wang M, Jiang M, et al. 2017. Effects of vegetation type on surface elevation change in Liaohe River Delta wetlands facing accelerated sea level rise. Chinese Geographical Science, 27(5): 810-817.

Wang G D, Wang M, Lu X G, et al. 2016. Surface elevation change and susceptibility of coastal wetlands to sea level rise in Liaohe Delta, China. Estuarine, Coastal and Shelf Science, 180: 204-211.

Wang Q, Wang C H, Zhao B, et al. 2006. Effects of growing conditions on the growth of and interactions between salt marsh plants: implications for invasibility of habitats. Biological Invasions, 8(7): 1547-1560.

Wang Y N, Zhang M L. 2021. Modeling hydrodynamic and hydrological processes in tidal wetlands. Wetlands, 42(1): 1-14.

Wu M X, Li C W, Du J, et al. 2019. Quantifying the dynamics and driving forces of the coastal wetland landscape of the Yangtze River Estuary since the 1960s. Regional Studies in Marine Science, 32: 100854.

Xu S C, Xu S, Zhou Y, et al. 2021. Long-term changes in the unique and largest seagrass meadows in the Bohai Sea (China) using satellite (1974-2019) and sonar data: implication for conservation and restoration. Remote Sensing, 13(5): 856.

Yue S D, Zhou Y, Xu S C, et al, 2021. Can the non-native salt marsh halophyte Spartina alterniflora threaten native seagrass (*Zostera japonica*) habitats? A case study in the Yellow River Delta, China. Frontiers in Plant Science, 12: 643425.

Zhang K Q, Douglas B C, Leatherman S P. 2004. Global warming and coastal erosion. Climatic Change, 64(1): 41-58.

Zheng Z S, Zhou Y X, Tian B, et al. 2016. The spatial relationship between salt marsh vegetation patterns, soil elevation and tidal channels using remote sensing at Chongming Dongtan Nature Reserve, China. Acta Oceanologica Sinica, 35(4): 26-34.

Zhou P, Liu Z Y. 2018. Likelihood of concurrent climate extremes and variations over China. Environmental Research Letters, 13(9): 094023.

Zscheischler J, Michalak A M, Schwalm C, et al. 2014. Impact of large-scale climate extremes on biospheric carbon fluxes: an intercomparison based on MsTMIP data. Global Biogeochemical Cycles, 28(6): 585-600.

Zuo P, Zhao S H, Liu C A, et al. 2012. Distribution of Spartina spp. along China's coast. Ecological Engineering, 40: 160-166.

第 4 章

珊 瑚 礁

4.1 引　　言

　　暖水珊瑚礁（以下简称珊瑚礁）主要分布在热带或亚热带浅海海域，其中印度洋 - 太平洋海区和大西洋 - 加勒比海区珊瑚礁面积占全球珊瑚礁总面积的 80% 以上（Donner，2009）。珊瑚礁是由大量珊瑚虫的骨骼以及石灰质藻类在数百年至数千年的生长过程中堆积形成的一种礁石结构，主要成分是碳酸钙，为许多海洋动植物提供了生活环境，包括蠕虫、软体动物、海绵、棘皮动物、甲壳动物和鱼类，因此珊瑚礁常被称为海洋中的"热带雨林"。珊瑚礁生态系统较高的生产力和丰富的多样性主要归功于珊瑚虫与虫黄（绿）藻等微藻之间的共生关系：通过光合作用，虫黄（绿）藻等微藻不仅能为珊瑚虫提供丰富的营养物质和氧气，还能够清除造礁石珊瑚生长过程中的代谢废物，而珊瑚宿主则为虫黄（绿）藻提供居所，供应无机营养，包括二氧化碳、磷酸盐和硝酸盐。然而，当环境条件恶化时，这种共生关系将受到破坏，严重时可导致虫黄（绿）藻等共生藻的密度急剧下降，使得珊瑚失去体内共生的虫黄（绿）藻，进而失去体内色素并露出白色骨骼，导致五彩缤纷的珊瑚变白的生态现象，即珊瑚白化。珊瑚白化后一般并不会立即死亡，如果在短期内环境恢复到正常状态，珊瑚通常可以复原，但是若长期处于严重白化状态或频繁暴发严重白化事件，最终将导致珊瑚死亡。

　　珊瑚主要分为两大类：一类是造礁石珊瑚，通常称为造礁珊瑚或硬珊瑚（本章主要关注造礁石珊瑚，有时简称珊瑚）；另一类是软珊瑚。珊瑚对于生境的要求极高，受到水温、光、盐度、pH、营养物、水深和海水文石饱和状态等因素的共同制约。影响珊瑚白化的自然因子包括海温、海水酸度、海平面、珊瑚疾病、热带风暴强度和频率的变化等，人为因子包括过度捕捞、破坏性捕鱼、陆源沉积、污染以及开发造成的生境改变等。

　　近几十年来，在人类活动和气候变化的共同影响下，珊瑚礁在全球范围内出现严重的退化，覆盖率明显下降。研究表明，全球 27% 的珊瑚礁已经消失，其中加勒比海和印度洋 - 太平洋海域的珊瑚覆盖率在过去的 40 多年减少了 50%（Bruno and Selig，2007）。大规模的珊瑚白化事件由长时间的热应激所引起，越来越频繁和严重的海洋热浪造成的珊瑚白化，已成为全球珊瑚礁生态系统衰退的重要原因之一。例如，1998 年发生厄尔尼诺 - 南方涛动事件，异常的高海温导致全球珊瑚礁发生大面积白化甚至死亡，印度洋中部的情况最为严重，超 90% 的珊瑚礁发生白化，损失惨重（Lough，2000）；2016 年和 2017 年受海洋热浪的影响，澳大利亚大堡礁约有一半的造礁石珊瑚因海水升温而死亡。IPCC 发布的特别报告指出，到 21 世纪末全球多数海洋或海岸带生态系统将面临较高的气候变化风险，其中暖水珊瑚礁生态系统尤其严重，当全球升温 1.5（2.0）℃，70% ～ 90%（99%）的珊瑚将消失（IPCC，2018，2019）。按照当前的气候变暖速率，预计到 2030 年（全球升温 1.5℃）全球约 70% 的珊瑚礁可能会发生白化事件，到 2070 年（全球升温 2.0℃）几乎所有的珊瑚礁可能消失。

中国的珊瑚礁总面积约为 3.8 万 km^2，共有造礁石珊瑚 2 个类群 16 科 77 属 450 种，分别占全球珊瑚礁面积和珊瑚种数的 5% 和 50%（Hughes et al.，2013；余克服，2018；黄林韬等，2020）。尽管中国拥有丰富的珊瑚礁资源，但过去对珊瑚礁生态系统的重视程度相当低，对于现代珊瑚礁白化现象的监测和研究相对较晚（李淑和余克服，2007）。观测结果表明，南海珊瑚礁生态系统处于快速的退化状态，珊瑚覆盖率明显下降。过去几十年来，中国近岸的珊瑚消失了 80% 以上，南海的群岛和环礁上珊瑚平均覆盖率从 60% 以上下降到 20% 左右（Hughes et al.，2013）。与全球暖水珊瑚礁相比，南海珊瑚礁的退化速率更高。自 1960 年以来，南海海水温度显著上升，远高于全球海洋平均水平（Cai et al.，2016，2017；蔡榕硕和谭红建，2024），在 RCP4.5、RCP8.5 情景下，到 21 世纪中叶和末期，南海很可能成为全球热带海域升温幅度最大的海区之一（Tan et al.，2020）。当全球平均温度上升 1.5℃时，海洋热浪发生的频率将是 1982 ～ 2016 年水平的 16 倍；当全球平均温度上升 3.5℃时，这一频率将提高至 1982 ～ 2016 年水平的 41 倍（Frölicher and Laufkötter，2018）。因此，在气候变暖加剧的背景下，未来中国暖水珊瑚礁生态系统的健康状态及其服务功能更是堪忧，很可能面临更高的气候变化综合风险。

为此，本章主要基于历史文献、遥感数据、现场调查数据和数值模拟结果，重点检测中国珊瑚礁面积或珊瑚覆盖率变化，并进行归因分析，研究珊瑚礁主要气候致灾因子变化趋势及其对珊瑚礁的影响，诠释珊瑚礁全球变化综合风险系统的构成及机制，构建珊瑚礁气候变化综合风险评估指标体系，评估珊瑚礁对气候变化和人类活动干扰的响应特征及脆弱性，预估不同气候情景下未来南海发生大规模珊瑚白化事件的风险，分析并提出中国珊瑚礁生态系统适应气候变化的策略措施，从而为降低中国珊瑚礁气候变化综合风险提供科学依据。

4.2　数据与方法

4.2.1　数据

1. 珊瑚礁数据

中国珊瑚主要分布在南海、东海南部和大陆架外侧。受纬度和温度的影响，华南地区沿岸潮下浅水区断续分布造礁石珊瑚，其中广西涠洲岛和广东徐闻的造礁石珊瑚能成礁，再往北分布的则形成了造礁石珊瑚群落，如分布在广东大亚湾和福建东山的造礁石珊瑚群落（张乔民，2001）。目前文献记载的中国分布最北的造礁石珊瑚活体位于福建和浙江交界处的台山列岛（杨顺良等，2015）。

珊瑚礁数据有以下 3 个来源：①全球珊瑚信息网（Reefbase）；②国内外文献（主要是中文文献）；③本章作者团队近年来开展的调查。数据内容包括调查时间和地点，以及珊瑚的物种分布、覆盖率、白化率及严重程度等，不同数据来源所包含的数据内容也不尽相同。

珊瑚礁生态系统现场调查主要参照《海岸带生态系统现状调查与评估技术导则 第 5 部分 珊瑚礁》（T/CAOE 20.5—2020）执行。在水下 2 ～ 4 m、5 ～ 7 m 和 9 ～ 12 m 处沿等深线分别布设一条长 50 m 的断面样带，断面数量视水下珊瑚实际分布情况作适当调整。沿布设的样带进行水下录像与拍照，获取的数据资料用于分析造礁石珊瑚的生境状况、分布、种类、覆盖率、死亡率和补充量等。在样带两侧 2.5 m 范围内随机放置 50 cm×50 cm 样方，每条样带拍摄 10 张样方照片，用于分析造礁石珊瑚补充量。此外，各站位海水要素调查参照《海洋监测规范》（GB 17378—2007）和《海洋调查规范》（GB/T 12763—2007）执行。

数据分析采用截点样带法（邹仁林，2001），以 10 cm 刻度正下方为第一个判读点，此后每隔 10 cm 判读一个点，直至 50 m 处。统计样带所有判读点处的底质类型及出现的造礁石珊瑚种类、死亡个体和白化个体的数量。造礁石珊瑚物种的鉴定参考《中国动物志 腔肠动物门 珊瑚虫纲 石珊瑚目 造礁石珊瑚》（邹仁林，2001）、《香港石珊瑚图鉴》（陈乃观等，2005）和《台湾珊瑚全图鉴（上）：石珊瑚》（戴昌凤和郑有容，2020）等，并采用最新的造礁石珊瑚分类名录进行厘定和统计（黄林韬等，2020）。造礁石珊瑚补充量为样方内最大直径不超过 2 cm 的造礁石珊瑚幼体的数量与样方面积的比值，单位为 $ind./m^2$。造礁石珊瑚补充幼体鉴定到科或属，且应注意区别幼体与破损后仅剩的小块活体。

通过多样性指数（H'）和均匀度指数（J'）分析各站位造礁石珊瑚的多样性，以反映珊瑚礁区生物多样性的整体特征（赵美霞等，2006）。利用优势度（Y）确定造礁石珊瑚优势种，即 $Y > 0.02$ 的种类确定为优势种。具体算法为

$$H' = -\sum_{i=1}^{s} p_i \ln p_i , \quad p_i = \frac{n_i}{N} \tag{4.1}$$

$$J' = \frac{H'}{H_{max}} , \quad H_{max} = \ln S \tag{4.2}$$

$$Y = \frac{n_i}{N} f_i \tag{4.3}$$

式中，N 为所有站位所有造礁石珊瑚的总个体数；n_i 为第 i 种造礁石珊瑚的总个体数；S 为造礁石珊瑚的种类总数；f_i 为第 i 种造礁石珊瑚在各站位的出现频率。

2. 海温数据

在未来气候变化多样的前提下，气候系统模式成为当前预估未来气候变化的首要工具。为促进气候系统模式的发展，1995 年世界气候研究计划建立了耦合模式比较计划（CMIP）。本章主要采用第五次国际耦合模式比较计划（CMIP5）的模式结果。参加 CMIP5 的有世界各地的 20 多个气候系统研究中心的 40 多个模式，其中有 4 个是中国模式。CMIP5 的模式结果包括长期预估和近期预测两大类，主要考虑三个方面：①历史强迫试验；②未来温室气体排放情景（RCPs）；③对于碳 - 气候反馈的敏感性模

拟（给定人为 CO_2 排放量）。历史试验主要用于模式评估和认识历史气候，模拟时间为工业化时期的 1860 ~ 2005 年；未来试验主要为 4 个具有代表性的温室气体排放情景（RCP2.6、RCP4.5、RCP6.0、RCP8.5），即给定不同的温室气体排放浓度（运行到 2100 年），分别对应不同的辐射强迫（2.6 W/m²、4.5 W/m²、6.0 W/m²、8.5 W/m²）（Taylor et al.，2012）。本章选取 3 种不同的温室气体排放情景（RCP2.6、RCP4.5、RCP8.5）的模式结果进行分析。

本章应用 CMIP5 的输出数据（模式的名称及相关信息见表 4.1），研究全球变暖背景下未来几十年至近百年中国近海 SST 的时空变化特征，包括 SST 变化的关键区域和中长期的变化趋势。

表 4.1 预估未来海温使用的 CMIP5 模式的名称及相关信息

序号	模式名称	国家（机构）	分辨率（经向 × 纬向）	气候情景
1	ACCESS1-3	澳大利亚（CSIRO）	300×360	RCP4.5、RCP8.5
2	BCC-CSM1.1-m	中国（CMA-BCC）	232×360	RCP2.6、RCP4.5、RCP8.5
3	BNU-ESM	中国（BNU）	200×360	RCP2.6
4	CanESM2	加拿大（CCCMA）	192×256	RCP2.6、RCP4.5、RCP8.5
5	CCSM4	美国（NCAR）	384×320	RCP2.6、RCP4.5、RCP8.5
6	CESM-CAM5	美国（NCAR）	384×320	RCP2.6、RCP4.5、RCP8.5
7	CMCC-CESM	意大利（CMCC）		RCP8.5
8	CMCC-CM	意大利（CMCC）	149×182	RCP4.5、RCP8.5
9	CMCC-CMS	意大利（CMCC）	149×182	RCP4.5、RCP8.5
10	CNRM-CM5	法国（CERFACS）	292×362	RCP2.6、RCP4.5、RCP8.5
11	CSIRO-Mk3-6-0	澳大利亚（CSIRO-QCCCE）	189×192	RCP2.6、RCP4.5、RCP8.5
12	CSIRO-Mk3L-1-2	澳大利亚（CSIRO-QCCCE）	112×128	RCP4.5
13	EC-EARTH	欧盟（EC-EARTH）	292×362	RCP2.6、RCP4.5、RCP8.5
14	FIO-ESM	中国（SOA-FIO）	384×320	RCP2.6、RCP4.5、RCP8.5
15	FGOALS-s2	中国（IAP）	196×360	RCP2.6、RCP4.5、RCP8.5
16	GFDL-CM3	美国（NOAA-GFDL）	200×360	RCP2.6、RCP4.5、RCP8.5
17	GFDL-ESM2M	美国（NOAA-GFDL）	210×360	RCP2.6、RCP4.5、RCP8.5
18	GFDL-ESM2G	美国（NOAA-GFDL）	200×360	RCP2.6、RCP4.5、RCP8.5
19	GISS-E2-H	美国（NASA）	90×144	RCP2.6、RCP4.5、RCP8.5
20	GISS-E2-R-CC	美国（NASA）	90×144	RCP4.5、RCP8.5
21	HadGEM2-AO	韩国（NIMR）	216×360	RCP2.6、RCP4.5、RCP8.5
22	HadGEM2-CC	英国（MOHCCP）	216×360	RCP4.5、RCP8.5
23	HadGEM2-ES	英国（MOHCCP）	216×360	RCP2.6、RCP4.5、RCP8.5
24	INMCM4	俄罗斯（INM）	340×360	RCP4.5、RCP8.5
25	IPSL-CM5A-LR	法国（IPSL）	149×182	RCP2.6、RCP4.5、RCP8.5
26	IPSL-CM5A-MR	法国（IPSL）	149×182	RCP2.6、RCP4.5、RCP8.5
27	IPSL-CM5B-LR	法国（IPSL）	149×182	RCP4.5、RCP8.5

序号	模式名称	国家（机构）	分辨率（经向 × 纬向）	气候情景
28	MIROC-ESM	日本（MIROC）	192×256	RCP2.6、RCP4.5、RCP8.5
29	MPI-ESM-LR	德国（MPI）	220×256	RCP4.5、RCP8.5
30	MPI-ESM-MR	德国（MPI）	404×802	RCP2.6、RCP4.5、RCP8.5
31	MRI-CGCM3	日本（MRI）	368×360	RCP2.6、RCP4.5、RCP8.5
32	MRI-ESM1	日本（MRI）	368×360	RCP8.5
33	NorESM1-ME	挪威（NCC）	384×320	RCP2.6、RCP4.5、RCP8.5

4.2.2　方法

1. 珊瑚礁气候变化综合风险评估指标体系的构建

基于 IPCC 气候变化综合风险的核心概念和理论（IPCC，2014），珊瑚礁与气候变化相关的风险来自气候致灾因子危害性 [如海洋热浪暴发的危害性（如强度和频率）] 与其暴露度（即珊瑚礁暴露于高海温的分布范围）和脆弱性（敏感性和适应性）的相互作用，通过参考珊瑚礁评估的相关研究（牛文涛等，2009；李元超等，2015；陈刚等，2016；孙有方等，2018），本章根据实际调查情况，分析并选取了具有代表性的指标，构建了中国珊瑚礁气候变化综合风险评估指标体系。

考虑到海洋变暖引起的珊瑚白化是未来南海珊瑚礁生态系统面临的主要气候变化风险，因此气候致灾因子危害性指标选取了海水升温。尽管其他因素也是影响珊瑚礁的重要因子，如海洋酸化、文石饱和度，但这两种因子有两个特点，一是缓发性，二是在南海海盆尺度内空间差异很小，且可获取的数据有限，因此暂不予考虑。

珊瑚礁的暴露度主要是考虑珊瑚礁海域中珊瑚的覆盖分布，此处以珊瑚覆盖率来表征。珊瑚礁的脆弱性包括敏感性和适应性。对于敏感性，主要选取珊瑚种类数 / 种数、覆盖率、多样性与均匀性指数；生物多样性越低，系统越不稳定，敏感性越高。此外，敏感性还考虑了珊瑚礁对水质变化和人类活动的敏感程度，但对人类活动（如旅游业、渔业捕捞、工业和人工岛建设以及海水养殖业）指标的充分量化还较困难，且可获取的数据有限，因此主要是从定性和定量相结合的角度进行分析评估。对于适应性，主要考虑珊瑚的自身属性，如珊瑚补充量，也考虑人类社会属性的适应性要素，如受损珊瑚礁的修复效果，但目前难以量化统计。本章涉及的各调查区域的地理尺度相对较小，调查站位数量较少。由于对珊瑚的调查存在一定的难度，且调查结果会因方法不同而出现差异，获取的珊瑚数据在空间分布上也有一定特异性，主要体现的是调查时的生态状态。另外，脆弱性评估指标主要应用于大陆沿岸及南海部分区域的珊瑚礁。

综上分析，珊瑚礁气候变化综合风险评估主要考虑海水升温的危害性，尤其是突发性极端高海温事件的危害性及其导致的珊瑚严重白化（包括珊瑚的覆盖率、敏感性及适应阈值等因素）的影响。如果海水升温特别是高海温事件持续时间超过珊瑚白化的可恢复周期，即超过其适应阈值，将产生导致珊瑚死亡的风险。本章构建的中国珊瑚礁气候变化综合风险评估指标体系如表 4.2 所示。

表 4.2　中国珊瑚礁气候变化综合风险评估指标体系

气候致灾因子危害性	珊瑚礁暴露度	珊瑚礁脆弱性		影响与风险
		珊瑚礁敏感性	珊瑚礁适应性	
①海水升温：当海水温度高出珊瑚耐受温度 1～2℃时，就可能导致珊瑚白化，持续时间越长，越会导致大面积珊瑚白化甚至死亡（Spalding et al., 2001）。②海水盐度增加。③pH（酸碱度）下降	珊瑚的覆盖与分布，以覆盖率（%）来表征	①珊瑚种类数/种数、覆盖率（%）、多样性与均匀性指数：体现珊瑚生物多样性，生物多样性越低，系统越不稳定，敏感性越高（李元超等，2015）。②对溶解氧（DO）、化学需氧量（COD）、营养盐（无机氮、活性磷酸盐）变化的敏感程度。③对沿岸旅游业（酒店及潜水）、渔业捕捞（过度和非法捕捞）、工业和人工岛建设以及海水养殖业的敏感程度	①珊瑚补充量：自然恢复或生长，是其生物内在属性。补充量越大，珊瑚礁的适应性越高（牛文涛等，2009）。②受损珊瑚礁的修复效果	①海洋变暖尤其是海洋热浪事件导致珊瑚白化，覆盖率下降。②长时间大范围的珊瑚白化频繁暴发，在短期内将难以恢复，并导致珊瑚死亡。③珊瑚礁生态系统退化，生物多样性降低，生境损失。④海洋酸化降低珊瑚钙化率，影响珊瑚正常生长（未考虑）

珊瑚礁脆弱性计算公式为

$$V=S-A \tag{4.4}$$

式中，V 为脆弱性；S 为敏感性；A 为适应性。每项二级指标均分为 3 个级别，即高、中、低，分别赋值得分 100、50、10，指标的具体分级标准参考相关研究或标准确定（表 4.3）。将暴露度分为 3 个级别：高（得分 =100）、中（得分 =50）和低（得分 =10）。将脆弱性分为 5 个级别：很高（得分 ≥ 60）、高（20 ≤ 得分 < 60）、中等（–20 ≤ 得分 < 20）、低（–60 ≤ 得分 < –20）和很低（得分 < –60）。

表 4.3　珊瑚礁脆弱性、暴露度评估指标权重与分级标准

评估指标	因子	指标*	分级标准		
			高（100）	中（50）	低（10）
暴露度		造礁石珊瑚覆盖率（%）	≥ 20	10～20	≤ 10
脆弱性	敏感性	造礁石珊瑚种类数/种数	≤ 5	5～10	≥ 10
	适应性	造礁石珊瑚补充量（ind./m²）	≥ 5	1～5	≤ 1

* 各指标的权重作相应简化，均同等重要地构成脆弱性。

2. 大规模珊瑚白化、死亡的预估

珊瑚白化后的死亡率，通常因温度、光度、暴露于高温的时间和珊瑚的种类而异。不同种甚至同种的珊瑚间，白化后的死亡率差异甚大。珊瑚暴露在比夏季正常水温高 4～5℃的环境中 1～2d，只引起渐近和轻微的白化，死亡率只有 0～10%。野外调查的结果显示，若水温升高超过 4℃，则会引起珊瑚大量白化，死亡率达 90%～95%。珊瑚长期暴露在比正常水温高 1～2℃的环境中，也会引起珊瑚白化，但死亡率较低，且复原较快。

模拟生理实验和野外监测数据分析结果表明，当环境温度高于珊瑚白化阈值（白化临界值）且持续一定时间会导致珊瑚白化。基于此，目前国际上主要用周热度

（degree heat weeks，DHW）模型来进行珊瑚白化的预警监测，以及预测可能发生的白化现象。其中，DHW模型被美国国家海洋大气局（NOAA）等广泛采用，成功预警了世界范围内多次珊瑚白化现象，是目前最为成熟的珊瑚白化预警模型。DHW模型基于3个假设：①温度超过历史最大月平均海表温度（max monthly mean SST，MMM_{clim}）时，开始引起珊瑚生理应激反应；②温度超过MMM_{clim} 1℃时，导致珊瑚白化的程度与持续时间相关；③在过去12周内所有压力温度的累积值（积温）是珊瑚白化的决定因素。

全球范围内的专业科学调查结果和非正式报告中的实地观察结果均显示，当DHW值达到4℃-周时，会出现显著的珊瑚白化现象。当DHW值达到8℃-周时，就可能出现严重的珊瑚白化现象，并可能导致较高的死亡率。

$$Hotspot= \begin{cases} SST - MMM_{clim}, & SST > MMM_{clim} \\ 0, & SST \leqslant MMM_{clim} \end{cases} \qquad (4.5)$$

$$DHW = \sum_{i=0}^{12} Hotspot_i, \quad Hotspot_i > 1 \qquad (4.6)$$

式中，MMM_{clim}为历史月平均气候态温度中的最大值，即某一地区多年气候态（如1981～2010年）最热月份的平均温度；Hotspot为白化热点，是海表温度与最大月平均气候态温度的差值；DHW是给定区域最近12周内超过白化热点1℃的累加值。CMIP5模拟的未来海温产品多为月平均数据，因此在计算未来珊瑚白化风险时，采用的是与周热度定义类似的月热度（degree heat months，DHM），即海温超过最大月平均温度的逐月海温的累加值。由于采用的是月平均温度，而1℃-月的DHM相当于4℃-周的DHW，本章将超过2℃-月的DHM（即8℃-周的DHW）定义为发生严重珊瑚白化事件（Frieler et al.，2013）。将特定时间和地点上每个模式计算得到的DHM＞2℃-月事件占所有模式结果的比例定义为事件发生的可能性，如80%表示有80%的模式预估到在特定时期和地点发生了严重珊瑚白化事件（Frieler et al.，2013）。基于珊瑚白化严重程度及可能性，将珊瑚礁气候变化综合风险分为5个级别：未检出、低（严重白化比例低于30%）、中等（严重白化比例为30%～60%）、高（严重白化比例为60%～90%）、很高（严重白化比例高于90%）。

4.3　结果与分析

4.3.1　珊瑚礁变化趋势及归因分析

研究表明，受温度、盐度和悬浮物等地理环境因素的限制，华南地区沿岸的珊瑚礁较小，主要是广西涠洲岛和广东徐闻的造礁石珊瑚形成珊瑚礁，而广东大亚湾和福建东山沿岸海域分布的造礁石珊瑚群落未能成礁（张乔民，2001）。图4.1为中国近岸和南海离岸珊瑚覆盖率的变化。线性拟合结果表明，1965～2018年近岸珊瑚覆盖率由85.57%下降到5.96%，2004～2015年离岸珊瑚覆盖率由52.02%下降到2.59%。

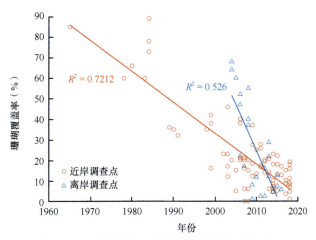

图 4.1　中国近岸和南海离岸珊瑚覆盖率的变化

1965～2008 年珊瑚覆盖率数据来自 Hughes 等（2013），2009～2018 年珊瑚覆盖率数据来自黄晖（2021）

　　图 4.2 为南海及附近不同区域代表性观测站点的珊瑚覆盖率变化，数据来源是文献和现场调查结果。线性拟合结果表明，海南三亚的珊瑚覆盖率从 1960 年的 80% 以上下降至 1990 年的 30%～40%，到 2002 年和 2009 年再分别下降至 19% 和 12%（Zhao et al.，2012），2018 年覆盖率已下降至 10% 左右。广西涠洲岛海域珊瑚礁群落从 20 世纪 60 年代到 21 世纪初整体呈现衰退迹象，活珊瑚覆盖率由 60% 左右下降到 10% 左右；珊瑚礁优势种群物种数显著减少，曾经一直占优势的鹿角珊瑚种群出现退化；群落生物多样性呈现衰退趋势，曾经多形态组合的珊瑚礁属种变为相对简单的形态组合（梁文等，2010）。

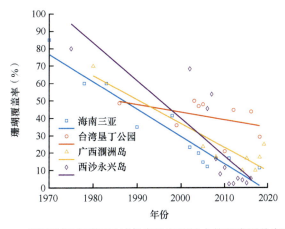

图 4.2　南海及附近不同区域代表性观测站点的珊瑚覆盖率变化

数据来源：文献（黄晖等，2006；Li et al.，2011，2012；陈标等，2012；李元超等，2018；Keshavmurthy et al.，2019；Zhao et al.，2012；梁文等，2010）和现场调查

　　调查显示，西沙群岛珊瑚的退化趋势非常明显，永兴岛的珊瑚覆盖率由 1970 年的 80% 左右下降到 2016 年的 5.4%。2007～2016 年永兴岛的珊瑚种类数从 39 种下降到 18 种，珊瑚群体中，分枝类种数下降了 59.26%，叶片状种数下降了 75.00%，圆盘

状种数下降了 87.50%，团块状种数下降了 57.14%（李元超等，2018）。相对而言，台湾垦丁公园的珊瑚覆盖率降低幅度较小，自 1986 年以来珊瑚覆盖率一直维持在 20% 以上（Keshavmurthy et al.，2019）。

根据对中国华南沿海如海南岛东北侧的七洲列岛沿岸、琼海沿岸、大亚湾及大鹏半岛沿岸、东山岛及古雷半岛沿岸的调查结果，与历史调查资料对比分析，结果如下：①七洲列岛沿岸造礁石珊瑚的平均覆盖率从 2012 年的 22.7% 下降到 2020 年的 16.9%，平均补充量从 2012 年的 1.50 ind./m^2 下降到 0.72 ind./m^2，但珊瑚物种多样性情况较好，珊瑚群落出现退化迹象，还处在较轻微程度。调查期间虽然发现有少量人类活动及废弃渔网和海漂垃圾等，但七洲列岛距离大陆较远，人类活动总体较少。②琼海沿岸造礁石珊瑚的覆盖率呈现下降趋势，从 2008 年最高的 26.85% 下降到 2018 年的约 3.0%，再降至 2020 年的 2.5%，平均补充量从 2009 年的 1.58 ind./m^2 下降到 2020 年的 1.43 ind./m^2。造礁石珊瑚覆盖率整体都不高，这表明琼海沿岸珊瑚群落生态状况整体一般，补充量出现下滑，珊瑚群落发生退化。③大亚湾及大鹏半岛沿岸造礁石珊瑚的覆盖率由 1987 年的 76.6% 下降至 2015 年的 21.97%，再下降至 2020 年的 9.3%，即 2020 年造礁石珊瑚覆盖率处于文献记载的最低水平。大亚湾及大鹏半岛沿岸的造礁石珊瑚群落出现严重退化，主要归因于大亚湾北部工业建设活动，但过度捕捞、旅游活动也有明显影响。此外，热带气旋可能也有一定影响。④东山岛及古雷半岛沿岸的珊瑚种类较少，但较为稳定。其中，东山岛调查区的珊瑚平均覆盖率从 2012 ～ 2014 年的 15% 左右下降到 2020 年的 13.1% ～ 14.2%，仅有小幅度下降，珊瑚种类和覆盖率与历史资料较为相近，造礁石珊瑚群落未发生大的变化，基本处于稳定状态（郭峰，2021）；古雷半岛沿岸的珊瑚平均覆盖率为 5.3%。

总体而言，近几十年来，中国大陆沿岸和南海诸岛的大部分珊瑚礁生态系统处于快速退化中，包括覆盖率快速降低、物种多样性明显减少和生态功能显著退化，主要归因于人类活动破坏和气候变暖引起的珊瑚白化（蔡榕硕等，2021a）。一方面，随着社会经济的发展，人类在近岸珊瑚礁海域的活动增加，如潜水娱乐、船舶锚泊、珊瑚采挖、海水养殖、过度捕捞、污染物排放和围填海等活动，直接导致珊瑚礁结构损毁、活珊瑚覆盖面积减少及珊瑚礁生态系统严重退化。其中，历史上偷采偷运珊瑚是广西涠洲岛附近海域珊瑚礁大量减少的重要原因，每年曾有数千吨的珊瑚礁被挖掘，将其用作建筑材料或装饰品（黄晖等，2009）。而在台湾垦丁公园，由于当地较早建立了自然保护区（1982 年），该区域珊瑚礁生态系统受到人类活动的破坏较少，但仍然出现一定程度的退化。近年来，中国通过建设海洋保护区和颁布相关法律法规在一定程度上限制了人类活动对珊瑚礁的影响，如 2013 年在涠洲岛建立了珊瑚礁国家级海洋公园，严格限制保护区内的人类活动，并开展珊瑚资源的恢复工作，使得最近几年珊瑚覆盖面积有所增加。

另一方面，由气候变暖引起的大规模珊瑚白化事件也是南海珊瑚礁生态系统衰退的重要原因。研究表明，自 1960 年以来，南海 SST 升高超过 1℃，超过全球平均水平，并且气候变暖引起的南海极端高海温（海洋热浪）事件趋多变强，这也导致南海珊瑚白化事件越来越频繁（Cai et al.，2016；蔡榕硕和谭红建，2024）。研究还显示，近几十年中国近岸（如广西涠洲岛、海南三亚、台湾垦丁公园等地）和南海岛礁（如南沙群岛和西沙群岛）发生的大规模珊瑚白化事件均与异常的高海温有密切关系（汤超莲等，2010；Li et al.，2011，2012；陈 标等，2012；Keshavmurthy et al.，2019；Lyu et al.，2022）。特别是 1980 年以来，南海海水温度的快速升高（尤其是海洋热浪的频发）引起许多海域暖水珊瑚共生体系的崩溃，使得大规模珊瑚白化事件的发生频率显著增加。例如，1998 年发生的厄尔尼诺 - 南方涛动事件带来的异常高海温，造成南海大部分区域发生大规模珊瑚白化和珊瑚死亡。2020 年夏季，南海再次暴发极端海洋热浪，并导致北部湾至海南近岸发生大规模珊瑚白化（Lyu et al.，2022；https://www. thepaper.cn/ newsDetail_forward_902 9440）。《2019 中国珊瑚礁状况报告》显示，北部湾多个区域发生严重的珊瑚白化事件，其中广东徐闻和海南临高所有调查站位的珊瑚白化率均超过 90%，广西涠洲岛平均珊瑚白化率超过 50%。

综上所述，近几十年来，中国珊瑚礁快速退化主要归因于人类活动和气候变暖，如人类在沿岸珊瑚礁海域的各种活动对珊瑚礁的破坏，以及气候变暖与海洋热浪的热胁迫。自 20 世纪 80 年代以来，虽然人类活动对珊瑚礁的破坏得到一定抑制，但海洋升温和海洋热浪对珊瑚礁的威胁日益显著。这是因为珊瑚对气候变暖虽有一定适应能力，但其自然的适应与恢复速度已赶不上气候变化的步伐（Hughes et al.，2019a）。

4.3.2　珊瑚礁气候致灾因子危害性分析

作为热带和亚热带海域的浅水生物，暖水珊瑚的适温范围为 18 ～ 29℃，主要生活在 50 m 以浅的海域。因此，当海水温度较长时间超过这个范围，尤其是极端高海温事件的持续，将导致暖水珊瑚的虫黄（绿）藻等共生体逸出和珊瑚共生体系的崩溃，从而引起暖水珊瑚白化甚至死亡。归因分析也指出，人类活动对珊瑚礁的破坏加剧了生态系统的脆弱性，也增加了受损珊瑚礁恢复的难度，但是大规模珊瑚白化主要由气候变暖背景下海洋热浪增加变强引起，相比之下，海水酸化对珊瑚礁也有一定影响，两者分别属于突发性和缓发性的致灾因子，前者危害性更显著。因此，本小节主要分析南海海水升温和海洋热浪的变化特征。

分析表明，1960 ～ 2022 年南海冬季（夏季）海水温度上升了（1.20±0.32）℃ [（0.87±0.05）℃]，升温速率达到（0.19±0.05）℃ /10a[（0.14±0.03）℃ /10a]，是同期全球海洋平均水平的 2 ～ 3 倍。自 20 世纪 80 年代以来，南海海洋热浪的发生呈现显著增强的态势（图 4.3）。其中，1982 ～ 2022 年南海北部海区海洋热浪持续天数和平均强度每 10 年增加 20 ～ 30 d 和 1℃（蔡榕硕和谭红建，2024）。海洋热浪变得持续时间更长、范围更广、强度更大。特别是，2010 ～ 2019 年南海 5 ～ 9 月海洋热浪平均发生频率的百分比为 36.2%，是 1982 ～ 1989 年（7.8%）的 4 倍多（图 4.4）。

IPCC（2019）指出，由于海洋吸收了工业革命以来人类工农业活动排放温室气体产生的大部分热量，全球海洋在未来百年将持续变暖，但变暖的空间分布具有很大的区域性差异。图 4.5 为不同气候情景下未来不同时期中国近海 SST 的上升幅度时空分布。在 RCP2.6、RCP4.5 和 RCP8.5 情景下，未来百年中国近海 SST 将会持续上升，并且中国东部海域的升温幅度明显大于南海；在 RCP8.5 情景下，海洋升温速率高于 RCP2.6 情景，到 2090 ～ 2099 年渤海、黄海的最大升温幅度将超过 4℃（相对于 1986 ～ 2005 年），可能成为全球升温最显著的区域之一。

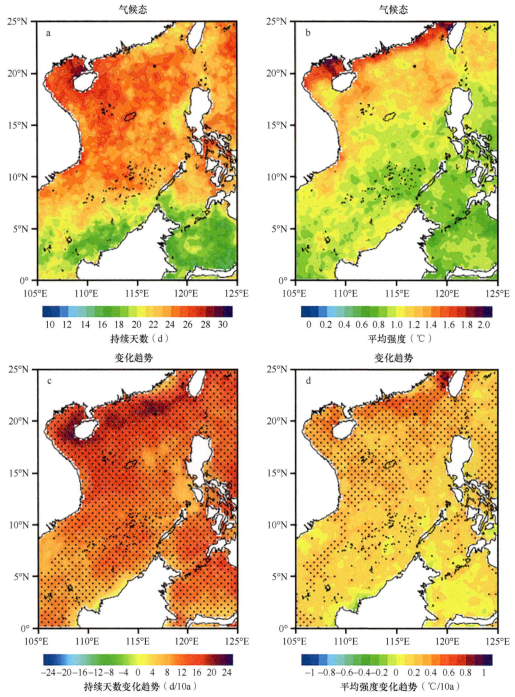

图 4.3　1982 ～ 2022 年中国近海海洋热浪持续天数和平均强度的气候态及变化趋势

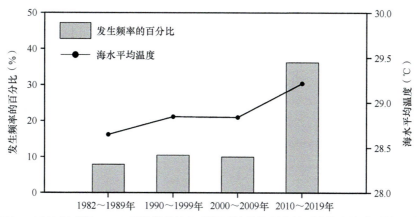

图 4.4　1982～2019 年南海 5～9 月海洋热浪年代际平均发生频率的百分比和海水平均温度变化（相对于 1982～2011 年）

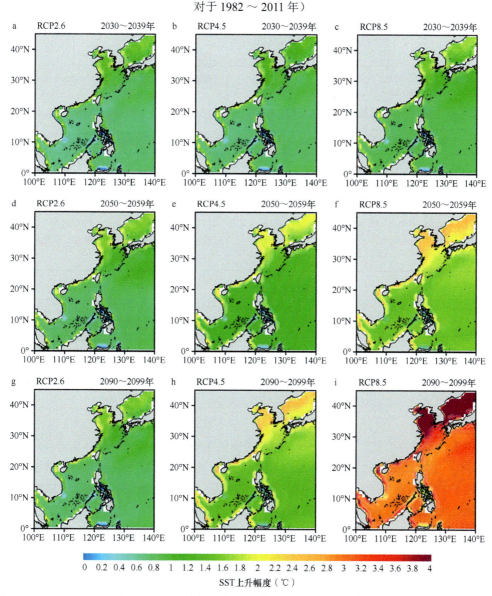

图 4.5　不同气候情景下未来不同时期中国近海 SST 的上升幅度（相对于 1986～2005 年）时空分布

由图 4.5、图 4.6 可见，在 RCP4.5、RCP8.5 情景下，未来中国近海呈现明显的变暖态势，并且 SST 变化（SSTA）呈现近乎线性的上升趋势；而在 RCP2.6 情景下，到 21世纪中期南海 SSTA 基本保持稳定，即温室气体排放减少将对升温有较强的减缓作用。如表 4.4 所示，在 RCP2.6、RCP4.5 和 RCP8.5 情景下，到 2090～2099 年南海最大升温幅度分别为（0.69±0.50）℃、（1.51±0.45）℃、（2.92±0.77）℃（Tan et al.，2020），并且未来南海的升温幅度将明显大于全球海洋平均水平。

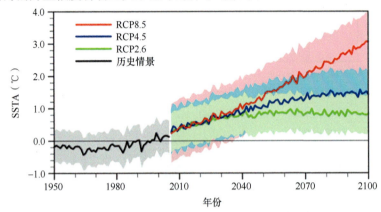

图 4.6　CMIP5 多模式模拟的 1950～2100 年南海 SSTA 变化趋势（相对于 1986～2005 年）

表 4.4　不同气候情景下未来南海和全球海洋平均的 SST 变化（相对于 1986～2005 年）（单位：℃）

区域	RCP2.6			RCP4.5			RCP8.5		
	2020～2029 年	2050～2059 年	2090～2099 年	2020～2029 年	2050～2059 年	2090～2099 年	2020～2029 年	2050～2059 年	2090～2099 年
南海	0.58±0.35	0.65±0.41	0.69±0.50	0.87±0.38	1.16±0.40	1.51±0.45	0.89±0.42	1.47±0.44	2.92±0.77
全球海洋	0.53±0.45	0.60±0.51	0.62±0.53	0.78±0.51	1.13±0.54	1.47±0.62	0.87±0.63	1.35±0.77	2.89±1.32

总之，未来几十年里，温室气体增加将导致全球变暖，南海海温的升高将是一个显著的现象，并且在不久的将来平均温度可能比现在高 1℃，这将对区域内珊瑚礁生态系统产生很大影响。

4.3.3　珊瑚礁暴露度、脆弱性及综合风险评估

1. 暴露度

中国珊瑚礁总面积约 3.8 万 km²。由于珊瑚的生长发育需要严格的环境条件，适温范围为 19～29℃，适宜的盐度范围为 27‰～40‰，水深通常要小于 50 m，年最低月平均水温低于 18℃ 的海域一般无法形成珊瑚礁。因此，中国珊瑚礁主要分布于大陆沿岸、海南岛和台湾岛以及南海诸岛。根据《2019 中国珊瑚礁状况报告》的统计结果，大陆沿岸、海南岛、东沙群岛、西沙群岛、中沙群岛和南沙群岛的珊瑚礁面积分别约为 66.91 km²、140.04 km²、600.0 km²、1836.0 km²、9760.0 km²、26 059.0 km²，合计约 38 461.945 km²（暂缺台湾岛数据）；珊瑚物种包括 16 科 77 属 450 种（余克服，2018；黄林韬等，2020），

其中珊瑚物种数量最多的是南沙群岛，有 386 种，而珊瑚物种数量最少的是福建，仅有 7 种。

根据前述对中国沿岸 4 个典型珊瑚分布区（七洲列岛、琼海沿岸、大亚湾及大鹏半岛沿岸、东山岛及古雷半岛沿岸）的调查结果（郭峰，2021），结合历史资料，比较分析了不同时期珊瑚的覆盖率、补充量和优势种变化趋势，结果表明：①七洲列岛海域的珊瑚覆盖率为 4.6%～35.1%，平均覆盖率为 16.9%，在该海域共发现珊瑚 12 科 29 属 87 种（包括 1 个未定科和 6 个未定种），其中裸肋珊瑚科种类最多，有 12 属 39 种，适应能力较强的澄黄滨珊瑚（*Porites lutea*）、团块滨珊瑚（*Porites lobata*）、柱节蔷薇珊瑚（*Montipora nodosa*）和秘密角蜂巢珊瑚（*Favites abdita*）为主要优势种；②琼海沿岸珊瑚平均覆盖率为 2.5%，在该海域共发现造礁石珊瑚 5 科 13 属 20 种，团块滨珊瑚（*Porites lobata*）、腐蚀刺柄珊瑚（*Hydnophora exesa*）、弗利吉亚肠珊瑚（*Leptoria phrygia*）、曲圆星珊瑚（*Astrea curta*）、片扁脑珊瑚（*Platygyra lamellina*）、中华扁脑珊瑚（*Platygyra sinensis*）和华伦角蜂巢珊瑚（*Favites valenciennesii*）等造礁石珊瑚为优势种；③大亚湾中央列岛沿岸造礁石珊瑚平均覆盖率为 12.0%，大亚湾三门岛沿岸珊瑚平均覆盖率为 12.9%，大鹏半岛沿岸珊瑚平均覆盖率为 5.2%，大亚湾及大鹏半岛沿岸的 24 个调查站位发现造礁石珊瑚 9 科 17 属 49 种，优势种为适应能力较强的坚实滨珊瑚（*Porites solida*）、翼形蔷薇珊瑚（*Montipora peltiformis*）、五边角蜂巢珊瑚（*Favites pentagona*）和多孔同星珊瑚（*Plesiastrea versipora*）；④东山岛沿岸造礁石珊瑚平均覆盖率为 13.1%，古雷半岛沿岸造礁石珊瑚平均覆盖率为 5.3%，东山岛及古雷半岛沿岸 9 个调查站位发现造礁石珊瑚 4 科 5 属 5 种，优势种为锯齿刺星珊瑚（*Cyphastrea serailia*）、盾形陀螺珊瑚（*Turbinaria peltata*）、标准盘星珊瑚（*Dipsastraea speciosa*）和角孔珊瑚（*Goniopora* sp.）。

基于中国珊瑚礁分布面积及珊瑚覆盖率变化，总体可看出大陆沿岸、海南岛和台湾岛沿岸以及南海诸岛珊瑚覆盖率的变化趋势。结合 1982 年以来南海海洋热浪的气候态及演变特征（图 4.3，图 4.4）可知，中国珊瑚礁的气候暴露度总体处于较高水平，并且大陆沿岸、海南岛沿岸、台湾岛南部以及南海的西沙群岛和中沙群岛等的珊瑚礁暴露度都呈现升高的趋势（图 4.7）。

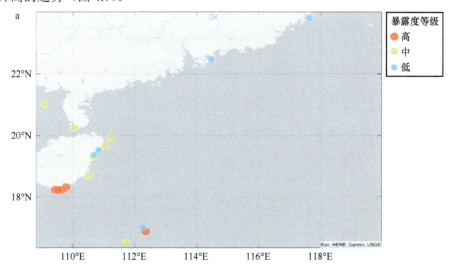

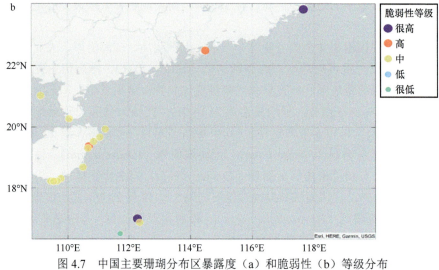

图 4.7　中国主要珊瑚分布区暴露度（a）和脆弱性（b）等级分布

2. 脆弱性

基于历史文献及调查数据，重点评估了中国近岸珊瑚礁的脆弱性，结果见表 4.5。

表 4.5　中国近岸珊瑚礁脆弱性评估

省（区）	区域	年份	脆弱性指数	脆弱性等级
海南	东海岸	2018	20	高
	椰林湾	2014	45	高
	铜鼓岭	2009	20	高
	长圮港	2009	0	中等
	龙湾港	2009	0	中等
	大洲岛	2018	20	高
	三亚	2018	0	中等
	蜈支洲	2009	0	中等
	亚龙湾	2009	0	中等
	大东海	2009	0	中等
	小东海	2009	0	中等
	鹿回头	2009	0	中等
	西岛	2011	20	高
	后海	2014	−40	低
	红塘湾	2017	20	高
	西沙群岛	2020	−60	很低
	永兴岛	2009	0	中等
	石岛	2009	20	高
	西沙洲	2009	90	很高
	赵述岛	2009	90	很高

省（区）	区域	年份	脆弱性指数	脆弱性等级
海南	北岛	2009	90	很高
	七洲列岛	2020	15	中等
	琼海	2020	66	很高
广东	徐闻	2017	20	高
	大亚湾	2020	55	高
广西	涠洲岛	2020	33	高
福建	东山	2020	80	很高

注：2020 年之前数据引自黄晖（2021）。

根据调查数据，郭峰（2021）评估了七洲列岛、琼海沿岸、大亚湾及大鹏半岛沿岸、东山岛及古雷半岛沿岸珊瑚的脆弱性。其中，2020 年调查结果显示，七洲列岛沿岸的珊瑚平均覆盖率从 22.7%（2012 年）下降到 16.9%（2020 年），珊瑚平均补充量从 1.50 ind./m²（2012 年）下降到 0.72 ind./m²（2020 年），珊瑚群落出现轻微的退化现象；琼海沿岸的珊瑚平均补充量从 1.58 ind./m²（2009 年）下降到 1.43 ind./m²（2020 年），珊瑚补充量维持在偏低水平，珊瑚群落发生退化；大亚湾及大鹏半岛沿岸珊瑚平均补充量为 0.26 ind./m²，东山岛及古雷半岛沿岸珊瑚平均补充量为 0.09ind./m²，较低的珊瑚补充量表明其自然恢复能力较差，更易受外界扰动的影响。

1）七洲列岛的造礁石珊瑚整体处于中等脆弱状态，其中狗卵脬峙和双帆海域的造礁石珊瑚物种数较少且覆盖率较低，状态一般，处于高脆弱状态；北峙、平峙和南峙海域的造礁石珊瑚环境压力较小，状态良好，处于低脆弱状态；其他岛屿海域的造礁石珊瑚处于中等脆弱状态。

2）琼海沿岸的造礁石珊瑚整体处于高脆弱状态，其中沙笼港海域的造礁石珊瑚状态很差，处于很高脆弱状态；潭门港外海的造礁石珊瑚状态良好，处于低脆弱状态；其他海域的造礁石珊瑚处于高脆弱状态。

3）大亚湾及大鹏半岛沿岸的造礁石珊瑚整体处于高脆弱状态，其中大亚湾中央列岛、三门岛和大鹏半岛东侧海域的造礁石珊瑚处于低或中等脆弱状态；大亚湾较场尾、杨梅坑、西冲和大鹏半岛西侧海域的造礁石珊瑚处于高或很高脆弱状态。

4）东山岛及古雷半岛沿岸的造礁石珊瑚整体处于很高脆弱状态，其中头屿海域的造礁石珊瑚状态相对较好，处于高脆弱状态；古雷半岛沿岸、东门屿和苏尖角海域的造礁石珊瑚处于很高脆弱状态。

综合上述评估结果，西沙群岛珊瑚礁的状态较好，整体处于很低脆弱状态；七洲列岛和涠洲岛等近岸岛屿珊瑚礁的状态一般，分别处于中等和高脆弱状态；而大亚湾和东山岛的珊瑚礁脆弱性较高，大亚湾处于高脆弱状态，东山岛处于很高脆弱状态。

在对珊瑚礁脆弱性的评估中，对人类活动如旅游活动、渔业捕捞、海水养殖以及工业和人工岛建设等指标的量化存在一定困难，并且许多调查文献和相关海洋公报数据不够全面，珊瑚白化率及死亡率等数据较少。因此，对珊瑚礁暴露度和脆弱性的评估还有待深化。

3. 综合风险

由于 CMIP5 模式的海温产品多为月平均数据，在计算未来大规模珊瑚白化风险时采用的是与周热度定义类似的月热度，即海温超过最大月平均温度的逐月海温的累加值。由于采用的是月平均温度，1℃ - 月的 DHM 相当于 4℃ - 周的 DHW。如前所述，将超过 2℃ - 月的 DHM（即 8℃ - 周 DHW）定义为发生严重珊瑚白化事件（Frieler et al.，2013）。

图 4.8 显示了以永兴岛附近海域为例，CMIP5 多模式模拟的不同气候情景（RCP2.6、RCP4.5 和 RCP8.5）下历史（1950 ~ 2005 年）和现在及未来（2006 ~ 2100年）的月热度变化。从图 4.8b 可以看出，1980 年以前只有零星几个模式的结果偶尔出现月热度超过 2℃ - 月；之后随着南海海温的上升，月热度超过 2℃ - 月的模式结果越来越多，但是多模式集合平均结果在历史时期始终没有超过 2℃ - 月。2006 年以后，CMIP5 多模式模拟的月热度开始出现快速的上升，大概在 2020 年前后，集合平均结果均超过了 2℃ - 月，但是不同气候情景下永兴岛月热度未来变化趋势差别很大。如图 4.8a 所示，在 RCP2.6 情景下，到 2050 年前后月热度达到峰值约 3℃ - 月，并维持平稳直到 21 世纪末期；在 RCP4.5 情景下，月热度会持续上升，到 2080 年前后维持稳定；在 RCP8.5 情景下，月热度几乎以线性趋势持续上升，到 2100 年达到 20℃ - 月。上述不同气候情景下出现不同的月热度变化趋势，与未来南海海温在不同气候情景下的上升趋势是一致的。

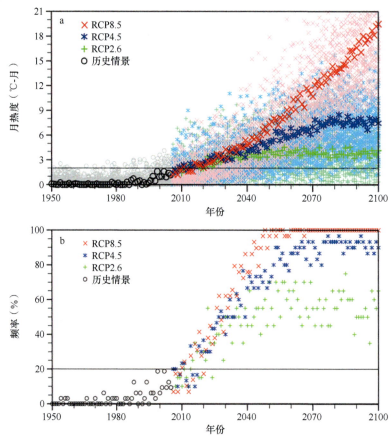

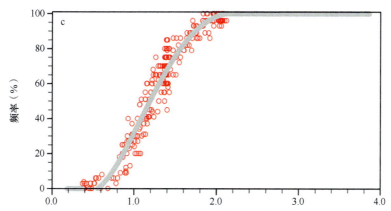

图 4.8　以永兴岛为例模拟的历史和未来不同气候情景下的月热度变化（a）、月热度超过 2℃ - 月的频率（b）以及不同升温水平（相对于工业革命初期）的关系（c）

随着月热度的持续上升，永兴岛发生严重珊瑚白化事件（DHM > 2℃ - 月）的频率也在逐渐增加。尽管白化珊瑚有一定的自身修复功能（若高海温可在短期内回到正常状态），但频繁发生严重的白化事件将使珊瑚缺乏足够的恢复时间，最终导致其死亡。研究表明，发生严重白化事件的珊瑚完全恢复可能需要几年，甚至几十年（Donner，2009；Yu，2012）。与 Frieler 等（2013）的研究相似，本研究假设白化珊瑚的最短恢复时间为 5 年（频率为 20%），当大规模珊瑚白化事件年均发生频率超过 20% 时，即可视为珊瑚缺少充足的恢复时间，最终将导致珊瑚死亡（大量减少）。

如图 4.8b 所示，永兴岛的严重珊瑚白化事件发生频率在 2010 年左右开始超过 20%，这意味着由于频繁发生严重珊瑚白化事件，该处的珊瑚覆盖率开始降低，与永兴岛观测站点珊瑚覆盖率变化趋势（图 4.2）一致。此外，永兴岛珊瑚白化的频率增加趋势与不同气候情景下月热度的变化趋势较为一致。在 RCP8.5 情景下，到 2050 年左右永兴岛发生严重珊瑚白化事件的频率将达到 100%，即每年都会发生严重珊瑚白化事件。届时该区域的珊瑚将根本无法恢复而全部消亡；在 RCP4.5 和 RCP2.6 情景下，永兴岛发生严重珊瑚白化事件的频率将分别达到 80% 和 60%，也将分别面临高和中等死亡风险。如果不考虑温室气体排放情景，单纯考虑升温幅度（相对于工业革命以前），那么当全球变暖升温 1℃时，永兴岛发生严重珊瑚白化事件的频率就已经超过 20%，升温 1.5℃时该频率将超过 80%，升温 2℃时该频率将达到 100%。

类似对永兴岛 DHM 的分析（图 4.8），本研究选取中国近岸及南海离岸海域的 70 个岛礁作为研究对象，计算并分析了不同气候情景下未来这些岛礁典型站位发生严重珊瑚白化事件的频率，结果见图 4.9。其中，最南端的站位是南沙群岛的曾母暗沙，最北端的站位是福建和浙江交界处的台山列岛。如前所述，受地理纬度和温度、盐度分布的影响，广东和福建沿岸的大部分珊瑚不能成礁，仅称为造礁石珊瑚群落，只有广西涠洲岛和广东徐闻的造礁石珊瑚可以成礁，台湾岛近岸由于受到黑潮暖流的影响也存在成礁的石珊瑚。未来随着海温的升高和等温线北移，华南、东南地区沿岸发生珊瑚白化事件的频率将会升高。结果显示，2030 ～ 2039 年中国大陆沿岸发生严重珊瑚白化事件的频率在 20% 以内（不依赖于情景选择），西沙群岛和南沙群岛发生严重珊瑚白化事件的频率为 30% ～ 40%。

如图 4.9a～c 所示，在 RCP2.6、RCP4.5、RCP8.5 情景下，到 2030～2039 年中国近岸和南海离岸岛礁周边海域发生严重珊瑚白化事件的频率普遍低于 20%。如图 4.9d～f 和图 4.10 所示，到 2040～2049 年发生严重珊瑚白化事件的频率明显上升，

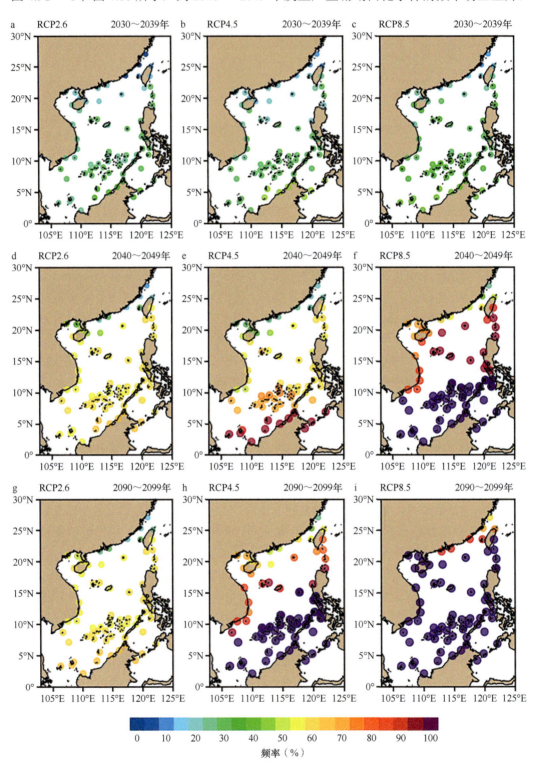

图 4.9　不同气候情景下未来中国近岸及南海离岸岛礁典型站位发生严重珊瑚白化事件的频率

近岸岛礁分别为 20%～50%（RCP2.6、RCP4.5）、20%～60%（RCP8.5），风险等级分别为低和中等，南海离岸岛礁分别为 55%～65%（RCP2.6）、55%～85%（RCP4.5）、70%～99%（RCP8.5），风险等级分别为中等、高和很高。如图 4.9g～i 和图 4.10 所示，到 2090～2099 年发生严重珊瑚白化事件的频率进一步上升，近岸岛礁分别为 20%～50%（RCP2.6）、20%～65%（RCP4.5）、60%～85%（RCP8.5），风险等级大致为低、中等和高，南海离岸岛礁分别为 55%～65%（RCP2.6）、65%～99%（RCP4.5）、99% 及以上（RCP8.5），风险等级显著高于近岸岛礁，分别为中等、高和很高。简言之，到 2040～2049 年，南海大部分岛礁周边将较为频繁地发生大规模珊瑚白化，甚至有珊瑚灭绝的风险，面临的风险分别达到中等、高和很高（RCP2.6、RCP4.5、RCP8.5），仅有部分近岸海域（如广东大亚湾和最北端的台山列岛）造礁石珊瑚的风险相对较低，风险等级为低。只有在 RCP2.6 情景下，近岸岛礁发生严重珊瑚白化事件的频率相对较低，而海南岛和台湾岛南部仍将面临较高的珊瑚白化风险。

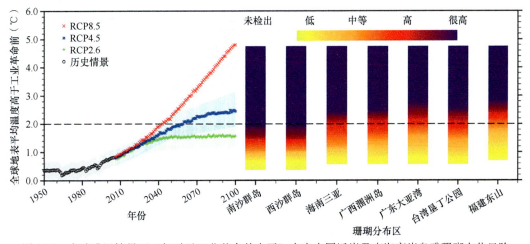

图 4.10　全球升温情景下（相对于工业革命前水平）未来中国近岸及南海离岸岛礁珊瑚白化风险

IPCC WG I 的 AR6 指出，2011～2020 年全球平均表面温度相对于工业革命前上升了 1.09（0.95～1.20）℃，海水温度上升了 0.88（0.68～1.01）℃。基于最新的温室气体排放情景和耦合模式模拟结果，2081～2100 年全球平均地表温度相对于工业革命前将分别上升 1.0～1.8℃（RCP2.6）、2.1～3.5℃（RCP4.5）、3.3～5.7℃（RCP8.5）（IPCC，2021）。进一步选择中国近岸和南海离岸岛礁 7 个典型珊瑚分布区（自南向北依次为南沙群岛、西沙群岛、海南三亚、广西涠洲岛、广东大亚湾、台湾垦丁公园和福建东山）作为研究对象，基于 IPCC 气候变化综合风险评估理论，综合考虑各分布区的气候致灾因子危害性（DHM > 2℃-月的频率）、珊瑚的暴露度和脆弱性，评估未来全球不同升温情景下各分布区珊瑚礁的气候变化综合风险，结果见图 4.10。

由图 4.10 可见，2040～2050 年全球平均地表温度升高超过 2℃时，RCP4.5 和 RCP8.5 情景下南沙群岛和西沙群岛每年将会发生严重的大规模珊瑚白化事件，严重超过了珊瑚恢复所需的最短时间（5 年），因此将面临大规模珊瑚白化甚至局部珊瑚灭绝的风险，风险等级为高和很高。海南三亚、广西涠洲岛和台湾垦丁公园也将面临严重珊瑚白化风险，每年发生严重珊瑚白化事件的频率超过 80%，风险等级为高。分析表明，到 21

世纪中期，由于频繁发生珊瑚白化事件（珊瑚缺乏恢复时间），上述 5 个目前能成礁的珊瑚分布区将面临消失或珊瑚灭绝的风险。广东大亚湾和福建东山珊瑚分布区（目前不能成礁）将面临较高的风险（每年发生严重珊瑚白化事件的频率超过 50%，风险等级为高），并且在 21 世纪末期全球升温接近 3℃时，RCP8.5 情景下将面临很高的严重珊瑚白化和珊瑚死亡的风险，届时中国近岸和南海离岸岛礁几乎所有的珊瑚可能消失。即使 21 世纪末期全球升温控制在 2℃以内，RCP2.6 情景下南沙群岛、西沙群岛、海南三亚、广西涠洲岛，以及台湾垦西公园的造礁石珊瑚也将面临大规模的白化和灭绝的风险。

4.3.4　珊瑚礁适应性分析

一般地，物种适应气候变暖、降低生存风险主要有两种途径：一是物种经过进化，提高其耐热性以适应气候变暖，耐热性差的物种因不适应温度升高而被淘汰；二是为了适应温度的升高，物种向温度较低的极地方向或深水（高山）区迁移。同样，暖水珊瑚的适应性主要取决于这两种至关重要的途径，即能否进化出适应气候变暖的珊瑚物种或者在地理空间上重新分布。换言之，珊瑚能否适应气候变暖，一是取决于物种的进化速度能否满足适应环境变化速度的要求（Hoegh-Guldberg，2012），二是取决于珊瑚群落在地理分布上的调整。研究发现，这种海洋生物群落的转变正在地理空间上发生：在暖温带海域，海洋变暖正在促使大型藻类群落向珊瑚群落的方向转变，这似乎揭示了气候变暖背景下暖水珊瑚的一种适应机制。例如，气候变暖使得温带日本近海的大型藻类群落将可能逐步演替为热带珊瑚和食草动物鱼类等群落（Kumagai et al.，2018）。然而，最近二三十年来，全球变暖尤其是频繁发生的高温热浪，造成暖水珊瑚大面积白化和死亡，生态系统明显持续退化，这表明暖水珊瑚的自然适应与恢复速度已赶不上气候变化的步伐（Hughes et al.，2019a），即气候变暖的速度已经超过了珊瑚适应环境变化的速度。为此，人们关注珊瑚对环境热胁迫的响应及适应能力，并研究人工干预珊瑚耐热进化的可行性，以探索提高珊瑚适应气候变化速度的新途径。最近的研究发现，在实验室的高温条件下培养珊瑚的共生微藻，经过 4 年大约 120 代的定向热进化后，再将其重新引入珊瑚中，珊瑚将具有更强的热耐受性，这是迄今为止取得的一项重要进展，为暖水珊瑚适应全球变暖提供了一种新的途径，但是这种人工干预的潜在风险还有待评估（Buerger et al.，2020）。

过去几十年来，人类活动对暖水珊瑚礁的直接损毁等破坏活动加剧了珊瑚礁生态系统的退化和消失，严重削弱了其适应气候变化的能力。因此，除了应采取海洋环境保护与管理等措施，还需采取积极有效的珊瑚礁修复措施，才能有利于增强珊瑚礁生态系统的恢复力，这也是增强珊瑚礁生态系统适应气候变化能力的重要行动。为此，多年来人们在世界范围内开展了一系列修复受损珊瑚礁生态系统的探索和实践，大致采取了物理修复和生物修复的方法，或两者相结合的方法。前者以修复珊瑚礁生境为主，如修复受到破坏的珊瑚礁生物栖息环境，改善珊瑚的基底条件，为珊瑚礁生态系统的恢复创造条件；后者侧重于修复生物群落和生态过程，促进珊瑚礁生态系统结构和功能的自然恢复（Edwards et al.，2010）。这是因为对于遭到严重破坏的珊瑚礁生境，特别是岸礁，如果不采取物理修复措施，即使经过几十年，受损的珊瑚礁也难以自然恢复；采取生物修复措施以后，如果当地环境条件良好，珊瑚退化面积小，则退化斑块有望在 5～10 年内自然恢复；但是如果当地环境条件很差，则需要先采取环境保护管理措施，否则建立可持续珊瑚种群的机会微乎其微（Edwards and Gomez，2007）。

受损珊瑚礁的生物修复方式主要有三种：一是通过在海床上构建人工基质来改善珊瑚自然繁殖的条件（Clark and Edwards，1995；Edwards et al.，2010），二是将适宜的珊瑚移植到退化生境中（Yap et al.，1992；Kaly and Centre，1995），三是将前两种方法结合起来（Edwards et al.，2010）。对于珊瑚礁生态系统的恢复而言，应始终考虑拟修复的礁区环境是否有足够的珊瑚幼体补充量，唯有珊瑚幼体补充量充足，才能构建一个具有气候恢复力的当地珊瑚种群。因此，如何提高珊瑚礁的恢复力（韧性）和适应气候变化的能力，以及相关的人工干预等措施越来越受到关注。

国内对于珊瑚礁修复的研究始于 1993 年，即陈刚等（1995）在海南省三亚市应用人工礁技术开展的造礁石珊瑚的移植实验。目前对受损珊瑚礁的修复主要有以下方法：将有性繁殖获得的珊瑚、野外（海域）收集的珊瑚、野外或半原位（岸基）人工苗圃培育的珊瑚断枝移植到退化的珊瑚礁区和人工礁基质上，或者是多种方式结合。采用移植修复的方式可较快地增加珊瑚的数量，这也是中国较为普遍的受损珊瑚礁修复方式（高永利等，2013）。总体而言，过去 30 年来，在海南三亚市和三沙市沿海、广东大亚湾、广西涠洲岛等海域开展了许多珊瑚礁修复工作，但及时且充分的长期跟踪监测评估和发表的相关论文仍较少（Zheng et al.，2021）。为了解近年来中国近岸海域珊瑚礁的变化和修复现状，2019～2020 年对海南红塘湾和广西涠洲岛等地的沿岸珊瑚礁海域开展了多次调查，调查结果表明，虽然受损珊瑚礁主要是因为受到人类活动的影响，如红塘湾中围填海项目的悬浮泥沙对附近的珊瑚礁产生了影响（图 4.11a、b），但气候致灾因子如海温异常或台风叠加人类活动对广西涠洲岛海域的珊瑚礁也有严重的影响（蔡榕硕等，2021a），如涠洲岛西部海域石珊瑚碎枝、碎石和碎屑的分布现状反映出该海域珊瑚礁多

图 4.11　海南红塘湾沿岸受悬浮物影响的珊瑚礁（a、b）（2019 年 10 月 23 日）以及广西涠洲岛西部近岸造礁石珊瑚断枝和碎块（c、d）（2020 年 7 月 6 日）

次遭受台风的严重破坏（图4.11c、d）。这也表明近岸受损珊瑚礁的归因分析还有待深入，而对于受损珊瑚礁的珊瑚生物群落演替或生境退化的原因分析，是开展受损珊瑚礁生态修复的前提条件。调查结果还表明，珊瑚无性移植可能是目前中国受损珊瑚礁的主要修复手段。例如，在海底构建珊瑚苗圃或采用半原位人工苗圃等方式来培育珊瑚苗，或者采集野外的珊瑚断枝碎片，再将其移植到人工礁或受损珊瑚礁。但珊瑚移植或采摘会引起生物多样性退化，这可能不利于充分保持物种基因的连通性和遗传的多样性。另外，这种修复方式需要大量的人工水下施工作业，在开展规模化修复时难度较大。因此，基于维护珊瑚礁生态系统及保持生物多样性的原则，降低受损珊瑚礁生态系统的脆弱性、尽快增加受损珊瑚礁生态系统的恢复规模和速度，以增强其适应气候变化能力的修复工作已迫在眉睫。

当前受损珊瑚礁的修复主要包括无性繁殖和有性繁殖等方式，但是前者需要大量的人力和物力，不易开展规模化的修复，还易造成遗传结构单一和生物多样性降低，而后者虽然有助于提高暖水珊瑚礁生态系统的恢复力，但是迄今为止世界范围内成功的案例仍然很少。因此，珊瑚有性繁殖修复技术成为当前国际研究的前沿焦点。自2019年12月以来，作者团队从"基于自然的解决方案""自然恢复为主，人工干预/支持为辅"的生态理念与原则等角度出发，在广西涠洲岛附近海域选择了3个对照点，开展了受损珊瑚礁原位有性繁殖修复实验，以期恢复受损珊瑚礁，提高其气候韧性（也称恢复力），降低其气候脆弱性和综合风险（图4.12a）。2020年12月，在广西涠洲岛受损珊瑚礁海域投放了人工生物礁，尺寸见图4.12b。2021年7月，在人工生物礁上观察到了多种功能性的大型底栖动植物，如钙化藻类、海葵和裸胸鳝等，还有多种鱼类，人工生物礁营造了适合珊瑚生存的生境，10余种珊瑚幼体已附着并成功变态生长，且修复区域的生物多样性显著增加（图4.12c～f）。2023年4月，再次跟踪调查，结果显示，在人工生物礁上附着并成功变态生长发育的当地珊瑚物种已超过16种，包括团状、片状和枝状造礁石珊瑚（图4.13）。至此，成功构建了可用于受损珊瑚礁原位有性繁殖的人工生物礁技术修复体系（蔡榕硕等，2021c，2022a，2022b；Abd-Elgawad et al.，2023；Mohamed et al.，2023），这既是中国受损珊瑚礁原位有性繁殖修复的首个成功案例，也是一种变革性的方法（蔡榕硕等，2021a，2021b；Abd-Elgawad et al.，2023）。

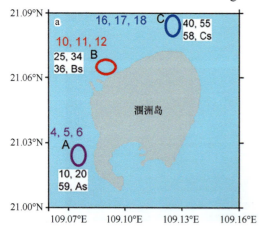
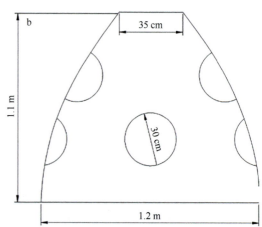

图 4.12　广西涠洲岛受损珊瑚礁海域人工生物礁生境恢复效果（摄于 2021 年 7 月）

a. 广西涠洲岛实验地点；b. 人工生物礁尺寸；c ～ f. 人工生物礁修复效果图

图4.13　广西涠洲岛受损珊瑚礁海域人工生物礁技术修复效果

a～i图摄于2021年7～10月，j～y图摄于2023年4月

4.4　结　　语

观测表明，中国华南沿海和南海珊瑚覆盖率明显下降，珊瑚礁生态系统处于快速的退化状态。过去几十年来，中国大陆和海南岛近岸珊瑚消失了80%以上，到2018年，南海的群岛和环礁上珊瑚平均覆盖率从20世纪60年代的60%以上下降到接近20%。南海珊瑚礁生态系统快速退化，包括覆盖率快速降低、物种多样性明显下降和生态功能显著退化，主要归因于人类活动破坏和气候变暖引起的珊瑚白化事件。自1980年以来，南海SST的快速升高尤其是海洋热浪的频发，引起许多海域暖水珊瑚共生体系的崩溃，使得发生珊瑚白化事件的频率增加。基于文献资料、海洋公报及现场调查数据，本章构建了珊瑚礁生态系统对气候变化响应的脆弱性及综合风险评估指标体系，并对中国主要珊瑚礁分布区的暴露度、脆弱性及综合风险进行了评估。结果表明，中国近岸和南海离岸岛礁珊瑚礁的脆弱性整体较高，基本处于中等或高脆弱状态，其中西沙群岛珊瑚礁的脆弱性状态相对较好，三亚和涠洲岛等近岸岛屿珊瑚礁的脆弱性状态一般，分别处于中等和高脆弱状态，而大亚湾和东山岛的珊瑚礁分别处于高和很高脆弱状态。

基于CMIP5模式模拟结果，计算分析了中国近岸和南海离岸岛礁不同珊瑚分布区的月热度（DHM）及发生严重珊瑚白化事件的频率（DHM > 2℃ - 月），结果表明：①到2030～2039年，不同气候情景下珊瑚礁气候变化综合风险均较低；②到2040～2049年，珊瑚礁风险显著上升，其中近岸岛礁的珊瑚礁风险等级分别为较低（RCP2.6、RCP4.5）和中等（RCP8.5），但南海离岸岛礁的珊瑚礁风险总体高于近岸岛礁，风险等级分别为中等（RCP2.6）、高和很高（RCP4.5、RCP8.5）；③到 2090～2099 年，在 RCP4.5 和 RCP8.5 情景下，近岸岛礁和南海离岸岛礁的珊瑚礁风险显著上升，珊瑚面临灭绝的风险，其中 RCP8.5 情景下几乎所有珊瑚礁（包括最北端的台山列岛）将发生严重珊瑚白化事件，发生频率超过 80%，南海离岸岛礁的发生频率均达 100%。当全球升温超过 2℃时，中国几乎所有珊瑚将面临严重的白化风险，仅部分近岸海域（如广东大亚湾和福建东山沿海）发生严重珊瑚白化事件的频率较低（30%）。即使 21 世纪末期全球升温控制在 2℃以内，RCP2.6 情景下南沙群岛和西沙群岛、海南三亚、广西涠洲岛以及台湾垦丁公园的珊瑚也将面临很高的白化和死亡风险。

越来越多的证据表明，气候变暖的速度已超过了珊瑚适应环境变化的速度，因此迫切需要开展人工干预珊瑚耐热进化的可行性研究，探索提高珊瑚适应气候变化速度的新途径。自 2019 年以来，开展了受损珊瑚礁原位有性繁殖修复实验，构建了受损珊瑚礁人工生物礁修复技术体系，不仅可用于受损珊瑚礁本地物种的恢复，还可起到修复受损生境的作用，在提高中国暖水珊瑚礁的气候恢复力方面展现了极为乐观的前景。

参 考 文 献

蔡榕硕，郭海峡，Amro A E, 等. 2021a. 全球变化背景下暖水珊瑚礁生态系统的适应性与修复研究. 应用海洋学学报, 40(1): 12-25.

蔡榕硕，谭红建. 2024. 中国近海变暖和海洋热浪演变特征及气候成因研究进展. 大气科学, 48(1): 121-146.

蔡榕硕，王慧，郑惠泽，等. 2021b. 气候临界点及应对：碳中和. 中国人口·资源与环境，31(9): 16-23.

蔡榕硕，徐长安，郭海峡，等. 2021c. 基于人工生物礁的受损珊瑚原位修复技术实施管理系统：2021SR2138226. 2021-12-01.

蔡榕硕，徐长安，郭海峡，等. 2022a. 用于受损珊瑚原位修复的人工礁体制备管理平台：2022SR0359962. 2022-03-17.

蔡榕硕，徐长安，郭海峡，等. 2022b. 具有诱引珊瑚幼体附着及促进生长功能的海藻提取物获取管理系统：2022SR0359961. 2022-03-17.

陈标，陈永强，黄晖. 2012. 西沙群岛 2010 年珊瑚热白化卫星遥感监测. Proceedings of 2012 International Conference on Earth Science and Remote Sensing(ESRS 2012): 776-783.

陈刚，熊仕林，谢菊娘，等. 1995. 三亚水域造礁石珊瑚移植试验研究. 热带海洋, 14(3): 51-57.

陈刚，赵美霞，刘斌，等. 2016. 基于 Reef Check 调查的涠洲岛珊瑚礁生态状况评价. 热带地理, 36(1): 66-71.

陈乃观，蔡莉斯，麦海莉，等. 2005. 香港石珊瑚图鉴. 香港：渔农自然护理署.

戴昌凤，郑有容. 2020. 台湾珊瑚全图鉴 (上): 石珊瑚. 台北：猫头鹰.

党二莎，胡文佳，陈甘霖，等. 2017. 基于 VSD 模型的东山县海岸带区域生态脆弱性评价. 海洋环境科学, 36(2): 296-302.

高永利，黄晖，练健生，等. 2013. 大亚湾造礁石珊瑚移植迁入地的选择及移植存活率监测. 应用海洋学学报, 32(2): 243-249.

郭峰. 2021. 中国近岸造礁石珊瑚生态现状与脆弱性研究. 厦门：自然资源部第三海洋研究所硕士学位论文.

黄晖. 2021. 中国珊瑚礁状况报告：2010—2019. 北京：海洋出版社.

黄晖, 练健生, 黄小平, 等. 2006. 用珊瑚覆盖率作为干扰指标: 永兴岛石珊瑚生物多样性研究. 科学通报, 51(S3): 108-113.

黄晖, 马斌儒, 练健生, 等. 2009. 广西涠洲岛海域珊瑚礁现状及其保护策略研究. 热带地理, 29(4): 307-312, 318.

黄林韬, 黄晖, 江雷. 2020. 中国造礁石珊瑚分类厘定. 生物多样性, 28(4): 515-523.

李佳芮, 张健, 司玉洁, 等. 2017. 基于 VSD 模型的象山湾生态系统脆弱性评价分析体系的构建. 海洋环境科学, 36(2): 274-280.

李淑, 余克服. 2007. 珊瑚礁白化研究进展. 生态学报, 27(5): 2059-2069.

李元超, 陈石泉, 郑新庆, 等. 2018. 永兴岛及七连屿造礁石珊瑚近 10 年变化分析. 海洋学报, 40(8): 97-109.

李元超, 杨毅, 郑新庆, 等. 2015. 海南三亚后海海域珊瑚礁生态系统的健康状况及其影响因素. 生态学杂志, 34(4): 1105-1112.

梁文, 黎广钊, 张春华, 等. 2010. 20 年来涠洲岛珊瑚礁物种多样性演变特征研究. 海洋科学, 34(12): 78-87.

刘宏伟, 孙晓明, 文冬光, 等. 2013. 基于脆弱指数法的曹妃甸海岸带脆弱性评价. 水文地质工程地质, 40(3): 105-109.

牛文涛, 刘玉新, 林荣澄. 2009. 珊瑚礁生态系统健康评价方法的研究进展. 海洋学研究, 27(4): 77-85.

山里清, 李春生. 1978. 珊瑚礁生态系. 海洋科学, 2(4): 55-63.

孙有方, 雷新明, 练健生, 等. 2018. 三亚珊瑚礁保护区珊瑚礁生态系统现状及其健康状况评价. 生物多样性, 26(3): 258-265.

汤超莲, 李鸣, 郑兆勇, 等. 2010. 近 45 年涠洲岛 5 次珊瑚热白化的海洋站 SST 指标变化趋势分析. 热带地理, 30(6): 577-581, 586.

杨顺良, 杨璐, 赵东波, 等. 2015. 福建沿海浅水石珊瑚和柳珊瑚的种类及其分布. 应用海洋学学报, 34(2): 209-218.

余克服. 2018. 珊瑚礁科学概论. 北京: 科学出版社.

张乔民. 2001. 我国热带生物海岸的现状及生态系统的修复与重建. 海洋与湖沼, 32(4): 454-464.

赵美霞, 余克服, 张乔民. 2006. 珊瑚礁区的生物多样性及其生态功能. 生态学报, 26(1): 186-194.

中国海洋工程咨询协会. 2020. 海岸带生态系统现状调查与评估技术导则 第 5 部分: 珊瑚礁. 北京: 中国海洋工程咨询协会.

中国太平洋学会珊瑚礁分会. 2020. 2019 中国珊瑚礁状况报告. 北京. http://foundation. see. org. cn/news/2020/1116/476. html.

邹仁林. 2001. 中国动物志 腔肠动物门 珊瑚虫纲 石珊瑚目 造礁石珊瑚. 北京: 科学出版社.

Abd-Elgawad A, Cai R S, Hellal A, et al. 2023. Implementing a transformative approach to the coral reefs' recovery phase. Science of the Total Environment, 879: 163038.

Bowden-Kerby A. 1996. Coral transplantation in sheltered habitats using unattached fragments and cultured colonies. Proceedings of the 8th International Coral Reef Symposium: 2063-2068.

Bruno J F, Selig E R. 2007. Regional decline of coral cover in the Indo-Pacific: timing, extent, and subregional comparisons. PLoS One, 2(8): e711.

Buerger P, Alvarez-Roa C, Coppin C W, et al. 2020. Heat-evolved microalgal symbionts increase coral bleaching tolerance. Science Advances, 6(20): eaba2498.

Cai R S, Tan H J, Kontoyiannis H. 2017. Robust surface warming in offshore China seas and its relationship to the east Asian monsoon wind field and ocean forcing on interdecadal time scales. Journal of Climate, 30(22): 8987-9005.

Cai R S, Tan H J, Qi Q H. 2016. Impacts of and adaptation to inter-decadal marine climate change in coastal China seas. International Journal of Climatology, 36(11): 3770-3780.

Clark S, Edwards A J. 1995. Coral transplantation as an aid to reef rehabilitation: evaluation of a case study in the Maldive Islands. Coral Reefs, 14(4): 201-213.

Donner S D. 2009. Coping with commitment: projected thermal stress on coral reefs under different future scenarios. PLoS One, 4(6): e5712.

Edwards A J, Gomez E D. 2007. Reef restoration concepts and guidelines: making sensible management choices in the face of uncertainty. St Lucia: the coral reef targeted research & capacity building for management program.

Edwards A J, Job S, Wells S. 2010. Learning lessons from past reef-rehabilitation projects, reef rehabilitation. St Lucia: the coral reef targeted research & capacity building for management program.

Frieler K, Meinshausen M, Golly A, et al. 2013. Limiting global warming to 2℃ is unlikely to save most coral reefs. Nature Climate Change, 3(2): 165-170.

Frölicher T L, Laufkötter C. 2018. Emerging risks from marine heat waves. Nature Communications, 9(1): 650.

Hoegh-Guldberg O. 2012. The adaptation of coral reefs to climate change: is the Red Queen being outpaced? Scientia Marina, 76(2): 403-408.

Hughes T P, Huang H, Young M A L. 2013. The wicked problem of China's disappearing coral reefs. Conservation Biology, 27(2): 261-269.

Hughes T P, Kerry J T, Baird A H, et al. 2019a. Global warming impairs stock-recruitment dynamics of corals. Nature, 568(7752): 387-390.

Hughes T P, Kerry J T, Connolly S R, et al. 2019b. Ecological memory modifies the cumulative impact of recurrent climate extremes. Nature Climate Change, 9(1): 40-43.

IPCC. 2014. Summary for policymakers//Field C B, Barros V R, Dokken D J, et al. Climate Change 2014: Impacts, Adaptation, and Vulnerability. Part A: Global and Sectoral Aspects. Contribution of Working Group Ⅱ to the Fifth Assessment Report of the Intergovernmental Panel on Climate Change. Cambridge, New York: Cambridge University Press: 1-32.

IPCC. 2019. Summary for policymakers//Pörtner H O, Roberts D C, Masson-Delmotte V, et al. IPCC Special Report on the Ocean and Cryosphere in a Changing Climate. Cambridge, New York: Cambridge University Press.

IPCC. 2021. Summary for policymakers//Masson-Delmotte V, Zhai P, Pirani A, et al. Climate Change 2021: the Physical Science Basis. Contribution of Working Group Ⅰ to the Sixth Assessment Report of the Intergovernmental Panel on Climate Change. Cambridge, New York: Cambridge University Press.

Kaly U L, Centre C R R. 1995. Experimental Test of the Effects of Methods of Attachment and Handling on the Rapid Transplantation of Corals. Townsville: CRC Reef Research Centre: 1-24.

Keshavmurthy S, Kuo C Y, Huang Y Y, et al. 2019. Coral reef resilience in Taiwan: lessons from long-term ecological research on the coral reefs of Kenting National Park (Taiwan). Journal of Marine Science and Engineering, 7(11): 388.

Kumagai N H, Molinos J G, Yamano H, et al. 2018. Ocean currents and herbivory drive macroalgae-to-coral community shift under climate warming. Proceedings of the National Academy of Sciences of the United States of America, 115(36): 8990-8995.

Li S, Yu K F, Chen T R, et al. 2011. Assessment of coral bleaching using symbiotic zooxanthellae density and satellite remote sensing data in the Nansha Islands, South China Sea. Chinese Science Bulletin, 56(10): 1031-1037.

Li X B, Liu S, Huang H, et al. 2012. Coral bleaching caused by an abnormal water temperature rise at Luhuitou fringing reef, Sanya Bay, China. Aquatic Ecosystem Health and Management, 15(2): 227-233.

Lough J M. 2000. 1997-98: Unprecedented thermal stress to coral reefs? Geophysical Research Letters, 27(23): 3901-3904.

Lyu Y H, Zhou Z H, Zhang Y M, et al. 2022. The mass coral bleaching event of inshore corals form South China Sea witnessed in 2020: insight into the causes, process and consequence. Coral Reefs, 41(5): 1351-1364.

Masson-Delmotte V, Zhai P, Pirani A, et al. 2021. Climate Change 2021: the Physical Science Basis. Contribution of Working Group I to the Sixth Assessment Report of the Intergovernmental Panel on Climate Change. Cambridge: Cambridge University Press.

Mohamed H F, Abd-Elgawad A, Cai R S, et al. 2023. Microbial community shift on artificial biological reef structures (ABRs) deployed in the South China Sea. Scientific Reports, 13(1): 3456.

Spalding M, Ravilous C R, Green E P. 2001. World Atlas of Coral Reefs. California: University of California Press.

Tan H J, Cai R S, Huo Y L, et al. 2020. Projections of changes in marine environment in coastal China seas over the 21st century based on CMIP5 models. Journal of Oceanology and Limnology, 38(6): 1676-1691.

Taylor K E, Stouffer R J, Meehl G A. 2012. An overview of CMIP5 and the experiment design. Bulletin of the American Meteorological Society, 93(4): 485-498.

Wang D R, Wu Z J, Li Y C, et al. 2011. Analysis on variation trend of coral reef in Xisha. Acta Ecologica Sinica, 31(5): 254-258.

Yap H T, Alino P M, Gomez E D. 1992. Trends in growth and mortality of three coral species (Anthozoa: Scleractinia), including effects of transplantation. Marine Ecology Progress Series, 83(1): 91-101.

Yu K F. 2012. Coral reefs in the South China Sea: their response to and records on past environmental changes. Science China Earth Sciences, 55(8): 1217-1229.

Yu K F, Zhao J X, Shi Q, et al. 2006. U-series dating of dead Porites corals in the South China Sea: evidence for episodic coral mortality over the past two centuries. Quaternary Geochronology, 1(2): 129-141.

Zhao M X, Yu K F, Zhang Q M, et al. 2012. Long-term decline of a fringing coral reef in the northern South China Sea. Journal of Coastal Research, 28(5): 1088-1099.

Zheng X Q, Li Y C, Liang J L, et al. 2021. Performance of ecological restoration in an impaired coral reef in the Wuzhizhou Island, Sanya, China. Journal of Oceanology and Limnology, 39(1): 135-147.

第 5 章

河口浮游植物生态系统

5.1 引　　言

中国河流众多，有松花江、辽河、海河、黄河、长江、淮河、珠江等七大水系。根据第二次全国湿地资源调查，河流入海形成的河口区有 168 个。河口区处于海陆交界处，是海水和淡水交汇混合的水域，因而成为地球上陆海两大水生生态系统的过渡区，各种物理、化学、生物和地质过程耦合多变，演变机制复杂，生态环境敏感脆弱。同时，入海河流带来了陆地径流、沉积物、有机物、无机营养物质，再加上不间断的潮汐影响，使得河口区具有高营养盐、水体层化、流系较复杂等特点，并成为许多海洋经济生物的产卵场、越冬场、索饵场和重要的洄游通道，即"三场一通道"，形成了许多大型渔场和水产养殖区，具有重要的生态价值和经济价值。河口区除了受到海陆相互作用的强烈影响，还受到污染物排放、围填海、养殖和捕捞等人类活动的影响。因此，河口区的自然环境与生态系统受到了气候变化和人类活动等多重因素的影响。

近几十年来，在中国沿海地区社会经济快速发展的背景下，河口及邻近海域资源环境面临的压力日益突显。一方面，人类活动对河口生态系统的影响愈发显著。其中，大量工农业生产废水和生活污水排入海中，以及沿海的水产养殖产生的污染，使得沿海水域富营养化程度加剧，加上长期过度捕捞造成渔业生物多样性水平降低，许多鱼类种群呈现低龄化和个体小型化，并且有毒有害赤潮的发生次数增加，发生范围有扩大趋势，河口生态系统处于亚健康或不健康状态，呈恶化趋势。另一方面，随着全球变暖和东亚季风的减弱，近海增暖明显，低空风场和海面风应力明显减弱，无论是冬季还是夏季均有明显升温，且升温幅度冬季大于夏季，这使得中国近岸海域包括三大河口区尤其是长江口及邻近海域既受到气候变暖的明显影响，又受到东亚季风变化的显著作用（蔡榕硕和陈幸荣，2020）。因此，长江、黄河和珠江等河口区及邻近海域的环境和生态对气候变化和人为活动的响应与环境治理成为高度关注的科学问题。

长江、黄河和珠江是中国三大入海河流。其中，长江是中国第一大河，在崇明岛流入东海，全长 6300 km 以上，流域面积 180 万 km² 以上，年径流量约 10 000 亿 m³，占全国河流年径流量的 1/3 以上；黄河是第二大河，在山东东营市垦利区流入渤海，全长约 5464 km，流域面积约 75 万 km²；珠江为第三大河，经由珠江三角洲"八大口门"流入南海，全长 2214 km，流域面积约 45 万 km²。1956 ~ 2018 年，长江流域的年径流量总体变化不大，但黄河流域的年径流量呈现显著减小趋势，珠江流域的年径流量略有减小。其中，1980 ~ 2018 年，黄河流域年径流量减小达 40% 以上，珠江流域约减小 7%（张建云等，2020）。一般地，入海河流径流量的变化可影响河口区及附近海域的环境和生态状况，包括对有毒有害赤潮等生态灾害暴发的影响。

近几十年来，长江、黄河和珠江三大河口区及邻近海域的环境和生态均有明显的变化。调查显示，2010 ~ 2016 年长江向东海输送溶解无机氮（DIN）和 PO_4^{2-} 的平均通量比 2003 ~ 2009 年分别增加了 23% 和 50%，而溶解硅（DSi）的平均通量约为 10.08× 10^{10} mol/a（Ding et al.，2019），长江口及邻近海域的生态也因此发生了显著的变化。例如，近 20 年来，长江口浮游生物、底栖生物的种类分别减少 69%、54%，底栖生物的生物量也减少 88.6%（高宇等，2017）；渔业资源严重退化，其中长江口、杭州湾和舟山渔场海域鱼类资源的小型化、低龄化明显（陈云龙，2014；王淼等，2016），并从以硅藻 - 甲壳类浮游动物 - 鱼类为主的生态系统，转变为以甲藻 - 原生动物和微型浮游动物 - 水母为主的生态系统（陈洪举和刘光兴，2010；单秀娟和金显仕，2011）。其中，长江口大量繁殖的水母已成为干扰长江口生态系统的主要类群（孙松，2016）。

调查还揭示，近几十年来，黄河口、珠江口及附近海域的海洋生态也发生了显著变化，包括浮游生物群落的显著变化，时有大规模藻华暴发，并造成严重的海水养殖业和渔业资源损失（钱宏林等，2000；Zhang et al.，2012；Qian et al.，2018）。

研究表明，长江口及邻近海域大面积赤潮暴发次数为三大河口之最（洛昊等，2013）并成为主要的生态灾害之一。特别是自 20 世纪 70 年代末以来，长江口及邻近海域赤潮的发生频率剧增，并呈现显著的年代际气候变化特征（蔡榕硕等，2010；Cai et al.，2016）。尽管长江口及邻近海域赤潮、有毒有害藻华等生态灾害的暴发频次在 2003 年前后达到峰值，但之后仍继续频繁发生。这表明长江口及邻近海域浮游植物生态系统处于较高的不稳定和脆弱状态（蔡榕硕和陈幸荣，2020）。长江口及邻近海域大规模甲藻等有害赤潮的暴发严重影响了海洋环境与生态系统的健康及服务功能以及沿海地区社会的可持续发展（陈洪举和刘光兴，2010；单秀娟等，2016）。

鉴于河口区的调查监测历史数据零散，历史研究成果不系统，缺乏多年连续观测数据和系统的生态调查数据，本章以长江口及邻近海域（以下简称长江口）浮游植物生态系统尤其是赤潮的暴发为主要研究对象，并主要基于海洋和大气观测资料、海洋环境和生物数据资料及相关研究成果，分析赤潮暴发对气候变化的响应及脆弱性特征，构建长江口浮游植物生态系统气候变化综合风险评估指标体系，分析长江口浮游植物生态系统对气候变化的响应及脆弱性，研究不同气候情景下未来长江口浮游植物生态系统的综合风险水平，并采用基于反向传播（BP）神经网络等的人工智能方法，预估研究未来长江口及邻近海域赤潮灾害暴发的风险，分析并提出河口区生态系统适应气候变化的策略措施，为河口区赤潮灾害的预防治理提供科学参考。

5.2　数据与方法

5.2.1　数据

研究范围为长江口及邻近海域，涉及气象与气候、海洋环境以及生物生态等指标因子，通过查阅大量历史资料和文献报道，收集了各种现场调查观测数据、卫星遥感资料和再分析数据资料，获得以下相关数据资料。

（1）赤潮事件

赤潮发生时间、地点及年累计面积（当年赤潮面积的总和）等引自 2003～2016 年的《中国海洋灾害公报》（https://www.mnr.gov.cn/sj/sjfw/hy/gbgg/zghyzhgb/）和《浙江省海洋灾害公报》（https://zrzyt.zj.gov.cn/col/col1289933/index.html）。

（2）营养盐

DIN 是可溶性铵盐（NH_4^+）、亚硝酸盐（NO_2^-）和硝酸盐（NO_3^-）的总和。1962～2013 年长江口大通站的 DIN 历史观测数据中，1962～1998 年、2002～2008 年数据来自 Dai 等（2011），1999～2001 年、2012～2013 年数据来自 Wang 等（2015），2009～2011 年数据来自 Ding 等（2019），时间分辨率为年，单位为 µmol/L。

溶解无机磷（DIP）是水体中溶解的无机磷酸盐（PO_4^{3-}）。1964～2013 年长江口大通站的 DIP 历史观测数据中，1964～1990 年、1998 年、2001～2008 年数据来自 Dai 等（2011），1995～1997 年、1999～2000 年、2012～2013 年数据来自 Wang 等（2015），2009～2011 年数据来自 Ding 等（2019），时间分辨率为年，单位为 µmol/L。

DSi 是水体中溶解的硅酸盐。1962～2012 年长江口大通站的 DSi 历史观测数据中，1962～1985 年、1987 年、1998 年、2004 年、2006 年、2008 年数据来自 Dai 等（2011），1986 年、2012 年数据来自 Liang 和 Xian（2018），1997 年、1999 年、2009～2011 年数据来自 Ding 等（2019），时间分辨率为年，单位为 µmol/L。

（3）风速

1960～2016 年风场数据来自国家气象信息中心提供的中国地面气候资料日值数据集 V3.0，采用了嵊泗站地面风速数据，时间分辨率为日，单位为 m/s。

（4）叶绿素 a 浓度

叶绿素 a 浓度来自 MODIS Aqua 3 级日平均海表叶绿素 a 浓度遥感数据产品，空间分辨率为 4 km，时间范围为 2003 年 1 月 1 日至 2016 年 12 月 31 日，源自 NASA 海洋水色处理中心（OCDPS）。

（5）SST

SST 来源：① MODIS Aqua 2 级 SST 遥感数据产品，经栅格化处理成日平均数据，空间分辨率为 1 km，时间范围为 2003 年 1 月 1 日至 2016 年 12 月 31 日，源自 NASA 海洋水色处理中心（OCDPS）；② AVHRR 卫星遥感数据，该数据采用最优插值方法得到最大程度的同化，具有较高的空间分辨率 [（1/4）°] 和连续的时间观测（逐日），时间范围为 1981 年 12 月至 2016 年 12 月，源自 NOAA 的 OISST 资料；③海洋再分析数据资料集 SODA2.1.6（时间范围为 1958 年 1 月至 2008 年 12 月，空间分辨率为 0.5°×0.5°）以及 SODA3.4.2（时间范围为 1980 年 1 月至 2017 年 12 月，空间分辨率为 0.5°×0.5°），时间分辨率为月，源自美国马里兰大学。

（6）PAR

光合有效辐射（PAR）数据来自法国 ACRI-ST 的 GlobColour 数据集（http://globcolour.info），空间分辨率为 4 km，时间范围为 2003 年 1 月 1 日至 2016 年 12 月 31 日。

（7）混合层深度

混合层深度数据来自欧洲中期天气预报中心（ECMWF）的 ORAS5 数据资料集，空间分辨率为 0.25°×0.25°，时间范围为 1979 年 1 月 1 日至 2017 年 12 月 31 日，处理成日平均数据。

（8）表面净太阳辐射

表面净太阳辐射来自 ECMWF 的 ERA5 数据集，空间分辨率为 0.25°×0.25°，时间范围为 1979 年 1 月 1 日至 2017 年 12 月 31 日，处理成月平均数据。

（9）长江大通站径流量

长江大通站径流量来自水利部的《中国河流泥沙公报》（http://www.mwr.gov.cn/sj/tjgb/zghlnsgb/），单位为亿立方米，时间范围为 2002～2017 年。

（10）未来海洋与气候环境数据

不同气候情景下海洋环境数据引自 IPCC CMIP5 中地球系统模式对于历史和 3 种不同气候情景（RCP2.6、RCP4.5、RCP8.5）的模拟结果，包括 SST、叶绿素 a 浓度、风速、营养盐和 PAR 等。其中，SST 选择了 29 个来自不同研究机构的地球系统模式，模式基本信息见表 5.1。由于 IPCC CMIP5 各个模式所提供的变量、情景、时段和分辨率等不尽相同，出于数据可用性的综合考虑，未来表面风速、叶绿素 a 浓度、NO_3^- 浓度和 PO_4^{3-} 浓度选用了 MPI-ESM-LR 模式数据，PAR 选用了 GEOSCCM 模式数据。

表 5.1 29 个 CMIP5 全球气候模式基本信息

编号	模式	国家（机构）	分辨率（经向×纬向）	气候情景
1	ACCESS1-3	澳大利亚（CSIRO）	192×145	RCP4.5、RCP8.5
2	CanESM2	加拿大（CCCMA）	128×64	RCP2.6、RCP4.5、RCP8.5
3	CMCC-CMS	意大利（CMCC）	192×96	RCP4.5、RCP8.5
4	CMCC-CESM	意大利（CMCC）	192×96	RCP4.5、RCP8.5
5	CMCC-CM	意大利（CMCC）	480×240	RCP4.5、RCP8.5
6	CNRM-CM5	法国（CERFACS）	256×128	RCP2.6、RCP4.5、RCP8.5
7	CSIRO-Mk3-6-0	澳大利亚（CSIRO-QCCCE）	192×96	RCP2.6、RCP4.5、RCP8.5
8	CSIRO-Mk3L-1-2	澳大利亚（CSIRO-QCCCE）	192×96	RCP4.5
9	EC-EARTH	欧盟（EC-EARTH）	320×160	RCP2.6、RCP4.5、RCP8.5
10	FGOALS-s2	中国（IAP）	360×196	RCP2.6、RCP4.5、RCP8.5
11	GEOSCCM	美国（NASA）	145×182	RCP4.5、RCP8.5
12	GFDL-CM3	美国（NOAA-GFDL）	144×90	RCP2.6、RCP4.5、RCP8.5
13	GFDL-ESM2G	美国（NOAA-GFDL）	144×90	RCP2.6、RCP4.5、RCP8.5

续表

编号	模式	国家（机构）	分辨率（经向×纬向）	气候情景
14	GFDL-ESM2M	美国（NOAA-GFDL）	144×90	RCP2.6、RCP4.5、RCP8.5
15	GISS-E2-H	美国（NASA）	144×90	RCP2.6、RCP4.5、RCP8.5
16	GISS-E2-R-CC	美国（NASA）	144×90	RCP4.5、RCP8.5
17	HadGEM2-AO	韩国（NIMR）	192×145	RCP2.6、RCP4.5、RCP8.5
18	HadGEM2-CC	英国（MOHCCP）	192×145	RCP4.5、RCP8.5
19	HadGEM2-ES	英国（MOHCCP）	192×145	RCP2.6、RCP4.5、RCP8.5
20	INM-CM4	俄罗斯（INM）	180×120	RCP4.5、RCP8.5
21	IPSL-CM5A-LR	法国（IPSL）	182×149	RCP2.6、RCP4.5、RCP8.5
22	IPSL-CM5A-MR	法国（IPSL）	182×149	RCP2.6、RCP4.5、RCP8.5
23	IPSL-CM5B-LR	法国（IPSL）	182×149	RCP4.5、RCP8.5
24	MIROC-ESM	日本（MIROC）	128×64	RCP2.6、RCP4.5、RCP8.5
25	MPI-ESM-LR	德国（MPI）	192×96	RCP4.5、RCP8.5
26	MPI-ESM-MR	德国（MPI）	192×96	RCP2.6、RCP4.5、RCP8.5
27	MRI-CGCM3	日本（MRI）	320×160	RCP2.6、RCP4.5、RCP8.5
28	MRI-ESM1	日本（MRI）	128×64	RCP8.5
29	NorESM1-ME	挪威（NCC）	144×96	RCP2.6、RCP4.5、RCP8.5

5.2.2　方法

（1）长江口浮游植物生态系统气候变化综合风险评估指标体系的构建

基于 IPCC 有关气候致灾因子和风险的定义，以及有关河口生态系统对气候变化的响应及归因分析，筛选出赤潮暴发为长江口浮游植物生态系统的主要生态灾害，分析赤潮暴发的主要致灾因子，选取营养盐、海表温度、海面风力等因子作为长江口赤潮暴发的主要影响因子，基于 IPCC 有关承灾体的脆弱性、暴露度、敏感性和适应性的核心概念、定义及相互关系，构建长江口浮游植物生态系统气候变化综合风险评估指标体系，如表 5.2 所示。

表 5.2　长江口浮游植物生态系统气候变化综合风险评估指标体系

气候致灾因子危害性	浮游植物生态系统暴露度	浮游植物生态系统脆弱性		影响与风险
		浮游植物生态系统敏感性	浮游植物生态系统适应性	
①SST升高：前冬温度（EOF主模态）升高有利于生物生长，次年春季更容易达到适温条件，物候提前，在饵料和营养盐充分的条件下，浮游动物更替脱节导致摄食平衡失调，赤潮易暴发（Cai et al.，2017）。②营养盐浓度升高：使海水富营养化（沈志良，1991）。③海面风力减弱：较小的风力会使上层海水混合减弱的范围扩大，有利于赤潮藻和细胞聚集（张福星等，2016）	①河口区域增温速率。②太阳辐射强度：影响浮游植物光合作用，高光照度下藻细胞生存所需铁和磷的量较少，为赤潮暴发提供了条件（翁焕新等，2010）	浮游植物丰度：具有较高浮游植物丰度的水体，在同等藻华条件下更容易暴发赤潮，浮游植物敏感性程度高	水体混合层深度：水体混合层深度越小，混合层内平均光强越大，即藻类接收的光照越充分，浮游植物适应性越弱（陈洋等，2013）	①浮游植物群落改变，藻华（赤潮、绿潮）时间提前、强度和频率增加，外来物种入侵。②基础饵料改变，影响消费者摄食，水母爆发增加。③水环境恶化，藻毒素产生，低氧区扩大。④渔业资源锐减，生产力下降。⑤甲藻类赤潮暴发多于硅藻类赤潮暴发。⑥有害藻类生长及有毒物质扩散

续表

气候致灾因子危害性	浮游植物生态系统暴露度	浮游植物生态系统脆弱性		影响与风险
		浮游植物生态系统敏感性	浮游植物生态系统适应性	
综上分析，影响浮游植物藻华（赤潮）暴发的致灾因子有温度、海面风力和营养盐浓度；长江口及邻近海域较其他海域的浮游植物暴露于致灾因子危害性的程度更高，浮游植物优势种有简单化和小型化且藻华容易发生等特点，表现出较高的不稳定性和脆弱性。说明：本次评估未考虑降水增减、盐度降低和紫外辐射等因子的危害性及相关的暴露度和脆弱性问题				

  根据表 5.2 中长江口浮游植物生态系统气候变化综合风险评估指标体系，浮游植物生态系统的气候致灾因子危害性由 SST、风速和营养盐浓度三部分构成，SST 由冬季（12月至次年 2 月）海表温度表征，风速取赤潮高发季海表风速，营养盐浓度取 NO_3^- 浓度和 PO_4^{3-} 浓度；暴露度由增温速率和太阳辐射强度两部分构成；脆弱性由敏感性和适应性两部分构成，其中敏感性由表征浮游植物丰度的叶绿素 a 浓度决定，适应性与水体混合层深度有关；风险为气候致灾因子危害性、承灾体的暴露度和脆弱性三者相互作用。具体计算过程如下：

$$H_{i,\,j}=a_1 Sw_{i,\,j}-a_2 W_{i,\,j}+a_3 C_{DIN}+a_4 C_{DIP} \tag{5.1}$$

$$E_{i,\,j}=Ta_{i,\,j}\times Sol_{i,\,j} \tag{5.2}$$

$$V_{i,\,j}=S_{i,\,j}\div A_{i,\,j} \tag{5.3}$$

$$R_{i,\,j}=a_5 H_{i,\,j}+a_6 E_{i,\,j}+a_7 V_{i,\,j} \tag{5.4}$$

式中，下标 i 和 j 表示网格点坐标；H、E、V、R 分别为气候致灾因子危害性、承灾体暴露度、承灾体脆弱性和风险；Sw 为经过标准化（Cheadle et al.，2003）处理的 SST；W 为经过标准化处理的风速；C_{DIN} 为经过标准化处理的 NO_3^- 浓度；C_{DIP} 为经过标准化处理的 PO_4^{3-} 浓度；Ta 为经过标准化处理的 SST 线性变化趋势；Sol 为经过标准化处理的表面净太阳辐射；S 为敏感性，由叶绿素 a 浓度经标准化处理得到；A 为适应性，由水体混合层深度经过标准化处理得到；$a_1 \sim a_7$ 为权重系数。计算结果采用自然断点法（武增海和李涛，2013）划分为 5 个等级。

  （2）赤潮事件提取方法

  根据《中国海洋灾害公报》和《浙江省海洋灾害公报》提供的赤潮事件，按照发生时间，从遥感资料中提取出对应帧数的叶绿素 a 浓度图像，并以报道地点附近海域中心叶绿素 a 浓度 > 10 mg/m³ 为判断条件，界定赤潮发生范围的具体经纬度（仅限于浮游植物类赤潮），提取赤潮发生海域对应时空的遥感 SST 和近地面风速，并统计分析赤潮暴发与这些主要因子的关系。云层覆盖等天气要素造成的遥感数据大面积无规律缺失问题，使得赤潮事件并不能在遥感图像上被一一识别，因此主要提取了在遥感图像中被较好识别的 32 个赤潮事件的发生位置及范围大小，如图 5.1 所示。

  （3）BP 神经网络

  BP 神经网络是一种按误差逆传播算法训练的多层前馈网络，由 Rumelhart 在 1985年提出（Rumelhart，1986）。它的主要特点是信号前向传输，误差逆向传播。图 5.2 给出了 3 层结构的 BP 神经网络结构示意图，其中 x 为输入信息，y 为输出信息，在 BP 神经网络中，每层之间没有前馈循环，同一层的每个节点之间也没有相互连接。输入的信息通过隐藏层后经输出层输出，如果输出结果同预期结果间的误差大于设定值，则根据误差调整传输路线上各节点的权值。

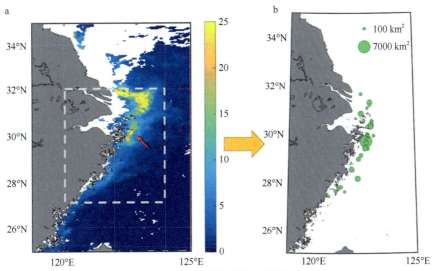

图 5.1　历史赤潮事件信息提取

a. 2007 年 7 月 23 日至 8 月 6 日平均叶绿素 a 浓度分布（单位：mg/m³）（根据《中国海洋灾害公报》，2007 年 7 月 23 日至 8 月 6 日浙江省舟山市朱家尖东部海域发生赤潮，最大面积为 7000 km²，红色箭头指出了该次赤潮的具体位置）；b. 赤潮发生位置及范围大小

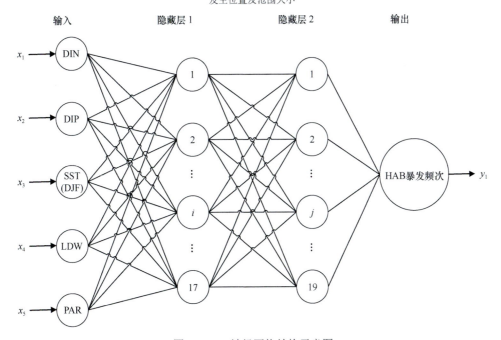

图 5.2　BP 神经网络结构示意图

LDW- 小风天数

相较于其他非线性方法，BP 神经网络算法的关键优势是能实现具有高度准确性全局近似，以描述复杂、非线性和不确定的系统（Cheng et al.，2015）。因此，本章采用 3 层

结构的 BP 神经网络进行数学建模，处理影响赤潮暴发的主要因子和赤潮暴发次数之间的非线性问题，仿真模拟不同气候情景下未来长江口及邻近海域的赤潮暴发情况。

5.3　结果与分析

5.3.1　长江口及邻近海域浮游植物生态系统对气候变化的响应特征及归因分析

（1）长江口浮游植物生态系统变化特征

自 20 世纪 80 年代起，长江口浮游植物种类数的年际变化波动较大，总体呈现先下降后上升的特点，1984～2009 年呈现下降趋势，2009 年之后波动上升（图 5.3）。近 30 年来，长江口浮游植物群落结构不断演变，种类组成趋向简单，种类个体数量分布不均匀，少数优势种类（如中肋骨条藻）在环境条件合适时易大量增殖形成赤潮。群落中硅藻为浮游植物中主要类群，在数量上占绝对优势，但多年来其所占比例呈缓慢下降趋势，甲藻种类所占比例缓慢上升。研究发现，21 世纪以来，长江口及邻近海域赤潮生物由 20 世纪 80 年代、90 年代以中肋骨条藻等硅藻类为主的结构正在发生变化，近岸赤潮生物逐渐由中型硅藻类向小型和微型甲藻类发展，东海原甲藻、亚历山大藻等甲藻赤潮发生频率有所上升（叶属峰等，2004）。

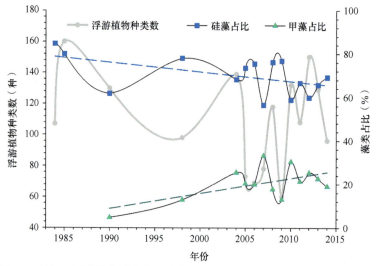

图 5.3　长江口浮游植物种类数、硅藻和甲藻占比变化（杨颖和徐韧，2015）

长江口浮游动物种类数、密度和生物量的年际波动较大。1982～2014 年，浮游动物的种类数呈现先上升后下降的趋势，2008 年种类数达到了 186 种，为历年最高，之后逐渐下降。浮游动物群落结构相对稳定，优势种以桡足类为主，但桡足类种类数占比近年来呈现缓慢下降的趋势（图 5.4）。2004 年，桡足类占浮游动物种类数的 50%，2005 年、2006 年分别降至 46% 和 42%，2007 年降至 30% 以下，2008 年因种类数较大幅度上升，桡足类种类数占比也有反弹，2009 年之后一直在较低水平波动（杨颖和徐韧，2015）。

赤潮是中国近岸海域主要的海洋生态灾害之一，而长江口及邻近海域既是中国赤潮多发区之一，又是目前赤潮研究的重要区域。长江口作为中国最大的河口，其邻近海域受到多种流系结构和水团的控制。长江径流入海后形成显著的冲淡水舌，这为该海域带来丰富的赤潮生物生长所需的营养物质或影响其光合作用的悬浮物质。与此同时，该海域还受到台湾暖流以及入侵东海陆架的黑潮输送的物质的影响。因此，长江冲淡水和源自黑潮的暖流等水系形成的辐聚带共同影响赤潮的暴发（周名江等，2003），长江口也是东海赤潮的主要发生地（图 5.5）。

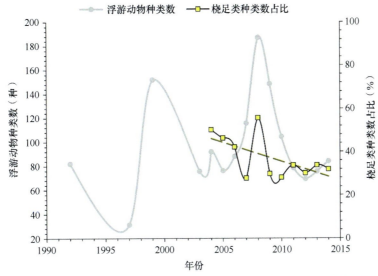

图 5.4　长江口浮游动物种类数和桡足类种类数占比变化（杨颖和徐韧，2015）

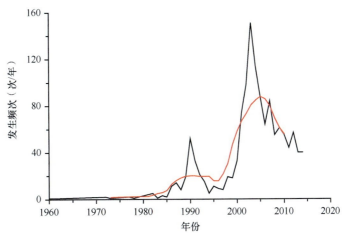

图 5.5　1960～2014 年东海赤潮发生频次的变化（Cai et al.，2016）

细黑线表示中国东海海域的赤潮发生频次，粗红线为 9 年滑动平均值

此外，长江口及邻近海域存在沿岸上升流，不断给表层海水补充营养盐，也为河口区海洋生物资源的形成提供物质基础（朱根海等，2003）。自 1960 年以来，由于人类活动的影响加剧，长江口冲淡水营养盐浓度不断升高，因此长江口及邻近海域赤潮高发区海水富营养化程度加剧，从而导致浮游植物组成发生相应变化（Jiang et al.，2014）。Ding 等（2019）指出，DSi/DIN 比值减小和 DIN/PO$_4^{3-}$ 比值增大可能导致长江口赤潮暴发频率上升。历史数据显

示，长江口及邻近海域的叶绿素 a 浓度从 2003 年的 1.11 μg/L 增加到 2010 年的 3.81 μg/L（2009年除外），而溶解氧浓度从 2003 年的 6.80 mg/L 下降到 2004 年的 4.29 mg/L。2003 年以后，长江口及邻近海域长江输送的 PO_4^{3-} 浓度与叶绿素 a 浓度呈正相关关系（R=0.648，n=10，P＜0.05），长江冲淡水中的 PO_4^{3-} 可能促进河口附近的浮游植物密度增加（Ding et al.，2019）。

（2）长江口赤潮发生的归因分析

赤潮发生的机制至今尚有一定争论。一般认为，海水富营养化是赤潮发生的物质基础和首要条件，水文气象和海水理化因子的变化是诱发赤潮的重要原因。叶君武等（2009）和张福星等（2016）指出，长江口及邻近海域赤潮发生前期的水温大多高于18℃，赤潮发生前期的水温多呈上升趋势，短时间内急剧的升温可能会刺激赤潮生物大量繁殖，从而诱发赤潮；大部分赤潮发生前期盐度为 23‰～30‰，部分赤潮发生前期盐度呈下降趋势；赤潮发生前期的风速一般不大，风速的减弱使得赤潮藻易于滞留聚集；赤潮的发生与光照有直接的关系，长江口及邻近海域大型和特大型赤潮发生的 5～6 d 光照累计平均时间普遍在 30 h 以上（叶君武等，2009）。

根据已有的资料和赤潮发生的要素分析，长江口及邻近海域的赤潮一般发生在晚春和夏季（5～8月），因此本章的研究统计了 2003～2016 年 5～8 月大通站径流量、赤潮发生海域的 SST 和 PAR 等因子的变化，见图 5.6、表 5.3。

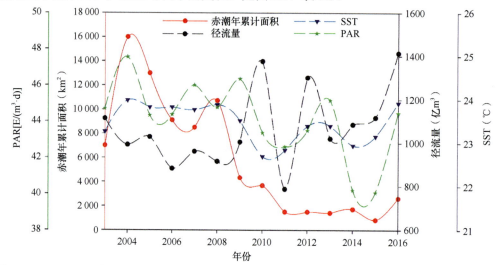

图 5.6　2003～2016 年长江口及邻近海域赤潮年累计面积与 5～8 月大通站径流量、SST、PAR 的关系

表 5.3　2003～2016 年长江口及邻近海域赤潮年累计面积与 5～8 月大通站环境因子的相关性分析

因子	径流量	SST	PAR
相关系数	−0.36	0.63	0.69
P	＜0.01	＜0.01	＜0.01

2004 年以来，长江口及邻近海域赤潮暴发的规模（面积）呈减小趋势，赤潮面积与长江入海径流量相关性低（表 5.3），这表明入海径流向海域输入的营养盐不一定是赤潮暴发及其发生规模的必要条件（韩秀荣等，2003）。可能是由于长江入海径流输入营养物质的同时也挟裹悬浮物，影响该海域的透光性，因此浮游植物的生长受到限制（刘子琳

等，2001；韩秀荣等，2003）。赤潮面积与 SST、PAR 呈现较好的正相关关系，相关系数分别达到 0.63、0.69，因此在富营养化的长江口及邻近海域，PAR 和 SST 可能是限制赤潮发生的重要因子。

云层覆盖等天气要素造成的遥感数据大面积无规律缺失问题，使得赤潮事件并不能在遥感图像上被一一识别。因此，本章的研究主要提取了在遥感图像中被较好识别的 32 个赤潮事件，见表 5.4，其发生位置及范围大小如图 5.1b 所示。

表 5.4　赤潮事件基本信息　（单位：℃）

年份	时间	区域	最低 SST	最高 SST	7 d 升温
2003	5 月 20 日	浙江省东矶山东至南渔山岛之间	19.35	19.50	1.42
2003	5 月 25 日至 6 月 17 日	浙江省南麂列岛海域	20.05	23.87	−0.03
2004	6 月 29 日	浙江省渔山列岛附近海域	26.55	26.74	1.87
2005	5 月 24 日至 6 月 1 日	浙江省中南部海域	17.94	21.72	—
2005	5 月 30 日至 6 月 10 日	长江口外海域	20.82	25.39	2.76
2005	5 月 31 日至 6 月 16 日	浙江省南麂列岛附近海域	21.33	25.18	2.80
2005	6 月 3 ~ 5 日	浙江省温州市洞头区赤潮监控区及附近海域	21.89	22.71	3.65
2006	6 月 12 ~ 14 日	长江口外海域	22.67	23.85	2.23
2007	6 月 27 ~ 30 日	浙江省嵊泗至中街山沿线海域	25.09	26.28	2.99
2007	7 月 23 日至 8 月 6 日	浙江省洞头岛至南麂列岛附近海域	25.89	28.29	0.89
2007	8 月 24 ~ 28 日	浙江省韭山列岛东部海域	26.59	27.66	1.13
2008	5 月 5 ~ 31 日	浙江省舟山市朱家尖东部海域	19.02	27.34	5.40
2008	5 月 6 ~ 8 日	浙江省渔山列岛以北海域	23.36	24.97	0.90
2008	5 月 6 ~ 12 日	浙江省温州市洞头区海域	19.52	26.35	3.72
2008	5 月 11 日至 6 月 3 日	浙江省舟山市朱家尖东部海域	18.82	27.86	1.06
2008	5 月 16 ~ 24 日	浙江省南麂列岛海域	20.23	27.06	7.47
2008	8 月 5 ~ 6 日	浙江省东福山至渔山列岛南部海域	26.66	27.65	0.77
2009	5 月 2 ~ 7 日	浙江省嵊山岛和枸杞岛南侧海域	18.11	24.90	7.77
2009	5 月 7 ~ 12 日	浙江省舟山市朱家尖东北侧 - 中街山列岛 - 嵊山岛 - 花鸟山附近海域	21.15	25.17	5.72
2009	5 月 10 日	浙江省宁波市油菜屿以东海域	21.92	25.17	3.72
2009	5 月 19 ~ 30 日	浙江省东福山附近至普陀山东侧连线海域	20.62	24.96	4.05
2009	6 月 17 ~ 22 日	浙江省嵊山岛南部海域	23.70	26.73	0.90
2010	5 月 14 ~ 27 日	浙江省渔山列岛 - 台州列岛海域	22.22	27.43	3.88
2010	5 月 30 日至 6 月 7 日	浙江省温州市苍南县大渔湾海域	22.89	28.28	−2.27
2011	5 月 13 日至 6 月 4 日	浙江省舟山市北部海域	21.02	28.25	5.35
2012	6 月 3 ~ 7 日	长江口外、浙江省舟山市北部海域	21.68	27.03	−1.96
2016	5 月 16 ~ 21 日	江苏省启东市以东海域	19.31	20.59	—
2016	5 月 17 ~ 20 日	浙江省舟山市朱家尖以东海域	18.95	20.59	—
2016	7 月 5 ~ 14 日	浙江省温州市苍南县石坪附近海域	24.64	28.04	2.27
2016	7 月 18 ~ 21 日	浙江省舟山市嵊泗县海域	25.35	28.73	2.04
2016	8 月 8 ~ 11 日	浙江省温州市苍南县海域	27.02	29.54	3.45
2016	8 月 16 ~ 21 日	浙江省舟山市朱家尖东部海域	28.91	30.87	1.51

注："7 d 升温"定义为赤潮发生前一周的升温幅度（ΔSST）（顾德宇等，2003）。

这 32 个赤潮事件大部分发生在长江口及邻近海域,最大面积为 7000 km²,主要赤潮生物为东海原甲藻。本章从叶绿素 a 浓度遥感图像中提取出赤潮事件的经纬度信息,并分析赤潮发生时的 SST 遥感数据。

长江口及邻近海域赤潮发生时,最低 SST 为 17.94℃,出现在 5 月;最高 SST 为 30.87℃,出现在 8 月。由此可见,赤潮发生时 SST 变化范围接近 13℃。已有研究认为,赤潮形成时许多单细胞藻类分泌的多糖及其他有机物在海表形成一道既易于吸收太阳辐射,又起到阻隔水面下辐射能发散的屏障,使得赤潮发生海域的水体温度快速上升,表面温度高于周围水体(顾德宇等,2003;恽才兴,2005)。从表 5.4 的统计结果来看,32 个赤潮事件中,因数据原因无 ΔSST 的有 3 个,ΔSST < 0℃的有 3 个,可能与浙江省沿岸的上升流现象有关(胡明娜和赵朝方,2008;倪婷婷等,2014);ΔSST > 0℃的有 26 例,其中 ΔSST ≥ 2℃的有 17 例,ΔSST ≥ 1.4℃的有 20 例,占有效例子的 69.0%。

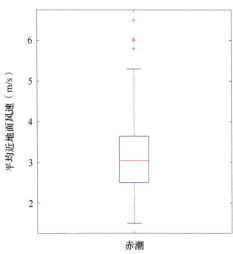

图 5.7　长江口及邻近海域赤潮暴发期间平均
近地面风速

另外,本章还收集了历年报道的 208 个有具体发生日期的长江口及邻近海域赤潮事件,提取赤潮发生期间的平均近地面风速,并进行箱型图分析(图 5.7),取上四分位数 3.646 m/s 作为阈值(Mcgill et al.,1978),将赤潮高发月份(4~9 月)日平均风速小于此阈值的天数(小风天数)作为影响赤潮暴发的风速指标;提取长江口及邻近海域冬季(DJF)海温作为影响赤潮暴发的温度指标(Cai et al.,2017b;蔡榕硕和付迪,2018;蔡榕硕等,2021);以长江口大通站营养盐浓度为影响赤潮暴发的营养盐指标;提取长江口及邻近海域赤潮高发月份的 PAR 作为影响赤潮暴发的光照指标。将上述不同环境指标同历年报道的赤潮暴发次数作直观比较,如图 5.8 所示。

由图 5.8 可以看到,1962 年以来,长江口及邻近海域营养盐浓度总体呈显著上升趋势,主要是人类活动造成水体富营养化不断加剧而导致,其中 DIN 浓度在过去近 50 年间上升约 154.64μmol/L,DIP 浓度上升约 1.84μmol/L,DSi 浓度的变化趋势则不明显。此外,1979~2016 年,长江口及邻近海域赤潮暴发次数以前所未有的速度剧增,并在 1990 年(32 次)和 2003 年(86 次)达到峰值,呈现年代际增长的变化趋势,在 2003 年之后呈明显下降趋势。1970~2013 年,长江口及邻近海域小风天数有显著年代际上升趋势,表明近地面风速呈显著的年代际下降趋势。1970 年以来,长江口及邻近海域 SST(DJF)有明显的年代际升高趋势,并在 2005 年之后转为下降趋势,与赤潮发生频率有相似变化。PAR 则无明显变化趋势。相关分析显示,近 40 年间长江口及邻近海域赤潮暴发次数与营养盐浓度、SST(DJF)和小风天数等环境因子之间存在显著的强正相关关系,但与 PAR 的相关性还未能确定(表 5.5)。

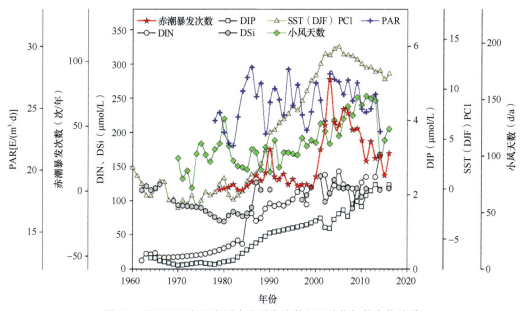

图 5.8　长江口及邻近海域赤潮暴发次数与环境指标的变化关系

表 5.5　长江口及邻近海域赤潮暴发次数与环境因子的相关性分析

因子	DIN	DIP	DSi	SST（DJF）PC1	小风天数	PAR
相关系数	0.609	0.536	0.523	0.729	0.535	0.310
P	＜0.001	＜0.001	＜0.001	＜0.001	＜0.001	0.066

自 20 世纪 80 年代起，长江口及邻近海域浮游植物密度的年际变化波动较大，近岸赤潮生物逐渐由中型硅藻类向小型和微型甲藻类发展（杨颖和徐韧，2015），由于人类活动的影响加剧，长江口及邻近海域赤潮高发区海水富营养化程度急剧升高。上述分析表明，在富营养化条件下，风速和 SST 可能是限制长江口及邻近海域赤潮发生的重要因子。相关研究显示，东亚季风出现年代际的减弱，影响了中国近海表层海水的混合和环流的变化，东海赤潮的暴发与东亚冬季风和海温的年代际变化有很好的对应关系（Cai et al.，2017b；蔡榕硕和付迪，2018）。东亚季风低空风场的减弱，使得海面风力相应变弱，从而有利于赤潮生物的聚集及暴发性增殖。

5.3.2　长江口及邻近海域浮游植物生态系统气候致灾因子危害性分析

（1）SST

图 5.9 是 RCP2.6、RCP4.5 和 RCP8.5 情景下未来长江口及邻近海域 SST 年平均序列。1982～2018 年，长江口及邻近海域 SST 上升了约 0.95℃。虽然不同 SST 时间序列都各自有显著的年际和年代际变化特征，但是从长时间尺度看，均呈现明显的上升趋势，即在温室气体排放增加的情景下，长江口及邻近海域 SST 将逐渐升高。在 RCP2.6 情景下，到 2050 年前后长江口及邻近海域 SST 将持续上升，并且到 2100 年维持在一个相对稳定的水平（约 20.0℃）。在 RCP4.5 情景下，到 2050 年长江口及邻近海域 SST 将持续上升至约 20.2℃，到 2100 年将上升至约 20.7℃。在 RCP8.5 情景下，到 2050 年长江口及邻

近海域 SST 将持续上升至约 20.8℃，到 2100 年将进一步上升至约 22.7℃，升温幅度超过 3.5℃。在 RCP4.5 和 RCP8.5 情景下，长江口及邻近海域 SST 上升的速率有明显的差异，其中 RCP8.5 情景下 SST 上升速率将高于 RCP4.5 情景约 0.013℃/a。

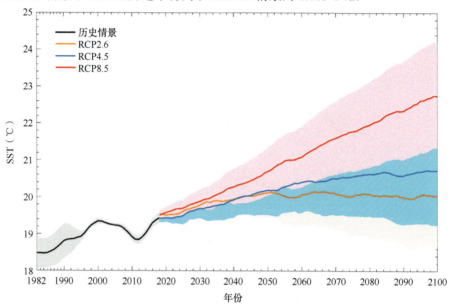

图 5.9　RCP2.6、RCP4.5、RCP8.5 情景下未来长江口及邻近海域 SST 年平均序列

（2）风速

图 5.10 为 RCP4.5 情景下 2006～2100 年长江口及邻近海域低空风速经验正交函数第一模态（EOF1）空间分布和时间系数。风速的 EOF1（解释方差贡献 97.3%）反映了整个海区风速的年际变化，最显著的区域位于盐城沿海，从北到南变化幅度逐渐减小。EOF1 的时间系数显示，风速在整个时期基本处于负相位，线性拟合趋势明显向下，这表明未来长江口及邻近海域风速将逐渐减弱。

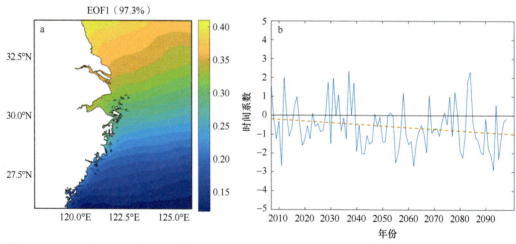

图 5.10　RCP4.5 情景下 2006～2100 年长江口及邻近海域低空风速 EOF1 空间分布（a）和时间系数（b）
时间系数虚线为线性拟合趋势

图 5.11 为 RCP8.5 情景下 2006～2100 年长江口及邻近海域低空风速 EOF1 空间分

布和时间系数。风速的 EOF1（解释方差贡献 78.5%）反映了整个海区风速的年际变化，最显著的区域位于海区的东北部，从东北到西南变化幅度逐渐减小。EOF1 的时间系数显示，风速在正负相位之间振荡变化，线性拟合趋势明显向下，这表明未来长江口及邻近海域风速将逐渐减弱。

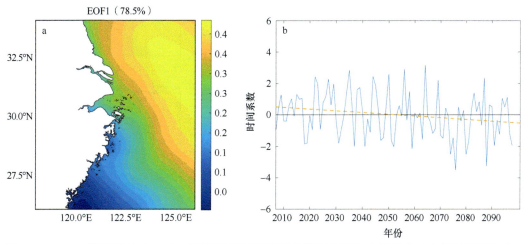

图 5.11　RCP8.5 情景下 2006～2100 年长江口及邻近海域低空风速 EOF1 空间分布（a）和时间系数（b）

时间系数虚线为线性拟合趋势

5.3.3　长江口及邻近海域浮游植物生态系统暴露度、脆弱性及综合风险评估

（1）气候致灾因子危害性

根据气候致灾因子危害性评估方法，计算得到长江口及邻近海域在不同气候情景（RCP2.6、RCP4.5、RCP8.5）下未来不同时间段（2030～2039 年、2050～2059 年、2090～2099 年）气候致灾因子危害性空间分布，结果见图 5.12。

由图 5.12a～c 可以看出，在 RCP2.6 情景下，到 21 世纪 30 年代，长江口及邻近海域浮游植物生态系统气候致灾因子危害性总体为中等，空间分布较为均匀；到 21 世纪 50 年代，气候致灾因子危害性有所上升，上升区域主要在北麂列岛附近海域，有较高危害性；到 21 世纪 90 年代，气候致灾因子危害性有所下降，总体危害性较低，这种变化可能主要受营养盐浓度下降和平均风速上升的影响。

由图 5.12d～f 可以看出，在 RCP4.5 情景下，到 21 世纪 30 年代，长江口及邻近海域浮游植物生态系统气候致灾因子危害性总体为中等，与 RCP2.6 情景相似；到 21 世纪 50 年代，气候致灾因子危害性有所上升，上升幅度随纬度增加而增大，长江口附近有较高危害性；到 21 世纪 90 年代，气候致灾因子危害性进一步上升，该海域总体处于高危害性影响下，高值区主要出现在舟山群岛附近海域。

由图 5.12g～i 可以看出，在 RCP8.5 情景下，到 21 世纪 30 年代，长江口及邻近海域浮游植物生态系统气候致灾因子危害性总体为中等，与 RCP2.6 情景相似；到 21 世纪 50 年代，海域总体气候致灾因子危害性快速上升至高等级；到 21 世纪 90 年代，气候致灾因子危害性大幅度上升，该海域总体处于很高危害性影响下，这种变化可能主要受海温快速上升的影响。

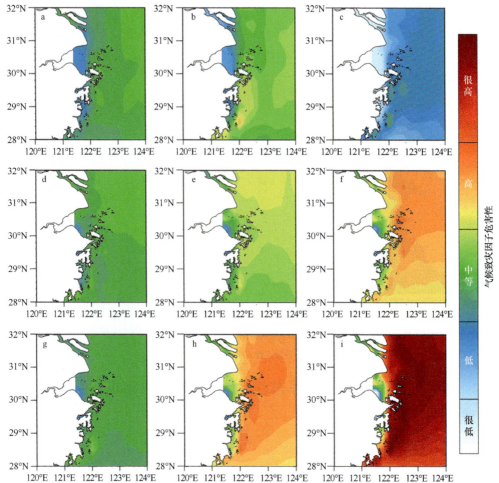

图 5.12 RCP2.6、RCP4.5、RCP8.5 情景下 21 世纪近期、中期、末期长江口及邻近海域浮游植物生态系统气候致灾因子危害性空间分布

a～c 分别为 RCP2.6 情景下 21 世纪近期（2030～2039 年）、中期（2050～2059 年）和末期（2090～2099 年）气候致灾因子危害性，d～f 为 RCP4.5 情景，g～i 为 RCP8.5 情景

（2）暴露度

根据承灾体暴露度评估方法，计算得到长江口及邻近海域浮游植物生态系统在不同气候情景下（RCP2.6、RCP4.5、RCP8.5）未来不同时间段（2030～2039 年、2050～2059 年、2090～2099 年）暴露度的空间分布，结果见图 5.13。

由图 5.13a～c 可以看出，在 RCP2.6 情景下，到 21 世纪 30 年代，长江口及邻近海域浮游植物生态系统暴露度整体较低，高暴露度区域主要为长江口附近；到 21 世纪 50年代和 90 年代，长江口及邻近海域浮游植物生态系统暴露度空间分布特征与 21 世纪 30年代类似，变化幅度较小。

由图 5.13d～f 可以看出，在 RCP4.5 情景下，到 21 世纪 30 年代，长江口及邻近海域浮游植物生态系统暴露度整体较低；到 21 世纪 50 年代，暴露度明显上升，高值区主要在长江口 31°N～32°N，121.3°E～123°E，并向南延伸且与岸线平行呈带状分布；到21 世纪 90 年代，与 50 年代相似的空间分布格局下，暴露度略有上升。

由图 5.13g ～ i 可以看出，在 RCP8.5 情景下，到 21 世纪 30 年代，长江口及邻近海域浮游植物生态系统暴露度整体较低；到 21 世纪 50 年代，暴露度明显上升，高值区主要在长江口 31°N ～ 32°N，121.3°E ～ 123°E，并向南延伸且与岸线平行呈带状分布；到 21 世纪 90 年代，暴露度进一步剧增，几乎整个海域都处于很高的暴露度环境中，该海域多年升温明显，且光照充足，有利于赤潮暴发。

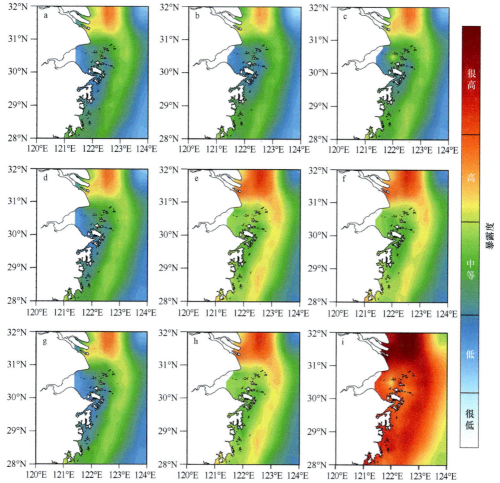

图 5.13　RCP2.6、RCP4.5、RCP8.5 情景下 21 世纪近期、中期、末期长江口及邻近海域浮游植物生态系统暴露度空间分布

a ～ c 分别为 RCP2.6 情景下 21 世纪近期（2030 ～ 2039 年）、中期（2050 ～ 2059 年）和末期（2090 ～ 2099 年）暴露度，d ～ f 为 RCP4.5 情景，g ～ i 为 RCP8.5 情景

（3）脆弱性

根据承灾体脆弱性评估方法，计算得到长江口及邻近海域浮游植物生态系统在不同气候情景下（RCP2.6、RCP4.5、RCP8.5）未来不同时间段（2030 ～ 2039 年、2050 ～ 2059 年、2090 ～ 2099 年）脆弱性的空间分布，结果见图 5.14。

根据表 5.2 中定义，脆弱性由敏感性和适应性两部分构成，而敏感性由表征浮游植物丰度的叶绿素 a 浓度决定，适应性与水体混合层深度有关。由于 CMIP5 模式预估的长江口及邻近海域叶绿素 a 浓度和水体混合层深度在不同时期和不同情景下空间分布差异较小，

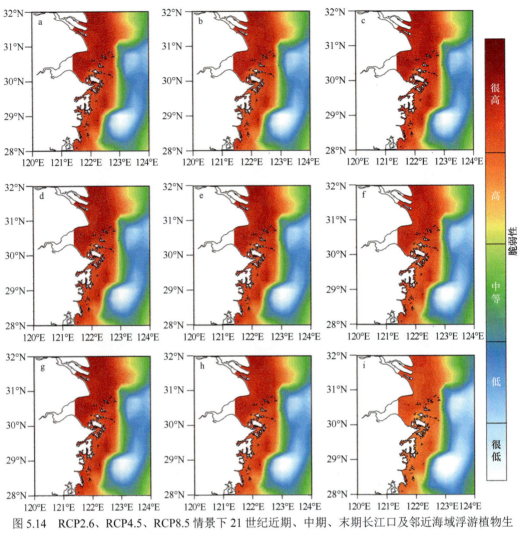

图 5.14　RCP2.6、RCP4.5、RCP8.5 情景下 21 世纪近期、中期、末期长江口及邻近海域浮游植物生
态系统脆弱性空间分布

a～c 分别为 RCP2.6 情景下 21 世纪近期（2030～2039 年）、中期（2050～2059 年）和末期（2090～2099 年）脆弱性，
d～f 为 RCP4.5 情景，g～i 为 RCP8.5 情景

因此由两者计算得出的脆弱性空间分布也趋于一致。从总体上看，长江口及邻近海域浮游植物生态系统脆弱性由近岸向远岸呈降低趋势，123°E 附近以西海域基本处于高度脆弱性状态。河口近岸海域由于富营养化程度高，浮游植物丰度较高，加上水深较浅，水体混合层深度较小，水体中的藻类更容易受到充足的光照，并迅速增长，可能形成赤潮。

（4）综合风险

根据承灾体综合风险评估方法，计算得到长江口及邻近海域浮游植物生态系统在不同气候情景（RCP2.6、RCP4.5、RCP8.5）下未来不同时间段（2030～2039 年、2050～2059 年、2090～2099 年）综合风险的空间分布，结果见图 5.15。

由图 5.15a～c 可以看出，在 RCP2.6 情景下，到 21 世纪 30 年代，长江口及邻近海域浮游植物生态系统的综合风险总体较低，高风险区域主要为北部的长江入海口附近和南部的台州湾附近；到 21 世纪 50 年代和 90 年代，北部长江入海口附近高风险区域有所发展，综合风险空间分布格局总体为近岸高、远岸低。

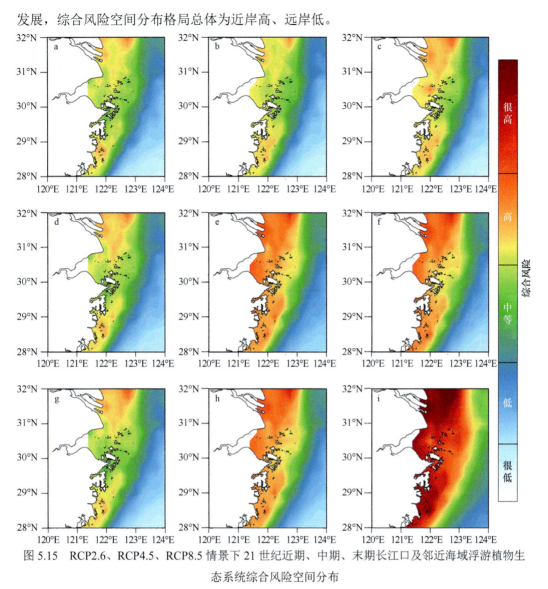

图 5.15　RCP2.6、RCP4.5、RCP8.5 情景下 21 世纪近期、中期、末期长江口及邻近海域浮游植物生态系统综合风险空间分布

a～c 分别为 RCP2.6 情景下 21 世纪近期（2030～2039 年）、中期（2050～2059 年）和末期（2090～2099 年）综合风险，
d～f 为 RCP4.5 情景，g～i 为 RCP8.5 情景

　　由图 5.15d～f 可以看出，在 RCP4.5 情景下，到 21 世纪 30 年代，长江口及邻近海域浮游植物生态系统综合风险整体较低；到 21 世纪 50 年代，综合风险明显升高，高风险区域扩展到整个近岸海区，与岸线平行呈带状分布；到 21 世纪 90 年代，与 50 年代相似的空间分布格局下，综合风险略有升高。

　　由图 5.15g～i 可以看出，在 RCP8.5 情景下，到 21 世纪 30 年代，长江口及邻近海域浮游植物生态系统综合风险整体较低；到 21 世纪 50 年代，综合风险明显升高，高风险区域扩展到整个近岸海区，与岸线平行呈带状分布；到 21 世纪 90 年代，综合风险进一步剧烈升高，不仅高风险区域面积扩大，综合风险水平也将急剧上升，几乎整个近岸海域都处于很高风险环境中。高风险环境下，水环境恶化，容易引起浮游植物群落发生改变，藻华（赤潮、绿潮）时间提前，强度和频率增加，藻毒素产生，低氧区扩大，进而导致渔业资源锐减、生产力下降等严重后果。

5.3.4　长江口及邻近海域赤潮暴发灾害风险预估

为仿真模拟不同气候情景下长江口及邻近海域未来赤潮暴发频次，基于上述构建完成的 BP 神经网络，分 RCP2.6、RCP4.5 和 RCP8.5 三组将未来环境因子变量 [DIN、DIP、SST（DJF）、小风天数和 PAR] 输入模型中。由于 CIMP5 模式数据中缺乏 RCP2.6 情景下的营养盐数据和 RCP2.6、RCP8.5 情景下的 PAR 数据，三组模拟实验中统一使用 RCP4.5 情景下的营养盐和 PAR 数据，重点考察气候变化对长江口及邻近海域赤潮暴发频次的影响，结果如图 5.16 所示。

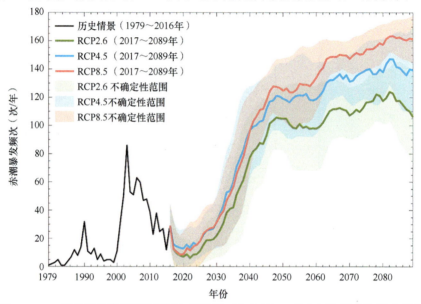

图 5.16　BP 神经网络模拟预估不同气候情景下未来长江口及邻近海域赤潮暴发频次

根据模拟结果，在不同气候情景下未来长江口及邻近海域赤潮暴发频次主要有 3 个变化阶段。以 RCP4.5 情景为例，21 世纪 20 年代长江口及邻近海域赤潮暴发频次维持在低位振荡，平均为（18±12）次 / 年；从 30 年代开始，赤潮暴发频次进入快速上升阶段，40 年代赤潮暴发频次已经达到（111±22）次 / 年，这意味着不到 25 年的时间内赤潮暴发频次将上升超过 93 次 / 年；40 年代以后，赤潮暴发频次上升速率放缓，总体维持在高位振荡，80 年代平均赤潮暴发频次为（140±27）次 / 年，超出历史极值（86 次 / 年）54 次 / 年。相较而言，RCP2.6 情景下赤潮暴发频次有所下降，2020～2040 年平均约下降 10 次 / 年，2040～2089 年平均约下降 21 次 / 年；RCP8.5 情景下赤潮暴发频次比 RCP4.5 情景下有所上升，2020～2040 年两者相差较小，2040～2089 年平均约上升 13 次 / 年。总体来看，21 世纪长江口及邻近海域赤潮暴发频次将在 30 年代快速上升并突破历史极值，在 40 年代后增速放缓并维持高位振荡，换言之，30 年代以后长江口及邻近海域赤潮暴发频次超越过去 38 年间历史极值的情况将频繁发生，甚至成为常态。

为了更好地厘清未来长江口及邻近海域赤潮暴发频次与环境影响因子的关系，将输入层 [DIN、DIP、SST（DJF）、小风天数和 PAR] 和输出层（赤潮暴发频次）数据进行直观对比，结果如图 5.17 所示。

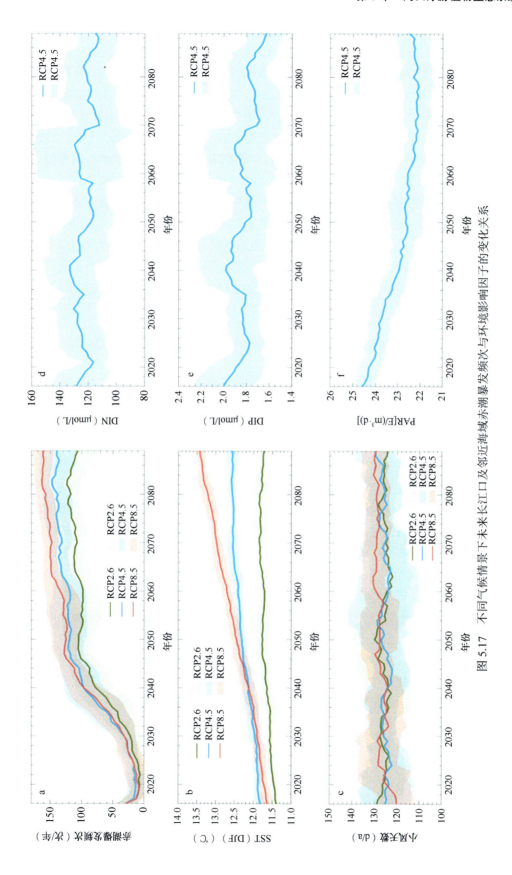

图 5.17　不同气候情景下未来长江口及邻近海域赤潮暴发频次与环境影响因子的变化关系

在 RCP4.5 情景下，长江口及邻近海域营养盐浓度有长期振荡下降的趋势（图 5.18d、e），DIN 浓度由 21 世纪 20 年代的平均约（124.16±16.37）μmol/L，下降到 80 年代的平均约（118.59±17.26）μmol/L；DIP 浓度由 20 年代的平均约（1.773±0.141）μmol/L，下降到 80 年代的平均约（1.727±0.200）μmol/L，总体变化幅度较小。赤潮高发季的 PAR 也有长期缓慢下降的变化趋势（图 5.17f），由 21 世纪 20 年代的平均约（24.05±0.50）E/(m³·d)，下降到 80 年代的平均约（22.28±0.69）E/(m³·d)。此外，气候影响因子则各有不同的变化趋势。在不同情景下，长江口及邻近海域赤潮高发季的小风天数总体保持在 120～130 d 小幅度振荡，无明显变化趋势（图 5.17c）。21 世纪 20 年代以来，长江口及邻近海域冬季 SST 呈显著的上升趋势（图 5.17b），这种上升趋势随着温室气体排放浓度增加而明显，与赤潮暴发频次模拟结果相似（图 5.17a），2040 年前后 RCP8.5 情景下的冬季 SST 首次超越 RCP4.5 情景，并在之后保持高于后者，这种情形在赤潮暴发频次模拟结果中也有体现。结合赤潮暴发频次的变化趋势来看，冬季 SST 的长期快速上升可能是造成赤潮暴发频次增加的主要原因，21 世纪 40 年代以后，赤潮暴发频次增速放缓，营养盐浓度以及 PAR 可能起重要的限制作用。

5.3.5　长江口及邻近海域浮游植物生态系统适应性分析

未来气候与海洋持续变暖的情景下，长江口及邻近海域的温暖期变长，即春、秋季的物候分别提前与延后结束，这可能使浮游动物群落春季优势种的演替时间更为提前，有利于赤潮等生态灾害的发生。此外，硅藻和甲藻对温度和营养盐（氮、磷及其比值）变化的响应模式不同：硅藻偏好低温和高营养盐，而甲藻对温度和营养盐相对不敏感，但倾向于低磷和高氮磷比的环境。上述生态位特性差异决定了升温以及富营养化引起的高氮磷比值都会促进甲藻的快速生长。浮游植物群落结构的改变又会影响浮游动物群落结构的变化，主要表现为温水种和多数暖温种的地理分布北移，优势种季节性演替的提前，如温水性或暖温性群落向亚热带群落的更替时间提前，并影响其对浮游植物的摄食压力，从而带来与鱼类产卵场饵料供给变化有关的风险，这将严重威胁海洋生态系统的健康和海洋食品安全。

为了降低长江口及邻近海域浮游植物生态的脆弱性和减小气候变化影响的风险，需要从整体海洋生态系统的角度出发，采取一系列措施。例如，加强陆海统筹，严控围填海规模、污染物排海和过度捕捞，降低近岸海域富营养化。这样可以减轻对海洋生态系统的破坏和富营养化现象的加剧，从而降低浮游植物面临的生存压力；增强浮游植物生态系统的气候恢复能力，通过加强科学研究，了解浮游植物生态系统在气候变化下的适应能力和响应机制，制定针对性的保护措施，减少赤潮生态灾害的发生频次，维护海洋生态系统的健康。

5.4　结　　语

本章基于 IPCC 气候变化风险理论框架，构建了河口浮游植物生态系统气候变化综合风险评估指标体系，并利用 CMIP5 模式数据，计算分析了长江口及邻近海域浮游植物生态系统在不同气候情景下（RCP2.6、RCP4.5、RCP8.5）未来不同时间段（2030～2039

年、2050～2059年、2090～2099年）的气候致灾因子危害性、承灾体暴露度和脆弱性，以及气候变化综合风险，得到以下主要结论。

1）气候致灾因子危害性的分析表明，在RCP2.6、RCP4.5、RCP8.5情景下，到21世纪中期，气候致灾因子危害性均有明显上升，但到21世纪末期，RCP2.6情景下有所下降，而RCP4.5、RCP8.5情景下尤其是后一种情景下该海域气候致灾因子危害性将显著上升。

2）在RCP2.6情景下，长江口及邻近海域浮游植物生态系统暴露度基本为中等以下，暴露度高值区主要集中在长江口31°N～32°N，121.3°E～123°E，并向南延伸且与岸线平行呈带状分布，主要受升温区分布的影响；在RCP4.5和RCP8.5情景下，未来长江口及邻近海域浮游植物生态系统暴露度将快速上升，特别是在RCP8.5情景下，21世纪末期几乎整个海域的浮游植物生态系统将处于很高暴露度环境中。脆弱性评估分析显示，长江口及邻近海域浮游植物生态系统脆弱性的空间分布差异较小，总体呈现近岸高、远岸低的分布特征，其中123°E附近以西海域总体处于很高脆弱性的状态。

3）在RCP2.6、RCP4.5和RCP8.5情景下，未来长江口及邻近海域浮游植物生态系统综合风险呈现近岸高、远岸低的分布特征，且有上升的趋势，但以RCP8.5情景最为明显。到21世纪末期，该海域浮游植物生态系统综合风险等级总体将上升为很高，可能暴发赤潮的海域范围将会扩大，同时赤潮强度和频率可能上升。

4）模拟预测结果显示，在不同气候情景下，未来长江口及邻近海域赤潮暴发频次将经历低位振荡、快速上升、高位振荡3个变化阶段，赤潮暴发频次超越过去38年间历史极值的情况将成为常态。赤潮暴发频次上升主要受到冬季SST长期上升的影响，营养盐浓度以及PAR可能是限制赤潮暴发频次进一步上升的重要因素。

参 考 文 献

蔡榕硕,等.2010.气候变化对中国近海生态系统的影响.北京:海洋出版社.

蔡榕硕,陈幸荣.2020.海洋的变化及其对中国气候的作用.中国人口·资源与环境,30(9):9-20.

蔡榕硕,付迪.2018.全球变暖背景下中国东部气候变迁及其对物候的影响.大气科学,42(4):729-740.

蔡榕硕,韩志强,杨正先.2020.海洋的变化及其对生态系统和人类社会的影响、风险及应对.气候变化研究进展,16(2):182-193.

蔡榕硕,齐庆华,张启龙.2013.北太平洋西边界流的低频变化特征.海洋学报,35(1):9-14.

蔡榕硕,谭红建,郭海峡.2021.气候变化与中国近海初级生产:影响、适应和脆弱性.北京:科学出版社.

陈洪举,刘光兴.2010.夏季长江口及邻近海域水母类生态特征研究.海洋科学,34(4):17-24.

陈美榕,吕忻,肖文军.2014.上海沿海潮汐特征响应海平面上升关系研究.海洋预报,31(1):42-48.

陈洋,杨正健,黄钰铃,等.2013.混合层深度对藻类生长的影响研究.环境科学,34(8):3049-3056.

陈云龙.2014.黄海鳀鱼种群特征的年际变化及越冬群体的气候变化情景分析.青岛:中国海洋大学硕士学位论文.

陈云龙,单秀娟,戴芳群,等.2013.东海近海带鱼群体相对资源密度、空间分布及其产卵群体的结构特征.渔业科学进展,34(4):8-15.

陈宗铺,左军成,田晖.1996.关于平均海面变化研究的若干问题.青岛海洋大学学报(自然科学版),26(4):461-461.

戴芳群,朱玲,陈云龙.2020.黄、东海渔业资源群落结构变化研究.渔业科学进展,41(1):1-10.

丁平兴,葛建忠.2013.长江口横沙浅滩及邻近海域灾害性天气分析.华东师范大学学报(自然科学版),(4):72-78.

冯士筰. 1982. 风暴潮导论. 北京：科学出版社.

高宇, 章龙珍, 张婷婷, 等. 2017. 长江口湿地保护与管理现状、存在的问题及解决的途径. 湿地科学, 15(2): 302-308.

顾德宇, 许德伟, 陈海颖. 2003. 赤潮遥感进展与算法研究. 遥感技术与应用, 18(6): 434-440.

韩秀荣, 王修林, 孙霞, 等. 2003. 东海近海海域营养盐分布特征及其与赤潮发生关系的初步研究. 应用生态学报, 14(7): 1097-1101.

胡明娜, 赵朝方. 2008. 浙江近海夏季上升流的遥感观测与分析. 遥感学报, 12(2): 297-304.

黄传江, 乔方利, 宋亚娟, 等. 2014. CMIP5 模式对南海 SST 的模拟和预估. 海洋学报, 36(1): 38-47.

李建生, 李圣法, 程家骅. 2004. 长江口渔场拖网渔业资源利用的结构分析. 海洋渔业, 26(1): 24-28.

李阔, 李国胜. 2010. 珠江三角洲地区风暴潮重现期及增水与环境要素的关系. 地理科学进展, 29(4): 433-438.

刘子琳, 宁修仁, 蔡昱明. 2001. 杭州湾: 舟山渔场秋季浮游植物现存量和初级生产力. 海洋学报, 23(2): 93-99.

洛昊, 马明辉, 梁斌, 等. 2013. 中国近海赤潮基本特征与减灾对策. 海洋通报, 32(5): 595-600.

马超, 吴德星, 鞠霞. 2010. 利用 Argos 浮标资料对黑潮入侵南海问题的分析. 海洋湖沼通报, (2): 1-5.

马筱迪, 张光宇, 袁德奎, 等. 2016. 基于历史数据的天津沿岸风暴潮特性分析. 海洋科学进展, 34(4): 516-522.

倪婷婷, 管卫兵, 曹振轶, 等. 2014. 浙江沿岸春季上升流的数值研究. 海洋学研究, 32(2): 1-13.

钱宏林, 梁松, 齐雨藻. 2000. 广东沿海赤潮的特点及成因研究. 生态科学, 19(3): 8-16.

单秀娟, 陈云龙, 金显仕, 等. 2016. 气候变化对长江口鱼类资源密度分布的重塑作用. 渔业科学进展, 37(6): 1-10.

单秀娟, 金显仕. 2011. 长江口近海春季鱼类群落结构的多样性研究. 海洋与湖沼, 42(1): 32-40.

沈志良. 1991. 三峡工程对长江口海区营养盐分布变化影响的研究. 海洋与湖沼, 22(6): 540-546.

时小军, 陈特固, 余克服. 2008. 近 40 年来珠江口的海平面变化. 海洋地质与第四纪地质, 28(1): 127-134.

宋春阳, 张守文, 姜华, 等. 2016. CMIP5 模式对中国近海海表温度的模拟及预估. 海洋学报, 38(10): 1-11.

孙鹏飞, 戴芳群, 陈云龙, 等. 2015. 长江口及其邻近海域渔业资源结构的季节变化. 渔业科学进展, 36(6): 8-16.

孙绍骋. 2001. 灾害评估研究内容与方法探讨. 地理科学进展, 20(2): 122-130.

孙松. 2016. 中国近海水母暴发的关键过程、机理及生态环境效应. 中国科技成果, 17(19): 12-13.

孙志林, 卢美, 聂会, 等. 2014. 气候变化对浙江沿海风暴潮的影响. 浙江大学学报(理学版), 41(1): 90-94.

邰佳爱, 张长宽, 宋立荣. 2009. 强台风 0814(黑格比) 和 9615(莎莉) 台风暴潮珠江口内超高潮位分析. 海洋通报, 28(6): 14-18.

谭红建, 蔡榕硕, 颜秀花. 2016. 基于 IPCC-CMIP5 预估 21 世纪中国近海海表温度变化. 应用海洋学学报, 35(4): 451-458.

谭红建, 蔡榕硕, 颜秀花. 2018. 基于 CMIP5 预估 21 世纪中国近海海洋环境变化. 应用海洋学学报, 37(2): 151-160

王继隆. 2010. 气候因子对东中国海主要经济鱼类资源的影响. 上海: 上海海洋大学硕士学位论文.

王娟娟, 李本霞, 高志一, 等. 2021. 中国海的极端海浪强度变化及归因分析. 科学通报, 66(19): 2455-2467.

王淼, 洪波, 张玉平, 等. 2016. 春季和夏季杭州湾北部海域鱼类种群结构分析. 水生态学杂志, 37(5): 75-81.

翁焕新, 田荣湘, 季仲强, 等. 2010. 冬季风输送大气颗粒物与东海赤潮的潜在关系. 科学通报, 55(33): 3226-3235.

吴泽铭, 张冬娜, 胡春迪, 等. 2020. 西北太平洋热带气旋频数及生成位置的气候变化研究进展. 海洋气象学报, 40(4): 1-10.

武增海, 李涛. 2013. 高新技术开发区综合绩效空间分布研究: 基于自然断点法的分析. 统计与信息论坛, 28(3): 7.

杨华庭, 田素珍, 叶琳. 1994. 中国海洋灾害四十年资料汇编. 北京: 海洋出版社.

杨颖, 徐韧. 2015. 近 30a 来长江口海域生态环境状况变化趋势分析. 海洋科学, 39(10): 101-107.

叶君武, 周丽琴, 陈淑琴, 等. 2009. 舟山海域赤潮气象因子特征分析. 海洋预报, 26(4): 76-82.

叶属峰, 纪焕红, 曹恋, 等. 2004. 长江口海域赤潮成因及其防治对策. 海洋科学, 28(5): 26-32.

恽才兴. 2005. 海岸带及近海卫星遥感综合应用技术. 北京: 海洋出版社.

张福星, 姚玉娟, 马林芳. 2016. 温州沿海赤潮发生的水文气象条件及赤潮特征分析. 海洋预报, 33(5): 89-94.

张建云, 王国庆, 金君良, 等. 2020. 1956—2018 年中国江河径流演变及其变化特征. 水科学进展, 31(2): 153-161.

张锦文, 王喜亭, 王惠. 2001. 未来中国沿海海平面上升趋势估计. 测绘通报, (4): 4-5.

张峻, 张艺玄. 2019. 长江中下游地区近 60a 降水变化规律研究. 暴雨灾害, 38(3): 259-266.

周才扬, 殷成团, 章卫胜, 等. 2021. 长江口台风影响能力研究. 人民长江, 52(1): 27-30.

周名江, 颜天, 邹景忠. 2003. 长江口邻近海域赤潮发生区基本特征初探. 应用生态学报, 14(7): 1031-1038.

朱根海, 许卫忆, 朱德第, 等. 2003. 长江口赤潮高发区浮游植物与水动力环境因子的分布特征. 应用生态学报, 14(7): 1135-1139.

自然资源部. 2020. 2019 中国海平面公报.

Cai R S, Guo H X, Fu D, et al. 2017a. Response and adaptation to climate change in the South China Sea and coral sea//Walter L F. Climate Change Adaptation in Pacific Countries. Cham: Springer International Publishing: 163-176.

Cai R S, Tan H J, Kontoyiannis H. 2017b. Robust surface warming in offshore China seas and its relationship to the east Asian monsoon wind field and ocean forcing on interdecadal time scales. Journal of Climate, 30(22): 8987-9005.

Cai R S, Tan H J, Qi Q H. 2016. Impacts of and adaptation to inter-decadal marine climate change in coastal China seas. International Journal of Climatology, 36(11): 3770-3780.

Cheadle C, Vawter M P, Freed W J, et al. 2003. Analysis of microarray data using Z score transformation. The Journal of Molecular Diagnostics, 5(2): 73-81.

Cheng C, Cheng X S, Dai N, et al. 2015. Prediction of facial deformation after complete denture prosthesis using BP neural network. Computers in Biology and Medicine, 66: 103-112.

Dai Z J, Du J Z, Zhang X L, et al. 2011. Variation of riverine material loads and environmental consequences on the Changjiang (Yangtze) Estuary in recent decades (1955-2008). Environmental Science & Technology, 45(1): 223-227.

Ding S, Chen P P, Liu S M, et al. 2019. Nutrient dynamics in the Changjiang and retention effect in the Three Gorges Reservoir. Journal of Hydrology, 574: 96-109.

Du Y, Zhang Y H, Feng M, et al. 2015. Decadal trends of the upper ocean salinity in the tropical Indo-Pacific since mid-1990s. Scientific Reports, 5(1): 16050.

Ekstrom J A, Suatoni L, Cooley S R, et al. 2015. Vulnerability and adaptation of US shellfisheries to ocean acidification. Nature Climate Change, 5: 207-214.

Fan H, Huang H, 2008. Response of coastal marine eco-environment to river fluxes into the sea: a case study of the Huanghe (Yellow) River mouth and adjacent waters. Marine Environmental Research, 65(5): 378-387.

Feng J L, Jiang W S. 2015. Extreme water level analysis at three stations on the coast of the Northwestern

Pacific Ocean. Ocean Dynamics, 65(11): 1383-1397.

Feng J L, Li W S, Wang H, et al. 2018. Evaluation of sea level rise and associated responses in Hangzhou Bay from 1978 to 2017. Advances in Climate Change Research, 9(4): 227-233.

Feng X B, Tsimplis M N. 2014. Sea level extremes at the coasts of China. Journal of Geophysical Research: Oceans, 119(3): 1593-1608.

Feng X B, Tsimplis M N, Woodworth P L. 2015. Nodal variations and long-term changes in the main tides on the coasts of China. Journal of Geophysical Research: Oceans, 120(2): 1215-1232.

IPCC. 2014. Summary for Policymakers//Field C B, Barros V R, Dokken D J, et al. Climate Change 2014: Impacts, Adaptation, and Vulnerability. Part A: Global and Sectoral Aspects. Contribution of Working Group Ⅱ to the Fifth Assessment Report of the Intergovernmental Panel on Climate Change. Cambridge, New York: Cambridge University Press: 1-32.

Jiang Z, Liu J, Chen J, et al. 2014. Responses of summer phytoplankton community to drastic environmental changes in the Changjiang (Yangtze River) estuary during the past 50 years. Water Research, 54: 1-11.

Li Y F, Zhang H, Tang C, et al. 2016. Influence of Rising Sea Level on Tidal Dynamics in the Bohai Sea. Journal of Coastal Research, 74: 22-31.

Liang C, Xian W W. 2018. Changjiang nutrient distribution and transportation and their impacts on the estuary. Continental Shelf Research, 165: 137-145.

Liu K X, Wang H, Fu S J, et al. 2017. Evaluation of sea level rise in Bohai Bay and associated responses. Advances in Climate Change Research, 8(1): 48-56.

McGill R, Tukey J W, Larsen W A. 1978. Variations of box plots. The American Statistician, 32(1): 12-16.

Nan F, Xue H J, Chai F, et al. 2013. Weakening of the Kuroshio intrusion into the South China Sea over the past two decades. Journal of Climate, 26(20): 8097-8110.

Nan F, Xue H J, Yu F. 2015. Kuroshio intrusion into the South China Sea: a review. Progress in Oceanography, 137: 314-333.

Oey L Y, Chang M C, Chang Y L, et al. 2013. Decadal warming of coastal China Seas and coupling with winter monsoon and currents. Geophysical Research Letters, 40(23): 6288-6292.

Park K A, Lee E Y, Chang E, et al. 2015. Spatial and temporal variability of sea surface temperature and warming trends in the Yellow Sea. Journal of Marine Systems, 143: 24-38.

Qian W, Gan J P, Liu J W, et al. 2018. Current status of emerging hypoxia in a eutrophic estuary: the lower reach of the Pearl River Estuary, China. Estuarine, Coastal and Shelf Science, 205: 58-67.

Romieu E, Welle T, Schneiderbauer S, et al. 2010. Vulnerability assessment within climate change and natural hazard contexts: revealing gaps and synergies through coastal applications. Sustainability Science, 5(2): 159-170.

Rumelhart D E. 1986. Learning representation by BP errors. Nature, (7): 64-70.

Tan H J, Cai R S. 2018. What caused the record-breaking warming in East China Seas during August 2016? Atmospheric Science Letters, 19(10): e853.

Tan H J, Cai R S, Huo Y L, et al. 2020. Projections of changes in marine environment in coastal China seas over the 21st century based on CMIP5 models. Journal of Oceanology and Limnology, 38(6): 1676-1691.

Wang J N, Yan W J, Chen N W, et al. 2015. Modeled long-term changes of DIN: DIP ratio in the Changjiang River in relation to Chl-α and DO concentrations in adjacent estuary. Estuarine, Coastal and Shelf Science, 166: 153-160.

Wang L, Chen W. 2014. The east Asian winter monsoon: re-amplification in the mid-2000s. Chinese Science Bulletin, 59(4): 430-436.

Wang Y L, Wu C R, Chao S Y. 2016. Warming and weakening trends of the Kuroshio during 1993-2013. Geophysical Research Letters, 43(17): 9200-9207.

Wu N, Liu S M, Zhang G L, et al. 2021. Anthropogenic impacts on nutrient variability in the lower Yellow River. Science of the Total Environment, 755: 142488.

Wu Z Y, Chen H X, Liu N. 2010. Relationship between east China Sea Kuroshio and climatic elements in East China. Marine Science Bulletin, 12(1): 1-9.

Yang D Z, Yin B S, Liu Z L, et al. 2012. Numerical study on the pattern and origins of Kuroshio branches in the bottom water of southern East China Sea in summer. Journal of Geophysical Research: Oceans, 117(C2): c02014.

Zhang Q C, Qiu L M, Yu R C, et al. 2012. Emergence of brown tides caused by Aureococcus anophagefferens Hargraves et Sieburth in China. Harmful Algae, 19(9): 117-124.

第 6 章

近海重要渔业资源

6.1 引　言

　　渔业资源是指天然水域中具有开发利用价值的鱼类、甲壳类、贝类、藻类等经济动植物的总称。渔业资源为全球人类提供了约 15% 的动物蛋白。中国的渔业产量全球排名第一，海洋气候变化对渔业资源的当前和未来潜在影响是目前社会关切的问题（肖启华和黄硕琳，2016）。海岸带区域是近海渔业资源生物的关键栖息地，目前海洋变暖、海平面上升和环流的变化正在导致海洋物种生活史和种群动态发生变化，造成物种重新分布，栖息地的扩展或收缩进一步导致群落结构的演替（IPCC，2022；蔡榕硕和付迪，2018；王朋岭等，2020）。

　　在气候变化背景下，全球海洋的温度不断上升。由于中国近海不同物种在不同生命阶段的热耐受性不同，因此其分布、组成和结构发生了显著变化。近几十年的观测表明，海洋变暖已对渔业资源种类的生物学特征、种群数量以及分布和群落结构等方面产生了显著影响（李忠炉，2011；李忠炉等，2012；刘红红和朱玉贵，2019），包括物种北移、繁殖季节提前。例如，赤道附近分布的热带暖水种苏门答腊金线鱼（*Nemipterus mesoprion*）出现在北部湾（黄梓荣和王跃中，2009），热带海域南海暖水种向亚热带的台湾海峡迁移（戴天元，2005），黄海的小黄鱼向北迁移等（李忠炉，2011）。东海、黄海的鲐栖息地明显向北移动，并且总体上栖息地面积逐渐减小（苏杭等，2015）。李忠炉等（2012）的研究显示，21 世纪初与 1959 年相比，黄海大头鳕的地理分布范围向北移动了约 0.5°，这可能是冷温性鱼类对气候变暖的响应。气候变化在海洋物理、化学和生物过程等方面，对海洋生态系统产生了明显影响。海洋生态系统的变化直接通过影响水产品供应而影响人类。研究表明，世界不同区域的渔业资源产量下降可部分归因于气候变化以及其他因素，如过度捕捞和其他社会经济因素（IPCC，2022）。据估计，海洋变暖导致一些海域（东亚陆缘海、北海和伊比利亚沿海）15%～35% 的渔业产量损失（Free et al.，2019）。

　　此外，气候变化引起的鱼类物种迁移将会造成渔场的重新分布，且气候变化尤其将对已经受到过度捕捞的物种造成更大的生存压力。许多研究表明，中国近海的渔业资源受到气候变化和过度捕捞等的叠加影响，未来资源量呈现衰减趋势（刘红红和朱玉贵，

2019；刘笑笑等，2017）。王跃中等（2012）的研究表明，在全球变暖的背景下未来黄渤海带鱼渔获量可能会减少，且渔获量的年际波动幅度可能增大。因此，系统地开展近岸渔业资源对气候变化的响应、适应性和脆弱性的研究，对于丰富和发展渔业资源基础理论、科学应对气候变化和实现生态水平的渔业管理具有重要意义。

本章主要研究与评估气候变化对中国海岸带和近海主要渔业资源种类的影响与风险。基于 IPCC 气候变化综合风险理论框架（IPCC，2014），构建气候变化背景下中国近海渔业资源损失风险评估指标体系。本章选取大黄鱼（*Larimichthys crocea*）、小黄鱼（*Larimichthys polyactis*）、蓝点马鲛（*Scomberomorus niphonius*）、鳀（*Engraulis japonicus*）、带鱼（*Trichiurus japonicus*）、大头鳕（*Gadus macrocephalus*）、玉筋鱼（*Ammodytes personatus*）、曼氏无针乌贼（*Sepiella maindroni*）、三疣梭子蟹（*Portunus trituberculatus*）、菲律宾蛤仔（*Ruditapes philippinarum*）、口虾蛄（*Oratosquilla oratoria*）和牡蛎科（Ostreidae）[*]为研究对象，选取的经济种类年捕捞量约占中国年总捕捞量的 70%（农业农村部渔业渔政管理局，2020），不同水层栖息分布类型包括中上层、近底层、底层和潮间带，运动方式包括游泳、底栖固着和底栖埋栖，具有广泛的代表性。对于未来气候变化，本章主要采用 IPCC 的温室气体低浓度、中等浓度、很高浓度排放情景（RCP2.6、RCP4.5 和 RCP8.5，统称 RCPs），分析缓发性的海洋升温与突发性的海洋热浪、盐度变化、台风、风暴潮和海平面变化对渔业资源的影响，重点研究渔业资源面对缓发性的海洋升温与突发性的海洋热浪及盐度变化的响应、脆弱性与风险，评估 RCPs 情景下渔业资源的损失风险，分析并提出中国近海渔业资源适应气候变化的策略措施，以期为降低中国近海渔业资源气候变化综合风险提供科学依据。

6.2 数据与方法

6.2.1 数据

（1）渔业资源数据

渔业资源分布数据包括所研究经济种类的分布数据，主要来源为：①海洋勘测专项"东海生物资源补充调查及资源评估"，时间范围为 1998～2000 年；②东海区渔业资源大面定点监测调查，时间范围为 2000～2020 年；③东海区主要渔场重要渔业资源的调查与评估，时间范围为 2007～2010 年；④舟山渔场生态系统关键过程及修复技术研究，时间范围为 2006～2010 年；⑤全球生物多样性资讯中心（http://www.gbif.org）。物种分布数据选择了物种的夏季数据，因为该季节最容易受海洋升温及高温热浪的影响。1960～2020 年中国近海渔获量和捕捞量数据主要来自《中国渔业统计年鉴》。

（2）环境数据

标准气候变量数据对于定义一个物种的环境生态位具有非常重要的生物学意义。这些环境变量数据具有高质量、便于获得等优点，本章采用了被广泛接受的生物气候数据。考虑到环境层数据的生物学相关性和数据的可获得性，在评估体系的构建中使用了 5 个

---

[*] 因为牡蛎科物种分布区重叠，将中国牡蛎科的长牡蛎 *Crassostrea gigas*、近江巨牡蛎 *Crassostrea ariakensis*、香港巨牡蛎 *Crassostrea hongkongensis* 作为一个整体进行分析，以下统称"牡蛎"。

环境变量：最热月平均 SST、海表盐度（SSS）、海流流速（SCV）、离岸距离和水深。当前（2000～2014 年）和未来（2030 年、2050 年、2100 年）的 SST 数据来源于 Bio-ORACLE 数据库（http://www.bio-oracle.org）（Assis et al.，2018），当前和未来海表盐度、海流流速以及离岸距离从 Bio-ORACLE 数据库中获取，并从全球海洋环境数据集中获取水深数据（Basher et al.，2014；Morley and Heusser，1977）。缓发性的海洋升温同突发性的海洋热浪频发具有明显相关性（齐庆华和蔡榕硕，2019），最热月平均 SST 作为关键因子可以表征夏季的缓发性海洋升温和突发性海洋热浪的发生。

有关未来环境数据，本章选取了 RCP2.6、RCP4.5 和 RCP8.5 情景下 2030 年（2030～2040 年）、2050 年（2040～2050 年）和 2100 年（2090～2100 年）的数据来评估物种的脆弱性和风险，主要的环境变量有温度、盐度、深度、离岸距离和流速。此外，各个变量的空间分辨率为 30″×30″（地理覆盖面积约为 1 km×1 km）。结合所获取的环境因子耦合物种分布的空间相对密度，进一步评估了未来气候变化条件下物种适宜栖息地的风险。

6.2.2　方法

IPCC WG Ⅱ AR5 指出，气候变化综合风险（R）是由气候致灾事件（因子）的危害性（H）、自然和社会系统（承灾体）的暴露度（E）及脆弱性（V）相互作用产生的，即 $R=f(H, E, V)$（IPCC，2014）。当承灾体暴露于某种气候致灾因子的影响中，由于承灾体存在一定的脆弱性，如果承灾体应对气候致灾因子不力，则可能发生承灾体的结构和功能的损毁或损失，并产生严重的影响或风险。因此，造成渔业资源损失的气候致灾因子是风险发生的前提，而承灾体的存在是风险发生的必要条件。本章考虑的气候变化风险为未来渔业资源可能的资源损失，并以栖息地丧失程度进行表征，主要来自海洋升温和盐度变化等致灾因子的危害性与渔业资源的暴露度和脆弱性等三者的相互作用（图 6.1）。基于此，选取并构建中国近海渔业资源气候变化综合风险评估指标体系。

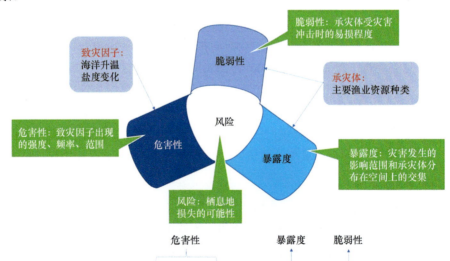

风险=f(发生概率，致灾因子强度，渔业资源暴露度，损失率)

图 6.1　未来气候变化下渔业资源损失风险概念图

（1）气候致灾因子的选择

渔业生物在气候变化背景下的气候致灾因子可能有海表温度、海平面变化、海水盐度和热带气旋等。根据已有的文献调研，对渔业生物有较大影响的气候变化因子主要是海水温度和海水盐度（本章取海表温度和盐度）（表 6.1），这两种因子的变化可以造成经济种类栖息地和资源量的损失，一旦变动趋势形成，发生的损失将无法挽回；而强台风等极端天气气候事件只能造成渔业资源物种种群的波动，一般可以自然恢复。

表 6.1　渔业资源气候致灾因子影响分析

因子名称	影响因子分析	说明
海表温度	缓发性的海水温度上升及突发性的海洋热浪造成中国近海游泳动物和底栖动物分布区的北移、栖息地丧失和部分资源量下降	文献结果已表明，海表温度上升造成了物种分布变化（Cheung et al.，2009），可采用转录组学从微观尺度阐明海洋升温对海洋生物的负面影响
海平面变化	海平面上升会造成潮间带迁移	海平面上升对重要渔业资源（游泳动物）栖息地的影响不大，暂未考虑
海水盐度	海水盐度变化会造成近海鱼类栖息地的变化，特别是关键产卵场变化	海水盐度变化可能会影响幼体发育和成体分布，造成栖息地变化，因此作为气候致灾因子考虑
热带气旋	强热带气旋如台风对渔业资源的影响具有明显的即时性和长期性特点，表现为直接影响和间接影响，前者表现为渔业资源的集群，后者表现为初级生产力的提高，促进高营养级渔业资源的增加	强热带气旋如台风等对渔业资源的影响一般认为是正面，故未考虑（王继隆等，2010；叶海军等，2014）

根据历史文献和补充调查数据，分析海洋升温及海洋热浪、海水盐度变化、台风、风暴潮和海平面变化等气候变化因子对渔业资源的可能影响。鱼类生长发育需要适宜的温度，易受温度变化的影响。海洋升温使鱼类时空分布范围、地理种群量及组成结构发生变化，同时也会造成海域初级生产者浮游植物和次级生产者浮游动物的时空分布和地理群落构成发生长期趋势性的变化，最终导致以浮游动物为饵料的上层食物网发生结构性改变，从而对渔业产生深远的影响。海洋升温还会加剧中国近海海洋热浪频发，进一步造成渔业资源的损失（齐庆华和蔡榕硕，2019）。海水盐度变化主要造成海洋生物渗透压变化，会导致物种的栖息地分布变动，剧烈的海水盐度变化甚至可造成海洋生物的死亡（Lou et al.，2019）。

台风常伴有狂风、暴雨、风暴潮和巨浪等，是一种影响中国海域的重要灾害性天气系统。台风对水产养殖具有很强的危害，台风带来强降水，淹没鱼塘，造成养殖鱼类逃逸；降低养殖围塘的盐度，造成应激反应，引起鱼类死亡；风暴潮冲击养殖网箱，造成养殖设施损毁。台风和风暴潮引起的海洋混合和埃克曼抽吸导致海洋营养盐跨温跃层输送，提高初级生产力和新生力，这可能是大自然向海底输送有机碳的方式之一，并对渔业资源生产量有一定贡献。叶海军等（2014）研究了 2010 年发生的强台风"鲇鱼"对南海浮游植物及渔业资源的影响，发现慢速移动的强台风"鲇鱼"使研究区域 SST 普遍降低了 3.2℃，最高降低 5℃，使研究区域叶绿素浓度升高 6.4 倍，额外固碳 1.01 Mt，应用营养动态模型、Tait 模型和 Cushing 模型估算的强台风"鲇鱼"引起的渔业资源生产量的增加量为 10.1 万 t。2001 年发生的强台风"玲玲"引起叶绿素浓度持续 15 d 升高，额外固碳 0.4 Mt（Shang et al.，2008）。2000 年发生的强台风"启德"额外固碳 0.8 Mt

（Lin et al.，2003）。2015 年发生的超强台风"灿鸿"引起经过区域水温和初级生产力升高，并引起渔业资源聚集（周旭聪，2016）。台风的额外固碳对减缓气候变暖有积极意义，对于自然渔业资源不会构成灾害。

在全球变暖背景下，海平面正在加速上升。海平面上升主要影响中国海岸带生态系统和沿海城市的生态安全，但一般认为海平面上升对于自然渔业资源（如游泳动物）的影响不大。

（2）渔业资源气候暴露度和脆弱性的识别

暴露度是指气候致灾因子发生时的不利影响范围与承灾体在空间分布上的交集。脆弱性是指承灾体易受气候致灾因子不利影响的倾向或习性，而容易受到损害的一种状态与其对气候致灾因子的敏感性和适应性等因素密切相关。其中，敏感性为承灾体在面对气候致灾因子和人类扰动时，易于感受的内在属性，反映其承受扰动的程度；适应性为承灾体面对多种气候致灾因子和人类扰动时的应对能力及恢复能力。承灾体是指各种致灾因子作用的对象，本章研究对象为渔业资源，但渔业资源具有非常高的物种多样性，本章选择有代表性的渔业资源重要物种作为承灾体，其均为中国重要的经济种类，分布广泛。本章中暴露度为研究渔业资源物种的当前空间分布，脆弱性为渔业资源受到自然致灾事件冲击时的易损程度，由渔业生物本身生物学特性与环境因子和人类扰动共同构成。

脆弱性的评估指标体系主要由敏感性、适应性这两方面组成。根据 IPCC WG II 的 AR5 有关气候变化综合风险的核心概念，承灾体的脆弱性（V）可看作渔业资源暴露在气候致灾因子和人类活动的扰动下而容易受到损害的一种状态，还可看成由敏感性（S）和适应性（A）等关键要素共同作用的结果。其中，敏感性是指承灾体渔业资源在面对气候致灾因子和人类活动扰动时，易于感受的内在属性（性质），反映了渔业资源能承受的扰动程度。适应性是指承灾体渔业资源面对多种气候变化和人类活动扰动时的应对能力，以及受损后的恢复能力（IPCC，2014）。从上述定义出发，渔业资源的脆弱性可表达为 $V=f(S, A)$ 的函数，一般认为脆弱性（V）与敏感性（S）呈正相关关系，与适应性（A）呈负相关关系。

（3）近海渔业资源气候变化综合风险评估指标体系的构建

从致灾的影响程度出发，根据观测数据的分析结果，综合风险由所选取的二级指标变量来分别表示，并估算气候致灾因子危害性、承灾体暴露度、承灾体脆弱性（敏感性和适应性）3 个一级指标（表 6.2），进而综合评估渔业资源主要经济种类的脆弱性特征和未来风险。本章采用最大熵模型来拟合三者之间的函数关系，确定各项指标的权重值。根据气候变化综合风险评估理论，本章评估了主要渔业资源经济种类的暴露度、脆弱性和风险，并根据风险阈值，计算了未来栖息地损失比例。此外，为了研究物种在升温下的迁移，以 1.5℃为一个升温幅度，模拟了夏季温度升高 1.5℃时物种栖息地分布中心的移动情况。此外，本章还计算了 RCP2.6、RCP4.5 和 RCP8.5 情景下未来物种分布中心的移动变化情况。

表 6.2 中国近海渔业资源气候变化综合风险评估指标体系

气候致灾因子危害性	渔业资源暴露度	渔业资源脆弱性		影响与风险
		渔业资源敏感性	渔业资源适应性	
①缓发性海洋升温及突发性海洋热浪：中国近海海温持续快速上升，升温幅度和速率大于全球海洋平均；海洋热浪的发生强度、频率也远高于全球海洋平均，并影响海洋生物的地理分布（蔡榕硕和谭红建，2024）。当海水温度高出近海鱼类适温范围时，可能导致鱼类的"三场一通道"等栖息地发生变化等，影响物种死亡率（杜建国等，2012）。②海水盐度变化（缓发性致灾因子）：主要影响鱼类的分布，影响鱼类的"三场一通道"和死亡率，进而影响渔场分布和物种资源量（肖启华和黄硕琳，2016）	物种当前的分布范围	①物种对温度的适应范围：偏离物种最适温度范围越大，越敏感（Zhang et al.，2019）。②物种对盐度的适应范围：偏离物种最适盐度范围越大，越敏感（Zhang et al.，2019）。③离岸距离：距离岸边越远，受人类活动扰动越小，捕捞作用越弱，敏感性越低（Zhang et al.，2019）。离岸距离可作为人类活动影响的一个指标	①深度：深度较大时，物种通过深度变化，适应温度和盐度变化，提高适应环境变化的能力，同时降低捕捞的影响，降低捕捞死亡率（袁兴伟等，2017）。②海流：有利于鱼卵、仔鱼和成鱼的扩散，提高其适应环境变化的能力，降低死亡率（Zhang et al.，2019）。③初级生产力：表征饵料丰富程度，较高初级生产力有利于提高物种适应环境变化的能力（单秀娟等，2017）	影响：海洋升温和海水盐度变化驱动中国近海游泳动物和底栖动物分布区的北移，造成栖息地丧失。风险：将渔业资源栖息地丧失可能性定义为气候变化的风险，海洋升温驱动中国近海鱼类和无脊椎动物分布区北移，引起栖息地变化，导致资源量下降；海洋升温还会加剧海洋热浪，造成局部渔业资源损失（Cheung et al.，2009）

在渔业资源暴露度评估中，鉴于渔业资源的流动性、广泛分布特点和海洋升温的致灾特性，以及渔业物种分布的范围都是气候致灾因子分布区域，采用渔业资源的空间密度来表征物种的暴露度，将调查获得的渔业资源空间密度归一化为相对资源密度（D，$0 \sim 1$）。

脆弱性评估主要由最大熵模型耦合脆弱性评估指标实现。结合上述评估指标体系和选取的环境数据，可知脆弱性 $=f$（敏感性，适应性）$=f$（物种分布数据，温度、盐度、深度、海流、离岸距离、初级生产力）。选取最大熵模型构建敏感性、适应性之间的函数关系。在最大熵模型中，输入环境层数据和当前的物种分布点位数据（Phillips et al.，2006），机器学习可以模拟出物种的敏感性和适应性，即不同生理特性的物种对环境因子的适应范围。根据模型，可获得各环节因子的权重值。根据环境变化和资源变化的耦合关系，进一步模拟出物种在不同时间段和气候情景下的脆弱性，并对脆弱性定级。

首先，根据物种空间分布和环境因子数据构建物种的环境因子适合度曲线，确定在特定温度下物种资源受损的可能，再估算每个环境因子的权重值，海洋升温致灾强度下渔业资源的损失即可由此温度适合度曲线分析获得。然后，对模型结果的脆弱性指数进行分级，脆弱性指数为 $0 \sim 10\%$ 表示脆弱性很低，$10\% \sim 33\%$ 表示脆弱性低，$33\% \sim 66\%$ 表示脆弱性中等，$66\% \sim 90\%$ 表示脆弱性高，$90\% \sim 100\%$ 表示脆弱性很高。最后，鉴于本章考虑的灾害风险为未来渔业资源栖息地可能的损失，即气候变化造成栖息地适宜度的下降，以及经济种类发生迁入或迁出及繁殖能力的变化，从而引起渔场渔业资源密度的下降可能性，因此根据现在栖息地分布和未来情景下栖息地的可能分布，估算不同气候情景下未来海水温度和盐度变化下栖息地丧失或获得的可能性：

$$Loss(P)=f(V, E, \Delta SST, \Delta SSS)$$

式中，V 为脆弱性；E 为暴露度；ΔSST 为海表温度变化；ΔSSS 为海表盐度变化。

栖息地丧失可能性低于 10% 表示风险很低，10% ～ 33% 表示风险低，33% ～ 66% 表示风险中等，66% ～ 90% 表示风险高，大于 90% 表示风险很高。根据对多物种现在的模拟分布概率与当前真实分布样点的比较，分布概率在 0.30 ～ 0.35 以下区域无真实分布，此区间风险指数为 66%，将此值取为阈值，以估算未来栖息地的损失，即认为物种的分布概率下降 0.66 以上，则物种在该点消失，高于该值则认为栖息地将消失。

模型评估对于验证模型结果的可信度有重要的意义，一般使用交叉验证的方法。交叉验证就是对样本数据进行重新分割，生成不同的训练数据集和测试数据集，训练数据集用于训练模型，测试数据集用于评估模型。反复验证的过程即为交叉验证。交叉验证分为简单交叉验证、K 折交叉验证和留一交叉验证。本章采用简单交叉验证，构建组合模型时样本数量被随机分为 75% 的训练数据集和 25% 的验证数据集。训练数据被用来构建一个初步模型，然后应用于测试数据来衡量性能。

评估预测模型精度的指标有很多，如曲线下面积（AUC）、灵敏度（sensetivity）、特异度（specificity）等。本章中选择受试者操作特征（ROC）曲线下面积（AUC）来评估模型的准确性（Lobo et al.，2008）。AUC 的取值范围为 0.5 ～ 1，0.5 ～ 0.6 表示模拟效果无效，0.6 ～ 0.7 表示模拟效果较差，0.7 ～ 0.8 表示模拟效果一般，0.8 ～ 0.9 表示模拟效果良好，0.9 ～ 1 表示模拟效果极佳。AUC 越大，预测性能越好。

6.3　结果与分析

6.3.1　气候变化对渔业资源影响的检测与归因分析

图 6.2 显示了 1962 ～ 2019 年中国近海渔获量、单位捕捞努力量渔获量（CPUE）和 SST 变化。20 世纪 60 年代以来，中国近海渔获量从不足 200 万 t 迅速增加到 1000 万 t 以上，1994 年以后中国近海渔获量一直维持在 1000 万 t 以上，1998 年达到峰值，约为 1490 万 t。1999 年开始中国实施海洋捕捞产量 "零增长" 计划，控制海洋捕捞总量，限制渔船数量和马力，采取伏季休渔等管理措施，适应渔业发展规律，主动控制、压减海洋捕捞规模。

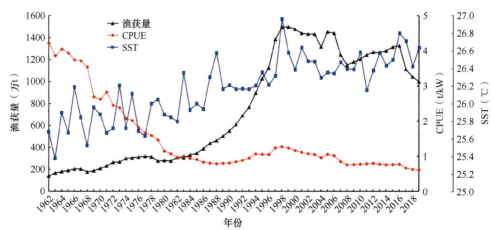

图 6.2　1962 ～ 2019 年中国近海渔获量、CPUE 和 SST 变化（渔获量数据来源于《中国渔业统计年鉴》）

因此，1999 年开始中国近海渔获量呈下降趋势，到 2019 年为 1000 万 t 左右。中国近海 CPUE 从 20 世纪 60 年代的大约 4 t/kW 迅速下降，1988 年达到低值，此后开始波动，但整体上还是呈一定下降趋势。中国近海 SST 从 1962 年到 2019 年，整体上呈上升趋势，增加了约 1.2℃。

从中国近海渔获量、CPUE 和 SST 之间的变动关系（图 6.2）可以看出，从 1962 年到 1998 年，渔获量同 CPUE 呈明显的负相关关系，这在一定程度上可以说明中国近海渔获量增长主要靠捕捞力量增加驱动。但从 1999 年开始，中国近海捕捞力量受到控制，该阶段中国近海渔获量逐渐降低，CPUE 也逐渐降低，即中国近海渔业资源量逐步下降，这说明 SST 上升可能是造成渔业资源量下降的重要原因。

中国近海渔船捕捞努力量的迅速增加，驱动了渔获量的增加，进而造成了近海渔业资源的衰退和渔业群落结构的变化，主要经济种类呈衰退趋势，如带鱼和小黄鱼等平均鱼龄减小和体长小型化（图 6.3，图 6.4）。中国近海冬汛渔获带鱼平均鱼龄呈减小趋势，东海渔获小黄鱼平均鱼龄也呈减小趋势，2 龄鱼占比越来越低。王继隆等（2010）的研究表明，黄海和渤海月均温度上升会造成中上层鱼类资源量下降（表 6.3），这表明中国近海升温将造成渔业资源量下降。

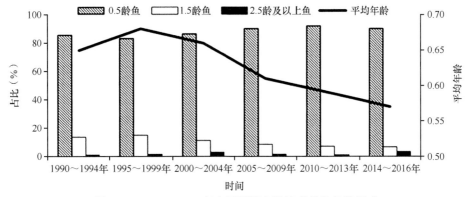

图 6.3　1990 ～ 2016 年中国近海冬汛渔获带鱼鱼龄组成

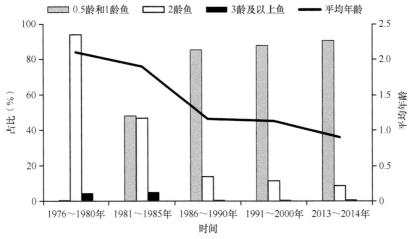

图 6.4　1976 ～ 2014 年东海渔获小黄鱼鱼龄组成

表 6.3　海温变化对中上层鱼类资源量变动的影响（王继隆等，2010）

主要经济鱼种	渤海月均温	黄海北月均温	黄海南月均温度	东海月均温
蓝点马鲛（总）	—	−0.458* （0）	−0.437* （0）	+0.481* （2）8 月
黄海鲱（总）	−0.493* （3）4 月	+0.603** （0）4 月	−0.581** （2）6 月	—
鲐、鲹（黄渤海）	−0.401* （2）9 月	—	—	+0.464* （4）10 月
鲐、鲹（东海）	−0.630** （0）6 月	+0.419* （4）3 月	+0.466* （4）3 月	+0.500** （0）10 月
鲐、鲹（总）	−0.570** （0）7 月	+0.418* （4）4 月	+0.435* （4）3 月	+0.438* （0）10 月
鳓（总）	+0.462* （1）7 月	−0.507** （5）5 月	−0.463* （5）5 月	—
中上层鱼类（总）	−0.397* （3）9 月	−0.405* （3）10 月	−0.404* （2）9 月	—

注：−表示负相关；+表示正相关；符号后面的数值表示相关系数；* 表示 $P < 0.05$；** 表示 $P < 0.01$；后括号中的数值表示时间滞后年数；最后月份表示相关性较强的月份，无月份数据的采用年平均值；—表示相关关系不明显。

6.3.2　渔业资源气候致灾因子危害性分析

1）海水温度

不同气候情景下，中国近海相比当前（2000～2014 年）未来海水温度总体是上升的（图 6.5）。其中，在 RCP2.6 情景下，2050 年渤海和黄海的海水温度上升明显，东海和南海的海水温度上升较低；2100 年海水温度上升略低于 2050 年，主要表现在黄海深水区海水温度上升低于 2050 年。在 RCP4.5 情景下，2050 年渤海和黄海北部的海水温度上升较高，黄海南部次之，东海和南海海水温度上升较低，但整体高于 RCP2.6 情景；2100 年海水温度上升的分布变化与 2050 年相似，但整体上升幅度高于 2050 年。在 RCP8.5 情景下，2050 年海水温度上升分布情况与 RCP4.5 情景下 2050 年相似，2100 年海水温度上升分布情况与 RCP4.5 情景下 2100 年相似，但整体高于 RCP4.5 情景，海水温度上升明显。

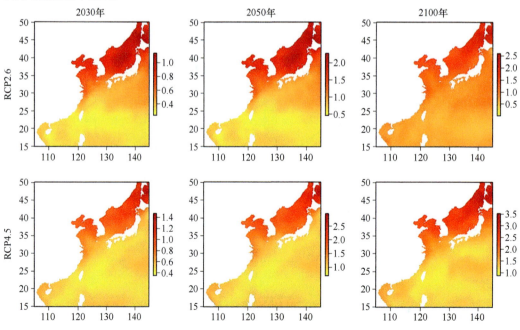

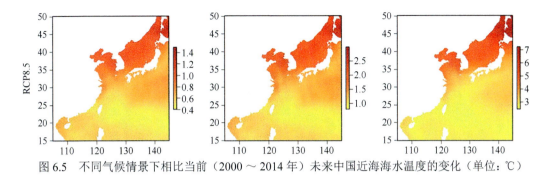

图 6.5　不同气候情景下相比当前（2000 ～ 2014 年）未来中国近海海水温度的变化（单位：℃）

2）海水盐度

不同气候情景下，中国近海相比当前（2000 ～ 2014 年）未来海水盐度的变化见图 6.6，整体上渤海和黄海北部海水盐度轻微下降，黄海南部及以南则呈上升趋势。其中，在 RCP2.6 情景下，2030 年渤海和黄海北部的海水盐度相对于研究区内其他海域下降较多，黄海南部及以南的海水盐度轻微升高，变化不明显；2050 年海水盐度相比当前的分布变化情况与 2030 年相似；2100 年海水盐度相比当前的分布变化情况与 2050 年和 2030 年相似，但海水盐度升高的区域有所扩大，由东海北部扩大到黄海南部。在 RCP4.5 情景下，2030 年渤海和黄海北部的海水盐度下降相对较多，黄海北部以南变化不明显，有轻微的上升；2050 年海水盐度的分布变化情况与 2030 年相似；2100 年海水盐度整体呈下降趋势，黄海近岸下降相对较多，渤海次之，黄海深水区、东海和南海有轻微的下降，变化不明显。在 RCP8.5 情景下，2030 年海水盐度相比当前明显下降，黄海南部和东海北部的盐度下降最明显，渤海和黄海北部次之，东海深水区以及南海下降较少，但下降仍比其他气候情景明显；2050 年海水盐度相比当前的分布变化情况与 2030 年相似；2100 年相比 2050 年海水盐度下降较少，黄海南部及东海北部近岸下降最多，渤海次之，东海深水区及南海下降最少，变化不明显。

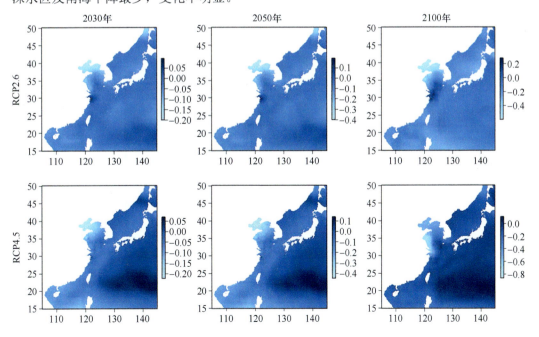

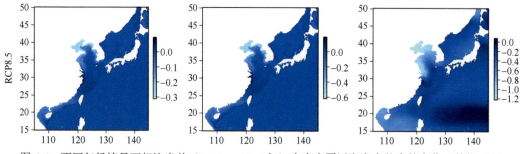

图 6.6　不同气候情景下相比当前（2000～2014年）未来中国近海海水盐度的变化（单位：‰）

6.3.3　渔业资源暴露度、脆弱性及综合风险评估

1）大黄鱼

大黄鱼主要分布在黄海、东海和南海，近海暴露度高于外海，南海和东海暴露度高于黄海（图6.7）。大黄鱼适宜环境因素中，夏季海水温度的最适范围为27～29.5℃，海水盐度的最适范围为33‰～34‰。近岸区域大黄鱼的气候暴露度高，该区域海水温度上升迅速，是大黄鱼主要的产卵场和幼鱼的索饵场。不同气候情景下未来中国近海大黄鱼脆弱性分布（图6.8）显示，大黄鱼在南海脆弱性一直是高或中等，黄海和东海脆弱性则随气候情景和时间的变化而变化。在RCP2.6情景下，2030年大黄鱼在黄海中南部、东海北部以及南海脆弱性高，东海近岸脆弱性高，深水区脆弱性中等；2050年和2100年大黄鱼在黄海中部和北部脆弱性高，南海脆弱性中等，东海脆弱性很低。在RCP4.5情景下，2030年、2050年与RCP2.6情景下相比，大黄鱼脆弱性变化不大。在RCP8.5情景下，2030年大黄鱼在东海北部和南海脆弱性高，东海南部脆弱性中等；2050年大黄鱼在黄海南部、东海北部和南海脆弱性高，东海南部脆弱性中等；2100年大黄鱼在黄海及南海脆弱性高，东海深水区脆弱性中等，近岸海域脆弱性低。整体来看，随时间推移，高浓度排放情景下中国近海大黄鱼高脆弱性海域越来越广且向北延伸。

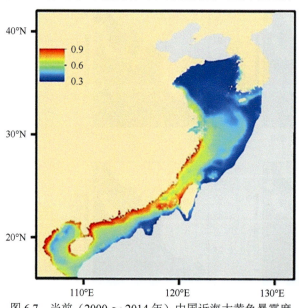

图 6.7　当前（2000～2014年）中国近海大黄鱼暴露度

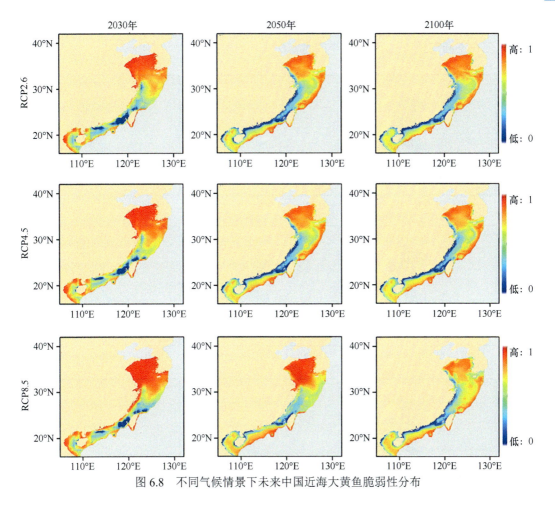

图 6.8　不同气候情景下未来中国近海大黄鱼脆弱性分布

不同气候情景下未来中国近海大黄鱼风险分布（图 6.9）显示，在 RCP2.6 情景下，2030 年大黄鱼在黄海风险中等，东海和南海近岸风险高；2050 年和 2100 年大黄鱼在南海风险高，研究区内其他海域风险很低。在 RCP4.5 情景下，大黄鱼脆弱性与 RCP2.6 情景下相似。在 RCP8.5 情景下，2030 年大黄鱼在东海和南海近岸风险高；2050 年大黄鱼在南海北部近岸风险中等，南海南部和东海近岸风险高，其余海域风险很低。

2）小黄鱼

小黄鱼主要分布在渤海、黄海和东海，东海西侧近岸不分布或分布可能性极小（图 6.10）。小黄鱼适宜环境因素中，夏季海水温度的最适范围为 26 ～ 27.8℃，海水盐度的最适范围为 33‰ ～ 34‰。不同气候情景下未来中国近海小黄鱼脆弱性分布（图 6.11）显示，小黄鱼在东海脆弱性高，渤海脆弱性低，但随时间和气候情景的变化有所变化。在 RCP2.6 情景下，2030 年小黄鱼在渤海、黄海北部和南海近岸脆弱性高，东海和黄海南部脆弱性低；2050 年小黄鱼在渤海脆弱性很低，黄海脆弱性低，东海和南海脆弱性很高；2100 年同 2050 年相比小黄鱼脆弱性变化不大。在 RCP4.5 情景下，小黄鱼脆弱性与 RCP2.6 情景下相似。在 RCP8.5 情景下，2030 年小黄鱼在渤海、黄海、东海和南海的近岸海域脆弱性中等，黄海、东海和南海深水区脆弱性低；2050 年小黄鱼在渤海脆弱性很低，黄海脆弱性低，东海和南海脆弱性较高；2100 年整个东部沿海小黄鱼脆弱性都较高。

整体来看，随时间推移，高浓度排放情景下中国近海小黄鱼脆弱性较高区域扩大且向北延伸，但在不同气候情景下 2030 年的脆弱性变化不明显。

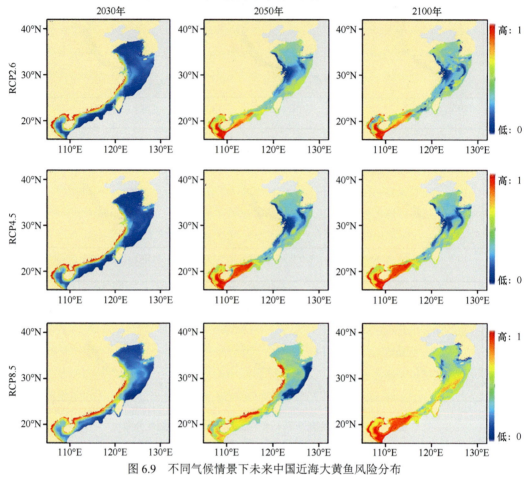

图 6.9　不同气候情景下未来中国近海大黄鱼风险分布

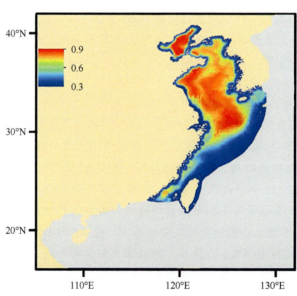

图 6.10　当前（2000～2014 年）中国近海小黄鱼暴露度

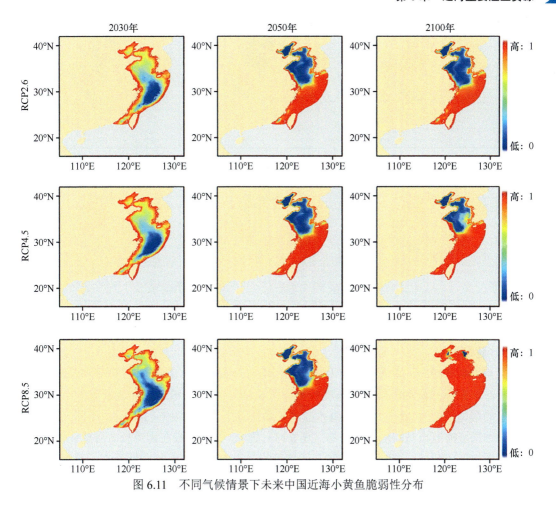

图 6.11　不同气候情景下未来中国近海小黄鱼脆弱性分布

不同气候情景下未来中国近海小黄鱼风险分布（图 6.12）显示，在 RCP2.6 情景下，2030 年小黄鱼在渤海和黄海近岸风险中等，黄海深水区和东海近岸风险低，南海风险很低；2050 年和 2100 年小黄鱼在渤海、黄海和南海风险很低，东海北部风险高。在 RCP4.5 情景下，2030 年小黄鱼在渤海和黄海近岸风险高，黄海深水区和东海近岸风险中等，东海深水区和南海近岸风险很低；2050 年和 2100 年小黄鱼风险与在 RCP2.6 情景下 2050 年和 2100 年相似。在 RCP8.5 情景下，2030 年小黄鱼在渤海和黄海近岸风险高，黄海深水区和东海近岸风险中等；2050 年小黄鱼在渤海、黄海和南海风险很低，东海北部风险中等；2100 年小黄鱼在渤海、黄海和东海北部风险很高，东海深水区和南海近岸风险很低。

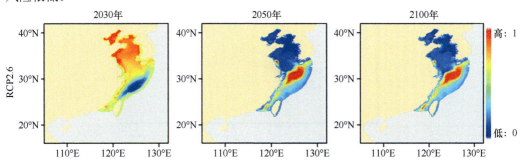

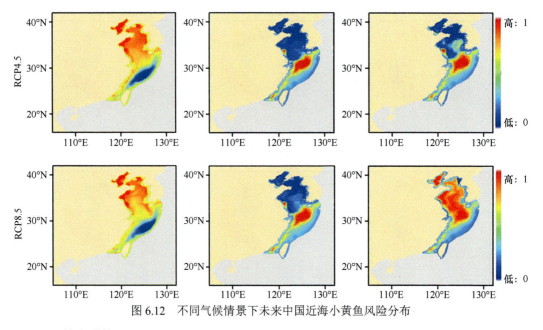

图 6.12　不同气候情景下未来中国近海小黄鱼风险分布

3）蓝点马鲛

蓝点马鲛在渤海、黄海、东海及南海北部均有分布，南海南部小范围不分布或分布可能性极小，东海和黄渤海区域暴露度较高（图 6.13）。蓝点马鲛适宜环境因素中，夏季海水温度的最适范围为 25 ～ 27℃，海水盐度的最适范围为 10.5‰ ～ 34.5‰。不同气候情景下未来中国近海蓝点马鲛脆弱性分布（图 6.14）显示，蓝点马鲛在南海和东海脆弱性较高，渤海脆弱性低，此外，随时间推移和气候情景的变化南海和东海脆弱性升高，说明受气候变化的影响变大。整体来看，RCP8.5 情景下蓝点马鲛脆弱性高于 RCP4.5 和 RCP2.6 情景，2100 年蓝点马鲛脆弱性高于 2050 年和 2030 年。不同气候情景下未来中国近海蓝点马鲛风险分布（图 6.15）显示，2100 年蓝点马鲛风险高于 2050 年和 2030 年，RCP8.5 情景下蓝点马鲛风险高于 RCP4.5 和 RCP2.6 情景，高风险区主要分布在东海和南海。

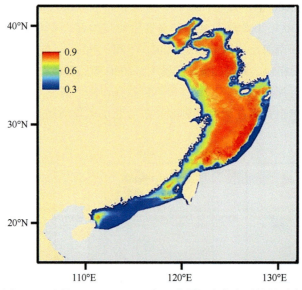

图 6.13　当前（2000 ～ 2014 年）中国近海蓝点马鲛暴露度

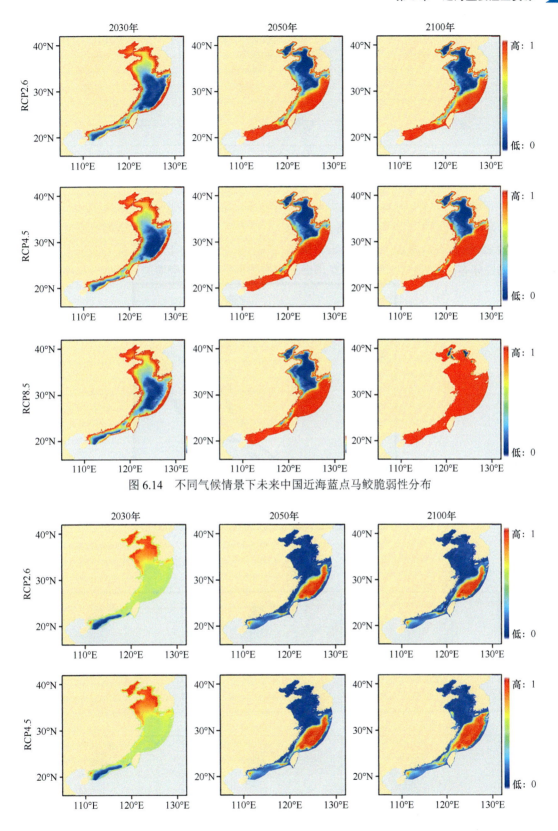

图 6.14　不同气候情景下未来中国近海蓝点马鲛脆弱性分布

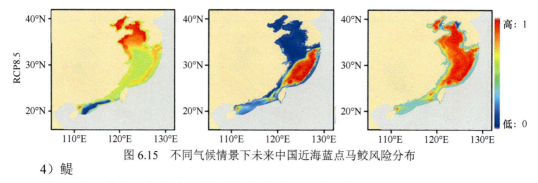

图 6.15　不同气候情景下未来中国近海蓝点马鲛风险分布

4）鳀

　　鳀在渤海、黄海、东海以及南海北部均有分布，南海南部小范围不分布或分布可能性极小，东海和黄海中部暴露度较高（图 6.16）。鳀适宜环境因素中，夏季海水温度的最适范围为 25～27℃，海水盐度的最适范围为 28‰～33‰。不同气候情景下未来中国近海鳀脆弱性分布（图 6.17）显示，鳀在南海和东海脆弱性较高，渤海脆弱性低，但随时间和

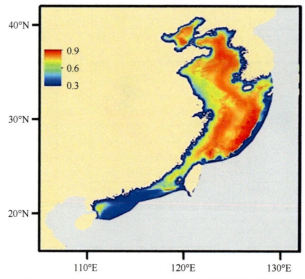

图 6.16　当前（2000～2014 年）中国近海鳀暴露度

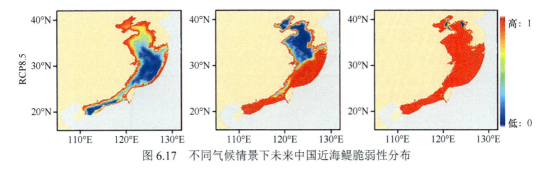

图6.17　不同气候情景下未来中国近海鳀脆弱性分布

气候情景的变化有所变化，RCP8.5情景下鳀脆弱性高于RCP4.5和RCP2.6情景。不同气候情景下未来中国近海鳀风险分布（图6.18）显示，2030年鳀风险高于2050年和2100年，RCP8.5情景下鳀风险高于RCP4.5和RCP2.6情景，主要高风险区分布在东海和南海。

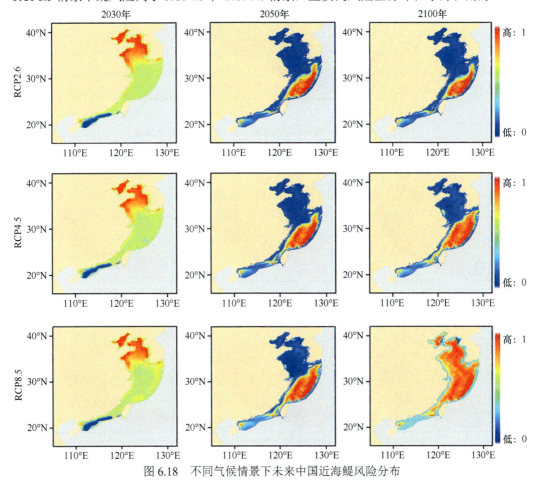

图6.18　不同气候情景下未来中国近海鳀风险分布

5）带鱼

带鱼在渤海、黄海、东海以及南海北部均有分布，南海南部小范围不分布或分布可能性极小（图6.19）。带鱼适宜环境因素中，夏季海水温度的最适范围为27～29.5℃，海水盐度的最适范围为29‰～35‰。不同气候情景下未来中国近海带鱼脆弱性分布（图6.20）显示，带鱼在南海和渤海的脆弱性较高，东海和黄海的脆弱性随时间和气候情景的变化而变化明显。在 RCP2.6 情景下，2030 年带鱼在渤海、黄海、东海和南海脆弱性较高，东海和南海部分海域的脆弱性低；2050 年带鱼在渤海脆弱性高，黄海北部脆弱性中等，黄海南部和东海北部脆弱性低，东海南部和南海脆弱性较高；2100 年和 2050 年

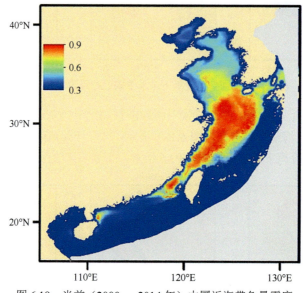

图 6.19　当前（2000～2014 年）中国近海带鱼暴露度

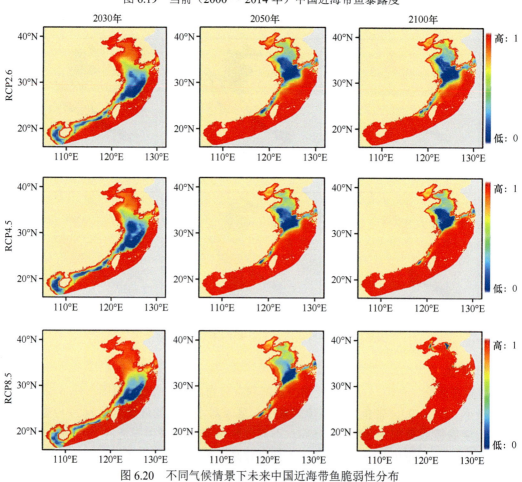

图 6.20　不同气候情景下未来中国近海带鱼脆弱性分布

带鱼脆弱性变化相似。在 RCP4.5 情景下，带鱼脆弱性的变化与 RCP2.6 情景下相似。在 RCP8.5 情景下，2030 年带鱼在渤海、黄海、东海和南海的近岸海域脆弱性较高，黄海和南海脆弱性中等；2050 年带鱼在渤海、东海和南海脆弱性较高，黄海北部脆弱性高，黄海南部深水区脆弱性中等；2100 年带鱼在整个沿岸海域脆弱性较高。整体来看，随时间推移，高浓度排放情景下脆弱性较高的区域向北或向黄海、东海的深水区蔓延。不同气候情景下未来中国近海带鱼风险分布（图 6.21）显示，不同气候情景下带鱼的高风险区主要分布在南海和东海。

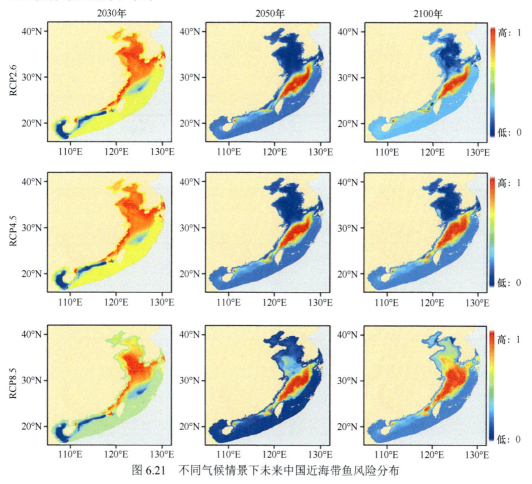

图 6.21　不同气候情景下未来中国近海带鱼风险分布

6）曼氏无针乌贼

曼氏无针乌贼主要在东海分布，近岸海域暴露度高（图 6.22）。曼氏无针乌贼适宜环境因素中，夏季海水温度的最适范围为 26～32℃，海水盐度的最适范围为 32‰～35‰。不同气候情景下未来中国近海曼氏无针乌贼脆弱性分布（图 6.23）显示，曼氏无针乌贼在东海外侧海域脆弱性高，受气候变化的影响大。就风险而言，在 RCP8.5 情景下，曼氏无针乌贼风险低于 RCP4.5 和 RCP2.6 情景，2100 年曼氏无针乌贼风险高于 2050 年和 2030 年，高风险区主要位于东海外海和台湾海峡（图 6.24）。

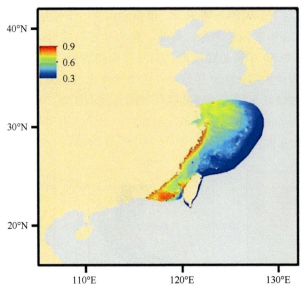

图 6.22　当前（2000～2014 年）中国近海曼氏无针乌贼暴露度

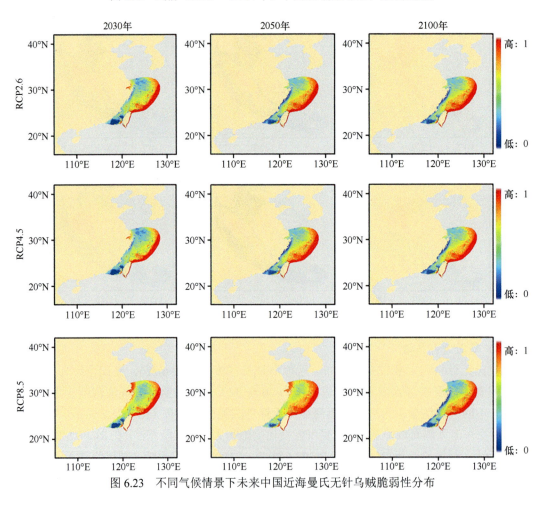

图 6.23　不同气候情景下未来中国近海曼氏无针乌贼脆弱性分布

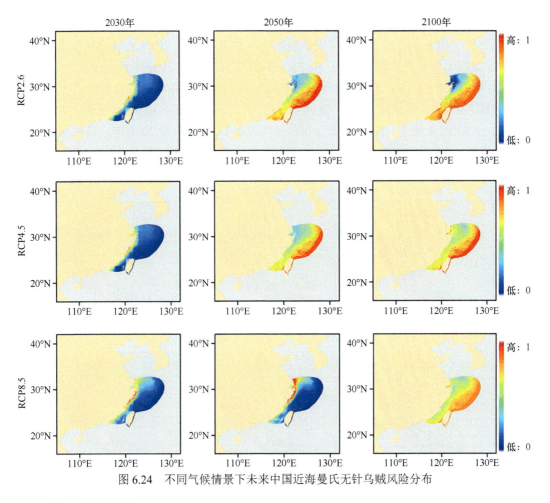

图 6.24　不同气候情景下未来中国近海曼氏无针乌贼风险分布

7）三疣梭子蟹

三疣梭子蟹在渤海、黄海、东海以及南海北部均有分布，东海和黄海三疣梭子蟹的暴露度高（图 6.25）。三疣梭子蟹适宜环境因素中，夏季海水温度的最适范围为 24.5～

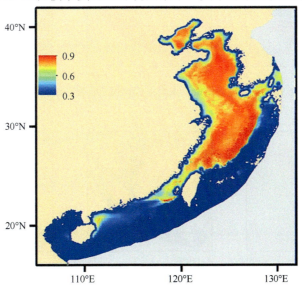

图 6.25　当前（2000～2014 年）中国近海三疣梭子蟹暴露度

27℃，海水盐度的最适范围为27‰～33‰。不同气候情景下未来中国近海三疣梭子蟹脆弱性分布（图6.26）显示，三疣梭子蟹脆弱性在RCP2.6、RCP4.5、RCP8.5情景下基本相似，RCP8.5情景下脆弱性高于RCP4.5和RCP2.6情景，2100年脆弱性高于2050年和2030年，高脆弱性区域主要分布于南海和东海外海，黄海和渤海脆弱性较低。不同气候情景下未来中国近海三疣梭子蟹风险分布（图6.27）显示，RCP8.5情景下风险高于RCP4.5和RCP2.6情景，2100年黄海和东海风险高于2050年和2030年，高风险区主要分布在东海，随时间推移，高风险区向黄海扩张，在RCP8.5情景下，2100年除南海海域外，三疣梭子蟹在其他分布区都为高风险。

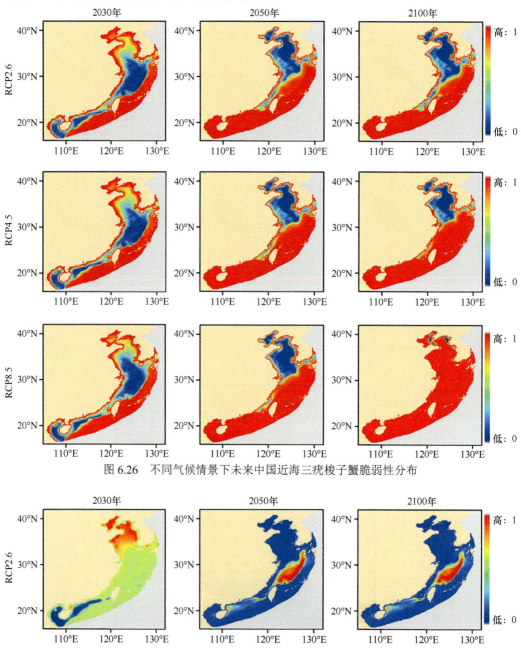

图6.26　不同气候情景下未来中国近海三疣梭子蟹脆弱性分布

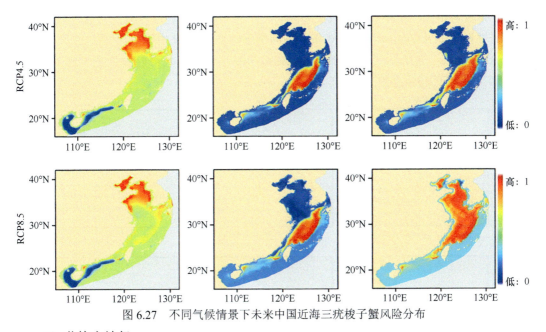

图 6.27 不同气候情景下未来中国近海三疣梭子蟹风险分布

8）菲律宾蛤仔

菲律宾蛤仔分布在中国东部近海的潮间带水域，暴露度较低（图 6.28）。菲律宾蛤仔适宜环境因素中，夏季海水温度的最适范围为 10.5℃ ～ 32℃，海水盐度的最适范围为 10.5‰ ～ 37‰。不同气候情景下未来中国近海菲律宾蛤仔脆弱性分布（图 6.29）显示，除了 RCP8.5 情景下 2050 年，菲律宾蛤仔整体脆弱性较低。不同气候情景下未来中国近海菲律宾蛤仔风险分布（图 6.30）显示，菲律宾蛤仔整体风险较低。

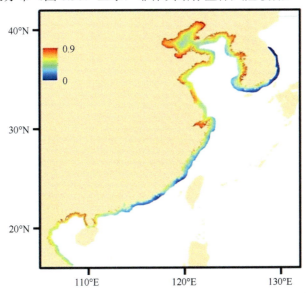

图 6.28 当前（2000 ～ 2014 年）中国近海菲律宾蛤仔暴露度

9）口虾蛄

口虾蛄在渤海、黄海、东海以及南海北部均有分布，东海和黄海暴露度高（图 6.31）。口虾蛄适宜环境因素中，夏季海水温度的最适范围为 27 ～ 29℃，海水盐度的最适范围为 31‰ ～ 33‰。不同气候情景下未来中国近海口虾蛄脆弱性分布（图 6.32）显示，脆弱性分布较为相似，高脆弱性区域主要分布在东海和南海，近岸海域脆弱性较低，2100年脆弱性明显高于2050年和2030年。不同气候情景下未来中国近海口虾蛄风险分布（图6.33）显示，高风险区主要分布在南海和东海，这些海域可能发生栖息地的丧失，2100年风险大于2050年和2030年。

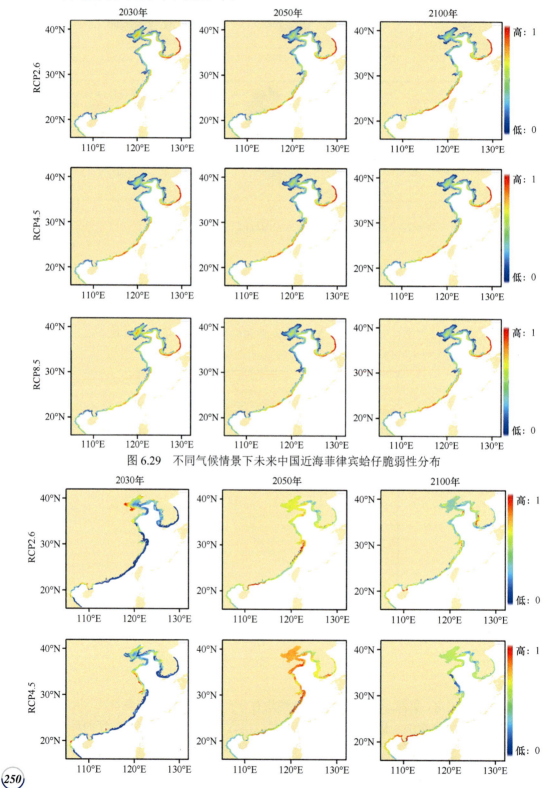

图6.29　不同气候情景下未来中国近海菲律宾蛤仔脆弱性分布

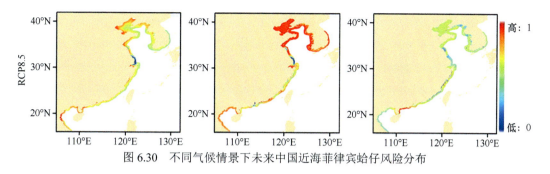

图 6.30　不同气候情景下未来中国近海菲律宾蛤仔风险分布

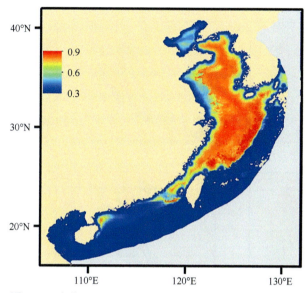

图 6.31　当前（2000～2014 年）中国近海口虾蛄暴露度

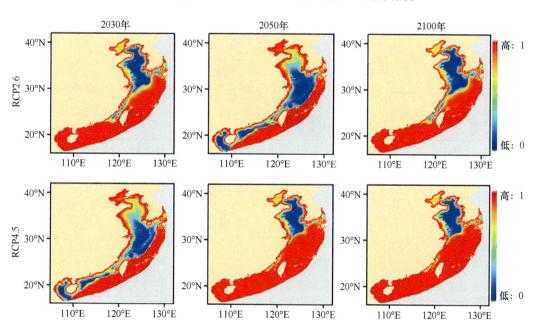

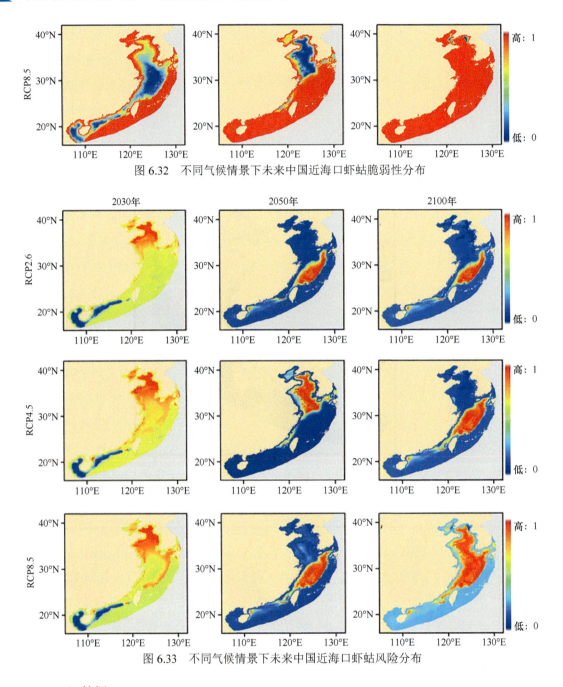

图 6.32　不同气候情景下未来中国近海口虾蛄脆弱性分布

图 6.33　不同气候情景下未来中国近海口虾蛄风险分布

10）牡蛎

牡蛎在中国东部近海的沿岸海域均有分布，暴露度较低（图 6.34）。牡蛎适宜环境因素中，夏季海水温度的最适范围为 27 ～ 32℃，海水盐度的最适范围为 10.5‰ ～ 32‰。不同气候情景下未来中国近海牡蛎脆弱性分布（图 6.35）和风险分布（图 6.36）显示，随时间推移，高浓度排放情景下脆弱性和风险升高，这些现象与牡蛎生物学特性有关，该种类可以长时间暴露在空气中，忍受极端高温和剧烈的盐度变化，对于气候变化具有较强的耐受性。

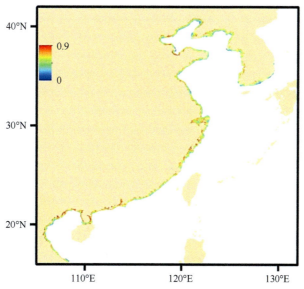

图 6.34　当前（2000～2014 年）中国近海牡蛎暴露度

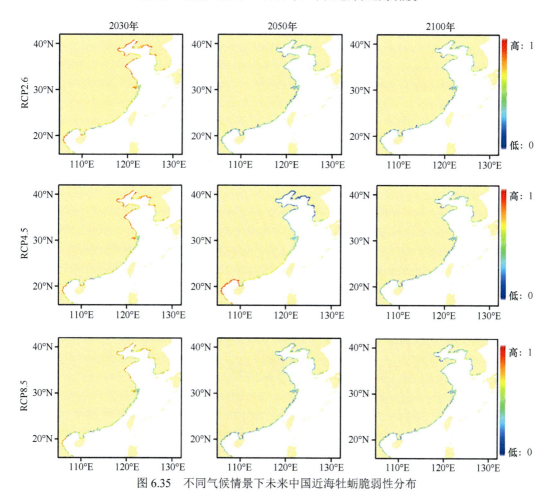

图 6.35　不同气候情景下未来中国近海牡蛎脆弱性分布

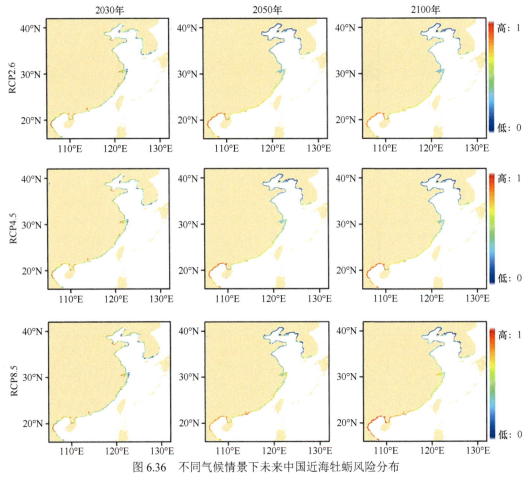

图 6.36 不同气候情景下未来中国近海牡蛎风险分布

11）玉筋鱼

玉筋鱼主要分布在渤海和黄海，黄海中部暴露度高（图 6.37）。玉筋鱼适宜环境因素中，夏季低层海水温度的最适范围为 3℃～7℃，海水盐度的最适值为 28.5‰～31‰。不同气候情景下未来中国近海玉筋鱼脆弱性分布（图 6.38）显示，玉筋鱼在黄海南部脆弱性高，并且脆弱性会随时间推移持续升高，RCP2.6 情景下脆弱性高于 RCP4.5 和 RCP8.5 情景。不同气候情景下未来中国近海玉筋鱼风险分布（图 6.39）显示，玉筋鱼在渤海和黄海北部风险中等，黄海中部风险低，该海域是夏季黄海冷水团分布位置，有利于玉筋鱼栖息以躲避高温。

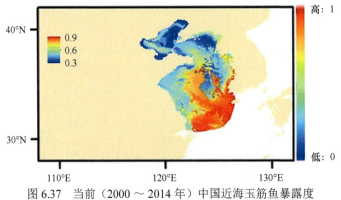

图 6.37 当前（2000～2014 年）中国近海玉筋鱼暴露度

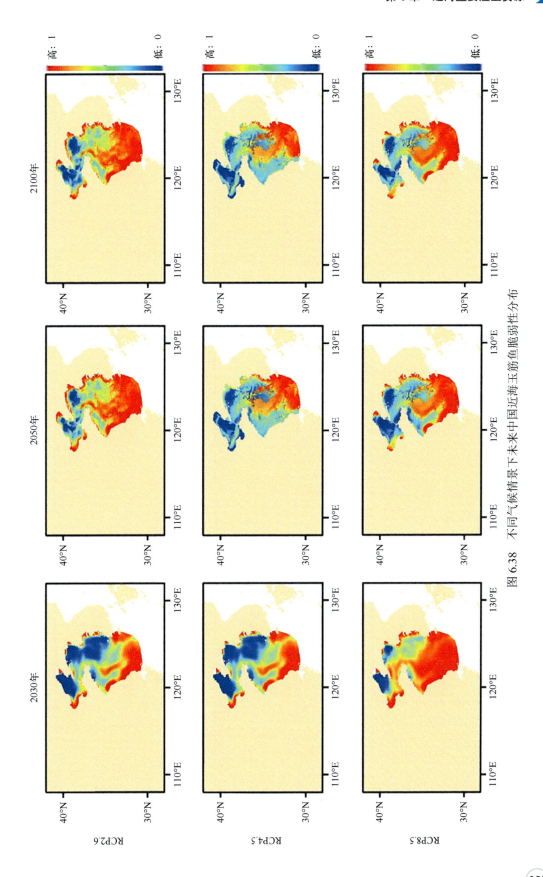

图 6.38　不同气候情景下未来中国近海玉筋鱼脆弱性分布

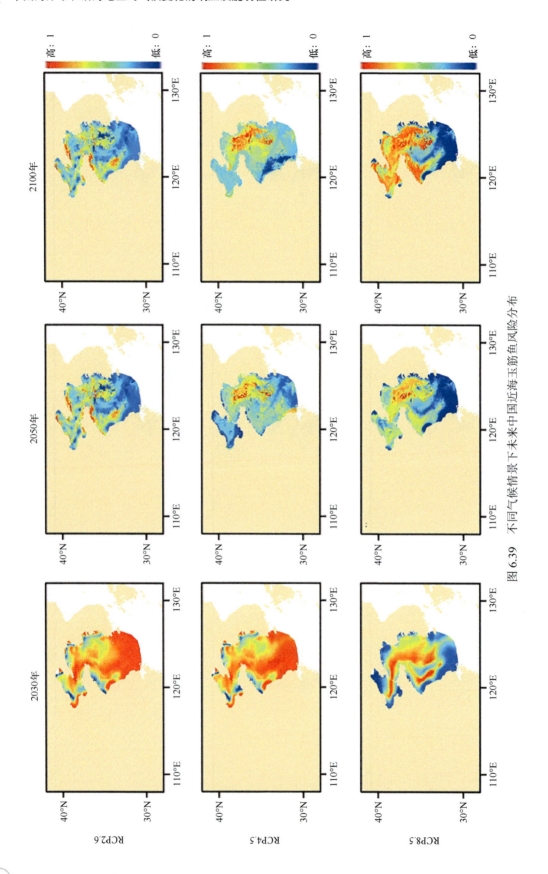

图 6.39　不同气候情景下未来中国近海玉筋鱼风险分布

12）大头鳕

大头鳕主要分布在渤海、黄海海域，黄海北部暴露度高（图 6.40）。大头鳕适宜环境因素中，夏季海水温度的最适范围为 14℃～18℃，海水盐度的最适值为 32‰～32.5‰。不同气候情景下未来中国近海大头鳕脆弱性分布（图 6.41）显示，大头鳕在黄海中部脆弱性低，近岸海域脆弱性高，RCP2.6 情景下脆弱性高于 RCP4.5 和 RCP8.5 情景。不同气候情景下未来中国近海大头鳕风险分布（图 6.42）显示，大头鳕在山东半岛近岸水域和渤海风险高，这些海域水深较浅，不利于大头鳕躲避高温。

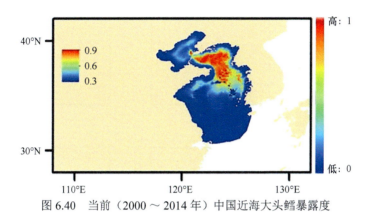

图 6.40　当前（2000～2014 年）中国近海大头鳕暴露度

6.3.4　气候变化下主要经济种类栖息地变化

利用上述构建的脆弱性和风险指标体系及估算方法，计算了夏季中国近海重要渔业物种的气候变化风险，并估算了北移的纬度变化。以风险指数 66% 为阈值，高于该阈值认为栖息地将损失，计算不同气候情景下栖息地变化的比例。模型对 2030 年、2050 年和 2100 年部分数据拟合度低（AUC < 0.6），因此未计算栖息地损失率。在重要渔业物种中，除了大黄鱼、菲律宾蛤仔和牡蛎的栖息地在 RCP8.5 情景下有所增加，其余物种的栖息地均显著减少（表 6.4），物种栖息地的损失主要发生在东海（图 6.43）。在 RCP2.6 情景下，2100 年小黄鱼、蓝点马鲛、鮸、带鱼、三疣梭子蟹和口虾蛄等物种20%～30% 的栖息地将损失；在 RCP4.5 情景下，2100 年小黄鱼、蓝点马鲛、鮸、带鱼、三疣梭子蟹和口虾蛄等物种 35%～55% 栖息地将损失。在 RCP8.5 情景下，2100 年蓝点马鲛、鮸、小黄鱼、带鱼、大头鳕、三疣梭子蟹和口虾蛄等物种 80% 以上的栖息地将损失。2022 年 7～8 月浙江沿海的持续极端高温，已造成浙江渔场三疣梭子蟹上岸量比 2021 年同期下降 1/3，并且蟹类品质也降低。这验证了本研究的预测，海洋升温及海洋热浪可能造成渔业资源损失重要风险。在升温 1.5℃ 情景下和 RCPs 情景下，栖息地明显北移（图 6.44，表 6.5，表 6.6）。

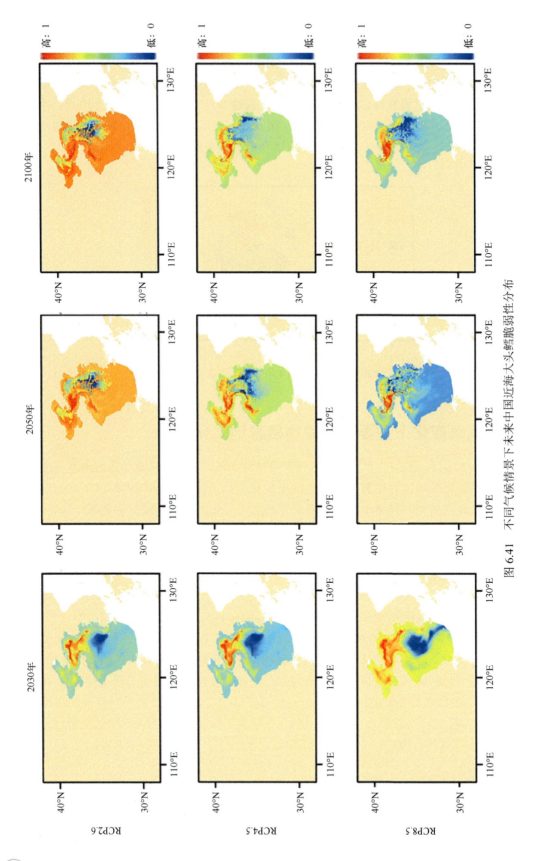

图 6.41 不同气候情景下未来中国近海大头鳕脆弱性分布

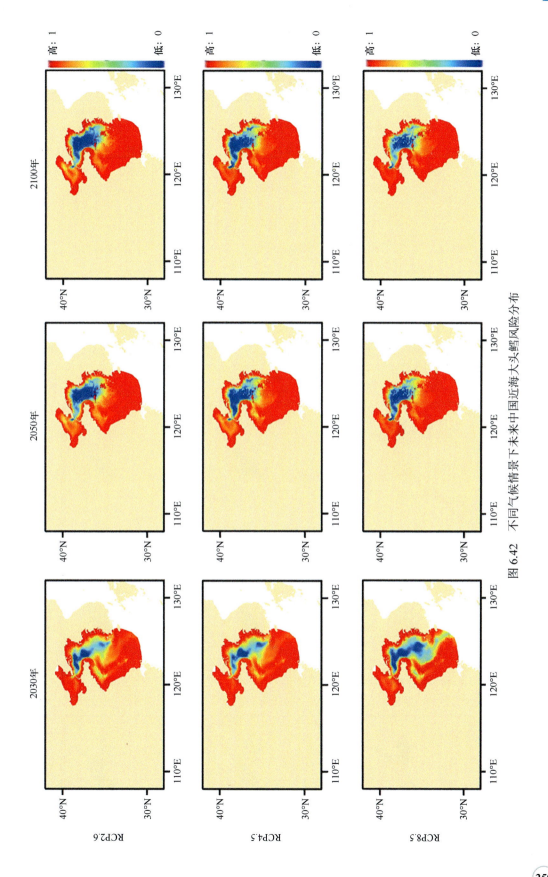

图 6.42　不同气候情景下未来中国近海大头鳕风险分布

表 6.4 不同气候情景下未来（2030 年、2050 年、2100 年）相比当前（2000 ~ 2014 年）渔业资源物种栖息地变化（%）

物种	RCP2.6			RCP4.5			RCP8.5		
	2030 年	2050 年	2100 年	2030 年	2050 年	2100 年	2030 年	2050 年	2100 年
小黄鱼	9.55	−26.87	−24.1	/	−28.45	−37.28	/	−32.12	−98.79
大黄鱼	/	9.77	10.86	/	7.14	12.57	/	12.14	15.86
蓝点马鲛	4.55	−23.32	−21.2	2.33	−31.53	−41.98	−0.63	−35.85	−95.63
鳀	−3.90	−30.00	−26.96	−3.36	−37.6	−46.68	−1.89	−41.38	−97.82
带鱼	−3.23	−24.91	−24.01	−0.66	−34.36	−44.34	−30.33	−74.02	−99.39
大头鳕	−1.30	/	−1.30	−2.05	−2.21	−15.42	−46.68	−82.63	−82.42
玉筋鱼	/	/	/	/	−5.30	−9.56	/	−6.59	−16.13
曼氏无针乌贼	/	−5.85	−7.63	/	−5.90	−4.89	/	−37.77	−42.01
三疣梭子蟹	−6.25	−28.74	−25.97	−5.86	−37.02	−46.93	−2.16	−61.85	−97.64
菲律宾蛤仔	−0.69	−0.5	−5.15	−1.92	1.37	1.02	−6.39	0.93	7.31
口虾蛄	/	−32.57	−29.3	5.6	−41.73	−51.28	−2.1	−49.14	−98.95
牡蛎	/	1.90	1.52	/	2.06	2.89	/	5.55	−33.36

注："−"表示栖息地损失；"/"表示未计算栖息地损失率，主要是因为模型对 2030 年、2050 年和 2100 年部分数据拟合度低（AUC ＜ 0.6）。

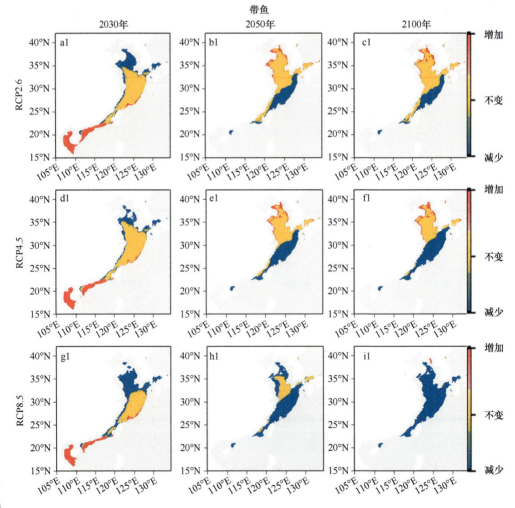

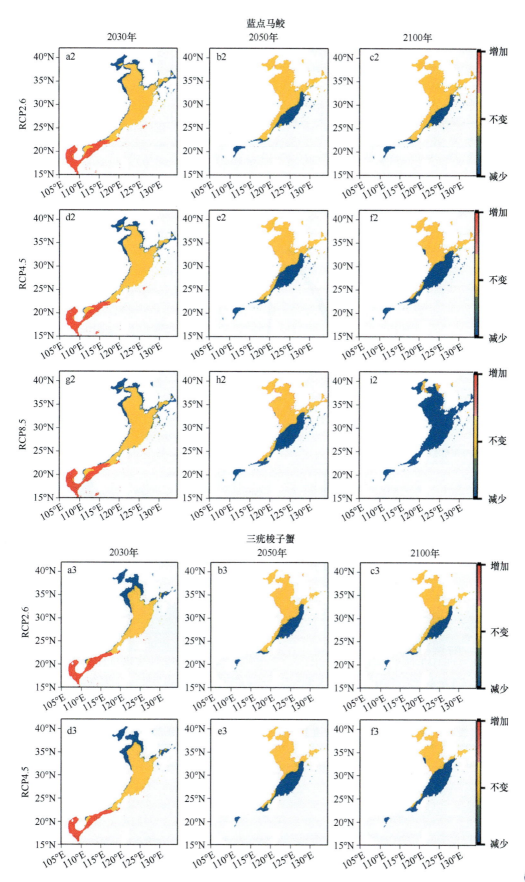

蓝点马鲛

三疣梭子蟹

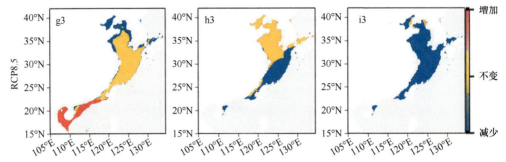

图 6.43 不同气候情景下相对于当前中国近海未来带鱼（a1～i1）、蓝点马鲛（a2～i2）、三疣梭子蟹（a3～i3）栖息地的变化（%）

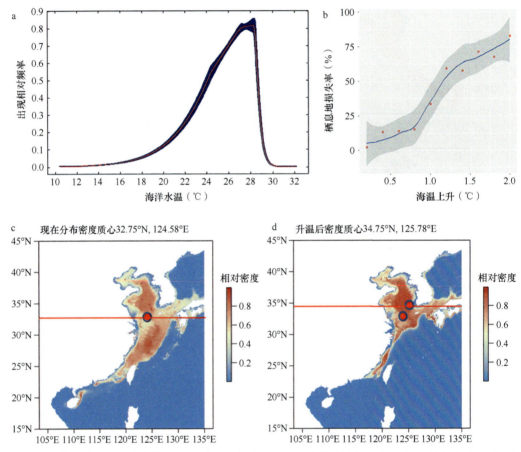

图 6.44 基于鳀温度适应曲线（a）的未来海温上升情景下鳀栖息地损失率（b）和海温上升 1.5℃情景下鳀资源密度分布变化（c、d）

表 6.5 不同气候情景下（海温上升 1.5℃）主要经济物种分布质心和资源量变化

物种	现在纬度分布质心（°N）	未来纬度分布质心（°N）	分布质心纬度北移（°）	资源量变化趋势
小黄鱼	29.25	31.25	2	资源量下降
大黄鱼	21.25	24.25	3	资源量下降
带鱼	25.75	25.00	-0.75	资源量下降
鳀	32.75	34.75	2	资源量下降

续表

物种	现在纬度分布质心（°N）	未来纬度分布质心（°N）	分布质心纬度北移（°）	资源量变化趋势
三疣梭子蟹	31.5	34.25	2.75	资源量下降
菲律宾蛤仔	15.75	18.25	2.5	稳定
口虾蛄	30.25	33.75	3.5	资源量下降

注：仅考虑升温情况，未考虑其他因子变化。

表 6.6　不同气候情景下主要经济物种栖息地纬度北移情况　　　（单位：°）

物种	气候情景	纬度北移	
		2050 年	2100 年
小黄鱼	RCP2.6	1.64	1.58
	RCP4.5	1.81	2.22
	RCP8.5	2.03	5.16
大黄鱼	RCP2.6	1.61	1.39
	RCP4.5	1.92	2.23
	RCP8.5	1.17	3.13
蓝点马鲛	RCP2.6	1.57	1.44
	RCP4.5	2.19	3.00
	RCP8.5	2.54	6.70
鲲	RCP2.6	1.76	1.60
	RCP4.5	2.43	3.16
	RCP8.5	2.78	6.96
带鱼	RCP2.6	2.02	1.99
	RCP4.5	2.82	−3.61
	RCP8.5	1.99	8.133
大头鳕	RCP2.6	−0.12	−0.11
	RCP4.5	−0.07	−0.10
	RCP8.5	0.01	−0.21
玉筋鱼	RCP2.6	0.23	0.53
	RCP4.5	0.51	0.83
	RCP8.5	0.23	0.53
曼氏无针乌贼	RCP2.6	0.19	0.09
	RCP4.5	0.19	0.24
	RCP8.5	−1.95	0.46
三疣梭子蟹	RCP2.6	1.64	1.50
	RCP4.5	4.32	3.13
	RCP8.5	2.71	7.00

物种	气候情景	纬度北移	
		2050 年	2100 年
菲律宾蛤仔	RCP2.6	0.01	−0.01
	RCP4.5	−0.01	−0.08
	RCP8.5	−0.06	0.03
口虾蛄	RCP2.6	1.82	1.68
	RCP4.5	2.50	3.25
	RCP8.5	2.93	7.45
牡蛎	RCP2.6	0.07	0.05
	RCP4.5	0.06	0.09
	RCP8.5	0.09	0.23

注:"−"表示南向移动。

大头鳕和玉筋鱼为黄渤海重要的海洋冷温性鱼类,且为封闭种群,同其太平洋和日本海群体存在地理隔离(陈大刚和焦燕,2017)。在 RCP8.5 情景下,2100 年大头鳕栖息地损失 82.42%,而玉筋鱼栖息地损失 16.13%,这种差异与玉筋鱼具有潜沙夏眠习性有关(陈昌海,2004,2007)。玉筋鱼在夏季遇到高温时,进行潜沙夏眠有利于适应高温不利环境。

6.3.5 气候变化对重要渔业资源"三场一通道"的影响

基于文献,梳理了具有明显洄游性的带鱼等 6 种经济物种主要的"三场一通道"(表 6.7)。6 种经济物种的越冬场基本位于东海北部和黄海南部,冬季水温偏高有利于其越冬;经济物种的产卵场与索饵场基本是在近岸水域,基于未来风险评估结果,近岸产卵场是受气候变化影响风险较大区域,因此本节主要分析气候变化对产卵场的影响。产卵场受到海水升温的影响,栖息地适宜度下降,资源量下降,资源的补充量降低,洄游路线随产卵场位置变化也会发生变化。

表 6.7 6 种经济物种主要的"三场一通道"

物种	产卵场与索饵场	越冬场	洄游通道	参考文献
带鱼	海州湾、乳山湾、海洋岛和莱州湾、舟山渔场和长江口渔场	32°N ～ 36°N,124°E ～ 126°E 和浙江中南部禁渔线外侧	3 ～ 7 月北上进入海州湾、乳山湾、海洋岛和渤海各海湾产卵场;3 ～ 4 月起,南部越冬的带鱼向舟山渔场和长江口渔场洄游进行产卵	徐兆礼和陈佳杰,2015 徐兆礼和陈佳杰,2016
小黄鱼	渤海各海湾、黄海北部沿岸和海州湾、舟山渔场和吕四渔场	黄海南部、浙江温州外海	每年 6 月从黄海中部进入渤海各海湾、黄海北部沿岸和海州湾产卵。3 月开始从东海中南部向舟山渔场、吕四渔场洄游	徐兆礼和陈佳杰,2009 李子东等,2023

物种	产卵场与索饵场	越冬场	洄游通道	参考文献
鳀	山东半岛南部、吕四渔场、浙江沿岸	黄海中南部、舟山外海	2 月起从越冬场开始进入浙江沿岸产卵，随后进入黄渤海沿岸各海湾产卵	叶懋中和章隼，1965 陈云龙，2014
大黄鱼	吕四渔场、舟山近海、官井洋	东海北部	3～4 月从东海北部越冬场进入舟山渔场、长江口渔场和吕四渔场产卵	徐兆礼和陈佳杰，2011 王亚，2021 徐鹏等，2022
蓝点马鲛	莱州湾、海州湾、吕四渔场、浙江北部沿海	东海北部、济州岛附近	每年 1～2 月在东海外海和黄海南部的济州岛附近越冬，3 月向舟山近岸和吕四渔场洄游，5 月到达渤海和黄海的产卵场	瞿俊跃等，2021 牟秀霞等，2018
三疣梭子蟹	渤海湾、莱州湾、福建和浙江沿海、长江口渔场浅海区	渤海中部、东海外海	3～4 月从东海外海进入福建沿海产卵，4～5 月开始在浙江中南部沿岸产卵，5 月以后进入舟山近岸和黄渤海各海湾产卵	张秋华等，2007 杨刚，2017 吴赫昌等，1977

1）带鱼

带鱼主要分布于黄渤海、东海、南海等海域。黄渤海和东海带鱼被认为是 2 个独立的种群（徐兆礼和陈佳杰，2016）。带鱼越冬场、产卵场和索饵场范围广阔，带鱼还有分批越冬、产卵与索饵、洄游的特性，不同群体越冬、产卵与索饵、洄游在时间上也有一定的重叠性。带鱼北方群体的越冬场主要在 32°N～36°N，124°E～126°E 的黄海暖流水域；3～7 月北上进入海州湾、乳山湾、海洋岛和渤海各海湾产卵场；8～9 月在产卵场外围宽阔水域索饵；9～11 月游出渤海，绕过成山头南下，沿禁渔线外侧，分别会合海州湾、乳山湾及海洋岛的越冬鱼群，到 34°N 后折向东南，分批于 12 月到达越冬场（徐兆礼和陈佳杰，2015）。带鱼南方群体的越冬场主要位于浙江中南部禁渔线外侧，其次是济州岛西南海域。综合带鱼两个种群的产卵场分布，温度升高会影响带鱼产卵开始时间和产卵场分布，但现有带鱼产卵场区域舟山渔场和长江口渔场及黄渤海主要海湾整体风险较低，对于幼体的存活率影响较小。

2）大黄鱼

大黄鱼主要产卵场分布在东黄海禁渔线以西的吕四洋、岱衢洋、大目洋、猫头洋、洞头洋和官井洋（徐兆礼和陈佳杰，2011）。历史上大黄鱼主要的产卵场有黄海的江苏吕四洋产卵场、舟山渔场、浙江岱衢洋产卵场、浙江猫头洋产卵场、福建官井洋内湾性产卵场（徐鹏等，2022）。东黄海大黄鱼只有一个种群，有两处越冬场，其中外海越冬场主要位于 30°N～32°N，124°E～126°E 水域，近海越冬场位于浙江中南部和福建北部禁渔线外侧（王亚，2021）。大黄鱼越冬场主要为东海的长江口—舟山外越冬场、瓯江—闽江口外越冬场（徐鹏等，2022）。大黄鱼索饵场位于江苏南部大沙渔场到浙江北部的长江渔场禁渔线的外侧（徐兆礼和陈佳杰，2011）。

在 RCP2.6 和 RCP4.5 情景下，大黄鱼东海产卵场都处于低风险区，但南海产卵场处于高风险区；在 RCP8.5 情景下，大黄鱼东海产卵场和南海产卵场都处于高风险区，这会影响大黄鱼幼体补充机制，造成大黄鱼资源量下降。

3）小黄鱼

小黄鱼主要产卵场是渤海湾、辽东湾、莱州湾、鸭绿江口、海洋岛、乳山湾和海州湾。黄海南部的吕四渔场是中国最大的小黄鱼产卵场（徐兆礼和陈佳杰，2009）。春季为小黄鱼主要产卵期（李子东等，2023），南黄海主要产卵场为海州湾和吕四产卵场，东海主要产卵场为长江口和浙江沿岸产卵场。其中，东海产卵场分布较为分散，从长江口渔场附近到舟山渔场海域，再到浙江沿岸海域都有分布（高阳等，2023）。江苏海域小黄鱼春季产卵场主要位于长江口以北邻近海域（32°00′N ～ 33°15′N，121°30′E ～ 122°15′E）（李子东等，2023）。东黄海群体小黄鱼的越冬场主要是两处，一处位于外海30°00′N ～ 34°00′N，124°30′E ～ 127°00′E 水域，也就是大沙渔场东部，以及沙外渔场、江外渔场和舟外渔场；另一处位于东海中南部禁渔线外侧水域，中心位置是 27°00′N，121°00′E 温州外海水域（高阳等，2023）。索饵场主要分布在暖水控制区或暖水区的边缘区域，大沙渔场西部是东黄海最大的小黄鱼索饵场（高阳等，2023）。小黄鱼夏季索饵场主要分布于大沙渔场南侧（32°00′N ～ 33°00′N，123°00′E ～ 124°30′E）及吕四渔场北部外侧海域（33°30′N ～ 34°00′N，121°30′E ～ 122°00′E），秋季索饵场位于连青石渔场东南侧海域（34°00′N ～ 35°00′N，122°30′E ～ 124°00′E）（李子东等，2023）。海水升温主要影响小黄鱼的产卵场，在 RCPs 气候情景下小黄鱼东海产卵场和南黄海产卵场都处于高风险区，在 RCP8.5 情景下 2100 年所有分布区都为高风险区。小黄鱼主要产卵场多处于高风险区，这将降低小黄鱼的补充量，从而导致资源量下降。

4）蓝点马鲛

蓝点马鲛为暖水性中上层鱼类，游泳能力强，活动范围大，产卵和越冬时进行长距离洄游。蓝点马鲛的越冬场主要分布于东海外海和黄海南部的济州岛附近，每年 1 ～ 2 月蓝点马鲛在这两个海域水深 80 ～ 100 m 处越冬，3 月各产卵群体随海流离开各自的越冬场陆续向近岸生殖洄游，东海外海越冬场群体沿台湾暖流北上，大部分进入长江口以南的舟山及象山港水域进行产卵，其中性成熟较早的个体进入吕四渔场，产卵期为 4 月中下旬及 5 月上旬，另一部分个体穿过索饵场继续北上，沿海岸分赴渤海和黄海中北部产卵场进行产卵洄游，产卵期为 5 月上旬至 5 月底（牟秀霞等，2018）。在 RCP2.6 和 RCP4.5 情景下，蓝点马鲛产卵场都处于低风险区，在 RCP8.5 情景下 2100 年蓝点马鲛的主要产卵场升高为中等风险区。海水升温对于现有蓝点马鲛产卵场的影响不大。

5）鳀

鳀产卵场主要分布在：海州湾沿岸，水深 25 ～ 30 m；石岛—苏山岛—青岛沿岸产卵场，水深 25 ～ 30 m；烟台—威海沿岸产卵场，即芝罘岛正北—出岛正北，水深 10 ～ 20 m；黄海北部、庄河、大洋河口—海洋岛产卵场，水深 20 ～ 30 m 及 40 ～ 50 m；莱州湾内产卵场，即芙蓉岛—龙口高角（屺岆岛高角）一带，水深 15 m 左右；辽东湾中部产卵场，水深 18 ～ 28 m（叶懋中和章隼，1965）。鳀产卵结束后会移向深水区进行索饵（赵宪勇，2006）。鳀越冬场主要分布在黄海中南部，西起 40 m 等深线附近，东到韩国大黑山、小黑山海域，南至黄海暖流 5 m 水层 13℃ 等温线附近（陈云龙，2014）。在 RCP2.6 和 RCP4.5 情景下，2050 年和 2100 年鳀主要产卵场都处于低风险区；在 RCP8.5 情景下，2050 年鳀主要产卵场也处于低风险区，2100 年鳀主要产卵场上升为高风险区。

6）三疣梭子蟹

三疣梭子蟹的产卵场 3～4 月位于福建沿海水深 10～20 m 海域，4～5 月位于浙江中南部沿岸，5～6 月位于舟山和长江口 30 m 浅水海域。夏季 8～9 月，三疣梭子蟹在吕四渔场、大沙渔场进行索饵（杨刚，2017）。三疣梭子蟹在东海的越冬场主要集中在两处，一处位于水深 40～60 m 的浙江中部、南部渔场一带，另一处位于水深 25～50 m 的闽北、闽中沿岸一带。三疣梭子蟹在渤海的越冬场集中在渤海中部 20～25 m 水深的软泥底质的水域（杨刚，2017）。渤海的三疣梭子蟹每年 4～9 月常来近岸处 3～5 m 深的浅海活动（产卵、成长），特别是集中在渤海湾的港湾或河口处，如南排河口、滦河口、子母湾及辽河口等处，到了秋冬季节则逐渐移至 10～30 m 水深的海底泥沙里越冬。较大的个体在深水里活动，而较小的个体则分布于浅水口（吴赫昌等，1977）。三疣梭子蟹产卵场整体气候变化风险较低，在 RCP2.6 和 RCP4.5 情景下，2050 年和 2100 年三疣梭子蟹主要产卵场都处于低风险区；在 RCP8.5 情景下，2050 年三疣梭子蟹主要产卵场也处于低风险区，2100 年主要产卵场上升为高风险区。

6.3.6 渔业资源适应性分析

通过提高适应气候变化的能力并增强恢复能力，可以达到降低自然与人类社会系统的气候变化脆弱性，以及促进人类社会-生态系统可持续发展的目的。为应对气候变化带来的渔业资源风险，以下为初步分析得到的几点适应策略。

1）持续开展气候变化对近海渔业资源影响的监测与评估。将近海渔业资源调查纳入现有的海洋生态预警监测体系，重点关注重要渔场和重要河口区，监测分析主要渔业资源的优势种类更替和渔业群落变化，评估当前气候变化对近海渔业资源的影响，提高渔业资源应对气候变化的预警能力。

2）加强生态系统修复和保护区建设，开展资源环境一体化修复，提高海洋生态系统应对气候变化的适应能力。基于物种未来气候变化风险分析，确定需要修复的重要功能物种和可能受损的关键栖息地。开展海洋牧场和人工渔礁建设，提高鱼类栖息地质量，开展资源环境一体化修复，降低渔业资源的气候暴露度。合理规划海洋保护区布局，将全球变化的影响纳入各类海洋保护区选划和效果评估中，评估气候变化对现有伏季休渔制度、保护区和保护措施的影响，增强海洋生态系统的稳定性，提高物种应对气候变化的适应能力，降低气候变化的风险。

3）发展绿色智慧渔业和水产养殖，科学合理地利用海洋资源。打击三无渔船，削减捕捞力量，严格控制网目尺寸和可捕规格，减少人类活动对经济种类栖息地的破坏；以智慧海洋建设为依托，建设智慧渔业，将渔业资源管控和利用领域的渔业装备及捕捞活动进行体系性整合，运用工业大数据和互联网大数据技术，实现信息共享、渔业产业活动协同，挖掘新需求，促进落实总可捕量（total allowable catch，TAC）捕捞制度，避免过度捕捞，达到智慧经略海洋的目的，促进渔业资源可持续利用。优化水产养殖模式，减少养殖过程中的污染和对天然饵料的依赖；发展深远海养殖，拓展养殖空间；减少捕捞和养殖活动对海洋生态系统的干扰，增强海洋生态系统的稳定性和气候韧性。

6.4 结 语

本章基于 IPCC 有关气候致灾因子，承灾体暴露度、脆弱性和气候变化综合风险的核心概念和理论框架，结合主要渔业生物对气候变化的响应等相关文献的调研，形成了渔业资源主要种类气候变化综合风险评估指标体系，计算分析了中国近海主要渔业资源种类在不同气候情景下（RCP2.6、RCP4.5、RCP8.5）未来不同时间段（2030 年、2050 年和 2100 年）的承灾体暴露度、承灾体脆弱性和气候变化综合风险，并估算了未来可能的栖息地损失，得到以下主要结论。

主要气候致灾因子危害性的分析表明，在 RCP2.6、RCP4.5、RCP8.5 情景下，到 21 世纪中期，主要气候致灾因子危害性均有明显上升，主要发生在黄渤海海区，但到 21 世纪末期，RCP2.6 情景下主要气候致灾因子危害性有所下降，而 RCP4.5、RCP8.5 情景下尤其是后一种情景下中国近海主要气候致灾因子危害性则显著上升。

综合渔业资源脆弱性和风险，各物种在渤海和黄海分布区增加，在该区域脆弱性降低，在东海中部和南海的脆弱性升高，随着时间推移更加严重，2100 年脆弱性远高于 2050 年和 2030 年。就不同气候情景来看，RCP8.5 情景下各物种的脆弱性高于 RCP4.5 和 RCP2.6 情景，2100 年三疣梭子蟹、带鱼、鲳、蓝点马鲛和小黄鱼的脆弱性和风险很高，预计有 90% 以上的栖息地会损失。在 3 种底栖动物中，菲律宾蛤仔和牡蛎的未来气候变化风险整体不高，菲律宾蛤仔和口虾蛄东海群体的风险相对高于其他研究区域，牡蛎的相对高风险区则分布在东部沿海的近岸海域。鱼卵和仔稚鱼未来气候变化风险较低。

就气候变化综合风险而言，整体上南海海域各物种风险很低，随着时间推移，温室气体高浓度排放情景下渤海和黄海海域风险升高，东海风险由低和中等向中等和高转变，但曼氏无针乌贼的风险整体变化不大。

"三场一通道"是渔业资源栖息地中重要的组成部分。海洋升温对于经济种类产卵场和索饵场有明显的影响，造成近岸产卵场和索饵场丧失风险增加，可能会导致部分优势产卵场及邻近的索饵场北移，洄游路线也将发生变化。目前中国近海设立的产卵场保护区和种质资源保护区可能需要动态调整，以适应物种产卵场的变化。总之，近岸海域脆弱性、风险相较深水区有所升高，东海海域脆弱性、风险相比黄海和渤海升高明显，随着时间推移，高浓度排放情景下脆弱性、风险进一步升高。

参 考 文 献

卞晓东, 万瑞景, 金显仕, 等. 2018. 近 30 年渤海鱼类种群早期补充群体群聚特性和结构更替. 渔业科学进展, 39(2): 1-15.

蔡榕硕, 付迪. 2018. 全球变暖背景下中国东部气候变迁及其对物候的影响. 大气科学, 42(4): 729-740.

蔡榕硕, 韩志强, 杨正先. 2020. 海洋的变化及其对生态系统和人类社会的影响、风险及应对. 气候变化研究进展, 16(2): 182-193.

蔡榕硕, 齐庆华. 2014. 气候变化与全球海洋：影响、适应和脆弱性评估之解读. 气候变化研究进展, 10(3): 185-190.

曹楚, 彭加毅, 余锦华. 2006. 全球气候变暖背景下登陆我国台风特征的分析. 南京气象学院学报, 29(4): 455-461.

陈昌海. 2004. 黄海玉筋鱼资源及其可持续利用. 水产学报, 28(5): 603-607.

陈昌海 . 2007. 黄海玉筋鱼繁殖习性的初步研究 . 海洋水产研究 , 28(2): 15-22.

陈大刚 , 焦燕 . 1997. 中日海洋鱼类与分布的比较研究 . 青岛海洋大学学报 (自然科学版), 27(3): 305-312.

陈琦 , 胡求光 . 2018. 中国海洋渔业社—生态系统脆弱性评价及影响因素分析 . 农业现代化研究 , 39(3): 468-477.

陈云龙 . 2014. 黄海鳀鱼种群特征的年际变化及越冬群体的气候变化情景分析 . 中国海洋大学 .

戴天元 . 2005. 台湾海峡及邻近海域渔业资源可持续开发量研究 . 海洋水产研究 , 26(3): 1-8.

杜建国 , Cheung W W L, 陈彬 , 等 . 2012. 气候变化与海洋生物多样性关系研究进展 . 生物多样性 , 20(6): 745-754.

高阳 , 张翼 , 张辉 , 等 . 2023. 黄海南部和东海北部夏季小黄鱼幼鱼的空间分布研究 . 海洋渔业 , 45(1): 86-94.

黄梓荣 , 王跃中 . 2009. 北部湾出现苏门答腊金线鱼及其形态特征 . 台湾海峡 , 28(4): 516-519.

姜彤 , 翟建青 , 罗勇 , 等 . 2022. 气候变化影响适应和脆弱性评估报告进展 : IPCC AR5 到 IPCC AR6 的新认知 . 大气科学学报 , 45(4): 502-511.

李忠炉 . 2011. 黄渤海小黄鱼、大头鳕和黄鮟鱇种群生物学特征的年际变化 . 北京 : 中国科学院研究生院 (海洋研究所) 博士学位论文 .

李忠炉 , 金显仕 , 张波 , 等 . 2012. 黄海大头鳕 (*Gadus macrocephalus*) 种群特征的年际变化 . 海洋与湖沼 , 43(5): 924-931.

李子东 , 王燕平 , 仲霞铭 , 等 . 2023. 江苏海域小黄鱼时空分布及生物学特征研究 . 海洋渔业 , 45(1): 73-85.

凌建忠 , 李圣法 , 严利平 . 2006. 东海区主要渔业资源利用状况的分析 . 海洋渔业 , 28(2): 111-116.

刘红红 , 朱玉贵 . 2019. 气候变化对海洋渔业的影响与对策研究 . 现代农业科技 , (10): 244-247.

刘笑笑 , 王晶 , 徐宾铎 , 等 . 2017. 捕捞压力和气候变化对黄渤海小黄鱼渔获量的影响 . 中国海洋大学学报 (自然科学版), 47(8): 58-64.

牟秀霞 , 张弛 , 张崇良 , 等 . 2018. 黄渤海蓝点马鲛繁殖群体渔业生物学特征研究 . 中国水产科学 , 25(6): 1308-1316.

农业农村部渔业渔政管理局 . 2020. 2020 中国渔业统计年鉴 . 北京 : 中国农业出版社 .

齐庆华 , 蔡榕硕 . 2019. 中国近海海表温度变化的极端特性及其气候特征研究 . 海洋学报 , 41(7): 36-51.

瞿俊跃 , 杨光明媚 , 方舟 , 等 . 2021. 蓝点马鲛渔业生物学研究进展 . 水产科学 , 40(4): 643-650.

单秀娟 , 陈云龙 , 金显仕 . 2017. 气候变化对长江口和黄河口渔业生态系统健康的潜在影响 . 渔业科学进展 , 38(2): 1-7.

苏杭 , 陈新军 , 汪金涛 . 2015. 海表水温变动对东、黄海鲐鱼栖息地分布的影响 . 海洋学报 , 37(6): 88-96.

唐森铭 , 蔡榕硕 , 郭海峡 , 等 . 2017. 中国近海区域浮游植物生态对气候变化的响应 . 应用海洋学学报 , 36(4): 455-465.

王继隆 , 李继龙 , 杨文波 , 等 . 2010. 主要气候因子对东中国海主要经济鱼种生物量的影响研究 . 湖南农业科学 , (9): 142-147.

王朋岭 , 黄磊 , 巢清尘 , 等 . 2020. IPCC SROCC 的主要结论和启示 . 气候变化研究进展 , 16(2): 133-142.

王亚 . 2021. 东海大黄鱼 (*Larimichthys crocea*) 的资源现状与关键栖息地适宜性变化 . 厦门 : 厦门大学硕士学位论文 .

王跃中 , 孙典荣 , 林昭进 , 等 . 2012. 捕捞压力和气候因素对黄渤海带鱼渔获量变化的影响 . 中国水产科学 , 19(6): 1043-1050.

吴赫昌 , 戴爱云 , 冯钟琪 , 等 . 1977. 三疣梭子蟹渔业生物学的初步调查 . 动物学杂志 , (2): 30-33.

肖启华 , 黄硕琳 . 2016. 气候变化对海洋渔业资源的影响 . 水产学报 , 40(7): 1089-1098.

徐鹏 , 柯巧珍 , 苏永全 , 等 . 2022. 大黄鱼种质资源保护与利用现状及建议 . 水产学报 , 46(4): 674-682.

徐兆礼 , 陈佳杰 . 2009. 小黄鱼洄游路线分析 . 中国水产科学 , 16(6): 931-940.

徐兆礼,陈佳杰.2011.东黄海大黄鱼洄游路线的研究.水产学报,35(3):429-437.

徐兆礼,陈佳杰.2015.东、黄渤海带鱼的洄游路线.水产学报,39(6):824-835.

徐兆礼,陈佳杰.2016.再议东黄渤海带鱼种群划分问题.中国水产科学,23(5):1185-1196.

杨刚.2017.山东近海蟹类群落结构及三疣梭子蟹生长参数、资源量研究.上海:上海海洋大学硕士学位论文.

叶海军,唐丹玲,潘刚.2014.强台风鲶鱼对中国南海浮游植物及渔业资源的影响.生态科学.33(4):657-663.

叶懋中,章隼.1965.黄渤海区鳀鱼的分布、洄游和探察方法.水产学报,(2):27-34.

袁兴伟,刘尊雷,程家骅,等.2017.气候变化对冬季东海外海中下层游泳动物群落结构及重要经济种类的影响.生态学报,37(8):2796-2808.

张秋华,程家骅,徐汉祥,等.2007.东海区渔业资源及其可持续利用.上海:复旦大学出版社.

赵宪勇.2006.黄海鳀鱼种群动力学特征及其资源可持续利用.青岛:中国海洋大学博士学位论文.

周旭聪.2016.浅谈"灿鸿"台风对舟山沿海海洋生物的影响.海洋信息,4:40-42,64.

Assis J, Tyberghein L, Bosch S, et al. 2018. Bio-ORACLE v2. 0: extending marine data layers for bioclimatic modelling. Global Ecology & Biogeography, 27(3): 277-284.

Basher Z, Bowden D A, Costello M J, et al. 2014. Global marine environment dataset (GMED). 1. 0 (Rev. 01. 2014).

Bian J P, Fang J, Chen G H, et al. 2018. Circulation features associated with the record-breaking typhoon silence in August 2014. Advances in Atmospheric Sciences, 35(10): 1321-1336.

Cheung W W L, Lam V W Y, Sarmiento J L, et al. 2009. Projecting global marine biodiversity impacts under climate change scenarios. Fish and Fisheries, 10(3): 235-251.

Free C M, Thorson J T, Pinsky M L, et al. 2019. Impacts of historical warming on marine fisheries production. Science, 363(6430): 979-983.

IPCC. 2014. Climate Change 2014: Impacts, Adaptation, and Vulnerability. Cambridge: Cambridge University Press.

IPCC. 2019. Summary for policymakers//Pörtner H O, Roberts D C, Masson-Delmotte V, et al. IPCC Special report on the ocean and cryosphere in a changing climate. https://www. ipcc. ch/srocc/. [2020-02-10].

IPCC. 2022. Climate Change 2022: Impacts, Adaptation, and Vulnerability. Cambridge: Cambridge University Press.

Lin I, Liu W T, Wu C C, et al. 2003. New evidence for enhanced ocean primary production triggered by tropical cyclone. Geophysical Research Letters, 30(13): 1718.

Lobo J M, Jiménez-Valverde A, Real R. 2008. AUC: a misleading measure of the performance of predictive distribution models. Global Ecology and Biogeography, 17(2): 145-151.

Lou F R, Gao T X, Han Z Q. 2019. Effect of salinity fluctuation on the transcriptome of the Japanese mantis shrimp *Oratosquilla oratoria*. International Journal of Biological Macromolecules, 140: 1202-1213.

Morley J J, Heusser L E. 1997. Role of orbital forcing in east Asian monsoon climates during the last 350 kyr: evidence from terrestrial and marine climate proxies from core RC14-99. Paleoceanography, 12(3): 483-493.

Phillips S J, Anderson R P, Schapire R E. 2006. Maximum entropy modeling of species geographic distributions. Ecological Modelling, 190(3-4): 231-259.

Shang S L, Li L, Sun F Q, et al. 2008. Changes of temperature and bio-optical properties in the South China Sea in response to Typhoon Lingling, 2001. Geophysical Research Letters, 35(10): 1-6.

Zhang Z X, Xu S Y, Capinhac C, et al. 2019. Using species distribution model to predict the impact of climate change on the potential distribution of Japanese whiting *Sillago japonica*. Ecological Indicators, 104: 333-340.

第 7 章

近海重要渔场

7.1 引　　言

中国海域辽阔，陆架宽广，海岸线绵长，环境复杂多样，蕴藏着丰富的生物资源。中国管辖的渤海、黄海、东海、南海等海域跨越温带、亚热带、热带 3 个气候带，北起 40°N，南至 3°N，拥有黄海（含渤海）生态系统、东海生态系统、南海生态系统以及黑潮生态系统，海洋生物种类繁多（唐启升和苏纪兰，2001）。中国诸海区的生物产量为 2.67 t/km^2（平均值），总生物生产量为 1261.53 万 t（刘锋，1999），截至 2013 年，已有记录的海洋生物达 20 278 种，隶属 44 门，其中鱼类等主要经济种类达 200 多种。此外，中国诸海区拥有众多天然渔场，其中比较典型的有辽东湾渔场、舟山渔场、闽南渔场和粤西渔场。

辽东湾渔场位于渤海 38°30′N 以北，面积约 21 335 n mile^2，表层水温年平均为 11.1 ～ 12.8℃，表层盐度年平均为 30.1‰ ～ 31.2‰。沿岸流从铁山水道进入渤海，最终进入黄海暖流余脉，地势是从湾顶及两岸向中央倾斜，且湾的东侧较西侧深，最深处位于湾口中央，底质为粉砂。主要捕捞对象是小黄鱼、带鱼、对虾、海蜇、毛虾、三疣梭子蟹、蓝点马鲛、黄姑鱼、真鲷、梅童鱼、青鳞鱼和鳓。主要渔期为 4 ～ 11 月。

舟山渔场南起 29°30′N，北至 31°N，西自长江口和杭州湾沿岸，东至 125°E（赵淑江等，2015），面积约 5.3 万 km^2，其中大部分海域处在机轮拖网禁渔区线以内（俞存根，2011）。渔场水深为 20 ～ 60 m，由西北向东南加深，20 m 等深线呈南北走向，50 ～ 60 m 等深线呈东北 - 西南走向（侯伟芬等，2013）。舟山渔场的底质以粉砂质软泥和黏土质软泥等细颗粒沉积混合物为主。舟山渔场处在长江、钱塘江、甬江等河流的入海交汇区，周围散布着上千个大大小小的岛屿，独特的地理和水环境条件，造就了中国最大的渔场，该渔场曾经是中国渔业资源最丰富、生产力水平最高的渔场之一（俞存根等，2010；赵淇沛和耿相魁，2016），主要的经济种类有大黄鱼、小黄鱼、带鱼、蓝点马鲛、鲐、龙头鱼、银鲳、细点圆趾蟹、三疣梭子蟹、口虾蛄和曼氏无针乌贼等（倪海儿和陆杰华，2003）。

闽南 - 台湾浅滩渔场是福建、台湾两省的主要渔场，也是福建省三大渔场之一。闽南 - 台湾浅滩渔场位于台湾海峡，北起福建省晋江围头，南至台湾浅滩（林亚顺，1988）。该渔场包括福建省南部、广东省东部和台湾地区西南部的海域。闽南 - 台湾浅滩渔场也是中国重要的中上层鱼类渔场之一（林亚顺，1988；曾焕彩，1978）。闽南 - 台湾浅滩渔场渔业资源丰富，鱼类品种繁多，主要有鱼类、头足类、蟹类等。中上层鱼类主要的品种有蓝圆鲹、鲌、颌圆鲹、金色小沙丁鱼、竹荚鱼等；枪乌贼以中国枪乌贼、杜氏枪乌贼为主，莱氏拟乌贼次之（陈方平，2006）。

粤西渔场位于 20°5′N ～ 21°5′N，110°5′E ～ 111°E，处在广东省西部沿海，雷州半岛以东，是南海北部非常重要的渔场，表层水温年平均为 23.8 ～ 26.3℃，表层盐度年平均为 32.0‰ ～ 34.1‰，水深 20 ～ 1050 m，绝大部分为 200 m 以浅的大陆架海域。主要经济鱼类包括带鱼、鲹科鱼类和金线鱼等（陆尧，2020）。

本章以辽东湾渔场、舟山渔场、闽南 - 台湾浅滩渔场和粤西渔场为渔业资源气候变化敏感指示区，分析不同气候情景下重要渔场初级生产力和生态系统的服务功能变化，为阐明渔业资源群落结构和渔业资源量对气候事件的响应特征及脆弱性提供关键数据，以期为中国海洋渔业应对气候变化和防灾减灾提供科学参考。

7.2　数据与方法

7.2.1　数据

渔场环境变量来源于 HadGEM2-ES 气候模式提供的不同气候情景下的预估值，该预估值是 CMIP5 的新一代全球气候模式的模拟结果，主要包括初级生产力、浮游植物、浮游动物、叶绿素、溶解氧和总氮，选取了 RCP2.6、RCP4.5 和 RCP8.5 三种情景。

7.2.2　方法

将 1960 ～ 2100 年的数据用于分析辽东湾渔场、舟山渔场、闽南 - 台湾浅滩渔场和粤西渔场 4 个典型渔场的生态系统结构与功能的变化。采用空间插值方法得到 1960 ～ 2100 年辽东湾渔场、舟山渔场、闽南 - 台湾浅滩渔场和粤西渔场逐年的初级生产力、叶绿素、浮游植物、浮游动物、溶解氧和总氮等海域环境要素数据。为了分析不同时间点的变化趋势，本章计算了 2005 年（取 1996 ～ 2005 年平均值）、2050 年（取 2041 ～ 2050 年平均值）和 2100 年（取 2091 ～ 2100 年平均值）3 个时间点各个环境要素平均值，评估未来不同时期初级生产力要素相对于历史时期（1960 ～ 2005 年）的变化情况。

7.3　结果与分析

7.3.1　初级生产力

根据历史时期（1960 ～ 2005 年）数据和不同气候情景下未来变化预估数据，辽东湾渔场、舟山渔场、闽南 - 台湾浅滩渔场和粤西渔场的初级生产力呈现下降趋势，其中粤西渔场的初级生产力下降最为明显。在 RCP2.6 情景下，2005 ～ 2100 年辽东湾渔场、舟山渔场、闽南 - 台湾浅滩渔场和粤西渔场 4 个渔场的初级生产力均呈现先下降后上升的趋势（图 7.1a）。在 RCP4.5 和 RCP8.5 情景下，4 个渔场的初级生产力呈下降趋势（图 7.1b、c），其中 RCP8.5 情景下降更为明显，2100 年辽东湾渔场、舟山渔场、闽南 -

台湾浅滩渔场、粤西渔场的初级生产力相比现在（1960～2005 年）分别下降 40.64%、47.49%、69.93%、76.85%。该结果反映在 RCP4.5 和 RCP8.5 情景下，未来中国近海主要渔场的生态系统功能将下降，这同单秀娟等（2017）对长江口和黄河口开展的生态系统健康评估结果一致。

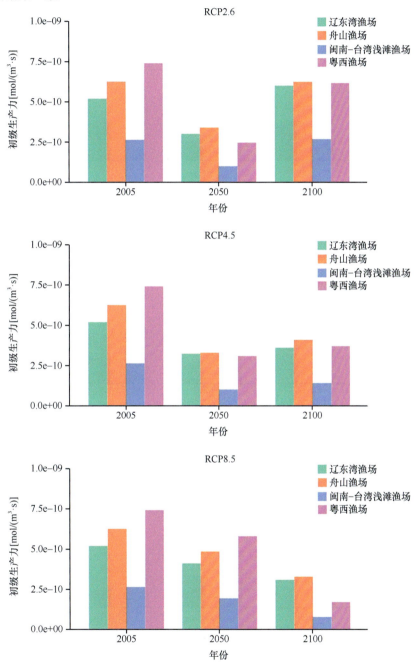

图 7.1 不同气候情景下未来 4 个典型渔场的初级生产力变化

7.3.2 叶绿素

根据历史时期（1960～2005 年）数据和不同气候情景下未来变化预估数据，闽南-

台湾浅滩渔场、粤西渔场和舟山渔场 3 个渔场的叶绿素浓度整体变化不大，辽东湾渔场年际变幅大，波动明显。在 RCP2.6 情景下，辽东湾渔场叶绿素浓度呈现先下降后上升的趋势。在 RCP8.5 情景下，叶绿素浓度年际变幅较大，尤其是粤西渔场（图 7.2）。

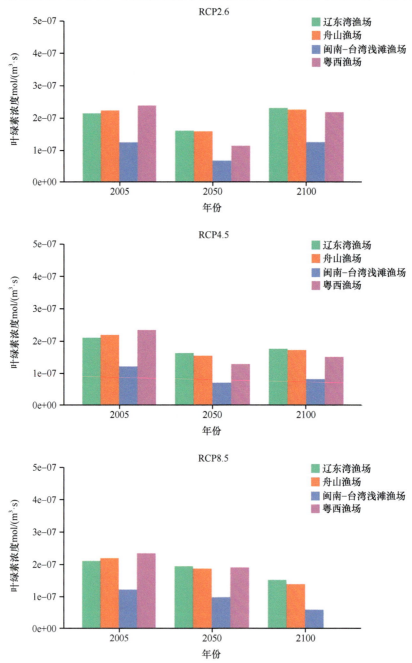

图 7.2　不同气候情景下未来 4 个典型渔场的叶绿素浓度变化

7.3.3　浮游植物

　　根据历史时期（1960 ～ 2005 年）数据和不同气候情景下未来变化预估数据，辽东湾渔场、舟山渔场、闽南 - 台湾浅滩渔场和粤西渔场的浮游植物浓度呈下降趋势，但在

RCP2.6 情景下，4 个渔场的浮游植物浓度呈先下降后上升的趋势，在 2050 年左右达到最低值，然后随年代变化上升。高浓度排放情景下浮游植物浓度年际变化幅度大于中浓度排放情景和低浓度排放情景，4 个渔场中舟山渔场的浮游植物浓度年际降幅最大，其次为粤西渔场（图 7.3）。

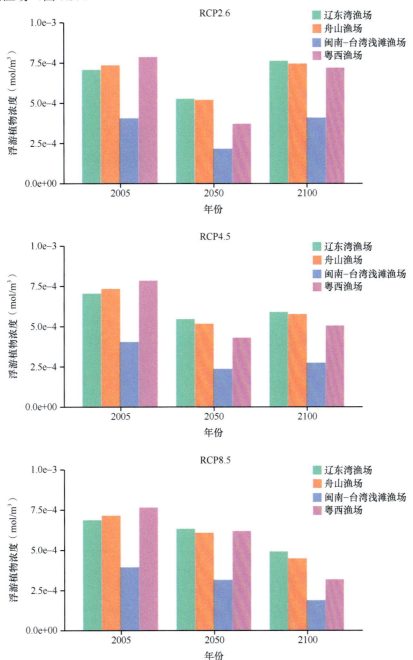

图 7.3　不同气候情景下未来 4 个典型渔场的浮游植物浓度变化

7.3.4　浮游动物

根据历史时期（1960～2005 年）数据和不同气候情景下未来变化预估数据，辽东湾渔场、舟山渔场、闽南 - 台湾浅滩渔场和粤西渔场的浮游动物密度呈下降趋势，闽南 - 台湾浅滩渔场整体浮游动物密度最低。在 RCP2.6 情景下，辽东湾渔场、粤西渔场、闽南 - 台湾浅滩渔场和舟山渔场的浮游动物密度呈先下降后波动上升的趋势，在 2050 年左右达到最低值。4 个渔场浮游动物密度的年际变化较大，尤其是辽东湾渔场（图 7.4）。

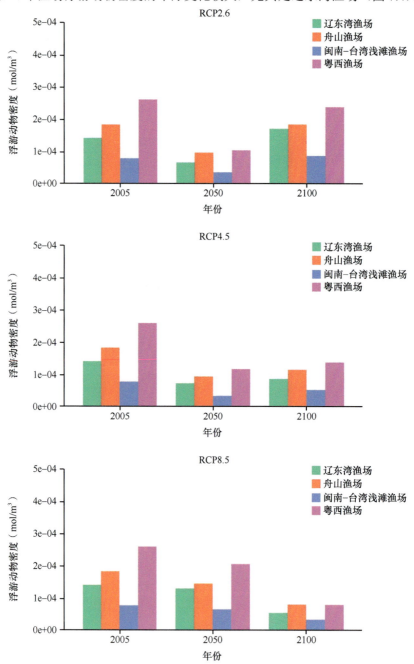

图 7.4　不同气候情景下未来 4 个典型渔场的浮游动物密度变化

7.3.5　溶解氧

根据历史时期（1960～2005 年）数据和不同气候情景下未来变化预估数据，辽东湾渔场、闽南 - 台湾浅滩渔场、粤西渔场和舟山渔场 4 个渔场的溶解氧含量年际变幅不大。在 RCP2.6 情景下，4 个渔场的溶解氧含量从当前到 2050 年缓慢下降，2050 年后波动上升，但升幅不大（图 7.5a）。在 RCP8.5 情景下，4 个渔场的溶解氧含量呈相对平稳下降的趋势，当前和 21 世纪末的溶解氧含量有一定差别（图 7.5c）。

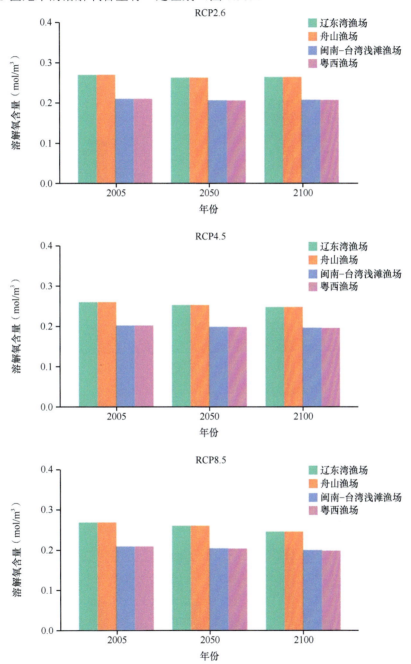

图 7.5 不同气候情景下未来 4 个典型渔场的溶解氧含量变化

7.3.6 总氮

根据历史时期（1960 ～ 2005 年）数据和不同气候情景下未来变化预估数据，4 个渔场的总氮含量整体较低，尤其是辽东湾渔场。在 RCP8.5 情景下，总氮含量波动较大，闽南 - 台湾浅滩渔场和粤西渔场在 2005 ～ 2050 年总氮含量的极大值差异较大，闽南 - 台湾浅滩渔场在 2050 ～ 2100 年总氮含量的极小值差异较大。整体来看，闽南 - 台湾浅滩渔场的总氮含量年际波动最大，舟山渔场的总氮含量年际波动最小（图 7.6）。

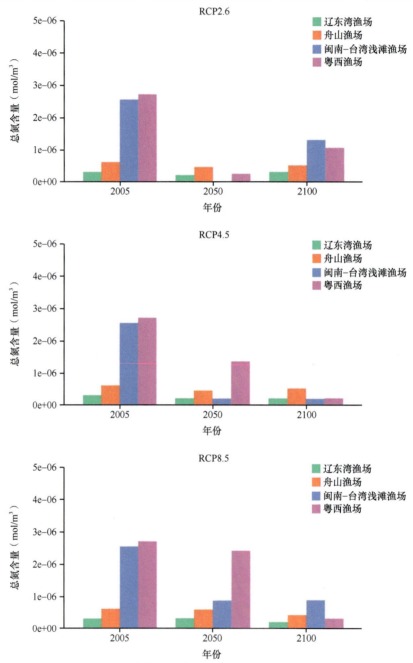

图 7.6 不同气候情景下未来 4 个典型渔场的总氮含量变化

7.3.7 应对策略

鉴于不同气候情景下未来中国近海 4 个重要渔场将可能经历的变化，有必要基于气候风险管理的指导思想，分析重要渔场应对气候变化的策略，以下为本章初步分析提出的两点应对策略。

1）开展重要渔场生物资源与环境定期调查，监测主要经济种和气候敏感种的时空分布变化，评估气候变化对重要渔场功能和结构的影响，适时调整渔业管理措施，保护好重要物种的产卵场。

2）严格控制捕捞力量，引导渔民转产转业，发展深远海养殖，减少近海捕捞力量，促进衰退资源恢复，增强重要渔场生态系统稳定性，延缓气候变化对重要渔场的影响。

7.4　结　　语

在温室气体低浓度排放情景（RCP2.6）下，辽东湾渔场、舟山渔场、闽南 - 台湾浅滩渔场和粤西渔场的生态系统功能和结构较为稳定，在高浓度排放情景下特别是 RCP8.5 情景下，未来 4 个渔场生态系统结构与功能指标发生剧烈变化，长期来看（到 2100 年）呈现下降趋势，生态系统健康度和稳定性明显下降，渔业资源承载力下降，这对于中国近海渔业资源的长期可持续利用十分不利。

参 考 文 献

蔡榕硕，谭红建 . 2024. 中国近海变暖和海洋热浪演变特征及气候成因研究进展 . 大气科学，48(1): 121-146.

陈方平 . 2006. 浅谈闽南 - 台湾浅滩渔场渔业资源可持续利用 . 福建水产，28(2): 12-15.

侯伟芬，俞成根，陈小庆 . 2013. 舟山渔场的水温分布特征分析 . 宁波大学学报 (理工版)，26(3): 31-34.

林亚顺 . 1988. 富饶的闽南渔场 . 海洋与海岸带开发，5(4): 78-79.

刘锋 . 1999. 关于我国海洋生物资源的可持续利用 . 国土与自然资源研究，(1): 9-11.

陆尧 . 2020. 粤西海域主要经济鱼类产卵场时空分布的环境效应研究 . 上海：上海海洋大学硕士学位论文 .

倪海儿，陆杰华 . 2003. 舟山渔场主要渔业资源利用现状 . 应用生态学报，14(4): 569-572.

单秀娟，陈云龙，金显仕 . 2017. 气候变化对长江口和黄河口渔业生态系统健康的潜在影响 . 渔业科学进展，38(2): 1-7.

唐启升，苏纪兰 . 2001. 海洋生态系统动力学研究与海洋生物资源可持续利用 . 地球科学进展，16(1): 5-11.

俞存根 . 2011. 舟山渔场渔业生态学 . 北京：科学出版社 : 6-7.

俞存根，陈全震，陈小庆，等 . 2010. 舟山渔场及邻近海域鱼类种类组成和数量分布 . 海洋与湖沼，41(3): 410-417.

曾焕彩 . 1978. 渔场海洋学在闽南渔场的实践 . 海洋科学，2(4): 34-39.

赵淇沛，耿相魁 . 2016. 舟山渔场"一打三整治"行动的问题与对策 . 农村经济与科技，27(11): 157-160.

赵淑江，夏灵敏，李汝伟，等 . 2015. 舟山渔场的过去、现在与未来 . 海洋开发与管理，32(2): 44-48.

第8章

滨海城市生态系统

8.1 引　　言

滨海城市生态系统位于海洋和陆地的过渡地带，是指在城市范围内的人工环境中形成的生态系统，具有复杂性和特殊性。滨海城市生态系统是自然与人类相互作用最频繁的生态系统之一，主要包括城市绿地、水体等自然要素，还包括人类活动等社会经济要素。在滨海城市生态系统中，人类活动是最为主要的一个因素，对于人类活动，本章重点关注滨海城市生态系统中的人口和 GDP 等要素。一方面，滨海城市生态系统不仅有缓解陆地紧缺的压力，还要承担防御海洋灾害的责任，避免损失的发生，对维护内陆安全起重要作用。另一方面，滨海城市生态系统的资源非常丰富、生物量多，而且可利用价值颇高，其生态系统服务价值对于一个地区的经济建设起支撑作用。过去的研究表明，滨海城市生态系统中分解者的分解能力相对较弱，生态阈值较低，系统的整体功能和稳定性较差，自身抵御气候变化影响的能力较弱。近年来，由于沿海地区城市化进程不断加快，地表属性发生永久性改变，生态环境破坏、退化和污染等一系列问题愈加严重，使当地的生态系统受到较为严重的负面影响，甚至出现生态系统服务功能的丧失等现象，对于气候变化，尤其是极端气候事件的发生更为敏感。

极端气候危害性是指极端气候事件对社会、经济和生态系统造成的潜在损害程度，包括对人类健康、农业、水资源、生态系统和基础设施等方面的不利影响。极端气候事件是指相对于绝大多数较平常事件而言的异常事件，气候变量值高于（或低于）该变量观测值区间的上限（或下限）附近某一阈值的事件，发生概率一般小于10%（秦大河，2015）。常见的极端气候事件包括暴风雨、干旱、洪水、暴雪、热浪等，它们可能会导致生命和财产损失，破坏基础设施，影响农业产量，以及加剧环境破坏。滨海城市生态系统的暴露度指滨海城市生态系统（包括自然、社会、经济等要素）受到极端事件影响的程度或容易受到这些影响的程度。滨海城市生态系统的暴露度取决于其与极端事件之间的联系，包括地理位置、社会和经济结构、资源管理、基础设施建设等因素。高暴露度的系统更容易受到极端事件的影响，而低暴露度的系统受到极端事件的影响则相对较少。脆弱性指一个系统对极端事件抵御、适应或恢复的能力。脆弱性取决于系统的社会、经济和生态特征，包括资源可获得性、机构能力、技术水平、社会资本、政府治理等。脆弱性较高的系统更容易受到气候极端事件的影响，并且可能更难以适应或恢复。风险指由极端事件导致的潜在损害的可能性，它是危险（害）性（极端事件的频率和严重程度）和暴露度以及脆弱性的综合结果。风险分析可以帮助评估不同系统面临的风险程度，并制定相应的应对策略和政策以减少潜在的损失。

很长一段时间以来，气候变化对滨海城市生态系统中自然子系统造成的影响主要体现在气候变化对生物多样性造成的影响上，具体包括对生态系统多样性和物种多样性的影响，而生态系统的稳定性与可持续性又受到生态系统多样性和物种多样性的影响。气候变化主要通过温度与降水的变化来影响生态系统的物种多样性，气候变化还会通过影响食物链以及生物栖息地，进而间接影响许多物种的生存与发展。沿海地区是"海-陆"交互作用的敏感地带，受地形、大气环流、季风气候、水汽交换等的影响，滨海城市的复合型自然灾害发生频繁。一般地，多种致灾因子常伴随出现，形成具有多致灾因子的灾害链。例如，受台风影响，沿海地区极易形成强降水，进而引发城市洪水、内涝等灾害。

随着温室气体浓度持续增加，全球变暖、极地冰川和冻土融化导致全球海平面上升以及强台风的增加，沿海地区的缓发性和突发性自然灾害如海岸侵蚀、海水入侵和台风风暴潮等严重影响沿海地区的经济社会活动。此外，海平面上升叠加地面沉降，会导致沿海地区的滨海湿地、红树林、珊瑚礁等典型生态系统受到破坏，其抵御自然灾害的能力也相应减弱，沿海地区包括滨海城市防灾减灾能力也受到影响。气候变化对滨海城市生态系统社会和经济子系统造成的影响主要包括对人口健康造成的影响、对能源消费造成的影响以及对交通运输造成的影响（谭灵芝和王国友，2012）。例如，在交通运输方面，强降水、热带风暴会导致道路被冲毁，造成交通拥堵甚至中断，交通运输车辆零部件会因为高温天气更容易受损，而且路面以及铁路轨道会因为持续的高温天气而膨胀变形。

因此，为促进滨海城市生态系统适应气候变化发展，应对未来可能发生的极端气候挑战，本章拟通过分析中国滨海城市生态系统的城市化过程以及气候变化，尤其是极端气候事件危害性的变化特征，进而评估滨海城市生态系统的气候暴露度、脆弱性以及风险，分析减少滨海城市生态系统气候风险和脆弱性的重要措施，提出积极有效的措施，以期为主动增强气候变化适应能力、减轻气候变化的不利影响以及促进滨海城市系统的可持续性发展提供科学参考。

8.2　数据与方法

所使用的数据包括气象数据、人口与经济发展数据、夜间灯光数据、土地利用数据和 NDVI 数据等。方法主要包括基于夜间灯光强度的滨海城市扩张趋势分析、社会经济暴露度指标的建立、城市生态系统对极端气候的暴露度分析、基于残差分析方法分离气候变化和人类活动对沿海陆域生态系统的相对贡献等方法。

8.2.1　数据

1. 极端气候指数

极端气候事件的时空分布特征是基于地面气象站点的日观测数据进行计算的，仅反映地面气象站点及其周边局地尺度的特征，而且不同极端气候指数之间存在一定的相关性和信息冗余，因此，需要选取少量具有代表性的极端气候指数，并将其从离散的地面气象站点信息扩展为连续分布的空间信息。

（1）极端气候指数的选取

从指数的类别、定义和代表性的角度出发，考虑各个指数之间的联系与区别，筛选出 10 个指数用于分析极端气候事件对滨海城市人口和经济的影响特征，具体包括从 16 个极端气温指数中选取冰冻日数（ID0）、热夜日数（TR20）、日最高气温的极高值（TXx）、日最低气温的极低值（TNn）、暖持续日数（WSDI）和气温日较差（DTR）共 6 个指数，以及从 11 个极端降水指数中选取单日最大降水量（RX1day）、年均雨日降水强度（SDIID）、持续干燥日数（CDD）和暴雨日数（R25）共 4 个指数。

（2）极端气候指数的处理

针对所筛选出的 10 个极端气候指数，将多年平均值和年际倾向率 2 个特征参数进行空间插值，以便于分析极端气候事件的空间格局特征及其与人口和经济要素空间分布的耦合特征。具体过程如下：首先计算 156 个地面气象站点 1961～2019 年 10 个极端气候指数的多年平均值和年际倾向率；然后通过反距离权重空间插值法将 10 个极端气候指数的多年平均值和年际倾向率进行空间扩展，获得 1 km 分辨率的连续分布空间数据。

2. 人口与经济发展数据

从中国公里网格人口分布数据集（付晶莹等，2014）和中国公里网格 GDP 分布数据集（黄耀欢等，2014）提取出中国沿海地区的数据，用于分析极端气候指数空间分布与人口、GDP 空间分布的耦合特征，反映极端气候对人口和经济发展长期的、总体的影响特征。

（1）公里网格人口分布数据

中国公里网格人口分布数据集（付晶莹等，2014）是利用土地利用/覆盖遥感分类数据和《中国统计年鉴》人口统计资料，基于对人口分布与土地利用/覆盖类型之间相互关系的科学认知，运用统计学方法建立县域统计单元人口数量与土地利用/覆盖类型分布面积之间的函数，进而运用 GIS 空间分析技术将所得的函数扩展至 1 km 分辨率的网格空间，从而建立的人口密度模型数据。本章提取出中国沿海地区 2010 年的公里网格人口分布数据。

（2）公里网格 GDP 分布数据

中国公里网格 GDP 分布数据集（黄耀欢等，2014）是利用土地利用/覆盖遥感分类数据和《中国统计年鉴》经济发展统计资料，基于对不同产业 GDP 总量与土地利用/覆盖类型之间相互关系的科学认知，运用统计学方法建立县域统计单元不同产业 GDP 总量与土地利用/覆盖类型分布面积之间的函数，进而运用 GIS 空间分析技术将所得的函数扩展至 1 km 分辨率的网格空间，再将不同产业 GDP 密度数据汇总求和，从而建立的 1 km 分辨率的 GDP 密度模型数据。本章提取出中国沿海地区 2010 年的公里网格 GDP 分布数据。

3. 夜间灯光数据

夜间灯光数据主要来源于美国国家环境信息中心（http://ngdc.noaa.gov/eog/），遵循研究时序长且数据时效性强的原则，选取 1992 ～ 2013 年的美国国防气象卫星计划 / 线性扫描系统（DMSP/OLS）年平均数据和 2012 ～ 2020 年的净第一性生产力卫星 / 可见光红外成像辐射仪（NPP/VIIRS）无云合成月数据。

DMSP/OLS 和 NPP/VIIRS 两种数据不同年份间传感器参数、空间分辨率和光谱响应方式等具有显著差异，不能直接用来对比分析，需要进行数据整合。① DMSP 年度数据校正：剔除光、云层、短暂火光和背景噪声等干扰，将其转化为 Asia_Lambert_Conformal_Conic 投影坐标系，空间分辨率设定为 1000 m，并对数据进行三步校正，分别为相互校正、年内融合和年际校正。② VIIRS 年度数据预处理：根据 VIIRS 月度数据合成年度灯光数据集，过滤生物质燃烧、极光和背景噪声等无关特征，设定相同投影坐标系与空间分辨率，选取全国单元格像元辐射阈值为 472.86W/m^2，并去除像元值为负值的单元格。③ VIIRS 生成拟合 DMSP：提取两套数据重合的年份 2012 年、2013 年进行敏感度分析，选取最优拟合参数，将 VIIRS 2020 数据计算成拟合 DMSP 2020 数据。

4. 土地利用数据

全国资源环境科学数据平台（http://www.resdc.cn/），是基于美国陆地卫星 Landsat TM 影像，通过人工目视解译生成。中国土地利用现状遥感监测数据库是目前中国精度最高的土地利用遥感监测数据产品，在国家土地资源调查和水文、生态研究中发挥重要作用。土地利用类型包括耕地、林地、草地、水域、居民地和未利用土地 6 个一级类型以及 25 个二级类型。

5. NDVI 数据

本章采用了植被指数 NDVI，该指数可以准确反映地表植被覆盖状况。目前，基于 SPOT/VEGETATION 以及 MODIS 等卫星遥感得到的长时间序列 NDVI 数据已经在不同区域植被动态变化监测、土地利用 / 覆被变化检测、宏观植被覆盖分类和净初级生产力估算等研究中得到了广泛的应用。

中国年尺度 1 km 植被指数（NDVI）空间分布数据集是在下载的 SPOT/VEGETATION PROBA-V 100 M PRODUCTS（http://www.vito-eodata.be）旬 100 m 植被指数数据的基础上，通过计算每月上、中、下 3 旬的最大值而生成。该数据集有效反映了全国各地区在空间和月时间尺度上精细的植被覆盖分布和变化状况，对植被变化状况监测、植被资源合理利用和其他生态环境相关领域的研究有十分重要的参考意义。年尺度数据为每年 1 ～ 12 个月每个月的 NDVI 最大值，数据空间覆盖范围为全国，数据覆盖时间为 2000 ～ 2020 年。下载的数据为 ARC GIS GRID 格式，空间分辨率为 1 km。月 100m NDVI 数据是由每 5 天（每月 1 日、6 日、11 日、16 日、21 日、26 日）的数据，每个像元取月最大值拼接而成。最后，通过 ArcGIS 软件掩膜提取得到沿海地区 NDVI 数据的时间序列。

8.2.2　方法

鉴于城市夜间灯光数据是城市化进程的一个重要指标，通过分析滨海城市夜间灯光数据的变化，可以获取滨海城市的扩张速度和规模，从而获得城市化进程的相关信息。随着滨海城市的发展和扩张，新增的居住区、商业设施和公共基础设施等都会增加夜间照明的需求，从而导致城市夜间灯光数据的增加。通过分析滨海城市极端气候指标的变化，评估极端气候变化对滨海城市的危害性。在此基础上，将滨海城市生态系统极端气候指标进行等分分级，统计划分得到滨海城市生态系统暴露度指标。之后，基于残差分析方法分离气候变化和人类活动对沿海陆域生态系统影响的相对贡献，区分气候变化和人类活动对沿海陆域生态系统影响的相对大小，识别导致滨海城市生态系统脆弱性增加的主要驱动因素，同时了解气候变化和人类活动对沿海陆域生态系统的具体影响，进而评估气候变化和人类活动对滨海城市生态系统的风险。

（1）基于夜间灯光强度的滨海城市扩张趋势分析

采用最小二乘法拟合 1992～2020 年的夜间灯光数据变化趋势，量化长时期内呈现出来的持续增加或者减少的倾向率，即

$$Y(t) = at + b \qquad (8.1)$$

式中，Y 为夜间灯光数据；t 为时间；a 为年际倾向率；b 为夜间灯光数据初始值。

（2）城市生态系统对极端气候的暴露度

采用人均 GDP 作为城市生态系统暴露度指标，公式为

$$K = GDP / POP \qquad (8.2)$$

式中，K 为社会经济暴露度；GDP 为栅格尺度单位面积国内生产总值（万元）；POP 为相对应的格点单位面积人口总数（万人 /km²）。

为量化城市生态系统对极端事件的暴露，首先将城市生态系统极端气候指标进行等分分级，分成 5 级，按"低—较低—中—较高—高"的顺序排列；然后统计各级别内社会经济暴露度指标 K 的面积比例和平均值；最后通过折线图表现城市生态系统对极端气候的暴露度。

（3）基于残差分析方法分离气候变化和人类活动对沿海陆域生态系统影响的相对贡献

Evans 和 Geerken（2004）与 Geerken 和 Ilaiwi（2004）将残差分析发展了起来。使用残差分析是为了分析气候变化和人为原因对植被动态变化的贡献率。这种方法在旱地被广泛采用，规模从阿尔卑斯山草原（Li et al.，2011）、南非（Wessels et al.，2007）、中国（Jin et al.，2020）到全球（de Jong et al.，2011）。

残差分析背后的基本假设是，如果除气候影响因素之外还有重要的人类影响因素，在从 NDVI 数据集（Herrmann et al.，2005）中删除气候因素后，它将显示在无法解释的变化中。植被对温度、降水量和日照时间的反应是非线性的，其影响会随着各种当地条件而改变。在以前的研究中，很少考虑光照时间对植被变化的影响。选择非线性模型需要观察多种数据类型和详细的统计分析，并且结果很难解释。此外，多线性回归模型适用于更多研究（Liu et al.，2018；Ge et al.，2021；Shi et al.，2012）。

考虑到本章所用模型的目的是揭示一种经验规律，采用最大生长季 NDVI、累积生长季降水（Prec，mm）、平均生长季温度（Tem，℃）和累积生长季日照时数（Slt，h）来预测气候驱动 NDVI（$NDVI_{cc}$），见式（8.3）。然后，通过观测 NDVI（$NDVI_{obs}$）和

NDVI$_{CC}$ 之间的差异来表示人类活动对 NDVI 的影响（NDVI$_{HA}$），见式（8.4）：

$$NDVI_{CC}=a\times Prec+b\times Tem+\times Slt \tag{8.3}$$

$$NDVI_{HA} = NDVI_{obs}-NDVI_{CC} \tag{8.4}$$

式中，a、b 为拟合参数。NDVI$_{obs}$ 来源于遥感数据。本章采用几种情景来区分气候因素和人类活动对植被动态变化的贡献率（Sun et al.，2015），见表 8.1。

表 8.1　不同情境下气候因素和人类活动对植被动态变化的贡献率

变化分类	驱动因子	驱动因子变化分类		贡献率（%）	
		CC	HA	CC	HA
> 0	CC & HA	> 0	> 0	CC/ 整体变化	HA/ 整体变化
	CC	> 0	< 0	100	0
	HA	< 0	> 0	0	100
< 0	CC & HA	< 0	< 0	CC/ 整体变化	HA/ 整体变化
	CC	< 0	> 0	100	0
	HA	> 0	< 0	0	100

注：CC- 气候变化；HA- 人类活动。

8.3　结果与分析

8.3.1　沿海地区城市化过程

图 8.1 为 2000 ～ 2018 年中国沿海地区夜间灯光强度均值，分布范围为 0 ～ 63。在

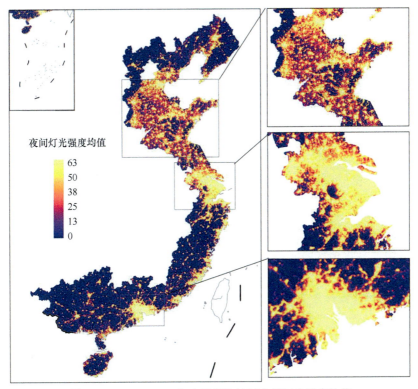

图 8.1　2000 ～ 2018 年中国沿海地区夜间灯光强度均值

注：香港、澳门、台湾资料暂缺

中国沿海地区的夜间，最亮的空间格局分布于环渤海地区、长江三角洲和珠江三角洲，这些地区作为中国经济最发达的地区之一，拥有大量的工业企业、商业设施和高密度的居住区，这些因素共同促成了夜间灯光的明亮，也说明这些地区经济活动的密集程度远超其他地区。此外，夜间灯光数据的分布情况进一步证实了中国区域发展的不平衡性，东部沿海地区的发展水平远高于中西部地区。

从 2000 ~ 2018 年中国沿海地区夜间灯光强度变化趋势（图 8.2）来看，夜间灯光强度增加最快的区域是长江三角洲、上海 - 苏州 - 无锡 - 常州 - 镇江 - 南京一带，珠江三角洲次之，华北平原地区表现出的较高夜间灯光强度的主要是零散分布的村落，即华北平原表现出零散的夜间灯光增强的过程。另外，辽宁省沈阳市夜间灯光增加强度也较高。

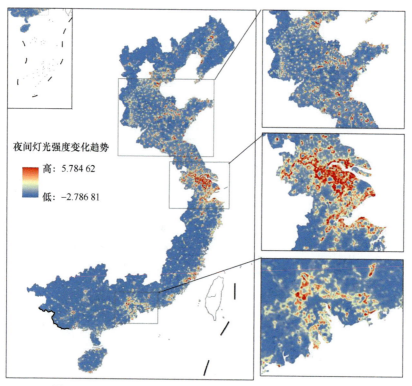

图 8.2　2000 ~ 2018 年中国沿海地区夜间灯光强度变化趋势

注：香港、澳门、台湾资料暂缺

从土地利用变化过程来看，2000 ~ 2018 年中国沿海地区城市扩张速度很快，占用的土地类型主要是耕地（图 8.3），占比为 27%。城市化对于植被的影响表现为地表植被被移除，替代为不透水面，因此城市的扩张占用了自然植被用地和农田，导致区域 NDVI 减小。通过计算欧几里得距离，发现距离城市较远的区域，NDVI 减小的速度呈指数降低（图 8.4）。

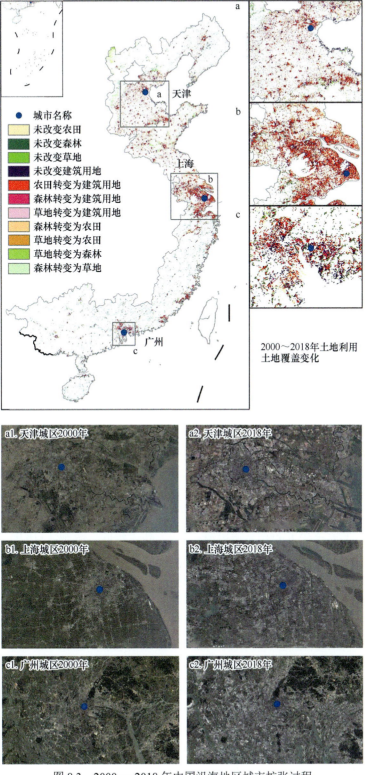

图 8.3 2000 ～ 2018 年中国沿海地区城市扩张过程

注：香港、澳门、台湾资料暂缺

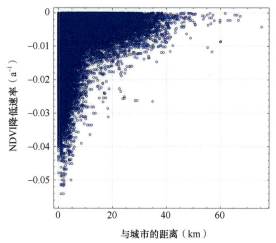

图 8.4　中国沿海地区城市化对于植被的影响

距离城市较远的区域，NDVI 减小的速度呈指数降低

8.3.2　极端气候危害性分析

（1）极端气温的空间格局和变化趋势

图 8.5 为中国滨海城市极端气候的空间格局和变化趋势。由图 8.5a1 可见，滨海城市日最高气温的极高值（TXx）整体呈现东北低，华北地区和华南地区高的空间格局。按"低—较低—中—较高—高"的顺序排列，5 个等级中"高"和"较高"级别（36.08 ～ 39.59℃）主要分布在华北平原，"低"和"较低"级别（25.606 ～ 34.601℃）主要分布在东北的辽宁省沈阳市周围。从变化趋势来看，日最高气温的极高值上升最快的区域分布在长江三角洲和珠江三角洲，上升较慢的区域分布在华北平原，见图 8.5a2。

由图 8.5b1 可见，滨海城市日最高气温的极低值（TXn）整体呈现南高北低的空间格局。按"低—较低—中—较高—高"的顺序排列，5 个等级中"高"和"较高"级别（2.872 ～ 19.27℃）主要分布在东南沿海，"低"和"较低"级别（–18.953 ～ –2.395℃）主要分布在东北的辽宁省沈阳市周围。从变化趋势来看，日最高气温的极低值上升较快的区域广泛分布在华北地区，珠江三角洲则相反，表现出日最高气温的极低值下降的趋势，见图 8.5b2。

由图 8.5c1 可见，滨海城市日最低气温的极高值（TNx）整体呈现南高北低的空间格局。按"低—较低—中—较高—高"的顺序排列，5 个等级中"高"和"较高"级别（25.43 ～ 29.44℃）主要分布在整个沿海地区，"中"级别（23.737 ～ 25.43℃）主要分布在东北的辽宁省沈阳市周围，"低"和"较低"级别占比极小。从变化趋势来看，日最低气温的极高值下降的区域主要分布在华北地区和东北滨海城市，见图 8.5c2。

由图 8.5d1 可见，滨海城市日最低气温的极低值（TNn）整体呈现南高北低的空间格局。按"低—较低—中—较高—高"的顺序排列，5 个等级中"高"和"较高"级别（–7.256 ～ 11.77℃）主要分布在南部沿海城市，"低"和"较低"级别（–31.176 ～ –12.64℃）主要分布在华北地区和东北地区的辽宁省沈阳市周围。从变化趋势来看，日最低气温的极低值上升较快的区域零散分布，上升较慢的区域分布在华北平原、山东南部和江苏省，但是河北地区表现出上升的趋势，见图 8.5d2。

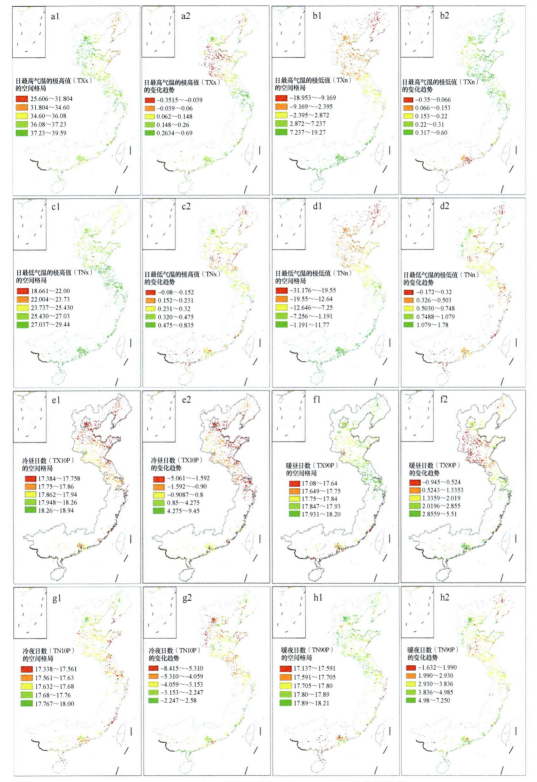

图 8.5　中国滨海城市极端气候的空间格局和变化趋势

注：香港、澳门、台湾资料暂缺

（2）冷（暖）昼（夜）日数的空间格局和变化趋势

图 8.5e～h 为中国滨海城市冷昼（夜）和暖昼（夜）日数的空间格局和变化趋势。由图 8.5e1 可见，滨海城市冷昼日数（TX10P）整体呈现南高北低的空间格局。按"低—较低—中—较高—高"的顺序排列，5 个等级中"高"和"较高"级别（17.948～18.94 d）分布零散且占比极小，"低"和"较低"级别（17.384～17.86 d）主要分布在北部沿海，特别是东北部滨海城市。从变化趋势来看，北部沿海地区冷昼日数整体表现出下降的趋势，而珠江三角洲城市群表现出略微上升的趋势，见图 8.5e2。

由图 8.5f1 可见，滨海城市暖昼日数（TX90P）整体呈现南高北低的空间格局。按"低—较低—中—较高—高"的顺序排列，5 个等级中"高"和"较高"级别（17.847～18.20 d）主要分布在山东省南部和江苏省，"低"和"较低"级别（17.08～17.75 d）主要分布在珠江三角洲城市群。从变化趋势来看，滨海城市暖昼日数在华北地区表现出集中下降的趋势，而珠江三角洲和长江三角洲城市群则表现出上升的趋势（图 8.5f2），因此两大城市群应防范热暴露的加剧和风险。

由图 8.5g1 可见，滨海城市冷夜日数（TN10P）整体呈现较低的空间格局。按"低—较低—中—较高—高"的顺序排列，5 个等级中"高"和"较高"级别（17.68～18.00 d）主要分布在江苏省和珠江三角洲，"低"和"较低"级别（17.338～17.63 d）主要分布在华北地区。从变化趋势来看，滨海城市冷夜日数（TN10P）下降的趋势较为明显，主要分布在山东半岛东北部和江苏省，广西南部和山东西部有上升的趋势，见图 8.5g2。

由图 8.5h1 可见，滨海城市暖夜日数（TN90P）整体呈现北高南低的空间格局。按"低—较低—中—较高—高"的顺序排列，5 个等级中"高"和"较高"级别（17.80～18.21 d）广泛分布在华北平原，"低"和"较低"级别（17.137～17.705 d）主要分布在长江三角洲。从变化趋势来看，华北平原的冷昼日数（TN10P）有上升的趋势，山东西部有下降的趋势。

8.3.3 暴露度评估

图 8.6 为中国滨海城市生态系统暴露度的变化特征。由图 8.6a 可见，中国滨海城市在日最高气温的极高值（TXx）下的暴露度格局中，空间分布面积占比最大的是"较高"等级，为 51%；人均 GDP 占比最大的是"高"等级，为 48.5%。人类身体开始"报警"的温度是 36℃，对应"较高"级别与"高"级别，这 2 个级别空间分布面积占比合计超过 85%，对应的人均 GDP 占比超过 80%，这表明中国滨海城市特别是大城市在极端高温下的暴露度总体上非常高。

由图 8.6b 可见，中国滨海城市在日最高气温的极低值（TXn）下的暴露度格局中，空间分布面积占比最大的是"中"等级，为 48.6%；人均 GDP 占比最大的是"较高"等级，为 48%。这说明中国滨海城市在日最高气温的极低值下的暴露度较高。

由图 8.6c 可见，中国滨海城市在日最低气温的极高值（TNx）下的暴露度格局中，空间分布面积占比最大的是"高"等级，为 52.01%；人均 GDP 占比最大的也是"高"等级，为 46.3%，这说明中国滨海城市在日最低气温的极高值下的暴露度很高。

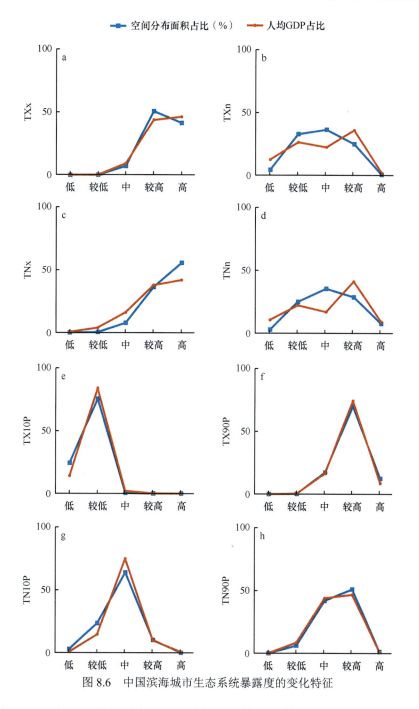

图 8.6　中国滨海城市生态系统暴露度的变化特征

由图 8.6d 可见，中国滨海城市在日最低气温的极低值（TNn）下的暴露度格局中，空间分布面积占比最大的是"较高"等级，为 40%；人均 GDP 占比最高的是"中"等级，为 47.9%，这说明中国滨海城市在日最低气温的极低值下的暴露度较高。

由图 8.6e 可见，中国滨海城市在冷昼日数（TX10P）下的暴露度格局中，空间分布面积占比最大的是"较低"等级，为 80.3%；人均 GDP 占比最大的也是"较低"等级，为 89.6%，这说明中国滨海城市在冷昼日数下的暴露度较低。

由图 8.6f 可见，中国滨海城市在暖昼日数（TX90P）下的暴露度格局中，空间分布面积占比最大的是"较高"等级，为 75.3%；人均 GDP 占比最大的也是"较高"等级，为 78.6%，这说明中国滨海城市在暖昼日数下的暴露度较高。

由图 8.6g 可见，中国滨海城市在冷夜日数（TN10P）下的暴露度格局中，空间分布面积占比最大的是"中"等级，为 76.8%；人均 GDP 占比最大的也是"中"等级，为 74.1%，这说明中国滨海城市在冷夜日数下的暴露度中等。

由图 8.6h 可见，中国滨海城市在暖夜日数（TN90P）下的暴露度格局中，空间分布面积占比最大的是"较高"等级，为 49%；人均 GDP 占比最大的也是"较高"等级，为 50%，这说明中国滨海城市在暖夜日数下的暴露度较高。

8.3.4 脆弱性评估

滨海地区是中国经济高度发达、人口高度聚集的沿海高密度城市群的典型代表，承受着巨大的环境资源约束和不确定性风险。在台风、暴雨、洪水等极端灾害的突发性扰动和气候变化、环境污染、资源约束、生态退化等持续性压力下，滨海地区高密度城市群的脆弱性是滨海城市生态系统可持续发展的核心议题之一。

滨海城市生态系统整体呈现中度脆弱性，南、北方空间差异较大。北方地区有广泛的滨海城市生态系统，脆弱性较大的区域主要分布在山东半岛以及河北的北部，但整体上呈现中度脆弱性，主要分布在山东中部以及东北东部地区；南方地区滨海城市生态系统脆弱性较高的地区主要分布在长江三角洲沿海。

图 8.7 为中国滨海城市生态系统脆弱性的分布特征。由图 8.7a ～ c 可见，在 RCP2.6 情景下，2030 年、2050 年中国滨海城市生态系统的脆弱性较低，2100 年华北平原南部、长江三角洲滨海城市生态系统脆弱性增强，其中上海、江苏和浙江尤为显著，脆弱性升级为高度脆弱到极度脆弱。由图 8.7d、e 可见，在 RCP4.5 情景下，2030 年中国滨海城市生态系统的脆弱性整体处于较低水平，但 2030 年脆弱性明显高于 RCP2.6 情景，2050 年与 RCP2.6 情景比较相近，2050 年中国滨海城市生态系统脆弱性显著增强，华北平原南部的脆弱性上升为中度脆弱到高度脆弱，其余区域仍然为轻度脆弱到中度脆弱。在 RCP8.5 情景下，2030 年除华北平原的脆弱性为中度外，其余均为中度以下水平；2050 年脆弱性明显上升，其中华北平原南部脆弱性等级为最高。

综上所述，在不同气候情景下，未来气候变暖将进一步加剧，中国滨海城市生态系统脆弱性也将上升，总体呈现 RCP8.5 ＞ RCP4.5 ＞ RCP2.6 的特征。到 2050 年及以后，滨海城市生态系统脆弱性等级达到很高水平（RCP8.5），脆弱性等级较高的地区集中在渤海湾沿岸地区。

8.3.5 综合风险评估

（1）植被动态变化的时空格局和异质性

图 8.8 为 2000 ～ 2019 年中国滨海城市生态系统植被动态变化的时空异质性。可见，近 20 年来，中国沿海 NDVI 在生长季节具有显著的空间异质性，一般表现为南部较高，北部较低（图 8.8A1、B1）。具体来说，西北山区、环渤海地区、长江三角洲和珠江三角洲的 NDVI 较低，南部、东南部和东北部地区的 NDVI 偏高。整个地区的平均 NDVI 为 0.75，超过 65.74% 的 NDVI。

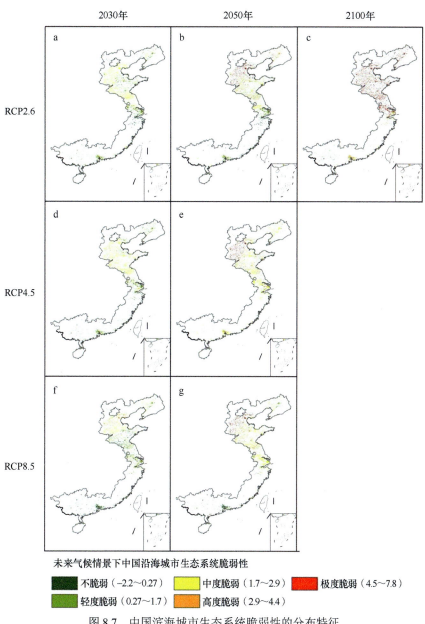

图 8.7 中国滨海城市生态系统脆弱性的分布特征

注：香港、澳门、台湾资料暂缺

（2）植被动态变化驱动因素分析

图 8.9 为 2000～2019 年中国沿海地区植被动态变化的驱动力空间分布。可见，气候变化和人类活动的综合效应是过去 20 年中国沿海地区 NDVI 季节增加动态的主要驱动力。图 8.9 显示，沿海地区约有 70.47% 的 NDVI 增加主要归因于综合效应，其中只有 2.14% 的绿化趋势地区是由气候变化造成的，这些区域分散在华北平原的中部。此外，图 8.9 还显示，仅人类活动引起的绿化的面积就占 9.93%，主要分布在黄淮地区和华南西南部。

此外，气候变化和人类活动综合效应导致以长江三角洲为中心的 11.80% 左右地区的

NDVI减小，仅气候变化造成的NDVI降低的面积和人类活动面积分别占1.97%和3.68%，且格局相对分散。

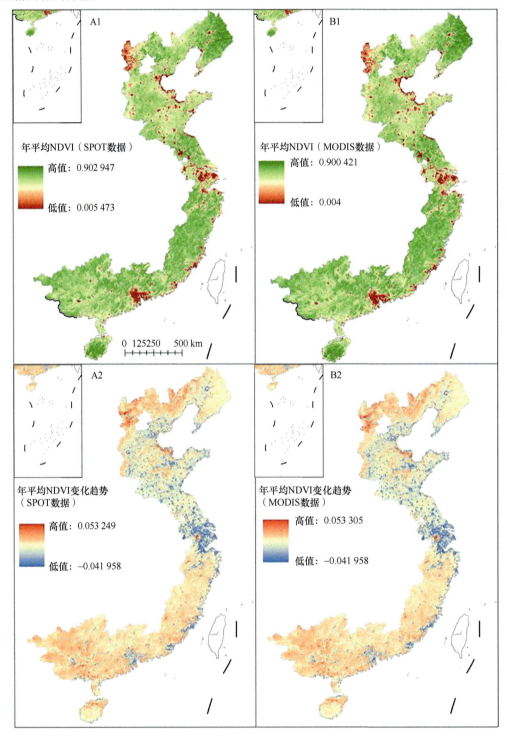

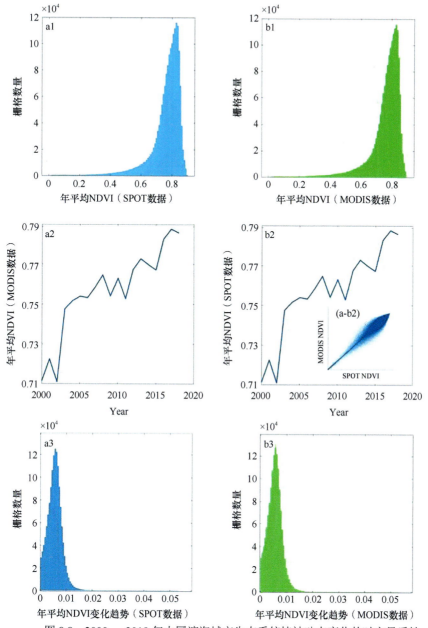

图 8.8　2000 ～ 2019 年中国滨海城市生态系统植被动态变化的时空异质性

A1. 2000 ～ 2019 年年度 SPOT- 植被 NDVI；B1. 2000 ～ 2019 年年度 MODIS NDVI；A2. SPOT- 植被 NDVI 的年度趋势；B2. MODIS NDVI 的年度趋势；a1. 图 A1 的频率分布直方图；b1. 图 B1 的频率分布直方图；a2. 2000 ～ 2019 年中国沿海 SPOT-NDVI 的年度变化；b2. 2000 ～ 2019 年中国沿海 MODIS NDVI 的年度变化；a3. 图 A2 的频率分布直方图；b3. 图 B2 的频率分布直方图

注：香港、澳门、台湾资料暂缺

（3）气候变化和人类活动对植被动态变化的贡献率

图 8.10 为 2000 ～ 2019 年中国沿海地区植被动态变化驱动因素的贡献率。可见，气候变化对 NDVI 有积极影响的地区约占 72.62%，其中贡献率为 0 ～ 60% 的地区最大，占全区的近 64.11%，贡献率超过 80% 的地区仅占 3.45%，主要分布在华北平原。相反，气候变化对 NDVI 有负面影响的贡献率约为 13.78%，主要发生在长江三角洲地区。

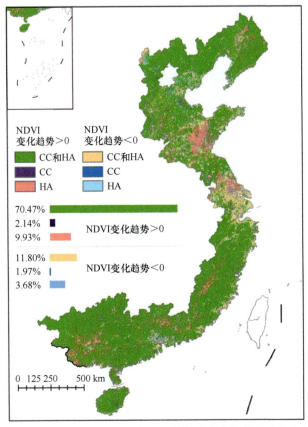

图8.9　2000～2019年中国沿海地区植被动态变化的驱动力空间分布

CC. 气候变化；HA. 人类活动

注：香港、澳门、台湾资料暂缺

（4）气候变化对植被变化动态的影响

气候变化是中国沿海大部分地区植被恢复的原因。中国沿海地区尤其是华北地区总体上气候变暖是无可争辩的。气候变暖迅速改变陆地植被（Xu et al.，2020；IPCC，2017b），不仅延长了植被的生长季节（Piao et al.，2006），还加速了土壤有机物的分解，释放出更多的营养元素（Luo et al.，2017；Jia et al.，2019），这有利于生态系统的保护。

气候变化还可能导致土地退化，这主要表现在大都市地区，尤其是长江三角洲地区。极端降水的增加和极端高温抑制了植被的生长。Xu 等（2020）的报告指出，夜间气温上升幅度大于白天。据推测，这可能增强植物在夜间的呼吸，而减少干物质的积累（Gao et al.，2007）。更重要的是，一些研究表明，在大都市地区，极端气候和人类消极活动的综合影响放大了两者对植被的影响。城市化带来的热岛效应以及雨岛效应可能导致城市内涝，威胁城市绿地。

（5）社会经济驱动因素

由于统计数据不完整，人为原因不容易量化。许多研究没有提到人类的具体活动是什么，也没有量化景观尺度上的这种影响（Ge et al.，2021）。因此，本章明确量化了几个人类诱导的驱动因素，以适应中国沿海地区的植被动态变化。对于 NDVI 减小的地区，

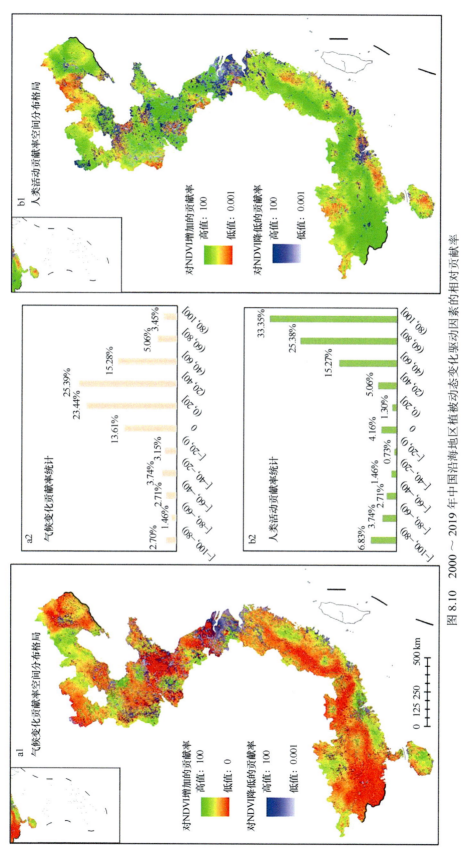

图 8.10　2000～2019 年中国沿海地区植被动态变化驱动因素的相对贡献率

注：香港、澳门、台湾资料暂缺

驱动力主要是气候变化和人类活动的综合效应，其中人类活动的影响更大。人类活动的负面影响可能主要取决于城市扩张或土地复垦。

对于城市扩张，许多研究支持以下假设，即随着中国沿海地区经济的快速发展，人口快速增长刺激了对城市土地日益增长的需求，占用了周围的优质农田、草原或森林，清除了自然植被，取而代之的是不透水的水面，最终减小了 NDVI（Wu et al.，2013）。对于土地复垦，天然植被如草原或林地往往在潮湿和温暖的沿海地区更有生产力，如果转化为耕地，生产力可能会降低。

关于植被绿化方面，在土地利用和土地覆盖的基础上，将研究区域划分为南北两部分。在中国北方沿海，特别是以农作物主产区华北平原为主的地区土地利用类型是耕地，而在华南沿海，主要是林地。在北部沿海地区，健全的农业实践可以进一步促进绿化，尤其是华北平原。在中国南方沿海，应该加强执行森林养护政策。全球范围的研究表明，全球绿化趋势的模式与全球农业用地分布非常一致。中国通过提高农业效率，在全球陆地植被绿化方面发挥了主导作用。这种现象在印度也被发现，印度是一个主要的粮食生产国（Chen et al.，2003；Gao et al.，2007）。此外，自 2000 年以来，中国实施退耕还林政策，大力推进植树造林，使东南沿海成为造林的主要区域。

因此，根据统计年鉴的数据，分析了沿海地区农作物产量、施肥量和农机总动力的空间和时间格局。在北方地区，特别是在华北平原，农作物产量在 2000 年以来有所提高，但施肥量有所下降，特别是在山东省中部。与此同时，除天津、长江三角洲和珠江三角洲外，农机（如排水和收获机械、植物保护机械等）总动力继续增加。水利灌溉设施的建设，使国家水利枢纽的改变严重依赖灌溉，减少了对降水的依赖。该结果表明，农业管理实践的改进有利于提高农作物产量和植被绿化率。据了解，华北平原北部是造林总面积最大的地区，该地区围绕京津冀地区，是"京津冀沙尘暴源区控制"和"粮食绿色"项目（Feng et al.，2020；Zhu et al.，2012）。中国东南部的造林面积呈增加趋势。此外，2015 年的"退化森林恢复工程"也主要在中国沿海的东南部地区进行。

此外，填海造地可以提升沿海地区的社会效益和经济效益，但也对沿海生态系统构成了威胁。在过去 70 年中，在中国东海岸，超过 68% 的海岸向海洋扩张，超过 22% 的海岸收缩（Hou et al.，2016），净变化导致陆地面积增加近 14 200 km²，平均增长率为 202.82 km²/a。其中，山东、江苏和浙江三省沿海陆地面积出现显著净增长（Hou et al.，2016）。沿海类型、土地要求和政策决定土地利用类型，进而影响沿海生态系统的结构和功能（Gao et al.，2007）。具体来说，一方面，农业复垦可以提高生态系统生产力，提高 NDVI；另一方面，由于填海区地下水位高、盐度高，地表土壤容易盐碱化，地表植物因缺水而退化。此外，潮汐滩的填海工程往往会积聚重金属和其他难以降解的污染物，从而破坏陆地生态系统，减少湿地生境的面积和降低质量，使红树林生态系统退化，并导致 NDVI 减小（Zhu et al.，2012）。

（6）残差分析方法的有效性——将气候变化和人类活动对 NDVI 的贡献率分离

为了验证残差分析能否有效区分气候变化和人类活动对 NDVI 的影响，利用夜间灯光数据来表示人类活动强度，分析了 NDVI 与夜间灯光数据的部分相关性（Shi et al.，2012；Chen et al.，2003），不包括降水和温度的影响，结果如图 8.11 所示。

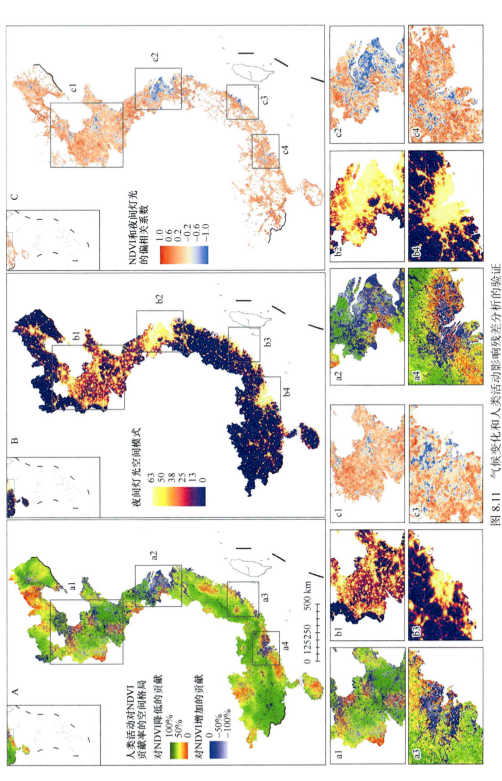

图 8.11　气候变化和人类活动影响残差分析的验证

A. 通过残差分析分离出人类活动对 NDVI 影响的空间格局；B. 2000～2018 年年平均夜间灯光空间模式；C. 排除降水和温度的影响后，NDVI 与夜间灯光之间的偏相关系数

a_1、b_1、c_1 为环渤海地区；a_2、b_2、c_2 为长江三角洲地区；a_3、b_3、c_3 为福建沿海地区；a_4、b_4、c_4 为珠江三角洲地区

注：香港、澳门、台湾资料暂缺

利用夜间灯光数据对人类活动对环渤海、长江三角洲和珠江三角洲 NDVI 的影响进行残差分析，发现这些地区的夜间灯光强度反映了人类活动的频繁程度。通过对夜间灯光与 NDVI 之间的部分相关性的进一步分析，发现两者之间有很强的负相关性。这两种方法获得的类似结果证明了残差分析的可靠性。

综上，通过残差分析发现，华北平原和山东半岛地区的人类活动对 NDVI 具有促进作用，通过局部的相关性分析也可以验证这一结果，其原因可能与农业生产方式的进步有关（Xu et al.，2020）。

8.4　结　语

中国沿海地区 2000 年来经历了快速的城市化进程。滨海城市扩张主要占用了农田生态系统，占扩张占地类型的 27%，主要分布在华北平原，导致了 NDVI 的减小。随着远离建筑用地，NDVI 减小的速度呈指数下降。极端气候指数也体现了沿海地区变暖的趋势，因此导致长江三角洲、珠江三角洲滨海城市群以及华北平原零散村落在极端高温下的暴露度总体上非常高。另外，滨海城市生态系统的暴露度也有较大的上升。2000～2019 年中国沿海地区生长季 NDVI 增加显著。气候变化和人类活动对中国 NDVI 变化的影响存在很大的空间差异，但均以正面影响为主。中国沿海地区近 20 年来气候变化和人类活动对生长季 NDVI 变化的贡献率分别为 0～60% 和 60%～100%。

参 考 文 献

白丽明，白金生，王庆国．2012．辽宁省沿海城市自然灾害脆弱性评价．环境科学与管理，37(7): 170-174.

陈飞，诸大建．2009a. 低碳城市研究的理论方法与上海实证分析．城市发展研究，16(10): 71-79.

陈飞，诸大建．2009b. 低碳城市研究的内涵、模型与目标策略确定．城市规划学刊，(4): 7-13.

陈倬，余廉．2009. 城市安全发展的脆弱性研究：基于地下空间综合利用的视角．华中科技大学学报 (社会科学版)，23(l): 109-112.

程林，修春亮，张哲．2011. 城市的脆弱性及其规避措施．城市问题，(4): 45-47.

戴亦欣．2009. 低碳城市发展的概念沿革与测度初探．现代城市研究，24(11): 7-12.

范学忠，袁琳，戴晓燕，等．2010. 海岸带综合管理及其研究进展．生态学报，30(10): 2757-2765.

付晶莹，江东，黄耀欢．2014. 中国公里网格人口分布数据集．地理学报，69: 41-44.

顾朝林，谭纵波，刘宛，等．2009. 气候变化、碳排放与低碳城市规划研究进展城市规划学刊，3: 38-45.

何萍，李宏波，马如彪．2004. 云南楚雄市的发展对气候及气象灾害的影响．广西科学院学报，20(2): 113-115, 118.

黄金川，方创琳．2003. 城市化与生态环境交互耦合机制与规律性分析地理研究，22(2): 211-220.

黄耀欢，江东，付晶莹．2014. 中国公里网格 GDP 分布数据集．地理学报，69: 45-48.

霍飞，陈海山．2010. 人为热源对城市热岛效应影响的数值模拟试验．气象与减灾研究，33(3): 49-55.

李超．2010. 滨海城市可持续性旅游规划理论研究．天津：天津大学博士学位论文．

刘大海，陈小英，徐伟，等．2014. 1985 年以来黄河三角洲孤东海岸演变与生态损益分析．生态学报，34(1): 115-121.

刘洪滨，刘振．2015. 我国海洋保护区现状、存在问题和对策．海洋信息，(1): 36-41.

刘耀彬，李仁东，宋学锋．2005. 中国区域城市化与生态环境耦合的关联分析．地理学报，60(2): 237-247.

刘志林，戴亦欣，董长贵，等．2009. 低碳城市理念与国际经验．节能减排，16(6): 1-7, 12.

潘海啸, 汤锡, 吴锦瑜, 等. 2008. 中国 "低碳城市" 的空间规划策略. 城市规划学刊, (6): 57-64.

彭少麟, 叶有华. 2007. 城市热岛效应对城市规划的影响. 中山大学学报 (自然科学版), 46(5): 59-63.

秦大河. 2015. 中国极端天气气候事件和灾害风险管理与适应国家评估报告. 北京 : 科学出版社.

仇保兴. 2009. 我国城市发展模式转型趋势 : 低碳生态城市. 城市发展研究, 16(8): 1-6.

任春艳, 吴殿廷, 董锁成. 2006. 西北地区城市化对城市气候环境的影响. 地理研究, 25(2): 233-241.

宋艳玲, 董文杰, 张尚印, 等. 2003. 北京市城、郊气候要素对比研究. 干旱气象, 21(3): 63-68.

谭灵芝, 王国友. 2012. 气候变化对社会经济影响的风险评估研究评述. 西部论坛, 22(1): 74-80.

王传胜, 朱珊珊, 党丽娟. 2014. 辽宁海岸带重点生态空间分类研究. 资源科学, 36(8): 1739-1747.

吴建国, 吕佳佳, 艾丽. 2009. 气候变化对生物多样性的影响 : 脆弱性和适应生态环境学报, 18(2): 693-703.

徐发煌. 2001. 自然生态系统和城市生态系统的比较. 玉溪师范学院学报, 17(S1): 379-380.

徐金芳, 邓振镛, 陈敏. 2009. 中国高温热浪危害特征的研究综述. 干旱气象, 27(2): 163-167.

於琍, 曹明奎, 李克让. 2005. 全球气候变化背景下生态系统的脆弱性评价. 地理科学进展, 24(1): 61-69.

俞雅乖, 高建慧. 2011. 试论城市脆弱性与气候变化适应性城市建设. 商业时代, (14): 16-18.

张明顺, 王义臣. 2015. 城市地区气候变化脆弱性与对策研究进展. 环境与可持续发展, 40(1): 28-32.

张泉, 叶兴平, 陈国伟. 2010. 低碳城市规划 : 一个新的视野. 城市规划, 34(2): 13-18, 41.

赵磊, 杨逢乐, 王俊松, 等. 2008. 合流制排水系统降雨径流污染物的特性及来源. 环境科学学报, 28(8): 1561-1570.

郑艳. 2012. 适应型城市 : 将适应气候变化与气候风险管理纳入城市规划城市发展研究, 19(1): 47-51.

中国科学院可持续发展战略研究组. 2009. 2009 中国可持续发展报告探索中国特色的低碳道路. 北京 : 科学出版社.

钟成索. 2009. "雨岛效应" 和 "混浊岛效应" 环境保护与循环经济, 29(7): 67-69.

朱宁, 侯黎明, 刘心竹. 2012. 我国生态阈值理论研究进展. 现代农业科技, (8): 360-361, 363.

Adger W N, Vincent K. 2005. Uncertainty in adaptive capacity. Comptes Rendus Geoscience, 337(4): 399-410.

Barbier E B, Hacker S D, Kennedy C, et al. 2011. The value of estuarine and coastal ecosystem services. Ecological Monographs, 81(2): 169-193.

Chen L X, Zhu W Q, Zhou X J, et al. 2003. Characteristics of the heat island effect in Shanghai and its possible mechanism. Advances in Atmospheric Sciences, 20(6): 991-1001.

de Jong R, de Bruin S, de Wit A, et al. 2011. Analysis of monotonic greening and browning trends from global NDVI time-series. Remote Sensing of Environment, 115(2): 692-702.

European Environment Agency. 2009. Ensuring quality of life in Europe's cities and towns: tackling the environmental challenges driven by European and global change Eea Report. Denmark: European Environment Agency.

Evans J, Geerken R. 2004. Discrimination between climate and human-induced dryland degradation. Journal of Arid Environments, 57(4): 535-554.

Feng Q, Zhao W W, Hu X P, et al. 2020. Trading-off ecosystem services for better ecological restoration: a case study in the Loess Plateau of China. Journal of Cleaner Production, 257: 120469.

Füssel H M. 2007. Vulnerability: a generally applicable conceptual framework for climate change research. Global Environmental Change, 17(2): 155-167.

Gabriel K M A, Endlicher W R. 2011. Urban and rural mortality rates during heat waves in Berlin and Brandenburg, Germany. Environmental Pollution, 159(8-9): 2044-2050.

Gao Q, Yu M, Liu Y, et al. 2007. Modeling interplay between regional net ecosystem carbon balance and soil erosion for a crop-pasture region. Journal of Geophysical Research: Biogeosciences, 112(G4): G04005.

Ge W Y, Deng L Q, Wang F, et al. 2021. Quantifying the contributions of human activities and climate change to vegetation net primary productivity dynamics in China from 2001 to 2016. Science of the Total Environment, 773: 145648.

Geerken R, Ilaiwi M. 2004. Assessment of rangeland degradation and development of a strategy for rehabilitation. Remote Sensing of Environment, 90(4): 490-504.

Herrmann S M, Anyamba A, Tucker C J. 2005. Recent trends in vegetation dynamics in the African Sahel and their relationship to climate. Global Environmental Change, 15(4): 394-404.

Hou X, Rivers J, León P, et al. 2016. Synthesis and function of apocarotenoid signals in plants. Trends in Plant Science, 21: 792-803.

IPCC. 2007a. Climate Change 2007: Impacts, Adaptation and Vulnerability, Contribution of Working Group II to the Fourth Assessment Report of the Intergovernmental Panel on Climate Change. Cambridge, New York: Cambridge University Press.

IPCC. 2007b. Synthesis Report. http://www. ipcc. ch/pdf/assessment-rcpoct/ar4-syT-spm. pdf. [2007-11].

Jia K, Yang L Q, Liang S L, et al. 2019. Long-term global land surface satellite (GLASS) fractional vegetation cover product derived from MODIS and AVHRR Data. IEEE Journal of Selected Topics in Applied Earth Observations and Remote Sensing, 12(2): 508-518.

Jin K, Wang F, Han J, et al. 2020. Contribution of climatic change and human activities to vegetation NDVI change over China during 1982-2015. Acta Geographica Sinica, 75(5): 961-974.

Li A, Wu J G, Huang J H. 2012. Distinguishing between human-induced and climate-driven vegetation changes: a critical application of RESTREND in inner Mongolia. Landscape Ecology, 27(7): 969-982.

Li H, Liu G, Fu B. 2011. Response of vegetation to climate change and human activity based on NDVI in the Three-River Headwaters region. Acta Ecologica Sinica, 31(19): 5495-5504.

Liu Z J, Liu Y S, Li Y R. 2018. Anthropogenic contributions dominate trends of vegetation cover change over the farming-pastoral ecotone of northern China. Ecological Indicators, 95: 370-378.

Luo Y Q, Jiang L F, Niu S L, et al. 2017. Nonlinear responses of land ecosystems to variation in precipitation. New Phytologist, 214(1): 5-7.

Masozera M, Bailey M, Kerchner C. 2007. Distribution of impacts of natural disasters across income groups: a case study of new orleans. Ecological Economics, 63(2-3): 299-306.

Nie L, Lindholm O, Syversen G L E, et al. 2009. Impacts of climate change on urban drainage systems: a case study in Frederiksted, Norway. Urban Water Journal, 6(4): 323-332.

Piao S L, Fang J Y, Zhou L M, et al. 2006. Variations in satellite-derived phenology in China's temperate vegetation. Global Change Biology, 12(4): 672-685.

Reilly J. 1996. Climate change, global aquaculture and regional verbal FAO Report.

Sanchez-Rodriguez R. 2009. Learning to adapt to climate change in urban areas. A review of recent contributions. Current Opinion in Environmental Sustainability, 1(2): 201-206.

Shi Y, Wang R S, Huang J L, et al. 2012. An analysis of the spatial and temporal changes in Chinese terrestrial ecosystem service functions. Chinese Science Bulletin, 57(17): 2120-2131.

Steinführer A. 2009. Social Vulnerability and the 2002 Flood Country Report Germany (Mulde River). Helmholtz: Umweltforschungszentrum (UFZ).

Sun Y L, Wang Z F, Du W, et al. 2015. Long-term real-time measurements of aerosol particle composition in Beijing, China: seasonal variations, meteorological effects, and source analysis. Atmospheric Chemistry and Physics, 15(17): 10149-10165.

Tate E, Cutter S L, Berry M. 2010. Integrated multihazard mapping. Environment and Planning B: Planning and Design, 37(4): 646-663.

Törnqvist T E, Meffert D J. 2008. Sustaining coastal urban ecosystems. Nature Geoscience, 1(12): 805-807.

Wardekker J A, de Jong A, Knoop J M, et al. 2010. Operationalising a resilience approach to adapting an urban delta to uncertain climate changes. Technological Forecasting and Social Change, 77(6): 987-998.

Weng Q H, Yang S H. 2004. Managing the adverse thermal effects of urban development in a densely populated Chinese city. Journal of Environmental Management, 70(2): 145-156.

Wessels K J, van den Bergh F, Scholes R J. 2012. Limits to detectability of land degradation by trend analysis of vegetation index data. Remote Sensing of Environment, 125: 10-22.

Wu J. 2013. Landscape sustainability science: ecosystem services and human well-being in changing landscapes. Landscape Ecology, 28(6): 999-1023.

Xu X, Jiang H L, Wang L F, et al. 2020. Major consequences of land-use changes for ecosystems in the future in the agro-pastoral transitional zone of northern China. Applied Sciences, 10(19): 6714.

Yang H, Xu Y, Zhang L, et al. 2010. Projected change in heat waves over China using the PRECIS climatic model. Climatic Research, 42(1): 79-88.

Zhu W Q, Tian H Q, Xu X F, et al. 2012. Extension of the growing season due to delayed autumn over mid and high latitudes in north america during 1982-2006. Global Ecology and Biogeography, 21(2): 260-271.

第 9 章

农田生态系统

9.1 引　言

　　农田生态系统是陆地生态系统的一个十分重要的组成部分，受到人类活动的直接影响，而且受到了气候变化的制约。沿海地区农田生态系统具有独特的地理环境和生态特征，其受气候变化影响的方式与内陆地区有所不同。沿海地区通常具有温和的气候、丰富的水资源和多样化的生态系统。然而，这些地区也面临着海平面上升、风暴潮、盐碱化等挑战，这些因素可能影响农田生态系统的结构和功能。例如，海平面上升加剧低洼地的盐碱化，影响土壤质量和作物生长。同时，沿海地区常受到强台风、风暴潮等极端天气气候事件的影响，这容易导致农田生态系统受损并影响农作物产量。因此，本章将重点研究气候变暖背景下中国沿海地区农田生态系统的结构、功能、暴露度、脆弱性及综合风险变化特征，以深入了解该地区农业生产安全面临的挑战，并提供科学参考和可持续发展策略。Sala 和 Paruelo（1997）的研究表明，气候要素对农田生态系统具有重要影响。同时，Žalud 等（2009）发现，气候变化对土壤肥力、侵蚀和水质等方面也有显著影响。Briner 等（2013）将生态模型与经济模型相结合，发现气候变化对山地区域生态系统服务的影响甚至超过了土地利用变化。总体来看，气候变化对农业生态系统的影响是负面的，它会加剧非有益服务，如农田土壤侵蚀量和土壤氮淋失量的增加（Nearing et al.，2004；Bindi and Olesen，2011）。

　　气候变化对农业生态系统脆弱性影响的研究始于 20 世纪 80 年代末。主要通过定性分析，确定了哪些地区和群众易受未来气候变化导致的饥荒的影响（Grotch，1991）。1988 年 11 月 IPCC 成立，开始了全球气候变化影响评估工作，农业对气候变化的脆弱性受到国际广泛关注，可以说是第一阶段农业脆弱性研究。该阶段主要通过作物模型和气候模型相结合的方法，分析作物产量、生长期等对温度、降水、辐射等因素变化的脆弱性，研究区域也从全球或半球转移到一个国家。IPCC 于 2001 年发布的第三次评估报告（TAR）就已提出，未来气候变化脆弱性研究需要综合考虑暴露程度、敏感性和适应能力等方面的信息，且必须定量提供更具体的气候变化潜在影响以及地方、国家和社会经济团体的脆弱性程度。因此，国际研究机构及各国学者开展了综合气候、环境、社会经济等方面的因素，并将适应能力作为脆弱性的内生因素的第二阶段农业脆弱性研究

（Guenther et al.，2002；Fiori and Zalba，2003；Wehbe et al.，2005）。

当前，研究表明气候变化对中国农田作物产量的影响存在区域差异。在北方地区，气候变暖会缓解低温对冬小麦生长的胁迫作用，有利于冬小麦产量的增加；但在南方地区，气候变暖会导致作物充填期缩短，影响干物质积累，造成产量下降。对于降水变化对作物产量的影响，尽管降水量在冬小麦生育期内有所下降，但春季降水量没有明显下降，因此降水量下降对冬小麦产量影响不大。总体而言，冬小麦的潜在产量是温度、降水和日照时数等因子综合作用的结果（张耀耀等，2015）。在中国东北部、西北部和西南部的区域，凉爽和湿润的年份小麦产量更高，而对于东南部的区域，干旱的年份小麦产量更高（Zhang et al.，2016）。气候变化对中国玉米生产的影响存在明显的区域差异，温度升高会导致作物生长季的延长，有利于高纬度和高海拔地区玉米产量的增加，但对其他区域而言，气候变化的影响以减产为主。近 30 年来，中国春玉米气候生产潜力倾向率为 $-8\ 871\ 689\ kg/(hm^2 \cdot 5a)$，东北地区西部、黄淮海地区北部及黄土高原部分地区的气候生产潜力呈减小趋势，黄淮海平原南部及南方大部分地区呈增加趋势；中国夏玉米气候生产潜力倾向率为 $-5\ 891\ 768\ kg/(hm^2 \cdot 5a)$，除黄淮海平原北部的气候生产潜力呈减小趋势外，其他地区呈增加趋势（张耀耀等，2015；钟新科等，2012）。在中国北部以及西南部区域，湿润和凉爽的气候更有利于玉米产量的提高（Zhang et al.，2016）。气候变化对水稻产量的影响存在显著的地区差异，东北、西北地区的水稻产量受温度升高的影响最大，而西南地区受到的影响最小。在东北地区，尽管水稻生育期内的降水量有所下降，但由于降水对水稻生产潜力的影响较小，因此产量仍然呈增加趋势（张耀耀等，2015；王媛等，2005）。对于中国西南部区域，凉爽和湿润的气候更有利于水稻产量的增加，而对于中国东南和东北部区域，炎热和干燥的气候更有利于水稻产量的增加（Zhang et al.，2016）。气候变化对大豆产量的影响存在区域差异，在温度较高的地区，气候变暖会造成大豆减产，相反，气温升高有利于中高纬度和高海拔地区大豆产量的增加（张耀耀等，2015；郝兴宇等，2010）。在中国北部以及西南部区域，湿润和凉爽的气候更有利于大豆产量的提高（Zhang et al.，2016）。

但是，已有的脆弱性研究存在各种问题。例如，时间和空间的尺度不统一，系统之间的动态连接考虑不足，气候变率和应对极端气候事件的研究困难等，对相关内容需加强研究。再就是脆弱性评估指标体系的构建。指标体系法首先通过直接咨询和田间调查方法收集资料，选择影响农业脆弱性的各种指标，如作物产量、人均收入、营养水平、作物管理措施、收入来源和缓解措施等，然后利用数学分析、统计分析、模型模拟等方法确定脆弱性评估指标，并对各指标给予一定权重，对脆弱性进行评级。Sid 等（2018）通过建立降水、温度、植物、生长期脆弱性指标评估体系，进行指标标准化、统一尺度、加权、基于 GIS 制作脆弱性评估图（VAM）来研究气候变化和经济变化双重暴露下印度农业的脆弱性。国内最早是由林而达等（1994）通过对全国降水量和蒸发量的统计分析，划分了中国农业对气候变化的敏感区，通过五个适应能力指标包括灌溉面积和耕地面积的比率（I/C）、农业牧业用地和已利用土地的比率（A/L）、产量和复种指数（I，Y）、受灾系数（D/S）、农民收入（FI），对中国农业的气候变化脆弱性进行了分析，并制作了农业对气候变化的脆弱性分布影响图。针对农业对气候变化的脆弱性定量评估过程中仍存在的不确定性问题，蔡运龙（1996）定性地分析了全球气候变暖对农业的影响及农业系统的脆弱性，并提出了相应的适应对策和建议。刘文泉等（2001）根据定义和实地考察、收集文献、问卷调查等确定了黄土高原地区农业对气候变化脆弱性的评估指标体系及其权重分配结果，利用层次分析法系统分析了黄土高原地区农业生产的气候脆弱性，提出了农业对气候变化脆弱性的具体计算方法，为进行农业对气候变化的脆弱性研究提供了基于敏感性、适应性和脆弱性的具体计算方法。另外，学者们利用气候模型，结合作物模型数据，根据产量的变化率和技术，研究了未来水稻、小麦、玉米的气候变化敏感性和脆弱性。

本章拟通过对气候变暖背景下中国沿海地区农田生态系统的结构和功能、暴露度、脆弱性及综合风险变化特征进行深入研究，进而探明整个陆地生态系统的相关情况与综合信息，为保障国家农业生产安全提供重要的科学参考。

9.2　数据与方法

农田生态系统脆弱性是指农业系统因气候相关刺激因素的作用而受到的影响。首先，农田生态系统生产力是表征农田生态系统结构与功能的一个重要指标，农田生态系统脆弱性的相关评估也基于生产力进行。同时，将农田生态系统极端气候指标进行等分分级，统计划分得到农田生态系统暴露度指标。之后，为了避免多指标体系带来的不确定性问题，选择净第一性生产力（NPP）作为生态系统功能指标来评估生态系统的脆弱性特征，该指标能够直接体现生态系统的抵抗力、恢复力。在此基础上，对农田生态系统综合风险等级进行划分分类，并提出针对性的风险管理建议。

9.2.1　数据

所用数据与 8.2.1 小节相同，此处不再赘述。

9.2.2　方法

农田生态系统脆弱性是指农业系统在受到气候等相关刺激因素的作用时，自身抵御该影响或弊端的能力。农田生态系统的暴露度是指农田生态系统生产力受到极端事件影响的程度或容易受到这些影响的程度。风险是指由极端气候事件导致的农田生态系统生产力潜在损害的可能性，它是危险性（极端事件的频率和严重程度）和暴露度以及脆弱性之间的综合结果。

（1）基于 EPIC 模型的农田生态系统生产力模拟

环境政策综合气候模型（environmental policy-integrated climate，EPIC）是一个作物系统性模型，在 20 世纪 80 年代由美国得克萨斯农工大学黑土地研究中心和美国农业部草地、土壤和水分研究所共同研究开发而成，最初用来定量评估土壤侵蚀对生产力的影响（Williams，1990）。该模型自首次发表以来，经过广泛验证和多次完善，目前主要包括作物生长、水文、土壤温度、土壤侵蚀、氮循环、耕作、管理措施等几个模块，并广泛应用在粮食估产（Liu et al.，2007；Qiao et al.，2017，2018a）、土壤侵蚀模拟（Putman et al.，1988）、碳 - 氮循环（Thomson et al.，2006）、气候变化影响（Qiao et al.，2017；

Rosenzweig et al.，2014）等多个领域。

　　EPIC 是一个站点模型，主要在农田、农场或者小流域尺度上开展研究，在模拟过程中假定气候、土壤、农业管理措施等输入变量在空间上是均一的。将 ArcGIS 和 EPIC 模型结合起来，则可以实现作物模型的区域模拟，反映不同区域气候和农业管理措施的变化对作物产量、土壤侵蚀、氮淋失等的异质性影响。在 Qiao 等（2017）的研究中，EPIC 模型主要用来对粮食生产潜力、土壤有机碳循环、氮淋失、土壤风蚀和土壤水蚀等五种农业生态系统功能进行模拟。

　　在 EPIC 模型中，作物产量可以通过地上生物量和收获指数计算，计算公式如下：

$$YLD = HIA \times B_{AG} \tag{9.1}$$

式中，YLD（kg/hm^2）为从田间收获的作物产量；HIA 为水分胁迫下的收获指数；B_{AG}（kg/hm^2）为地上生物量。在无水分胁迫下，收获指数从 0（播种）开始呈非线性增加，达到成熟期时的潜在最大值。在水分胁迫下，收获指数逐渐减小，可用以下公式计算（Williams，1989）：

$$HIA = HIA_i - 1 = HI_i \left(1 - \frac{1}{1 + WSYFi \times FHU_i(0.9 - WS_i)}\right) \tag{9.2}$$

式中，HIA_i 为第 i 天水分胁迫下的收获指数；HI_i 为第 i 天的潜在收获指数；FHU_i 为第 i 天的作物生长因子，它随作物生长阶段而变化；$WSYF_i$ 为第 i 天的干旱敏感参数；WS_i 为第 i 天的水分胁迫因子。

　　潜在生物量的日增加值利用以下方程计算（Monteith and Moss，1977）：

$$\Delta B_{p,i} = 0.001 \times WA \times PAR_i \tag{9.3}$$

式中，$\Delta B_{p,i}$（kg/hm^2）为第 i 天潜在增加的生物量；WA 为能量 - 生物能转换系数；PAR_i[MJ/（m^2·d）] 为第 i 天截获的有效光合辐射，可用以下公式计算（Monsi，1953）：

$$PAR_i = 0.5 \times RA_i([1 - \exp(-0.65LAI)]) \tag{9.4}$$

式中，RA_i（MJ/m^2）为第 i 天的太阳辐射量；LAI 为叶面积指数。

　　叶面积指数是作物生长阶段、积温和作物胁迫的函数，从出苗到叶面积减小的过程中，叶面积指数可由下述公式计算：

$$LAI_i = LAI_{i-1} + \Delta LAI$$
$$\Delta LAI = \Delta HUF \times LAI_{max}\{1 - \exp[5.0(LAI_i - 1 - LAI_{max})]\}\sqrt{REG_i}$$
$$HUF_i = \frac{HUI_i}{HUI_i + \exp(ah_{j,1} - ah_{j,2}HUI_i)} \tag{9.5}$$

式中，LAI_i、LAI_{i-1} 分别为第 i 天、第 $i-1$ 天的叶面积指数；ΔLAI 是叶面积指数增加值；ΔHUF 为积温因子的变化；LAI_{max} 为叶面积指数的最大值；REG_i 为第 i 天胁迫因子的最小值；HUI_i 为第 i 天对应的积温；$ah_{j,1}$ 和 $ah_{j,2}$ 为不同的作物参数。

　　从叶面积减小到最终生长季结束，叶面积指数可由下述公式计算：

$$LAI = LAI_0 \left(\frac{1 - HUI_i}{1 - HUI_0}\right)^{ad_j} \tag{9.6}$$

式中，HUI_0 为叶面积减小初始对应的积温；ad_j 是调控作物 j 叶面积减小率的参数。当环境胁迫（温度、水分、氮、磷和通气性等胁迫）出现时，第 i 天实际增加的生物量为

$$\Delta B_{\mathrm{a},\,j} = \Delta B_{p,\,j} \times \gamma_{\mathrm{reg}} \tag{9.7}$$

式中，$\Delta B_{\mathrm{a},\,j}$（kg/hm²）是实际增加的生物量；$\gamma_{\mathrm{reg}}$ 是最小胁迫因子。

从作物种植到收获期间，地上生物量可以通过以下公式估算：

$$B_{\mathrm{AG}} = \sum_{i=1}^{N} \Delta B_{\mathrm{a},i} \tag{9.8}$$

式中，B_{AG}（kg/hm²）为地上生物量；N 为作物种植日期到收获日期的总天数。

（2）农田生态系统脆弱性评估方法

指标的选择是评估的基础，为更好地揭示生态系统内在的变化及其对外界环境条件的响应特征，而不仅仅只是描述系统现状，也为了避免多指标体系带来的不确定性问题，选择 NPP 作为生态系统功能指标来评估生态系统的脆弱性特征。依据 IPCC 提出的相关定义，脆弱性是生态系统面对气候变化时敏感性和适应性的函数（IPCC，2021，2022），脆弱性可以简单表示为

$$V = S - A \tag{9.9}$$

式中，V 为生态系统的脆弱性；S 为生态系统的敏感性；A 为生态系统的适应性。

也就是说，生态系统对气候变化越敏感，适应性越差，则脆弱性越高。以 NPP 的年际波动及波动方向分别代表敏感性和适应性（於琍等，2012），计算得到每个格点的脆弱性数值，表征生态系统脆弱性的相对程度，具体计算公式如下：

$$S = \frac{\sum_{i=1}^{n} |F_i - \bar{F}|}{\bar{F}} \tag{9.10}$$

式中，F_i 为 NPP 在第 i 年的值；$\bar{F}$ 为 NPP 在 n 年间的平均值。

$$
\begin{aligned}
A &= \frac{\tau - 1}{\sqrt{\mathrm{Var}(\tau)}} \\
\tau &= \sum_{i=1}^{n-1} \sum_{j=i+1}^{n} \mathrm{sgn}(x_j - x_i) \\
\mathrm{sgn}(x) &= \begin{cases} 1 & x > 0 \\ 0 & x = 0 \\ -1 & x < 0 \end{cases} \\
\mathrm{Var}(\tau) &= \frac{n(n-1)(2n+5) - \sum_{i=1}^{n} t_i(i-1)(2i+5)}{18}
\end{aligned}
\tag{9.11}
$$

式中，x_j 为 NPP 时间序列中的第 j 个值；n 为数据样本的长度；t_i 是第 i 组数据点的数目。

9.3 结果与分析

9.3.1 极端气候危害性分析

1. 极端气候的空间格局和变化趋势

图 9.1 为中国沿海地区农田生态系统极端气候的空间格局和变化趋势。由图 9.1a1、

a2 可见，农田生态系统日最高气温的极高值（TXx）整体呈现东北地区低、华北地区和华南地区高的空间格局。按"低—较低—中—较高—高"的顺序排列，5 个等级中"高"

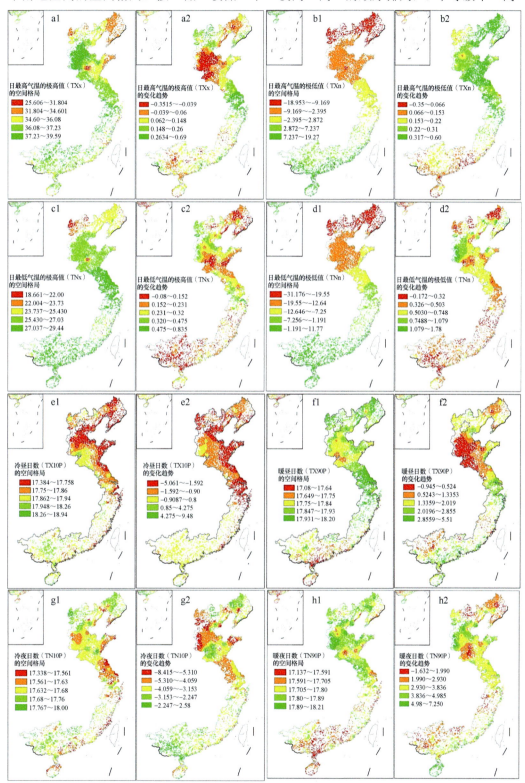

图 9.1　中国沿海地区农田生态系统极端气候的空间格局和变化趋势

注：香港、澳门、台湾资料暂缺

和"较高"级别占比最高，广泛分布在华北平原及其以南的区域，"低"和"较低"级别主要分布在东北地区的辽宁省。从变化趋势来看，日最高气温的极高值下降的区域主要在华北平原（河北省南部和山东省北部），上升的区域主要在江苏省北部黄淮地区的水田生态系统，因此该区域的农田生态系统应当注意极端高温的负面作用。

由图 9.1b1、b2 可见，农田生态系统日最高气温的极低值（TXn）整体呈现南高北低的空间格局。按"低—较低—中—较高—高"的顺序排列，5 个等级中"高"和"较高"级别主要分布在南部沿海，"低"和"较低"级别主要分布在东北地区的辽宁省和华北平原。从变化趋势来看，日最高气温的极低值上升较快的区域广泛分布在华北地区，珠江三角洲地区则相反，表现出日最高气温的极低值下降的趋势。

由图 9.1c1、c2 可见，农田生态系统日最低气温的极高值（TNx）整体呈现南高北低的空间格局。按"低—较低—中—较高—高"的顺序排列，5 个等级中"高"和"较高"级别广泛分布在整个沿海地区，"中"级别主要分布在东北地区的辽宁省，"低"和"较低"级别的占比极低，主要分布在河北省北部。从变化趋势来看，日最低气温的极高值在大部分区域呈现下降的趋势，广泛分布在东北地区和山东省南部的农田生态系统。

由图 9.1d1、d2 可见，农田生态系统日最低气温的极低值（TNn）整体呈现南高北低的空间格局。按"低—较低—中—较高—高"的顺序排列，5 个等级中"高"和"较高"级别主要分布在南部沿海的水田生态系统，"低"和"较低"级别主要分布在东北地区和华北地区的旱地生态系统。从变化趋势来看，日最低气温的极低值上升较慢的区域分布在华北平原，如山东省南部和江苏省，但是河北省则表现出上升较快的趋势，下降的区域零散分布，主要在华南地区，而东北地区、河北省北部、山东省西部应当注意冻害的发生。

2. 冷（暖）昼（夜）的空间格局和变化趋势

由图 9.1e1、e2 可见，农田生态系统冷昼日数（TX10P）整体呈现南高北低的空间格局。按"低—较低—中—较高—高"的顺序排列，5 个等级中"高"和"较高"级别分布零散且占比极低，"较低"级别主要分布在北部沿海。从变化趋势来看，北部沿海地区的农田生态系统冷昼日数整体表现出下降的趋势，而南部沿海地区的水田生态系统则表现出冷昼日数略微上升的趋势。

由图 9.1f1、f2 可见，农田生态系统暖昼日数（TX90P）整体呈现南高北低的空间格局。按"低—较低—中—较高—高"的顺序排列，5 个等级中"高"和"较高"级别广泛分布，"较低"级别主要分布在华南地区，该地区的暖昼日数低于北方。从变化趋势来看，华北地区如山东省北部和河北省南部的旱地生态系统表现出暖昼日数下降的趋势，但是长江三角洲、广东省广州市和海南省的水田生态系统则表现出暖昼日数上升的趋势。

由图 9.1g1、g2 可见，农田生态系统冷夜日数（TN10P）整体呈现较低的空间格局。按"低—较低—中—较高—高"的顺序排列，5 个等级中"高"和"较高"级别主要分布在华北北部和东北地区以及广西西部，"较低"级别主要分布在江苏省北部的黄淮地区。从变化趋势来看，农田生态系统冷夜日数下降的区域主要分布在华北平原，如山东半岛东北部和江苏省西部，广西壮族自治区南部和山东省西部有上升的趋势。

　　由图 9.1h1、h2 可见，农田生态系统暖夜日数（TN90P）整体呈现北高南低的空间格局。按"低—较低—中—较高—高"的顺序排列，5 个等级中"高"和"较高"级别广泛分布在华北平原，"较低"级别主要分布在两广地区。从变化趋势来看，华北平原大部分地区的农田生态系统暖夜日数有上升的趋势，山东省西部、东北地区、福建省以及广西壮族自治区西部有下降的趋势。

9.3.2　暴露度评估

　　图 9.2 为中国沿海地区农田生态系统的暴露度特征。由图 9.2a1 ～ a3 可见，在 RCP2.6 气候情景下，2030 年中国北方旱地生态系统整体处于中等以上水平，华北平原南部地区最高，达到暴露度极高等级，暴露度高的地区分别为山东省和江苏省；2050 年暴露度等级整体有所降低，除了山东半岛局部地区暴露度等级是中等，其余地区均为较

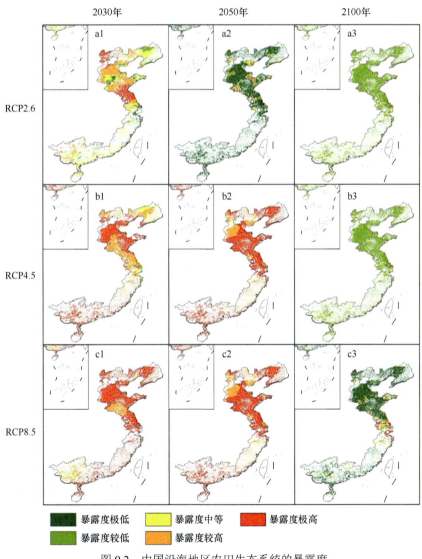

图 9.2　中国沿海地区农田生态系统的暴露度

注：香港、澳门、台湾资料暂缺

低和极低等级；2100 年辽宁省、河北省、山东省、江苏省和浙江省的暴露度等级均上升一个等级，其余行政区的暴露度等级保持不变，此时暴露度较低的地区为华北平原南部和山东半岛。中国南方水田生态系统在三个时期的暴露度均处于较低水平，在 2050 年达到了最低。

由图 9.2b1 ~ b3 可见，在 RCP4.5 气候情景下，2030 年、2050 年中国北方旱地生态系统暴露度的分布格局较为一致，但 2050 年江苏省东部沿海地区暴露度极高；2100 年中国北方旱地生态系统暴露度有明显的下降，整体处于暴露度极低到较低之间的水平，且暴露度水平总体低于 RCP2.6 气候情景。中国南方水田生态系统在 2030 年、2050 年的暴露度均处于较高水平及以上，在 2100 年暴露度最低，整体为较低水平。

由图 9.2c1 ~ c3 可见，在 RCP8.5 气候情景下，2030 年、2050 年中国北方旱地生态系统暴露度的分布格局较为一致，但 2050 年江苏省东部沿海地区暴露度极高；2100 年中国北方旱地生态系统整体暴露度有明显的下降，整体处于极低到较低之间的水平，且暴露度水平总体低于 RCP2.6 气候情景。中国南方水田生态系统在 2030 年、2050 年的暴露度均处于中等水平及以上，在 2100 暴露度最低，整体为较低水平，但长江三角洲的局部地区为暴露度极高水平。

9.3.3 脆弱性评估

图 9.3 为中国沿海地区农田生态系统的脆弱性。由图 9.3a 可见，沿海地区旱地生态系统呈现中度脆弱性，南北方空间差异较大。北方地区有广泛的旱地生态系统，脆弱性较高的区域主要分布在华北平原的南部、山东半岛以及河北省北部，但整体上呈现中度脆弱性，主要分布在山东省中部以及东北地区东部；南方地区旱地生态系统脆弱性较高的地区主要分布在广西南部沿海地区。

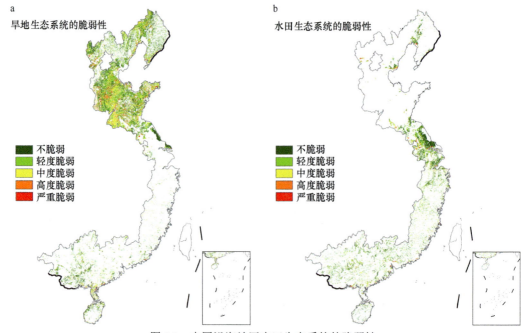

图 9.3　中国沿海地区农田生态系统的脆弱性
注：香港、澳门、台湾资料暂缺

由图 9.3b 可见，水田生态系统敏感性整体处于很低的水平。北方地区水田生态系统稀少，主要分布在东北平原以及华北平原，敏感性较高区域分布在天津市以及辽宁省。南方地区水田生态系统广泛分布，在长江三角洲地区分布最为集中，江苏省的南部、浙江省北部的水田生态系统是敏感性最高的区域，华南地区水田生态系统的敏感性最低。

1. 极端气候变化对水田生态系统脆弱性的影响

（1）极端气候变化对南方地区水田生态系统脆弱性的影响

表 9.1 为中国沿海地区极端气候指数与南方地区水田生态系统脆弱性的相关关系。可以看出，极端气候指数与南方地区水田生态系统脆弱性的相关系数绝对值集中于 0.3 ～ 0.5，仅有 3 个指数的相关性较弱，有 5 个指数的相关性达到了不高于 0.10 的显著水平。极端气温指数均表现为极端气温升高的情况下脆弱性会增加，其中 TXn、TNn、TN90P、TX90P、DTR 通过了显著性检验，这可能是因为南方地区平均状态下的气温本就偏高，极端气温升高使得水田生态系统呼吸作用加强，不利于植被生产，所以脆弱性增加。极端降水指数 RX1day、RX5day 与脆弱性的相关性并不显著，这与南方地区水分较为充足有关，过多的降水可能会使土壤过于饱和，不利于植被生长，甚至导致植被淹水缺氧而死亡，脆弱性增加。

表 9.1　中国沿海地区极端气候指数与南方地区水田生态系统脆弱性的相关关系

极端气候指数	斜率	R^2	p 值
TXx	0.25	0.02	0.62
TNx	0.70	0.13	0.17
TXn	0.23	0.20	0.08
TNn	0.16	0.18	0.10
TN10P	−0.17	0.02	0.60
TX10P	−0.07	0.00	0.87
TN90P	0.28	0.22	0.07
TX90P	0.40	0.18	0.10
DTR	−0.88	0.21	0.07
RX1day	0.03	0.13	0.17
RX5day	0.02	0.14	0.15

图 9.4 为中国沿海地区极端气候指数与南方地区水田生态系统的脆弱性散点图。其中，TX10P、TN10P 和 DTR 与脆弱性呈负相关关系，其他指数与脆弱性呈正相关关系。

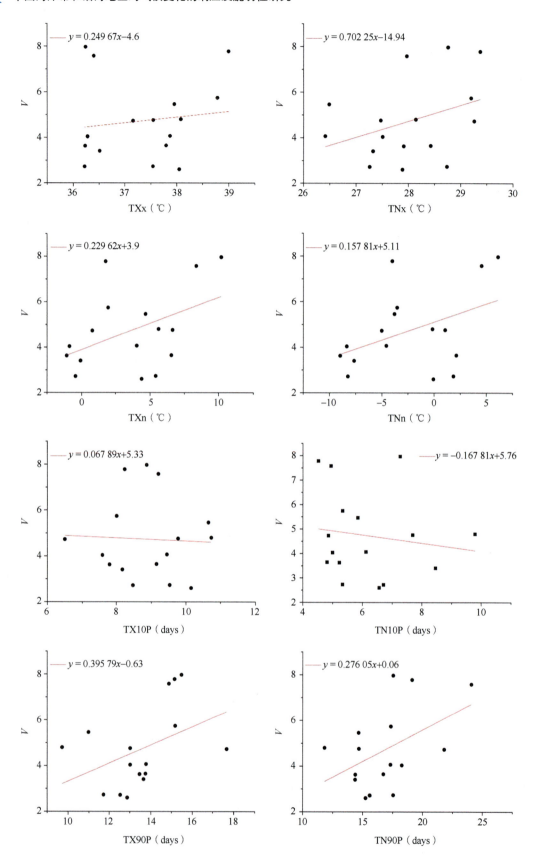

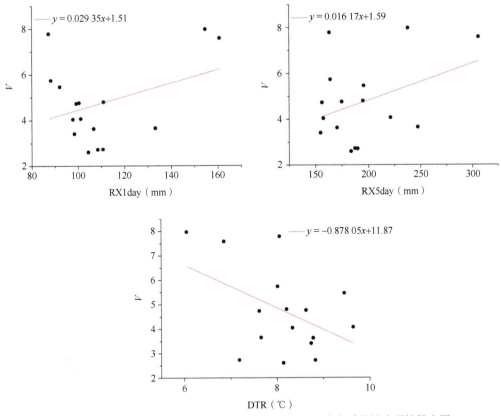

图 9.4　中国沿海地区极端气候指数与南方地区水田生态系统的脆弱性散点图

（2）极端气候变化对北方地区水田生态系统脆弱性的影响

表 9.2 为中国沿海地区极端气候指数与北方地区水田生态系统脆弱性的相关关系。可以看出，极端气候指数与北方地区水田生态系统脆弱性的相关系数绝对值集中于 0.03 ~ 0.88，相关性较强。极端气温指数 TXx、TXn、TNn 与脆弱性呈显著较强正相关关系，这是因为极端气温升高使得水分不充足的北方地区水分蒸发加快，生长过程中需要大量水的水田生态系统受到限制，脆弱性增加。极端降水指数 RX1day、RX5day 与脆弱性呈不显著正相关关系，说明强降水会增加脆弱性。

表 9.2　中国沿海地区极端气候指数与北方地区水田生态系统脆弱性的相关关系

极端气候指数	斜率	R^2	p 值
TXx	0.59	0.61	0.07
TNx	0.55	0.42	0.16
TXn	0.21	0.59	0.07
TNn	0.21	0.52	0.10
TN10P	−0.07	0.01	0.88
TX10P	0.65	0.10	0.54
TN90P	0.03	0.01	0.88
TX90P	−0.39	0.22	0.35

续表

极端气候指数	斜率	R^2	p 值
DTR	0.70	0.09	0.56
RX1day	0.04	0.10	0.55
RX5day	0.03	0.18	0.41

　　图 9.5 为中国沿海地区极端气候指数与北方地区水田生态系统的脆弱性散点图。其中，TN10P、TX90P 与脆弱性呈负相关关系，其他指数与脆弱性呈正相关关系。

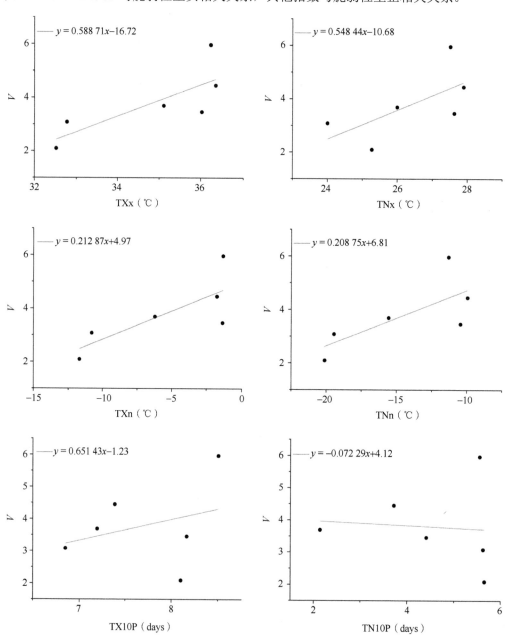

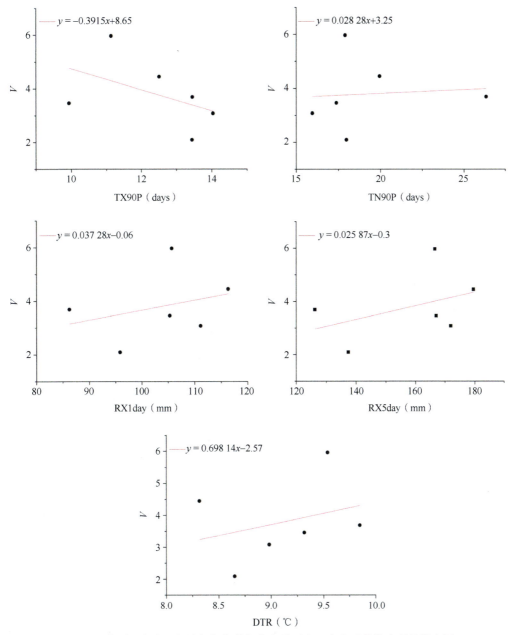

图 9.5　中国沿海地区极端气候指数与北方地区水田生态系统的脆弱性散点图

2. 极端气候变化对旱地生态系统脆弱性的影响

（1）极端气候变化对南方地区旱地生态系统脆弱性的影响

由表 9.3 可知，中国沿海地区极端气候指数与南方地区旱地生态系统脆弱性的相关系数绝对值集中于 0.5 ～ 0.9，相关性较强。极端气温指数 TNx、TN10P、TN90P 与脆弱性呈显著相关关系，这三个指数表征了夜间极端气温特征，在夜间气温升高的情况下植被呼吸作用大大加强，消耗有机物质增多，使得 NPP 波动变大，脆弱性增加。

表 9.3　中国沿海地区极端气候指数与南方地区旱地生态系统脆弱性的相关关系

极端气候指数	斜率	R^2	p 值
TXx	−0.72	0.28	0.35
TNx	3.61	0.71	0.08
TXn	−0.26	0.55	0.15
TNn	−0.19	0.50	0.18
TN10P	−0.80	0.94	0.01
TX10P	−1.07	0.42	0.23
TN90P	0.46	0.79	0.05
TX90P	−0.27	0.14	0.54
DTR	−0.33	0.05	0.71
RX1day	0.02	0.01	0.87
RX5day	−0.01	0.01	0.87

　　图 9.6 为中国沿海地区极端气候指数与南方地区旱地生态系统脆弱性的散点图。其中，TNx、TN90P 和 RX1day 与脆弱性呈正相关关系，其他指数与脆弱性呈负相关关系。

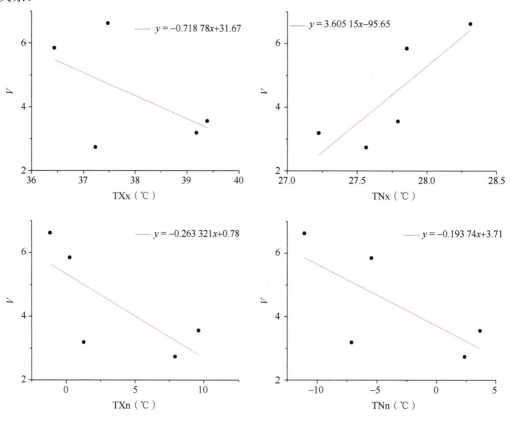

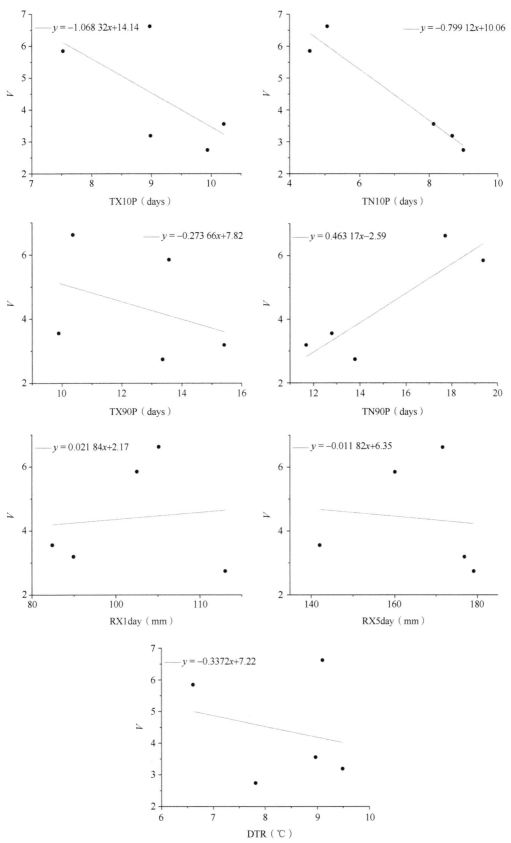

图 9.6　中国沿海地区极端气候指数与南方地区旱地生态系统脆弱性的散点图

（2）极端气候变化对北方地区旱地生态系统脆弱性的影响

由表9.4可知，中国沿海地区极端气候指数与北方地区旱地生态系统脆弱性的相关系数绝对值集中于0～0.2，相关性均较弱且均不显著。极端气温指数TXx、TNx、TXn、TNn、TN90P、TX90P和TX10P与脆弱性呈不显著微弱正相关关系，北方地区旱地植被受水分制约较大，升温使得水分蒸发加快，强化水分对植被生长的限制，增加脆弱性。极端降水指数RX1day、RX5day与脆弱性呈不显著微弱负相关关系，说明适当增加降水会促进植被生长，降低脆弱性。

表9.4　中国沿海地区极端气候指数与北方地区旱地生态系统脆弱性的相关关系

极端气候指数	斜率	R^2	p 值
TXx	0.12	0.02	0.44
TNx	0.28	0.08	0.15
TXn	0.08	0.03	0.37
TNn	0.08	0.04	0.32
TN10P	−0.03	0.00	0.93
TX10P	0.16	0.00	0.76
TN90P	0.03	0.00	0.83
TX90P	0.01	0.00	0.95
DTR	−0.24	0.03	0.39
RX1day	0.00	0.00	0.88
RX5day	−0.01	0.01	0.65

图9.7为中国沿海地区极端气候指数与北方地区旱地生态系统脆弱性的散点图。其中，RX1day、RX5day、TN10P和DTR与脆弱性呈负相关关系，其他指数与脆弱性呈正相关关系。

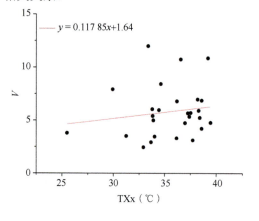
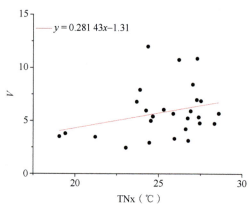

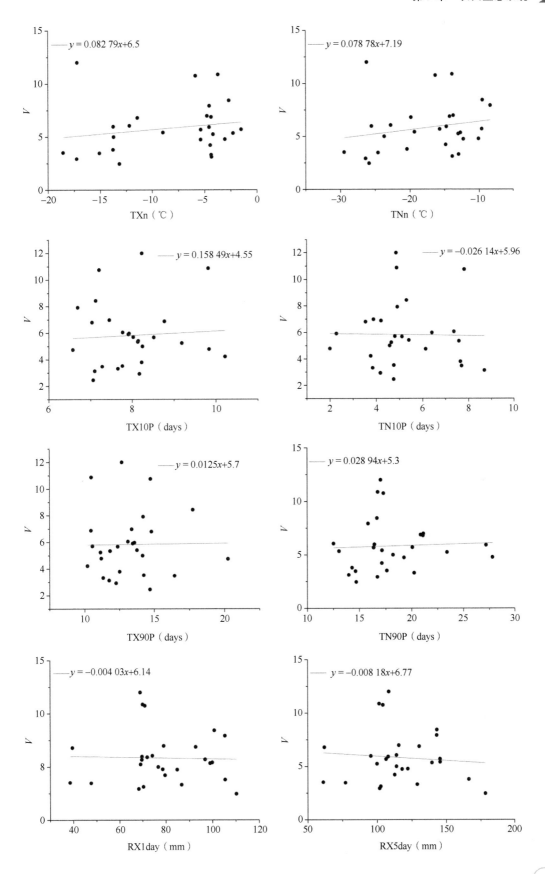

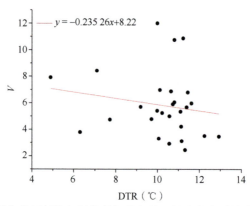

图 9.7　中国沿海地区极端气候指数与北方地区旱地生态系统脆弱性的散点图

9.3.4　综合风险评估

图 9.8 为中国沿海地区农田生态系统综合风险特征分布图。可见，在 RCP2.6 气候情景下，中国北方地区旱地生态系统 2030 年风险等级整体处于较高以上水平，华北平原南部地区和江苏省沿海地区风险最高，达到极高风险等级，风险等级较高的地区为山东省；2050 年风险等级整体明显降低，除了山东半岛局部地区，总体表现为较低和极低等级；2100 年华北平原东部和南部地区风险等级明显上升，整体处于极高风险水平，山东半岛、江苏省北部的风险等级为较高，其余行政区的风险等级也有所提高。中国南方地区水田生态系统在 2030 年、2050 年和 2100 年三个时期的风险均处于中风险水平及以下，没有发生显著的变化。

在 RCP4.5 气候情景下，中国北方地区旱地生态系统的风险在不同年份的分布格局相对不同。2030 年京津冀地区整体处于极高风险等级，辽宁省、华北平原中北部地区风险等级处于中风险及以下等级；2050 年辽宁省、华北平原中北部地区风险等级没有发生显著变化，而京津冀地区整体风险等级有所上升，极高风险等级区域进一步扩大。中国南方地区水田生态系统的风险在 2030 年、2050 年整体处于中等及以下水平，长江三角洲和浙江省沿海局部地区处于极高风险等级，但在 2050 年有所削弱。

在 RCP8.5 气候情景下，中国北方地区旱地生态系统的风险在 2030 年、2050 年的分布格局有一定差异。值得注意的是，2030 年山东半岛西南部和江苏省东北部风险处于极高水平，2050 年山东半岛西南部和江苏省东北部风险等级有所下降，局部处于极高风险等级。中国南方地区水田生态系统的风险在 2030 年、2050 年均处于中风险及以下水平，长江三角洲地区和浙江省、福建省有明显下降，整体范围从较高风险到极高风险降低为中风险到较低风险。中国南方地区水田生态系统在多个时期的风险均处于较低和极低水平，没有发生显著的变化，仅长江三角洲局部地区保持了极高风险水平，但其所占面积相对有限。

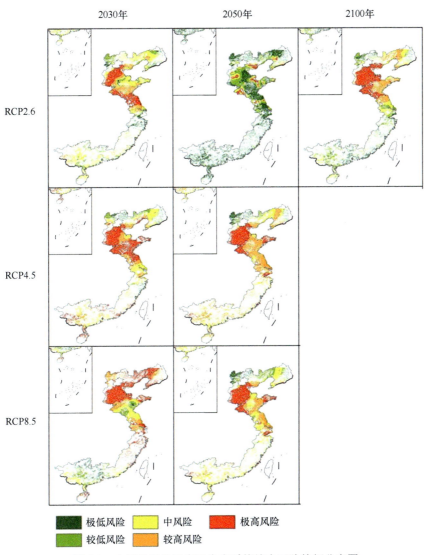

图 9.8　中国沿海地区农田生态系统综合风险特征分布图
注：香港、澳门、台湾资料暂缺

9.4　结　　语

　　中国沿海地区农田生态系统表现出显著增暖的趋势，特别是江苏省北部的黄淮地区的水田生态系统，应当注意极端高温的负面作用。中国沿海地区农田生态系统的脆弱性表现出中度或者不脆弱的特征，具有不同生境特征的同种生态系统脆弱性对极端气候变化的响应有所差异。南方极端降水的增加会加大生态系统脆弱性，北方极端降水的增加会减小生态系统的脆弱性，主要是因为水分在北方旱地具有限制作用，而南方水田往往水分充足。

参 考 文 献

蔡运龙 . 1996. 全球气候变化下中国农业的脆弱性与适应对策 . 地理学报 , 51(3): 202-212.

郝兴宇, 韩雪, 居煇, 等. 2010. 气候变化对大豆影响的研究进展. 应用生态学报, 21(10): 2697-2706.

李双江, 刘文兆, 高桥厚裕, 等. 2007. 黄土塬区麦田 CO_2 通量季节变化. 生态学报, 27(5): 1987-1992.

林而达, 王京华. 1994. 我国农业对全球变暖的敏感性和脆弱性. 农村生态环境, 10(1): 1-5.

刘文泉. 2002. 农业生产对气候变化的脆弱性研究方法初探. 南京气象学院学报, (2): 214-220.

王媛, 方修琦, 徐锬, 等. 2005. 气候变暖与东北地区水稻种植的适应行为. 资源科学, 27(1): 121-127.

於琍, 李克让, 陶波. 2012. 长江中下游区域生态系统对极端降水的脆弱性评估研究. 自然资源学报, 27(1): 82-89.

曾凯, 王尚明, 张崇华, 等. 2009. 南方稻田生态系统产量形成期 CO_2 通量的研究. 中国农学通报, 25(15): 219-222.

张耀耀, 刘建刚, 杨萌, 等. 2015. 气候变化对作物生产潜力的影响研究进展. 农学学报, 5(1): 119-123.

张永强, 刘昌明, 于强, 等. 2002. 华北平原典型农田水、热与 CO_2 通量的测定. 地理学报, 57(3): 333-342.

钟新科, 刘洛, 徐新良, 等. 2012. 近30年中国玉米气候生产潜力时空变化特征. 农业工程学报, 28(15): 94-101.

Bindi M, Olesen J E. 2011. The responses of agriculture in Europe to climate change. Regional Environmental Change, 11(S1): 151-158.

Briner S, Elkin C, Huber R. 2013. Evaluating the relative impact of climate and economic changes on forest and agricultural ecosystem services in mountain regions. Journal of Environmental Management, 129: 414-422.

Fiori S M, Zalba S M. 2003. Potential impacts of petroleum exploration and exploitation on biodiversity in a Patagonian Nature Reserve, *Argentina*. Biodiversity & Conservation, 12(6): 1261-1270.

Grotch S L. 1991. Comparison of climate datasets using spatial histograms. Annual Climate Diagnostic Workshop, Lake Arrowhead, CA (United States).

Guenther A. 2002. The contribution of reactive carbon emissions from vegetation to the carbon balance of terrestrial ecosystems. Chemosphere, 49(8): 837-844.

IPCC. 2021. Climate Change 2021: the Physical Science Basis. Contribution of Working Group I to the Sixth Assessment Report of the Intergovernmental Panel on Climate Change. Cambridge: Cambridge University Press.

IPCC. 2022. Climate change 2022: Mitigation of Climate Change. Cambridge: Cambridge University Press.

Li D L, Wu S Y, Liu L B, et al. 2018. Vulnerability of the global terrestrial ecosystems to climate change. Global Change Biology, 24(9): 4095-4106.

Liu J G, Williams J R, Zehnder A J B, et al. 2007. GEPIC-modelling wheat yield and crop water productivity with high resolution on a global scale. Agricultural Systems, 94(2): 478-493.

Lobell D B, Schlenker W, Costa-Roberts J. 2011. Climate trends and global crop production since 1980. Science, 333(6042): 616-620.

Monsi M S. 1953. Ueber den lichtfaktor in den pflanzengesellschaften und seine bedeutung für die stoffproduktion. Jap. J. Bot., 14: 22-52.

Monteith J L, Moss C. 1977. Climate and the efficiency of crop production in Britain. Philosophical Transactions of the Royal Society of London B: Biological sciences, 281(980): 277-294.

Nearing M A, Pruski F F, O'Neal M R. 2004. Expected climate change impacts on soil erosion rates: a review. Journal of Soil and Water Conservation, 59(1): 43-50.

Putman J, Williams J, Sawyer D. 1988. Using the erosion-productivity impact calculator (EPIC) model to estimate the impact of soil erosion for the 1985 RCA appraisal. Journal of Soil and Water Conservation, 43(4): 321-326.

Qiao J M, Yu D Y, Liu Y P. 2017. Quantifying the impacts of climatic trend and fluctuation on crop yields in northern China. Environmental Monitoring and Assessment, 189(11): 532.

Qiao J M, Yu D Y, Wang Q F, et al. 2018a. Diverse effects of crop distribution and climate change on crop production in the agro-pastoral transitional zone of China. Frontiers of Earth Science, 12(2): 408-419.

Qiao J M, Yu D Y, Wu J G. 2018b. How do climatic and management factors affect agricultural ecosystem services? A case study in the agro-pastoral transitional zone of northern China. Science of the Total Environment, 613: 314-323.

Rosenzweig C, Elliott J, Deryng D, et al. 2014. Assessing agricultural risks of climate change in the 21st century in a global gridded crop model intercomparison. Proceedings of the National Academy of Sciences of the United States of America, 111(9): 3268-3273.

Sala O E, Paruelo J M. 1997. Ecosystem services in grasslands//Daily G C. Nature's Services: Societal Dependence on Natural Ecosystems. Washington D C: Island Press: 237-251.

Tao F, Yokozawa M, Liu J, et al. 2008a. Climate-crop yield relationships at provincial scales in China and the impacts of recent climate trends. Climate Research, 38: 83-94.

Tao F, Yokozawa M, Liu J, et al. 2008b. Climate change, land use change, and China's food security in the twenty-first century: an integrated perspective. Climatic Change, 93(3-4): 433-445.

Thomson A M, Izaurralde R C, Rosenberg N J, et al. 2006. Climate change impacts on agriculture and soil carbon sequestration potential in the Huang-Hai Plain of China. Agriculture, Ecosystems & Environment, 114(2-4): 195-209.

Wehbe E. 2005. Effect of annual self-reseeding legumes on subsequent crops (particularly durum wheat) into a long-term rotation program under organic farming. Thèses et Masters.

Williams J. 1989. Pure water for biotechnology. Nature Biotechnology, 7(1): 75-76.

Williams J R. 1990. The erosion-productivity impact calculator (EPIC) model: a case history. Philosophical Transactions of the Royal Society of London Series B: Biological Sciences, 329(1255): 421-428.

Žalud Z, Trnka M, Dubrovský M, et al. 2009. Climate change impacts on selected aspects of the Czech agricultural production. Plant Protection Science, 45(Special Issue): S11-S19.

Zhang Z, Song X, Tao F, et al. 2016. Climate trends and crop production in China at county scale, 1980 to 2008. Theoretical & Applied Climatology, 123(1): 291-302.

第 10 章

森林生态系统

10.1 引　　言

　　森林生态系统是指由森林植被（主要是树木）和与之相互作用的动物、微生物、土壤、大气及其所在环境组成的一个动态的、复杂的生态系统。它是地球上最重要的生态系统之一，具有多样的生物种类和复杂的生态结构。森林生态系统不仅覆盖了地球上大部分的陆地面积，还对全球环境和人类社会具有极其重要的影响。沿海地区森林生态系统通常受到海洋和陆地相互作用的影响，具有较高的湿度和降水量。海洋气候调节了这些地区的温度，使其温和湿润，有利于森林生态系统的生长和发展，并且沿海地区通常有丰富的水资源，如河流、湖泊和沼泽，为森林提供了水源。然而，沿海地区的森林生态系统也面临着特定的挑战，如台风、风暴潮和盐分侵蚀等海洋因素的影响，这些因素可能对森林植被的生长和健康产生负面影响。同时，沿海地区的森林生态系统也提供了重要的生态服务，如保护沿岸地区免受风暴和海啸的侵袭，维持海岸线稳定等。总之，沿海地区的森林生态系统在地理环境上具有独特的湿润和温和的特点，同时也面临着来自海洋的特定挑战。对于这些生态系统的保护和管理，需要综合考虑其地理环境的特点，以及海洋和陆地相互作用的影响。

　　研究表明，植被与气候之间并非完全处于平衡态，植被对气候变化的响应可能不是线性的，而可能是气候变化累积到某一阈值之后发生的改变。如果考虑其他生物因子和非生物因子的共同作用，植被对气候变化的长期响应可能有一定的惯性和不可逆性（Miller et al.，2008）。一般而言，任何两个气候变量间的相互关系总会受到其他因素的干扰，在现实情况下植被 NPP 变化通常是多因子共同作用的结果，单独的降水量增加有利于森林 NPP 的积累，单独升温对森林 NPP 的影响可正可负，而升温和降水量的协同作用则取决于这种正、负影响相互抵消或叠加的结果。相同升温情况下，降水量的变化情况对于 NPP 的变化具有决定作用，且温度升高比温度不变时，降水量增减对 NPP 的影响更明显。CO_2 对森林生态系统 NPP 的影响与温度和降水量的协同作用息息相关，但其作用效果因森林类型的差异而不尽相同。一方面，CO_2 浓度升高与降水量、温度增加均有利于 NPP 积累，且其协同作用比单个因子的促进作用更为明显；另一方面，在某些地区 CO_2 浓度升高与降水量增加两者协同作用对森林 NPP 具有正效应，但温度升高却表现出负效应，最终作用效果取决于各因子交互作用的强弱。Sidor 等（2019）的研究发现，干旱和热浪等极端气候事件对物种的种群产生重大负面影响，并且会导致重大经济损失（Hanewinkel et al.，2013）。例如，苏格兰松在生长季对干旱比较敏感，当干旱和热浪等极端气候事件发生的时候，它会关闭气孔来防止木质部空穴（Irvine et al.，1998），从而减少碳吸收和生长，最终影响碳循环（Herrero et al.，2013）。当极端干旱事件超过苏格兰松的承受阈值时，最终导致不可逆转的结果，引起针叶脱落，并导致树冠枯萎和树木死亡（Herrero et al.，2013）。除了欧洲地区的森林表现出极端天气的影响，地中海气候区域的森林生态系统的优势树种开始严重枯萎和死亡，对森林生态系统的生物多样性产生负面影响（Brouwers et al.，2013），使得森林生态系统的生物多样性降低，当极端气候事件再次发生时其更容易受到破坏，最终森林生态系统的脆弱性增加。

当前，现有的对森林生态系统的脆弱性评估侧重于物种（Pacifici et al.，2015），较少的研究基于生态系统层面评估森林生态系统的脆弱性，虽然已有在一定空间或者全球的脆弱性评估，但是在区域规模或者对特定生态系统的评估是缺少的（Lee et al.，2018）。例如，Seddon 等（2016）和 Watson 等（2013）的研究使用暴露度和敏感性单一的指标评估全球生物多样性，他们的结果提供了一个有用的初步评估，以此来确定全球范围内的高脆弱性地区，但不是某种特定的生态系统。Li 等（2018）评估了全球陆地生态系统的脆弱性，但是没有针对特定的生态系统并且分辨率较低。总的来说，目前脆弱性的评估主要针对某种物种，缺乏针对特定区域特定生态系统的脆弱性评估，针对生态系统并且空间明确的脆弱性评估大部分空间分辨率较低，输出结果不能适用于所有地区的环境管理。

为促进森林生态系统适应气候变化发展，应对未来可能发生的极端气候挑战，本章拟对森林生态系统的暴露度、脆弱性以及风险进行全面的评估和分析，对于理解和预测极端气候事件对森林生态系统的影响、制定有效的适应和减缓措施以及保护和恢复森林生态系统具有重要意义。

10.2　数据与方法

森林生态系统的脆弱性指森林生态系统因气候等相关刺激因素的作用受到影响时抵抗此种弊端的自身能力。森林生态系统的暴露度指森林生态系统生产力受到极端事件影响的程度或容易受到这些影响的程度。森林生态系统的风险指由极端事件导致的森林生态系统生产力潜在损害的可能性，它是危害性（极端事件的频率和严重程度）、暴露度以及脆弱性之间相互作用的结果。通常森林生态系统的生产力是表征森林生态系统结构与功能的一个重要指标，森林生态系统暴露度、脆弱性以及风险的评估都基于生产力开展。同时，将森林生态系统极端气候指标进行等分分级，统计划分得到森林生态系统的暴露度指标。之后，为了避免多指标体系带来的不确定性问题，选择 NPP 作为生态系统功能指标来评估生态系统的脆弱性特征，该指标能够直接体现生态系统的抵抗力、恢复力。在此基础上，对森林生态系统的风险等级进行划分分类，并提出针对性的风险管理建议。

本章的数据来源与 8.2.1 小节相同。

10.2.1　基于 BIOME-BGC 模型的森林生态系统生产力模拟

BIOME-BGC 模型的最初目的是研究区域或全球水平的气候、干扰、生物地球化学循环等要素的相互作用，因此在设计上它强调了下列基本原则：①在全球范围内，模型所需要的驱动变量易于取得或已有全球数据集；②模型所需要的生理生态参数已有公认的值或易于测量，从而各类植被类型对应的参数值可以综合大量的田间测量结果得到。在此基础上，该模型考虑了碳、水和能量在生态系统中的输送通量的计算方法。对于碳的生物量积累，采用光合酶促反应机制模型计算出每天的总初级生产力（GPP），把生长呼吸和维持呼吸减去后的产物分配给叶、枝条、干和根，其中考虑了叶和细根的生物气候特征。生物体的碳每天都有一定的比例通过凋落进入枯枝落叶碳库，特别考虑了大型凋落物（由于整株树木的死亡）的比例。该模型模拟的水循环过程包括降雨、降雪、冠层截留、穿透降水、树干径流、冠层蒸发、融雪、雪的升华、冠层蒸腾、土壤蒸发、蒸散、地表径流、土壤水分的变化及植物对水分的利用。对于土壤过程，该模型考虑了凋落物分解进入土壤有机碳库过程、土壤有机物矿化过程和基于木桶模型的水在土壤层间的输送关系。对于能量过程，该模型考虑的过程包括净辐射、感热通量、潜热通量（基于彭曼公式 Penman-Monteith 方程）。此外，该模型考虑了雪的融化和干扰（类似于 MAPPS 模型）的效应。由于该模型对生态系统基本过程进行了较全面的考虑，后来许多模型都采用了类似的建模方法（延晓冬，1999）。

10.2.2　光合作用

模型中光合作用的模拟基于 Farquhar 等（1980）和 McMurtrie 等（1992）的生化光合模型：

$$A_m = A_{max} \times f(T_{min}) \times f(\Psi_{soil}) \tag{10.1}$$

式中，A_m 为经气温矫正的光合作用最大速率 [μmol/（$m^2 \cdot s$）]；A_{max} 为光合作用最大速率 [μmol/（$m^2 \cdot s$）]，对 C_3 光合作用取 6.0，对 C_4 光合作用取 7.5；T_{min} 为每日最低气温（℃）；Ψ_{soil} 为土水势（MPa）。

正午时叶面积指数平均光合作用速率 A_n[μmol/（$m^2 \cdot s$）] 计算如下：

$$A_n = A_m \frac{A_m}{k\text{LAI}} \ln\left(\frac{A_m + \alpha_p\text{PAR}}{A_m + \alpha_p\text{PARexp}(-k\text{LAI})}\right) \tag{10.2}$$

式中，k 为冠层的消光系数；LAI 为叶面积指数（m^2/m^2）；α_p 为光合作用量子产率（mol CO_2/mol 光子）；PAR 为 $400 \sim 700$nm 波长的光合有效辐射 [μmol/（$m^2 \cdot s$）]。

净光合作用 PSN[总光合作用扣除日叶维持呼吸，单位：kg C/（$hm^2 \cdot d$）] 由 A_n 计算得到，把 CO_2 物质的量转换为碳千克数：

$$\text{PSN} = A_n\text{LAI}\varsigma\xi \times 10000m^2/h^2 \times 12 \times 10^{-9}\text{kg C/μmol } CO_2 \tag{10.3}$$

式中，ς 为每日光照时长或"日长"（s/d）；ξ 为最大光合作用时日照时长的比例，不同 A_m、LAI、k 和 α_p 的范围为 $0.81 \sim 0.89$，因此取 ξ 为中值 0.85。

10.2.3　自养呼吸和异养呼吸

叶维持呼吸 M_f 按如下计算：

$$M_{\mathrm{f}} = \frac{\mathrm{LAI} \times 10000\ \mathrm{m^2/hm^2}}{\mathrm{SLA}} \qquad (10.4)$$

式中，SLA 为比叶面积（$\mathrm{m^2/kg\ C}$）。设细根维持呼吸 M_{r} 和 M_{f} 相等，且凋落物维持呼吸 M_{lit} 设为 $5M_{\mathrm{f}}$ 以代表叶、嫩枝、粗根和细根凋落物（Vogt and Barta，1986）。因为新生木质是树干中唯一的活跃组织，茎维持呼吸 M_{st} 与 LAI 相关，因此有

$$M_{\mathrm{st}} = \frac{\mathrm{LAI} \times h \times \rho_{\mathrm{wood}}}{f_{\mathrm{s}}} \qquad (10.5)$$

式中，h 为森林冠层高度（m）；ρ_{wood} 为木材密度，取为 $250\ \mathrm{kg\ C/m^3}$；f_{s} 为边材横断面积与叶面积之比，取为 $0.35\ \mathrm{cm^2/m^2}$。

维持呼吸速率通过下式计算：

$$\begin{aligned} R_{\mathrm{st}} &= r_{\mathrm{st}} \exp(\beta_{\mathrm{m}} T_{\mathrm{air}}) M_{\mathrm{st}} \\ R_{\mathrm{cr}} &= r_{\mathrm{cr}} \exp(\beta_{\mathrm{m}} T_{\mathrm{air}}) M_{\mathrm{cr}} \\ R_{\mathrm{fr}} &= r_{\mathrm{fr}} \exp(\beta_{\mathrm{m}} T_{\mathrm{air}}) M_{\mathrm{fr}} \end{aligned} \qquad (10.6)$$

式中，r_{st}、r_{cr}、r_{fr} 由野外数据获得（大量研究的中值）。分别表示茎（stem）的单位碳量的呼吸速率、粗根（coarse root）的单位碳量的呼吸速率和细根（fine root）的单位碳量的呼吸速率 $[\mathrm{day^{-1}}]$。M_{st}、M_{cr} 和 M_{fr} 分别表示茎、粗根和细根的总生物量 $[\mathrm{kg\ C/hm^2}]$。T_{air} 表示空气温度 $[^\circ\mathrm{C}]$。有机体的指数温度反应用 Q10 描述，即温度增加 $10^\circ\mathrm{C}$ 时速率的相应增加。维持呼吸的 Q10 通常为 2 左右，因此维持呼吸的温度系数 β_{m} 设定为 $0.069^\circ\mathrm{C^{-1}}$。叶片在夜间因环境（如温度、湿度）或生理状态（如气孔导度）仍会保持一定代谢活动，此时需单独计算呼吸。R_{lf} 表示叶片在夜间的呼吸碳消耗量，受温度及叶片状态调控，R_{lf} 用 T_{tonight} 计算：

$$R_{\mathrm{lf}} = r_{\mathrm{lf}} \exp\left(\beta_{\mathrm{m}} T_{\mathrm{tonight}}\right) \frac{\varsigma_{24} - \varsigma}{\varsigma_{24}} M_{\mathrm{lf}} \qquad (10.7)$$

式中，r_{lf} 由野外数据获得（大量研究的中值），表示无温度修正的叶片（leaf）的单位碳量的呼吸速率 $[\mathrm{day^{-1}}]$。T_{tonight} 为当前夜间温度，ς_{24} 表示日时间周期常数，无量纲，为 24 小时标准化参数，用于将呼吸速率整合到日尺度。ς 表示叶片活性状态因子，取值范围 0–1，反映叶片是否处于活跃代谢状态（如气孔开放程度）。M_{lf} 表示叶片的总生物量 $[\mathrm{kg\ C/hm^2}]$。

总维持呼吸 $R[\mathrm{kg\ C/(hm^2 \cdot d)}]$ 是叶、茎、粗根和细根每日维持呼吸的总和（仅夜时）。

如果 $\mathrm{PSN} > R$，差值就按固定的分配系数在叶、茎、粗根和细根间分配（Running and Nemani，1988）。生长呼吸为

$$\begin{aligned} G_{\mathrm{lf}} &= g_{\mathrm{lf}} \eta l_{\mathrm{lf}} (\mathrm{PSN} - R) \\ G_{\mathrm{st}} &= g_{\mathrm{st}} \eta l_{\mathrm{st}} (\mathrm{PSN} - R) \\ G_{\mathrm{cr}} &= g_{\mathrm{cr}} \eta l_{\mathrm{cr}} (\mathrm{PSN} - R) \\ G_{\mathrm{fr}} &= g_{\mathrm{fr}} \eta l_{\mathrm{fr}} (\mathrm{PSN} - R) \end{aligned} \qquad (10.8)$$

式中，G_{lf}，G_{st}，G_{cr}，G_{fr} 分别表示叶片、茎、粗根和细根生长量 $[\mathrm{kg\ C/hm^2 d}]$。这些参数由两部分决定，一是分配系数 g_{lf}、g_{st}、g_{cr} 和 g_{fr}，分别表示净光合产物（PSN-R）分配到

各器官的比例。二是转化效率系数 ηl_{lf}、ηl_{st}、ηl_{cr} 和 ηl_{fr}，分别反映碳转化为生物量的效率（0–1），受器官代谢成本影响。由于关于分配方式和生长呼吸速率的信息很少，将 g_{lf}、g_{st}、g_{cr}、g_{fr} 设为 0.33（Foley et al.，1996）。因而植物器官间分配的差异不影响总日生长呼吸，总自养呼吸 Ra 是总维持呼吸 R 和生长呼吸 G 之和。

异养呼吸 Ra 是土壤呼吸 R_{soil} 和凋落物呼吸 R_{lit} 之和，两者都受土壤温度和土壤水分含量的控制（Parton et al.，1987），计算公式如下：

$$R_{soil} = r_{soil} f\left(T_{soil}\right) f\left(\Theta\right) M_{soil}$$
$$R_{lit} = r_{lit} f\left(T_{soil}\right) f\left(\Theta\right) M_{lit} \tag{10.9}$$

式中，土壤呼吸速率 r_{soil} 设为 0.000 35 kg C/d（Century 模型中活跃和难分解碳库的综合）；Θ 为土壤体积含水量（m^3/m^3）；M_{soil} 表示土壤碳库质量 [kg C/hm^2]，M_{lit} 表示凋落物碳库质量 [kg C/hm^2]。凋落物呼吸速率 r_{lit} 可通过下式计算

$$r_{lit} = 1 - \exp\left[\frac{3}{365}\ln\left(\frac{0.999L + 45.7}{100}\right)\right] \tag{10.10}$$

式中，3/365 将上式转换成日时间步长；L 为叶木质素含氮率（kg N/kg 木质素）。

生态系统碳通量为

$$F_{CO_2} = PSN - R_a - R_h \tag{10.11}$$

式中，PSN 表示净光合作用，植物总光合作用（GPP）扣除植物日间呼吸（如叶片维持呼吸）后的净碳固定量 [kg C/hm^2 d]。R_a 表示自养呼吸 [kg C/hm^2 d]，植物自身的呼吸消耗，包括维持呼吸（茎、根、叶）和生长呼吸。R_h 表示异养呼吸 [kg C/hm^2 d]，是土壤微生物分解凋落物（如枯枝落叶）和土壤有机质（SOM）产生的呼吸。

10.2.4　植被蒸腾

潜热的计算基于 Penman-Monteith 方程：

$$ET_0 = \frac{0.408\Delta(R_n - G) + \gamma\dfrac{900}{T_a + 237}U_2(e_s - e_a)}{\Delta + \gamma(1 + 0.34U_2)} \tag{10.12}$$

式中，第一部分为辐射项 ET_{0rad}，第二部分为空气动力学项 ET_{0aero}，即

$$ET_{0rad} = \frac{0.408\Delta(R_n - G)}{\Delta + \gamma(1 + 0.34U_2)}$$
$$ET_{0aero} = \frac{\gamma\dfrac{900}{T_a + 237}U_2(e_s - e_a)}{\Delta + \gamma(1 + 0.34U_2)} \tag{10.13}$$

式中，ET_0 为植被潜在蒸散量（mm/d）；Δ 为饱和水汽压与温度曲线的斜率（kPa/℃）；R_n 为植被冠层表面的净辐射 [MJ/（$m^2 \cdot$ d）]；G 为土壤热通量 [MJ/（$m^2 \cdot$ d）]；γ 为干湿表常数（kPa/℃）；U_2 为 2 m 高处的平均风速（m/s）；e_s 为饱和水汽压（kPa）；e_a 为实际水汽压（kPa）；T_a 为空气温度（℃）。

10.3 结果与分析

10.3.1 极端气候的空间格局和变化过程

图 10.1 为中国沿海地区森林生态系统极端气候的空间格局和变化趋势。如图 10.1a1、a2 所示，森林生态系统日最高气温的极高值（TXx）整体呈现东北低、华南高的空间格局。按"低—较低—中—较高—高"的顺序排列，5 个等级中"高"和"较高"级别占比最高，广泛分布在华南地区，"低"和"较低"级别主要分布在东北地区的辽宁省。从变化趋势来看，日最高气温的极高值下降的区域主要分布在福建省和广西壮族自治区中部，上升的区域主要在浙江省北部，因此该区域的森林生态系统应当注意极端高温的负面作用。

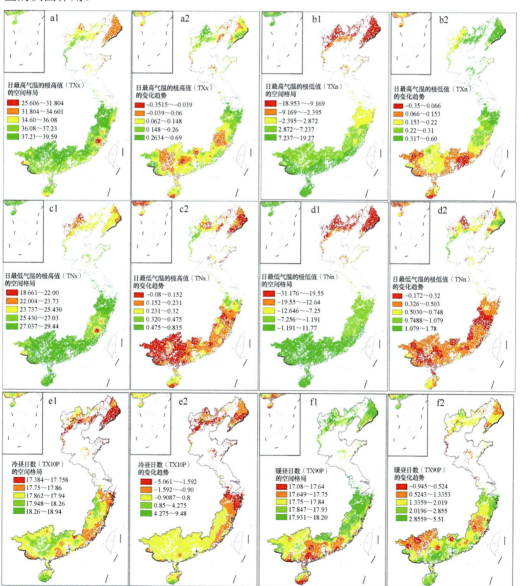

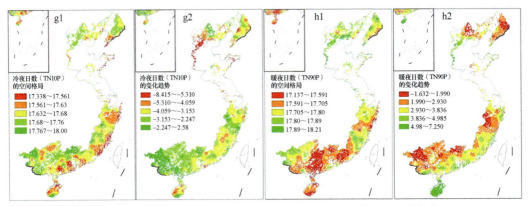

图 10.1　中国沿海地区森林生态系统极端气候的空间格局和变化趋势

注：香港、澳门、台湾资料暂缺

如图 10.1b1、b2 所示，森林生态系统日最高气温的极低值（TXn）整体呈现南高北低的空间格局。按"低—较低—中—较高—高"的顺序排列，5 个等级中"高"和"较高"级别主要分布在南部沿海，"低"和"较低"级别主要分布在东北地区的辽宁省和河北省北部。从变化趋势来看，日最高气温的极低值上升较快的区域主要分布在除广东省广州市、广西壮族自治区西部和海南省以外的区域。

如图 10.1c1、c2 所示，森林生态系统日最低气温的极高值（TNx）整体呈现南高北低的空间格局。按"低—较低—中—较高—高"的顺序排列，5 个等级中"高"和"较高"级别主要分布在华南沿海地区，"中"级别主要分布在东北地区的辽宁省，"低"和"较低"级别主要分布在河北省北部。从变化趋势来看，日最低气温的极高值在大部分区域呈现下降的趋势。

如图 10.1d1、d2 所示，森林生态系统日最低气温的极低值（TNn）整体呈现南高北低的空间格局。按"低—较低—中—较高—高"的顺序排列，5 个等级中"高"和"较高"级别主要分布在华南沿海地区，"低"和"较低"级别主要分布在河北省北部。从变化趋势来看，日最低气温的极低值上升的区域零散分布，下降的区域广泛分布在整个华南地区，应当注意冻害的发生。

如图 10.1e1、e2 所示，森林生态系统冷昼日数（TX10P）整体呈现南高北低的空间格局。按"低—较低—中—较高—高"的顺序排列，5 个等级中"高"和"较高"级别主要分布在广西壮族自治区中部，"较低"级别主要分布在河北省北部和东北地区。从变化趋势来看，北部沿海和福建省的森林生态系统冷昼日数整体表现出下降的趋势，而南部沿海地区的森林生态系统冷昼日数则表现出略微上升的趋势。

如图 10.1f1、f2 所示，森林生态系统暖昼日数（TX90P）整体呈现南低北高的空间格局。按"低—较低—中—较高—高"的顺序排列，5 个等级中"高"和"较高"级别广泛分布，"较低"级别主要分布在广东省。从变化趋势来看，广西壮族自治区西部和福建省中部表现出暖昼日数下降的趋势。

如图 10.1g1、g2 所示，森林生态系统冷夜日数（TN10P）整体呈现较低的空间格局。按"低—较低—中—较高—高"的顺序排列，5 个等级中"高"和"较高"级别主要分布华北地区北部、东北地区以及广西壮族自治区西部，"较低"级别主要分布在江苏省东部和福建省东部。从变化趋势来看，森林生态系统冷夜日数（TN10P）下降的趋势主要分布在华北平原，如山东半岛东北部和江苏省西部，广西壮族自治区南部和山东省西部有上升的趋势。

　　如图 10.1h1、h2 所示，森林生态系统暖夜日数（TN90P）整体呈现北高南低的空间格局。按"低—较低—中—较高—高"的顺序排列，5 个等级中"高"和"较高"级别广泛分布在华南地区的东南部，"较低"级别主要分布在两广地区。从变化趋势来看，两广地区的暖夜日数有下降的趋势，华南地区的东南部有上升的趋势。

10.3.2　暴露度评估

　　图 10.2 为不同气候情景下未来中国沿海地区森林生态系统的暴露度。如图 10.2a1 ～ a3 所示，在 RCP2.6 气候情景下，2030 年森林生态系统暴露度整体处于中等以上水平，

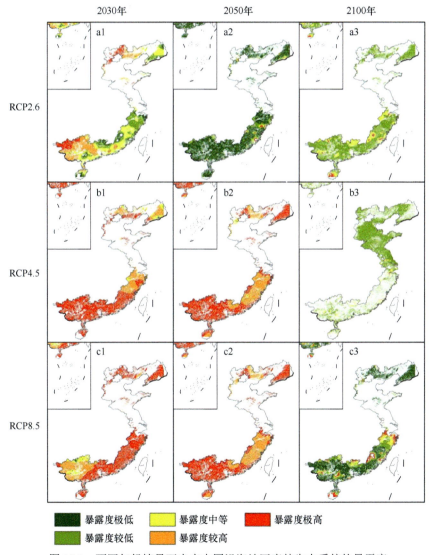

图 10.2　不同气候情景下未来中国沿海地区森林生态系统的暴露度

注：香港、澳门、台湾资料暂缺

环北部湾地区暴露度最高，达到极高等级，暴露度高的地区分别为广东省西部和广西壮族自治区东部地区；2050 年暴露度整体明显降低，除了浙江省沿海局部地区暴露度是中等，其余地区暴露度均为极低，极少部分暴露度为较低；2100 年研究区域整体暴露度均上升一个等级，此时暴露度较高的地区为海南省西南部。

如图 10.2b1 ~ b3 所示，在 RCP4.5 气候情景下，2030 年、2050 年森林生态系统暴露度的分布格局较为一致，但福建省东部和辽宁省南部沿海地区有所不同，二者暴露度均处于极高水平；2100 年森林生态系统整体暴露度明显下降，整体处于极低到较低之间的水平，且暴露度水平总体低于 RCP2.6 气候情景。

如图 10.2c1 ~ c3 所示，在 RCP8.5 气候情景下，暴露度总体低于 RCP2.6 和 RCP4.5 气候情景，2030 年、2050 年森林生态系统暴露度的分布格局在北方地区较为一致，但在南方地区有明显不同。2030 年浙江省、福建省、广东省中东部、海南省的森林生态系统暴露度等级最高，为极高水平；2050 年转变为广西壮族自治区和广东省西部地区的森林生态系统暴露度等级最高，为极高水平；2100 年森林生态系统总体暴露度明显下降，整体处于极低到较低之间的水平，仅长江三角洲和海南省局部地区暴露度表现为极高水平。

10.3.3　脆弱性评估

图 10.3 为中国沿海地区森林生态系统的脆弱性。可以看出，森林生态系统整体上处于较低的敏感性。东北地区森林生态系统有较低的敏感性，但是四周区域的森林生态系统敏感性较高；在长江以南沿海地区，森林生态系统敏感性较高地区主要分布在海岸线区域。

森林生态系统脆弱性

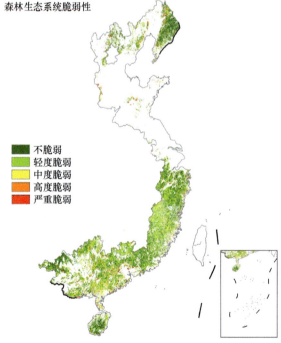

不脆弱
轻度脆弱
中度脆弱
高度脆弱
严重脆弱

图 10.3　中国沿海地区森林生态系统的脆弱性

注：香港、澳门、台湾资料暂缺

1. 极端气候变化对南方地区森林生态系统脆弱性的影响

由表 10.1 可知，中国沿海地区极端气候指数与南方地区森林生态系统脆弱性相关系数的绝对值集中于 0.1 ~ 0.3，相关性均较弱，仅 TXn、TNn、TX90P 与脆弱性显著相关。极端气温指数 TXn、TNn、TX90P 与脆弱性呈显著正相关关系，这可能是因为极端气温升高使得植被呼吸作用大大加强，消耗有机物质变多，所以 NPP 波动变大，脆弱性增加。极端降水指数 RX1day、RX5day 与脆弱性呈不显著中等正相关关系，强降水会对植被产生不利影响，这与南方地区水分较为充足有关。

表 10.1 中国沿海地区极端气候指数与南方地区森林生态系统脆弱性的相关关系

极端气候指数	斜率	R^2	p 值
TXx	0.01	0.00	0.97
TNx	0.32	0.04	0.24
TXn	0.26	0.09	0.06
TNn	0.22	0.10	0.05
TN10P	0.23	0.01	0.51
TX10P	0.35	0.01	0.48
TN90P	−0.04	0.00	0.76
TX90P	0.41	0.24	0.00
DTR	−0.30	0.01	0.49
RX1day	0.02	0.05	0.15
RX5day	0.01	0.06	0.13

图 10.4 为中国沿海地区极端气候指数与南方地区森林生态系统脆弱性的散点图。其中，TN90P 和 DTR 与脆弱性呈负相关关系，其余指数与脆弱性呈正相关关系。

2. 极端气候变化对北方地区森林生态系统脆弱性的影响

由表 10.2 可知，中国沿海地区极端气候指数与北方地区森林生态系统脆弱性的相关系数绝对值集中于 0.2 ～ 0.4，相关性均较弱且均不显著。极端气温指数 TXx、TNx、TXn、TNn 与脆弱性呈不显著正相关关系，北方地区森林植被受水分制约较大，日间和

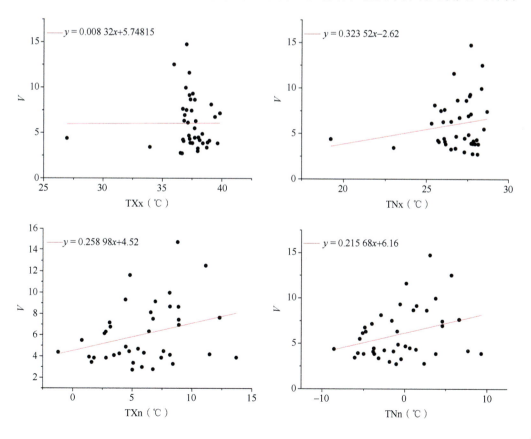

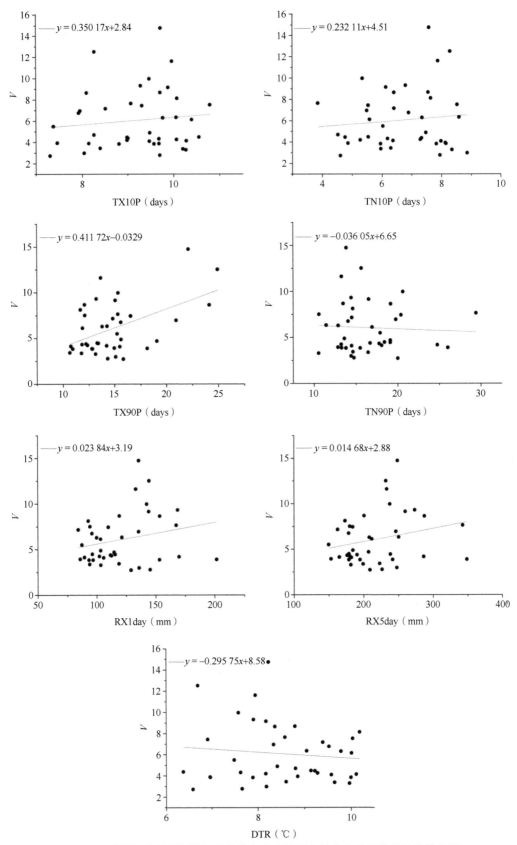

图 10.4　中国沿海地区极端气候指数与南方地区森林生态系统脆弱性的散点图

夜间升温使得水分蒸发加快、呼吸作用增强，强化水分对植被生长的限制，增加脆弱性。极端降水指数 RX1day、RX5day 与脆弱性呈不显著微弱负相关关系，说明适当增加降水会促进北方地区森林植被生长，降低脆弱性。

表 10.2　中国沿海地区极端气候指数与北方地区森林生态系统脆弱性的相关关系

极端气候指数	斜率	R^2	p 值
TXx	0.93	0.11	0.27
TNx	0.82	0.12	0.24
TXn	0.20	0.05	0.46
TNn	0.17	0.08	0.35
TN10P	−0.18	0.00	0.82
TX10P	0.97	0.03	0.56
TN90P	0.36	0.08	0.33
TX90P	−0.60	0.04	0.52
DTR	−0.60	0.05	0.46
RX1day	−0.01	0.00	0.89
RX5day	−0.01	0.01	0.77

图 10.5 为中国沿海地区极端气候指数与北方地区森林生态系统脆弱性的散点图。其中，TXx、TNx、TXn、TNn、TX10P 和 TN90P 与脆弱性呈正相关关系，其余指数与脆弱性呈负相关关系。

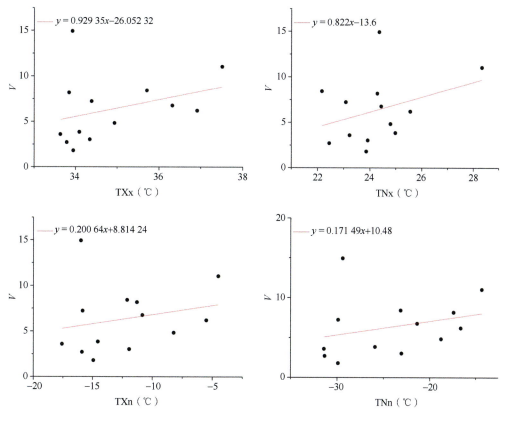

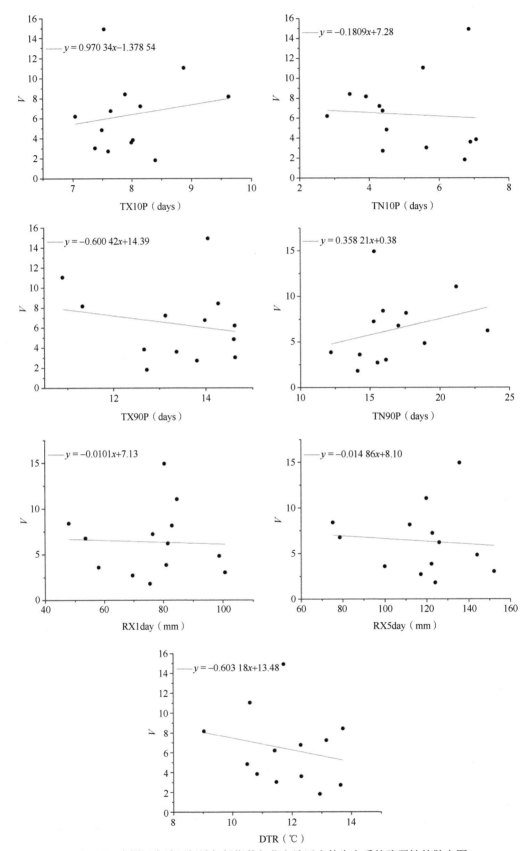

图 10.5　中国沿海地区极端气候指数与北方地区森林生态系统脆弱性的散点图

10.3.4　综合风险评估

图 10.6 为不同气候情景下未来中国沿海地区森林生态系统的风险。在 RCP2.6 气候情景下，2030 年森林生态系统风险整体处于中风险及以下水平，风险等级极低的地区集中在浙江省北部和上海市；2050 年风险等级整体明显降低，除了辽宁省沿海局部地区表现为中风险等级，总体表现为极低风险等级；2100 年华北平原东部、辽宁省南部和广西壮族自治区西南部地区风险等级明显上升，整体处于中风险水平，其余区域的风险等级处于较低风险及以下水平。

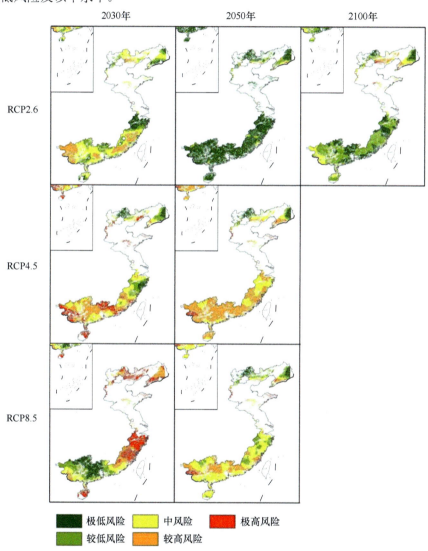

图 10.6　不同气候情景下未来中国沿海地区森林生态系统的风险

注：香港、澳门、台湾资料暂缺

在 RCP4.5 气候情景下，未来不同年份的森林生态系统风险的分布格局有一定差异，主要集中在浙江省东部、广东省中部、广西壮族自治区西部、海南省东北部地区，2030 ~ 2050 年这些地区的风险等级都有明显的下降。2030 年浙江省东部、福建省北部和海南省为极高风险等级，其余地区风险等级位于中风险及以下等级；2050 年浙江省东部、福建省北部和海南省风险等级都有所下降，为中风险及以下等级，而浙江省东部地区整体风险等级有所上升，中风险等级区域进一步扩大。

在 RCP8.5 气候情景下，未来不同年份的森林生态系统风险的分布格局明显不同。值得注意的是，2030 年整个北方地区和上海市、浙江省东部、福建省北部风险等级处于极高水平，2050 年这些地区的风险等级有所下降。2050 年森林生态系统除广西壮族自治区西部局部地区为极高风险水平以外，整体处于中风险及以下等级。

10.4 结 语

对于森林生态系统来说，南方地区森林生态系统脆弱性与极端气温指数 TXn、TNn、TX90P 呈显著正相关关系，这可能是因为极端气温升高使得植被呼吸作用大大加强，消耗有机物质变多，所以 NPP 波动变大，脆弱性增加。和南方地区森林生态系统相比，北方地区森林生态系统的脆弱性与极端气候指数的相关性均较弱且均不显著。

参 考 文 献

樊引琴，蔡焕杰．2002．单作物系数法和双作物系数法计算作物需水量的比较研究．水利学报，33(3): 50-54.

范云鹤，尹铎皓，周君华，等．2015．基于互补理论的岷江上游流域蒸散模型研究．灌溉排水学报，34(S2): 122-125.

方修琦，余卫红．2002．物候对全球变暖响应的研究综述．地理科学进展，17(5): 714-719.

高志球，卞林根，陆龙骅，等．2004．水稻不同生长期稻田能量收支、CO_2 通量模拟研究．应用气象学报，15(2): 129-140.

黄子琛，蒲锦春，高征锐．1988．河西地区农作物的蒸发蒸腾试验研究：临泽北部绿洲春小麦和玉米的蒸发蒸腾量．中国沙漠，8(2): 57-67.

蹇东南，李修仓，陶辉，等．2016．基于互补相关理论的塔里木河流域实际蒸散发时空变化及影响因素分析．冰川冻土，38(3): 750-760.

蒋菊芳，王鹤龄，魏育国，等．2011．河西走廊东部不同类型植物物候对气候变化的响应．中国农业气象，32(4): 543-549.

康绍忠，刘晓明．1992．田间冬小麦蒸腾量的计算方法．水科学进展，3(4): 264-270.

李胜功，原芳信，何宗颖，等．1995．内蒙古奈曼麦田生长期的微气象变化．中国沙漠，15(3): 216-221.

李修仓，姜彤，吴萍，等．2016．珠江流域实际蒸散发与潜在蒸散发的关系研究．大气科学学报，39(5): 692-701.

李玉霖，张铜会，崔建垣．2002．科尔沁沙地农田玉米耗水规律研究．中国沙漠，22(4): 354-358.

刘波，马柱国，丁裕国．2006．中国北方近 45 年蒸发变化的特征及与环境的关系．高原气象，25(5): 840-848.

刘昌明．1997．土壤 - 植物 - 大气系统水分运行的界面过程研究．地理学报，52(4): 366-373.

刘昌明，张喜英，由懋正．1998．大型蒸渗仪与小型棵间蒸发器结合测定冬小麦蒸散的研究．水利学报，29(10): 36-39.

刘丹，那继海，杜春英，等．2007．1961—2003 年黑龙江省主要树种的生态地理分布变化．气候变化研究进展，3(2): 100-105.

刘恩民，张代桥，刘万章，等．2009．鲁西北平原农田耗水规律与测定方法比较．水科学进展，20(2): 190-196.

刘曼，李国栋，任晓娟 . 2021. 农田生态系统碳水通量研究进展 . 河南大学学报 (自然科学版), 51(3): 253-267.

刘绍民，李银芳 . 1993. 彭曼法偏差产生原因的分析 . 新疆气象 , (6): 32-36.

刘绍民，孙睿，孙中平，等 . 2004. 基于互补相关原理的区域蒸散量估算模型比较 . 地理学报 , 59(3): 331-340.

刘绍民，孙中平，李小文，等 . 2003 蒸散量测定与估算方法的对比研究 . 自然资源学报 , 18(2): 161-167.

刘树华，麻益民 . 1997. 农田近地面层 CO_2 和湍流通量特征研究 . 气象学报 , 55(2): 187-199.

刘钰，彭致功 . 2009. 区域蒸散发监测与估算方法研究综述 . 中国水利水电科学研究院学报 , 7(2): 256-264.

陆佩玲，于强，罗毅 . 2000. 华北地区冬小麦田辐射过程与热量过程的基本特征 . 生态农业研究 , (1): 10-13.

毛沂新 . 2015. 不同研究尺度下森林蒸腾观测技术方法 . 辽宁林业科技 , (4): 49-52.

聂晓，王毅勇，刘兴土 . 2016. 三江平原寒地稻田蒸散量估算研究 . 湖北农业科学 , 55(10): 2525-2528.

潘愉德，Melillo J M, Kicklighter D W, 等 . 2001. 大气 CO_2 升高及气候变化对中国陆地生态系统结构与功能的制约和影响 . 植物生态学报 , 25(2): 175-189, 257-261.

沈彦俊，刘昌明，莫兴国，等 . 1997. 麦田能量平衡及潜热分配特征分析 . 生态农业研究 , (1): 12-17.

童应祥，田红 . 2009. 寿县地区麦田能量平衡闭合状况分析 . 中国农学通报 , 25(18): 384-387.

万志红，李荣平，周广胜，等 . 2016. 锦州地区玉米农田生态系统水汽通量变化特征及其调控机制 . 气象与环境学报 , 32(6): 155-159.

王根绪，程国栋，沈永平 . 2002. 近 50 年来河西走廊区域生态环境变化特征与综合防治对策 . 自然资源学报 , 17: 78-86.

王姮，李明诗 . 2016. 气候变化对森林生态系统的主要影响述评 . 南京林业大学学报 (自然科学版), 40(6): 167-173.

王进，白洁，陈曦，等 . 2015. 新疆绿洲覆膜滴灌棉田碳通量特征研究 . 农业机械学报 , 46(2): 70-78: 136.

王笑影 . 2003. 农田蒸散估算方法研究进展 . 农业系统科学与综合研究 , 19(2): 81-84.

王亚楠，龙慧灵，袁占良，等 . 2015. 基于涡度相关的黑河玉米生态系统生长季碳通量和固碳能力变化特征研究 . 河南农业科学 , 44(8): 154-159.

王毅勇，杨青，张光，等 . 2003. 三江平原大豆田蒸散特征及能量平衡研究 . 中国生态农业学报 , (4): 82-85.

吴锦奎，丁永建，王根绪，等 . 2007. 干旱区制种玉米农田蒸散研究 . 灌溉排水学报 , 26(1): 14-17.

谢贤群 . 1991. 遥感瞬时作物表面温度估算农田全日蒸散总量 . 环境遥感 , (4): 253-260.

徐雨晴，肖风劲，於琍 . 2020. 中国森林生态系统净初级生产力时空分布及其对气候变化的响应研究综述 . 生态学报 , 40(14): 4710-4723.

延晓冬，赵士洞，符淙斌，等 . 1999. 气候变化背景下小兴安岭天然林的模拟研究 . 自然资源学报 , 14(4): 372-376.

有德宝，王建林，田平，等 . 2015. 黑河中游灌区玉米农田蒸散涡度相关分析研究 . 沈阳农业大学学报 , 46(6): 648-653.

赵茂盛，Neilson R P, 延晓冬，等 . 2002. 气候变化对中国植被可能影响的模拟 . 地理学报 , 57(1): 28-38.

郑景云，葛全胜，赵会霞 . 2003. 近 40 年中国植物物候对气候变化的响应研究 . 中国农业气象 , 24(1): 28-32.

周广胜，王玉辉 . 2003. 全球生态学 . 北京 : 气象出版社 .

Allen R G, Jensen M E, Wright J L, et al. 1989. Operational estimates of reference evapotranspiration. Agronomy Journal, 81(4): 650-662.

Anderson D E, Verma S B, Rosenberg N J. 1984. Eddy correlation measurements of CO_2, latent heat, and sensible heat fluxes over a crop surface. Boundary-Layer Meteorology, 29(3): 263-272.

Baldocchi D D, Verma S B, Rosenberg N J. 1981. Seasonal and diurnal variation in the CO_2 flux and CO_2-water flux ratio of alfalfa. Agricultural Meteorology, 23: 231-244.

Beyrich F, de Bruin H A R, Meijninger W M L, et al. 2002. Results from one-year continuous operation of a large aperture scintillometer over a heterogeneous land surface. Boundary-Layer Meteorology, 105(1): 85-97.

Brouwers N, Matusick G, Ruthrof K, et al. 2013. Landscape-scale assessment of tree crown dieback following extreme drought and heat in a Mediterranean eucalypt forest ecosystem. Landscape Ecology, 28(1): 69-80.

Farquhar G D, von Caemmerer S, Berry J A. 1980. A biochemical model of photosynthetic CO_2 assimilation in leaves of C3 species. Planta, 149(1): 78-90.

Foley J A, Prentice I C, Ramankutty N, et al. 1996. An integrated biosphere model of land surface processes, terrestrial carbon balance, and vegetation dynamics. Global Biogeochemical Cycles, 10(4): 603-628.

Hanewinkel M, Cullmann D A, Schelhaas M J, et al. 2013. Climate change may cause severe loss in the economic value of European forest land. Nature Climate Change, 3(3): 203-207.

Herrero A, Castro J, Zamora R, et al. 2013. Growth and stable isotope signals associated with drought-related mortality in saplings of two coexisting pine species. Oecologia, 173(4): 1613-1624.

Hoedjes J C B, Zuurbier R M, Watts C J. 2002. Large aperture scintillometer used over a homogeneous irrigated area, partly affected by regional advection. Boundary-Layer Meteorology, 105(1): 99-117.

Howell T A, Tolk J A, Schneider A D, et al. 1998. Evapotranspiration, yield, and water use efficiency of corn hybrids differing in maturity. Agronomy Journal, 90(1): 3-9.

Irvine J, Perks M P, Magnani F, et al. 1998. The response of Pinus sylvestris to drought: stomatal control of transpiration and hydraulic conductance. Tree Physiology, 18(6): 393-402.

Kozlov M V, Berlina N G. 2002. Decline in length of the summer season on the Kola Peninsula, Russia. Climatic Change, 54(4): 387-398.

Lang A R G, McMurtrie R E. 1992. Total leaf areas of single trees of *Eucalyptus grandis* estimated from transmittances of the sun's beam. Agricultural and Forest Meteorology, 58(1-2): 79-92.

Lee C K F, Duncan C, Owen H J F, et al. 2018. A new framework to assess relative ecosystem vulnerability to climate change. Conservation Letters, 11(2): e12372.

Leuning R, Denmead O T, Lang A R G, et al. 1982. Effects of heat and water vapor transport on eddy covariance measurement of CO_2 fluxes. Boundary-Layer Meteorology, 23(2): 209-222.

Li D, Wu S, Liu L, et al. 2018. Vulnerability of the global terrestrial ecosystems to climate change. Global Change Biology, 24(9): 4095-4106.

Loacker K, Kofler W, Pagitz K, et al. 2007. Spread of walnut (*Juglans regia* L.) in an Alpine valley is correlated with climate warming. Flora-Morphology, Distribution, Functional Ecology of Plants, 202(1): 70-78.

Matsumoto K, Ohta T, Irasawa M, et al. 2003. Climate change and extension of the *Ginkgo biloba* L. growing season in Japan. Global Change Biology, 9(11): 1634-1642.

McAneney K J, Green A E, Astill M S. 1995. Large-aperture scintillometry: the homogeneous case. Agricultural and Forest Meteorology, 76(3-4): 149-162.

Meijninger W M L, de Bruin H A R. 2000. The sensible heat fluxes over irrigated areas in western Turkey determined with a large aperture scintillometer. Journal of Hydrology, 229(1-2): 42-49.

Menzel A, Sparks T H, Estrella N. 2006. et al. European phenological response to climate change matches the warming pattern. Global Change Biology, 10: 1969-1976.

Meshinev T, Apostolova I, Koleva E. 2000. Influence of warming on timberline rising: a case study on *Pinus peuce* Griseb. in Bulgaria. Phytocoenologia, 30(3): 431-438.

Miller P A, Giesecke T, Hickler T, et al. 2008. Exploring climatic and biotic controls on Holocene vegetation change in Fennoscandia. Journal of Ecology, 96(2): 247-259.

Miller-Rushing A J, Primack R B. 2008. Global warming and flowering times in Thoreau's Concord: a community perspective. Ecology, 89(2): 332-341.

Morton F I. 1983. Operational estimates of areal evapotranspiration and their significance to the science and practice of hydrology. Journal of Hydrology, 66(1-4): 1-76.

Nakaya K, Suzuki C, Kobayashi T, et al. 2006. Application of a displaced-beam small aperture scintillometer to a deciduous forest under unstable atmospheric conditions. Agricultural and Forest Meteorology, 136(1-2): 45-55.

Ohtaki E. 1984. Application of an infrared carbon dioxide and humidity instrument to studies of turbulent transport. Boundary-Layer Meteorology, 29(1): 85-107.

Pacifici M, Foden W B, Visconti P, et al. 2015. Assessing species vulnerability to climate change. Nature Climate Change, 5(3): 215-224.

Parmesan C, Yohe G. 2003. A globally coherent fingerprint of climate change impacts across natural systems. Nature, 421: 37-42.

Parton V Z, Kalamkarov A L, Miloserdova V I. 1987. Combined thermoelasticity problem for composites of periodic structure. Mechanics of Composite Materials, 23(5): 558-562.

Peñuelas J, Boada M. 2003. A global change-induced biome shift in the Montseny mountains (NE Spain). Global Change Biology, 9(2): 131-140.

Peñuelas J, Filella I, Comas P. 2002. Changed plant and animal life cycles from 1952 to 2000 in the Mediterranean region. Global Change Biology, 8(6): 531-544.

Richardson A D, Keenan T F, Migliavacca M, et al. 2013. Climate change, phenology, and phenological control of vegetation feedbacks to the climate system. Agricultural and Forest Meteorology, 169: 156-173.

Running S W, Nemani R R. 1988. Relating seasonal patterns of the AVHRR vegetation index to simulated photosynthesis and transpiration of forests in different climates. Remote Sens Environ, 24(2): 347-367.

Sáenz-Romero C, Guzmán-Reyna R R, Rehfeldt G E. 2006. Altitudinal genetic variation among Pinus oocarpa populations in Michoacán, Mexico: implications for seed zoning, conservation, tree breeding and global warming. Forest Ecology and Management, 229: 340-350.

Seddon N, Mace G M, Naeem S, et al. 2016. Biodiversity in the Anthropocene: prospects and policy. Proceedings of the Royal Society B: Biological Sciences, 283(1844): 20162094.

Sidor C G, Camarero J J, Popa I, et al. 2019. Forest vulnerability to extreme climatic events in Romanian Scots pine forests. Science of the Total Environment, 678: 721-727.

Singh P, Wolkewitz H. 1988. Evapotranspiration, pan evaporation and soil water relationships for wheat (*Triticum aestivum*). Agricultural Water Management, 13(1): 65-81.

Thompson R, Clark R M. 2008. Is spring starting earlier? The Holocene, 18: 95-104.

Tolk J A, Howell T A, Evett S R. 1999. Effect of mulch, irrigation, and soil type on water use and yield of maize. Soil and Tillage Research, 50(2): 137-147.

Tyagi N K, Sharma D K, Luthra S K. 2000. Determination of evapotranspiration and crop coefficients of rice and sunflower with lysimeter. Agricultural Water Management, 45(1): 41-54.

Vogt K A, Crier C C, Vogt D J. 1986. Production, turnover, and nutrient dynamics of above- and belowground detritus of world forests Advances in Ecological Research, 15:303-377.

von Randow C, Kruijt B, Holtslag A A M, et al. 2008. Exploring eddy-covariance and large-aperture scintillometer measurements in an Amazonian rain forest. Agricultural and Forest Meteorology, 148(4): 680-690.

Walther G R, Beißner S, Burga C A. 2005. Trends in the upward shift of alpine plants. Journal of Vegetation Science, 16(5): 541-548.

Watson J E, Iwamura T, Butt N. 2013. Mapping vulnerability and conservation adaptation strategies under climate change. Nature Climate Change, 3(11): 989-994.

Zheng J Y, Ge Q S, Hao Z X. 2002. Impacts of climate warming on plants phenophases in China for the last 40 years. Chinese Science Bulletin, 47(21): 1826-1831.

第 11 章

草地生态系统

11.1 引　　言

　　草地生态系统是陆地生态系统的主要类型之一，全球草地面积约为 32 亿 hm²，占陆地总面积的 20% 左右，其植被生物量占全球陆地植被总生物量的 36%。草地在全球气候变化及碳循环过程中起着重要的作用，草地生态系统碳储量约占陆地生态系统碳储量的 12.7%，草地土壤有机碳约占全球总有机碳储量的 15.5%。中国草地资源十分丰富，根据草地资源普查资料，中国拥有天然草地约 3.9 亿 hm²，占中国陆地面积的 41%，既是中国农业基础资源的重要组成部分和重要的自然资源与天然生态屏障，也是发展草原畜牧业的重要物质基础，对提高人民生活水平和发展中国社会经济具有重要意义。

　　沿海地区的草地生态系统具有独特的地理环境。这些地区通常受到海洋和陆地相互作用的影响，具有较高的湿度和降水量。海洋气候调节了这些地区的温度，使其温和湿润，有利于草地植被的生长和发展，并且沿海地区通常拥有丰富的水资源，如河流、湖泊和沼泽，为草地提供了充足的水源。然而，沿海地区的草地生态系统也面临着特定的挑战，如海风、盐分侵蚀和风暴潮等海洋因素的影响，这些因素可能对草地植被的生长和健康产生负面影响。同时，沿海地区的草地生态系统也为沿海生态系统提供了重要的生态系统服务，如维持海岸线稳定、净化海水和提供栖息地等。

　　研究表明，气候极端化使草地干旱概率增加、持续时间延长，牧草生长发育受到影响，导致草地生态系统植物高度降低、产草量下降及草地生态质量降低，最终导致草地畜牧业等受到严重制约，给草地畜牧业生产等的可持续发展带来严重威胁（郭春生等，2010）。随着中国经济发展、人口增加，草原严重超载过牧，草地的脆弱性越来越明显。因此，我们必须正确认识气候变化对草地生态系统的影响。

　　同时，草地生态系统对于气候变化有较高的敏感性，探究其如何响应极端气候的发生以及适应性策略对于维持其生态系统结构和功能，实现可持续管理有重要意义。通常，与其他自然灾害相比，干旱具有发生频率高、持续时间长、影响范围广等特点。极端干旱条件下的生态响应，已经受到各国政府和相关学者的普遍关注。IPCC 在其系列评估报告中指出，未来干旱风险有不断增强的趋势。草地更容易遭受干旱的干扰，干旱对草地生态系统碳循环产生了极大的干扰，影响程度远超过温度和降水平均值的改变产生的影响。随着气候的变化，干旱对草地生态系统碳循环的影响更为复杂。随着大气 CO_2 浓度的增加，草地土壤的水利用效率高于湿土。GPP 对干旱的响应在长期内具有一定的滞后效应，滞后效应的程度受干旱强度和持续时间的控制。此外，干旱对生态系统的碳动态也会产生影响，在草类中产生干旱记忆，可能产生混沌反应。因此，干旱可能会对草地生态系统产生重大的影响。研究表明，干旱的持续时间、干旱时间的变化以及季节性变化，更可能导致生产力下降，是影响草地生态系统碳吸收和生产力的关键因素。预测生态系统对干旱的反应不仅应考虑干旱严重性，还应考虑气候变化下的干旱持续时间。此外，植物发育阶段可能会影响干旱反应，如植物在幼苗阶段更易受到干旱的影响，同样，干旱的季节性也可能是碳吸收和碳循环过程发生改变的主导性因素之一。北半球春季干旱的变化对生态系统功能和结构的影响超过了美国北部草原的北半球秋季干旱。因此，干旱的强度和时间变化会对草地碳循环产生不同的影响。同时，干旱在降低草地生态系统生产力之外，还可能会通过增加火灾或病虫害等影响碳源汇或植物死亡等来间接影响草地生态系统。草地生态系统的火灾发生强度和频率的增加也是干旱导致草地生态系统生产力等功能下降的重要因素之一。

因此，研究极端气候背景下草地生态系统的暴露度、脆弱性和风险，对于维持、稳定和发展整个草地生态系统，理解草地生态系统的控制与反馈机制以及生态系统对全球变化的适应机制具有重要的意义。

11.2　数据与方法

草地生态系统脆弱性指草地生态系统因气候等相关刺激因素的作用而受到影响时的抵御能力。草地生态系统暴露度指草地生态系统生产力受到极端气候事件影响的程度或容易受到这些影响的程度。草地生态系统风险指由极端气候事件导致的草地生态系统生产力潜在损害的可能性，它是危害性（极端事件的频率和严重程度）、暴露度以及脆弱性之间的综合结果。通常，草地生态系统生产力是表征草地生态系统结构与功能的一个重要指标，草地生态系统暴露度、脆弱性以及风险的评估都基于其生态系统生产力开展。同时，将草地生态系统极端气候指标进行等分分级，统计划分得到草地生态系统暴露度指标。之后，为了避免多指标体系带来的不确定性问题，选择 NPP 作为生态系统功能指标来评估生态系统的脆弱性特征，该指标能够直接体现生态系统的抵抗力、恢复力。在此基础上，对草地生态系统风险等级进行划分分类，并提出针对性的风险管理建议。

本章的数据来源与 8.2.1 小节相同。

11.2.1　碳水通量过程观测方法

目前在围绕土壤 - 植物 - 大气系统（SPAC）界面物质与能量交换的大量研究过程中，已发展了几种用于计算和观测水热、CO_2 输送的方法。常用的观测方法有涡度相关法（EC）、波文比能量平衡法（BREB）、蒸渗仪法及大孔径闪烁仪法等。其中，BREB 和 EC 是两种应用较多的微气象学观测方法（刘曼等，2021）。

1. 涡度相关法

涡度相关技术直接测定地表与大气间的通量，目前广泛应用于陆地生态系统蒸散方面的测定并被认为是较理想的方法。20 世纪 80 年代初期（Leuning et al.，1982；Ohtaki，1984），将该方法应用于各种作物的 CO_2 通量和水汽通量的机制研究。后来随着涡度相关技术的发展与进步，利用涡度相关技术对农田生态系统碳水通量的研究也越来越多。通过对冬小麦（陆佩玲等，2000；童应祥和田红，2009）、玉米（万志红等，2016；有德宝等，2015）及水稻（高志球等，2004）等农田系统的大量研究发现，影响农田通量变化的主要是气温、降水、土壤湿度和光照强度等因素，农田所获得的太阳辐射主要用于潜热，只有小部分用于光合作用。研究表明，碳通量的日变化和季节变化特征都为显著单峰"U"型曲线，峰值通常出现在作物的生育盛期，而水分状况作为影响农田蒸发蒸腾量季节变化的主要因素，水分利用率在早晚时段内迅速升降变化的特征与农田碳通量和潜热通量发生强度升降的初始时间有一定联系。例如，王进等（2015）基于涡度相关技术对新疆典型绿洲棉田碳通量进行研究发现，棉田在生长盛期净生态系统碳交换量（NEE）日变化明显，峰值出现在 14:00 前后，并且 NEE 与 LAI 的季节变化一致，峰值出现在 7 月；王亚楠等（2015）也基于涡度相关技术对黑河玉米生态系统生长季的碳通量和固碳能力特征进行了研究，将通常的日变化研究扩展到月变化，发现玉米在整个生长期月平均碳通量变化特征（Fc）表现为"U"型曲线，并揭示了土壤温度是其主要影响因素。

涡度相关法的优点是对研究对象的观测环境干扰小，可以进行连续、长期的观测，并且能够自动、连续采集生态系统水热等环境变量数据。但它的直接测定技术对生态系统蒸散的影响原理和物理过程尚不能很好地解释。另外，其观测的尺度较小，而且在非均一下垫面下，要想获取区域尺度下的平均感热通量数据，则需要对多套涡动相关系统进行组合，形成综合观测网，导致涡度相关法应用起来具有较大困难（刘昌明，1997）。

2. 波文比能量平衡法

波文比能量平衡法（BREB）简称波文比法，是 1926 年 Bowen 提出的，该方法可以根据土壤热通量、净辐射量和处在不同高度间的两个温差和水汽压差等数据得出蒸散量，但一般技术条件下对上述的温差和水汽压差进行精确测定是很难实现的。随着高新科技（指微型电子计算机、软硬件和集成电路等）的快速发展，20 世纪 80 年代末 90 年代初这一难题得以解决，从而使波文比能量平衡法在农田（或林地）水分蒸发、蒸腾量研究中的应用得到发展。直到 20 世纪 80 年代后期，国内利用波文比能量平衡法测定农田蒸散发的研究才开始，经过多年发展，目前利用波文比能量平衡法进行各方面的研究也越来越多。李胜功等（1995）利用波文比能量平衡法分别分析了麦田在不同生长阶段灌溉与无灌溉条件下麦田的热量平衡。李玉霖等（2002）采用波文比能量平衡法对不同发育阶段的科尔沁沙地玉米农田晴天的能量分配特征进行了分析，表明波文比能量平衡法能够较准确地估算玉米农田晴天的蒸散量，并发现在玉米整个生长周期中能量交换以水分蒸散耗热为主。沈彦俊等（1997）在对农作物能量平衡和潜热分配的特征分析中发现，总蒸散量变化曲线呈倒"U"型，且叶面积指数和土壤含水量是决定能量分配的关键因素。更多的研究是基于蒸渗仪或涡度相关系统测定蒸散量，再以波文比能量平衡法测定的结果验证分析，探讨波文比能量平衡法在蒸散量计算中的适用性。验证结果均证实波文比能量平衡法的精度较高，相关性较好，能应用在蒸散量计算中（刘绍民等，2003；吴锦奎等，2007；聂晓等，2016）。

波文比能量平衡法的优点是能够得出所观测系统蒸散的主要影响因素和机制，具有一定的精确性。但观测方法比较复杂，需要的仪器较多，并且能量平衡原理是以均质表面为假定基础，而实际情况复杂，会使测量结果产生较大误差，因此必须研制和使用干湿球传感器，同时还要注意仪器安装高度要有足够的风浪区长度（王毅勇等，2003；毛沂新，2015）。

3. 蒸渗仪法

1937 年 Fritschen 等根据水量平衡原理设计了一种测量蒸腾的方法——蒸渗仪法。此方法采用的蒸渗仪是一种设在田间反映田间自然环境的一种仪器。蒸渗仪在测定作物耗水量方面具有显著优势，其测量空间范围广，深度较大，又不影响农作物根系的正常生长发育，能够较好地观测农田的实际情况。国外利用蒸渗仪测定作物耗水量始于 20 世纪 60 年代，Pratap（1988）利用 4 台称重式蒸渗仪和 2 台非称重式蒸渗仪等对作物的耗水量进行了估算。之后的研究者则在此基础上更注重作物的耗水量与水分利用效率（Howell et al.，1998；Tolk et al.，1999；Tyagi et al.，2000）之间的关系研究及耗水估算模型对比分析的研究。国内也做了这方面的研究。黄子琛等（1988）利用 18 台蒸渗仪研究了河西地区春小麦和夏玉米生育期内的逐日蒸发蒸腾量。刘昌明等（1998）则利用大型称重式蒸渗仪对生育期内的冬小麦耗水量和土壤蒸发量逐日过程进行了研究，并确定了蒸发蒸腾的分摊比例。樊引琴和蔡焕杰（2002）通过蒸渗仪的实测资料，利用单作物系数法和双作物系数法对陕西杨凌的冬小麦耗水估算模型进行了对比分析。刘恩民等（2009）根据禹城综合试验站的大型蒸渗仪观测数据，分析了鲁西北平原典型农作物（冬小麦和夏玉米）近 20 年来的耗水规律。

在目前的科学研究中，蒸渗仪主要有 3 种类型：称重式蒸渗仪、非称重式蒸渗仪、漂浮式蒸渗仪。其中，称重式蒸渗仪可以感应微小的重量变化，它是根据杠杆原理对失水量进行直接称重，精确度能够达到 0.01～0.02 mm；非称重式蒸渗仪是利用各种测定土壤水分的仪器来测定土壤水分的变化，并且通过排水系统来得出仪器内的排水量；漂浮式蒸渗仪则是依据准确测定的沉没深度，通过计算得出相应的耗水量。在其他观测方法不适用的情况下，蒸渗仪法也是一种较好的选择。蒸渗仪法的分辨率和精度较高，能够求出短时段内的蒸发蒸腾量，并且观测时能够使仪器内的土壤特性与仪器外的土壤特性保持一致。此外，它的测量范围广、深度较大，可以保证作物根系自由生长。缺点是操作比较复杂、装土较困难，并且维护成本较高，需要定期仔细维护。

4. 大孔径闪烁仪法

大孔径闪烁仪（LAS）是王庭义于 1978 年提出的，由发射端和接收端组成。发射端发射出某些波长和直径的光波束，通过空气传播；接收端接收光波束上的光，由于湿度、温度及气压波动的影响，通过大气折射指数结构参数来表示大气的湍流强度，并结合相似理论由气象数据推算出感热通量。它是近年来刚刚兴起的一种新的通量测量仪器，可以观测到非均匀下垫面较大尺度上具有代表性的区域的湍流通量。这个优势使它在短短十几年里得到迅速发展，并拥有广阔的应用前景（McAneney et al.，1995）。但是大孔径闪烁仪观测中的相似理论要求地表均一，因而在较复杂的地表条件下不能够随意应用。因此，很多学者根据外场实测分析了平坦均一地表条件下大孔径闪烁仪的观测精度和可行性（Meijninger and de Bruin，2000；von Randow et al.，2008；Hoedjes et al.，2002）。结合 Beyrich 等（2002）、Nakaya 等（2006）在非均一下垫面背景下研究的结论，发现在上述某些大气和地形条件下，虽然相似理论不能应用，但是通过对测算数据的掺混高度、时间尺度和低频等问题的探讨，统筹考虑通量源区内各斑块的权重系数和通量印痕模型，利用大孔径闪烁仪法在非均一下垫面或起伏地表条件下对通量的测定仍然能够实现。2000 年国内才首次引进大孔径闪烁仪，之后很多学者根据大孔径闪烁仪数据以及相关气象资料开展了一些分析。

近年来，大孔径闪烁仪成为应用较多的一种方法，不仅因为其使用方便，还因为其稳定性与可靠性较好，并且它在非均匀下垫面较大尺度上对感热通量方面的测算应用潜力较大，不仅可以弥补传统观测方法的空间代表性不足问题，还与遥感的象元尺度匹配度较高。但是，其容易受到周围环境和气象要素的影响，不同的土地利用方式、周围生长的植物特征、温度、湿度及气压等因素会造成实际观测区域的非均匀性。另外，仪器本身的系统误差也会对通量观测造成影响。总而言之，国内对大孔径闪烁仪的相关研究和应用不够深入，将该方法应用在各类下垫面还有待更深入的研究。大孔径闪烁仪的标定都是与其他方法同步观测相比较完成的，且对数据的分析和探讨还不够深入，仍有很大的发展空间。

11.2.2 碳水通量的估算方法

1. Penman-Monteith 模型

Penman-Monteith 模型即彭曼法（P-M 法），是目前最常用的蒸散发估算方法，它是根据能量平衡和水汽扩散等原理而构建，常用于检验其他蒸散发模型的精度。通过研究发现，无论是在湿润地区还是在干旱地区，用彭曼法计算的参考作物蒸发蒸腾量最接近实测值，可以精确地反映农田实际蒸散量（Allen et al.，1989）。由于彭曼法的精确度较高，一些大尺度、多年和长期的陆面蒸散量估算也选择了彭曼法（刘波等，2006）。此外，彭曼法在测量农田蒸散量时也会产生偏差，这是由于彭曼公式把蒸发面假定为自由水面，并使自由水面的蒸发完全取决于外部的气象条件，并未考虑植被对水分输送的限制及一些环境动力参量的变化，因此彭曼法计算农田可能蒸散时会产生偏差（刘绍民和李银芳，1993）。

彭曼法由于具有严谨的物理学基础，且综合考虑了水汽蒸发输送所需的动力条件和热量条件，被国内外学者广泛应用。但是，因为植被蒸发面往往是非饱和的，所以对植被表面的实际蒸散发进行估算时还应该考虑影响水汽扩散的阻力因素。

2. 互补相关法

互补相关理论最早由 Bouchet 提出，它考虑了地表潜在蒸散发与实际蒸散发的关系。该理论认为，均一下垫面在一定范围内且外界输入能量不变的条件下，实际腾发量和潜在腾发量存在一种互补的相关关系，即下垫面供水亏缺时实际腾发量减少，而潜在腾发量增加，但是在供水充足时实际腾发量与潜在腾发量则变成相等。自互补相关理论提出后，有些学者常常利用由该方法估算的实际腾发量和采用其他方法所获得的腾发量进行对比，结果发现潜在腾发量与实际腾发量之间存在互补相关关系（刘钰和彭致功，2009），且呈现的是负指数关系（Morton，1983）。该方法应用最多的是对陆面流域的实际蒸散的时空变化、影响因素、模型应用及与潜在蒸散发的关系方面的研究（刘绍民等，2004；范云鹤等，2015；李修仓等，2016；塞东南等，2016）。研究表明，在较单一的下垫面情况下其计算精度较高。而在计算农田系统蒸散发时，该模型更多的是与其他模型进行验证对比，结果表明其准确度没有彭曼法的准确度高。目前，该模型也与遥感数据结合形成了 Granger 模型、CRAE 模型及 AA（advection aridity）模型，并应用在干旱、半干旱地区的研究中。

互补相关模型虽然简化了蒸散发的机制，应用方便，可以通过常规的气象数据资料估算长时间的蒸散发，但该模型未能考虑天气系统及区域平流产生的影响，对短时间内气象要素发生的一些随机变化不能进行精确检测，所以在干旱、半干旱地区应用时会存在较大的误差。因此，今后仍然需要不断深入对蒸散发机制的研究，加强对蒸散发模型的改进。

3. 空气动力学法

空气动力学法是 Thornthwaite 和 Holzman 在 1939 年通过近地边界层相似理论首次提出。该方法主要是通过靠近地层端的湍流扩散系数与气象要素梯度得出潜热通量，但是该方法的应用必须满足 Monin-Obukhov（M-O）相似理论。谢贤群（1991）的研究表明，在使用空气动力学法时，如果测定不够准确，就会造成很大的误差，尤其是在空气层不稳定的层结下偏差会更大，所以使用空气动力学法的关键在于对温度、湿度和风梯度的准确测量。利用该方法研究农田系统近地层碳通量及湍流通量输送时，可以避免涡动相关法的局限，所以该方法对于农田碳水通量和热通量的研究也有一定的实用性。刘树华和麻益民（1997）、Anderson 等（1984）利用空气动力学法对农田近地面层的 CO_2 通量、感热通量、潜热通量和动量通量进行研究发现，白天碳通量和梯度的输送方向从大气向植被，中午（11:00 ～ 13:00）输送达到负的极值；夜间输送方向与白天相反，并且在早晨（4:00 ～ 6:00）达到正的极值。这与之前研究发现的规律相符。其实早在 20 世纪 80 年代左右就有学者采用此方法测量和计算了作物冠层上的 CO_2 浓度和通量（Baldocchi et al.，1981），之后随着技术进步，发现了精确度与适用性更高的方法，而空气动力学法在应用时更多的是与其他方法验证对比。

空气动力学法应用时由于减少了对湿度的测定，从而提高了计算结果的精度，但要建立湿度和风速的自相关回归函数需要的气象要素观测点，这样大规模的应用不仅比较困难（康绍忠和刘晓明，1992），还会导致观测数据量偏大，并且该方法对下垫面的粗糙度和大气的稳定度的要求极为严格。因此，该方法在实际工作中很难得到推广应用（王笑影，2003）。

11.2.3 基于 CASA 模型的草地生态系统生产力模拟

NPP 是表征陆地生态过程的关键参数，它是植物的一种性能，与植被类型、气候条件、土壤等因素有关，它定义为植物通过吸收光能转化为有机质的总量中减去自养呼吸消耗后的剩余部分（Potter et al.，1993），它是理解地表碳循环过程的基础，也是地球支持能力的重要体现，同时它也常被用作评估陆地生态系统可持续发展的指标。

NPP 的估算方法主要有两种，一种是实地直接观测获取数据，这种方法适用于小尺度，另一种是 NPP 估算模型。目前 NPP 估算模型主要包括四大类，分别为生理生态过程模型、光能利用率模型、气候生产力模型和生态遥感耦合模型。

光能利用率模型的主要原理为

$$NPP=APAR \times \varepsilon \tag{11.1}$$

式中，NPP 为净第一性生产力（g C）；APAR 为植物光合作用中太阳辐射能够被植物吸收利用的能量（MJ/m^2）；ε 为植物光合作用中光能转化为化学能比率的最大值（g C/MJ）。

APAR 可通过下式计算：

$$APAR=TSOL \times FPAR \tag{11.2}$$

$$FPAR= \min \left(\frac{SI - SI_{min}}{SI_{max} - SI_{min}}, \ 0.95 \right) \tag{11.3}$$

$$SI= \frac{1+NDVI}{1-NDVI} \tag{11.4}$$

式中，TSOL（MJ/m^2）、FPAR 分别表示太阳照射地面的总辐射量、植被吸收的用于光合作用的太阳辐射量与太阳总辐射量的比值；SI 为比值植被指数；SI_{min} 取值为 1.08；SI_{max} 与植被类型有关，取值范围为 4.14 ~ 6.17；NDVI 为归一化植被指数，不同生态系统类型 SI_{max} 的取值见表 11.1。

表 11.1 不同植被类型的 SI_{max} 取值（朱文泉等，2007）

草地植被类型	SI_{max}	草地植被类型	SI_{max}
海边湿地	4.46	平原草地	4.46
高山、亚高山草甸	4.46	高山、亚高山草地	4.46
坡面草地	4.46	草甸	4.46

ε 可通过下式计算：

$$\varepsilon=TP_{\varepsilon1} \times TP_{\varepsilon2} \times W_{\varepsilon} \times \epsilon_{max} \tag{11.5}$$

式中，$TP_{\varepsilon1}$ 为温度胁迫系数，表征的是当温度在适宜植物生长的范围之外时，它通过影响植物生理过程减弱植物光合作用能力，使得 NPP 的积累有所降低；$TP_{\varepsilon2}$ 的含义类似于 $TP_{\varepsilon1}$，表征的是植物所处温度与最佳温度（TP_{opt}）的差异，两者相差越小，它对植物将光能转化为化学能的影响越小；W_{ε} 为水分胁迫系数，表示环境水分条件对植物光合作用的胁迫；ϵ_{max} 为植物处在最优环境下的最大光能转化率，取 0.389g C/MJ。

$TP_{\varepsilon1}$、$TP_{\varepsilon2}$ 可通过下式计算：

$$TP_{\varepsilon1}=0.8+0.2 \times TP_{opt}-0.0005 \times TP_{opt}^2 \tag{11.6}$$

$$TP_{\varepsilon 2} = \frac{1.184}{[1+\exp(0.2 \times TP_{opt} - 10 - TP)]} \times \frac{1}{\{1+\exp[0.3 \times (-TP_{opt} - 10 + TP)]\}} \tag{11.7}$$

式中，TP_{opt} 为研究区内 NDVI 值达到最高时所在月份的平均气温（℃），当某个月的平均气温低于或者等于 -10℃时，$TP_{\varepsilon 1}$ 取值为 0；TP 为某月的平均气温（℃）。

W_{ε} 可通过下式计算：

$$W_{\varepsilon} = 0.5 + 0.5 \times \frac{AET}{PET} \tag{11.8}$$

式中，AET 为区域实际蒸散量（mm）；PET 为区域潜在蒸散量（mm）。当某个月降水量 PPT $\geqslant$ PET 时，AET=PET，即 W_{ε}=1；当某个月降水量 PPT $<$ PET 时，有

$$AET = \frac{PPT \times Rn \times (PPT^2 + Rn^2 + PPT \times Rn)}{(PPT + Rn) \times (PPT^2 + Rn^2)} \tag{11.9}$$

式中，Rn 为月净辐射量（MJ），可通过下式计算：

$$Rn = (Ep \times PPT)^{0.5} \times \left[0.369 + 0.598 \times \left(\frac{Ep}{PPT} \right)^{0.5} \right] \tag{11.10}$$

式中，Ep 为局地可能蒸散量（mm），可通过下式计算：

$$Ep = 16 \times \left(10 \times \frac{T}{I} \right)^{0.5} \tag{11.11}$$

$$I = \sum_{t=1}^{12} \left(\frac{T}{5} \right)^{1.514} \tag{11.12}$$

$$a = (0.675 \times I^3 - 77.11 \times I^2 + 17\,920 \times I + 492\,390) \times 10^{-6} \tag{11.13}$$

$$PET = 0.5 \times (Ep + AET) \tag{11.14}$$

式中，T 是月均温（℃）；a 是因地而异的常数；I 是 12 个月总和的热量指标；t 表示第 t 个月份。

$$NPP(x) = \sum_{t=1}^{12} NPP(x, t) \tag{11.15}$$

式中，NPP（x）为像元 x 在一年 12 个月的 NPP 总量。NPP(x, t) 为像元 x 在一年第 t 个月的 NPP，本研究分别计算第 t 个月的 NPP，进而加和得到年累积 NPP。

11.2.4　基于陆地生态系统模型（TESim）的草地生态系统生产力模拟

陆地生态系统模型（terrestrial ecosystem simulator）简称 TESim 模型，是一种可以在斑块、景观和区域尺度上模拟水分、碳、氮等动态过程的空间显示模型，其综合考虑了生态系统过程、景观格局和气候之间的相互作用和制约关系，本研究已针对研究区进行了相关参数调整（Gao et al.，2000，2007；Xu et al.，2009），模拟的生态系统过程 / 功能为净初级生产力、蒸发、蒸腾、径流量、土壤有机质和土壤氮含量。

TESim 模型的主要假设和处理如下。

1）某个子区域的植物物种被划分成若干功能型，每个功能型包括种子、叶、茎、根

四个子库。

2）研究区的土壤根据质地和粒径组成分成若干类型，土壤最多分成 8 层。

3）模型的状态变量（空间和时间变量）包括植物体和凋落物的生物量以及氮含量、各层土壤体积含水量、土壤有机质、净第一性生产力、土壤侵蚀量。

4）模型的时间步长为天，空间分辨率为 10 km。

5）模型总体包括 4 个大模块，即净初级生产力模块、土壤水分运动模块、土壤侵蚀模块、养分循环模块，模型框架如图 11.1 所示。

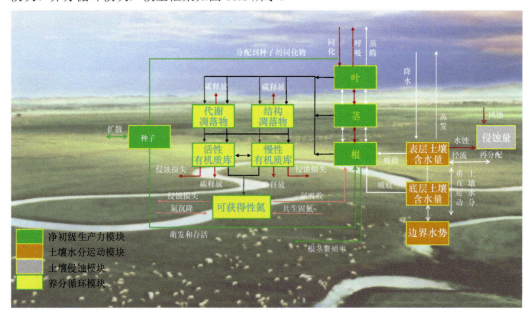

图 11.1　TESim 模型框架（修改自 Gao et al.，2007）

TESim 模型的具体模块设置如下。

（1）净初级生产力

净初级生产力采用 TESim 模型中的净初级生产力模块进行计算。碳同化作用在叶片尺度上采用的是经修正的碳同化过程模型版本（Thornley and Cannell，2000）。叶片尺度的日同化速率与太阳辐射、日照长度、气孔导度、饱和水汽压亏缺和土壤水势有关。叶片同化物的积累向冠层尺度转换的时候，考虑了光在冠层表层到底层不同深度上的衰减。

NPP[g C/（m²·d）] 可通过下式计算：

$$NPP = A_{NC} - R_{RS} \tag{11.16}$$

式中，A_{NC} 为日同化速率 [g C/（m²·d）]；R_{RS} 为根茎的呼吸速率 [g C/（m²·d）]。

（2）土壤水分运动

土壤水分在生态系统中的动态采用 TESim 模型中的土壤水分运动模块进行计算。土壤水分运动遵循达西定律，垂直运动受降水、蒸发、植物蒸腾、土壤水势以及根系水力再分配的驱动（Caldwell，1989）。假设每日最大的下渗深度为固定值，当截流后的日降水量大于此深度时产生径流，在径流形成过程中，考虑水分的横向流动，水分将会发生再分配和土壤的再次吸收。处理方法类似 MALS 模型（Gao et al.，2008）：

$$Q = \sum_{n=1}^{4} W_c^i \tag{11.17}$$

$$\frac{\partial W_c^j}{\partial t} = k_s^j \left(\frac{\partial^2 \psi_s^j}{\partial x^2} + \frac{\partial^2 \psi_s^j}{\partial y^2} \right) + f_{in}^j - f_{out}^j \tag{11.18}$$

式中，Q 为涵养水源量（cm³/cm³）；W_c^j 和 ψ_s^j 分别为第 j 层土壤（假设土壤共分为 4 层）的水分含量（cm³/cm³）和土壤水势（Pa）；k_s^j 为第 j 层土壤的导水率（cm/s）；f_{in}^j 和 f_{out}^j 分别为第 j 层土壤流入的水量（cm/d）和流出的水量（cm/d），采用如下公式计算：

$$f_{in}^i = \begin{cases} Pre - Evs, & i = 1 \\ f_{in}^i = f(i-1)i, & i = 2,3,4 \end{cases} \tag{11.19}$$

$$f_{out}^i = f_{i(i+1)} + Tr^i, \quad i = 1,2,3,4 \tag{11.20}$$

$$f_{out}^i = f_{(i-1)i}, \quad i = 2,3,4 \tag{11.21}$$

式中，Pre 为有效日降水量（cm/d）；Evs 为日地表蒸发量（cm/d）；$f_{i\,(i+1)}$ 表示土层 i 向土层 $i+1$ 的水分流动；f_{45} 表示通过底边界层的水量，既第 4 层向第 5 层（底边界）的水分流动，土壤共分为四层；Tr^i 表示 i 层土壤每天因为植物蒸腾而损失的水分（cm/d）。

11.3　结果与分析

11.3.1　极端气候的空间格局和变化过程

图 11.2 为中国沿海地区草地生态系统极端气候的空间格局和变化趋势。根据图 11.2a1、a2，草地生态系统日最高气温的极高值（TXx）整体呈现东北低、华南高的空间格局。按"低—较低—中—较高—高"的顺序排列，5 个等级中"高"和"较高"级别占比最高，广泛分布在河北省西部、广西壮族自治区西北以及福建省，"低"和"较低"级别占比极低。从变化趋势来看，日最高气温的极高值上升的区域主要分布在河北省北部山区，该区域的草地生态系统应当注意极端高温的负面作用。

根据图 11.2b1、b2，草地生态系统日最高气温的极低值（TXn）整体呈现南高北低的空间格局。按"低—较低—中—较高—高"的顺序排列，5 个等级中"高"和"较高"级别主要分布在南部沿海，"低"和"较低"级别主要分布在北部草地生态系统。从变化趋势来看，草地生态系统日最高气温的极低值上升较快的区域主要分布在除广东省广州市、广西壮族自治区西部和海南省以外的区域。

根据图 11.2c1、c2，草地生态系统日最低气温的极高值（TNx）整体呈现南高北低的空间格局。按"低—较低—中—较高—高"的顺序排列，5 个等级中"高"和"较高"级别主要分布在华南沿海地区，"低"和"较低"级别主要分布在河北省北部。从变化趋势来看，草地生态系统日最低气温的极高值在大部分区域呈现下降的趋势，仅在河北省西部有上升的趋势。

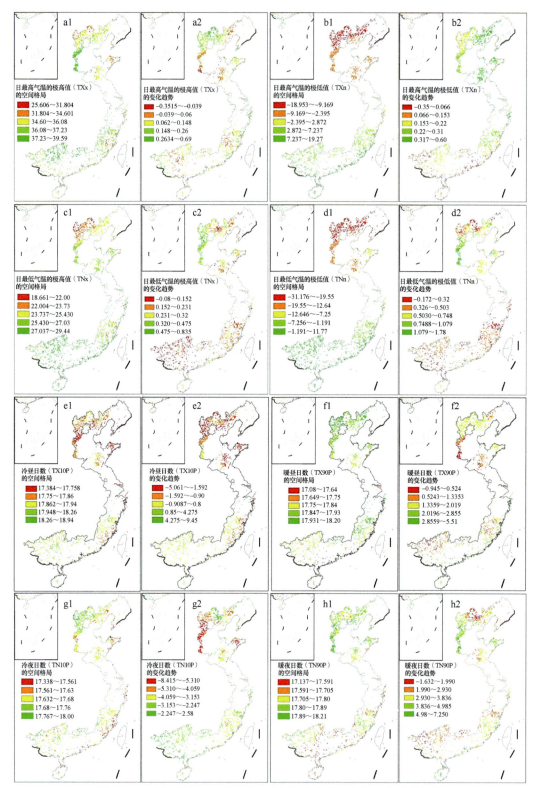

图 11.2　中国沿海地区草地生态系统极端气候的空间格局和变化趋势

注：香港、澳门、台湾资料暂缺

根据图 11.2d1、d2，草地生态系统日最低气温的极低值（TNn）整体呈现南高北低的空间格局。按"低—较低—中—较高—高"的顺序排列，5 个等级中"高"和"较高"级别主要分布在华南沿海地区，"低"和"较低"级别主要分布在河北省北部和西部山区。从变化趋势来看，草地生态系统日最低气温的极低值下降的区域广泛分布在整个华南地区，应当注意冻害的发生。

根据图 11.2e1、e2，草地生态系统冷昼日数（TX10P）整体呈现南高北低的空间格局。按"低—较低—中—较高—高"的顺序排列，5 个等级中"高"和"较高"级别占比很低，"较低"级别主要分布在河北省北部和山东省中部。从变化趋势来看，北部沿海草地生态系统冷昼日数整体表现出下降的趋势，而南部沿海地区草地生态系统的冷昼日数则表现出略微上升的趋势。

根据图 11.2f1、f2，草地生态系统暖昼日数（TX90P）整体呈现南低北高的空间格局。按"低—较低—中—较高—高"的顺序排列，5 个等级中"高"和"较高"级别广泛分布。从变化趋势来看，广西壮族自治区西部、福建省中部、河北省西部、山东省中部表现出暖昼日数下降的趋势。

根据图 11.2g1、g2，草地生态系统冷夜日数（TN10P）整体呈现较低的空间格局。按"低—较低—中—较高—高"的顺序排列，5 个等级中"高"和"较高"级别主要分布在河北省北部，"较低"级别主要分布在福建省东部。从变化趋势来看，草地生态系统冷夜日数下降的趋势主要分布在河北省西部，广西壮族自治区西部有上升的趋势。

根据图 11.2h1、h2，草地生态系统暖夜日数（TN90P）整体呈现北高南低的空间格局。按"低—较低—中—较高—高"的顺序排列，5 个等级中"高"和"较高"级别广泛分布在华北北部，"较低"级别主要分布在两广地区。从变化趋势来看，河北省北部和两广地区的暖夜日数有下降的趋势，河北省西部有上升的趋势。

11.3.2　暴露度评估

根据图 11.3a1～a3，在 RCP2.6 气候情景下，2030 年中国沿海地区草地生态系统暴露度整体处于中等以上水平，华北平原南部最高，暴露度达到极高等级，暴露度高的地区分别为河北省、辽宁省；2050 年暴露度等级整体明显降低，除了浙江省沿海局部地区暴露度等级是中等以外，其余地区均为极低等级，极少部分为较低等级；2100 年研究区域整体暴露度等级上升一个等级，此时暴露度较高的地区为华北平原南部。

根据图 11.3b1～b3，在 RCP4.5 气候情景下，2030 年、2050 年中国沿海地区草地生态系统暴露度的分布格局较为一致，但华北平原南部和环北部湾地区有所不同，二者暴露度均处于极高水平；2100 年中国沿海地区草地生态系统暴露度整体明显下降，处于极低到较低之间的水平，且暴露度水平总体低于 RCP2.6 气候情景。

根据图 11.3c1～c3，在 RCP8.5 气候情景下，暴露度水平总体低于 RCP2.6 和 RCP4.5 气候情景，2030 年、2050 年中国沿海地区草地生态系统暴露度的分布格局在北方地区较为一致，但在南方地区有明显不同。2030 年浙江省、福建省的草地生态系统暴露度等级最高，为极高水平；2050 年广西壮族自治区和广东省西部地区的草地生态系统暴露度等级最高，为极高水平；2100 年中国沿海地区草地生态系统暴露度明显下降，整体处于极低到较低之间的水平，仅浙江省局部地区表现为暴露度极高水平。

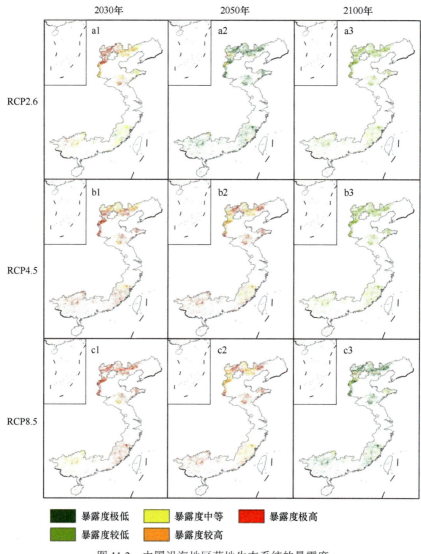

图 11.3　中国沿海地区草地生态系统的暴露度

注：香港、澳门、台湾资料暂缺

11.3.3　脆弱性评估

图 11.4 为中国沿海地区草地生态系统的脆弱性。中国沿海地区草地生态系统总体上有较低的敏感性。南方地区绝大部分草地生态系统的敏感性处于低或较低水平，而北方地区草地生态系统的敏感性相对较为复杂，河北省的北部、内蒙古自治区的南部大多数草地生态系统有较高的敏感性，华北平原北部、山东省中部地区敏感性较低。

由表 11.2 可知，中国沿海地区极端气候指数与草地生态系统脆弱性的相关系数

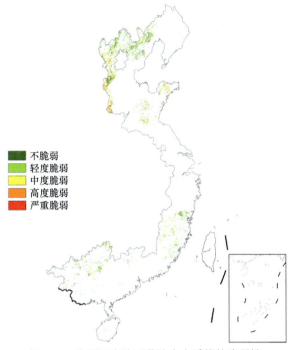

不脆弱
轻度脆弱
中度脆弱
高度脆弱
严重脆弱

图 11.4　中国沿海地区草地生态系统的脆弱性

注：香港、澳门、台湾资料暂缺

绝对值集中于 0 ～ 0.02，整体相关性较弱，只有 TX90P、RX1day 与脆弱性的相关性强且达到了 0.01 的显著水平。极端气温指数 TX90P 与脆弱性呈显著正相关关系，意味着暖昼日数的上升会对受水分限制较多的草地生产造成较大不利影响，使得生态系统脆弱性增加。极端降水指数 RX1day 与脆弱性呈负相关关系，而 RX5day 与脆弱性呈正相关关系，说明单日强降水的增加会促进植被生产，但持续强降水会明显不利于植被生产，这可能是因为 5 日强降水的增加往往意味着气温连续偏低、光照持续减弱，所以过多降水对植被产生不利影响。

表 11.2　中国沿海地区极端气候指数与草地生态系统脆弱性的相关关系

极端气候指数	斜率	R^2	p 值
TXx	0.07	0.08	0.84
TNx	0.01	0.02	0.97
TXn	0.03	0.23	0.55
TNn	0.02	0.22	0.58
TN10P	0.14	0.22	0.57
TX10P	−0.21	−0.28	0.46
TN90P	0.08	0.22	0.57
TX90P	0.28	0.85	0.00
DTR	−0.10	−0.21	0.59
RX1day	0.30	−0.03	0.00
RX5day	0.00	0.23	0.56

图 11.5 为中国沿海地区极端气候指数与草地生态系统脆弱性的散点图。可以得出，TX10P、RX1day 和 DTR 与脆弱性呈负相关关系，其他指数与脆弱性呈正相关关系。

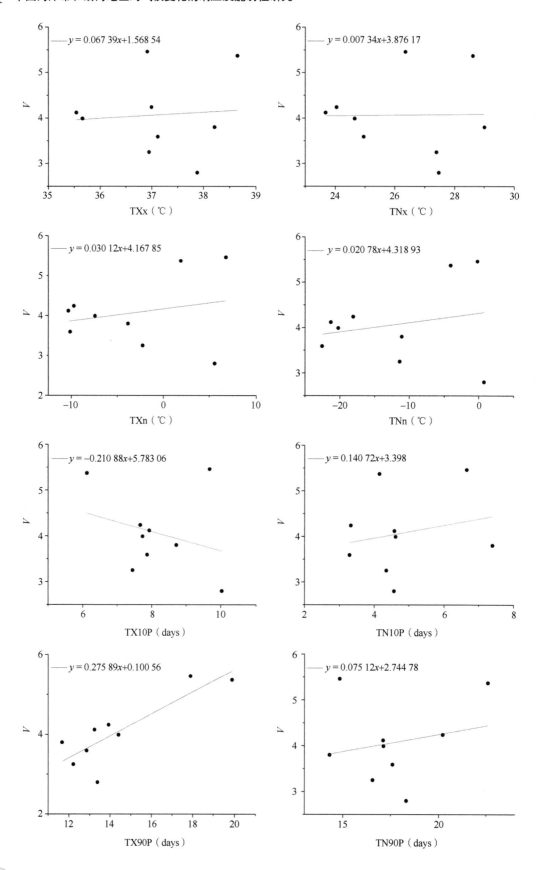

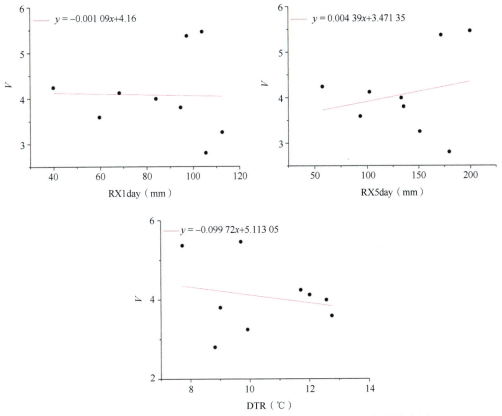

图 11.5　中国沿海地区极端气候指数与草地生态系统脆弱性的散点图

11.3.4　综合风险评估

图 11.6 为中国沿海地区草地生态系统的风险。根据图 11.6a1 ～ a3，在 RCP2.6 气候情景下，2030 年中国沿海地区草地生态系统风险等级整体处于中风险及以下水平，风险等级极低的地区集中在华北平原南部；2050 年风险等级整体明显降低，除了河北省局部地区表现为中风险等级外，总体表现为极低等级；2100 年华北平原东部、河北省和山东半岛局部地区风险等级明显上升，整体处于中风险水平，其余区域的风险等级处于较低风险及以下水平。

根据图 11.6b1 ～ b2，在 RCP4.5 气候情景下，未来不同年份中国沿海地区草地生态系统风险的分布格局有一定差异，主要集中在浙江省东部、广东省东部、广西壮族自治区西部地区，2030 ～ 2050 年这些地区风险等级都有明显的下降。2030 年浙江省东部、福建省北部和海南省为中风险等级，其余地区风险等级为中风险等级；2050 年浙江省东部、福建省北部和海南省风险等级都有所下降，为中风险及以下等级，而华北平原南部地区整体风险等级有所上升，转变为极高风险。

根据图 11.6c1 ～ c2，在 RCP8.5 气候情景下，未来不同年份中国沿海地区草地生态系统风险的分布格局明显不同。值得注意的是，2030 年整个北方地区、浙江省东部、福建省北部风险等级处于较高风险及以上水平，2050 年这些地区的风险等级有所下降。

2050 年中国沿海地区草地生态系统除华北平原南部地区为极高风险以外，整体处于中风险及以下等级。

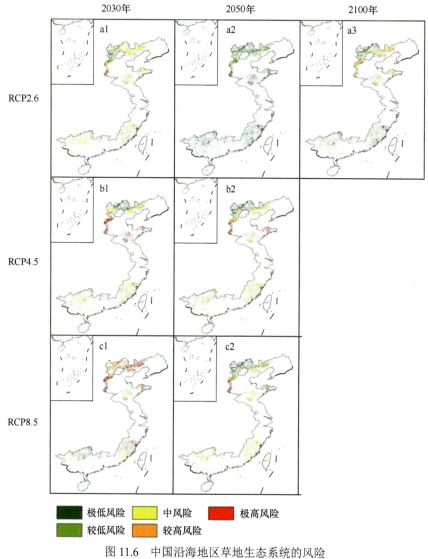

图 11.6　中国沿海地区草地生态系统的风险

注：香港、澳门、台湾资料暂缺

11.4　结　　语

日最高气温的极高值（TXx）上升的区域主要分布在河北省北部山区，该区域的草地生态系统应当注意极端高温的负面作用。日最低气温的极低值（TNn）下降的区域广泛分布在整个华南地区，该区域应当注意冻害的发生。草地生态系统脆弱性除河北省西部山区表现为中等脆弱外，其余地区表现出轻度脆弱的空间格局。草地生态系统脆弱性与极端气候指数 TX90P 的相关性强，意味着暖昼日数的上升会对受水分限制较多的草地生产造成较大不利影响，使得生态系统脆弱性增加。

参 考 文 献

樊引琴，蔡焕杰 . 2002. 单作物系数法和双作物系数法计算作物需水量的比较研究 . 水利学报，33(3): 50-54.

范云鹤，尹铎皓，周君华，等 . 2015. 基于互补理论的岷江上游流域蒸散模型研究 . 灌溉排水学报，34(S2): 122-125.

方修琦，余卫红 . 2002. 物候对全球变暖响应的研究综述 . 地理科学进展，17(5): 714-719.

高志球，卞林根，陆龙骅，等 . 2004. 水稻不同生长期稻田能量收支、CO_2 通量模拟研究 . 应用气象学报，15(2): 129-140.

郭春生，许豆艳，郭爱生，等 . 2010. 气候变化对草地畜牧业及生产力的影响 . 图书情报导刊，20(19): 149-152.

黄子琛，蒲锦春，高征锐 . 1988. 河西地区农作物的蒸发蒸腾试验研究：临泽北部绿洲春小麦和玉米的蒸发蒸腾量 . 中国沙漠，(2): 57-67.

蹇东南，李修仓，陶辉，等 . 2016. 基于互补相关理论的塔里木河流域实际蒸散发时空变化及影响因素分析 . 冰川冻土，38(3): 750-760.

蒋菊芳，王鹤龄，魏育国，等 . 2011. 河西走廊东部不同类型植物物候对气候变化的响应 . 中国农业气象，32: 543-549.

康绍忠，刘晓明 . 1992. 田间冬小麦蒸腾量的计算方法 . 水科学进展，3(4): 264-270.

Larcher W. 1997. 植物生态生理学 . 翟志席，郭玉海，马永泽，等，译 . 北京：中国农业大学出版社 .

李胜功，原芳信，何宗颖，等 . 1995. 内蒙古奈曼麦田生长期的微气象变化 . 中国沙漠，15(3): 216-221.

李修仓，姜彤，吴萍，等 . 2016. 珠江流域实际蒸散发与潜在蒸散发的关系研究 . 大气科学学报，39(5): 692-701.

李玉霖，张铜会，崔建垣 . 2002. 科尔沁沙地农田玉米耗水规律研究 . 中国沙漠，22(4): 354-358.

刘波，马柱国，丁裕国 . 2006. 中国北方近 45 年蒸发变化的特征及与环境的关系 . 高原气象，25(5): 840-848.

刘昌明 . 1997. 土壤 - 植物 - 大气系统水分运行的界面过程研究 . 地理学报，52(4): 366-373.

刘昌明，张喜英，由懋正 . 1998. 大型蒸渗仪与小型棵间蒸发器结合测定冬小麦蒸散的研究 . 水利学报，29(10): 36-39.

刘丹，那继海，杜春英，等 . 2007. 1961—2003 年黑龙江主要树种的生态地理分布变化 . 气候变化研究进展，3(2): 100-105.

刘恩民，张代桥，刘万章，等 . 2009. 鲁西北平原农田耗水规律与测定方法比较 . 水科学进展，20(2): 190-196.

刘曼，李国栋，任晓娟 . 2021. 农田生态系统碳水通量研究进展 . 河南大学学报（自然科学版），51(3): 253-267.

刘绍民，李银芳 . 1993. 彭曼法偏差产生原因的分析 . 新疆气象，(6): 32-36.

刘绍民，孙睿，孙中平，等 . 2004. 基于互补相关原理的区域蒸散量估算模型比较 . 地理学报，59(3): 331-340.

刘绍民，孙中平，李小文，等 . 2003. 蒸散量测定与估算方法的对比研究 . 自然资源学报，18(2): 161-167.

刘树华，麻益民 . 1997. 农田近地面层 CO_2 和湍流通量特征研究 . 气象学报，55(2): 187-199.

刘钰，彭致功 . 2009. 区域蒸散发监测与估算方法研究综述 . 中国水利水电科学研究院学报，7(2): 256-264.

陆佩玲，于强，罗毅 . 2000. 华北地区冬小麦田辐射过程与热量过程的基本特征 . 生态农业研究，(1): 10-13.

毛沂新 . 2015. 不同研究尺度下森林蒸腾观测技术方法 . 辽宁林业科技，(4): 49-52.

聂晓，王毅勇，刘兴土. 2016. 三江平原寒地稻田蒸散量估算研究. 湖北农业科学, 55(10): 2525-2528.

潘愉德，Melillo J M, Kicklighter D W, 等. 2001. 大气 CO_2 升高及气候变化对中国陆地生态系统结构与功能的制约和影响. 植物生态学报, 25: 175-189.

沈彦俊，刘昌明，莫兴国，等. 1997. 麦田能量平衡及潜热分配特征分析. 生态农业研究, 5(1): 12-17.

童应祥，田红. 2009. 寿县地区麦田能量平衡闭合状况分析. 中国农学通报, 25(18): 384-387.

万志红，李荣平，周广胜，等. 2016. 锦州地区玉米农田生态系统水汽通量变化特征及其调控机制. 气象与环境学报, 32(6): 155-159.

王根绪，程国栋，沈永平. 2002. 近 50 年来河西走廊区域生态环境变化特征与综合防治对策. 自然资源学报, 17(1): 78-86.

王姮，李明诗. 2016. 气候变化对森林生态系统的主要影响述评. 南京林业大学学报 (自然科学版), 40(6): 167-173.

王进，白洁，陈曦，等. 2015. 新疆绿洲覆膜滴灌棉田碳通量特征研究. 农业机械学报, 46(2): 70-78, 136.

王笑影. 2003. 农田蒸散估算方法研究进展. 农业系统科学与综合研究, 19(2): 81-84.

王亚楠，龙慧灵，袁占良，等. 2015. 基于涡度相关的黑河玉米生态系统生长季碳通量和固碳能力变化特征研究. 河南农业科学, 44(8): 154-159.

王毅勇，杨青，张光，等. 2003. 三江平原大豆田蒸散特征及能量平衡研究. 中国生态农业学报, 11(4): 82-85.

吴锦奎，丁永建，王根绪，等. 2007. 干旱区制种玉米农田蒸散研究. 灌溉排水学报, 26(1): 14-17.

谢贤群. 1991. 遥感瞬时作物表面温度估算农田全日蒸散总量. 环境遥感, (4): 253-260.

徐雨晴，肖风劲，於琍. 2020. 中国森林生态系统净初级生产力时空分布及其对气候变化的响应研究综述. 生态学报, 40(14): 4710-4723.

有德宝，王建林，田平，等. 2015. 黑河中游灌区玉米农田蒸散涡度相关分析研究. 沈阳农业大学学报, 46(6): 648-653.

赵茂盛，Neilson R P, 延晓冬，等. 2002. 气候变化对中国植被可能影响的模拟. 地理学报, 57(1): 28-38.

郑景云，葛全胜，赵会霞. 2003. 近 40 年中国植物物候对气候变化的响应研究. 中国农业气象, 24(1): 28-32.

周广胜，王玉辉. 2003. 全球生态学. 北京 : 气象出版社 .

朱文泉，潘耀忠，张锦水. 2007. 中国陆地植被净初级生产力遥感估算. 植物生态学报, 31(3): 413-424.

Allen R G, Jensen M E, Wright J L, et al. 1989. Operational estimates of reference evapotranspiration. Agronomy Journal, 81(4): 650-662.

Anderson D E, Verma S B, Rosenberg N J. 1984. Eddy correlation measurements of CO_2, latent heat, and sensible heat fluxes over a crop surface. Boundary-Layer Meteorology, 29(3): 263-272.

Baldocchi D D, Verma S B, Rosenberg N J. 1981. Seasonal and diurnal variation in the CO_2 flux and CO_2-water flux ratio of alfalfa. Agricultural Meteorology, 23: 231-244.

Barron-Gafford G A, Scott R L, Jenerette G D, et al. 2012. Temperature and precipitation controls over leaf- and ecosystem-level CO_2 flux along a woody plant encroachment gradient. Global Change Biology, 18(4): 1389-1400.

Beyrich F, de Bruin H A R, Meijninger W M L, et al. 2002. Results from one-year continuous operation of a large aperture scintillometer over a heterogeneous land surface. Boundary-Layer Meteorology, 105(1): 85-97.

Breymeyer A I, van Dyne G M. 1980. Grasslands, Systems Analysis and Man. Cambridge: Cambridge University Press.

Caldwell L K. 1989. A constitutional law for the environment: 20 years with nepa indicates the need. Environment Science and Policy for Sustainable Development, 31(10): 6-28.

Coffin D P, Lauenroth W K. 1996. Transient responses of North American grasslands to changes in climate. Climatic Change, 34(2): 269-278.

Coughenour M B, Chen D X. 1997. Assessment of grassland ecosystem responses to atmospheric change using linked plant-soil process models. Ecological Applications, 7(3): 802-827.

Dawson T P, Jackson S T, House J I, et al. 2011. Beyond predictions: biodiversity conservation in a changing climate. Science, 332(6025): 53-58.

Dobson A P, Bradshaw A D, Baker A J M. 1997. Hopes for the future: restoration ecology and conservation biology. Science, 277(5325): 515-522.

Ehleringer J R, Phillips S L, Schuster W S F, et al. 1991. Differential utilization of summer rains by desert plants. Oecologia, 88(3): 430-434.

Emanuel W R, Shugart H H, Stevenson M P. 1985. Climatic change and the broad scale distribution of terrestrial ecosystems complexes. Climatic Change, 7(1): 29-43.

Epstein H E, Gill R A, Paruelo J M, et al. 2002. The relative abundance of three plant functional types in temperate grasslands and shrublands of North and South America: effects of projected climate change. Journal of Biogeography, 29(7): 875-888.

Gao Q Z, Li Y E, Wan Y F. 2008. Climate change and human activity impacts on the net primary production of alpine grassland in northern Tibet, China. Multifunctional Grasslands in a Changing World, 1: 883.

Grime J P, Brown V K, Thompson K, et al. 2000. The response of two contrasting limestone grasslands to simulated climate change. Science, 289(5480): 762-765.

Hoedjes J C B, Zuurbier R M, Watts C J. 2002. Large aperture scintillometer used over a homogeneous irrigated area, partly affected by regional advection. Boundary-Layer Meteorology, 105(1): 99-117.

Hopkins A, del Prado A. 2007. Implications of climate change for grassland in Europe: impacts, adaptations and mitigation options: a review. Grass and Forage Science, 62(2): 118-126.

Howell T A, Tolk J A, Schneider A D, et al. 1998. Evapotranspiration, yield, and water use efficiency of corn hybrids differing in maturity. Agronomy Journal, 90(1): 3-9.

IPCC. 2007a. Climate change 2007: the physical science basis//Contribution of Working Group I to the Fourth Assessment Report of the Intergovernmental Panel on Climate Change. Cambridge: Cambridge University Press.

IPCC. 2007b. Summary for Policymakers of the Synthesis Report of the IPCC Forth Assessment Report. Cambridge: Cambridge University Press.

Lane D R, Coffin D P, Lauenroth W K. 2000. Changes in grassland canopy structure across a precipitation gradient. Journal of Vegetation Science, 11(3): 359-368.

Leemans R, Eickhout B. 2004. Another reason for concern: regional and global impacts on ecosystems for different levels of climate change. Global Environmental Change, 14(3): 219-228.

Leuning R, Denmead O T, Lang A R G, et al. 1982. Effects of heat and water vapor transport on eddy covariance measurement of CO_2 fluxes. Boundary-Layer Meteorology, 23(2): 209-222.

Lieth H, Whittaker R H. 1975. Modeling the Primary Productivity of the World. Primary Productivity of the Biosphere. New York: Springer-Verlag.

McAneney K J, Green A E, Astill M S. 1995. Large aperture scintillometry: the homogeneous case. Agricultural and Forest Meteorology, 76(3-4): 149-162.

Meijninger W M L, de Bruin H A R. 2000. The sensible heat fluxes over irrigated areas in western Turkey determined with a large aperture scintillometer. Journal of Hydrology, 229(1-2): 42-49.

Morton F I. 1983. Operational estimates of areal evapotranspiration and their significance to the science and practice of hydrology. Journal of Hydrology, 66(1-4): 1-76.

Nakaya K, Suzuki C, Kobayashi T, et al. 2006. Application of a displaced-beam small aperture scintillometer to a deciduous forest under unstable atmospheric conditions. Agricultural and Forest Meteorology, 136(1-2): 45-55.

Ohtaki E. 1984. Application of an infrared carbon dioxide and humidity instrument to studies of turbulent transport. Boundary-Layer Meteorology, 29: 85-107.

Parton W J, Scurlock J M O, Ojima D S, et al. 1995. Impact of climate change on grassland production and soil carbon worldwide. Global Change Biology, 1: 13-22.

Potter C S, Randerson J T, Field C B, et al. 1993. Terrestrial ecosystem production: a process model based on global satellite and surface data. Global Biogeochemical Cycles, 7(4): 811-841.

Pratap A. 1988. Paharia Ethnohistory and the Archaeology of the Rajmahal Hills: Archaeological Implications of An Historical Study of Shifting Cultivation. Cambridge: University of Cambridge.

Raich J W, Potter C. 1995. Global patterns of carbon dioxide emissions from soils. Global Biogeochemical Cycles, 9(1): 23-36.

Robertson T R, Zak J C, Tissue D T. 2010. Precipitation magnitude and timing differentially affect species richness and plant density in the sotol grassland of the Chihuahuan Desert. Oecologia, 162(1): 185-197.

Rounsevell M D A, Brignall A P, Siddons P A. 1996. Potential climate change effects on the distribution of agricultural grassland in England and Wales. Soil Use and Management, 12(1): 44-51.

Sandvik S M, Vandvik V. 2016. Responses of alpine snowbed vegetation to long-term experimental warming. Écoscience, 11(2): 150-159.

Singh P, Wolkewitz H. 1988. Evapotranspiration, pan evaporation and soil water relationships for wheat (*Triticum aestivum*). Agricultural Water Management, 13(1): 65-81.

Sternberg M, Brown V K, Masters G J, et al. 1999. Plant community dynamics in a calcareous grassland under climate change manipulations. Plant Ecology, 143(1): 29-37.

Thornley J H M, Cannell M G R. 2000. Modelling the components of plant respiration: representation and realism. Annals of Botany, 85(1): 55-67.

Tolk J A, Howell T A, Evett S R. 1999. Effect of mulch, irrigation, and soil type on water use and yield of maize. Soil and Tillage Research, 50(2): 137-147.

Tyagi N K, Sharma D K, Luthra S K. 2000. Determination of evapotranspiration and crop coefficients of rice and sunflower with lysimeter. Agricultural Water Management, 45(1): 41-54.

von Randow C, Kruijt B, Holtslag A A, et al. 2008. Exploring eddy-covariance and large-aperture scintillometer measurements in an Amazonian rain forest. Agricultural and Forest Meteorology, 148(4): 680-690.

Weltzin J F, Bridgham S D, Pastor J, et al. 2003. Potential effects of warming and drying on peatland plant community composition. Global Change Biology, 9(2): 141-151.

Yao N, Li Y, Lei T, et al. 2018. Drought evolution, severity andtrends in mainland China over 1961-2013. Science of the Total Environment, 616: 73-89.

Zavaleta E S, Shaw M R, Chiariello N R, et al. 2003. Additive effects of simulated climate changes, elevated CO_2, and nitrogen deposition on grassland diversity. Proceedings of the National Academy of Sciences of the United States of America, 100(13): 7650-7654.

第 12 章

沿海地区社会经济

12.1 引　　言

　　沿海地区既是世界上人口聚集、经济密度高的区域，也是世界上城市最密集的地区，并在沿海国家的社会经济发展中占据重要的地位。随着中国改革开放的稳步推进，中国东部沿海地区社会经济得到快速发展，已成为全国经济发展的重要组成部分。例如，中国东部沿海地区仅占陆域国土面积的 13%，却集中了全国近一半的人口以及 70% 以上的大城市，并创造了全国 60% 以上的国内生产总值（中国科学院，2014）。由于沿海地区是海洋和陆地之间的过渡地带，因此在海洋和陆地系统的交互作用影响下，其对气候变化的反应较为敏感，并且其高密度的建成区域和社会经济面对海洋与气候致灾事件的影响还经常衍生出一系列的连锁灾害反应，严重威胁人类的生产生活。

　　IPCC WG Ⅰ AR6 指出，近百年来全球气候系统正经历着以变暖为主要特征的显著变化，气候变暖引起的冰川融化和海水温度升高引发的热膨胀，导致了全球海平面的上升（IPCC，2021）。特别是，近 40 年来全球和中国沿海海平面呈现加速上升的现象，并且台风风暴潮的危险性和沿海地区海岸洪水灾害风险不断加剧（Hinkel et al.，2014；Oppenheimer et al.，2019；蔡榕硕等，2020）。其中，中国沿海海平面呈加速上升趋势，平均上升速率为 3.5 mm/a，高于同时段全球平均水平；预计未来 30 年，中国沿海海平面还将继续上升 66 ～ 165 mm（自然资源部，2023）。在温室气体低浓度、高浓度排放情景（SSP1-2.6、SSP5-8.5）下，相对于 1995 ～ 2014 年，到 2100 年预估全球平均海平面（GMSL）将分别上升 0.38 m、0.77 m（IPCC，2021；张通等，2022）。

　　在全球变暖的背景下，气候变化引起的极端灾害事件频发，而热带气旋则是目前造成全球经济损失最严重的极端事件之一（Klotzbach，2006）。研究发现，随着气候变暖，全球范围内尤其是西北太平洋海域，台风、飓风等热带气旋的移动速度正在减缓，高达 20%，并且热带气旋登陆后的移动速度下降幅度更大，在西北太平洋地区最高达到 30%，从而导致极端降水和风暴引起的洪涝灾害增加（Kossin，2018）。由于海平面上升可提高风暴潮增水基础水位，因此海平面的持续上升增加了极端台风风暴潮，特别是叠加天文大潮后，引起的海岸洪涝往往对沿海地区造成极其严重的灾害损失。据统计，2016 ～ 2020 年中国各类海洋灾害给社会经济带来的直接经济损失达 286.45 亿元，其中风暴潮灾害造成的损失占所有直接经济损失的90%以上。在气候变化导致自然灾害频繁加剧的背景下，随着中国沿海地区社会经济的快速增长和产业、人口的加速聚集，该地区承灾体的暴露度和脆弱性水平也将发生改变，预计未来中国沿海地区经济社会的可持续发展将面临更高的气候变化风险。

气候变化背景下中国沿海地区面临海平面的快速上升、台风风暴潮等海洋气候变化的严重威胁，而且沿海地区可持续发展与社会经济气候风险的变化密切相关。本章以中国沿海省、市、县行政区的社会经济为研究对象，基于 IPCC 气候变化综合风险理论，形成了包括致灾因子危害性、承灾体的暴露度和脆弱性、影响与综合风险在内的中国沿海地区社会经济气候变化综合风险评估指标体系，预估不同气候情景下未来（2030 年、2050 年和 2100 年）中国沿海地区社会经济暴露度、脆弱性的发展变化特征，评估未来中国沿海地区社会经济系统面临的关键气候变化综合风险，并探索中国沿海地区社会经济系统的适应对策、风险管理与气候治理等问题。

12.2　数据与方法

中国沿海地区指有海岸线（大陆海岸线和岛屿海岸线）的地区。考虑到数据的可获性，本章所指的沿海地区包括天津市、上海市、江苏省、广东省等 11 个沿海省级行政区（不含港澳台地区）、62 个沿海市级行政区和 212 个沿海县级行政区，见图 12.1。另外，由于海南岛四面环海，市级行政区只有海口市和三亚市，为了构图完整，将海南省沿海

图 12.1　中国沿海地区研究范围

注：香港、澳门、台湾资料暂缺

的县级行政区也列入市级行政区的评估范围。

12.2.1　数据

1. 自然环境数据

（1）数字高程模型（digital elevation model，DEM）数据

数字高程模型数据 SRTM DEM v3（航天飞机雷达地形探测任务）由美国国家航空航天局（NASA）和美国国防部国家测绘局（NIMA）联合测量，涵盖 60°S ～ 60°N 的陆地区域，分辨率为 30 m。

（2）行政区海岸线及面积数据

行政区海岸线及面积数据来自《2010 中国统计年鉴》以及 11 个沿海省级行政区的统计年鉴。

（3）未来海平面高度数据

选取了包括 CMCC-CM、CNRM-CM5、MIROC-ESM 等 29 个模式在内的第五次国际耦合模式比较计划（CMIP5）的模式结果，主要为不同气候情景（RCPs）下 2030 年、2050 年和 2100 年沿海地区的海平面高度模拟数据，并采用多年加权平均获得未来海平面上升预估值（Kopp et al.，2014）。

2. 社会经济数据

（1）第六次全国人口普查数据

国家统计局 2011 年发布了第六次全国人口普查数据，本章采用其中沿海地区各县级行政区的人口数量、年龄结构等详细分类数据。

（2）历史社会经济数据

历史社会经济数据源自国家统计局发布的 2010 年度全国各地级市国内生产总值（GDP）。

（3）未来人口、社会经济模拟数据

本章采用三种共享社会经济路径（SSPs）下，2010 ～ 2100 年中国沿海地区人口、GDP 模拟数据，数据时间步长为 10 年，空间分辨率为 0.5 km×0.5 km（张化等，2022）。

（4）医院分布及数量

医院分布及数量截取自 ArcGis Online China 发布的 2019 年全国范围内综合医院的兴趣点（POI）数据。

（5）未来台风和风暴潮模拟数据

基于 CMIP5 数据预估的 2030 年、2050 年、2100 年台风及风暴潮数据（SSP1-2.6、SSP2-4.5、SSP5-8.5）。

12.2.2　方法

1. 中国沿海地区社会经济气候变化综合风险评估指标体系的构建

社会经济系统（以下简称社会经济）是一个以人为核心，包括社会、经济、教育、科学技术和生态环境等领域，涉及人类活动的各个方面和生存环境的复杂巨系统。社会经济是一个具有多变量和多参数的高维系统，对其变化的详尽分析是极其困难的，通常需要采取降维的方法来研究，因此本章采用国内生产总值（GDP）和人口的组成来表征中国沿海地区的社会经济。

基于 IPCC 气候变化综合风险理论，参考国内外学者对社会经济综合风险的概念内涵、研究及方法（孙阿丽等，2009；于维洋，2012；徐廷廷等，2015；方佳毅等，2015），并结合对中国沿海地区自然环境和社会经济等多种指标因子的分析，从危害性、暴露度、脆弱性（敏感性、适应性）3 个指标维度构建中国沿海地区社会经济气候变化综合风险评估指标体系。其中，致灾因子危害性、承灾体暴露度和承灾体脆弱性等评估指标因子的选取原则如下。

（1）致灾因子危害性

致灾因子是指可能造成中国沿海地区财产损失、人员伤亡、资源与环境破坏、社会系统混乱等的影响因子。气候变暖背景下，近 40 年来中国沿海海平面呈现加速上升趋势，且上升速率高于同时段全球平均水平，预计未来 30 年将上升 66 ～ 165 mm。随着城市化进程加快，沿海地区面临的海平面上升影响与风险进一步加大。另外，中国沿海高海平面加剧了风暴潮的致灾程度，同时受高海平面、天文大潮和强降水的共同作用，中国沿海地区发生复合型滨海洪涝的风险增大。综上分析，选取的致灾因子为海平面上升、热带气旋、风暴潮、极端降水，其危害性分别由海平面上升高度、台风最大风速、降水极值和风暴潮增水极值来表征。

（2）承灾体暴露度

承灾体是指各种致灾因子作用的对象，是人类及其活动所在的社会与各种资源的集合。本章的承灾体为中国沿海地区的社会经济系统，主要采用国内生产总值（GDP）和人口的组成来表征。暴露度是指气候变化致灾事件（海平面上升、热带气旋、风暴潮和极端降水）发生时的不利影响范围与社会经济在空间分布上的交集（秦大河，2015）。由于全球人口超过 500 万人的城市有 65% 分布在海拔低于 10 m 的沿海地区，不断上升的海平面和风暴潮对沿海地区的危害性首先就表现在沿海地区低洼地的永久淹没，低洼地占比越高，暴露度越大，且沿海地区人口密度大、经济发达，这些都增加了沿海地区面对海平面上升、热带气旋、风暴潮和极端降水等极端气候事件的暴露度。另外，评估单元的海岸线越长、面积越小，评估单元越容易暴露于典型海洋灾害中。综上分析，选取的承灾体暴露度指标考虑了沿海地区的地理环境和社会经济因素，由沿海地区海拔低于 10 m 的低洼地占比、海岸线长度与评估单元面积比值、人口数量和 GDP 来表征。

（3）承灾体脆弱性

脆弱性是指社会经济系统易受气候变化致灾因子不利影响的倾向或习性，而容易受到损害的一种状态，与其对气候变化致灾因子的敏感性和适应性等因素密切相关（Romieu et al.，2010；Ekstrom et al.，2015）。选取的承灾体脆弱性指标主要为人口结构、经济条件、医疗和社会保障水平、城镇化水平等，前两者构成了脆弱性中的敏感性，后两者为其适应性。

（a）人口结构

人口密度：人口密度是单位面积土地上居住的人口数，是表示人口的密集程度的指标。人口问题一直是制约中国经济发展的重要因素，人口密度过高，自然资源有限，会导致人均资源占有率低，由此引起的资源匮乏、环境恶化以及贫富差异等一系列问题均会加大该地区社会经济的脆弱性。

未成年人口比例、老年人口比例、女性比例：从人口自身特性来看，主要可以从性别、年龄、健康水平、身体条件分析。未成年人、老年人、女性群体的个人综合能力较低，如果某一地区的老年人、未成年人和女性的人口比例较高，在面对不利事件影响时往往表现出更高的脆弱性。

劳动力人口：劳动力人口是一个国家或地区社会总人口处于劳动年龄范围内的人口。如果某一地区的劳动力人口比例较高，遇到灾害时会表现出更强的抵抗能力和恢复能力。

（b）经济条件

租房比例：租房群体一般为弱势群体，居住条件普遍较差，在面对自然灾害时没有安全的避难环境保护自身的生命安全。在灾后恢复过程中，这一群体也没有足够的实力去应对灾后的损失并及时补救。

失业率：失业人员没有稳定的收入，在灾后无法依靠自身能力恢复，需要社会投入更多的资源，从而影响社会整体的恢复能力。

经济密度：经济的快速发展，会带来人口扩张、资源消耗、自然破坏、环境污染等问题，进而导致地区本身具有较低的抗灾能力。经济密度是指区域国内生产总值与区域面积之比，它表征了区域单位面积上经济活动的效率和土地利用的密集程度。经济密度越大，脆弱性越大。

财政收入：是指政府为履行其职能、实施公共政策和提供公共物品与服务而筹集的一切资金的综合，是衡量一个地区政府财力的重要指标。财政收入越高，用于灾后重建的投入越大，则该地区的恢复能力越强。

产业结构：根据社会生产活动历史发展顺序对产业结构进行划分，产品直接取自自然界的部门称为第一产业，通常指农业（包括种植业、林业、牧业和渔业）；对初级产品进行再加工的部门称为第二产业，指工业和建筑业；为生产和消费提供各种服务的部门称为第三产业，包括流通部门和服务部门。某一区域第一产业 GDP 比例越大，面对不利事件影响时越会表现出更高的脆弱性。第三产业 GDP 比例越大时，抗灾能力越强。

（c）医疗、社会保障水平

综合医院数量 / 万人：每万人拥有的综合医院数量在一定程度上体现了地区的医疗水平，卫生、社会保障和社会福利业人员占总人口的比例在一定程度上体现了地区的社会保障水平，两个因子间接反映出地区的社会恢复能力。在灾害发生后，能否获得及时的医疗服务和社会保障则直接影响该地区的医疗救助和灾后重建工作。

（d）城镇化及教育水平

城镇化：相对于农村，城镇的基础设施建设更加完善，政府的人员资金投入更多，对灾害的适应能力和灾后的恢复能力更强。本章选取城镇人口比例代表城镇化的程度，城镇人口比例越大，该地区的基础设施建设水平、教育水平和医疗水平更高，则对灾害的恢复能力更强。

教育水平：教育水平较高的人群具有更高的对自然灾害的认知能力、灾前的信息获取分析能力以及灾后的自我恢复能力，对自然灾害具有较强的反应和应对能力，对于整个社会的灾后恢复有积极的推动作用。本章选取大学本科及以上人口比例、平均受教育年限和文盲占 15 岁以上人口的比例来表征一个地区的教育水平。

（e）自然环境：一个地区的湿地面积占比越高，功能越强大，对自然灾害的调节能力越强。

基于 IPCC 气候变化综合风险概念，本章考虑的灾害风险为中国沿海地区的气候变化综合风险，主要来自海平面上升、热带气旋、风暴潮和极端降水的危害性与社会经济的暴露度和脆弱性三者的相互作用，如图 12.2 所示。具体的评估体系见表 12.1。

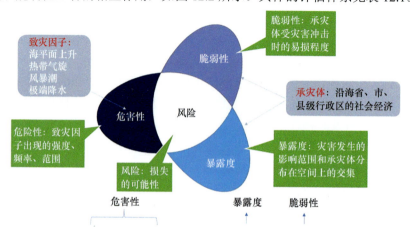

图 12.2　中国沿海地区社会经济气候变化综合风险概念图

表 12.1　中国沿海地区社会经济气候变化综合风险评估指标体系

致灾因子危害性	承灾体暴露度	承灾体脆弱性		影响与风险
		敏感性	适应性	
①海平面上升高度；②台风最大风速；③风暴潮增水极值；④降水极值	①低洼地面积比例(+)：高程低于 10 m 的面积与行政区面积的比值；②人口 (+)：评估单元的总人口；③ GDP (+)：评估单元 GDP；④海岸线长度面积比(+)：行政区海岸线长度与面积的比值	人口因素：①老年人口比例 (+)；②女性比例 (+)；③未成年人口比例(+)；④劳动力比例 (−)；⑤人口密度 (+)	医疗、社会保障水平：①综合医院数量 / 万人(+)；②卫生、社会保障和社会福利业人员占总人口的比例 (+)	海平面上升增大海洋灾害发生的强度、频率，严重影响沿海地区的自然资源和生态环境，也会造成包括人员伤亡在内的社会经济资产损失。
		经济条件：①租房比例 (+)；②失业率 (+)；③经济密度 (+)；④第一产业比例 (+)（省级指标）；⑤第三产业比例 (−)（省级指标）；⑥财政收入 (省级指标)	城镇化及教育水平：①城镇人口比例 (+)；②大学本科及以上人口比例 (+)；③平均受教育年限 (+)；④文盲占 15 岁以上人口比例 (−)自然环境：湿地面积（省级指标）	热带气旋伴随而来的狂风巨浪、风暴潮和暴雨可以引起海堤破坏、海水倒灌以及山洪暴发等灾害，造成社会经济资产损失

注：(+)、(−) 分别代表该因素与脆弱性有正、负相关关系。

2. 社会经济系统脆弱性量化模型

根据脆弱性与相关构成因素的关系，参考 Morzaria-Luna 等（2014）和 Ding 等（2017）提出的脆弱性函数表达模式，构建社会经济脆弱性评估模型，应用各评估单元指标分级后的结果分别计算致灾因子危害性指数（H）、承灾体暴露度指数（E）和承灾体脆弱性指数（V）等指标因子，综合各指标因子计算获得风险指数（R）。

（1）致灾因子危害性

致灾因子危害性指数计算模型：

$$H = \sum_{i=1}^{n} H_i a_i \tag{12.1}$$

式中，H_i 为评估的第 i 个危害性指标；a_i 为第 i 个危害性指标的权重系数；n 为危害性指标的个数。

（2）承灾体暴露度

承灾体暴露度指数计算模型：

$$E = \sum_{i=1}^{n} E_i b_i \tag{12.2}$$

式中，E_i 为评估的第 i 个暴露度指标；b_i 为第 i 个暴露度指标的权重系数；n 为暴露度指标的个数。

（3）承灾体脆弱性

承灾体敏感性指数计算模型：

$$F = \sum_{i=1}^{n} F_i c_i \tag{12.3}$$

式中，F 为敏感性指数；F_i 为评估的第 i 个敏感性指标；c_i 为第 i 个敏感性指标的权重系数；n 为敏感性指标的个数。

承灾体适应性指数计算模型：

$$A = \sum_{i=1}^{n} A_i d_i \tag{12.4}$$

式中，A 为适应性指数；A_i 为评估的第 i 个适应性指标；d_i 为第 i 个适应性指标的权重系数；n 为适应性指标的个数。

承灾体脆弱性指数计算模型：

$$V = f(F, R) \tag{12.5}$$

（4）风险

风险指数（R）计算模型：

$$R = f(H, E, V) \tag{12.6}$$

3. 指标权重的确定

由于不同评估指标之间存在数量级、量纲和指标性质的差异，因而需要对原始数据进行标准化处理。在数据标准化的基础上，综合运用主观的层次分析法（AHP）和客观的熵值法对中国沿海地区综合风险评估指标的权重进行双向测定，在此基础上求得二者的平均值作为最终的指标权重（陈琦和胡求光，2018）。

熵值法是一种客观赋权法，其根据各项指标观测值所提供的信息的大小来确定指标权重。在信息论中，熵是对不确定性的一种度量。信息量越大，不确定性越小，熵也就越小；信息量越小，不确定性就越大，熵也就越大。根据熵的特性，可以通过计算熵值来判断一个方案的随机性及无序程度，也可以用熵值来判断某个指标的离散程度，指标的离散程度越大，该指标对综合评估的影响越大。因此，可根据各项指标的变异程度，利用信息熵这个工具，计算出各个指标的权重，为多指标综合评估提供依据。熵值法根据各项指标值的变异程度来确定指标权重，这是一种客观赋权法，避免了人为因素带来的偏差，但由于忽略了指标本身的重要程度，有时确定的指标权重会与预期结果相差甚远。

层次分析法是指将与决策总是有关的元素分成目标、准则、方案等层次，在此基础上进行定性和定量分析的决策方法。层次分析法是一种带有模拟人脑的决策方式的方法，因此必然带有较多的定性色彩。

12.3　结果与分析

12.3.1　气候致灾因子危害性分析

图 12.3 是 RCP2.6、RCP4.5、RCP8.5 气候情景下中国沿海地区主要致灾因子的危害性指数。由图 12.3a 可知，在 RCP2.6 气候情景下，2030 年、2050 年中国沿海省级行政区海平面上升、台风和风暴潮等主要致灾事件的危害性较低；2100 年江苏省、上海市、

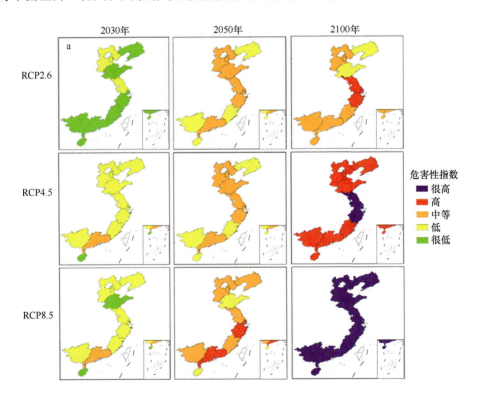

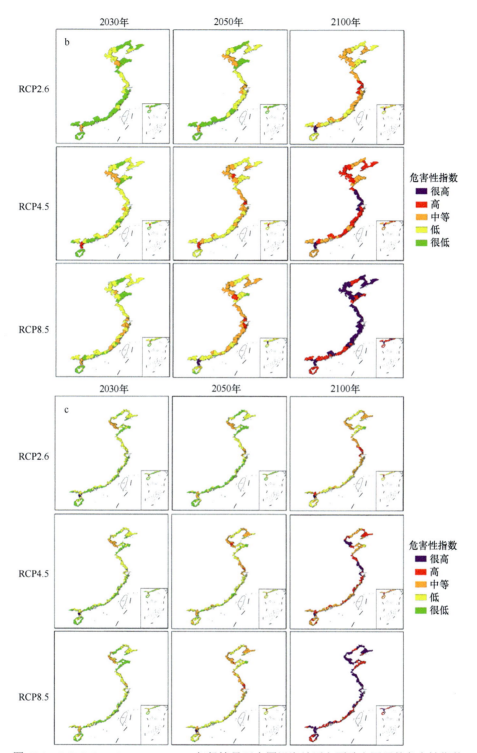

图 12.3　RCP2.6、RCP4.5、RCP8.5 气候情景下中国沿海地区主要致灾因子的危害性指数

a. 省级行政区；b. 市级行政区；c. 县级行政区

注：香港、澳门、台湾资料暂缺

浙江省、福建省、广西壮族自治区和海南省的危害性上升，其中，上海市、江苏省和浙江省尤为显著，危害性等级升级为高。在 RCP4.5 气候情景下，2030 年、2050 年沿海省级行政区的危害性也处于较低水平，但 2030 年危害性明显高于 RCP2.6 气候情景，2050 年危害性与 RCP2.6 气候情景一致；2100 年江苏省、上海市和浙江省的危害性等级上升为很高，其余省级行政区上升为高。在 RCP8.5 气候情景下，2030 年除广东省的危害性为中等外，其余均为中等以下水平；2050 年危害性明显上升，其中上海市、浙江省和广东省危害性等级为高；2100 年中国沿海地区主要致灾因子的危害性等级全部处于很高水平。

由图 12.3b 可知，在 RCP2.6 气候情景下，2030 年、2050 年中国沿海市级行政区主要致灾因子的危害性偏低，2030 年仅潍坊市和湛江市的危害性较高，为中等，2050 年中等危害性的城市增加至 8 个，主要集中在渤海湾、长江三角洲地区；2100 年沿海市级行政区危害性增加，尤其是湛江市，危害性上升为很高，其次是长江三角洲地区，危害性上升为高，渤海湾、江苏省北部、浙江省至福建省北部地区以及广东省局部地区的危害性为中等。在 RCP4.5 气候情景下，2030 年危害性高的地区只有湛江市，危害性中等地区集中在渤海湾；2050 年危害性高的地区除 2030 年的湛江市外，增加了上海市和东营市；2100 年江苏省至长江三角洲和湛江市的危害性上升尤为显著，达到最高水平，而辽宁省、渤海湾、浙江省至福建省北部以及珠江三角洲、广东省东部地区的危害性上升为高，将近一半沿海市级行政区的危害性等级为高、很高。在 RCP8.5 气候情景下，2030 年危害性处于较低水平；2050 年危害性增加，其中湛江市增加最为显著，其次是上海市、潍坊市和宁波市；2100 年危害性等级全部处于很高、高，其中危害性很高占 47%。

由图 12.3c 可知，在不同气候情景下，2030 年、2050 年除湛江市、长江三角洲部分地区的危害性为高、很高，其余县级行政区受致灾事件影响的危害性均处于中等及以下；2100 年沿海县级行政区的危害性增加，在 RCP2.6 气候情景下，危害性较高的区域集中在长江三角洲、雷州半岛，其中雷州市的危害性为很高；在 RCP4.5 气候情景下，渤海湾、长江三角洲的危害性为很高，其次是辽宁省、江苏省北部、浙江省及广东省部分沿海地区，危害性为高；在 RCP8.5 气候情景下，沿海县级行政区的危害性都是很高、高，其中危害性很高占 51%。

综上所述，在不同气候情景下，未来气候变暖将进一步加剧，中国沿海地区主要气候致灾因子的危害性也将增加，总体呈现 RCP8.5 > RCP4.5 > RCP2.6 的特征。到 2100 年，全部沿海省级行政区以及 47% 的市级行政区和 51% 的县级行政区的危害性达到很高水平（RCP8.5），危害性较高的地区集中在渤海湾、江苏省至浙江省沿海以及广东省部分沿海。

12.3.2 暴露度评估

1. 省级行政区

图 12.4 为 2010 年及不同气候情景下未来（2030 年、2050 年、2100 年）中国沿海省级行政区社会经济暴露度的分布特征及动态演变，表 12.2 为不同社会经济暴露度的省级行政区个数。2010 年，江苏省和上海市的暴露度等级为很高，天津市、山东省和广东省的暴露度为高，浙江省和海南省的暴露度为中等，辽宁省、河北省和福建省的暴露度为低，广西壮族自治区的暴露度为很低。

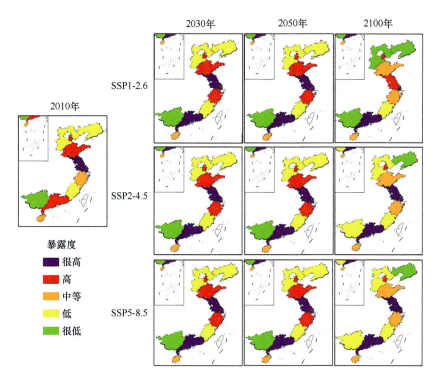

图 12.4　2010 年及不同气候情景下未来中国沿海省级行政区社会经济暴露度的分布特征及动态演变

注：香港、澳门、台湾资料暂缺

表 12.2　2010 年及不同气候情景下未来中国沿海不同社会经济暴露度的省级行政区个数

暴露度	2010 年	SSP1-2.6			SSP2-4.5			SSP5-8.5		
		2030 年	2050 年	2100 年	2030 年	2050 年	2100 年	2030 年	2050 年	2100 年
很高	2	3	3	2	3	3	3	3	3	3
高	3	3	3	2	3	3	1	3	3	1
中等	2	1	1	3	1	1	3	1	1	3
低	3	3	3	1	3	3	3	3	3	3
很低	1	1	1	3	1	1	1	1	1	1

在 SSP1-2.6 气候情景下，2030 年中国沿海社会经济暴露度很高的省级行政区比 2010 年增加了广东省，分别是上海市、江苏省、广东省；暴露度高的分别为天津市、山东省和浙江省，相比于 2010 年，浙江省的暴露度由中等升级为高；中等暴露区仅剩海南省。2050 年暴露度等级与 2030 年一致。2100 年辽宁省、河北省、山东省、江苏省和浙江省的暴露度等级均下降一个等级，其余省级行政区的暴露度等级保持不变，此时暴露度很高的为上海市和广东省，暴露度高的是天津市和江苏省。

在 SSP2-4.5 气候情景下，2030 年、2050 年中国沿海省级行政区的社会经济暴露度与 SSP1-2.6 气候情景一致。2100 年暴露度很高的地区是江苏省、上海市和广东省，暴露度高的地区是天津市，暴露度高于 SSP1-2.6 气候情景。在 SSP5-8.5 气候情景下，中国沿海省级行政区社会经济暴露度的分布特征及动态演变与 SSP2-4.5 气候情景一致。

综上可知，2010 年中国沿海省级行政区社会经济暴露度等级为很高的仅有上海市和江苏省，但未来增加了广东省（三种气候情景），且 2100 年江苏的暴露度等级在 SSP1-

2.6 气候情景下降级为高。三种气候情景下暴露度有所区别，其中 2030 年、2050 年大部分省级行政区处于较高等级，而到 2100 年，SSP1-2.6 情景下 5 个省级行政区的暴露度降低，SSP2-4.5、SSP5-8.5 情景下有些省级行政区如辽宁省、山东省、浙江省的暴露度降低，广西壮族自治区的暴露度反而略有上升。SSP2-4.5 和 SSP5-8.5 气候情景下暴露度相似，但高于 SSP1-2.6 气候情景。

2. 市级行政区

图 12.5 为 2010 年及不同气候情景下未来（2030 年、2050 年、2100 年）中国沿海市级行政区社会经济暴露度的分布特征及动态演变，表 12.3 为不同社会经济暴露度的市级行政区个数。2010 年天津市和上海市的暴露度等级为很高，江苏省的盐城市和南通市、浙江省的宁波市和嘉兴市、福建省的厦门市、广东省的汕头市和广州市的暴露度等级为高，渤海湾地区、山东半岛、浙江省、福建省和广东省的部分市级行政区的暴露度为中等。

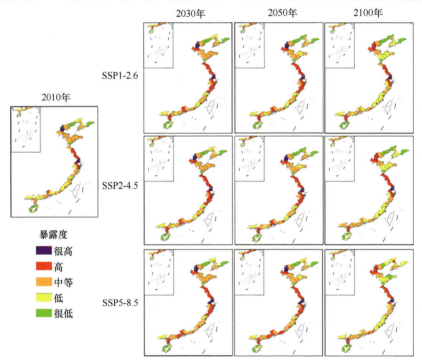

图 12.5　2010 年及不同气候情景下未来中国沿海市级行政区社会经济暴露度的分布特征及动态演变

注：香港、澳门、台湾资料暂缺

表 12.3　2010 年及不同气候情景下未来中国沿海不同社会经济暴露度的市级行政区个数

暴露度	2010 年	SSP1-2.6			SSP2-4.5			SSP5-8.5		
		2030 年	2050 年	2100 年	2030 年	2050 年	2100 年	2030 年	2050 年	2100 年
很高	2	2	2	1	2	2	1	3	3	1
高	7	15	15	9	15	15	10	15	17	11
中等	22	19	18	18	19	18	19	20	18	18
低	16	12	12	18	12	13	20	11	14	20
很低	15	14	15	16	14	14	12	13	10	12

在 SSP1-2.6 气候情景下，2030 年中国沿海社会经济暴露度很高的仍然是天津市和上海市；高暴露度的市级行政区由 2010 年的 7 个增加到 15 个，主要集中在江苏省、浙江省及广东省的部分沿海地区；2050 年只有潮州市的暴露度等级由中等降为很低，其余沿海地区的暴露度水平基本不变；2100 年暴露度水平继续下降，其中天津市的暴露度等级降为高，且暴露度等级为高的市级行政区由 15 个降为 9 个，暴露度水平明显下降的区域为浙江省和珠江三角洲地区。2030 年、2050 年、2100 年中国沿海社会经济暴露度较高的市级行政区集中在渤海湾、江苏省至浙江省和广东省的部分沿海地区。SSP2-4.5、SSP5-8.5 气候情景下，中国沿海社会经济暴露度等级分布与 SSP1-2.6 气候情景基本相似，暴露度较高的地区也集中在渤海湾、江苏省至浙江省和广东省的部分沿海地区。在 SSP5-8.5 气候情景下，暴露度水平较同期 SSP1-2.6、SSP2-4.5 气候情景下略有升高，暴露度等级很高的市级行政区增加了浙江省的嘉兴市。

综上，2010 年、2030 年、2050 年中国沿海社会经济暴露度很高的是天津市、上海市（SSP1-2.6、SSP2-4.5 气候情景），但在 SSP5-8.5 气候情景下，增加了浙江省嘉兴市；2100 年暴露度很高的仅上海市。不同气候情景下中国沿海社会经济暴露度依次为 SSP5-8.5 > SSP2-4.5 > SSP1-2.6。

3. 县级行政区

图 12.6 为 2010 年及不同气候情景下未来（2030 年、2050 年、2100 年）中国沿海县级行政区社会经济暴露度的分布特征及动态演变，表 12.4 为不同社会经济暴露度的县级行政区个数。2010 年 12 个县级行政区的暴露度等级为很高，分别为大连市的长海县，天津市的滨海新区，上海市的浦东新区、普陀区、崇明区，南通市的启东市，舟山市的

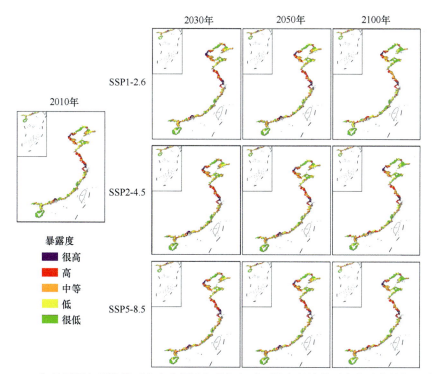

图 12.6　2010 年及不同气候情景下未来中国沿海县级行政区社会经济暴露度的分布特征及动态演变

注：香港、澳门、台湾资料暂缺

泗泗县、岱山县，温州市的洞头区，厦门市的思明区，东莞市 *，湛江市的霞山区；36 个县级行政区的暴露度等级为高，主要分布在渤海湾、江苏省至长江三角洲和珠江三角洲沿海。不同气候情景下，2030 年、2050 年、2100 年暴露度高和很高等级主要集中分布在渤海湾、江苏省至长江三角洲和珠江三角洲沿海地区。

表 12.4　2010 年及不同气候情景下未来中国沿海不同社会经济暴露度的县级行政区个数

暴露度	2010 年	SSP1-2.6			SSP2-4.5			SSP5-8.5		
		2030 年	2050 年	2100 年	2030 年	2050 年	2100 年	2030 年	2050 年	2100 年
很高	12	16	13	10	13	13	12	15	13	12
高	36	36	40	34	36	40	38	38	39	38
中等	60	68	65	56	70	66	58	71	65	60
低	55	46	48	53	46	47	50	43	48	48
很低	49	46	46	59	47	46	54	45	47	54

4. 暴露度的影响因素分析

由上述分析可知，中国沿海地区社会经济暴露度较高的地区主要集中在渤海湾、江苏省至长江三角洲和珠江三角洲沿海，这些地区低洼地分布广泛（图 12.7），其中上海市、天津市和江苏省的低洼地比例都非常高，分别为 89.5%、60.8% 和 53.3%，容易受到台风、风暴潮、海岸洪水等自然灾害的影响。另外，江苏省的总人口和 GDP 都处于较高水平，而上海市沿海省级行政区中面积最小，更容易暴露于自然灾害，因此江苏省、上海市的社会经济暴露度等级很高。广东省的大陆海岸线很长，排在前两名，且总人口和 GDP 也处于中等水平，2010 年广东省社会经济暴露度等级为高，随着时间的推移，广东省的人

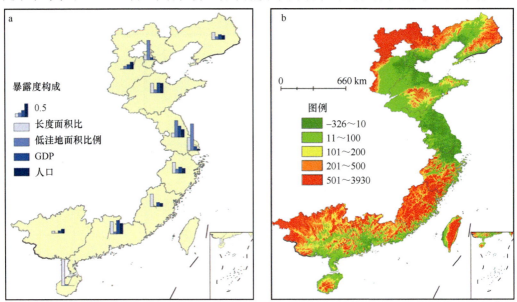

图 12.7　2010 年中国沿海地区社会经济暴露度分布（a）及低洼地分布（b）

注：香港、澳门、台湾资料暂缺

---

* 东莞市是广东省的一个地级市，不设区县，直接管辖街道和镇。为确保沿海地区县级行政区划评估体系的完整性，本研究将东莞市纳入沿海县级行政区划评估框架，参照县级标准对其进行综合评估分析。

口快速增加，导致其暴露度水平在 2030 年、2050 年、2100 年升级为很高。中国沿海暴露度很高的是天津市和上海市，暴露度等级高的为江苏省的盐城市和南通市、浙江省的宁波市和嘉兴市、福建省的厦门市、广东省的汕头市和广州市。如上所述，天津市、上海市、盐城市、南通市和嘉兴市都位于沿海低洼地区，而宁波市、厦门市和汕头市的海岸线长度与行政区面积的比值较大，广州市的人口和经济总量较大，这些因素导致上述地区的社会经济暴露度处于较高等级。因此，中国沿海地区社会经济暴露度较高的区域主要集中在渤海湾、江苏省至长江三角洲、珠江三角洲等沿海地区，与该地区低洼地较多、海岸线绵长等主要因素有关，也受到人口和经济的影响。

12.3.3　脆弱性评估

1. 省级行政区

图 12.8 为 2010 年及不同气候情景下未来（2030 年、2050 年、2100 年）中国沿海省级行政区社会经济脆弱性的分布特征及动态演变，表 12.5 为不同社会经济脆弱性的省级行政区个数。2010 年中国沿海社会经济脆弱性很高的省级行政区是广西壮族自治区，脆弱性高的是河北省、福建省、广东省和海南省，脆弱性中等的是山东省。

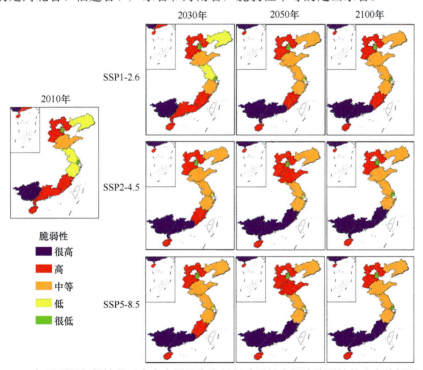

图 12.8　2010 年及不同气候情景下未来中国沿海省级行政区社会经济脆弱性的分布特征及动态演变

注：香港、澳门、台湾资料暂缺

表 12.5　2010 年及不同气候情景下未来中国沿海不同社会经济脆弱性的省级行政区个数

脆弱性	2010 年	SSP1-2.6			SSP2-4.5			SSP5-8.5		
		2030 年	2050 年	2100 年	2030 年	2050 年	2100 年	2030 年	2050 年	2100 年
很高	1	1	2	2	2	3	3	2	3	3
高	4	4	3	3	3	3	2	3	3	2

脆弱性	2010 年	SSP1-2.6			SSP2-4.5			SSP5-8.5		
		2030 年	2050 年	2100 年	2030 年	2050 年	2100 年	2030 年	2050 年	2100 年
中等	1	2	4	4	4	3	4	4	3	4
低	3	2	1	0	1	1	0	1	1	0
很低	2	2	1	2	1	1	2	1	1	2

在 SSP1-2.6 气候情景下，2030 年浙江省社会经济的脆弱性由低升级为中等，其余省级行政区的脆弱性保持不变；2050 年脆弱性水平继续上升，其中广东省的脆弱性等级由高升级为很高，辽宁省、江苏省的脆弱性由低升级为中等，上海市的脆弱性由很低升级为低，其余省级行政区的脆弱性不变；2100 年整体的脆弱性水平略有下降，上海市的脆弱性等级由低降为很低。由上可知，中国沿海省级行政区社会经济的脆弱性水平在 2050 年达到最高程度。在 SSP2-4.5 气候情景下，2030 年中国沿海社会经济的脆弱性水平上升明显，其中广东省的脆弱性等级由高升级为很高，辽宁省、江苏省和浙江省的脆弱性等级由低升级为中等，上海市的脆弱性等级由很低升级为低；2050 年脆弱性水平继续上升，福建省的脆弱性等级由高升级为很高，山东省的脆弱性等级由中等升级为高；2100 年脆弱性水平略有下降，其中山东省降为中等脆弱区，上海市降为很低脆弱区。由此可见，中国沿海省级行政区社会经济的脆弱性水平也是在 2050 年达到最高程度。在 SSP5-8.5 气候情景下，中国沿海省级行政区社会经济脆弱性的分布特征及动态演变规律与 SSP2-4.5 气候情景一致，脆弱性水平高于同期 SSP1-2.6 气候情景。

综上，2010 年中国沿海社会经济脆弱性很高的省级行政区是广西壮族自治区，脆弱性高的为河北省、福建省、广东省和海南省。相比 2010 年，2050 年、2100 年，脆弱性很高的省级行政区增加了广东省（SSP1-2.6、SSP2-4.5、SSP5-8.5）和福建省（SSP2-4.5、SSP5-8.5）。

2. 市级行政区

图 12.9 为 2010 年及不同气候情景下未来（2030 年、2050 年、2100 年）中国沿海市级行政区社会经济脆弱性的分布特征及动态演变，表 12.6 为不同社会经济脆弱性的市级行政区个数。2010 年中国沿海社会经济脆弱性很高的城市仅有汕头市和汕尾市，高脆弱区有 9 个，其中浙江省有 2 个，广东省有 3 个，海南省有 4 个。与 2010 年相比，不同气候情景下，2030 年、2050 年、2100 年中国沿海市级行政区社会经济的脆弱性显著升高，尤其是在长江三角洲以南的沿海地区。

表 12.6 2010 年及不同气候情景下未来中国沿海不同社会经济脆弱性的市级行政区个数

脆弱性	2010 年	SSP1-2.6			SSP2-4.5			SSP5-8.5		
		2030 年	2050 年	2100 年	2030 年	2050 年	2100 年	2030 年	2050 年	2100 年
很高	2	7	3	3	2	3	3	8	5	4
高	9	14	19	19	16	18	18	16	17	19
中等	24	20	20	20	23	21	20	21	21	18
低	13	14	15	13	11	15	13	12	15	14
很低	14	7	5	7	10	5	8	5	4	7

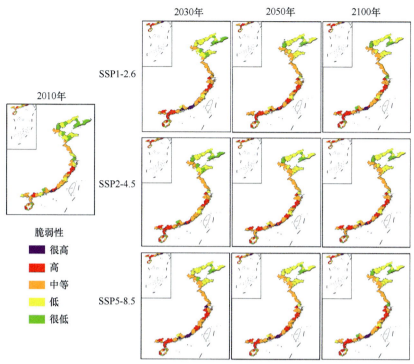

图 12.9　2010 年及不同气候情景下未来中国沿海市级行政区社会经济脆弱性的分布特征及动态演变

注：香港、澳门、台湾资料暂缺

在 SSP1-2.6 气候情景下，2030 年中国沿海市级行政区社会经济的脆弱性达到最高程度，脆弱性等级很高的有 7 个且均位于广东省，除 2010 年的汕头市和汕尾市外，还增加了深圳市、东莞市、中山市、揭阳市和潮州市，高脆弱区由 9 个增加至 14 个，广东省、广西壮族自治区交界地区的脆弱性上升显著；2050 年深圳市、中山市、揭阳市和潮州市的脆弱性等级降为高，高脆弱区达到 19 个，分布在浙江省、福建省、广东省和海南省；2100 年广东省、广西壮族自治区的高脆弱区减少，福建省的高脆弱区增加，另外，上海市和广州市的脆弱性等级由低降为很低。在 SSP2-4.5 气候情景下，2030 年脆弱性等级很高的市级行政区依然是汕头市和汕尾市，但脆弱性高的市级行政区显著增加，由 2010 年的 9 个增加至 16 个，广东省脆弱性高的市级行政区明显增多；2050 年东莞市的脆弱性等级由高升级为很高，脆弱性高的市级行政区也增加了 2 个，脆弱性达到最高程度；2100 年脆弱性略有下降。在 SSP5-8.5 气候情景下，2030 年脆弱性等级很高的市级行政区有 8 个，分别是广东省的深圳市、汕头市、东莞市、中山市、汕尾市、揭阳市、潮州市和浙江省的嘉兴市，而脆弱性等级高的城市有 16 个，分布在浙江省、福建省、广东省、广西壮族自治区；2050 年嘉兴市、深圳市和潮州市的脆弱性等级由很高降为高；2100 年脆弱性继续下降，脆弱性等级很高的市级行政区集中在广东省的潮汕地区，分别为汕头市、汕尾市、揭阳市和潮州市。

综上所述，2010 年中国沿海社会经济脆弱性很高的市级行政区集中在浙江省、广东省至广西壮族自治区、海南省；2030 年脆弱性等级总体达到最高程度；长江三角洲以南的脆弱性明显高于以北。

3. 县级行政区

图 12.10 为 2010 年及不同气候情景下未来（2030 年、2050 年、2100 年）中国沿海县级行政区社会经济脆弱性的分布特征及动态演变，表 12.7 为不同社会经济脆弱性的县级行政区个数。2010 年中国沿海社会经济脆弱性等级高、很高的县级行政区主要分布在江苏省以南。

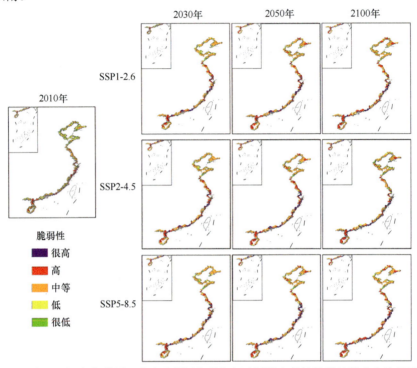

图 12.10　2010 年及不同气候情景下未来中国沿海县级行政区社会经济脆弱性的分布特征及动态演变

注：香港、澳门、台湾资料暂缺

表 12.7　2010 年及不同气候情景下未来中国沿海不同社会经济脆弱性的县级行政区个数

脆弱性	2010 年	RCP2.6			SSP2-4.5			SSP5-8.5		
		2030 年	2050 年	2100 年	2030 年	2050 年	2100 年	2030 年	2050 年	2100 年
很高	6	25	33	26	28	38	26	30	41	32
高	32	50	56	58	53	58	52	48	48	59
中等	79	88	86	83	84	79	86	87	87	77
低	68	35	25	30	33	25	29	33	25	31
很低	27	14	12	15	14	12	19	14	11	13

不同气候情景下，2030 年、2050 年、2100 年中国沿海县级行政区社会经济脆弱性的空间分布基本一致，脆弱性等级很高的地区主要分布在江苏省以南，包括长江三角洲、浙江省和广东省沿海地区；2030 年脆弱性等级高的地区集中在江苏省至广东省沿海和海南省；2050 年、2100 年辽宁省部分沿海县级行政区社会经济脆弱性等级也表现为高。综上，中国沿海县级行政区社会经济脆弱性水平都是在 2050 年达到最高程度，且同期的脆弱性水平表现出 SSP5-8.5 ＞ SSP2-4.5 ＞ SSP1-2.6 的特征。

4. 脆弱性的影响因素分析

中国沿海地区社会经济脆弱性的预估主要考虑了人口结构、经济条件、医疗和社会保障水平、城镇化水平等，当前采用的未来社会经济数据主要是基于第六次全国人口普查数据和 2010 年度各地级市 GDP，利用人口 - 发展 - 环境模型（population-development-environment，PDE）重新模拟得到中国沿海省级行政区的人口与 GDP 的空间分布模拟数据，还缺乏未来教育、医疗、社会保障和城镇化水平等模拟数据，在预估过程中假设医疗和社会保障水平、城镇化水平维持当前的程度，可见，脆弱性的变化主要受到人口和经济的影响。由上可知，中国沿海地区社会经济脆弱性较高的区域主要集中在长江三角洲、珠江三角洲、广东省的潮汕地区和雷州半岛周边沿海地区，由图 12.11 可知，这些地区人口密集，经济密度高，加上青少年人口比例及人口老龄化等因素，导致其具有高敏感性、高脆弱性。

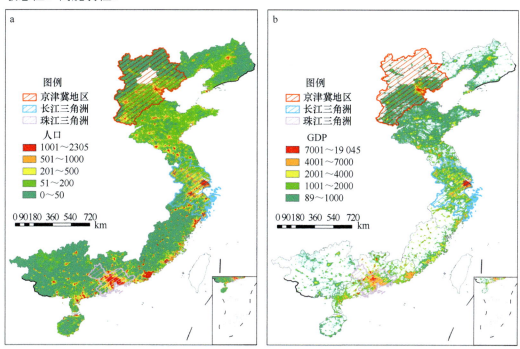

图 12.11　SSP2-4.5 气候情景下 2050 年中国沿海地区人口（a）、GDP（b）的分布情况

注：香港、澳门、台湾资料暂缺

12.3.4　综合风险评估

图 12.12 是不同气候情景下未来中国沿海省级行政区的气候变化综合风险分布，表 12.8 为不同社会经济气候变化综合风险等级的省级行政区个数。在 SSP1-2.6 气候情景下，2030 年广东省的风险等级为高，其次是江苏省，为中等风险，其余省级行政区处于低和很低风险水平；2050 年广东省的风险上升为很高，其余地区风险不变；2100 年江苏省的风险上升为高，浙江省、福建省、广西壮族自治区和海南省上升为中等，中国沿海省级行政区社会经济的风险达到最高程度。在 SSP2-4.5 气候情景下，2030 年广东省的风险等级为很高，其次是江苏省，为高风险，山东省和福建省为中等风险区；2050 年河北

省、上海市、浙江省、广西壮族自治区和海南省的风险上升，其中上海市的风险等级上升为高；2100 年沿海省级行政区社会经济的风险继续显著上升，其中江苏省和广东省的社会经济处于很高风险，山东省、上海市、浙江省、福建省、广西壮族自治区和海南省为高风险。在 SSP5-8.5 气候情景下，2030 年风险很高和高的省级行政区分别是广东省和江苏省，中等风险地区比 SSP2-4.5 气候情景明显增多；2050 年辽宁省、河北省、上海市和福建省的风险上升，其中上海市和福建省升级为高风险；2100 年除辽宁省为高风险、天津市为中等风险外，其余省级行政区均为很高风险。在不同气候情景下，2100 年中国沿海省级行政区的风险达到最高程度，尤其是在 SSP5-8.5 情景下，到 2100 年 90.9% 的沿海省级行政区的社会经济处于高和很高风险之中。

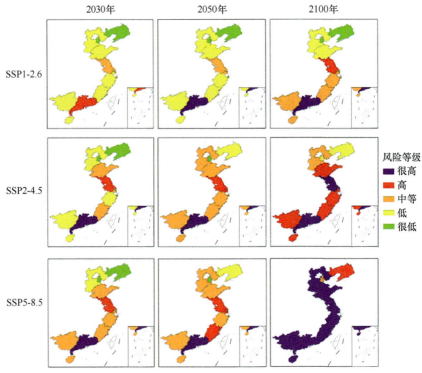

图 12.12　不同气候情景下未来中国沿海省级行政区的气候变化综合风险分布

注：香港、澳门、台湾资料暂缺

表 12.8　不同气候情景下未来中国沿海不同社会经济气候变化综合风险等级的省级行政区个数

风险	SSP1-2.6			SSP2-4.5			SSP5-8.5		
	2030 年	2050 年	2100 年	2030 年	2050 年	2100 年	2030 年	2050 年	2100 年
很高	0	1	1	1	1	2	1	1	4
高	1	0	1	1	2	6	1	3	5
中等	1	2	5	3	6	1	6	5	2
低	7	6	2	4	1	2	1	1	0
很低	2	2	2	1	0	2	2	1	0

　　图 12.13 是不同气候情景下未来中国沿海市级行政区的气候变化综合风险分布，

表 12.9 为不同社会经济风险等级的市级行政区个数。在 SSP1-2.6 气候情景下，2030 年风险很高的有 4 个，分别为上海市、嘉兴市、汕头市和东莞市；其次是天津市、深圳市、厦门市等 12 个城市，为高风险，集中分布在渤海湾、江苏省至浙江省沿海和广东省；2050 年东莞市降为高风险，风险很高的城市仅剩上海市、嘉兴市和汕头市，另外，沧州市升级为高风险，高风险市级行政区增加至 14 个；2100 年上海市的风险下降，而湛江市和汕尾市升级为很高风险。在 SSP2-4.5 气候情景下，2030 年风险很高的市级行政区有上海市、嘉兴市、汕头市和湛江市，其次是天津市、沧州市、南通市、盐城市、温州市、宁波市、台州市、汕尾市、揭阳市和东莞市；2050 年东莞市升级为很高风险，另外，滨州市、绍兴市、厦门市、中山市、茂名市和深圳市升级为高风险；2100 年风险显著上升，其中沧州市、南通市、盐城市、台州市、温州市、汕尾市、揭阳市、茂名市由高风险升级为很高风险，很高风险区主要分布在渤海湾、江苏省至浙江省和广东省。在 SSP5-8.5 气候情景下，2030 年风险很高的市级行政区有 7 个，分别是上海市、嘉兴市、温州市、汕头市、东莞市、中山市和湛江市，高风险区有 11 个，集中在渤海湾、江苏省至浙江省、广东省，其中包括天津市、厦门市、深圳市等直辖市或副省级城市；2050 年宁波市、台州市和汕尾市的风险等级上升为很高，很高风险集中在上海市至浙江省和广东省，而高风险集中分布在渤海湾、江苏省和广东省；2100 年风险很高的地区包括沧州市、江苏省至浙江省的沿海地区及广东省部分沿海地区，67.7% 的沿海市级行政区的社会经济处于高及以上风险之中，风险达到最高程度。

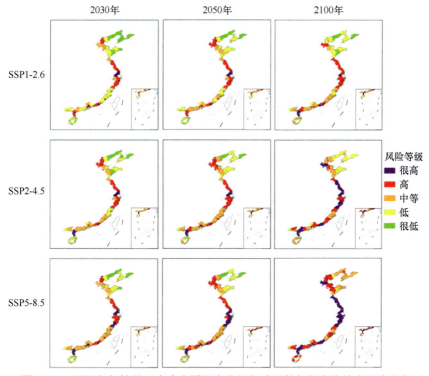

图 12.13　不同气候情景下未来中国沿海市级行政区的气候变化综合风险分布

注：香港、澳门、台湾资料暂缺

表 12.9 不同气候情景下未来中国沿海不同社会经济气候变化综合风险等级的市级行政区个数

风险	SSP1-2.6			SSP2-4.5			SSP5-8.5		
	2030 年	2050 年	2100 年	2030 年	2050 年	2100 年	2030 年	2050 年	2100 年
很高	4	3	4	4	5	12	7	10	19
高	12	14	14	10	15	14	11	13	23
中等	7	11	20	15	21	21	17	18	15
低	26	27	18	23	15	13	19	15	5
很低	13	7	6	10	6	2	8	6	0

图 12.14 是不同气候情景下未来中国沿海县级行政区的气候变化综合风险分布，表 12.10 为不同社会经济风险等级的县级行政区个数。在 SSP1-2.6 气候情景下，2030 年中国沿海社会经济风险很高的县级行政区有 3 个，分别为上海市的浦东新区、温州市的洞头区和东莞市，其次是位于渤海湾、长江三角洲和广东省的 26 个县级行政区，为高风险；2050 年很高风险区增加至 8 个，长江三角洲地区的风险上升最为显著；2100 年很高风险集中在长江三角洲和广东省的雷州半岛，高风险集中在渤海湾、江苏省至浙江省和广东省沿海。在 SSP2-4.5 气候情景下，2030 年很高风险区有 8 个，集中分布在长江三角洲、珠江三角洲和雷州半岛；2050 年渤海湾的部分地区风险增加，升级为很高风险，而雷州半岛的风险减弱，江苏省沿海的高风险区显著增多；2100 年广东省的潮汕地区和雷州半岛风险增加，部分县级行政区升级为很高风险，珠江三角洲的风险减弱，江苏省、浙江省的高风险区显著增加。在 SSP5-8.5 气候情景下，2030 年很高风险区集中在长江三角

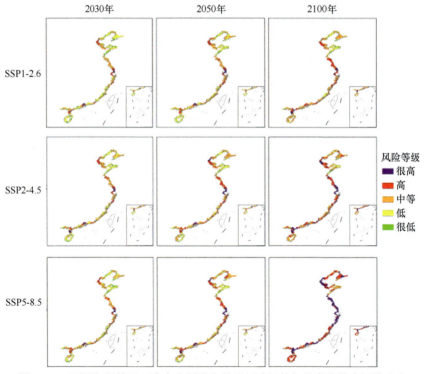

图 12.14 不同气候情景下未来中国沿海县级行政区的气候变化综合风险分布

注：香港、澳门、台湾资料暂缺

洲和珠江三角洲；2050 年渤海湾和雷州半岛的风险上升，很高风险区达 18 个，同时江苏省和浙江省的高风险区也明显增多；2100 年风险加速上升，尤其是在渤海湾、江苏省至浙江省、广东省，风险等级为很高，辽宁省、福建省和海南省大部分沿海地区为高风险，这时很高风险区和高风险区分别达 80 个、78 个，占沿海县级行政区的 74.5%，风险达到最高程度。

表 12.10　不同气候情景下未来中国沿海不同社会经济气候变化综合风险等级的县级行政区个数

风险	SSP1-2.6			SSP2-4.5			SSP5-8.5		
	2030 年	2050 年	2100 年	2030 年	2050 年	2100 年	2030 年	2050 年	2100 年
很高	3	8	12	8	14	36	9	18	80
高	26	38	59	34	50	69	34	57	78
中等	64	67	75	71	76	72	69	75	40
低	84	77	49	74	58	27	73	46	13
很低	35	22	17	25	14	8	27	16	1

12.3.5　适应性分析

本章基于 IPCC 气候变化综合风险理论框架，结合上述中国沿海地区风险分析，从降低主要致灾因子的危害性、降低人口和社会经济的暴露度及脆弱性等角度提出了中国沿海地区具有气候韧性的社会经济适应策略，见图 12.15。

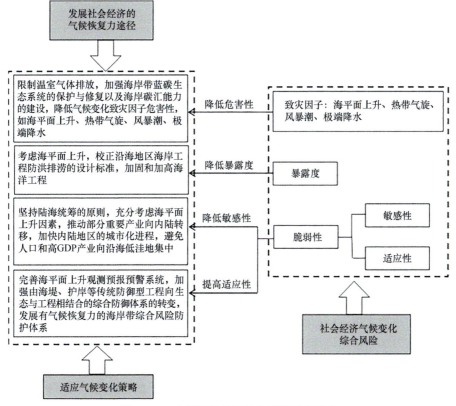

图 12.15　中国沿海地区社会经济适应策略

（1）控制 CO_2 等温室气体的排放，降低气候致灾因子危害性

全球气候变暖持续加剧，极地冰川融化，海平面随之上升。海平面上升对沿海地区社会经济、自然环境及生态系统有重大影响。一方面，海平面上升可能淹没一些沿海低洼地以及一些低海拔的岛礁，侵蚀海岸；另一方面，海平面上升将抬高基础水位，使风暴潮强度加剧，频次增多，危及沿海地区人民生命财产。在温室气体低浓度（SSP1-2.6）、中等浓度（SSP2-4.5）和高浓度（SSP5-8.5）排放情景下，未来中国沿海地区面临海平面不断上升的威胁，致灾因子的危害性也逐渐升高，因此国际社会可以通过减少 CO_2 等温室气体的排放来减缓气候变暖和海平面上升的速度，以达到降低沿海地区海平面上升等气候致灾因子危害性的目的。此外，以红树林、海草床、盐沼为代表的海岸带蓝碳生态系统具有很强的碳汇能力，可作为一种应对气候变化的基于自然的解决方案，以国家重点生态功能区、生态保护红线、国家级自然保护区等为重点，逐步推进并完善海岸带红树林、海草床和盐沼等蓝碳生态系统的保护与修复工程以及海岸碳汇能力的建设，从而充分发挥海岸带蓝碳在减缓气候变化中的重要作用。

（2）提高沿海地区的防潮、防洪排涝标准，降低沿海地区的暴露度

海平面的持续上升将增加沿海地区特别是低洼地的暴露度，主要原因在于海平面上升将抬高基础水位，并使得当前许多地区百年一遇的沿海极值水位到2050年、2100年变为几年一遇，从而可能极大地增加沿海地区尤其是重要滨海城市海岸洪水灾害的社会经济损失风险，这使得当前许多50年一遇和百年一遇的海岸防护工程将不能满足未来沿海地区防洪排涝的需要。因此，有必要在考虑相对海平面上升幅度的基础上，校正沿海地区海岸工程防洪排涝的设计标准，并通过加固和加高等措施提高海岸工程的防御能力，以降低沿海地区社会经济的暴露度。

在 SSP5-8.5 气候情景下，2100年中国沿海海平面的上升高度平均增加至少66cm，尤其是在江苏省至浙江省、广东省雷州半岛附近以及海南省的北部和东部沿海，海平面的上升高度为84.6～103.2 cm。对于上述三个海平面上升速率较高的地区，海岸防洪工程高度需提高至少85～104cm，其余沿海地区的海岸防洪工程高度需提高66～85cm。另外，为了适应海平面上升引起的变化，需加强中国沿海地区高、很高脆弱区的河流整治工作，提高河道的排水能力以及防护堤、下水管道、道路等建筑物的基础设计和标高。

（3）优化沿海低洼地的产业结构与布局，降低沿海地区的脆弱性

中国沿海地区地势低平，尤其是渤海湾、长江三角洲及江苏省、珠江三角洲区域，同时上述地区城镇化程度高、人口聚集、经济发达，因此其成为高脆弱区。在气候变化背景下，即便采取有效的措施减缓海平面上升，2100年仍然还有许多沿海地区的低洼地将处于平均海平面之下，因而面临极大的威胁，因此需要提前解决低洼地淹没所带来的连锁反应问题。例如，沿海地区的城市规划应当坚持陆海统筹的原则，充分考虑海平面上升因素，避免高GDP产业继续向沿海低洼地集中，推动部分重要产业向内陆转移，加快内陆地区的城市化进程，相应地人口也会向内陆地区聚集，降低沿海地区社会经济的敏感性。

（4）完善海平面上升观测预报预警系统，提高沿海地区的适应能力

加强并完善沿海海平面上升包括海岸极值水位的观测、预报、预警体系的建设，建立与海平面上升有关的资源、环境和社会经济的影响、对策评估系统。基于"自然恢复为主，人工干预为辅"的生态修复理念，依托海岸带红树林、海草床、盐沼、沙滩和生物礁等生态系统的保护与修复工程，同时加强由海堤、护岸等传统防御型工程向生态与工程相结合的综合防护系统的转变，设计符合并全面规划中国海岸带环境动力和生态系统特点的综合防护体系，发展具有气候恢复力（韧性）的海岸带综合风险防护体系，从而起到消浪、缓流、增淤、固沙、护岸的作用，以有效地抵御海平面上升和风暴潮、海岸洪水等极端事件的灾害影响，提高中国沿海地区自然与社会系统应对气候变化影响与风险的适应能力。

12.4　结　　语

（1）结论

本章基于 IPCC 气候变化综合风险概念及理论框架，构建了中国沿海地区社会经济脆弱性及气候变化综合风险（主要致灾因子危害性、承灾体暴露度、承灾体脆弱性、影响与风险）评估指标体系，利用中国沿海地区自然环境和社会经济发展的模拟预估结果，评估了未来在温室气体低浓度、中等浓度和高浓度排放情景下（SSP1-2.6、SSP2-4.5、SSP5-8.5），2030 年、2050 年、2100 年中国沿海地区社会经济的暴露度、脆弱性和风险变化。

1）随着温室气体的持续排放，海平面上升、台风、风暴潮的危害性也将持续增大。在三种气候情景下，未来中国沿海省级行政区社会经济的暴露度在 2030 年、2050 年处于最高水平，暴露度较高的省级行政区包括江苏省、上海市和广东省；但是沿海市级行政区（SSP1-2.6、SSP2-4.5）和县级行政区（SSP1-2.6、SSP5-8.5）社会经济暴露度均是 2030 年达到最高程度，其余气候情景下 2050 年才达到最高程度，暴露度较高的市级、县级行政区主要集中在渤海湾、江苏省至浙江省和珠江三角洲。

2）在三种气候情景下，未来中国沿海省级行政区社会经济的脆弱性在 2050 年、2100 年处于最高水平，脆弱性较高的省级行政区包括福建省、广东省、广西壮族自治区；但是沿海市级行政区（SSP1-2.6、SSP5-8.5）的社会经济脆弱性在 2030 年处于最高水平，县级行政区社会经济脆弱性均在 2050 年达到最高程度，脆弱性较高的市级、县级行政区主要集中在长江三角洲以南。

3）受到致灾因子的主要影响，中国沿海地区的风险持续上升，2100 年 90.9%、67.7% 和 74.5% 的沿海省级、市级、县级行政区风险水平偏高（SSP5-8.5）。

4）沿海地区需加强海平面变化监测，提高海岸堤防工程防护标准，加强境内流域综合管理，提高防洪排涝能力，减少水土流失，严控地下水开采，防止海岸地面沉降，建立和完善海岸洪水的预报预警和应急体系，并积极控制温室气体的排放，采取节能减排和增汇等措施，从而减少或避免海平面上升、台风、风暴潮对沿海地区社会经济的影响，提高经济社会的可持续发展能力。

（2）讨论

  沿海地区是中国国民经济和社会发展的战略重心，也是自然灾害易发和频发的区域，长期受到海平面上升、台风、风暴潮等自然灾害的频繁影响，气候变化和高密度的建成环境、社会经济使沿海地区面对海平面上升等气候变化致灾因子时呈现出高风险。因此，沿海地区迫切需要识别风险较高的区域，并制定有针对性的适应与减缓对策措施，以提高沿海地区经济社会的可持续发展能力。本章研究结果表明，环渤海湾、长江三角洲及江苏省、珠江三角洲是中国沿海地区社会经济的较高风险区，但今后有需要深化之处，如目前采用的未来社会经济数据是基于第六次全国人口普查数据和 2010 年度各地级市 GDP，利用 PDE 模型重新模拟得到中国沿海地区人口与 GDP 的空间分布模拟数据。此外，还缺乏未来教育、医疗、社会保障和城镇化水平等模拟数据。因此，今后可通过进一步融合多种数据指标，完善社会经济脆弱性评估指标体系，以获取更为深入的中国沿海地区社会经济脆弱性变化特征，从而获取更为全面的社会经济综合风险评估结果。

参 考 文 献

蔡榕硕, 刘克修, 谭红建. 2020. 气候变化对国海洋和海岸带的影响、风险与适应对策. 中国人口·资源与环境, 30(9): 1-8.

蔡榕硕, 谭红建. 2020. 海平面加速上升对低海拔岛屿、沿海地区及社会的影响和风险. 气候变化研究进展, 16(2): 163-171.

陈琦, 胡求光. 2018. 中国海洋渔业社会—生态系统脆弱性评价及影响因素分析. 农业现代化研究, 39(3): 468-477.

丁平兴. 2013. 近 50 年我国典型海岸带演变过程与原因分析. 北京: 科学出版社: 302.

方佳毅, 陈文方, 孔锋, 等. 2015. 中国沿海地区社会脆弱性评价. 北京师范大学学报 (自然科学版), 51(3): 280.

秦大河. 2015. 中国极端天气气候事件和灾害风险管理与适应国家评估报告. 北京: 科学出版社.

宿海良, 袁雷武, 王猛, 等. 2021. 1949—2019 年登陆中国的热带气旋特征及致灾分析. 应用海洋学学报, 40(3): 382-387.

孙阿丽, 石勇, 石纯, 等. 2009. 沿海区域自然灾害脆弱性特征及影响因素分析. 中国人口·资源与环境, 19(5): 148-153.

徐廷廷, 徐长乐, 刘洋. 2015. 全球气候变化背景下上海社会经济脆弱性评价研究: 基于 PSR 模型. 资源开发与市场, 31(3): 288-292.

于维洋. 2012. 河北省区域社会经济系统脆弱性综合研究. 燕山大学学报 (哲学社会科学版), 13(1): 64-66.

张广迎, 方克艳, 陈平, 等. 2021. 我国东部沿海热带气旋演化特征研究. 地球环境学报, 12(1): 84-92.

张化, 李汶莉, 李雪敏, 等. 2022. 面向地震设防风险的未来中国城乡人口情景及暴露特征. 气候变化研究进展, 18(6): 707-719.

张通, 俞永强, 效存德, 等. 2022. IPCC AR6 解读: 全球和区域海平面变化的监测和预估. 气候变化研究进展, 18(1): 12-18.

中国科学院. 2014. 东南沿海发达地区环境质量演变与可持续发展. 北京: 科学出版社.

自然资源部. 2021. 2020 中国海洋灾害公报.

自然资源部. 2023. 2022 中国海平面公报.

Church J A, Clark P U, Cazenave A, et al. 2013. Sea level change, in climate change 2013: the physical science basis//Contribution of Working Group Ⅰ to the Fifth Assessment Report of the Intergovernmental

Panel on Climate Change. Cambridge: Cambridge University Press: 1137-1216.

Church J A, White N J. 2006. A 20th century acceleration in global sea-level rise. Geophysical Research Letters, 33(1): L01602.

Ding Q, Chen X J, Hilborn R, et al. 2017. Vulnerability to impacts of climate change on marine fisheries and food security. Marine Policy, 83: 55-61.

Ekstrom J A, Suatoni L, Cooley S R, et al. 2015. Vulnerability and adaptation of US shellfisheries to ocean acidification. Nature Climate Change, 5: 207-214.

Fang J Y, Liu W, Yang S N, et al. 2017. Spatial-temporal changes of coastal and marine disasters risks and impacts in Mainland China. Ocean & Coastal Management, 139: 125-140.

Geiger T, Frieler K, Bresch D N. 2018. A global historical data set of tropical cyclone exposure (TCE-DAT). Earth System Science Data, 10(1): 185-194.

Hinkel J, Lincke D, Vafeidis A T, et al. 2014. Coastal flood damage and adaptation costs under 21st century sea-level rise. Proceedings of the National Academy of Sciences of the United States of America, 111(9): 3292-3297.

IPCC. 2013. Climate change 2013: the physical science basis//Contribution of Working Group I to the Fifth Assessment Report of the Intergovernmental Panel on Climate Change. Cambridge: Cambridge University Press: 1-29.

IPCC. 2021. Climate change 2021: the physical science basis//Masson-Delmotte V, Zhai P, Pirani A, et al. Contribution of Working Group I to the Sixth Assessment Report of the Intergovernmental Panel on Climate Change. Cambridge, New York: Cambridge University Press.

Klotzbach P J. 2006. Trends in global tropical cyclone activity over the past twenty years (1986-2005). Geophysical Research Letters, 33(10): L10805.

Kopp R E, Horton R M, Little C M, et al. 2014. Probabilistic 21st and 22nd century sea-level projections at a global network of tide-gauge sites. Earth's Future, 2(8): 383-406.

Kossin J P. 2018. A global slowdown of tropical-cyclone translation speed. Nature, 558(7708): 104-107.

Morzaria-Luna H N, Turk-Boyer P, Moreno-Baez M. 2014. Social indicators of vulnerability for fishing communities in the Northern Gulf of California, Mexico: implications for climate change. Marine Policy, 45(2): 182-193.

Oppenheimer M, Glavovic B, Hinkel J, et al. 2019. Sea level rise and implications for low lying islands, coasts and communities//Pörtner H O, Roberts D C, Masson-Delmotte V, et al. IPCC special report on the ocean and cryosphere in a changing climate. Cambridge, New York: Cambridge University Press.

Romieu E, Welle T, Schneiderbauer S, et al. 2010. Vulnerability assessment within climate change and natural hazard contexts: revealing gaps and synergies through coastal applications. Sustainability Science, 5(2): 159-170.

Turner R K, Adger W N, Doktor P. 1995. Assessing the economic costs of sea level rise. Environment and Planning A: Economy and Space, 27(11): 1777-1796.

Zhang Y, Fan G F, He Y, et al. 2017. Risk assessment of typhoon disaster for the Yangtze River Delta of China. Geomatics Natural Hazards and Risk, 8(2): 1580-1591.

第 13 章

滨海城市社会经济

13.1 引　　言

联合国减灾署发布的《人类灾害损失 2000—2019》（*UNDRR*，2020，*Human cost of disasters An overview ofthe last 20 years 2000—2019*）报告指出，近 20 年中洪涝灾害发生次数从 20 年前的 1389 次增加到 3254 次，影响了全球 16 亿人，居各类灾害之首。中国年均发生 20 次洪灾，受灾人口约占全球的 55%，洪水灾害是影响中国最为严重的自然灾害之一。中国沿海地区人口密集、经济发达，沿海地区的人口和 GDP 分别约占全国的 43.1%、63.1%。其中，京津冀地区、长江三角洲和珠江三角洲等沿海三大城市群的人口和 GDP 就分别占全国的 23%、39%。因此，近几十年来沿海海平面快速上升叠加台风风暴潮造成的海岸洪水灾害对滨海城市的可持续发展构成了严重威胁和风险。

据统计，1949 ～ 2009 年中国沿海共发生了 220 余次较为严重的台风和风暴潮灾害（于福江等，2015）。1975 ～ 2016 年全球 80.2% 因洪水死亡的人口出现在距海岸线 100 km 的地区（殷克东和孙文娟，2011）。例如，1999 年 10 月 9 日上午 "9914" 号台风 "丹恩" 登陆厦门市海沧区，恰好遇上农历九月初一的天文大潮，与台风风暴增水叠加，造成潮位异常增高，加之台风带来的短时大量降水，造成厦门岛内及沿海地区发生严重内涝（许炜宏和蔡榕硕，2021），并且这次台风造成了 72 人的死亡和失踪，经济损失达 80 多亿元（李夏火等，2000）。2013 年 10 月，强台风 "菲特" 在 7 日影响浙江省沿海，在海平面、天文大潮和风暴增水三者的叠加下，浙江省沿海发生了严重的洪涝灾害，经济损失约 449 亿元，受灾人口近 666 万人（国家海洋局，2014）。Hallegatte 等（2013）的研究表明，全球滨海城市按海岸洪水灾害造成的经济损失和经济损失占生产总值的比例大小排名，到 2050 年在全球最脆弱的前 20 个城市中，有 5 个是中国的滨海城市，即广州市、湛江市、深圳市、天津市和厦门市。随着全球气候变化与滨海城市经济活动的持续增加，预计未来滨海城市将面临更加严峻的海岸洪水灾害风险（Fang et al.，2020）。

气候变化背景下中国滨海城市海岸洪水危害性发生显著变化，且随着滨海大城市群的快速发展，海岸洪水灾害可能造成的社会经济损失风险愈显突出。然而，未来气候变化背景下相关的社会经济损失风险及风险管理策略等研究仍较少。为此，本章拟通过评估不同气候情景下，如温室气体低浓度、中等浓度、高浓度排放等三种情景（SSP1-2.6、

SSP2-4.5、SSP5-8.5，简称 SSPx-y），未来中国滨海城市海岸洪水灾害的社会经济损失风险水平变化，为滨海城市海岸洪水灾害的预防与治理提供科学参考。首先，基于 IPCC WG Ⅱ 发布的 AR5 气候变化综合风险理论，构建滨海城市海岸洪水灾害的社会经济损失风险评估体系。其次，评估三种不同气候情景（RCP2.6、RCP4.5、RCP8.5，简称 RCPs）下未来不同代表性年份，如 2030 年、2050 年、2100 年，典型滨海城市海岸洪水灾害的危害性，以及三种不同共享社会经济路径（SSP1、SSP2 和 SSP5，简称 SSPs）未来中国滨海城市海岸洪水影响下的社会经济暴露度、脆弱性，后者包括社会脆弱性和物理脆弱性（损失函数）。最后，基于滨海城市社会经济综合风险评估指标体系，评估不同 SSPx-y 情景下未来中国滨海城市海岸洪水灾害的社会经济损失风险水平，以及相应的灾害风险管理策略，为中国滨海城市社会经济的防灾减灾及可持续发展提供科学参考。

13.2　数据与方法

13.2.1　数据

本章采用以下自然环境和社会经济数据。

1）数字高程模型数据

数据源自美国国家航空航天局（NASA）和美国国防部国家测绘局（NIMA）联合完成的航天飞机雷达地形测绘使命（SRTM）数字高程数据集，涵盖 60°S ～ 60°N 的陆地区域，公开数据分辨率为 90 m。

2）台风最佳路径集资料

台风过程的最大风速、逐时降水站点数据源自中国气象局（CMA）厦门基本站（24.48°N，118.07°E）的数据资料，时间范围为 1951 ～ 2018 年。

台风路径资料源自中国气象局的热带气旋最佳路径数据集（CMA-BST），时间范围为 1949 ～ 2018 年。

3）沿海验潮站历史观测资料

夏威夷大学海平面中心（UHSLC）提供全球部分验潮站历史逐时潮位资料，采用中国的厦门海洋站等 14 个站点的数据。不同站点的数据，时间跨度不等。

4）沿海海平面高度数据

选取 CMIP5 的模式结果，主要为 CMCC-CM、CNRM-CM5、MIROC-ESM 等 29 个模式中不同气候情景（RCPs）下 2030 ～ 2100 年沿海海平面高度模拟数据，并采用多年加权平均，获取未来海平面上升预估值（Kopp et al.，2014）。

5）人口普查数据

人口普查数据源自国家统计局 2011 年发布的第六次全国人口普查数据中分乡、镇、街道的人口数量、性别比例、年龄结构、就业比例和居民受教育程度等分类详细数据。

6）社会经济数据

历史社会经济数据源自国家统计局发布的 2010 年度全国各地级市国内生产总值（GDP）。

7）医院分布及数量

医院分布及数量截取自 Arcgis Online China 发布的 2019 年全国范围内综合医院的兴

趣点（POI）数据。

8）滨海城市海岸堤坝资料

滨海城市海岸堤坝资料参照部分文献中对当前中国部分沿海城市堤坝高度情况的调研统计结果（Li et al.，2004；Aerts et al.，2009；王梦江，2018），以及《防洪标准》（GB 50201—2014）规定的城市防护区的防洪标准。

9）未来社会经济预估数据

未来社会经济预估数据采用张化等（2022a，2022b）基于第六次全国人口普查数据和 2010 年度各地级市 GDP，利用 PDE 模型模拟未来的社会经济数据，以及对夜间灯光指数及城市扩展情景进行空间化后，获得的 5 种共享社会经济路径下 2010～2100 年沿海省（区、市）人口与 GDP 的空间分布预估数据库（SSP1 为可持续路径；SSP2 为中间路径；SSP3 为区域竞争路径；SSP4 为不均衡路径；SSP5 为化石燃料为主发展路径）。

选用 IPCC 设定的温室气体低浓度、中等浓度和很高浓度排放等三种典型浓度途径情景（RCP2.6、RCP4.5、RCP8.5，简称 RCPs），以及相应的辐射强迫水平下三种共享社会经济路径（SSP1、SSP2、SSP5，简称 SSPs）相对应的情景（SSP1-2.6、SSP2-4.5、SSP5-8.5，简称 SSPx-y），数据的时间步长为 10 年，空间分辨率为 0.5 km×0.5 km。

13.2.2　方法

1. 研究对象

中国共有 55 个拥有海岸线的滨海城市，包括直辖市和地级市，因数据可获得性，研究对象不含港澳台地区，选择了中国沿海地区的 9 个典型滨海城市。研究对象选择原则如下：一是区域以上中心城市，且有一定的经济和人口规模，如常住人口在 500 万人以上，并从北到南大致均匀分布于中国大陆海岸带地区；二是中国较为重要的港口航运城市，港口的货物吞吐量位居全国前列。选择的 9 个滨海城市从北至南依次为：大连市、天津市、青岛市、上海市、宁波市、厦门市、广州市、湛江市和海口市，其地理位置和范围如图 13.1 所示。

（1）大连市：位于辽东半岛最南端，三面环海，东临黄海，西临渤海，南与山东半岛隔渤海相望，是辽宁省副省级城市、计划单列市，是国务院确定的中国北方沿海重要的中心城市。全市总面积 12 574 km²，其中老市区面积 2415 km²，海岸线总长约

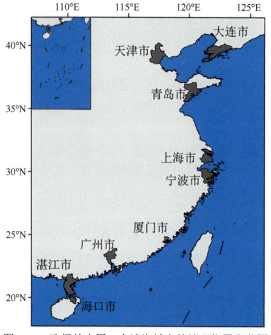

图 13.1　选择的中国 9 个滨海城市的地理位置和范围

2211 km。

（2）天津市：位于华北平原北部，北依燕山，东南临渤海湾，是中国直辖市、国家中心城市、超大城市、环渤海地区的经济中心和国际性综合交通枢纽。全市总面积 11 966 km²，城区面积 4334 km²，海岸线长约 153 km。

（3）青岛市：位于山东半岛南部，东面与南面濒临黄海，是山东省副省级城市、计划单列市，是国务院确定的中国沿海重要中心城市，也是国际性港口城市。全市总面积约 11 293 km²，城区面积约 1159 km²，海岸线长约 730 km。

（4）上海市：大部分地区位于长江三角洲冲积平原，地处中国南北海岸线中心，东濒东海，南临杭州湾，是中国直辖市、国家中心城市、超大城市、上海大都市圈核心城市，是国务院确定的中国国际经济、金融、贸易、航运、科技创新中心。全市总面积约 6340 km²，市区面积约 2057 km²，内辖有中国第三大岛崇明岛以及长兴岛、横沙岛等岛屿，大陆海岸线长约 172 km。

（5）宁波市：位于中国大陆海岸线中段、长江三角洲南翼，东临舟山群岛，北濒杭州湾，是浙江省副省级城市、计划单列市，是中国东南沿海重要的港口城市、长江三角洲南翼经济中心。全市总面积约 9816 km²，市区面积约 3730 km²。

（6）厦门市：位于中国东南沿海、台湾海峡西岸，是福建省副省级城市、计划单列市，是国务院确定的中国经济特区，是东南沿海重要的中心城市、港口及风景旅游城市。全市总面积约 1699 km²，其中市区（厦门岛）面积 158 km²，海岸线总长约 234 km。

（7）广州市：位于珠江三角洲的几何中心，是广东省省会、广东省副省级城市、国家中心城市、超大城市、国际大都市、国家综合性门户城市、广州都市圈核心城市，是国务院确定的中国重要的中心城市、国际商贸中心和综合交通枢纽。全市总面积约 7434 km²，海岸线总长约 209 km。

（8）湛江市：位于雷州半岛及半岛以北部分区域，三面环海，东临南海，南隔琼州海峡与海南岛相望，西濒北部湾，是粤西地区的区域物流中心，是环北部湾经济圈的重要组成部分。全市总面积约 13 225 km²，海岸线总长约 2024 km。

（9）海口市：位于海南岛北部，北临琼州海峡，是国际性综合交通枢纽城市、国家"一带一路"建设支点城市，海南自由贸易港核心城市。全市总面积约 3146 km²，海岸线总长约 136 km。

2. 中国滨海城市社会经济海岸洪水灾害风险评估指标体系的构建

根据 IPCC 气候变化综合风险理论，结合前人的研究成果（方佳毅和史培军，2019；方佳毅等，2021；王康发生等，2011；张怡哲，2018；Aroca-Jimenez et al.，2017；Cutter et al.，2003；Fang et al.，2017；Hu et al.，2018），以及对中国滨海城市自然环境和社会经济等多种指标因子的分析，选取并构建了中国滨海城市海岸洪水灾害的社会经济损失风险评估指标体系，如图 13.2 和表 13.1 所示。其中，主要致灾因子危害性、承灾体暴露度和脆弱性、风险等评估指标因子的选取原则如下。

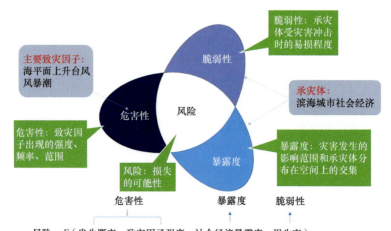

风险 = F（发生概率，致灾因子强度，社会经济暴露度，损失率）

图 13.2　中国滨海城市海岸洪水灾害的社会经济损失风险概念图

表 13.1　中国滨海城市海岸洪水灾害的社会经济损失风险评估指标体系

主要致灾因子危害性	承灾体暴露度	承灾体脆弱性		影响与风险
		敏感性	适应性	
海平面上升（缓发性致灾因子）：平均海平面上升抬高极值水位事件的基础水位，增加海岸洪水发生的可能性 台风风暴潮（突发性致灾因子）：造成极值水位事件发生，可引起海岸洪水的暴发（方佳毅和史培军，2019）	在海岸洪水灾害的影响范围内（低洼地分布及其与海岸线距离）的滨海城市社会经济（人口数量和人均 GDP）（Hu et al.，2018）	人口因素： ①老年人比例（+）； ②女性比例（+）； ③青少年比例（+）； ④人口密度（+） 经济条件： ①居住条件（+）； ②失业率（+）； ③ GDP 分布（+）	医疗水平： ①乡镇街道内综合医院数量（−）； ②卫生、社会福利保障业人口（−） 城镇化水平： ①土地利用类型（+）； ②受教育水平（−）； 海堤防护标准： 当前滨海城市海岸防护工程设计标准	缓发性海平面上升和突发性风暴潮增水引起的海岸洪水暴发，造成可能的滨海城市社会经济的损失（Fang et al.，2017）

注：脆弱性指标主要通过查阅分析参考文献（方佳毅等，2021；王康发生等，2011；张怡哲，2018；Aroca-Jimenez et al.，2017；Cutter et al.，2003）获得；（+）、（−）分别代表该因素与脆弱性有正、负相关关系。

（1）致灾因子危害性

本章考虑的致灾因子是指可能造成滨海城市社会经济损失包括财产损失、人员伤亡、资源与环境破坏、社会系统混乱的影响因子。所考虑的致灾因子为海岸洪水，即沿岸地区的水量剧增或水位急涨，并超过该地区容水场所承载能力的水文事件。通常海岸洪水可分为广义和狭义两种（方佳毅和史培军，2019）。广义上的海岸洪水根据发生地属性来界定，指的是发生在沿海地区的洪水事件，包括但不仅限于海平面上升、天文大潮和风暴潮引起的洪水，还包括河流径流、极端降水和排涝不畅等综合作用导致的沿海城市内涝、河道型洪水等。除了关注海平面上升、天文大潮和风暴潮引起的洪水，主要还涉及沿海地区的地表径流和极端强降水等多种致灾因子（方佳毅和史培军，2019）。狭义上的海岸洪水主要关注缓发性的海平面上升和突发性的台风风暴潮增水叠加天文大潮等引起的极值水位事件及其导致的洪水暴发，发生时常伴随有沿岸海水异常的涨幅。在 IPCC 发布的系列气候变化评估报告中，主要采用了狭义的海岸洪水定义（蔡榕硕和谭红建，2020；IPCC，2013；Oppenheimer et al.，2019），其水源主要来自海洋，发生强度和频率由海岸极值水位高度与重现期来表征，考虑了海平面上升和台风风暴潮等的叠加影响（IPCC，2013）。

因此，本章分析的海岸洪水危害性主要基于当前和未来极值水位的重现期叠加海平面上升的影响，分析海岸极值水位事件发生的强度和频率（Hinkel et al.，2014），即由沿岸验潮站的极值水位高度与重现期来表征海岸洪水的危害性，如图 13.3 所示。极值水位是指在一定时间内某处观测水位的极值，如若干年内可能出现的极端高水位或极端低水位（中交第一航务工程勘察设计院有限公司，2015），包括海平面变化背景下天文潮和风暴潮增水叠加产生的极值水位（方佳毅和史培军，2019；许炜宏和蔡榕硕，2022）。

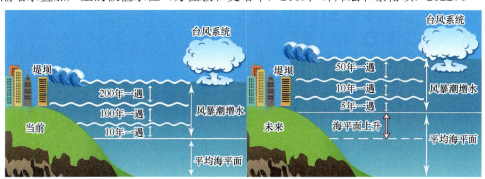

图 13.3 当前和未来狭义的海岸洪水示意图

在气候变暖背景下，全球海平面持续上升，强台（飓）风趋于频繁，台风风暴潮强度增大，沿海地区极值水位的高度有显著增加的趋势，重现期有明显缩短的趋势（蔡榕硕等，2020；Oppenheimer et al.，2019）。这是因为海平面的上升抬高了风暴潮、潮汐和波浪的基础水位，显著增加了沿海地区海岸洪水发生的强度和频率（Taherkhani et al.，2020），并且海平面上升等缓发性致灾因子叠加台风风暴潮等突发性致灾因子的危害性更大，导致的灾情也更为严重（蔡榕硕等，2020；方佳毅和史培军，2019；许炜宏和蔡榕硕，2022；Oppenheimer et al.，2019）。研究表明，在温室气体高浓度排放情景下（RCP8.5），未来风暴潮、波浪和天文大潮叠加到上升的海平面后产生的极值水位对沿海地区造成的海岸洪水灾害将更加频繁。因此，在气候变暖的背景下，由于海平面上升、热带气旋强度和频率变化等原因，中国未来海岸极值水位事件很可能出现高度上升、重现期缩短的情况，并引起中国滨海城市海岸洪水的危害性加重。

综上分析，本章选取的主要致灾因子为狭义海岸洪水，即主要考虑由海平面上升、台风风暴潮引起的沿岸洪水，其危害性主要由海岸极值水位的高度与重现期来表征，兼顾了海平面上升和台风风暴潮的综合影响（蔡榕硕和谭红建，2020；许炜宏和蔡榕硕，2022；IPCC，2013；Oppenheimer et al.，2019）。

（2）承灾体的暴露度、脆弱性和综合风险

承灾体通常是指各种致灾因子作用的对象，是人类及其活动所在的社会与各种资源的集合。本章的承灾体为中国 9 个典型滨海城市的社会经济系统（简称社会经济），主要采用国内生产总值（GDP）和人口的组成来表征，见表 13.1。社会经济（承灾体）的暴露度是指特定致灾事件（如海岸洪水）发生时不利影响的范围和社会经济系统在空间分布上的交集。由于未来风暴潮、波浪和天文大潮叠加到上升的海平面后产生的极值水位对沿海地区低洼地（海拔低于 10 m 的区域）造成的海岸洪水灾害更加频繁，本章将滨海城市的低洼地区作为海岸洪水的最大可能淹没范围，暴露度主要考虑易受海岸洪水影响且位于滨海城市低洼地区的社会经济，包括人口数量和人均 GDP。

社会经济的脆弱性是指其易受不利影响的倾向或习性，包括对海岸洪水灾害的敏感性或易感性以及应对和适应的能力，即受到自然致灾事件冲击时的易损程度，由一系列对海岸洪水危害性敏感的自然、社会、经济与环境因素及相互作用过程所决定。本章主要考虑的滨海城市社会经济脆弱性由敏感性和适应性组成，包括人口因素、经济条件、医疗水平、城镇化水平和海堤防护标准等五种要素（Kates and Kasperson，1983）。

基于 IPCC 气候变化综合风险概念，本章考虑的灾害风险为未来滨海城市可能的社会经济损失，主要来自海岸洪水的危害性与社会经济的暴露度和脆弱性三者的相互作用，如图 13.2 所示。换言之，当滨海城市发生海岸洪水并超出该地区的社会环境承载能力时，可能造成的滨海城市社会经济损失即本章关注的灾害风险，具体考虑 IPCC 的三种气候变化新情景下，未来中国滨海城市海岸洪水灾害的社会经济损失风险，即 SSP1-2.6、SSP2-4.5、SSP5-8.5 分别对应温室气体的低、中等、高排放等三种典型浓度途径情景（RCP2.6，4.5，8.5，简称为 RCPs）及与之相应的共享社会经济路径（SSP1，2，5，简称 SSPs）。

3. 海岸洪水危害性的计算方法

本章主要利用滨海城市沿岸验潮站极值水位的高度和重现期来表示海岸洪水致灾因子危害性，即强度和发生的可能性。极值水位重现期和相关系数的计算方法如下。

（1）极值水位重现期的计算方法

本章主要采用水文工程学上常用的皮尔逊 - Ⅲ型分布（简称 P-Ⅲ型分布）曲线进行水文频率适线分析，据此计算分析不同重现期下中国滨海城市海岸极值水位高度。首先根据历史风暴潮事件的数据计算经验频率点，再根据矩估计法得到 P-Ⅲ型分布曲线的参数估值 x_m、C_V、C_S，以获取最佳拟合曲线（米伟亚，2005；喻国良等，2009）。

选用的数学期望公式为 $P = \dfrac{m}{n+1} \times 100\%$，其中 P 为经验频率，m 为将实测水文数据值 x 按从大到小的顺序排列后 x_m 的序号，n 为该系列数据的总项数。以 α，β，a_0 分别表示 P-Ⅲ型分布的形状、尺度和位置参数（喻国良等，2009），则 P-Ⅲ型分布的概率密度函数为

$$f(x) = \frac{\beta^{\alpha}}{\Gamma(a)}(x - a_0)^{\alpha-1} \mathrm{e}^{-\beta(x-a_0)}, \ x_0 \leqslant x < \infty \tag{13.1}$$

另外，水文上通常使用重现期来代替频率，即 $T = 1/P$（T 为重现周期，单位为年，P 为事件发生频率，单位为%）。

未来极值水位高度（SEWL）主要通过海平面上升（SLR）预估情景和当前极值水

位高度（CWEL）叠加估算而得（方佳毅等，2021）：

$$SEWL = CWEL + SLR \tag{13.2}$$

（2）相关系数的计算方法

肯德尔（Kendall）相关系数是一个用来测量两个随机变量相关性的统计值。假设两个随机变量分别为 X、Y（也可以看作两个集合），它们的元素个数均为 N，X 与 Y 中的对应元素组成一个元素对集合 XY。肯德尔相关系数的取值范围为 $-1 \sim 1$，当取值为 1 时，表示两个随机变量拥有一致的等级相关性；当取值为 -1 时，表示两个随机变量拥有完全相反的等级相关性；当取值为 0 时，表示两个随机变量相互独立。本章中以 X 为极值水位高度，以 Y 为对应时刻的降水量，则肯德尔相关系数表达式为

$$\tau = （C–D）/[1/2\, N\,（N–1）] \tag{13.3}$$

式中，C 表示 XY 中拥有一致性的元素对数（两个元素为一对）；D 表示 XY 中拥有不一致性的元素对数（王蓉等，2013）。

4. 暴露度评估方法

（1）GIS 技术

利用 ArcGIS 空间分析工具提取滨海城市的低洼地区，将其作为海岸洪水的最大可能淹没范围，并计算各个低洼地区与最近海岸线的距离。

（2）滨海城市海岸洪水灾害的社会经济暴露度评估方法

鉴于沿海低洼地区的地势特点和海岸洪水的致灾特性（殷杰，2011），本章在滨海城市低洼地空间分布的基础上，将低洼地与海岸线的距离作为空间权重进行空间分析，划定出滨海城市海岸洪水灾害的影响范围，并利用单位空间内人口数量和地区人均 GDP 构建滨海城市社会经济（以社会经济资产来代表）（戴昌达等，1998），建立表征滨海城市海岸洪水灾害的社会经济暴露度评估方法（Diaz，2016）：

$$Asset = 2.8 \times PC\text{-}GDP \times POP \tag{13.4}$$

$$E = \begin{cases} 0, & H > 10 \\ Asset \times d, & H \leqslant 10 \end{cases} \tag{13.5}$$

式中，Asset 为社会经济资产（元）；PC-GDP 为人均国内生产总值（元）；POP 为人口数量（人）；E 为社会经济暴露度；d 为空间权重系数；H 为海拔（m）。

5. 脆弱性评估方法

本章的承灾体脆弱性指滨海城市社会经济易受不利影响的倾向或习性，包括敏感性和适应性。承灾体脆弱性主要用于衡量滨海城市社会经济在一定致灾事件下的损失程度，包括社会脆弱性和物理脆弱性两部分。首先基于滨海城市社会脆弱性等级评估方法，划分社会脆弱性不同等级区域，再分析不同海岸洪水致灾强度下不同社会脆弱性等级区域的经济损失率（物理脆弱性），即采用物理脆弱性曲线来定量表征滨海城市社会经济在不同致灾强度下的损失率变化，这为评估滨海城市社会经济损失的风险提供了必要的基础。本章中的社会经济损失率主要指滨海城市海岸洪水灾害的社会经济损失占其社会经济总

和的百分比。

（1）滨海城市社会脆弱性评估方法

国内外经常采用社会脆弱性评估指标（SoVI 指数），开展滨海城市社会脆弱性等级空间分布特征的研究（Cutter et al.，2003）。基于海岸洪水灾害的社会经济损失风险评估框架，结合前人有关城市社会脆弱性评估的研究成果和海岸洪水致灾特征以及滨海城市的社会经济环境特征（方佳毅等，2021；殷杰，2011；王康发生等，2011；张怡哲，2018；Aroca-Jimenez et al.，2017；Cutter et al.，2003），筛选出 11 个社会经济脆弱性评估指标因子，见表 13.1，利用主成分分析法，将原来的 11 个因子进行降维，得到 4 个主成分，其方差贡献率分别是 38.2%、18.9%、15.7%、9.0%，合计方差贡献率达到 81.8%。根据主成分的主要驱动因子命名成分，按方差贡献率由大到小排列分别是人口因素、经济条件、医疗水平、城镇化水平，利用加法模型（张怡哲，2018）构成 SoVI 指数的主成分表达式，通过对 SoVI 的 4 个主成分的分析，评估并表征中国滨海城市的社会经济脆弱性等级分布特征。SoVI 指数的主成分表达式如下：

$$\text{SoVI}=1.99\times\text{factor1}+0.16\times\text{factor2}-0.68\times\text{factor3}-0.06\times\text{factor4} \tag{13.6}$$

式中，factor1 为第一主成分（人口因素）；factor2 为第二主成分（经济条件）；factor3 为第三主成分（医疗水平）；factor4 为第四主成分（城镇化水平）。

（2）社会经济物理脆弱性（损失函数）评估方法

前人采用社会经济（如建筑物、农作物和财产价值等）的损失占其经济总价值百分比或重置成本等方法，估算不同致灾强度下承灾体的经济损失程度，形成致灾因子 - 承灾体的（物理）脆弱性曲线（权瑞松，2014；石勇，2015；杨佩国等，2016；Diaz，2016），为不同致灾强度下社会经济的损失风险评估奠定基础。因此，为了构建海岸洪水灾害的社会经济物理脆弱性（损失函数）曲线，需要分析不同海岸洪水致灾强度与社会经济损失率的定量关系。本章主要应用前人的研究结果（Smith，1994）和 DIVA（Directions Into Velocities of Articulators）模型中的损失函数分析方法，如图 13.4 所示（Fang et

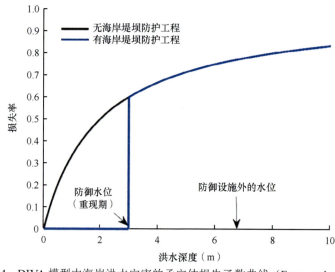

图 13.4　DIVA 模型中海岸洪水灾害的承灾体损失函数曲线（Fang et al.，2017）

al.，2017）。该方法主要采取以下假设：当海岸极值水位低于海堤防护标准（假定为 3 m）时，承灾体社会经济（以人口和 GDP 表征）得到保护，则认为社会经济的损失为零；而当极值水位高于防护标准（假定为 3 m）时，海水越堤并将造成社会经济约 60% 的损失。据此，当海岸洪水发生时，不同海岸洪水致灾强度下社会经济的损失即可由此物理脆弱性（损失函数）曲线分析获得。

基于 DIVA 模型中的海岸洪水灾害的损失函数和易损性曲线等方法（权瑞松，2014；石勇，2015；杨佩国等，2016），构建了对应的滨海城市海岸洪水灾害的社会经济物理脆弱性（损失函数）曲线，用来分析与表征在海岸洪水不同致灾强度下不同脆弱性等级区域的社会经济损失程度，具体的损失函数如下：

$$\text{LR}=\begin{cases} 0.1895\times\ln(x)+0.4，\text{很高等级社会脆弱性} \\ 0.1895\times\ln(x)+0.40，\text{高等级社会脆弱性} \\ 0.1895\times\ln(x)+0.35，\text{中等级社会脆弱性} \\ 0.1895\times\ln(x)+0.30，\text{低等级社会脆弱性} \\ 0.1895\times\ln(x)+0.25，\text{很低等级社会脆弱性} \end{cases} \quad (13.7)$$

式中，LR 为 5 种区域的社会经济资产的损失比例；x 为影响滨海城市的海岸洪水淹没深度。

6. 损失风险评估方法

（1）滨海城市海岸洪水灾害的社会经济损失评估模型

本章主要基于 DIVA 和 Coastal Impact and Adaptation Model（CIAM）海岸洪水影响与适应模型，开展中国滨海城市海岸洪水灾害的社会经济损失风险评估。其中，CIAM 是一种综合的、先进的海岸系统研究模型，能够评估海平面上升和社会经济发展情况下，海岸洪水对沿海地区环境和社会经济造成的损失（Diaz，2016）。基于地理信息系统建立的 CIAM 等评估模型，利用了丰富的可视化地理信息数据，并通过较完整的地理信息数据和多领域交叉学科的支撑，可对研究对象中的网格单元开展致灾因子危害性、承灾体暴露度和脆弱性的集成和分析。基于 CIAM 模型中的高程 - 面积法，可简化淹没过程，即发生海岸洪水后，海水越堤可充分淹没受影响的低洼地，从而造成可能的滨海城市社会经济损失。因此，本章利用滨海城市 100 年一遇极值水位、海岸堤防工程防护标准和各地区的地面高程，计算各地区淹没水深，结合社会经济暴露度和社会经济脆弱性的分析结果，再利用物理脆弱性（损失）函数，预估滨海城市社会经济的可能损失，具体计算公式如下：

$$\text{LOSS} = \int_{X_{\text{dike}}}^{X_{\text{ESL}}} V(x,\text{SoVI})\times E\,\mathrm{d}x \quad (13.8)$$

式中，LOSS 为海岸洪水灾害的社会经济损失（元）；X_{ESL} 为极值水位高度（m）；X_{dike} 为堤坝高度（m）；x 为洪水淹没深度（m）；SoVI 为社会脆弱性指数；$V(x，\text{SoVI})$ 为脆弱性（损失）函数；E 为社会经济暴露度。

（2）评估指标等级划分方法

应用上述计算分析方法，可获得滨海城市社会经济损失风险评估指标中的暴露度、脆弱性和损失风险等指标值，再对每个指标值加以标准化，并在比较距平与标准差的基础上，划分暴露度、脆弱性和损失风险的等级。评估指标等级的划分方法如图 13.5 所示。

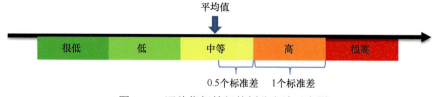

图 13.5　评估指标等级的划分方法示意图

1）比均值大至少 1.5 个标准差（样本 – 均值＞ 1.5 标准差），划分为很高等级。

2）比均值大 0.5 ～ 1.5 个标准差（0.5 标准差＜样本 – 均值＜ 1.5 标准差），划分为高等级。

3）比均值大 0 ～ 0.5 个标准差和比均值小 0 ～ 0.5 个标准差（–0.5 标准差＜样本 – 均值＜ 0.5 标准差），划分为中等级。

4）比均值小 0.5 ～ 1.5 个标准差（–1.5 标准差＜样本 – 均值＜ –0.5 标准差），划分为低等级。

5）比均值小至少 1.5 个标准差（样本 – 均值＜ –1.5 标准差），划分为很低等级。

13.3　结果与分析

13.3.1　海岸洪水危害性分析

1. 不同气候情景下中国滨海城市沿海海平面上升预估

局地海平面上升是滨海城市海岸洪水主要的影响因子之一（Feng et al.，2019）。中国滨海城市对全球海平面上升的局地响应有所差异，局地海平面上升幅度不一，引起的极值水位高度和频率的变化也不同（Qu et al.，2019）。本章利用未来海平面高度模式数据预估值，并通过空间插值方法，预估了不同气候情景下 2030 年、2050 年和 2100 年中国滨海城市海平面上升值。

图 13.6 和表 13.2 显示了不同气候情景（RCP2.6、RCP4.5、RCP8.5，简称 RCPs）下未来（2030 年、2050 年、2100 年）中国滨海城市海平面较 21 世纪初（2000 年）的上升预估值。从图 13.6a、d、g 和表 13.2 可以看出，在不同气候情景下相对于 21 世纪初（2000 年）2030 年中国滨海城市平均海平面上升值分别为 13.7 cm、13.8 cm 和 14.2 cm，而《2019 年中国海平面公报》显示，1980 ～ 2019 年中国沿海海平面上升速率为 3.4 mm/a（自然资源部，2020），如果以此上升速率为基础，则相对 21 世纪初（2000 年）2030 年中国沿海地区平均海平面将上升 10.2 cm。相对于此，本章采用的不同气候情景下中国沿海地区相对海平面上升的预估结果似乎有所偏高。但是，IPCC 于 2019 年发布的《气候变化中的海洋和冰冻圈特别报告》指出，气候变暖背景下全球平均海平面的上升明显加速，未来上升速率可能更快。因此，未来中国滨海城市平均海平面的上升很可能高于 10.2 cm。综上分析，Kopp 等（2014）有关中国沿海地区未来海平面上升预估结果的可信度仍较高。

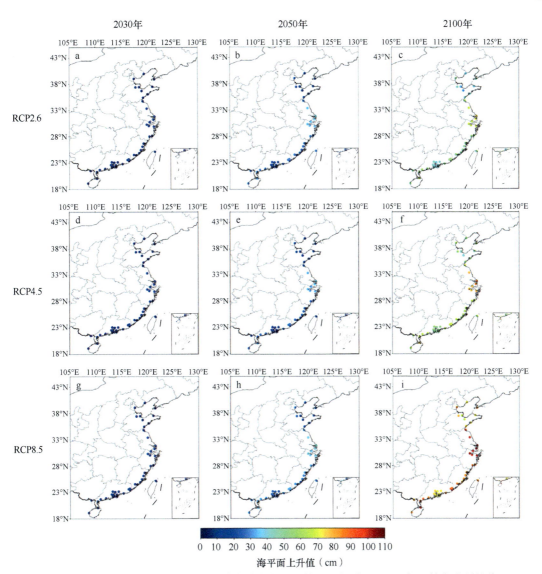

图 13.6　不同气候情景下未来中国滨海城市海平面较 21 世纪初（2000 年）的上升预估值

表 13.2　不同气候情景下未来中国 9 个滨海城市海平面较 21 世纪初（2000 年）的上升预估值（取中值）

（单位：cm）

滨海城市	RCP2.6			RCP4.5			RCP8.5		
	2030 年	2050 年	2100 年	2030 年	2050 年	2100 年	2030 年	2050 年	2100 年
大连市	13	24	47	13	27	59	14	28	81
天津市	14	25	49	14	25	62	14	30	84
青岛市	11	21	42	11	22	53	12	25	76
上海市	15	37	75	15	39	87	22	42	109
宁波市	15	26	53	15	28	64	15	31	86
厦门市	14	25	51	14	26	61	14	29	83
广州市	10	19	40	10	21	51	11	24	72
湛江市	18	31	65	18	33	75	18	36	96
海口市	18	31	65	18	33	75	18	36	96
平均	14.2	26.6	54.1	14.2	28.2	65.2	15.3	31.2	87

　　由图 13.6b、e、h 和表 13.2 分析可知，在不同气候情景下 2030 ～ 2050 年中国各滨海城市平均海平面均将分别上升 11 cm、12.7 cm、15.1 cm，较上一个时期（2000 ～ 2030年）上升速率明显加快，平均达到了 5.5 mm/a、6.4 mm/a、7.5 mm/a，特别是在 RCP8.5气候情景下，上升速率是当前速率（3.4 mm/a）的 2 倍多。

　　由图 13.6c、f、i 和表 13.2 的结果可见，21 世纪后半叶（2050 ～ 2100 年）中国滨海城市海平面进一步加速上升，在不同气候情景下 2100 年中国滨海城市平均海平面比 2050 年还将分别上升 26 cm、35.5 cm 和 54 cm，海平面上升速率分别为 5.2 mm/a、7.1 mm/a 和 10.8 mm/a。在温室气体中、高浓度排放情景（RCP4.5、RCP8.5）下，上升速率分别是当前速率的 2 倍多和 3 倍多。

　　图 13.6 和表 13.2 的结果显示，在不同气候情景下 2000 ～ 2030 年中国滨海城市海平面上升幅度之间的空间差异较小，上升幅度普遍在 20 cm 以内，最大值出现在长江三角洲地区，其局部增幅达到了 22 cm。然而，从 2030 年开始，平均海平面上升幅度的区域性差异开始显现，如长江三角洲地区、闽南沿海地区和雷州半岛等的滨海城市与其他区域相比，上升幅度明显更大，特别是长江三角洲地区，是未来中国沿海海平面上升幅度最大的区域，其海平面上升速率比全国平均高出 30% 左右，这与当前各验潮站实测海平面上升幅度间的空间差异保持有高度的一致性。

　　在不同气候情景之间的差异特征上，21 世纪上半叶（2000 ～ 2050 年）三种气候情景下海平面上升的差别较小，而 21 世纪后半叶（2050 ～ 2100 年）在温室气体高浓度排放情景（RCP8.5）下海平面上升值普遍大于另外两种气候情景，分别比 RCP4.5 气候情景和 RCP2.6 气候情景大 36% 和 63%，主要原因是在 RCP8.5 气候情景下，除了海水的热比容效应，温度的快速升高将使得南极冰川和冰盖加速融化，从而进一步加快了海平面的上升（Kopp et al.，2014）。

　　图 13.6 还显示，在中国滨海城市之间未来海平面上升值存在较明显的空间差异，并且随着时间的推进差距逐渐扩大。在 RCP2.6 气候情景下，除 2030 年，2050、2100年上海市为中国 9 个滨海城市中海平面上升幅度最大的城市，分别大于海平面上升幅度最小的广州市 18 cm、35 cm，大于滨海城市平均海平面上升值 10.4 cm、20.9 cm。在 RCP4.5 气候情景下，2050 年和 2100 年上海市仍是中国 9 个滨海城市中海平面上升幅度最大的城市，分别大于海平面上升幅度最小的广州市 18 cm、36 cm，大于滨海城市平均海平面上升值 10.8 cm、21.8 cm。在 RCP8.5 气候情景下，上海市海平面上升幅度分别大于广州市 11 cm、18 cm、37 cm，大于滨海城市平均海平面上升值 6.7 cm、10.8 cm、22 cm。

　　Feng 等（2019）基于 1993 ～ 2016 年卫星测高和验潮资料的分析结果显示，各地验潮站的地面垂直运动有很大差别，这也是造成局地海平面上升存在差异的主要原因之一。另外，根据对验潮站历史观测数据的统计分析，上海市（取邻近站位吕四站的数据）沿海的地面垂直运动速率为（2.20±1.89）mm/a，而广州市（取邻近站位香港北角站的数据）为（−1.31±2.14）mm/a，两个城市存在明显的差距（Feng et al.，2018），这也说明局部的地面垂直运动可能是造成上海市和广州市平均海平面上升幅度存在较大差异的主要原因，因而也可能对滨海城市未来海岸极值水位的预估产生影响。

2. 不同气候情景下热带气旋变化对海岸极值水位的影响

自 20 世纪 70 年代末期以来,在全球变暖背景下西北太平洋热带气旋出现了两个变化特征:一是热带气旋生成频数呈现年代际减少趋势,但强热带气旋生成频数出现增加的趋势(Balaguru et al., 2016);二是热带气旋达到最大强度的纬度越来越高,因此热带气旋致灾因子将造成中高纬度地区的暴露度和风险越来越大(Shan K and Yu X, 2020)。Yao 等(2020)的分析表明,自 2004 年以来,登陆中国的强台风(最大风速大于 41.5 m/s)的频数出现突然增加的现象,并且 2004 年之后中国近海海面温度明显升高,海水热含量显著增加,不但有利于热带气旋快速增强,还有利于气流引导热带气旋登陆中国。

此外,统计表明,2000 ～ 2019 年登陆中国的(超)强台风个数为 36 个,超过 1980 ～ 1999 年(15 个)的 2 倍,沿海极值水位有显著的上升趋势(蔡榕硕等,2020)。由此可见,未来西北太平洋热带气旋和台风的变化及其与海岸地区极值水位变化的关系也是值得我们高度关注的科学问题。为此,本章进一步分析了台风风暴潮事件中台风强度(最大风速)与滨海城市沿海验潮站增水幅度的关系。首先,应用验潮站数据对 1960 ～ 1997 年南通、台州市坎门、厦门、阳江等滨海城市的异常增水事件的强度排序,选取增水幅度最大的 10 次事件。然后,对照《中国风暴潮灾害史料集 1949—2009》(于福江等,2015)和 CMA 热带气旋最佳路径集数据,对所选取的增水事件进行筛选,共选择了与登陆热带气旋相关的 77 次增水事件。

对上述 77 次增水事件中热带气旋的最大风速与相关验潮站风暴潮增水高度进行相关性分析,结果表明,两者存在较显著的正相关关系,见图 13.7。鉴于气候变化背景下未来热带气旋及其影响很可能增强,台风风暴潮的整体强度也很可能将增强,相比当前,预计到 21 世纪末热带气旋引发的台风风暴潮的增水幅度很可能将明显提高。

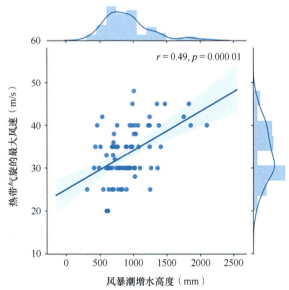

图 13.7 1960 ～ 1997 年部分影响中国滨海城市的台风风暴潮事件中热带气旋的最大风速与相关验潮站风暴潮增水高度的联合分布

3. 不同气候情景下中国滨海城市海岸极值水位重现期预估

表 13.3 显示，未来（2030 年、2050 年、2100 年）100 年一遇极值水位较当前的 100 年一遇极值水位有一定幅度的上升，并且随着时间的推移极值水位上升的幅度不断加大。其中，未来 100 年一遇极值水位上升幅度较大的滨海城市为上海市、湛江市和海口市，在 RCP2.6 气候情景下，2100 年 100 年一遇极值水位较当前都将上升 65 cm 及以上，这可能主要归因于 3 个滨海城市沿海海平面有较大幅度的上升。以上海市为例，在 RCP2.6 气候情景下，2030 年当前 100 年一遇极值水位（459 cm）将变为 480 cm，2050 年变为 496 cm，2100 年变为 534 cm（取海平面变化预估值的中值，下同）；在 RCP4.5 气候情景下，2030 年当前 100 年一遇极值水位变为 480 cm；2050 年变为 498 cm；2100 年变为 546 cm；在 RCP8.5 气候情景下，2030 年当前 100 年一遇极值水位变为 481 cm；2050 年变为 501 cm；2100 年变为 568 cm。

表 13.3　不同气候情景下当前及未来中国 9 个滨海城市 100 年一遇极值水位预估值

（相对于 1954 ～ 1999 年）（取中值）　　　　　　　　　　　　　　　（单位：cm）

滨海城市	当前	RCP2.6			RCP4.5			RCP8.5		
		2030 年	2050 年	2100 年	2030 年	2050 年	2100 年	2030 年	2050 年	2100 年
大连市	494	507	518	541	507	519	553	508	522	575
天津市	476	490	501	525	490	503	538	490	506	560
青岛市	580	591	601	622	591	602	633	592	605	656
上海市	459	480	496	534	480	498	546	481	501	568
宁波市	344	359	370	397	359	372	408	359	375	430
厦门市	751	764	776	802	764	776	812	764	779	836
广州市	280	290	299	320	290	301	331	291	304	352
湛江市	481	499	512	546	499	514	556	499	517	577
海口市	422	440	453	487	440	455	497	440	458	518

从表 13.4 和图 13.8 可以看出，在相同气候情景下，随着时间的推移，同一高度的极值水位事件未来的重现期相比于当前的重现期将会显著缩短，其中 2100 年较 2050 年相同高度的极值水位事件重现期的缩短更为显著。以上海市为例，在 RCP8.5 气候情景下，当前重现期为 100 年一遇的极值水位事件（459 cm）到 2050 年将变为 21 年一遇，到 2100 年将变为 1 年一遇；在 RCP4.5 气候情景下，当前重现期为 100 年一遇的极值水位到 2050 年将变为 24 年一遇，到 2100 年将变为 4 年一遇；在 RCP2.6 气候情景下，当前重现期为 100 年一遇的极值水位到 2050 年将变为 29 年一遇，到 2100 年将变为 6 年一遇。由此可见，当前上海市 100 年一遇的极值水位重现期在未来会出现显著的变化。另外，需要特别注意的是，在 RCP8.5 气候情景下，到 2100 年上海市和青岛市当前 100 年一遇的极值水位均将变为 1 年一遇，而大连市、厦门市和湛江市当前 100 年一遇的极值水位也将变为小于 1 年一遇，这主要是由于当前这些城市发生的极值水位事件的高度落差小，分布较为集中，因此未来极值水位重现期的缩短更加显著。

表 13.4　不同气候情景下当前和未来中国 9 个滨海城市极值水位的重现期（相对于 1954～1999 年）

（单位：年）

滨海城市	当前	RCP2.6			RCP4.5			RCP8.5		
		2030 年	2050 年	2100 年	2030 年	2050 年	2100 年	2030 年	2050 年	2100 年
大连市	100	46	24	6	46	23	3	44	19	< 1
天津市	100	53	32	11	52	29	6	52	25	2
青岛市	100	53	29	9	53	28	5	50	23	1
上海市	100	45	29	6	46	24	4	44	21	1
宁波市	100	53	33	11	53	30	7	53	27	3
厦门市	100	56	32	4	55	30	2	53	25	< 1
广州市	100	67	47	20	67	43	13	67	38	5
湛江市	100	39	20	4	39	18	2	39	15	< 1
海口市	100	59	40	15	59	38	11	59	35	6

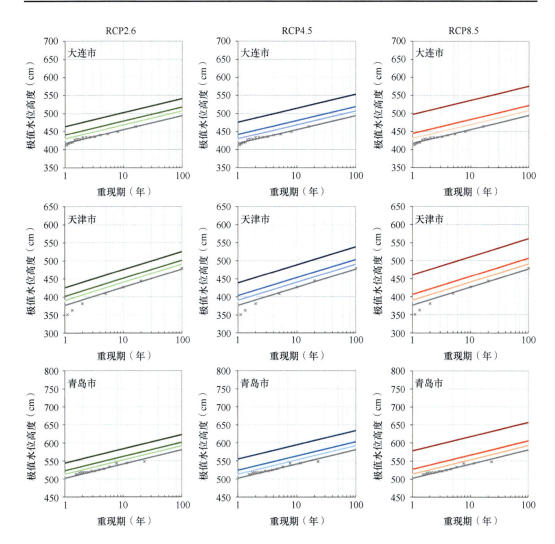

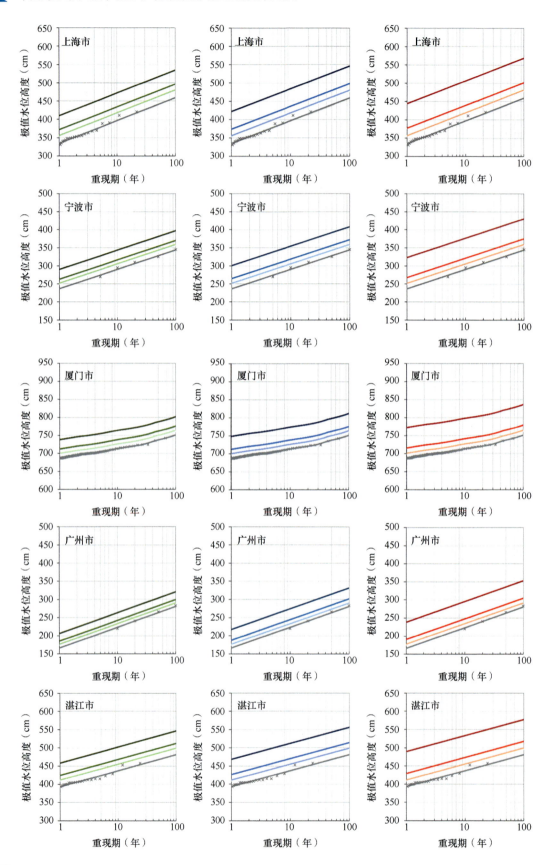

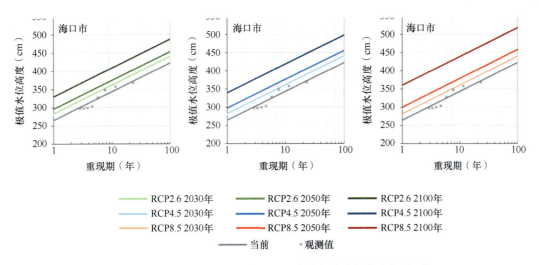

图 13.8　不同气候情景下未来中国 9 个滨海城市极值水位重现期

此外，不同气候情景下未来极值水位事件重现期的变化存在差异，特别是在 RCP4.5 和 RCP8.5 气候情景下，相同高度的极值水位事件重现期较 RCP2.6 气候情景的缩短更为显著。同样以上海市为例，在 RCP2.6 气候情景下，2100 年 100 年一遇的极值水位事件高度为 534 cm，而在 RCP4.5 和 RCP8.5 气候情景下，同样高度的极值水位事件重现期分别缩短为 64 年一遇和 28 年一遇，这表明随着海平面的上升，当前重现期较长且出现频率较低的极值水位事件未来将变得较频繁，特别是在温室气体中高浓度排放情景下，全球变暖程度更高，滨海城市海岸洪水的危害性将显著增加，所引起的灾害风险水平将愈发升高。

13.3.2　暴露度评估

中国滨海城市的低洼地区（海拔低于 10 m 的区域）通常是中国人口最密集、经济最发达的地区（Liu et al.，2015），并且在未来仍可能保持高速的人口流入和资金投入（McGranahan et al.，2007）。因此，本小节在滨海城市低洼地空间分布的基础上，主要考虑滨海城市海岸洪水可能产生不利影响的主要低洼地，利用未来人口密度和地区 GDP 空间分布的模拟数据（王梦江，2018），分析不同情景（SSPx-y）下 2030 年、2050 年、2100 年中国滨海城市社会经济暴露度的时空分布特征。

1. 中国滨海城市地形地貌特征

为了解中国滨海城市可能受海岸洪水不利影响的地形地貌特征，利用陆面高程数据，统计分析中国 9 个滨海城市低洼地面积占城市总面积的比例，见图 13.9，获得的陆域高程分布见图 13.10。

从图 13.9、图 13.10 可以看出中国 9 个滨海城市的地形地貌特点。其中，大连市低洼地面积占全市总面积的比例（以下简称低洼地占比）为 11.7%，山地丘陵多，平原低地少，地形呈现北高南低、北宽南窄的特征。天津市低洼地占比为 85.3%，几乎遍布整个中部和南部地区，地形为北高南低，呈簸箕状，大沽口滨海地区的海拔高程为零。青岛市低洼地占比为 16.2%，主要分布于胶州湾沿岸，地形东高西低，南北两侧隆起，中

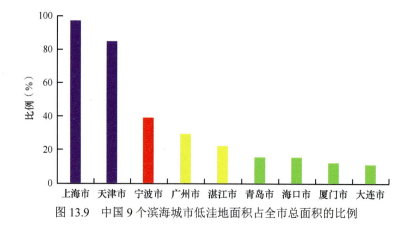

图 13.9　中国 9 个滨海城市低洼地面积占全市总面积的比例

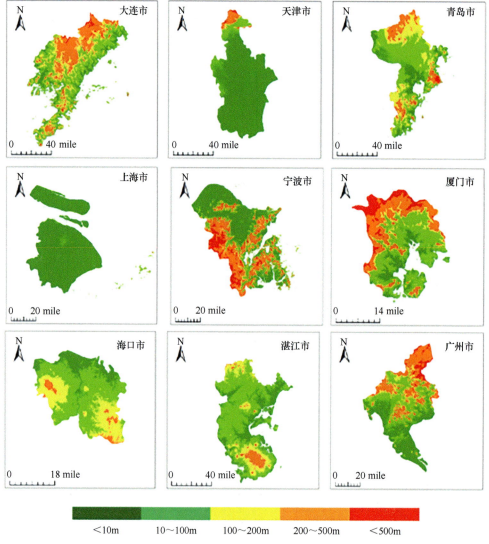

图 13.10　中国 9 个滨海城市陆域高程分布示意图

间低凹。上海市低洼地占比为 97.6%，地势平坦低洼，地形由东向西低微倾斜，平均海拔高约 4 m，区内水网密布，黄浦江及其支流苏州河流经市区。宁波市低洼地占比为 39.7%，主要分布于北部和沿海地区，地形呈现西南高、东北低的特征，市区海拔为 4 ~ 5.8 m，郊区海拔为 3.6 ~ 4 m。厦门市低洼地占比 12.9%，主要分布在大陆部分和厦门岛的沿海地区，大陆部分的地形呈现从西北向东南逐级下降的形态。广州市低洼地占比为 30.0%，主要分布在南部地区，地势为自北向南降低，地形复杂，呈现多山地、少平地和水网密布等特征，南部是沿海冲积平原，是珠江三角洲的组成部分。湛江市低洼地占比为 22.8%，主要分布在雷州半岛的沿海地区，该市多为海拔 100 m 以下的台阶地，平原面积约占全市总面积的 66.0%，沿海平原区部分为滨海台地，地势平缓，滨海平原海拔为 0.8 ~ 3 m。海口市低洼地占比为 16.1%，主要分布在北部的沿海地区，地形为西北部和东南部较高，中部南渡江沿岸低平，北部为沿海平原，北部滨海平原带面积占全市总面积的 52%。

综上分析，上海市、天津市和宁波市的低洼地占比位列前三位，分别达到 97.6%、85.3% 和 39.7%，广州市位居第四，低洼地占比为 30.0%。相较而言，青岛市、大连市、海口市、厦门市的低洼地占比较低，大多集中在沿海地带。

2. 不同气候情景下中国滨海城市海岸洪水灾害的社会经济暴露度特征

（1）SSP1-2.6 气候情景下滨海城市海岸洪水灾害的社会经济暴露度特征

利用 ArcGIS 空间分析工具提取滨海城市的低洼地区作为海岸洪水的最大可能淹没范围，选取人口密度和 GDP 空间分布以及滨海城市岸线等数据，构建滨海城市海岸洪水灾害的社会经济暴露度评估模型，评估 SSPx-y 情景下 2030 年、2050 年和 2100 年滨海城市海岸洪水灾害的社会经济暴露度特征。

图 13.11 为 SSP1-2.6 气候情景下 2030 年、2050 年和 2100 年大连市、天津市和青岛市海岸洪水灾害的社会经济暴露度空间分布。从图 13.11a ~ c 可以看出，大连市低洼地面积小，且分布在离市区较远的区域，常住人口和经济活动较少，受海岸洪水影响的可能范围比其他城市小，社会经济暴露度很低。由图 13.11d ~ f 可见，天津市的低洼地分布广，受海岸洪水影响的可能范围较大，囊括了除北部地区以外的其他区域。到 2030 年，市内 6 区（和平区、河东区、河西区、南开区、河北区、红桥区）和滨海新区的人口和经济活动趋于增加，社会经济暴露度为低等级，略高于周边区域；到 2050 年，随着核心区的发展，低等级暴露度范围扩大；到 2100 年，滨海新区、和平区的部分区域将出现中等级或高等级的暴露度。由图 13.11g ~ i 可知，2030 年青岛市西北部和胶州湾沿岸等地将有很低等级和低等级的社会经济暴露度区域；到 2050 年、2100 年，胶州湾沿岸和东南沿海等处的社会经济暴露度变化不大。

由图 13.12a ~ c 可见，2030 年上海市区 2/3 的区域社会经济暴露度水平为低等级，上海市南部和崇明岛、长兴岛、横沙岛的暴露度等级为很低；2050 年低等级暴露度的区域几乎扩大至全市；2100 年中部和北部大部分区域的暴露度为中等级。由图 13.12d ~ f 可见，2030 年宁波市区和慈溪市的社会经济暴露度为低等级，而余姚市和象山县等其他区域的暴露度为很低；2050 年和 2100 年暴露度为低等级的区域范围扩大到周边县市。由图13.12g～i可知，2030年厦门市的厦门岛中部和北部部分区域，以及大陆的同安区、海沧区和集美区部分地区的社会经济暴露度为低等级；2050年低等级暴露度的区域扩大，并且中等级暴露度区域出现；2100年城区部分核心区的暴露度达到中、高等级。

图13.13a～c表明，2030年广州市沿珠江流域两岸及南部地区社会经济暴露度主要为低和很低等级；2050年上述区域暴露度等级有所升高；2100年上述区域暴露度等级进一步上升，有中等级区域出现。从图13.13d～f可知，2030年湛江市东北部沿海地区包括吴川市和湛江市区的社会经济暴露度等级为很低；2050年吴川市和赤坎区等地的暴露度上升为低等级；2100年上述区域暴露度上升为中等级。由图13.13g～i可见，2030年海口市秀英区和美兰区等地的社会经济暴露度等级为很低；2050年低等级暴露度范围扩大，2100年扩大到周边地区。

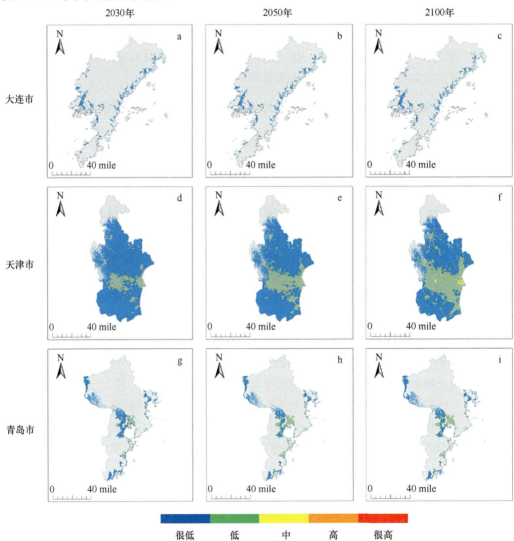

图13.11　SSP1-2.6气候情景下2030年、2050年和2100年大连市（a～c）、天津市（d～f）和青岛市（g～i）海岸洪水灾害的社会经济暴露度空间分布

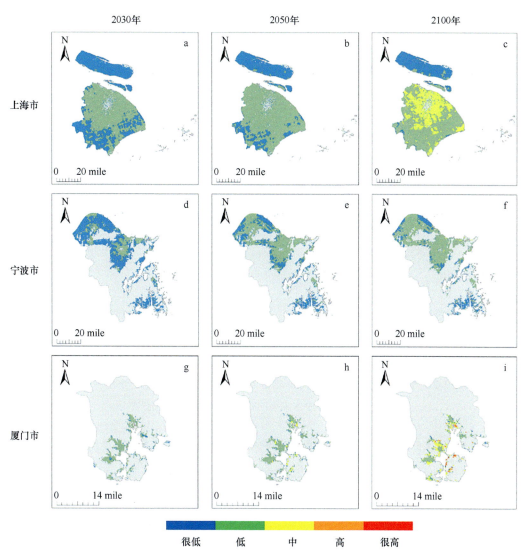

图 13.12　SSP1-2.6 气候情景下 2030 年、2050 年和 2100 年上海市（a～c）、宁波市（d～f）和厦门市（g～i）海岸洪水灾害的社会经济暴露度空间分布

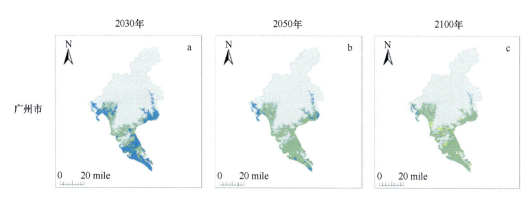

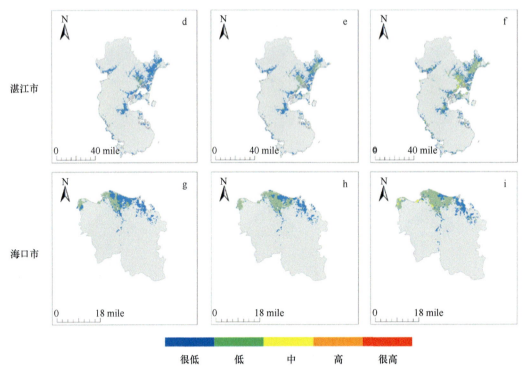

很低　　低　　中　　高　　很高

图13.13　SSP1-2.6气候情景下2030年、2050年和2100年广州市（a～c）、湛江市（d～f）和海口市（g～i）海岸洪水灾害的社会经济暴露度空间分布

（2）SSP2-4.5气候情景下滨海城市海岸洪水灾害的社会经济暴露度特征

图13.14为SSP2-4.5气候情景下2030年、2050年和2100年大连市、天津市和青岛市海岸洪水灾害的社会经济暴露度空间分布，天津市的社会经济暴露度明显高于其他两个北方滨海城市。由图13.14a～c可见，2030年和2050年大连市的社会经济暴露度水平和分布与SSP1-2.6气候情景下的结果比较接近，整体的暴露度水平比较低；2100年沿海地区零星区域呈现很高等级暴露度。由图13.14d～f可见，天津市人口和经济的发展情况要好于SSP1-2.6气候情景，其社会经济暴露度的水平也明显比SSP1-2.6气候情景下高，特别是在市中心的核心地段，如河北区、南开区等以及沿海的滨海新区。到2030年，在滨海新区和市内6区的部分地区将出现中、高等级暴露度的区域，中南部其他地区也将处于低或很低暴露度水平；到2050年，在两个城市重点发展地区的带动下，周边地区暴露度水平不断升高至很高等级暴露度；到2100年，整个天津中南部地区出现大范围的很高等级暴露度的区域。由图13.14g～i可见，青岛市的社会经济暴露度与SSP1-2.6气候情景下差别不大，但整体的暴露度水平有所提高。到2030年，胶州湾沿岸和东南沿海地区等地出现更大范围的低暴露度等级的区域；到2050年，暴露度水平较高的区域主要还是集中在胶州湾沿岸，逐渐出现暴露度很高的区域；到2100年，在胶州湾沿岸和东南沿海地区等地，高等级或很高等级暴露度区域的范围进一步扩大。

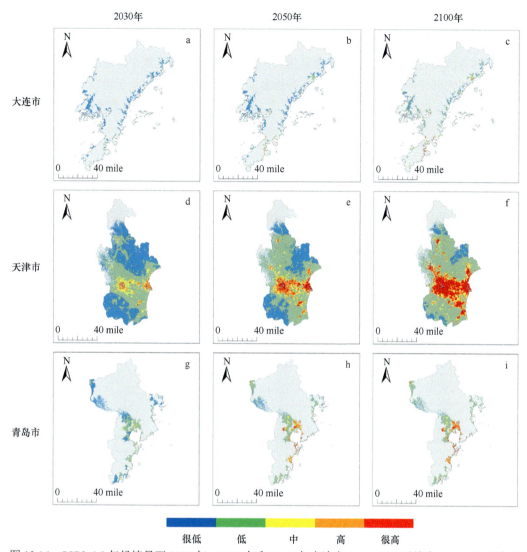

图 13.14　SSP2-4.5 气候情景下 2030 年、2050 年和 2100 年大连市（a～c）、天津市（d～f）和青岛市（g～i）海岸洪水灾害的社会经济暴露度空间分布

　　图 13.15 为 SSP2-4.5 气候情景下 2030 年、2050 年和 2100 年上海市、宁波市和厦门市海岸洪水灾害的社会经济暴露度空间分布。由图 13.15a～c 可见，上海市社会经济暴露度的分布不但范围非常大，而且同期的暴露度水平相比 SSP1-2.6 气候情景有非常明显的上升，这主要归因于上海市作为中国经济金融中心拥有的强大发展动能和人口虹吸作用。到 2030 年，上海市大陆部分中部和北部的大部分地区将出现中、高等级的暴露度区域；到 2050 年，上述地区都将处于很高等级的暴露度水平；到 2100 年，上海市大陆部分的北部、中部以及崇明岛、长兴岛、横沙岛的零星区域都将达到很高等级的暴露度水平。由图 13.15d～f 可见，2030 年宁波市北部的慈溪市、中部的宁波市区（鄞州区、镇海区和北仑区等）和南部的三门湾沿岸的一小部分地区社会经济暴露度水平较 SSP1-2.6 气候情景表现出了比较明显的上升态势，慈溪市、中部的宁波市区局部将出现中等级暴露度的区域；2050 年上述部分地区由原先的中、低水平暴露度上升到中、高等级的暴露度水平；2100 年慈溪市、余姚市和宁波市区将有大范围的很高等级暴露度的区域，东南部沿海地区也将出现小范围的很高等级

暴露度的区域。由图 13.15g～i 可见，2030 年厦门市仍只有小范围地区可能受到海岸洪水的影响，但其集中分布在厦门岛中部和北部部分区域以及同安区、海沧区和集美区的沿海地区，部分地区达到了中、高等级暴露度的水平；2050 年暴露度水平随着时间的变化比较明显，上述大部分地区发展为高或很高等级暴露度的区域；2100 年处于很高等级暴露度的区域范围进一步扩大，厦门岛中部和岛外的河口地区几乎都是很高等级暴露度的区域。

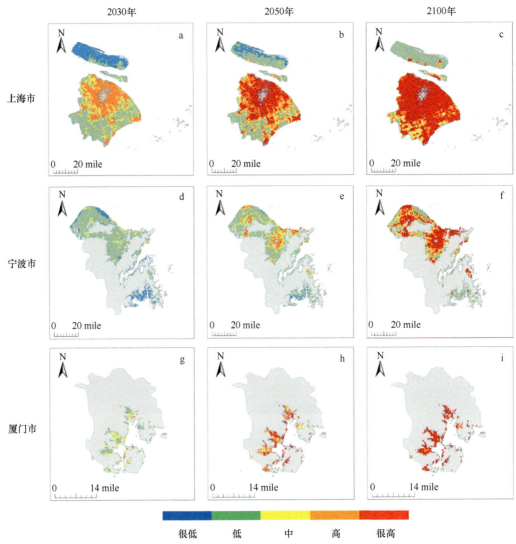

图 13.15　SSP2-4.5 气候情景下 2030 年、2050 年和 2100 年上海市（a～c）、宁波市（d～f）和厦门市（g～i）海岸洪水灾害的社会经济暴露度空间分布

　　图 13.16 为 SSP2-4.5 气候情景下 2030 年、2050 年和 2100 年广州市、湛江市和海口市海岸洪水灾害的社会经济暴露度空间分布。由图 13.16a～c 可见，2030 年广州市整体的社会经济暴露度水平明显高于同期 SSP1-2.6 气候情景下的暴露度水平，其中白云区、荔湾区、越秀区和海珠区等城市核心区以及东南沿海的局部地区将出现中等级暴露度的区域，其余中南部地区为低等级暴露度的区域；2050 年上述部分地区发展成高等级暴露度的区域；2100 年处于高等级和很高等级暴露度的区域扩大到整个广州市中南部地区。

由图 13.16d～f 可见，湛江市的整体社会经济暴露度水平依然处于比较低的状态。到 2030 年，吴川市、麻章区、赤坎区和霞山区等地将出现低等级暴露度的区域；到 2050 年，麻章区与赤坎区的局部将出现高暴露度和很高暴露度的区域；到 2100 年，处于高暴露度和很高暴露度的区域范围将进一步扩大，延伸到吴川市、麻章区、赤坎区和霞山区等地。由图 13.16g～i 可见，2030 年海口市的美兰区、琼山区和秀英区等地的社会经济暴露度水平比较突出，与 SSP1-2.6 气候情景下的情况相似。到 2030 年，海口市的北部将出现低等级和很低等级暴露度的区域，其中低等级暴露度的区域主要分布在海口市的西北部；到 2050 年，秀英区的西部和美兰区部分地区都将出现中、高等级暴露度的区域；到 2100 年，上述地区进一步发展为很高等级暴露度的水平。

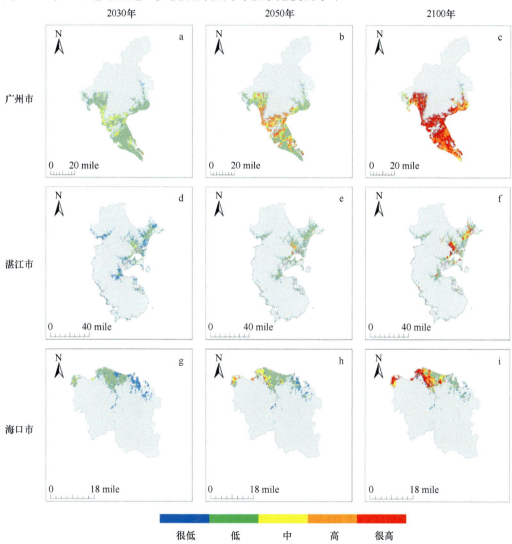

图 13.16　SSP2-4.5 气候情景下 2030 年、2050 年和 2100 年广州市（a～c）、湛江市（d～f）和海口市（g～i）海岸洪水灾害的社会经济暴露度空间分布

（3）SSP5-8.5 气候情景下滨海城市海岸洪水灾害的社会经济暴露度特征

图 13.17 为 SSP5-8.5 气候情景下 2030 年、2050 年和 2100 年大连市、天津市和青岛

市海岸洪水灾害的社会经济暴露度空间分布。图13.17a～c表明，大连市依然保持着比较低的社会经济暴露度水平。到2030年和2050年，与SSP2-4.5气候情景的结果相比，大连市的暴露度水平与空间分布并无明显变化；到2100年，大连市东南沿海出现零星的很高等级暴露度的区域。图13.17d～f显示，2030年天津市将出现中、高等级暴露度的区域，其余大多地区为低等级和很低等级暴露度的区域；2050年天津市将出现很高等级暴露度的区域，但主要仍是分布在市内6区以及沿海的滨海新区；2100年天津市整个东南部沿海和中南部地区几乎都将是很高等级暴露度的区域。整体上，天津市海岸洪水灾害的社会经济暴露度水平较高。由图13.17g～i可见，在SSP5-8.5气候情景下2030年青岛市的社会经济暴露度水平和分布范围都与SSP2-4.5气候情景下差别不大；2050年开始出现较明显的变化，其中胶州湾沿岸很高等级暴露度的区域范围有所扩大；2100年，胶州湾沿岸和东南沿海地区几乎都将处于很高等级的暴露度水平。

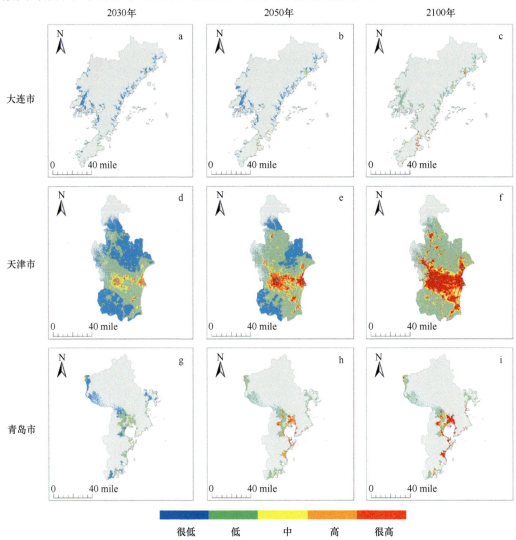

图13.17　SSP5-8.5气候情景下2030年、2050年和2100年大连市（a～c）、天津市（d～f）和青岛市（g～i）海岸洪水灾害的社会经济暴露度空间分布

图 3.18 为 SSP5-8.5 气候情景下 2030 年、2050 年和 2100 年上海市、宁波市和厦门市海岸洪水灾害的社会经济暴露度空间分布。由图 13.18a～c 可见，2030 年上海市大陆部分北部和中部等地都将发展为中、高等级暴露度的区域，崇明岛、长兴岛、横沙岛为低和很低等级的暴露度区域；2050 年原先的中、高等级暴露度的区域发展为很高等级暴露度的区域，并且崇明岛、长兴岛、横沙岛也出现了零星的中、高等级暴露度的区域；2100 年上海市的大陆部分、崇明岛局部、长兴岛和横沙岛的大部分地区都将处于很高等级暴露度的水平。由图 13.18d～f 可见，2030 年宁波市的社会经济暴露度水平和分布情况与 SSP2-4.5 气候情景下相似，北部的慈溪市、中部的宁波市区（鄞州区、镇海区和北仑区等）和南部的三门湾沿岸的一小部分地区的暴露度水平都比较高，基本都是中、低等级暴露度的区域；2050 年上述部分地区将发展成高等级或很高等级暴露度的区域；2100 年余姚市、慈溪市、宁波市区和东南沿海部分地区基本都将发展为很高等级暴露度的区域。由图 13.18g～i 可见，厦门市相比其他滨海城市可能受影响的范围较小，但社

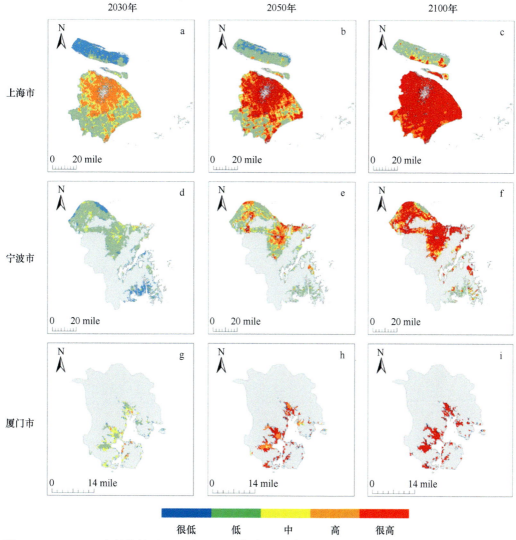

图 13.18　SSP5-8.5 气候情景下 2030 年、2050 年和 2100 年上海市（a～c）、宁波市（d～f）和厦门市（g～i）海岸洪水灾害的社会经济暴露度空间分布

会经济暴露度水平都比较高。到 2030 年，厦门岛和岛外沿海地区都将出现零星的中、高等级暴露度的区域；到 2050 年，厦门岛外溪流的入海口处以及厦门岛的西部沿海和筼筜湖沿岸等地的暴露度等级将达到高，甚至很高；到 2100 年，上述地区几乎都是暴露度等级很高的区域。

由图 13.19 可见，与上述提到的其他滨海城市的情况类似，与 SSP2-4.5 气候情景下的分析结果相比，广州市、湛江市和海口市的社会经济暴露度分布范围非常相似，仅部分地区的暴露度等级略有差异。由图 13.19a ～ c 可见，与 SSP2-4.5 气候情景相比，2030 年广州市的社会经济暴露度水平与分布范围基本一致；2050 年广州市的南部及中部部分地区几乎都是高等级和很高等级暴露度的区域；2100 年几乎整个广州中南部都是很高等级暴露度的区域，范围覆盖了城市社会经济的核心区。由图 13.19d ～ f 可见，湛江市的社会经济暴露度水平总体上依然处于比较低的状态，与 SSP2-4.5 气候情景相比，湛江市的社会经济暴露度水平与分布范围无明显变化。由图 13.19g ～ i 可知，与 SSP2-4.5 气候

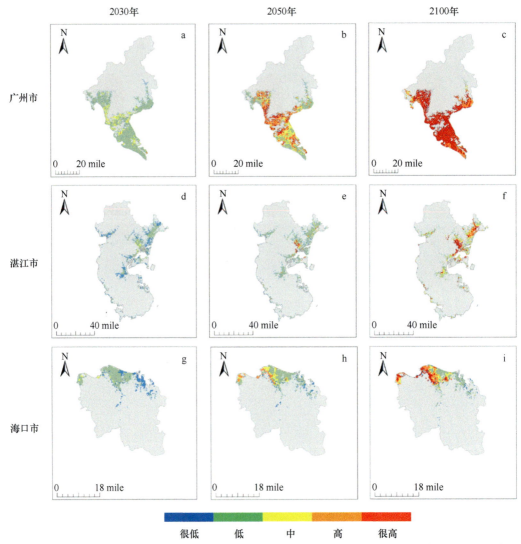

图 13.19　SSP5-8.5 气候情景下 2030 年、2050 年和 2100 年广州市（a ～ c）、湛江市（d ～ f）和海口市（g ～ i）海岸洪水灾害的社会经济暴露度空间分布

情景相比，海口市的社会经济暴露度水平与分布范围无明显变化。海口市的美兰区、琼山区和海口火车站附近地区等北部沿海区域依然是暴露度水平较高的区域，面积不大，其中南渡江沿岸以及海口市西北部等地暴露度水平比较突出，到 2100 年能达到很高等级暴露度的水平。

13.3.3　脆弱性评估

基于 13.2.2 小节的脆弱性评估方法，首先利用人口和经济等方面的 11 个指标，构建社会脆弱性指数（SoVI），评估中国 9 个滨海城市的社会脆弱性的空间分布特征，并按不同的社会脆弱性水平，划分出 5 种滨海城市社会脆弱性等级的区域；然后分析不同海岸洪水的危害性，如不同致灾强度和频率与这 5 种脆弱性等级的社会经济损失率之间的定量关系，并构建滨海城市海岸洪水灾害的不同社会脆弱性等级区域的物理脆弱性（损失函数）曲线，从而为进一步开展滨海城市海岸洪水灾害的社会经济损失风险评估奠定基础。

1. 中国滨海城市的社会脆弱性评估

基于第六次全国人口普查数据中人口密度、人口结构、居民居住条件、失业率、居民受教育率和社会保障业人口数以及各地区 GDP、医院数量等数据，开展社会脆弱性指标因子的主成分分析与评估，并据此获得社会脆弱性指数（SoVI）及其等级空间分布。

（1）滨海城市的社会脆弱性指标因子分析

基于海岸洪水灾害的社会经济损失风险评估指标体系（表 13.1）和脆弱性评估方法（13.2.2 小节），开展滨海城市社会脆弱性空间分布等级评估。图 13.20 为中国 9 个滨海城市第一主成分（人口因素）的数值空间分布，其中人口密度和人口性别、年龄结构对社会脆弱性等级的方差贡献率最高，是主要的影响因子。在第一主成分的数值空间分布上，滨海城市的城区人口密度较大，提高了这些区域的社会脆弱性等级，并且与其他区域相比，老年人口比例和性别比例的差距不明显，因此对应的社会脆弱性等级较高，这种现象在上海市、广州市、天津市和厦门市特别显著。

图 13.21 为中国 9 个滨海城市第二主成分（经济条件）的数值空间分布，主要的影响因子是各个地区 GDP 的空间分布、失业率和人均住房面积。可以看出，在大多数研究对象中，城镇区域的经济水平高，GDP 分布和经济活动高度集中，经济条件良好，从而提高了这些区域的社会脆弱性等级。另外，一部分城市郊区失业率高、居住条件较差，也会造成这些区域的社会脆弱性等级升高。

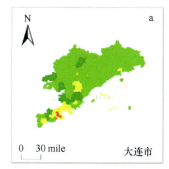
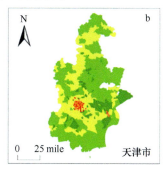
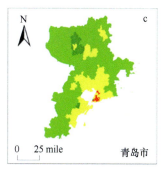

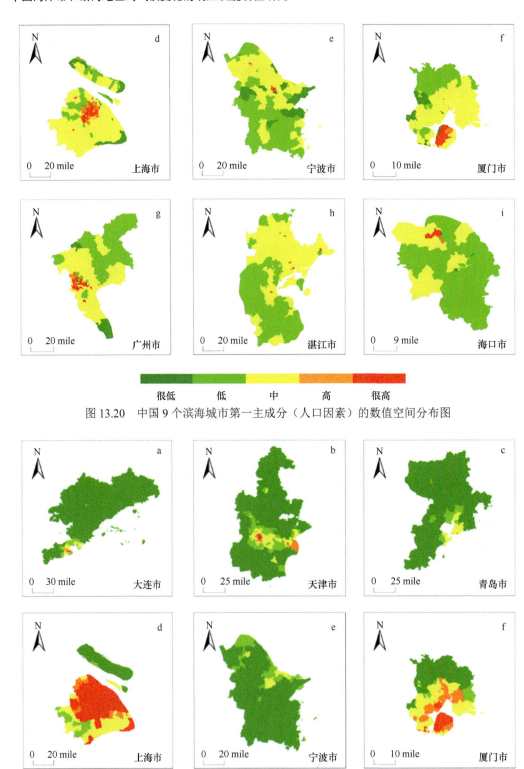

很低　　低　　中　　高　　很高

图 13.20　中国 9 个滨海城市第一主成分（人口因素）的数值空间分布图

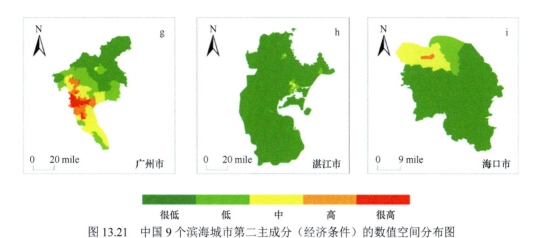

图 13.21　中国 9 个滨海城市第二主成分（经济条件）的数值空间分布图

图 13.22 为中国 9 个滨海城市第三主成分（医疗水平）的数值空间分布，其中起主要作用的影响因子是区域内每千人口医院数以及社会福利保障人员在区域总人口中的比例，这两项的数值越高，应急救援能力越高，应对海岸洪水的适应性越强，则社会脆弱性等级越低。从图 13.22 可以发现，一般拥有较好医疗条件的区域也是滨海城市里人口和经济活动的中心，但也有个别郊区或县城人均拥有的医疗资源也比较好。较好的医疗卫生条件能够起到降低社会脆弱性等级的作用。

图 13.23 为中国 9 个滨海城市第四主成分（城镇化水平）的数值空间分布，主要影响因子是该区域的土地利用类型，从影响很低到很高分别是旱地草地、苔藓树林、水体湿地、硬质裸地和城区用地。从图 13.23 可以看出，城区的硬化地面面积比较大，发展规模越大的城市，硬质裸地城区的分布区域也更大。由于这些区域的地面透水性小，排涝能力降低，因此会提高当地的社会脆弱性等级，相反地，如果区域内主要分布湿地和树林等生态系统，则能起到降低社会脆弱性等级的作用。

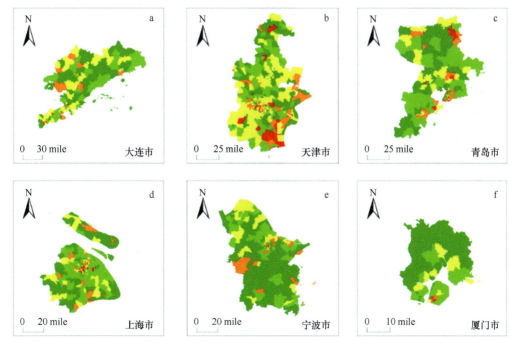

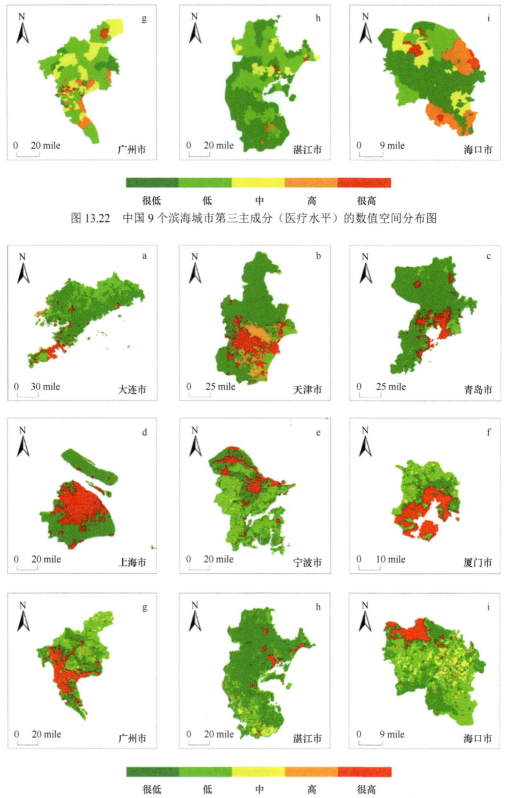

图 13.22　中国 9 个滨海城市第三主成分（医疗水平）的数值空间分布图

图 13.23　中国 9 个滨海城市第四主成分（城镇化水平）的数值空间分布图

（2）滨海城市的社会脆弱性等级空间分布特征

基于主成分分析法，对 SoVI 的 4 个主成分进行分析，获得了中国 9 个滨海城市的社会脆弱性等级空间分布，如图 13.24 所示。可以看出，社会脆弱性等级为高和很高的区域多以城市的核心城区为主，大连市南部沿海、天津市中部、青岛市胶州湾东北部、上海市东北部、宁波市东北部、厦门市厦门岛西部、广州市中部、湛江市东北部和海口市北部的社会脆弱性等级较高。

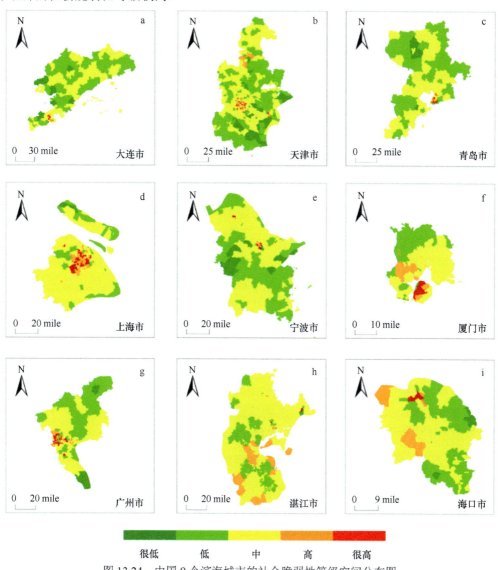

图 13.24　中国 9 个滨海城市的社会脆弱性等级空间分布图

图 13.24a 显示，大连市社会脆弱性等级为高和很高的区域主要分布在南部的中山区、沙河口区和甘井子区，其他区域社会脆弱性基本属于中或低等级。从图 13.24b 可见，天津市社会脆弱性等级为高的区域主要分布于南部市区，如红桥区、北辰区和和平区等；北部的宝坻区、东南沿海的滨海新区部分区域的社会脆弱性等级为高；此外，天津市西部整体的社会脆弱性等级要高于东部。图 13.24c 显示，青岛市社会脆弱性等级很高的区

域主要出现在胶州湾北岸的市北区等地，而整个胶州湾沿海和青岛市南部沿海地区社会脆弱性等级整体高于内陆地区。从图 13.24d 可看出，上海市社会脆弱性为中、高等级的区域几乎遍布全市，其中黄浦江两岸的部分区域社会脆弱性等级达到了高等级以上，包括虹口区、杨浦区、静安区等区域。图 13.24e 表明，宁波市社会脆弱性等级为高和很高的区域主要分布在北部的慈溪市和中部市区的部分地区，面积相对较小，其他辖区社会脆弱性均为中、低等级。图 13.24f 显示，厦门岛西部和厦门市大陆沿海区域社会脆弱性等级较高，其中厦门岛西部的社会脆弱性等级达到了很高的程度，而在大陆地区社会脆弱性等级则普遍较低。从图 13.24g 可见，广州市社会脆弱性等级为很高的区域集中在中部的越秀区、海珠区、天河区等处，从整体上看，广州市中部特别是城市核心区域的社会脆弱性等级高于北部和南部。图 13.24h 显示，湛江市仅有赤坎区和吴川市的小部分区域社会脆弱性有很高等级；另外，中南部沿海区域的社会脆弱性为中、高等级，其余区域的社会脆弱性等级均较低。从图 13.24i 可见，海口市社会脆弱性等级很高的区域位于北部的秀英区和美兰区部分地区。另外，海口市的西北部和中部也存在社会脆弱性为中、高等级的区域。综上分析，上海市、天津市、广州市三个大城市核心区的社会脆弱性较为突出，而厦门市的厦门岛社会脆弱性也较突出。

2. 滨海城市海岸洪水灾害的社会经济脆弱性曲线构建

社会脆弱性等级能够反映一个地区海岸洪水灾害的社会经济脆弱性水平，但为了量化分析海岸洪水灾害的社会经济脆弱性，并开展相应的社会经济损失风险评估，还需要分析海岸洪水灾害不同致灾强度与滨海城市社会经济资产损失率之间的定量关系，构建海岸洪水灾害的社会经济物理脆弱性（损失函数）曲线。然而，采用这种方法虽可获得较精确的计算结果，但对承灾体类型及灾情数据的要求不但很高，而且相对复杂，不易实现。因此，为了克服这些困难，降低社会经济类型的复杂性，应用已获得的 5 种社会脆弱性等级来表征不同的社会经济区域，并且仍然应用 DIVA 模型中的海岸洪水灾害的损失函数和易损性曲线等方法（权瑞松，2014；石勇，2015；杨佩国等，2016），构建对应的滨海城市海岸洪水灾害的社会经济物理脆弱性（损失函数）曲线，用来分析与表征在海岸洪水不同致灾强度下不同脆弱性等级区域的社会经济损失程度。

（1）滨海城市海岸洪水灾害的社会经济损失函数

研究表明，滨海城市海岸洪水深度与社会经济损失比例有以下几个主要特征：①不同类型的区域，社会经济损失比例通常为 0～1；②随着洪水深度的增加，社会经济损失比例呈递增趋势；③脆弱性越高的区域，社会经济损失比例越大（周瑶和王静爱，2012）。

除了首先应用前述的社会脆弱性评估结果，即根据不同的社会脆弱性等级结果，将滨海城市的区域划分为 5 种类型，再基于 13.2.2 小节介绍的 DIVA 模型中的物理脆弱性（损失函数）曲线分析方法，构建了滨海城市海岸洪水灾害的社会经济脆弱性（损失函数）曲线，即滨海城市 5 种不同脆弱性等级区域的社会经济损失函数曲线，如图 13.25 所示，为开展滨海城市海岸洪水灾害的社会经济损失风险评估奠定了必要的基础（周瑶和王静爱，2012）。根据 DIVA 模型中对海岸堤防防御海岸洪水能力的估算方法（Hinkel et al.，2014），假设当前的堤防高度保持不变，未来随着海平面的上升，海岸洪水灾害产生的损失风险也将上升。所构建的社会经济损失曲线中，采用的是当前海岸堤坝防洪标准。

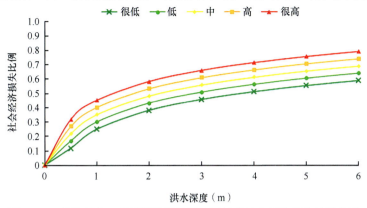

图 13.25　滨海城市 5 种不同脆弱性等级区域的社会经济损失函数曲线

在滨海城市中社会脆弱性等级为同一类型的区域，如果海岸洪水的致灾强度越大，则洪水淹没深度越深，将导致该区域的社会经济损失比例越高。例如，在很低脆弱性的区域，当洪水深度达到 1 m 时，社会经济损失比例为 25%；当洪水深度达到 2 m 时，社会经济损失比例将上升到 38%；当洪水深度达到 3 m 时，社会经济损失比例会进一步上升，达到 45%。

如果海岸洪水的致灾强度相同，滨海城市中社会脆弱性等级越高的区域，社会经济损失比例将越高。例如，当洪水深度为 1 m 时，在低脆弱性的区域，社会经济损失比例为 30%，而在高脆弱性的区域，社会经济损失比例约为 45%。

（2）滨海城市海岸堤坝防护工程标准概况

基于海岸洪水灾害的社会经济损失风险评估指标体系（表 13.1）和脆弱性评估方法（13.2.2 小节），以及世界各地实际抵御海岸洪水的水平和采取适应性措施的经验，建造大量高防护标准的海岸防护工程是滨海城市应对海岸洪水灾害的主要适应措施，有利于提高滨海城市社会经济的适应性，降低其脆弱性。因此，有关海堤防护标准也是开展海岸洪水灾害的社会经济损失风险评估的重要数据资料。但是，各地海岸防护工程的具体建设类型、高度和位置的数据有限，为降低相关问题的复杂性，突出研究特点，假设目前海岸洪水灾害的社会经济损失函数曲线分析中的适应性主要采用以下海岸堤坝防洪标准，如表 13.5 所示。

表 13.5　中国 9 个滨海城市当前的海堤防洪标准

滨海城市	海堤防洪标准	滨海城市	海堤防洪标准
大连市	100 年一遇	厦门市	100 年一遇
天津市	200 年一遇	广州市	200 年一遇
青岛市	100 年一遇	湛江市	100 年一遇
上海市	200 年一遇	海口市	50 年一遇
宁波市	100 年一遇		

资料来源：王梦江，2018；《防洪标准》（GB 50201—2014）。

各个滨海城市的海岸防护工程的建设标准是不同的。中国海岸防护工程的防洪标准主要是根据该城市在国内的社会经济地位或非农业人口数量进行划定，大致分为四个等级（Aerts et al.，2009）。从表 13.5 可以看出，中国 9 个滨海城市的海岸防护工程能抵御 50 ～ 200 年一遇的极值水位事件。

13.3.4 综合风险评估

本小节采用 CIAM 模型的计算分析框架（殷杰，2011），并利用不同情景下滨海城市未来极值水位重现期的分析结果、滨海城市的社会经济暴露度和社会脆弱性指数及损失函数曲线，计算分析了不同 SSPx-y 情景下 2030 年、2050 年和 2100 年滨海城市海岸洪水灾害的社会经济损失，以评估社会经济损失风险的空间分布特征。

1. 不同情景下滨海城市社会经济损失风险预估

将不同情景下海岸洪水致灾因子的危害性设为 100 年一遇的极值水位高度，且海岸堤坝工程的防护能力维持不变，当极值水位高于海岸堤坝防护高度时，则视为影响滨海城市社会经济的海岸洪水致灾因子暴发。其中，海岸堤坝防洪标准如表 13.5 所示。通过计算不同情景下滨海城市 100 年一遇极值水位高度与陆面高程的差值，获得对应情景下滨海城市海岸洪水的影响范围与洪水深度，再结合社会经济暴露度、5 种不同社会脆弱性等级区域的损失函数曲线，预估不同情景下未来滨海城市海岸洪水灾害的社会经济损失值，并采用社会经济年平均损失占当年全市 GDP 的比例来衡量海岸洪水可能导致的损失程度。

（1）SSP1-2.6 气候情景下典型滨海城市海岸洪水灾害的社会经济损失风险特征

图 13.26 为 SSP1-2.6 气候情景下 2030 年、2050 年和 2100 年大连市、天津市和青岛市海岸洪水灾害的社会经济损失风险等级空间分布。图 13.26a ～ c 显示，2030 年、2050 年和 2100 年大连市海岸洪水灾害的社会经济损失风险等级均很低，仅存在于沿岸局部地区，并且变化不大。由图 13.26d ～ f 可知，2030 年天津市海岸洪水灾害的社会经济损失风险未检出；2050 年天津市东南部和南部沿海出现社会经济损失风险区，但等级为很低；2100 年天津市社会经济损失风险等级分布与 2050 年相比变化不大。图 13.26g ～ i 表明，2030 年青岛市社会经济损失风险区分布在胶州湾沿岸，等级为很低；2050 年该风险等级区有所扩大；2100 年风险等级区与 2050 年相比变化不大。

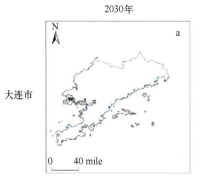
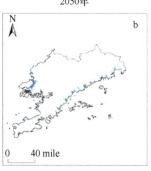
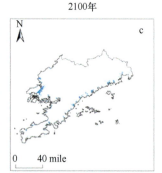

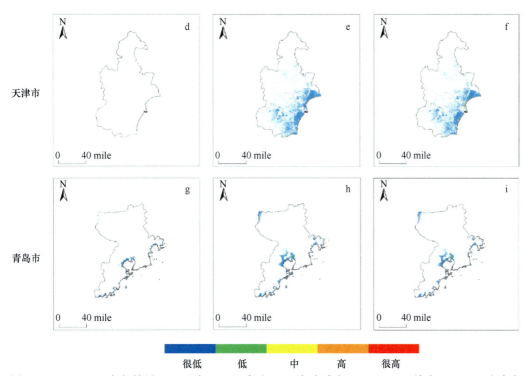

很低　　低　　中　　高　　很高

图 13.26　SSP1-2.6 气候情景下 2030 年、2050 年和 2100 年大连市（a～c）、天津市（d～f）和青岛市（g～i）海岸洪水灾害的社会经济损失风险等级空间分布

图 13.27 为 SSP1-2.6 气候情景下 2030 年、2050 年和 2100 年上海市、宁波市和厦门市海岸洪水灾害的社会经济损失风险等级空间分布。从图 13.27a～c 可以看出，2030 年上海市海岸洪水灾害的社会经济损失风险为未检出；2050 年风险区域几乎涵盖了全市所有辖区，风险等级为很低或低；2100 年风险等级上升，近半的主城区风险等级为低。图 13.27d～f 表明，2030 年宁波市东北部的小部分地区将有社会经济损失风险区出现，等级为很低；2050 年该风险区由沿海向内陆扩散；2100 年宁波市中部的内陆地区出现风险区，等级为很低。从图 13.27g～i 可知，2030 年厦门市的社会经济风险区集中出现在部分沿海地区，等级为很低，主要分布在厦门市大陆部分的溪流、河流的入海口，以及厦门岛上筼筜湖附近的区域；2050 年风险区向周边扩大，部分地区风险等级上升为低；2100 年风险区进一步扩大。

2030年　　　　　　　　2050年　　　　　　　　2100年

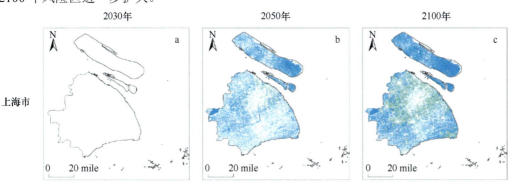

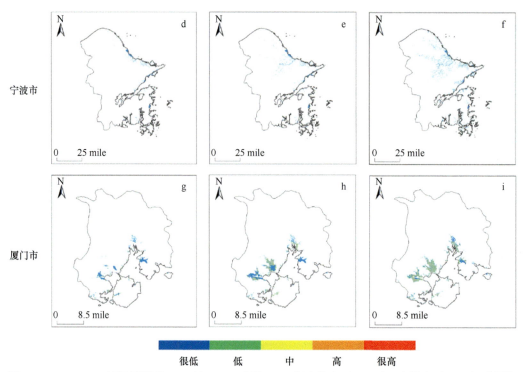

很低　　低　　中　　高　　很高

图 13.27　SSP1-2.6 气候情景下 2030 年、2050 年和 2100 年上海市（a～c）、宁波市（d～f）和厦门市（g～i）海岸洪水灾害的社会经济损失风险等级空间分布

图 13.28 为 SSP1-2.6 气候情景下 2030 年、2050 年和 2100 年广州市、湛江市和海口市海岸洪水灾害的社会经济损失风险等级空间分布。由图 13.28a～c 可见，2030 年广州市海岸洪水灾害的社会经济损失风险未检出；2050 年广州市的中部和南部将出现社会经济损失风险区，风险等级为很低；2100 年广州市的东南沿海区域和内陆部分很低等级的风险区发展为低等级的风险区。图 13.28d～f 表明，湛江市东北部在 2030 年就有零星的地区出现社会经济损失风险，风险等级为很低；从 2050 年开始，很低等级的风险区范围由沿海向内陆扩展。由图 13.28g～i 可知，2030 年海口市的北部沿海与南渡江沿岸区域将出现社会经济损失风险区，风险等级为很低和低；2050 年很低等级的风险区由沿海向内陆扩散；2100 年很低等级的风险区与 2050 年相比变化不大。

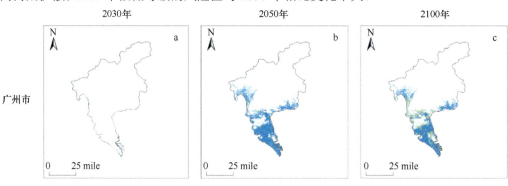

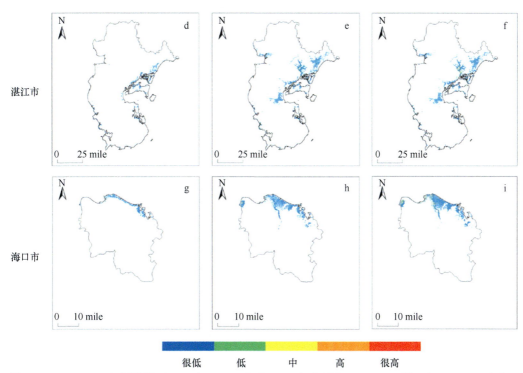

图 13.28　SSP1-2.6 气候情景下 2030 年、2050 年和 2100 年广州市（a～c）、湛江市（d～f）和海口市（g～i）海岸洪水灾害的社会经济损失风险等级空间分布

　　从上述分析结果可见，在 SSP1-2.6 气候情景下，可能是由于滨海城市的海岸堤坝防护工程标准仍然相对高于极值水位，还可以应对海岸洪水的影响，因而海岸洪水灾害的社会经济损失风险等级处于低、很低或未检出状态。

　　（2）SSP2-4.5 气候情景下典型滨海城市海岸洪水灾害的社会经济损失风险特征

　　图 13.29 为 SSP2-4.5 气候情景下 2030 年、2050 年和 2100 年大连市、天津市和青岛市海岸洪水灾害的社会经济损失风险等级空间分布。由图 13.29a～c 可见，与 SSP1-2.6 气候情景相比，SSP2-4.5 气候情景下 21 世纪大连市社会经济损失风险等级仍然较低。与大连市相比，天津市和青岛市的社会经济损失风险等级较高。由图 13.29d～f 可知，2030 年天津市社会经济损失风险未检出；2050 年天津市有较大区域社会经济损失风险等级为低或很低；2100 年天津市社会经济损失风险将有所发展，如滨海新区的部分低等级风险区发展为中、高等级的风险区。图 13.29g～i 表明，2030 年青岛市社会经济损失风险区将在胶州湾沿岸出现，风险等级为很低；2050 年该风险区有所扩大，并在其他沿岸地区出现，等级仍为很低；2100 年风险区变化不大。

　　图 13.30 为 SSP2-4.5 气候情景下 2030 年、2050 年和 2100 年上海市、宁波市和厦门市海岸洪水灾害的社会经济损失风险等级空间分布。由图 13.30a～c 可见，2030 年上海市社会经济损失风险未检出；2050 年上海市社会经济损失风险等级从很低到中等，其中主城区出现低风险区和中等风险区，崇明岛基本为低风险区；2100 年上海市社会经济损失风险等级均有上升，其中一半以上主城区社会经济损失风险为中、高等级。图 13.30d～f 表明，2030 年宁波市大部分区域的社会经济损失风险未检出；2050 年很低等

级的风险区由沿海向内陆延伸；2100 年东北沿海的部分区域发展为低等级的风险区。由图 13.30g～i 可知，2030 年厦门市大部分区域的社会经济损失风险未检出；2050 年很低等级风险区升级为低等级风险区，且区域有所扩展；2100 年上述区域中部分地区发展为中、高等级的风险区。

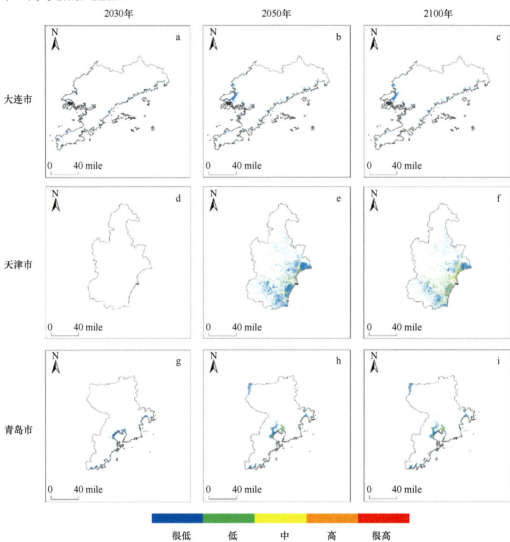

图 13.29　SSP2-4.5 气候情景下 2030 年、2050 年和 2100 年大连市（a～c）、天津市（d～f）和青岛市（g～i）海岸洪水灾害的社会经济损失风险等级空间分布

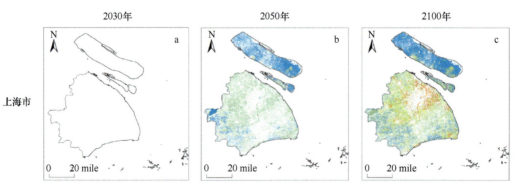

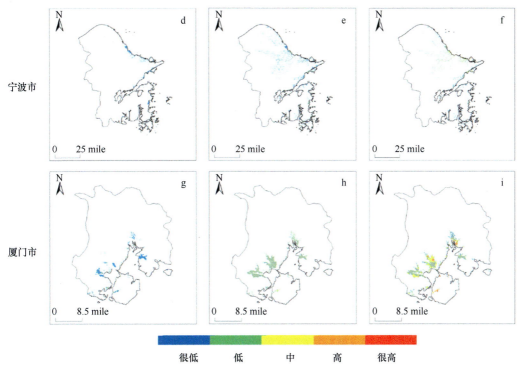

图 13.30 SSP2-4.5 气候情景下 2030 年、2050 年和 2100 年上海市（a～c）、宁波市（d～f）和厦门市（g～i）海岸洪水灾害的社会经济损失风险等级空间分布

图 13.31 为 SSP2-4.5 气候情景下 2030 年、2050 年和 2100 年广州市、湛江市和海口市海岸洪水灾害的社会经济损失风险等级空间分布。由图 13.31a～c 可见，2030 年广州市海岸洪水灾害的社会经济损失风险未检出；2050 年广州市中部和南部出现风险区，风险等级为很低和低；2100 年广州市东南沿海和部分内陆区域变为中、高等级风险区。图 13.31d～f 表明，2030 年湛江市有零星的等级为很低的风险区；2050 年该风险区范围由沿海向内陆延伸，并在湛江市区的零星地区将出现社会经济损失风险区域，风险等级变为低；2100 年上述部分低等级风险区将发展为中、高等级的风险区。从图 13.31g～i 可知，海口市出现风险区，等级为很低和低，其余地区仍然无明显风险，或风险等级很低。

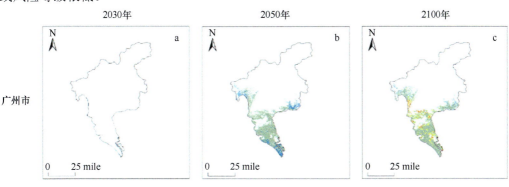

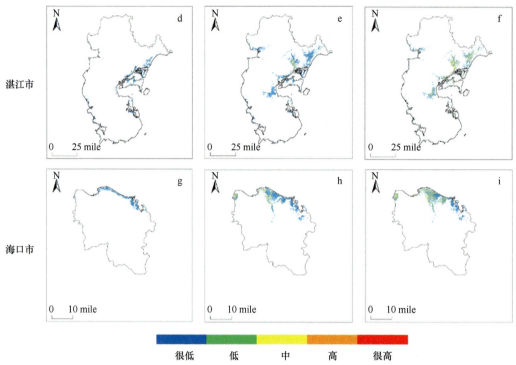

图 13.31　SSP2-4.5 气候情景下 2030 年、2050 年和 2100 年广州市（a～c）、湛江市（d～f）和海口市（g～i）海岸洪水灾害的社会经济损失风险等级空间分布

（3）SSP5-8.5 气候情景下典型滨海城市海岸洪水灾害的社会经济损失风险特征

　　图 13.32 为 SSP5-8.5 气候情景下 2030 年、2050 年和 2100 年大连市、天津市和青岛市海岸洪水灾害的社会经济损失风险等级空间分布。由图 13.32a～c 可见，大连市仅沿海部分地区有社会经济损失风险区，等级为很低。由图 13.32d～f 可知，2030 年天津市海岸洪水灾害的社会经济损失风险未检出；2050 年天津市核心区以及滨海新区等处有社会经济损失风险区出现，等级为很低和低；2100 年滨海新区部分沿海地区风险等级上升为高和很高。图 13.32g～i 表明，青岛市胶州湾沿岸等地的社会经济损失风险等级为很低和低；2050 年胶州湾北岸出现了低等级的风险区；2100 年胶州湾北岸将零星地出现中、高等级的风险区。

　　图 13.33 为 SSP5-8.5 气候情景下 2030 年、2050 年和 2100 年上海市、宁波市和厦门市海岸洪水灾害的社会经济损失风险等级空间分布。由图 13.33a～c 可见，2030 年上海市的社会经济损失风险未检出；2050 年上海市及其长兴岛出现很低等级的风险区；2100年上海市大陆部分出现较大面积很高等级的风险区，崇明岛和长兴岛也出现高等级风险区。图 13.33d～f 表明，2030 年宁波市有零星的很低等级风险区；2050 年风险区由沿海向内陆延伸，也有低等级风险区出现；2100 年东北部沿海和内陆部分风险区发展为中、高等级的风险区。从图 13.33g～i 可知，2050 年厦门市大部分风险区等级为很低和低，仅厦门岛部分地区出现中、高等级风险区；2100 年筼筜湖周围和后溪入海口风险区等级上升为很高。

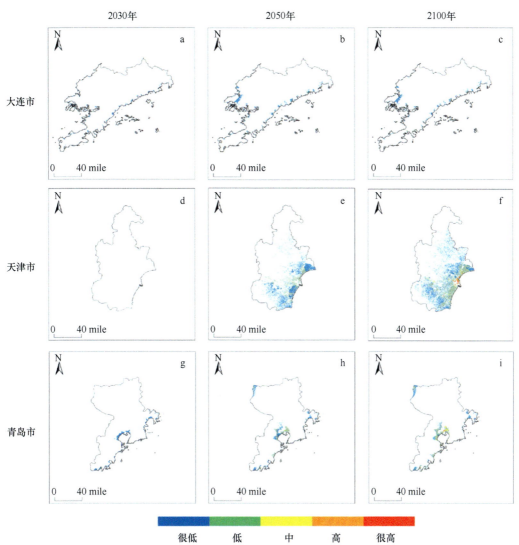

图 13.32　SSP5-8.5 气候情景下 2030 年、2050 年和 2100 年大连市（a～c）、天津市（d～f）和青岛市（g～i）海岸洪水灾害的社会经济损失风险等级空间分布

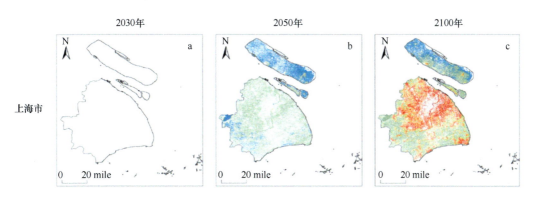

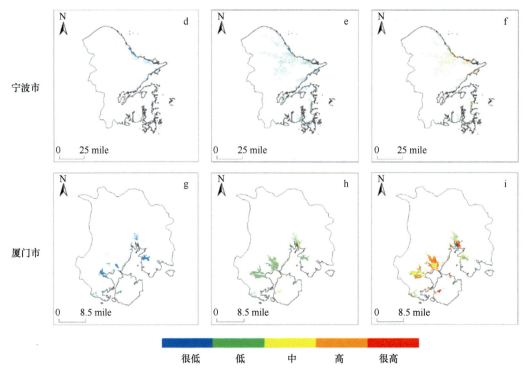

很低　　　低　　　中　　　高　　　很高

图 13.33　SSP5-8.5 气候情景下 2030 年、2050 年和 2100 年上海市（a～c）、宁波市（d～f）和厦门市（g～i）海岸洪水灾害的社会经济损失风险等级空间分布

图 13.34 为 SSP5-8.5 气候情景下 2030 年、2050 年和 2100 年广州市、湛江市和海口市海岸洪水灾害的社会经济损失风险等级空间分布。由图 13.34a～c 可见，2030 年广州市社会经济损失风险未检出；2050 年广州市中部和南部将出现等级为很低的风险区；2100 年广州市中南部珠江水系沿岸的风险区为中等级及以上。图 13.34d～f 表明，2030 年湛江市东北部有零星的风险区，等级为很低；2050 年上述风险区由沿海向内陆延伸，并有小范围低等级风险区出现；2100 年部分风险区的等级上升为中等级和高等级，霞山区遂溪河沿岸出现很高等级风险区。从图 13.34g～i 可知，海口市很低等级和低等级风险区集中在北部沿海与南渡江沿岸等地，其余地区无明显风险，或仅是很低等级的风险区。

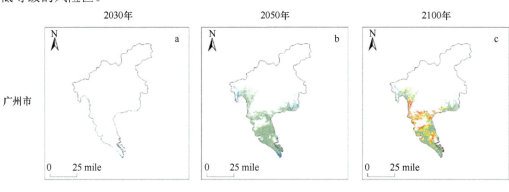

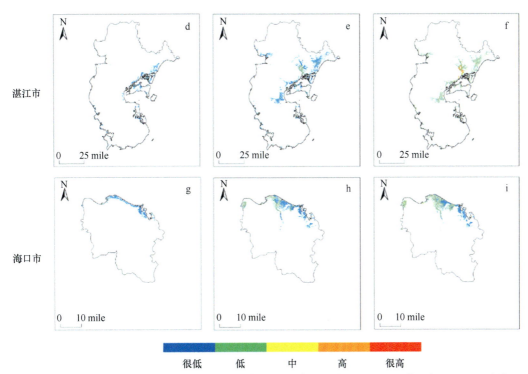

图 13.34 SSP5-8.5 气候情景下 2030 年、2050 年和 2100 年广州市（a～c）、湛江市（d～f）和海口市（g～i）海岸洪水灾害的社会经济损失风险等级空间分布

2. 不同情景下中国滨海城市社会经济损失比较

进一步采用滨海城市的社会经济年平均损失占当年全市 GDP 的比例来衡量海岸洪水可能对其造成损失的程度。在某种程度上，这可以理解为滨海城市社会经济中每年需要用来应对未来海岸洪水灾害损失的份额（Hallegatte et al.，2013）。

表 13.6 为中国 9 个滨海城市海岸洪水灾害的社会经济年平均损失占当年全市 GDP 的比例。在 SSP1-2.6 气候情景下，2030 年青岛市、厦门市、湛江市和海口市与其他滨海城市相比，社会经济损失比例略高，依次分别为 3.0%、2.6%、2.5%、2.2%，天津市、上海市和广州市可能是由于有较高的海堤防护工程标准，未有明显的风险；2050 年广州市、上海市、天津市和青岛市的社会经济损失比例将分别达到 20.9%、18.1%、12.9%、12.2%；与此同时，其他滨海城市的社会经济损失比例也均高于 2030 年滨海城市的最高损失比例 3.0%，这可能主要归因于滨海城市未来 100 年一遇极值水位高度将超过现有的海堤防护工程标准；2100 年广州市、上海市、天津市和青岛市的社会经济损失比例将分别达到 21.4%、19.9%、15.0%、12.6%，除大连市和厦门市外，其他滨海城市的社会经济损失比例也将升高。这与滨海城市海岸 100 年一遇极值水位的高度升高相关。

表 13.6 中国 9 个滨海城市海岸洪水灾害的社会经济年平均损失占当年全市 GDP 的比例（%）

滨海城市	SSP1-2.6			SSP2-4.5			SSP5-8.5		
	2030 年	2050 年	2100 年	2030 年	2050 年	2100 年	2030 年	2050 年	2100 年
上海市	0.0	18.1	19.9	0.0	18.4	25.0	0.0	18.7	30.6

续表

滨海城市	SSP1-2.6			SSP2-4.5			SSP5-8.5		
	2030 年	2050 年	2100 年	2030 年	2050 年	2100 年	2030 年	2050 年	2100 年
广州市	0.0	20.9	21.4	0.0	20.9	19.8	0.0	21.0	22.6
天津市	0.0	12.9	15.0	0.0	13.2	15.5	0.0	13.4	16.1
青岛市	3.0	12.2	12.6	3.1	12.2	13.0	3.3	12.3	13.4
湛江市	2.5	7.2	9.2	2.5	7.4	8.9	2.6	7.6	10.0
海口市	2.2	8.6	9.2	2.3	8.6	9.5	2.3	8.7	11.2
厦门市	2.6	6.3	5.5	2.6	6.3	6.6	2.8	6.4	7.5
大连市	0.7	3.5	3.4	0.8	3.5	4.2	0.8	3.6	3.8
宁波市	2.1	3.3	4.3	2.1	0.4	4.8	2.2	1.7	5.7

在 SSP2-4.5 气候情景下，2030 年青岛市、厦门市、湛江市、海口市与其他滨海城市相比，社会经济损失比例略高，依次分别为 3.1%、2.6%、2.5%、2.3%，而天津市、上海市和广州市未有明显的风险；2050 年广州市、上海市、天津市和青岛市的社会经济损失比例将分别达到 20.9%、18.4%、13.2%、12.2%，这可能是由于未来 100 年一遇极值水位的高度升高，将超过滨海城市现有的海堤防护工程标准；与此同时，相较于 2030 年，除宁波市外，其他滨海城市的社会经济损失比例也有小幅度的升高，而这可能与滨海城市社会经济暴露度水平的提高有关；2100 年上海市、广州市、天津市和青岛市的社会经济损失比例将分别达到 25.0%、19.8%、15.5%、13.0%，其他滨海城市的社会经济损失比例也将继续升高，这仍然主要归因于滨海城市 100 年一遇极值水位高度的升高，因而海岸洪水致灾强度如淹没深度有所增加。

在 SSP5-8.5 气候情景下，2030 年青岛市、厦门市、湛江市和海口市与其他滨海城市相比，社会经济损失比例依然略高，依次分别为 3.3%、2.8%、2.6%、2.3%，而天津市、上海市和广州市依然未有明显的风险；2050 年广州市、上海市、天津市和青岛市的社会经济损失比例将分别达到 21.0%、18.7%、13.4%、12.3%；与此同时，其他滨海城市的社会经济损失比例最高值达到了 8.7%，这主要归因于滨海城市未来 100 年一遇极值水位高度将超过现有的海堤防护工程标准，以及在高浓度排放情景下滨海城市社会经济暴露度水平的大幅度提高；2100 年上海市、广州市、天津市和青岛市的社会经济损失比例将分别达到 30.6%、22.6%、16.1%、13.4%，其他滨海城市的社会经济损失比例将有一定幅度的增加，这主要仍归因于滨海城市未来 100 年一遇极值水位高度的大幅度升高。

与 SSP1-2.6 气候情景相比，在 SSP2-4.5 与 SSP5-8.5 两种气候情景下，2030 年中国滨海城市海岸洪水灾害的社会经济损失风险基本相似；2050 年、2100 年滨海城市海岸洪水灾害的社会经济损失风险均有不同程度上升，其中上海市海岸洪水灾害的社会经济损失风险激增，成为海岸洪水灾害的社会经济损失风险最高的滨海城市。

综上分析，在三种情景下，2030 年中国滨海城市海岸洪水灾害的社会经济损失风险基本相似，2050 年、2100 年社会经济损失风险均有不同程度的上升，其中上海市、广州市和天津市的社会经济损失风险等级位于 9 个滨海城市的前三位。

13.3.5　适应性分析

综上分析，在不同情景下，如果仅维持现有的防洪排涝标准和基础设施，未来滨海城市海岸洪水灾害的社会经济损失风险将有不同程度的增加。由滨海城市海岸洪水灾害的社会经济损失风险等级空间分布特征可见，在中高浓度排放情景下，到 2050 年后，滨海城市海岸洪水灾害的社会经济损失风险将可能突显。由于各个滨海城市间的自然条件、社会经济发展现状和预期等因素的影响，它们面临的海岸洪水灾害的社会经济损失风险存在差异，并且在同一滨海城市内不同区域的情形也不同。

为此，本小节选取到 21 世纪末社会经济损失风险最高的上海市，以及北方的天津市、南方的厦门市和广州市等滨海城市进行适应性分析，通过分析其海岸洪水灾害的社会经济损失风险评估结果，包括海岸洪水致灾因子的危害性、社会经济的暴露度和脆弱性等要素，以及高风险区的致灾原因，并初步提出相应的社会经济适应性方案，为滨海城市社会经济损失风险的防控提供参考。

1. 上海市

上海市是 21 世纪末海岸洪水灾害的社会经济损失风险最高的滨海城市，本部分将进一步分析上海市海岸洪水灾害的社会经济损失风险来源及适应性，并提出相应的措施。

1）在 RCP4.5、RCP8.5 气候情景下，上海市是 9 个滨海城市中未来海平面上升幅度最大的城市之一。未来上海市 100 年一遇的极值水位将明显升高，海岸洪水的发生频率和强度将显著升高。但是，如果 21 世纪末上海市能将海岸防洪工程提高 90 ~ 110 cm，并加大市区北部和中部地区等高风险区的河堤、海塘等防洪工程的高度，预计可降低未来上海市约 70% 以上的社会经济损失风险。另外，上海市可通过加强海平面变化监测，建立和完善预报预警和保障体系；建造蓄洪绿地和防潮林，提高海岸线抗侵蚀能力；提高海岸堤防工程的防洪标准；积极响应控制温室气体排放的号召，采取有效的节能减排措施。

2）作为中国的经济中心，上海市目前以及未来都将拥有庞大的经济总量和密集的居住人口，并且上海市作为长江三角洲冲积平原的一部分，地势低平，这都使得上海市海岸洪水灾害的社会经济暴露度处于较高的水平。为此，上海市应控制低洼处建筑地基，加高建筑物地基；调整现有城市产业分布结构，推进部分产业向内陆转移投资，避免人口和经济活动过度集中于沿海低洼地区；发展建筑标准，抬高建筑的楼面高度（王军等，2017）。

3）为了解决高度城镇化下大面积的土地硬化造成的城市防洪排涝能力不足的问题，上海市应提升城市地下排水排涝管网系统的运行能力，对市区排洪主干渠进行疏浚清淤；科学规划城市空间结构，划定城市发展边界，增加城市绿化，限制土地硬化；退让沿海沿江高脆弱性地区，保护河口生态系统（丁平兴，2020；吴定富，2007；张威涛和运迎霞，2019）。

4）上海市的人口数量大且高度集中，特别是在市区的中部和北部，这是社会经济脆弱性较高的一个主要原因，在应对突发的海岸洪水灾害的应急处置和疏散救援工作上，需要有长足的考虑。结合上海市高层建筑多的特点，可以加强应对海岸洪水时的"竖向疏散"能力（张威涛和运迎霞，2020），将部分商业服务业设施如高层办公楼、商业广场等设施纳入临时紧急避难场所，并完善相应的软件和硬件配套措施；提高民众的防灾减灾意识，完善相关的预警、疏散、救援体系。

2. 广州市

广州市是 21 世纪中叶海岸洪水灾害的社会经济损失风险最高的滨海城市，基于对广州市海岸洪水灾害的社会经济损失风险来源及适应性分析，提出相应的措施。

1）广州市珠江流域周边的低洼地区既是广州市人口聚集、经济发达的区域，也是社会经济的高暴露度区域，需加强对该地区的综合治理，加强对珠江径流量的监测与控制，扩大河湖调蓄容积，全面提高河道沟渠的泄洪排涝能力，推进挡潮闸工程的建设，从源头上降低海岸洪水灾害的社会经济损失风险。

2）在 RCP4.5、RCP8.5 气候情景下，到 21 世纪中叶，广州市中部市区及南部沿海地区均是高风险等级的区域，因此应特别提高上述地区的防洪防潮能力。防洪防潮工程应该充分考虑台风和可能的海岸洪水的影响，对高风险等级区域的海岸、河岸堤坝加高加固（高度大约提高 55 ～ 75 cm）。

3）基于广州市的社会经济脆弱性分析，珠江流域周边地区的社会脆弱性等级很高。为此，广州市应加强城市整体的规划统筹，将居民聚集区逐渐转移至低脆弱性地区；推进旧城改造，提升建筑物的防灾减灾能力，改善居住环境；强化海岸洪水灾害避难场所的建设，并加强全民防灾减灾意识。

3. 天津市

天津市海岸洪水灾害的社会经济损失风险主要集中在滨海新区，相关的应对海岸洪水灾害的社会经济损失风险措施应围绕滨海新区展开。

1）天津市滨海新区属于海相沉积区，并且通过大规模围填海工程将陆地向海域延伸，这使得该区域内的地势低洼，还伴随较高的土地沉降速率（张雪莹等，2005）。天津市只有东南面临海，海岸线长度仅约为 153 km，而在 2030 年前，天津市并未出现海岸洪水灾害的社会经济损失风险，因此应利用这个"窗口期"，合理有效地提升高风险区沿海、沿江建设工程的防洪设计标准，加强高风险区海岸堤防工程防洪能力的建设（如提高 63 ～ 85 cm），预计可使其能够抵御未来 100 年一遇的极值水位，从而有望大幅度降低海岸洪水灾害的社会经济损失风险。另外，天津市还可通过抬升港口工程的地面高度，增强港口工程的防洪措施，推进防洪绿地和防潮林的建造，禁止地下水开采，解决水土流失和土地沉降的问题，实现降低海岸洪水风险。

2）随着未来滨海新区及周边地区的开发，以及天津港在中国北方航运中具有的重要地位，在 SSP2-4.5 和 SSP5-8.5 气候情景下，未来滨海新区所在的天津市东南沿海一线的暴露度水平在 21 世纪末将达到很高的水平。因此，在滨海新区的住宅区和商业区的规划中，应考虑将其设置在更靠近内陆与地势相对较高的位置，优化城市空间结构。

3）结合脆弱性评估结果，天津市应增加长期和紧急海岸洪水灾害避难场所的建设，提高海岸洪水的预报发布和预警响应能力，充分利用天津港周边发达便利的陆上交通网络，在高地和低脆弱性地区建立长期的避难场所，在海岸洪水发生前，引导高风险地区的民众进行"横向疏散"（张威涛和运迎霞，2020）。

4）滨海新区填海造地用于建设离岸金融中心、国际航运中心、先进制造业园区等高价值建筑。在 SSP2-4.5 和 SSP5-8.5 气候情景下，这些区域都是未来的很高风险区。因此，应对其开展高精度海岸洪水灾害的社会经济损失风险评估工作，在软件和硬件上全面提升应对能力。

4. 厦门市

厦门市的筼筜湖周边以及岛外的西溪、后溪等河口地区是未来主要的海岸洪水灾害的社会经济损失高风险区，对此可采取以下措施。

1）目前厦门市海岸防洪工程的防洪标准低于天津市和上海市，又常年受台风的影响，因此应特别提高沿海的防洪防潮能力。海堤、沿海公路、港口码头和沙滩海岸的规划设计也应该充分考虑台风和可能的海岸洪水的影响，对海岸防洪防潮工程进行加高加固（朱敏杰等，2009）。为了能最大限度降低 21 世纪厦门市海岸洪水灾害的社会经济损失风险，在考虑堤坝修筑的经济成本的前提下，厦门市可将高风险区的海岸、河岸堤坝高度抬高 62 ～ 84 cm。

2）从厦门市的社会脆弱性分析中可以发现，筼筜湖所在的厦门岛西部以及岛外的后溪入海口区域（杏林湾北岸）都有较高的社会脆弱性，主要还是由于这些地区的人口密度高、城镇化发展水平也比较高、沿海区域大面积铺装路面。为此，厦门市应加强城市整体的规划统筹，将居民聚集区逐渐转移至低脆弱性地区；强化海岸洪水灾害避难场所建筑和民众居住小环境的物理防灾能力，加强全民防灾减灾意识；限制沿海地区围填海和大型的开发方案，采取科学合理的人工介入手段，保护滨海湿地（陈小惠，2008）。

3）厦门市河口区和陆域水系周边的地势低洼地区一般是人口或经济的密集区，也是社会经济的高暴露度区域，如杏林湾沿岸、筼筜湖周边，这两个地区还拥有厦门市最重要的两个防洪排涝工程（张雪莹等，2005），因此，需加强对这些区域的综合治理，如疏浚清淤，修建护岸，在海岸线、内河和内湖岸线都设置防护林等，以全面提高这些泄洪排涝渠道的使用效果，降低周边区域的海岸洪水灾害的社会经济损失风险。

5. 其他滨海城市

1）大连市是 9 个滨海城市中未来海岸洪水灾害的社会经济损失风险等级较低的城市。可通过加强海平面变化监测，建立和完善预报预警和保障体系；建造蓄洪绿地和防潮林，提高海岸线抗侵蚀能力；适当提高海岸堤防工程的防洪标准，或将沿海中、高风险区的居民和设施向未检出风险的区域迁移。

2）在 21 世纪上半叶，青岛市是 9 个滨海城市中海岸洪水灾害的社会经济损失风险等级最高的城市之一。未来青岛市 100 年一遇的极值水位将明显升高，海岸洪水的发生频率和强度将显著升高。但是，如果 21 世纪末青岛市能将胶州湾沿岸及东南沿海地区的海岸防洪工程提高 55 ～ 80 cm，抬升青岛港的港口工程地面高度，增强港口工程的防洪措施，推进防洪绿地和防潮林的建造，禁止地下水开采，解决水土流失和土地沉降的问题，便可有效降低海岸洪水灾害的社会经济损失风险。

3）宁波市的东北部沿海地区，包括慈溪市、北仑区及镇海区等地，是未来海岸洪水灾害的社会经济风险较高的区域。同时，宁波市常年受台风的影响，因此应特别提高沿海的防洪防潮能力。海堤、沿海公路、港口码头和沙滩海岸的规划设计也应该充分考虑台风和可能的海岸洪水的影响，对海岸防洪防潮工程进行加高加固。为了能最大限度降低21世纪宁波市海岸洪水灾害的社会经济损失风险，在考虑堤坝修筑的经济成本的前提下，宁波市可将高等级风险区（主要是东北部沿海地区）的海岸、河岸堤坝高度抬高65～90 cm，并加强市区与慈溪市、余姚市等地的应急疏散和救援能力，强化海岸洪水灾害避难场所建筑和民众居住小环境的物理防灾能力，加强全民防灾减灾意识，限制沿海地区围填海和大型的开发案，采取科学合理的人工介入手段，保护滨海湿地。

4）在RCP4.5、RCP8.5气候情景下，湛江市东北部的吴川市、麻章区、霞山区等地区未来100年一遇的极值水位将明显升高，海岸洪水的发生频率和强度将显著升高。但是，如果21世纪末湛江市能将海岸防洪工程提高75～100 cm，并加大高风险区的河堤、海塘等防洪工程的高度，可明显降低社会经济损失风险。另外，湛江市也需加强海平面变化监测，建立和完善预报预警和保障体系；建造蓄洪绿地和防潮林，提高海岸线抗侵蚀能力；提高海岸堤防工程的防洪标准；积极响应控制温室气体排放的号召，采取有效的节能减排措施。

5）海口市目前的海岸堤防工程的防洪标准是典型滨海城市中最低的。在RCP4.5、RCP8.5气候情景下，到21世纪中叶，海口市北部美兰区和秀英区等沿海地区均是风险等级较高的区域，因此应特别提高上述地区的防洪防潮能力，提高高风险等级区域的海岸、河岸堤坝高度75～100 cm，能够大幅度降低海口市面临的海岸洪水灾害的社会经济损失风险。

13.4 结　　语

1. 结论

本章基于IPCC的气候变化综合风险理论，构建了中国滨海城市海岸洪水灾害的社会经济损失风险评估体系，研究了不同气候情景（RCPs）下海平面变化和台风风暴潮背景下中国滨海城市海岸洪水的危害性，并以此为出发点，评估了不同气候情景（RCP2.6、RCP4.5、RCP8.5，简称RCPs）和共享社会经济发展路径（SSP1、SSP2、SSP5）相对应的情景（SSP1-2.6、SSP2-4.5、SSP5-8.5，简称SSPx-y）下，中国9个滨海城市社会经济的暴露度、脆弱性特征的时空分布特征，预估得到了不同SSPx-y情景下2030年、2050年和2100年中国9个滨海城市海岸洪水灾害的社会经济损失风险，并分析了若干滨海城市海岸洪水灾害的社会经济适应性措施。主要结论如下。

1）在不同气候情景下，中国9个滨海城市沿海平均海平面均呈现上升趋势，其中长江三角洲地区、闽南沿海和雷州半岛等地滨海城市沿海海平面的上升幅度尤为明显，并且RCP4.5、RCP8.5气候情景下未来海平面上升速度将不断加快，上升幅度也明显大于RCP2.6气候情景。在不同气候情景下，到2030年、2050、2100年，上海市为中国滨海城市中沿海海平面上升幅度最大的城市。

2）海平面的上升抬高了极值水位的基础水位，随着强台风的增加，中国滨海城市沿海极值水位呈现显著增高的趋势，极值水位的重现期也将显著缩短，海岸洪水的危害性将明显增加。特别是，与 2050 年相比，2100 年与当前重现期相同的极值水位事件将更频繁发生。例如，在 RCP4.5 和 RCP8.5 气候情景下，2050 年上海市当前重现期为 100 年一遇的极值水位事件分别变为 24 年和 21 年一次，2100 年将分别变为 4 年和 1 年一次。

3）在三种不同 SSPx-y 情景下，中国滨海城市的经济和人口发展水平越高，海岸洪水灾害的社会经济暴露度等级就越高。在 SSP1-2.6 气候情景下，滨海城市海岸洪水灾害的社会经济暴露度基本都处于中、低暴露度水平。在 SSP2-4.5 和 SSP5-8.5 气候情景下，暴露度水平较同期 SSP1-2.6 气候情景下都有显著升高。在时间变化上，到 2030 年，除上海市和天津市外，其他滨海城市的社会经济暴露度均处于中、低水平；到 2050 年，青岛市、宁波市、厦门市等其他滨海城市的市区出现很高等级暴露度的区域；到 2100 年，高等级暴露度的区域范围从市区向周边地区扩展，其中上海市、广州市和天津市很高等级暴露度的区域面积比其他滨海城市明显要大。

4）中国滨海城市社会脆弱性指数主要由人口因素、经济条件、医疗水平和城镇化水平 4 个主成分贡献而成。脆弱性等级为高或很高的区域主要集中在滨海城市人口和经济活动的中心地区，如大连市南部沿海、天津市中部、青岛市胶州湾东北部、上海市东北部、宁波市东北部、厦门市厦门岛西部、广州市中部、湛江市东北部和海口市北部等地区。滨海城市海岸洪水灾害的社会经济脆弱性损失函数显示，当受到相同深度的海岸洪水影响时，社会脆弱性越高的区域社会经济损失比例越高。

5）在三种不同 SSPx-y 情景下，中国 9 个滨海城市海岸洪水灾害的社会经济损失风险评估结果表明，2030 年滨海城市海岸洪水灾害的社会经济损失风险较低，2050 年和 2100 年滨海城市海岸洪水灾害的社会经济损失分别占当年全市 GDP 的 0.4%～21.0% 和 3.4%～30.6%，其中社会经济损失风险最高的滨海城市为上海市、广州市和天津市。此外，SSP1-2.6 与 SSP5-8.5 气候情景相比，到 21 世纪末滨海城市海岸洪水灾害造成的社会经济损失比例小 6～72 倍。此外，天津市城区与海河和蓟运河沿岸及河口区、青岛市胶州湾北岸、上海市大陆部分、厦门市筼筜湖与后溪和西溪入海口及马銮湾口、广州市中南部珠江水系沿岸等地区未来海岸洪水灾害的社会经济损失风险等级明显高于其他地区。因此，亟须加强研究并采取充分的适应性措施，防控滨海城市海岸洪水灾害的社会经济损失风险。

6）基于三种 SSPx-y 情景下中国滨海城市海岸洪水灾害的社会经济损失风险预估表明，在温室气体低浓度和中等浓度排放情景（RCP2.6、RCP4.5）下，海岸洪水灾害的社会经济损失风险低于温室气体高浓度排放情景（RCP8.5）。其中，在 RCP2.6 气候情景下，到 21 世纪末，滨海城市因海岸洪水造成的社会经济损失比 RCP8.5 气候情景减少 6～72 倍。因此，控制温室气体排放、减缓气候变化，将有利于降低滨海城市海岸洪水灾害的社会经济损失风险以及促进经济社会的可持续发展。

7）社会经济损失风险适应性的初步分析表明，滨海城市需加强海平面变化监测，提高海岸堤防工程防护标准，加强境内流域综合管理，提高防洪排涝能力，减少水土流失，严控地下水开采，防止海岸地面沉降，并建立和完善海岸洪水的预报预警和应急体系，并积极控制温室气体的排放，采取节能减排和增汇等措施，从而减少或避免海岸洪水灾害对滨海城市社会经济的影响，并增进经济社会的可持续发展能力。

2. 讨论

本章以下研究内容值得今后进一步深入研究：一是深化考虑不同气候情景下未来热带气旋变化对海岸洪水危害性的影响，包括气候模式对热带气旋及台风风暴潮的高分辨模拟研究；二是中国 9 个滨海城市地形地貌的数据精度、海岸堤坝和防洪排涝等资料，并且城市排涝设施和水域连通性等问题均有待今后加强研究；三是滨海城市社会脆弱性主要反映当前的社会发展状况，而未来社会经济模拟数据主要为人口和 GDP，损失函数主要基于简化的 5 种社会脆弱性等级区域，未来可据此进一步深化滨海城市社会脆弱性评估；四是本章采用了相对简单的中国滨海城市海岸堤坝防护工程数据，可能还较难全面精准地反映各滨海城市海堤防护工程的实际情况；五是所获取的历史社会经济数据和未来的模拟数据与实际情况相比可能还有一定的不确定性，从而也可能影响海岸洪水灾害的社会经济损失风险评估的准确性。

参 考 文 献

蔡榕硕, 刘克修, 谭红建. 2020. 气候变化对中国海洋和海岸带的影响、风险与适应对策. 中国人口·资源与环境, 30(9): 1-8.

蔡榕硕, 谭红建. 2020. 海平面加速上升对低海拔岛屿、沿海地区及社会的影响和风险. 气候变化研究进展, 16(2): 163-171.

蔡榕硕, 谭红建, 郭海峡. 2019. 中国沿海地区对全球变化的响应及风险研究. 应用海洋学学报, 38(4): 514-527.

陈小惠. 2008. 厦门市台风灾害成因及对策研究. 中国水利, (13): 53-54, 57.

戴昌达, 唐伶俐, 王文, 等. 1998. 中国洪涝灾害加剧的主要因素与进一步抗洪减灾应取的对策. 自然灾害学报, 7(2): 45-52.

丁骏, 江海东, 应岳. 2013. 舟山市沿海海平面上升预测和淹没分析. 杭州师范大学学报(自然科学版), 12(4): 373-378.

丁平兴. 2020. 气候变化对海岸带的影响 // 《第一次海洋与气候变化科学评估报告》编著委员会. 第一次海洋与气候变化科学评估报告(二). 北京: 海洋出版社: 327-377.

方佳毅, 陈文方, 孔锋, 等. 2015. 中国沿海地区社会脆弱性评价. 北京师范大学学报(自然科学版), 51(3): 280-286.

方佳毅, 史培军. 2019. 全球气候变化背景下海岸洪水灾害风险评估研究进展与展望. 地理科学进展, 38(5): 625-636.

方佳毅, 殷杰, 石先武, 等. 2021. 沿海地区复合洪水危险性研究进展. 气候变化研究进展, 17(3): 317-328.

冯士筰. 1998. 风暴潮的研究进展. 世界科技研究与发展, 20(4): 44-47.

富曾慈. 2002. 中国海岸台风、暴雨、风暴潮灾害及防御措施. 水利规划与设计, (2): 44-47.

高超, 汪丽, 陈财, 等. 2019. 海平面上升风险中国大陆沿海地区人口与经济暴露度. 地理学报, 74(8): 1590-1604.

国家海洋局. 2014. 2013 年中国海洋灾害公报.

姜彤, 赵晶, 曹丽格, 等. 2018. 共享社会经济路径下中国及分省经济变化预测. 气候变化研究进展, 14(1): 50-58.

景丞, 姜彤, 王艳君, 等. 2016. 中国区域性极端降水事件及人口经济暴露度研究. 气象学报, 74(4): 572-582.

李夏火, 陈美娜, 蓝虹, 等. 2000. 9914 号台风风暴潮、巨浪特点分析及其预报. 海洋预报, 17(2): 25-33.

廖琪, 于格, 江文胜, 等. 2018. 海岸带城市洪水淹没风险评价研究: 以青岛市为例. 海洋与湖沼,

49(2): 301-312.

林双毅，周锦业，秦一芳，等 . 2018. 莫兰蒂台风对厦门市主要道路绿化树种的影响 . 中国园林，(5): 83-87.

罗紫丹，孟宪伟，罗新正 . 2017. 百年内全球海平面上升、地壳上升和潮滩沉积对广西英罗湾红树林分布的影响 . 海洋通报，36(2): 209-216.

米伟亚 . 2005. Excel 在水文皮尔逊 Ⅲ 型分布多样本参数估计中的应用研究 . 农业与技术，25(5): 93-95, 112.

莫建飞，钟仕全，陈燕丽，等 . 2018. 极端降水事件下广西流域洪涝社会经济暴露度分析 . 灾害学，33(2): 83-88.

权瑞松 . 2014. 基于情景模拟的上海中心城区建筑暴雨内涝脆弱性分析 . 地理科学，34(11): 1399-1403.

石勇 . 2015. 城市居民住宅的暴雨内涝脆弱性评估：以上海为例 . 灾害学，30(3): 94-98.

许炜宏，蔡榕硕 . 2021. 海平面上升、强台风和风暴潮对厦门海域极值水位的影响及危险性预估 . 海洋学报，43(5): 14-26.

王慧，刘克修，王爱梅，等 . 2018. ENSO 对中国近海海平面影响的区域特征研究 . 海洋学报，40(3): 25-35.

王军，黄海雷，张呈，等 . 2017. 浅谈上海应对风暴潮灾害的措施 . 海洋开发与管理，34(1): 92-96.

王康发生，尹占娥，殷杰 . 2011. 海平面上升背景下中国沿海台风风暴潮脆弱性分析 . 热带海洋学报，30(6): 31-36.

王梦江 . 2018. 上海市防汛工作手册 . 上海：复旦大学出版社 .

王蓉，姚小娟，肖瑜璋，等 . 2013. 1208 号台风"韦森特"特征分析 . 海洋预报，30(6): 13-20.

王莹辉，谭亚 . 2008. 近 17 年福建沿海台风及风暴增水特性统计分析 . 河海大学学报 (自然科学版)，36(3): 384-389.

王豫燕，王艳君，姜彤 . 2016. 江苏省暴雨洪涝灾害的暴露度和脆弱性时空演变特征 . 长江科学院院报，33(4): 27-32, 45.

吴定富 . 2007. 中国风险管理报告 . 北京：中国财政经济出版社：81-136.

吴吉东，傅宇，张洁，等 . 2014. 1949—2013 年中国气象灾害灾情变化趋势分析 . 自然资源学报，29(9): 1520-1530.

许炜宏，蔡榕硕 . 2022. 不同气候情景下中国滨海城市海岸极值水位重现期预估 . 海洋通报，41(4): 379-390.

颜秀花，蔡榕硕，郭海峡，等 . 2019. 气候变化背景下海南东寨港红树林生态系统的脆弱性评估 . 应用海洋学学报，38(3): 338-349.

杨桂山 . 2000. 中国沿海风暴潮灾害的历史变化及未来趋向 . 自然灾害学报，9(3): 23-30.

杨佩国，靳京，赵东升，等 . 2016. 基于历史暴雨洪涝灾情数据的城市脆弱性定量研究：以北京市为例 . 地理科学，36(5): 733-741.

殷杰 . 2011. 中国沿海台风 - 风暴潮灾害风险评估研究 . 上海：华东师范大学博士学位论文 .

殷克东，孙文娟 . 2011. 风暴潮灾害经济损失评估指标体系研究 . 中国渔业经济，29(3): 87-90.

于福江，董剑希，叶琳，等 . 2015. 中国风暴潮灾害史料集 1949—2009. 北京：中国海洋出版社 .

喻国良，李艳红，庞红犁，等 . 2009. 海岸水文工程学 . 上海：上海交通大学出版社：68-79.

张化，李汶莉，李雪敏，等 . 2022a. 面向地震设防风险的未来中国城乡人口情景及暴露特征 . 气候变化研究进展，18(6): 707-719.

张化，李雪敏，李汶莉，等 . 2022b. SSPs 未来路径下沿海地区人口、城市扩展、土地利用数据集 . https://nsem. bnu. edu. cn/gjgcs/120719. htm. [2022-5-15].

张杰，曹丽格，李修仓，等 . 2013. IPCC AR5 中社会经济新情景 (SSPs) 研究的最新进展 . 气候变化研究进展，9(3): 225-228.

张丽霞，陈晓龙，辛晓歌 . 2019. CMIP6 情景模式比较计划 (ScenarioMIP) 概况及评述 . 气候变化研究进展，15(5): 519-525.

张威涛，运迎霞 . 2019. 滨海港口城市长期避难场所布局与灾害危险适应问题探讨 . 景观设计，(2): 32-37.

张威涛, 运迎霞. 2020. 滨海城市风暴潮避难所分布的灾害风险适应性研究: 以天津滨海新区为例. 规划师, 36(2): 27-33.

张雪莹, 邵荣敏, 高孟川. 2005. 天津沿海风暴潮的成因与防灾减灾措施研究. 天津理工大学学报, 21(2): 60-63.

张延廷. 1986. 8114 台风暴潮与天文潮非线性耦合作用的初步探讨. 海洋学报, 8(3): 283-290.

张延廷, 王以娇. 1986. 8114 号台风影响下黄海水位场和流场的数值模拟. 黄渤海海洋, 4(1): 1-7.

张怡哲. 2018. 中国海岸带自然灾害社会脆弱性评估. 杭州: 浙江大学硕士学位论文.

中国气象局. 2017. 中国气象灾害年鉴 (2017). 北京: 气象出版社.

中华人民共和国水利部. 2014. 防洪标准 (GB 50201—2014). 北京: 中国计划出版社.

中交第一航务工程勘察设计院有限公司. 2015. 港口与航道水文规范 (JTS 145—2015). 北京: 人民交通出版社.

周瑶, 王静爱. 2012. 自然灾害脆弱性曲线研究进展. 地球科学进展, 27(4): 435-442.

朱敏杰, 陈坚, 王元领, 等. 2009. 厦门台风与风暴潮灾害对策研究. 中国防汛抗旱, 19(1): 46-48.

自然资源部. 2020. 2019 中国海平面公报.

Aerts J, Major D C, Bowman M J, et al. 2009. Connecting delta cities: coastal cities, flood risk management and adaptation to climate change. Amsterdam: VU University Press.

Amadio M, Mysiak J, Marzi S. 2019. Mapping socioeconomic exposure for flood risk assessment in Italy. Risk Analysis, 39(4): 829-845.

Aroca-Jimenez E, Bodoque J M, Garcia J A, et al. 2017. Construction of an integrated social vulnerability index in urban areas prone to flash flooding. Natural Hazards and Earth System Sciences, 17(9): 1541-1557.

Bajat B, Krunić N, Bojović M, et al. 2011. Population vulnerability assessment in hazard risk management: a dasymetric mapping approach. Rijeka: 2nd Project Workshop on "Risk Identification and Land-Use Planning for Disaster Mitigation of Landslides and Floods".

Balaguru K, Foltz G R, Leung L R, et al. 2016. Global warming-induced upper-ocean freshening and the intensification of super typhoons. Nature Communications, 7: 13670.

Banks J E. 1974. A mathematical model of a river: shallow sea system used to investigate tide, surge and their interaction in the Thames: southern North Sea region. Philosophical Transactions of the Royal Society of London Series A: Mathematical and Physical Sciences, 275(1255): 567-609.

Cai R S, Tan H J, Qi Q H. 2016. Impacts of and adaptation to inter-decadal marine climate change in coastal China seas. International Journal of Climatology, 36(11): 3770-3780.

Camargo S J. 2013. Global and regional aspects of tropical cyclone activity in the CMIP5 models. Journal of Climate, 26(24): 9880-9902.

Chen B, Shi F Y, Lin T T, et al. 2020. Intensive versus extensive events? Insights from cumulative flood-induced mortality over the globe, 1976-2016. International Journal of Disaster Risk Science, 11(4): 441-451.

Cutter S L, Boruff B J, Shirley W L. 2003. Social Vulnerability to Environmental Hazards. Social Science Quarterly, 84(2): 242-261.

Diaz D B. 2016. Estimating global damages from sea level rise with the coastal impact and adaptation model (CIAM). Climatic Change, 137(1): 143-156.

Emanuel K A. 2017. Will global warming make hurricane forecasting more difficult? Bulletin of the American Meteorological Society, 98(3): 495-501.

Feng J L, Li D L, Wang T, et al. 2019. Acceleration of the extreme sea level rise along the Chinese coast. Earth and Space Science, 6(10): 1942-1956.

Feng J L, Li H, Li D L, et al. 2018. Changes of extreme sea level in 1. 5 and 2. 0℃ warmer climate along the Coast of China. Frontiers in Earth Science, 6: 216.

Fang J Y, Lincke D, Brown S, et al. 2020. Coastal flood risks in China through the 21st century-An application of DIVA. Science of the Total Environment, 704: 135311.

Fang J Y, Liu W, Yang S N, et al. 2017. Spatial-temporal changes of coastal and marine disasters risks and impacts in Mainland China. Ocean & Coastal Management, 139: 125-140.

Fang J Y, Sun S, Shi P J, et al. 2014. Assessment and mapping of potential storm surge impacts on global population and economy. International Journal of Disaster Risk Science, 5(4): 323-331.

Füssel H M. 2007. Vulnerability: a generally applicable conceptual framework for climate change research. Global Environmental Change, 17(2): 155-167.

Garner A J, Mann M E, Emanuel K A, et al. 2017. Impact of climate change on New York City's coastal flood hazard: increasing flood heights from the preindustrial to 2300 CE. Proceedings of the National Academy of Sciences of the United States of America, 114(45): 11861-11866.

Hall J W, Meadowcroft I C, Sayers P B, et al. 2003. Integrated flood risk management in England and Wales. Natural Hazards Review, 4(3): 126-135.

Hallegatte S, Green C, Nicholls R J, et al. 2013. Future flood losses in major coastal cities. Nature climate change, 3(9): 802-806.

Hinkel J, Lincke D, Vafeidis A T, et al. 2014. Coastal flood damage and adaptation costs under 21st century sea-level rise. Proceedings of the National Academy of Sciences of the United States of America, 111(9): 3292-3297.

Hu P, Zhang Q, Shi P J, et al. 2018. Flood-induced mortality across the globe: spatiotemporal pattern and influencing factors. Science of the Total Environment, 643: 171-182.

IPCC. 2013. Climate Change: the Physical Science Basis: Contribution of Working Group Ⅰ to the fifth Assessment Report of the Intergovernmental Panel on Climate Change. Cambridge: Cambridge University.

IPCC. 2014. Climate change 2014: Impacts, Adaptation, and vulnerability. Contribution of Working Group Ⅱ to the Fifth Assessment Report of the Intergovernmental Panel on Climate Change. Cambridge: Cambridge University Press: 1-32.

Kates R W, Kasperson J X. 1983. Comparative risk analysis of technological hazards(a review). Proceedings of the National Academy of Sciences of the United States of America, 80(22): 7027-7038.

Knutson T R, Sirutis J J, Zhao M, et al. 2015. Global projections of intense tropical cyclone activity for the late twenty-first century from dynamical downscaling of CMIP5/RCP4. 5 scenarios. Journal of Climate, 28(18): 7203-7224.

Kopp R E, Horton R M, Little C M, et al. 2014. Probabilistic 21st and 22nd century sea-level projections at a global network of tide-gauge sites. Earth's Future, 2(8): 383-406.

Kossin J P, Emanuel K A, Camargo S J. 2016. Past and projected changes in Western North Pacific tropical cyclone exposure. Journal of Climate, 15(29): 5725-5739.

Li W T, Wang J, Chen L. 2004. Study on storm surge protection standard of seawall engineering. Water Resour Planning Des, 4: 5-9.

Lin N, Emanuel K A, Smith J A, et al. 2010. Risk assessment of hurricane storm surge for New York City. Journal of Geophysical Research: Atmospheres, 115(D18): D18121.

Liu J L, Wen J H, Huang Y Q, et al. 2015. Human settlement and regional development in the context of climate change: a spatial analysis of low elevation coastal zones in China. Mitigation and Adaptation Strategies for Global Change, 20(4): 527-546.

McGranahan G, Balk D, Anderson B. 2007. The rising tide: assessing the risks of climate change and human settlements in low elevation coastal zones. Environment and Urbanization, 19(1): 17-37.

McLeod E, Poulter B, Hinkel J, et al. 2010. Sea-level rise impact models and environmental conservation: a review of models and their applications. Ocean & Coastal Management, 53(9): 507-517.

Nicholls R J, Hanson S E, Lowe J A, et al. 2014. Sea-level scenarios for evaluating coastal impacts. Wiley Interdisciplinary Reviews: Climate Change, 5(1): 129-150.

Oppenheimer M, Glavovic B, Hinkel J, et al. 2019. Sea level rise and implications for low lying islands, coasts and communities//Pörtner H O, Roberts D C, Masson-Delmotte V, et al. IPCC Special Report on the Ocean and Cryosphere in a Changing Climate. Cambridge, New York: Cambridge University Press.

Prandle D, Wolf J. 1978. The interaction of surge and tide in the North Sea and River Thames. Geophysical Journal of the Royal Astronomical Society, 55(1): 203-216.

Qu Y, Jevrejeva S, Jackson L P, et al. 2019. Coastal sea level rise around the China Seas. Global and Planetary Change, 172: 454-463.

Reed A J, Mann M E, Emanuel K A, et al. 2015. Increased threat of tropical cyclones and coastal flooding to New York City during the anthropogenic era. Proceedings of the National Academy of Sciences of the United States of America, 112(41): 12610-12615.

Roder G, Sofia G, Wu Z, et al. 2017. Assessment of social vulnerability to floods in the floodplain of northern Italy. Weather, Climate, and Society, 9(4): 717-737.

Rowley R J, Kostelnick J C, Braaten D, et al. 2007. Risk of rising sea level to population and land area. Eos, Transactions, American Geophysical Union, 88(9): 105-107.

Saintilan N, Khan N S, Ashe E, et al. 2020. Thresholds of mangrove survival under rapid sea level rise. Science, 368(6495): 1118-1121.

Shan K Y, Yu X P. 2020. A simple trajectory model for climatological study of tropical cyclones. Journal of Climate, 33(18): 7777-7786.

Smith D I. 1994. Flood damage estimation-a review of urban stage-damage curves and loss functions. Water SA, 20(3): 231-238.

Sun H M, Wang Y J, Chen J, et al. 2017. Exposure of population to droughts in the Haihe River Basin under global warming of 1. 5 and 2. 0℃ scenarios. Quaternary International, 453: 74-84.

Taherkhani M, Vitousek S, Barnard P L, et al. 2020. Sea-level rise exponentially increases coastal flood frequency. Scientific Reports, 10(1): 6466.

Torresan S, Critto A, Rizzi J, et al. 2012. Assessment of coastal vulnerability to climate change hazards at the regional scale: the case study of the North Adriatic Sea. Natural Hazards and Earth System Sciences, 12(7): 2347-2368.

Viavattene C, Jiménez J A, Ferreira O, et al. 2018. Selecting coastal hotspots to storm impacts at the regional scale: a coastal risk assessment framework. Coastal Engineering, 134: 33-47.

Wahl T, Jain S, Bender J, et al. 2015. Increasing risk of compound flooding from storm surge and rainfall for major US cities. Nature Climate Change, 5(12): 1093-1097.

Wang J, Yi S, Li M, et al. 2018. Effects of sea level rise, land subsidence, bathymetric change and typhoon tracks on storm flooding in the coastal areas of Shanghai. Science of the Total Environment, 621: 228-234.

Yao C, Xiao Z X, Yang S, et al. 2020. Increased severe landfall typhoons in China since 2004. International Journal of Climatology, 41: E1018-E1027.

Yin J, Yu D P, Yin Z E, et al. 2013. Modelling the combined impacts of sea-level rise and land subsidence on storm tides induced flooding of the Huangpu River in Shanghai, China. Climatic Change, 119(3-4): 919-932.

Zanuttigh B, Simcic D, Bagli S, et al. 2014. THESEUS decision support system for coastal risk management. Coastal Engineering, 87: 218-239.

第 14 章

港 口 建 设

14.1 引　　言

气候变化背景下全球海平面持续上升对沿海地区经济社会的可持续发展构成严重挑战。IPCC WG Ⅱ 的 AR6 指出，1901 ～ 2018 年全球平均海平面（global mean sea level，GMSL）上升了 0.2 m，且呈现增加趋势；2006 ～ 2018 年海平面上升（sea level rise，SLR）速率已从 1971 ～ 2006 年的 1.9 mm/a 增加到 3.7 mm/a（IPCC，2022）。全球海平面的持续上升还将导致大多数沿海地区极端海面事件的发生频率上升，预估显示，至 2100 年超过 50% 的验潮站 100 年一遇极端海面事件将变为 1 年一遇，甚至更为频繁（IPCC，2019）。

中国沿海地区尤其是珠江三角洲、长江三角洲、环渤海周边地区海拔普遍较低，极易受到海平面上升的影响，并且沿海地区海平面升高的同时还经常伴随地面沉降，两者共同作用使得沿海地区的地面高程与平均海平面趋于持平，甚至低于海平面，导致现有的海堤、港口工程的防潮能力大为减弱，无法抵御未来极端高水位事件的影响。不同沿海地区的局地海平面变化不仅受全球或者区域尺度海平面变化的影响，而且受到局地的海洋大气动力和人为地面沉降等过程的影响。例如，台风风暴潮、波浪、潮汐、河流入海流量以及人为地面沉降等因素的综合作用，使得局地海平面在短时间内可能达到异常的高度（极值水位）。

中国沿海地区现有的海堤绝大多数是基于验潮站的长期潮位，通过经验公式推算出工程的设计水位设计的，忽略了海平面持续上升的因素，计算出的设计水位难以满足气候变化情景下海岸和港口工程防潮的需要，有极大的可能导致沿海大片土地被海水淹没，并可能对沿海城市、海岸和港口工程等设施造成重大损失（方国洪等，1993；Zuo et al.，2001；于宜法和俞聿修，2003）。因此，亟须充分考虑海平面变化情景下中国沿海港口极值水位重现期的变化及其影响。

为此，本章着重关注在不同气候情景下，海平面变化对中国沿海港口极值水位重现期的影响，包括极值水位重现期变化、工程校核水位订正值、海平面变化对港口建设的影响。首先，应用条件分布联合概率方法，计算中国沿海典型港口附近验潮站的极值水位，通过分离水位数据中的潮汐水位和余水位，分别计算两者相互独立和相互影响时的极值水位。其次，将海平面上升这一因素纳入极值水位计算分析中，从而得到海平面变化情景下中国沿海典型港口附近验潮站极值水位的重现期变化，并计算出考虑余水位和潮汐水位相关和不相关情况下中国沿海典型港口附近验潮站的校核水位和设计水位。最后，分析海平面上升对港口建设的影响和风险，并提出应对措施。

14.2 数据与方法

14.2.1 数据

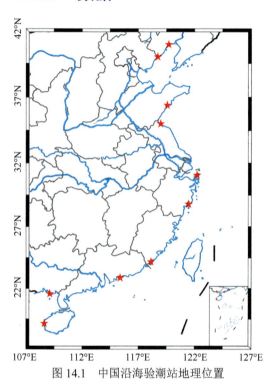

图 14.1 中国沿海验潮站地理位置

为了更准确地计算中国沿海各验潮站的余水位数字特征的变化，选用了长时间段内具有完整系列记录的 10 个验潮站的数据。选取的 10 个验潮站分布于渤海、黄海、东海和南海 4 个海区，其中一部分验潮站代表了一些特殊海域。例如，汕尾站代表的是受陆架影响较大的沿岸的南海海域验潮站，东方站代表的是面对开阔海域的沿岸的南海海域验潮站，北海站代表北部湾的验潮站，厦门站代表台湾海峡的验潮站。Santamaria-Aguilar 和 Vafeidis（2018）指出，不同的潮汐类型会对极端高水位产生不同的影响，因此选取的 10 个验潮站也代表了不同的潮汐类型，所采用的数据时间间隔为 1 h，验潮站所属海域、数据年份、潮汐类型和地理位置分别如表 14.1 和图 14.1 所示。

表 14.1 验潮站数据年份及地理位置

海域	验潮站	纬度（N）	经度（E）	数据年份	潮汐类型
渤海	葫芦岛（HLD）	40°43′	121°00′	1960～1986	不规则半日潮
	秦皇岛（QHD）	39°55′	119°37′	1960～1981	规则半日潮
黄海	青岛（QD）	36°05′	120°19′	1950～1974	规则半日潮
	连云港（LYG）	34°45′	119°25′	1975～1994	不规则半日潮
东海	长涂（CT）	30°15′	122°18′	1960～1981	规则半日潮
	坎门（KM）	28°05′	121°17′	1975～1994	规则全日潮
	厦门（XM）	24°27′	118°04′	1954～1994	混合全日潮
南海	汕尾（SW）	22°45′	115°21′	1975～1994	不规则半日潮
	北海（BH）	21°29′	109°05′	1975～1994	不规则半日潮
	东方（DF）	19°06′	108°37′	1975～1994	混合全日潮

14.2.2 方法

1. 极值水位的定义和传统的计算方法

《港口与航道水文规范》（JTS 145—2015）指出，在沿岸海洋工程和海上平台等海洋工程的建设中，需要同时对作业条件（也就是正常条件）和恶劣条件（也就是极端条件）下的海洋环境参数做出估计。在海洋环境中，设计水位和乘潮水位就是在正常条件下对海洋环境参数做出的估计，而校核水位就是在极端条件下对海洋环境参数做出的估计。一般情况下，作业条件下水位参数的确定相对极端条件下容易，原因是在正常条件下的观测数据相对容易获得，许多验潮站都有长期的观测资料。

极值水位就是若干年才有可能出现的极端高水位或极端低水位。校核水位是由天文因素导致的天文潮与由寒潮、低压、台风、地震引发的海啸等因素造成的增减水共同形成，《港口与航道水文规范》（JTS 145—2015）指出，中国要求将重现期为 50 年的水位作为校核水位。由于极端水位的重现期都是以几十年计算的，也就意味着当出现这种水位时，不需要港口或者其他工程建筑能正常使用，只需要码头工程在遇到极端高水位时不被海水淹没。因此，在计算极值水位时，需要拥有长时间序列的验潮站观测资料（至少几十年），但是由于这一条件十分苛刻，只有拥有长期验潮站的港口才拥有如此长时间序列的潮位资料，当只拥有较短时序的潮位数据时，需要采取一定的方法对其进行估计。

极值水位在工程应用和防汛防灾中具有特殊地位，《港口与航道水文规范》（JTS 145—2015）给出了以下三种计算方法。

（1）极值分布法

当拥有相当长的观测资料时，可以采取极值分布法计算极值水位。该方法将每年的潮位数据取一个最高水位值和最低水位值，通过拟合其分布曲线，获得不同重现期的极值水位。该方法结果可靠，但是对数据的要求过高，导致新建港口或工程经常无法用到这种方法。

（2）同步差比法

当只拥有数年观测资料时，常用到同步差比法计算极值水位。当需要新建的港口与主港潮汐性质和风暴潮特性相近时，尤其是两港距离很近时，同步差比法能给出很好的结果，但是此方法仍然有比较大的限制。

（3）设计水位计算法

当只有短期观测资料且附近拥有长期验潮站的情况下，我们可以使用设计水位计算法。该方法是先计算设计水位，再在设计水位的基础上加减一个常数即可算出极值水位。这个常数是根据附近的长期验潮站的潮位数据得到的。

以上方法的使用条件比较苛刻，随后研究人员采用了概率分析计算的方法，主要通过皮尔逊Ⅲ模型、耿贝尔模型等，计算了验潮站不同重现期的极值水位并与验潮站的实际观测资料进行对比，并发现耿贝尔函数拟合的极值水位效果最好。因此，目前《港口与航道水文规范》（JTS 145—2015）中将耿贝尔方法计算极值水位定为现行使用方法。

由于传统的极值水位忽略了潮汐与风暴潮相互作用的影响，在实际计算中得到的极值水位可能会有一定程度的偏差。丁文兰和刘凤树（1987）在研究台风与天文潮相互作用时，对渤海海域进行了风暴潮模型的模拟，发现当考虑风暴潮与天文潮的相互作用时，模拟得到的风暴增减水位与实测的余水位基本相同，但是忽略风暴潮与天文潮的相互作用时，模拟得到的风暴增减水位与实测的余水位相差很大。说明传统的极值水位算法具有一定的局限性，近年来，一些学者提出了考虑潮汐与风暴潮相互作用的改进型极值水位算法。Pugh和Vassie（1978）最先提出将水位数据中的潮汐水位与余水位分离，将得到的这两个部分分别求解其分布，最后通过联合概率的方法来求得极值水位及其重现期。这种方法的优点在于当仅有较短时间序列的潮位数据时，也能计算出比传统极值水位计算方法稳定的结果。方国洪等（1993）在联合概率计算法的基础上，提出了条件分布联合概率计算法，该方法充分地考虑了潮汐与余水位的相关性，具有使用条件不苛刻、计算结果更符合实测数据等优点。最重要的是，条件分布联合概率计算法在考虑潮汐和余水位相互独立及考虑潮汐和余水位相互影响的两种情况下都能计算出较好的结果，具有较强的适应性。

2. 潮汐水位与余水位的关系

一般来说，验潮站的观测潮位数据可分为三个部分：第一部分为平均水位，其主要包含海平面的长期变化趋势项；第二部分为潮汐水位，其主要受天体引潮力和气象条件的周期性变化两个因素的影响，其中天体引潮力为主要的影响因素，气象条件的周期性变化对潮汐水位的影响相对较小，是次要影响因素；第三部分为余水位，余水位由总水位减去平均水位与潮汐水位计算而来，余水位的影响因素包含由于天气因素（如台风等）引起的海面非周期的变化、潮汐与非潮汐因素的耦合效应及实际预报时可能会忽略的潮汐因素（如浅水分潮等）。

在运用联合概率方法计算极值水位时，为了得到非潮汐水位，需要尽可能地将余水位影响因素中的潮汐部分去除。参考于宜法等（2010）的方法，将分潮个数设置为63个，通过对每年的验潮站潮位数据资料进行调和分析，从而得到每一年的潮汐调和常数，用所求的潮汐调和常数去后报当年的潮位，实测的验潮站的潮位数据减去后报的潮位可以得到余水位，从而实现了潮汐水位与余水位的分离。之所以用每一年的潮汐调和常数去后报潮位而不使用多年的平均调和常数，原因是浅海区的潮汐调和常数每年的变化十分明显，用平均多年调和常数预报潮位常常会有很大的误差，因此用每年所得的调和常数后报潮位能更好地消除水位数据中的潮汐部分。

在研究多年一遇的极值水位时，平均水位的长期变化也就是海平面长期变化的趋势在重现期较长的时候常常被忽略。但是近年来对全球和区域性海平面变化的研究指出，受到人为气候变化的影响，冰川融化与海水热膨胀加剧，从而导致全球海平面的持续升高。据此，本节在以往的算法上进行了改进：通过随机动态分析法（陈美香等，2013；左军成等，1997）对验潮站的实测潮位数据进行海平面长期变化的分析和预测，潮位数据减去用随机动态分析法所得到的海平面长期变化的趋势项，再对处理后的潮位数据进行潮汐水位和余水位的分离，最后计算得到设计水位。

由于受到气候与海洋环境的演变等因素的影响，不仅水位数据会有长期变化的趋势项，水位数据分离得到的潮汐水位和余水位的统计特性也有长期变化，但是潮汐水位和余水位统计特征的长期变化相对于海平面的长期变化影响较小，而且几乎没有对这方面的研究，所以本节不考虑这一因素。

假设在一个长时间的时间序列数据里，无倾向性地取出任意一个时刻的水位数据，且该时刻的潮位数据中的潮汐水位和余水位都是随机的，于是可以将潮汐水位和余水位看作随机变量，潮汐水位记为 X，余水位记为 Y，总水位记为 Z，则水位数据 Z 可表示为

$$Z=SL+X+Y \tag{14.1}$$

式中，SL 为用随机动态方法求出的海平面长期变化的部分，是一个确定的值。因此，函数中仅有 X 和 Y 两个随机变量，故二元随机变量 (X, Y) 的联合概率密度函数可以表示为 $f(x, y)$，则 Z 的分布函数可表示为

$$F(z) = \iint\limits_{x+y<z} f(x,y)\,\mathrm{d}x\mathrm{d}y = \int_{-\infty}^{\infty}\left[\int_{-\infty}^{z-x} f(x,y)\mathrm{d}y\right]\mathrm{d}x \tag{14.2}$$

然而，在实际计算时，通常通过条件概率密度函数 $f(y|x)$ 估计联合密度函数：

$$f(x, y) = f(y|x)f'(x) \tag{14.3}$$

式中，$f'(x)$ 为 X 的边际密度函数，可表示为

$$f'(x) = \int_{-\infty}^{\infty} f(x,y)\mathrm{d}y \tag{14.4}$$

Pugh 和 Vassie（1978）认为，$f'(x)$ 可以由连续 19 年的逐时潮高资料进行统计得到。如果 X 和 Y 是互相独立的，则 $f(y|x)$ 与 x 无关，且有

$$f(y|x) = f''(y) = \int_{-\infty}^{\infty} f(x,y)\mathrm{d}x \tag{14.5}$$

式中，$f''(y)$ 为 Y 的边际密度函数。在这种情况下，式（14.2）可简化为

$$F(z) = \int_{-\infty}^{z}\left[\int_{-\infty}^{\infty} f''(t-x)f'(x)\mathrm{d}x\right]\mathrm{d}t \tag{14.6}$$

式（14.6）是 Pugh 和 Vassie（1978）计算方法的出发点，但在实际计算的时候，通常采用的是式（14.2）。

3. 密度函数的求解方法

在实际的计算过程中，各分布函数或者密度函数的解析式很难给出，即使能够用某种方法得到其解析形式，但是一般也得不到像式（14.2）那样的显式解析式，为了解决这一问题，采用了离散化的数值形式来进行表示。

潮位数据中的潮汐水位变化有一定的范围，即存在一个最大值 $x_{\max}$ 和最小值 $x_{\min}$。Pugh 和 Vassie（1978）提出，潮汐水位范围不能仅由实测数据时间序列内的最高和最低的天文潮位决定，而是应该由至少 19 年的潮汐实测值推算决定，由推测得出的最高潮位值和最低潮位值来计算潮汐水位范围。

与潮汐水位不同，风暴潮变幅的选择条件宽松许多，比如在极值分布中可以将风暴潮拟合的曲线无限延长，而风暴潮的变幅则不宜取得过大，原因是过大的风暴潮变幅不仅对计算的结果没有什么影响，而且会增加运算过程中的计算量。因此，本节中风暴潮的变幅取值为 $\pm 10\,\mathrm{m}$。

在数值计算时将潮汐水位和余水位的取值范围划分成若干个小区间，假设潮汐水位分为 J 个等宽的区间，则潮汐水位区间的宽度可以表示为 $\Delta x=(x_{max}-x_{min})/J$，各个区间的中心位置可以写成 x_1，x_2，$\cdots$，x_J，它们分别代表了区间 $\left(x_1-\dfrac{\Delta x}{2},\ x_1+\dfrac{\Delta x}{2}\right)$，$\left(x_2-\dfrac{\Delta x}{2},\ x_2+\dfrac{\Delta x}{2}\right)$，$\cdots$，$\left(x_J-\dfrac{\Delta x}{2},\ x_J+\dfrac{\Delta x}{2}\right)$。按照相同的方法，假设余水位的范围为 $(y_{min},\ y_{max})$，假设余水位分为 K 个等宽的区间，则余水位区间的宽度可以表示为 $\Delta y=(y_{max}-y_{min})/K$，各区间的中心位置可以写成 y_1，y_2，$\cdots$，y_K，它们分别代表了区间 $\left(y_1-\dfrac{\Delta y}{2},\ y_1+\dfrac{\Delta y}{2}\right)$，$\left(y_2-\dfrac{\Delta y}{2},\ y_2+\dfrac{\Delta y}{2}\right)$，$\cdots$，$\left(y_K-\dfrac{\Delta y}{2},\ y_K+\dfrac{\Delta y}{2}\right)$。于是，在 $(x,\ y)$ 平面上，由 $x=x_{min}$、$x=x_{max}$、$y=y_{min}$ 和 $y=y_{max}$ 4 条直线所围成的区域被划分为 $J\times K$ 个子区间。

假设联合概率密度函数为 $f(x,\ y)$，则出现在第 $(j,\ k)$ 个子区间的概率为

$$p_{j,k}=\int_{x_j-\Delta x/2}^{x_j+\Delta x/2}\int_{y_k-\Delta y/2}^{y_k+\Delta y/2}f(x,y)\mathrm{d}y\mathrm{d}x \tag{14.7}$$

如果潮汐水位 $x=x_j$（表示 x 落在区间 $x_j\pm\Delta x/2$ 内），则余水位 y 值出现在区间 $y_k\pm\Delta y/2$ 内的概率 $p_{k|j}$ 为

$$p'_{k|j}=\int_{y_k-\Delta y/2}^{y_k+\Delta y/2}f(y|x_j)\mathrm{d}y \tag{14.8}$$

与前面边际分布相对应，则有

$$p'_j=\sum_{k=1}^{K}p_{j,k},\ \ p''_k=\sum_{j=1}^{J}p_{j,k} \tag{14.9}$$

式中，p'_j 为无论 y 为何值，x 出现在区间 $x_j\pm\Delta x/2$ 内的频率；p''_k 为无论 x 为何值，y 出现在区间 $y_k\pm\Delta y/2$ 内的频率。与式（14.3）对应的离散化关系式可以表示为

$$p_{j,\ k}=p_{k|j}p'_j \tag{14.10}$$

在实际计算时，通常将余水位和潮汐水位的间隔设置成一致，即 $\Delta x=\Delta y$，则此假设总水位 Z 的取值范围分为 I 个区间，可以得到 $I=J+K-1$，其中区间宽度 $\Delta z=\Delta x=\Delta y$。第 1 个子区间中心点的数值可以表示成 $z_1=x_1+y_1$，总水位出现在 $z_1\pm\Delta z/2$ 范围内的概率近似为 $p_{1,\ 1}$。第 i 个子区间中心点的数值为 $z_i=x_1+y_1+(i-1)\Delta z$，则总水位出现在 $z_i\pm\Delta z/2$ 范围内的概率为

$$q_i=\sum_{j+k=i+1}p_{j,k}=\sum_{j=1}^{i}p_{j,i-j+1} \tag{14.11}$$

而 Z 取值大于 $Z_L+\Delta z/2$ 的概率 F_L 为

$$F_L=P\left(Z>Z_L+\frac{\Delta z}{2}\right)=\sum_{j=L+1}^{I}q_i \tag{14.12}$$

如果 Z 的取值很小，则总水位 $Z_L+\Delta z/2$ 所对应的重现期为

$$T_L=1/F_L \tag{14.13}$$

假设认为潮汐水位和余水位相互独立，则说明无论余水位的大小如何变化均可以对

总水位的分布产生影响，换句话说，如果余水位的取值特别大，无论余水位出现在潮汐水位的高值还是潮汐水位的低值，均可以对总水位的极值分布产生影响，这就体现出了传统极值水位算法的一个缺陷，即没有充分地利用好实测的水位数据，若用联合概率法计算极值水位，则可以充分地利用水位数据。假设认为潮汐水位和余水位是相关的，联合概率法的优势便不复存在。

联合概率法计算极值水位的优点是能够充分地利用水位数据、充分考虑余水位在任何潮汐水位条件下的分布，其缺点是计算极值水位的过程中大的增减水水位信息没有得到充分利用。在具体计算过程中又分为两种情况：一种是在潮汐水位小的情况下，出现大值的余水位对总水位的极值分布起不到作用；另一种是在潮汐水位大的情况下，出现很大负值的余水位对总水位的极值分布也起不到作用。为了改善这一算法，使计算的极值水位更符合中国沿海地区的实际情况，需对中国沿海的余水位分布进行研究。

4. 余水位统计特征计算方法

（1）潮汐与余水位分离

基于所得到的水位数据，通过调和分潮表示形式进行分析：

$$x(t) = \sum f_i H_i \cos(\omega_i t + V_i + u_i - g_i) \tag{14.14}$$

式中，t 为时间；i 为分潮；H 和 g 为调和常数——振幅和迟角；ω 为分潮的角速度；f 为交点因子；V 为分潮的初相角；u 为相角的交点订正。

对中国潮位站各年的实测潮位数据进行调和分析，计算出每年的潮汐调和常数。再用调和分析所计算的各年潮汐调和常数分别后报当年的潮位。用中国各验潮站实测的水位数据减去调和分析后报的值便得到相应的余水位，再将实测水位分离成潮汐水位和对应的余水位两部分。

（2）余水位统计特征计算方法

考虑潮汐水位与余水位无关的情况，对中国沿海各站的余水位单独进行统计分析。通过以下公式计算余水位统计特征：

$$平均值：m = \frac{1}{N} \sum_{n=1}^{N} y_n \tag{14.15}$$

$$标准差：\sigma = \mu_2^{1/2} \tag{14.16}$$

$$偏度：s = \mu_3 / \sigma^3 \tag{14.17}$$

$$峰度：k = \frac{\mu_4}{\sigma^4} - 3 \tag{14.18}$$

式中，μ_r 为 r 阶中心矩：

$$\mu_r = \frac{1}{N} \sum_{n=1}^{N} (y_n - m)^r \tag{14.19}$$

式中，y_n 为第 n 个余水位观测值；N 为观测值个数。

接下来考虑余水位与潮汐水位相关的情况，计算中国沿海各验潮站余水位的数字特征分布。首先将中国各验潮站最高和最低的潮汐水位提取出来，并将潮汐水位的范围分成 10 个等距的区间，由于每个潮汐水位都对应一个余水位的值，因此余水位也被分成了 10 个序列，用式（14.15）~式（14.19）来计算 10 个序列对应的余水位统计特征值。

5. 皮尔逊Ⅲ函数计算极值水位方法

假如只运用 14.2 节介绍的密度函数求解方法计算极值水位，得出的结果可能存在一些误差。例如，当考虑潮汐水位与余水位之间的相互影响时，在计算的过程中可能忽略很多有用的水位信息；当不考虑潮汐水位与余水位之间的关系时，所得到的结果可能与实际观测结果大相径庭。为了更好地计算极值水位，必须提出一种可以让余水位的分布能很好地随着潮汐水位的变化而变化的方法。

理想的方法是能够给出余水位的分布函数，然后调整它的参数，使得函数拟合结果符合任意地点任意潮汐条件下的余水位分布情况。本节利用一种复合皮尔逊Ⅲ（以下简称 P-Ⅲ）函数来拟合余水位分布，并将结果与独立联合概率法所得的结果进行比较。

（1）余水位条件分布数字特征的函数拟合

对验潮站余水位的数字特征进行计算后发现，在不同的潮汐条件下余水位分布的数字特征呈现一定的规律性，同时也包含了一定的偶然性。当潮汐水位 X 在极值附近时，余水位分布的数字特征具有明显的偶然性，因为此时的 $f'(x)$ 值很小，所以余水位 Y 的条件数字特征的观测次数很少，计算出的值便存在一定的偶然性，同时也不够稳定。为了消除这种偶然性，本节采用某种函数形式来拟合实测统计值。这种采用函数形式拟合的方法还有一个优点，即能够十分轻易地求出任意潮汐条件下余水位分布的数字特征值。

应用 $q^{(p)}$（$p=1$，2，3，4，…）来代表 m，σ，s，k，…，通过前面叙述的统计过程，很容易得到对应于 $x=x_1$，x_2，…，x_J 的 $q^{\wedge(p)}$，即 $q_1^{(p)}$，$q_2^{(p)}$，…，$q_J^{(p)}$。

对于任意的函数 $q(x)$，都可以用一组正交函数的和表示，如埃尔米特（Hermite）多项式。埃尔米特多项式是以误差函数为权函数而正交的，而潮汐的分布与正态分布类似，但又不完全相同，这种函数允许在区间的两端具有较大的变化率，可能会导致实测统计结果在两端出现偶然因素一致的情况，并没有达到消除偶然因素的目的，而且通过外推（因 x_1 和 $x_{\min}$ 及 x_J 和 $x_{\max}$ 还具有 $\Delta x/2$ 的距离）还会将这些偶然性的因素进一步扩大。为了避免这一缺点，可将其转换成一种余弦级数，令

$$x' = \frac{\pi(x - x_{\min})}{x_{\max} - x_{\min}} \tag{14.20}$$

则 $q^{(p)}$ 定义在区间（0，π）内，用以下函数拟合 $q_j^{(p)}$：

$$\hat{q}^{(p)}(x') = a_0^{(p)} + \sum_{m=1}^{M} a_m^{(p)} \cos(mx') \tag{14.21}$$

式中，要求 $M+1 \leqslant J$。式（14.21）中只引入了余弦函数而没有引入正弦函数，主要的原因是当 $x'=0$ 和 π 时 $\dfrac{d\hat{q}(x')}{dx'}=0$，即要求在 x 分布区域的两端数字特征变化很小，减少出现偶然因素。由实测值得出的矛盾方程组可表示为

$$a_0^{(p)} + \sum_{m=1}^{M} a_m^{(p)} \cos(mx_j') = q_j^{(p)} \quad (j=1, \ 2, \ \cdots, \ J) \tag{14.22}$$

由于在潮汐水位 X 分布区域两端实测余水位数据个数明显偏少,为了减少偶然因素,在确定系数 a_m 时,对式(14.22)加权再求最小二乘解,即满足:

$$\sum_{j=1}^{J} \left\{ W_j \left[a_0^{(p)} + \sum_{m=1}^{M} a_m^{(p)} \cos(mx_j') - q_j^{(p)} \right] \right\}^2 = \min \tag{14.23}$$

式中,权函数 W_j 应当与观测个数 N_j 有关,N_j 越小,W_j 越小。若直接取 W_j 与 N_j 的比值,则 $j=1$ 和 J 附近的实测数字特征所起的作用就太小,因此使用下式对 W_j 进行取值:

$$W_j = \arctan(N_j \times 0.005) \tag{14.24}$$

为了直观,直接把此函数的关系列出,见表 14.2。

表 14.2 权函数与观测个数之间的关系

N	0	10	100	1 000	10 000	∞
W	0	0.04	0.45	1.36	1.55	1.56

由式(14.23)得出的法方程如下:

$$\begin{bmatrix} C_{00} \ C_{01} \cdots C_{0N} \\ C_{10} \ C_{11} \cdots C_{1N} \\ C_{20} \ C_{21} \cdots C_{2N} \\ \vdots \quad \vdots \quad \cdots \quad \vdots \\ C_{M0} \quad C_{M1} \cdots C_{MN} \end{bmatrix} \begin{bmatrix} a_0^{(p)} \\ a_1^{(p)} \\ a_2^{(p)} \\ \vdots \\ a_N^{(p)} \end{bmatrix} = \begin{bmatrix} F_0 \\ F_1 \\ F_2 \\ \vdots \\ F_M \end{bmatrix} \tag{14.25}$$

式中,

$$C_{mn} = \sum_{j=1}^{J} W_j^2 \cos(mx_j') \cos(nx_j') \tag{14.26}$$

$$F_m = \sum_{j=1}^{J} W_j^2 q_j^p \cos(mx_j') \tag{14.27}$$

由法方程可以求得系数 $a_0^{(p)}$,$a_1^{(p)}$,$\cdots$,$a_M^{(p)}$,再代入式(14.21)和式(14.20)就可以求出任意 x 值所对应的 $\hat{q}^{(p)}$ 值。但由于高阶项的准确性很差,因此只取 $M=3$。

(2)复合皮尔逊Ⅲ分布

余水位的分布与正态分布有明显的差异,主要表现在以下两点。

第一点,余水位的偏度不仅有正偏,还具有负偏,当余水位的分布出现负偏时,出现大的负值的可能性就比出现大的正值的可能性大得多,当余水位的分布出现正偏时,出现大的正值的可能性就比出现大的负值的可能性大得多。

第二点,虽然余水位的分布与正态分布差不多,但是余水位的峰度比正态的峰度要大得多。也就是说,在相同标准差的情况下,余水位出现大绝对值的可能性比正态分布出现大绝对值的可能性大。

以上两点表明,像正态分布的密度函数,当 y 增大时 $\exp(-y^2/2)$ 的减小速度太快,不适合用于余水位分布的计算。解决问题的关键是寻找一种既可以是偏态的，同时随着 y 增大而减小的速度又明显低于 $\exp(-y^2/2)$ 函数。P-Ⅲ函数就能满足这两种条件，但是 P-Ⅲ函数也并不完美，仍有一些缺点，如 P-Ⅲ函数的定义域为一端为限，这不符合余水位的分布特征，因此做了一些改进，即取正偏和负偏的 P-Ⅲ函数和来描述余水位分布，将其称为复合 P-Ⅲ函数。

P-Ⅲ函数的分布密度函数由金光炎（1964）提出，表示为

$$f(y) = \begin{cases} A(y-a)^{\alpha-1}\exp[-\beta(y-a)], & y > a \\ 0, & y \leqslant a \end{cases} \tag{14.28}$$

为了保证

$$\int_{-\infty}^{\infty} f(y)\mathrm{d}y = 1 \tag{14.29}$$

A 值应取为

$$A = \beta^\alpha / \Gamma(\alpha) \tag{14.30}$$

式中，Γ 为伽马函数。

由式（14.28）可知，服从 P-Ⅲ分布的随机变量的均值为

$$\bar{y} = \int_a^\infty yf(y)\mathrm{d}y = a + \alpha/\beta \tag{14.31}$$

故中心化随机变量 $Y' = Y - \bar{y}$ 的密度函数为

$$f_1(y') = \begin{cases} A(y'+\alpha/\beta)^{\alpha-1}\exp[-\beta(y'+\alpha/\beta)], & y' > -\alpha/\beta \\ 0, & y' \leqslant -\alpha/\beta \end{cases} \tag{14.32}$$

从而可得

$$\frac{\mathrm{d}f_1(y')}{\mathrm{d}y'} = \frac{(y'+d)f_1(y')}{b_0' + b_1'y'} \tag{14.33}$$

式中，

$$\begin{cases} b_0' = -\alpha/\beta^2 \\ b_1' = -1/\beta \\ d = 1/\beta \end{cases} \tag{14.34}$$

各阶中心矩有下列递推关系（金光炎，1964）：

$$\mu_{n+1} = -nb_0'\mu_{n-1} - [(n+1)b_1'+d]\mu_n = (n/\beta)[(\alpha/\beta)\mu_{n-1}+\mu_n] \tag{14.35}$$

从而各阶中心矩为

$$\begin{cases} \mu_0 = 1 \\ \mu_1 = 0 \\ \mu_2 = \alpha/\beta^2 \\ \mu_3 = 2\alpha/\beta^3 \\ \mu_4 = 3\alpha(\alpha+2)/\beta^4 \\ \mu_5 = 4\alpha/(5\alpha+6)/\beta^5 \\ \vdots \end{cases} \tag{14.36}$$

如果 $\alpha > 0$、$\beta > 0$，则式（14.32）具有正偏性质。

将式（14.32）中的 y' 换成 $-y'$，可以得到以纵坐标轴为对称轴并且与 $f_1(y')$ 相对称的负偏 P-Ⅲ函数：

$$f_2(y') = \begin{cases} A(\alpha/\beta - y')^{\alpha-1}\exp(\beta y' - \alpha), & y' < \alpha/\beta \\ 0, & y' \geqslant \alpha/\beta \end{cases} \tag{14.37}$$

各阶中心矩的递推关系为

$$\mu_{n+1} = (n/\beta)\left[(\alpha/\beta)\mu_{n-1} - \mu_n\right] \tag{14.38}$$

从而各阶中心矩为

$$\begin{cases} \mu_0 = 1 \\ \mu_1 = 0 \\ \mu_2 = \alpha/\beta^2 \\ \mu_3 = -2\alpha/\beta^3 \\ \mu_4 = 3\alpha(\alpha+2)/\beta^4 \\ \mu_5 = -4\alpha/(5\alpha+6)/\beta^5 \\ \vdots \end{cases} \tag{14.39}$$

复合 P-Ⅲ函数可取为

$$f(x) = \begin{cases} A_1(-y+a_1)^{\alpha_1-1}\mathrm{e}^{\beta_1(y-a_1)}, & y < a_2 \\ A_1(-y+a_1)^{\alpha_1-1}\mathrm{e}^{\beta_1(y-a_1)} + A_2(y-a_2)^{\alpha_2-1}\mathrm{e}^{-\beta_2(y-a_2)}, & a_2 \leqslant y < a_1 \\ A_2(y-a_2)^{\alpha_2-1}\mathrm{e}^{-\beta_2(y-a_2)}, & y \geqslant a_1 \end{cases} \tag{14.40}$$

式中，假定 $a_1 > a_2$。为了保证

$$\int_{-\infty}^{\infty} f(y)\mathrm{d}y = 1 \tag{14.41}$$

应满足：

$$A_1\Gamma(\alpha_1)/\beta_1^{\alpha_1} + A_2\Gamma(\alpha_2)/\beta_2^{\alpha_2} = 1 \tag{14.42}$$

式（14.40）中共有 7 个可变独立参数，由于这些参数太多，稳定性较差，实际计算中常要求对正偏和负偏的 P-Ⅲ函数进行中心化：

$$\begin{cases} a_1 = \alpha_1/\beta_1 \\ a_2 = -\alpha_2/\beta_2 \end{cases} \tag{14.43}$$

因此式（14.40）只剩下 5 个独立参数。对式（14.40）进一步施行变换：

$$f(y) = f_1(y) + f_2(y) \tag{14.44}$$

式中，

$$f_1(y) = \begin{cases} A_1(\alpha_1/\beta_1 - y)^{\alpha_1-1}\mathrm{e}^{-\alpha_1+\beta_1 y}, & y < \alpha_1/\beta_1 \\ 0, & y \geqslant \alpha_1/\beta_1 \end{cases} \tag{14.45}$$

$$f_2(y) = \begin{cases} 0, & y < -\alpha_2/\beta_2 \\ A_2(y+\alpha_2/\beta_2)^{\alpha_2-1}\mathrm{e}^{-\alpha_2-\beta_2 y}, & y \geqslant -\alpha_2/\beta_2 \end{cases} \tag{14.46}$$

文中采用中心矩方法确定复合 P- Ⅲ 分布中的各参数：

$$\mu_n^{(i)} = \int_{-\infty}^{\infty} y^n f_i(y) \mathrm{d}y \quad (i=1, 2) \tag{14.47}$$

则 $f(y)$ 的 n 阶中心矩 μ_n 为

$$\mu_n = \int_{-\infty}^{\infty} y^n f(y) \mathrm{d}y = \mu_n^{(1)} + \mu_n^{(2)} \tag{14.48}$$

进一步对式（14.40）作限制，A_1、A_2 分别取为

$$\begin{cases} A_1 = \dfrac{1}{2} \beta_1^{a_1} \Gamma(\alpha_1) \\ A_2 = \dfrac{1}{2} \beta_2^{a_2} \Gamma(\alpha_2) \end{cases} \tag{14.49}$$

从而各阶中心矩为

$$\begin{cases} \mu_0 = 1 \\ \mu_1 = 0 \\ \mu_2 = \dfrac{1}{2}(\alpha_1 / \beta_1^2 + \alpha_2 / \beta_2^2) \\ \mu_3 = -\alpha_1 / \beta_1^2 + \alpha_2 / \beta_2^2 \\ \mu_4 = \dfrac{1}{2}[(3\alpha_1^2 + 6\alpha_1) / \beta_1^4 + (3\alpha_2^2 + 6\alpha_2) / \beta_2^4] \\ \mu_5 = 2[-\alpha_1(5\alpha_1 + 6) / \beta_1^5 + \alpha_2(5\alpha_2 + 6) / \beta_2^5] \end{cases} \tag{14.50}$$

如果随机变量已经标准化，则有

$$\alpha_1 / \beta_1^2 + \alpha_2 / \beta_2^2 = 2 \tag{14.51}$$

引入新变量 λ，令

$$\lambda \equiv (\alpha_2 / \beta_2^2) / (\alpha_1 / \beta_1^2) \tag{14.52}$$

它代表 $f_1(y)$ 和 $f_2(y)$ 在构造方差中所占的相对比重，由与实际分布的比较确定。由式（14.51）和式（14.52）可得

$$\begin{cases} \alpha_1 = 2\beta_1^2 / (1+\lambda) \\ \alpha_2 = 2\lambda\beta_2^2 / (1+\lambda) \end{cases} \tag{14.53}$$

从而有

$$\mu_3 = 2 (-d_1 + \lambda d_2) / (1+\lambda) \tag{14.54}$$

$$\mu_4 = 6\left[\frac{1+\lambda^2}{(1+\lambda)^2} + \frac{1}{1+\lambda}d_1^2 + \frac{\lambda}{1+\lambda}d_2^2 \right] \tag{14.55}$$

式中，

$$d_i = \frac{1}{\beta_i} \quad (i=1, 2) \tag{14.56}$$

从而可得

$$\begin{cases} d_1 = (\lambda c - \mu_3)/2 \\ d_2 = (c + \mu_3)/2 \end{cases} \tag{14.57}$$

式中，

$$c = \left\{ \frac{4}{\lambda} \left[\frac{\mu_4}{6} - \frac{\mu_3^2}{4} - \frac{1+\lambda^2}{(1+\lambda)^2} \right] \right\}^{1/2} \tag{14.58}$$

由此可得存在实数 d 的必要条件为

$$2\mu_4 \geqslant 6 + 3\mu_3^2 \tag{14.59}$$

当 $\mu_3=0$ 时，$\mu_4 \geqslant 3$。再由式（14.56）和式（14.57）可知，必须有 $\mu_4 > 3$。这说明，只有当余水位的峰度大于正态分布的峰度时，复合 P- Ⅲ 型分布才能准确地拟合余水位的分布。当 $\mu_3 \neq 0$ 时，峰度还会更大。

在满足式（14.58）的条件下，可以令

$$\frac{\mu_4}{3} - \frac{\mu_3^2}{2} - 1 = \varepsilon \tag{14.60}$$

若 $\varepsilon \geqslant 1$，则 λ 可取任意正值；若 $1 > \varepsilon > 0$，则 λ 的取值范围为

$$\frac{(1-\varepsilon^{1/2})^2}{1-\varepsilon} < \lambda < \frac{(1+\varepsilon^{1/2})^2}{1-\varepsilon} \tag{14.61}$$

将满足上式的 λ 值代入式（14.53）和式（14.56）～式（14.58），可以得到 α_i 和 β_i。但只有进一步满足：

$$\begin{cases} \alpha_i > 1 \\ \beta_i > 0 \end{cases} \quad (i=1,\ 2) \tag{14.62}$$

得到的解才有意义。所有这些解都满足式（14.50）中前 5 个式子。因此，在选择解时，取由式（14.50）计算得到的 μ_5 与实测值最接近的值作为解。通过三阶至五阶标准化中心矩就确定出了标准化复合 P- Ⅲ 函数 $f(y)$。

由式（14.50）可以得出当潮汐水位 X 等于任一数值 x 时的余水位各阶矩，所以可以通过之前的公式得出此时标准化的余水位的条件密度函数 $f(y|x)$。通过介绍的计算总水位分布的方法，首先用每一年的潮汐调和常数去推算大于 19 年资料的逐时潮汐水位，以每 10 cm 为间隔统计各潮汐水位 x_j 的出现频率 p'_j。当 $x=x_j$ 时，余水位平均值为 m_j，标准差为 σ_j，则余水位出现在 $y_k \pm \Delta y/2$（分析中取 $\Delta y=10$ cm）范围内的频率为

$$p_{k|j} = \int_{(y_k - \Delta y/2 - m_j)/\sigma_j}^{(y_k + \Delta y/2 - m_j)/\sigma_j} f(y|x_j) \mathrm{d}y \approx f\left(\frac{y_k - m_j}{\sigma_j} \Big| x_j \right) \Delta y / \sigma_j \tag{14.63}$$

最后，再由式（14.11）至式（14.13）计算不同水位高度所对应的重现期，也可以通过内插的方法求得不同重现期所对应的极值水位。

6. 海平面上升情景下极值水位及重现期计算方法

本节首先通过调和分析的方法分离水位中的天文高潮与风暴潮，再利用天文高潮、风暴潮资料和 IPCC（2013）（Allen et al.，2014）发布的 RCPs 情景下 2050 年和 2100 年

海平面上升预测值，分析未来气候变化对极值水位的影响。P-Ⅲ模型在极值水位重现期的预测中表现良好，得到了较为广泛的应用（Lombard et al.，2005；Fang et al.，2006；Cheng and Qi，2007；Nerem et al.，2010；Merrifield，2011；Chen et al.，2014；Cheng et al.，2016；Marcos et al.，2019）。本章基于 Wu 等（2017）提出的方法，利用 P-Ⅲ模型对年最高水位进行拟合，然后将天文高潮与风暴潮并存的极值水位定义为当前极值水位（current extreme water level，CEWL），而 RCPs 情景下的极值水位（scenario extreme water level，SEWL）是未来海平面上升（SLR）与 CEWL 的结合：

$$SEWL=CEWL+SLR \tag{14.64}$$

全球海平面上升在空间上是不均匀的，未来海平面上升缺乏一致的区域数据。此外，对不同 RCPs 情景下未来海平面上升的预测是基于 CMIP5 模式预估所得。表 14.3 列出了不同 RCPs 情景（RCP2.6、RCP4.5、RCP6.0 和 RCP8.5）下未来（2050 年和 2100 年）海平面上升的预测值（Shaevitz et al.，2014；Kopp et al.，2014）。

表 14.3　不同 RCPs 情景下未来海平面上升的预测值　　　　　（单位：cm）

情景	2050 年			2100 年		
	低	中	高	低	中	高
RCP2.6	17	24	32	26	40	55
RCP4.5	19	26	33	32	47	63
RCP6.0	18	25	32	33	48	63
RCP8.5	22	30	38	45	63	82

（1）天文高潮

本章采用方国洪等（1993）提出的方法，将潮汐用调和分潮表示（公式 14.14），先计算出每个分潮的潮汐调和常数，再利用潮汐调和常数后报潮位。首先对中国沿岸验潮站各年潮位资料进行调和分析，计算出每一年的潮汐调和常数，参考于宜法等（2010）的方法，本章将分潮设置为 63 个。然后，用调和分析求得的各年潮汐调和常数分别后报当年的潮位。最后，用实测的潮位数据减去调和分析后报的潮汐水位就得到了余水位，实现了将实测水位分离成潮汐水位和对应的余水位两部分。

之所以不用多年的平均潮汐调和常数后报当年的潮位，而是用每年调和分析所得的潮汐调和常数后报当年的潮位，是因为实际情况下各年调和分析所得的潮汐常数都不相同，尤其是在浅水海域受到摩擦非线性产生的浅水分潮的影响，潮汐调和常数的变化很大，而使用当年调和常数后报当年的潮位可以更好地消除潮汐部分。

（2）风暴潮

通过从每个验潮站的观测时间序列数据中减去潮汐分量来计算风暴潮序列。风暴潮的年最大值包括长期观测的极值序列，利用 P-Ⅲ函数拟合风暴潮的概率分布函数 $f(x)$，得到所有观测站的极端风暴潮曲线。因此，$f(x)$ 为

$$f(x)=\frac{\beta^{\alpha}}{\Gamma(\alpha)}(x-\alpha_0)^{\alpha-1}e^{-\beta(x-\alpha_0)} \tag{14.65}$$

式中，α、β 和 α_0 分别为

$$\alpha = \frac{4}{C_s^2} \tag{14.66}$$

$$\beta = \frac{2}{\bar{x} C_v C_s} \tag{14.67}$$

$$\alpha_0 = \bar{x} \left(1 - \frac{2C_v}{C_s} \right) \tag{14.68}$$

其中，

$$C_v = \sqrt{\frac{1}{n-1} \sum_{i=1}^{n} \left(\frac{x_i}{\bar{x}} - 1 \right)^2} \tag{14.69}$$

$$C_s = \frac{\sum_{i=1}^{n} \left(\frac{x_i}{\bar{x}} - 1 \right)^3}{(n-3)C_v^3} \tag{14.70}$$

式中，i 为验潮站观测时间序列数据的长度；α、β 和 α_0 分别为形状参数、尺度参数和位置参数；$\Gamma(\alpha)$ 为伽马函数；C_v、C_s 分别为分散系数和偏态系数，C_s 和 C_v 的比值（C_s/C_v）在每个验潮站都是恒定的。

风暴潮的累积概率分布函数 $F(x)$ 表示为

$$p = p(x \geq x_p) = F(x) = \frac{\beta^\alpha}{\Gamma(\alpha)} \int_{x_p}^{\infty} (x - \alpha_0)^{\alpha-1} e^{-\beta(x-\alpha_0)} dx \tag{14.71}$$

式中，x_p 为特定 p 下的风暴潮极值。

（3）CEWL 和 SEWL 的累积概率分布

极值水位是指风暴潮与天文高潮相遇时的水位。因此，基于每个验潮站的天文高潮通过以下公式计算极值水位：

$$g_p = x_p + t \tag{14.72}$$

$$p = p(x \geq g_p) = F(g) = \frac{\beta^\alpha}{\Gamma(\alpha)} \int_{x_p}^{\infty} (g_p - \alpha_0)^{\alpha-1} e^{-\beta(x-\alpha_0)} dx \tag{14.73}$$

式中，t 为天文高潮的高度；g_p 为 CEWL；$F(g)$ 为 CEWL 的累积概率分布函数。由于不确定气候变化对风暴潮的影响以及气候变化与海平面上升之间的反馈，无法模拟海浪与海平面上升的机制（Little et al.，2015）。因此，在大多数的研究中，假设风暴潮的统计概率不变。本章也使用了类似的方法，这意味着风暴潮的频率和强度在未来都被认为不变（Qiu and Chen，2012；Serafin et al.，2019）。此外，基于 CEWL，将不同 RCPs 情景下的海平面上升叠加在一起计算 SEWL：

$$h_p = g_p + r = x_p + t + r \tag{14.74}$$

$$p = p(x \geq h_p) = F(h) = \frac{\beta^\alpha}{\Gamma(\alpha)} \int_{h_p}^{\infty} (h - \alpha_0)^{\alpha-1} e^{-\beta(x-\alpha_0)} dx \tag{14.75}$$

式中，r 为海平面上升；h_p 为 SEWL；$F(h)$ 为 SEWL 的累积概率分布函数。

（4）重现期的计算

计算极值水位的重现期使用如下公式：

$$T=1/p \tag{14.76}$$

式中，T 为极值水位的重现期。通常来说，极值水位的重现期是沿海港口规划建设风险评估与国防决策的重要指标。

14.3　结果与分析

14.3.1　中国沿海验潮站余水位特征

1. 不考虑不同潮汐条件下中国沿海验潮站的余水位特征

首先考虑潮汐水位与余水位无关的情况，对中国沿海各验潮站的余水位单独进行统计分析。表 14.4 为不考虑不同潮汐条件下中国沿海验潮站的余水位特征。由表 14.4 可以得出以下结论。

表 14.4　不考虑不同潮汐条件下中国沿海验潮站的余水位特征

站点	平均值（cm）	标准差（cm）	偏度	峰度
葫芦岛	−0.001	31.7926	−0.9534	4.8943
秦皇岛	−0.0001	28.442	−1.0344	5.3183
青岛	−0.0029	21.4645	−0.6127	4.4095
连云港	−0.098	23.3003	−0.3057	4.3445
长涂	−0.0014	17.3674	0.0628	3.9127
坎门	0.0002	16.2883	0.3436	4.195
厦门	−0.0241	19.9407	0.5258	4.1303
汕尾	−0.0009	14.668	0.5154	3.889
北海	−0.0017	15.9499	−0.5629	6.0938
东方	0.0004	11.0283	0.2604	4.3

1）从余水位标准差的空间分布来看，呈现自北向南逐渐减小的趋势，同时河口站点的余水位标准差普遍大于开阔海域站点的余水位标准差。造成这种空间分布现象的原因大致有两个：第一个原因是南方的验潮站大多在深海区，北方的验潮站多处于陆架海内部，也就是浅海区，在受到同样风力作用的条件下，浅海区更容易产生更大的增减水，从而导致余水位标准差较大；第二个原因是北方大多受寒潮的影响，而南方大多受台风的影响，寒潮发生的频率大大超过台风发生的频率。

2）从余水位偏度的空间分布来看，南方的港口大多为正偏，而北方的港口大多为负偏。这主要是因为北方港口主要受到寒潮的影响，寒潮常带来较大的减水，而南方港口主要受到台风风暴潮的影响，台风风暴潮常带来较大的增水。

3）从余水位峰度的空间分布来看，渤海、黄海和南海站点的余水位峰度较高，而东海站点的余水位峰度较低，但无论站点在哪一个海区，余水位的峰度都明显高于正态分布的峰度。

2. 考虑不同潮汐条件下中国沿海验潮站的余水位特征

考虑余水位与潮汐水位相关，分别计算中国沿海各验潮站的余水位特征。首先，将中国沿海各验潮站最高和最低的潮汐水位提取出来，并将潮汐水位的范围分成 10 个等距的区间，由于每个潮汐水位都对应一个余水位，因此余水位也被分成了 10 个序列，分别用式（14.15）～式（14.19）计算余水位统计特征。考虑不同潮汐条件下中国沿海各验潮站的余水位特征见表 14.5 ～表 14.14（最后一行"总计"表示不分区间，将所有数据进行计算得到的结果）。

表 14.5　考虑不同潮汐条件下葫芦岛站的余水位特征

潮汐水位（cm）	个数	平均值（cm）	标准差（cm）	偏度	峰度
218	291	1.71477	19.75342	−0.66394	4.39410
175.9	6035	0.91880	32.07556	−1.02177	5.24428
133.8	19531	0.10956	33.76327	−0.95253	4.73740
91.7	26611	−0.40836	32.98896	−0.94751	4.90213
49.6	34133	−0.24498	31.74678	−0.96976	5.11002
7.5	37795	0.10461	31.84557	−1.02687	5.25796
−34.6	38719	0.28291	31.26305	−0.97224	5.02255
−76.6	49176	0.00162	30.82781	−0.90698	4.65843
−118.8	23647	−0.16378	31.67539	−0.85168	4.13605
−160.9	750	−0.4	29.35874	−0.67632	4.21017
总计	236688	−0.001	31.7926	−0.9534	4.8943

表 14.6　考虑不同潮汐条件下秦皇岛站的余水位特征

潮汐水位（cm）	个数	平均值（cm）	标准差（cm）	偏度	峰度
90.6	382	1.64921	13.29742	1.01757	5.46573
69.7	3500	0.34142	22.11198	−1.01473	7.14681
48.8	15312	0.22178	26.76408	−0.95723	5.31517
27.9	38032	−0.21153	28.35967	−0.94556	4.94225
7	56353	−0.17053	28.59243	−1.03694	5.31641
−13.9	38601	0.30222	28.77531	−1.05260	5.22598
−34.8	24018	0.24111	28.83789	−1.09640	5.58915
−55.7	13159	−0.37860	29.09147	−1.10756	5.42276
−76.6	3283	−0.20712	31.65662	−1.13636	5.50930
−97.5	224	2.72767	32.80875	−0.77059	4.02147
总计	192864	−0.0001	28.442	−1.0344	5.3183

表 14.7　考虑不同潮汐条件下青岛站的余水位特征

潮汐水位（cm）	个数	平均值（cm）	标准差（cm）	偏度	峰度
209.1	2004	0.38223	19.89243	−0.47291	4.63906
159.2	17426	−0.18569	21.42380	−0.69100	4.71902
109.3	35443	−0.04991	22.21663	−0.72555	4.47323
59.4	35681	0.04159	22.50157	−0.64911	4.31643
9.5	30987	0.23171	21.62629	−0.61641	4.40892
−40.4	32649	0.07586	21.33876	−0.57479	4.35903
−90.3	32096	−0.28567	20.99112	−0.52054	4.17952
−140.2	22951	−0.12796	20.22658	−0.50134	4.33721
−190.1	8957	0.29306	19.49685	−0.40898	4.41777
−240	950	2.04210	18.09832	−0.61095	3.92751
总计	219144	−0.0029	21.4645	−0.6127	4.4095

表 14.8　考虑不同潮汐条件下连云港站的余水位特征

潮汐水位（cm）	个数	平均值（cm）	标准差（cm）	偏度	峰度
254.4	1906	−0.33158	21.98472	−0.28440	3.91667
159.2	16548	−0.86155	21.84596	−0.53282	4.35511
136	28814	0.17432	23.47296	−0.57099	4.34583
76.8	24218	0.90056	24.46438	−0.47905	4.17622
17.6	20782	−0.24136	24.53734	−0.29189	4.31321
−41.6	22224	−0.88705	23.72912	−0.17490	4.50281
−100.8	26509	−0.51756	22.79738	−0.10639	4.41481
−160	23827	0.21039	22.62369	−0.07505	4.29971
−219.2	9624	0.24823	21.78834	−0.04830	4.18221
−278.4	868	2.21198	20.55075	−0.14478	3.65812
总计	175320	−0.098	23.3003	−0.3057	4.3445

表 14.9　考虑不同潮汐条件下长涂站的余水位特征

潮汐水位（cm）	个数	平均值（cm）	标准差（cm）	偏度	峰度
183.2	1691	0.9965	16.0373	0.1201	4.2619
139.6	14803	−0.0496	16.8478	0.1059	3.924
96	28178	−0.3931	16.3497	0.0795	3.9004
52.4	33248	−0.1435	16.2778	0.0539	4.2136
8.8	29931	0.5702	17.0885	0.0912	4.1951
−34.8	29218	0.5593	17.7262	0.0832	3.8316
−78.4	28864	−0.4226	18.1563	0.0673	3.7248
−122	18245	−0.5308	18.8368	0.0051	3.5921
−165.6	7798	0.182	19.4921	−0.0332	3.287
−209.2	888	1.9009	17.9012	0.1251	3.5147
总计	192864	−0.0014	17.3674	0.0628	3.9127

表 14.10　考虑不同潮汐条件下坎门站的余水位特征

潮汐水位（cm）	个数	平均值（cm）	标准差（cm）	偏度	峰度
291.1	2535	−0.01972	18.22295	0.39160	4.23921
223.2	16136	−0.50675	16.93802	0.48630	5.36279
155.3	27402	0.53247	16.51811	0.30683	3.95712
87.4	26013	0.17625	16.42340	0.27326	4.03323
19.5	21297	−0.56871	16.44976	0.25644	3.79047
−48.4	22646	−0.14444	16.25682	0.26171	3.89684
−116.3	25917	−0.04194	15.99532	0.37941	3.94449
−184.2	21336	0.31224	15.67600	0.44562	4.31102
−252.1	10199	0.07402	15.64180	0.46960	4.94171
−320	1839	−1.01250	14.95227	0.38979	4.29318
总计	175320	0.0002	16.2883	0.3436	4.195

表 14.11　考虑不同潮汐条件下厦门站的余水位特征

潮汐水位（cm）	个数	平均值（cm）	标准差（cm）	偏度	峰度
302.7	3091	−1.57230	18.84098	0.11158	3.41936
236.1	26526	−0.39037	19.03870	0.19186	3.67593
169.5	50793	1.34855	20.12752	0.24745	3.61556
102.9	50461	0.37506	21.74288	0.32067	3.60998
36.3	43672	−2.14615	22.06885	0.51245	3.75471
−30.3	45971	−1.44142	21.02355	0.61531	3.93776
−96.9	58279	0.42965	19.48935	0.78230	4.41463
−163.5	52078	1.54399	17.83895	0.96961	5.40983
−230.1	24892	−0.68122	15.78885	0.92599	5.44590
−296.7	3637	−2.57684	13.73841	0.82252	4.98375
总计	359400	−0.0241	19.9407	0.5258	4.1303

表 14.12　考虑不同潮汐条件下汕尾站的余水位特征

潮汐水位（cm）	个数	平均值（cm）	标准差（cm）	偏度	峰度
102.9	641	1.94695	16.59801	0.50845	2.99396
80.7	5808	−0.28477	15.20113	0.62105	3.58121
58.5	17552	−0.06933	15.52199	0.55750	3.84906
36.3	24633	0.20265	15.01212	0.43018	3.54470
14.1	31913	0.22730	14.65727	0.51285	3.87530
−8.1	38031	−0.12224	14.18392	0.50534	4.11215
−30.3	30238	−0.55764	14.60059	0.50841	3.93674
−52.5	18783	0.197572	14.68834	0.52909	3.83986
−74.7	6859	0.92885	13.55829	0.70879	4.49705
−96.9	862	1.12296	12.43673	0.61174	3.50757
总计	175320	−0.0009	14.668	0.5154	3.889

表 14.13 考虑不同潮汐条件下北海站的余水位特征

潮汐水位（cm）	个数	平均值（cm）	标准差（cm）	偏度	峰度
276.5	708	−5.9661	15.0021	−0.6046	5.2465
221.4	6532	−2.3879	15.5386	−1.1796	8.1965
166.3	15290	−0.0482	16.2677	−0.6715	5.9043
111.2	18154	0.7629	16.5638	−0.5793	6.0224
56.2	21872	0.9567	16.5192	−0.6198	5.9234
1	33675	0.7262	15.8911	−0.5634	6.3272
−54.1	38975	−0.8404	15.9017	−0.4827	6.1081
−109.2	25806	−0.4553	15.5535	−0.4619	5.509
−164.3	12785	0.1373	14.8168	−0.5723	6.0046
−219.4	1523	2.4793	14.2536	0.2196	5.2465
总计	175320	−0.0017	15.9499	−0.5629	6.0938

表 14.14 考虑不同潮汐条件下东方站的余水位特征

潮汐水位（cm）	个数	平均值（cm）	标准差（cm）	偏度	峰度
161.9	895	−2.973184	10.52223	0.06113	3.22706
129.6	6552	−1.208943	10.95658	0.16268	3.52933
97.3	15764	0.006089	11.39199	0.27207	3.57339
65	19163	0.720659	11.595970	0.20195	3.94390
32.7	22812	0.503682	11.463590	0.21719	4.07761
0.4	32338	0.054981	11.049957	0.26596	4.89757
−31.9	34805	−0.441086	11.100861	0.18668	4.00031
−64.2	27183	−0.442776	10.618637	0.38254	4.57379
−96.5	14112	0.545068	9.796068	0.48665	5.66225
−128.8	1696	1.877358	7.896173	0.54818	3.75609
总计	175320	0.0004	11.0283	0.2604	4.3

　　从中国沿海各验潮站的计算可知，余水位的标准差在不同潮汐条件下有所不同。这一特征在北方沿岸的验潮站尤为明显。余水位的偏度也在不同潮汐条件下有所不同，但同一个站点的偏度不会相差太大。北方沿岸验潮站大多负偏，南方沿岸验潮站大多正偏，但也存在例外，造成这种现象的原因主要是统计的数据较少。余水位峰度的变化相对于偏度和标准差更大，但是对于同一个站点来说变化很小。

3. 采用条件分布联合概率方法计算中国沿海验潮站的工程校核水位

　　通过条件分布联合概率方法计算中国沿海各潮位站的极值水位，并给出中国沿海各验潮站考虑余水位和潮汐水位相关和不相关情况下的校核水位与设计水位，重现期取100年，基准为1985国家高程基准，见表14.15。

表 14.15　中国沿海验潮站工程水位　　　　（单位：cm）

验潮站	设计水位	相关时校核水位	无关时校核水位
葫芦岛	215.1	280.8	314.6
秦皇岛	102.3	175.9	214.9
青岛	213.4	305.0	293.6
连云港	257.8	344.0	381.1
长涂	185.8	293.6	268.5
坎门	295.8	436.0	393.3
厦门	295.8	379.8	406.1
汕尾	108.2	187.0	176.6
北海	236.4	363.0	352.4
东方	152.5	210.5	224.5

14.3.2　中国沿海港口极值水位重现期变化

1. 中国沿岸天文高潮

基于 14.2 节有关天文高潮的处理方法，采用 1985 国家高程基准，对搜集的验潮站资料进行处理，得到中国沿海 10 个验潮站的天文高潮，见图 14.2。

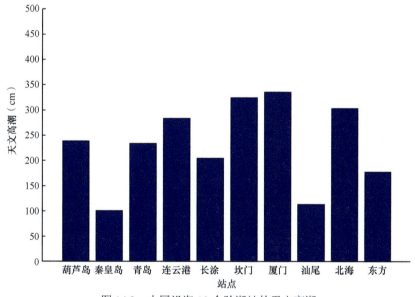

图 14.2　中国沿海 10 个验潮站的天文高潮

由图 14.2 可知，不同区域海水受到的天体引潮力不同，天文高潮也不同，中国沿海验潮站的天文高潮为 94 ～ 336 cm，平均值为 232 cm，其中厦门站的天文高潮最大，秦皇岛站的天文高潮最小。

2. 中国沿岸风暴潮的累积概率分布

风暴潮的累积概率分布曲线是利用长期观测记录通过 P-Ⅲ模型拟合获得（图 14.3）。

结果表明，所采用的站点之间的累积概率分布曲线存在明显差异。其中，连云港站的极端风暴潮最大，东方站的极端风暴潮最小，而在整个中国沿海，当 p=99.9% 时，所有站点的风暴潮位 40～90 cm，当 p=0.1% 时，所有站点的风暴潮为 150～265 cm。因此，通过累积概率分布曲线，可以获得极端风暴潮的重现期（表 14.16）。

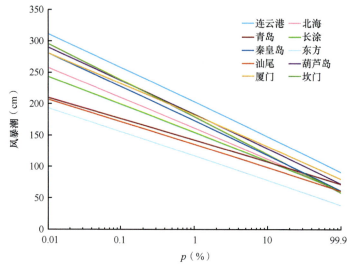

图 14.3　中国沿海 10 个验潮站的风暴潮累积概率分布曲线

表 14.16　代表性重现期的风暴潮极值 （单位：cm）

站点	重现期				
	1000 年	100 年	30 年	20 年	10 年
葫芦岛	237	183	158	146	129
秦皇岛	227	172	147	134	118
青岛	176	142	125	118	107
连云港	257	202	176	164	147
长涂	198	153	132	121	108
坎门	237	178	150	137	119
厦门	230	181	157	146	131
汕尾	171	135	117	109	98
北海	209	160	137	126	112
东方	155	116	98	89	78

当重现期为 100 年时，风暴潮为 116～202 cm。Serafin 等（2019）指出，沿海水位由确定性（如潮汐）和随机性（如波浪、风暴潮和海平面异常）过程共同驱动。每个过程对水位的贡献取决于气候和地质的区域差异，以及海滩形态、海岸方向和大陆架水深的局部尺度变化。中国沿海海岸线较长，选取的 10 个验潮站的地理环境有差异，受到不同的水文与气象环境因素影响，因此各个验潮站的风暴潮极值不同，在 10 年至 1000 年的重现期间，连云港站的风暴潮极值序列介于 147 cm 和 257 cm 之间，汕尾站的风暴潮

极值序列介于 98 cm 和 171 cm 之间。

3. CEWL 和 SEWL 的累积概率分布

使用上述方法，通过将风暴潮的最大值与来自每个验潮站的天文高潮相结合，对 CEWL 曲线进行修正（图 14.4）。结果表明，与表 14.16 中的风暴潮极值相比，所有 CEWL 极值均增加。然而，当风暴潮与不同的天文高潮耦合时，所有验潮站的相对上升趋势是不同的，总体而言，坎门站与厦门站的 CEWL 序列是最高的，范围为 420 ~ 625 cm（0.01% ≤ p ≤ 99.9%）。在坎门站，当 p = 0.1% 时，即 T = 1000 年，极值水位为 570 cm。坎门站与厦门站之间 CEWL 曲线的交点估计为 p = 0.02%，即 T = 5000 年，汕尾站和秦皇岛站的 CEWL 序列最低，范围位 165 ~ 390 cm（0.01% ≤ p ≤ 99.9%）。

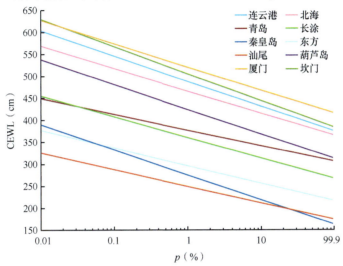

图 14.4　中国沿海 10 个验潮站 CEWL 的累积概率分布曲线

对于每个验潮站，通过将不同 RCPs 情景下的海平面上升叠加到 CEWL 曲线上来构建 SEWL 曲线，使用这种方法，两组曲线之间的趋势是一致的。分别以具有最低和最高 SEWL 序列的汕尾站和坎门站为例，通过在 4 个 RCPs 情景下（每个 RCP 情景分为高、中、低 3 个级别）预测的 2050 年和 2100 年的 SEWL 曲线来说明海平面上升对极值水位的影响，为了证明与 SEWL 的差异，图 14.5 还给出了 CEWL 曲线。结果表明，海平面上升导致 SEWL 高于 CEWL。4 种 RCPs 情景相比，RCP2.6 的 SEWL 最低，其次是 RCP4.5 和 RCP6.0 的 SEWL，RCP8.5 的 SEWL 最高。此外，每个 RCPs 的 SEWL 序列 3 个级别的曲线由高到低分别为高、中、低。由于 21 世纪持续的气候变化，2100 年的 SEWL 序列显著高于 2050 年的 SEWL 序列。通过使用单一的 SEWL 曲线，可以估算出极值水位与其相应的重现期。为了说明这一点，以汕尾站为例，RCP4.5 情景下 2050 年的 SEWL 范围为 208.2 ~ 359.3 cm，到 2100 年 SEWL 的范围为 238.2 ~ 389.4 cm。同样，在 RCP8.5 情景下，2050 年的 SEWL 范围增加到了 212.3 ~ 363.3 cm，2100 年的 SEWL 范围增加到了 257.3 ~ 408.4 cm。

a. 坎门站

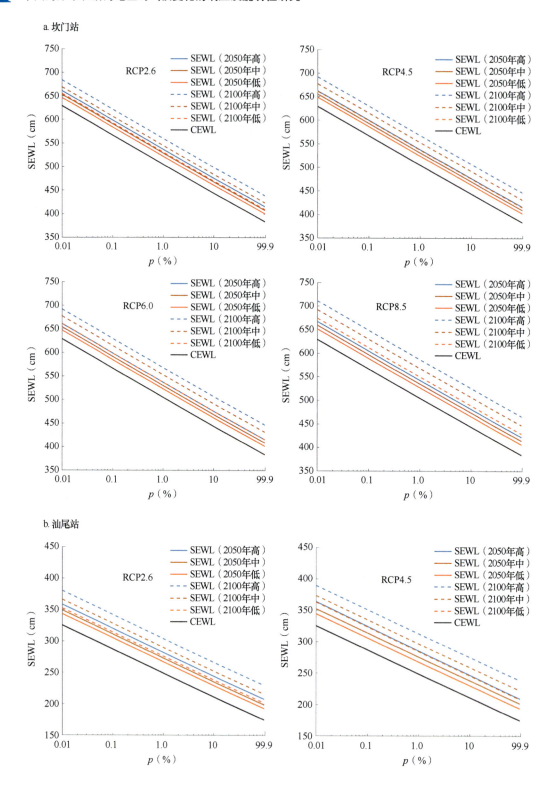

b. 汕尾站

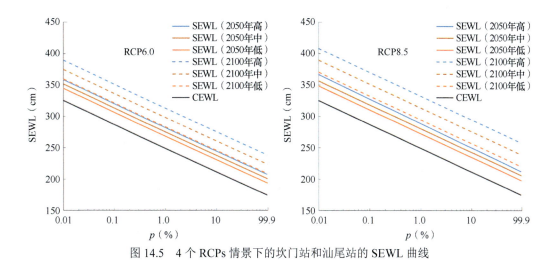

图 14.5　4 个 RCPs 情景下的坎门站和汕尾站的 SEWL 曲线

4. 海平面变化下重现期的变化

考虑到全球变暖对海平面上升的影响，应重新评估极值水位的重现期。因此，通过分析从 CEWL 到 SEWL 的变化中重现期的变化，得到在代表性 CEWL 重现期 SEWL 的平均重现期，如表 14.17 所示。

表 14.17　SEWL 的平均重现期

CT（年）		ST（年）											
		2.6L	2.6M	2.6H	4.5L	4.5M	4.5H	6.0L	6.0M	6.0H	8.5L	8.5M	8.5H
2050 年	1000	466	328	224	399	298	217	428	312	224	361	250	172
	500	223	163	112	199	148	108	214	155	112	180	125	86
	200	89	65	44	79	59	43	85	62	44	72	50	34
	100	44	32	22	40	29	21	42	31	22	36	25	17
	50	22	16	11	20	15	11	21	15	11	18	12	8
2100 年	1000	293	159	81	224	115	56	219	110	56	126	56	25
	500	146	79	40	112	57	28	109	55	28	63	28	12
	200	58	31	16	44	23	11	43	22	11	25	11	5
	100	29	16	8	22	11	5	22	11	5	12	5	2
	50	15	8	4	11	6	3	11	5	3	6	3	1

注：表中 CT 和 ST 分别代表 CEWL 和 SEWL 的重现期；L、M 和 H 分别代表每个场景的低、中和高水平；前面的数字指具体的 RCPs 场景。

随着海平面的上升，SEWL 的重现期相比于 CEWL 会显著缩短，2100 年的缩短趋势比 2050 年更为显著。例如，在 RCP8.5 情景（高水平）下，CEWL 重现期为 50 年的水位在 2050 年将变为 8 年一次，到 2100 年将会变为 1 年一次；CEWL 重现期为 100 年的水位在 2050 年将变为 17 年一次，到 2100 年将会变为 2 年一次；CEWL 重现期为 1000 年的水位在 2050 年将变为 172 年一次，到 2100 年将会变为 25 年一次。事实上，如表 14.17 所示，其他 RCPs 情景下不同级别 SEWL 的重现期也将显著缩短，这意味着随着海平面上升，重现期较长的极值水位将会更加频繁地发生。

14.3.3　海平面上升对中国港口建设的影响、风险及应对措施

随着海平面的上升，在 RCP2.6、RCP4.5、RCP6.0、RCP8.5 4 个情景下，沿海地区极值水位重现期明显缩短，中国部分沿海地区原本的工程设计水位无法抵御未来周期内出现的极端水位。部分港口对激流浪的抵抗能力大幅度减弱。如不考虑不同气候情景下水位上升这一影响因素，沿海海堤、港口将难以承受未来可能发生的极值水位事件。

1. 港口工程设计水位

IPCC WG Ⅱ 的 AR5 指出，如果不采取相关的适应措施，即使是在较低的海平面上升情景下（RCP2.6），到 21 世纪末沿海地区的洪水灾害损失风险也将增加 2～3 个等级，达到灾难性等级（很高信度），到 21 世纪末在海平面上升 25～123 cm 的情景下，全球每年将有 0.2%～4.6% 的人口受到海水淹没的影响，预计年度损失占全球生产总值的 0.3%～9.3%（Hinkel et al.，2014）。

海平面上升导致极值水位重现期缩短，现有的港口工程基准面也应随之进行调整。按照现在的工程基准面所建立的港口基础设施（如防波堤、码头等），在面对未来极值水位事件的考验时有被吞并的风险，难以保证港口工程的安全性和稳定性。因此，未来在设计港口工程水位时，应考虑海平面上升这一因素。

在未来海平面上升情景下，沿海地区风暴潮灾害将会更加频繁地发生，洪水灾害损失也将增加 2～3 个等级，即使是在 CO_2 最低浓度排放情景下，海平面上升也有 17 cm。以连云港区为例，该验潮站的设计水位为 257.8 cm，该港区堤顶高程为 394 cm（1985 国家高程基准）。在 10 年至 1000 年的重现期间，连云港站的风暴潮极值序列介于 147 cm 和 257 cm 之间；当重现期取 100 年时，该站风暴潮极值高达 202 cm，考虑余水位和潮汐水位相关和不相关情况下的校核水位分别为 344 cm、381.1 cm。在海平面上升情景下，该港区原本的设计水位和防洪标准将难以应对未来极值水位重现期缩短的严峻情况。建议将该港区的海堤工程防潮（洪）标准提升 1～2 个等级，海堤工程级别也应相对地提升 1～2 个等级。

2. 洪涝与侵蚀

中国沿海港区地势一般较为低平且受季风气候的影响，风暴潮及强台风事件频发，极大增加了沿海港口被淹没及海岸侵蚀的风险，这对于港口设施未来的承灾压力也是极大的考验。沿海地区人口密集、经济发达，一旦溃堤，造成的社会和经济损失将难以估量。在海平面上升的作用下，海水对港口及海岸的侵蚀作用加强，使部分港口不再适合配套设施建设，为港口的开发及治理带来了新的问题。

中国沿海地区的地面高程普遍较低，大部分仅为 2～3 m（1985 国家高程基准），如位于长江三角洲的上海市，地面平均高程仅 1.5～2.0 m，其中最低处仅 0.7 m 上下（窦正国，1991）。仅凭城市的防洪工程设施保护，难以抵御海平面上升及风暴潮加剧带来的影响，加之城市重要规划区的选址高程也相对较低（如浦东新区等），给城市的防洪工程增加了很大的压力，严重威胁人民的生命及财产安全。在未来对沿海港区的防洪工程的

规划设计中，应相应地提高防洪标准，加高建筑及工程基面等。

风暴潮对海岸侵蚀的作用十分严重，一次台风风暴潮对海岸的影响甚至超过一般潮汛期整个汛期的影响。例如，厦门市附近风化严重的花岗岩海岸，正常年份平均后退速率仅为 0.8 ～ 1.0 m/a，而一次台风风暴潮可导致海岸线后退 2 m 以上（季子修等，1989）；如岚山头港 1970 年建成 700 m 长垂直于海岸的突堤式码头，至 1974 年堤南侧的高滩因侵蚀而全部消失，低潮位线已后退 100 m，侵蚀范围现已扩大到苏鲁接壤的绣针河口；青岛汇泉浴场东部突堤的兴建导致优质沙滩不断被侵蚀，直接威胁浴场的营运（杨桂山，2001）。因此，加强沿海港区的海岸带侵蚀治理与修复是很有必要的。

3. 港区建设规划

海平面上升和地面沉降已经导致部分沿海地区地面高程与平均海平面持平，甚至低于平均海平面，对港口有淹没的风险。此外，海平面上升会导致各种海洋灾害，并且风暴潮、台风浪、洪涝等极端事件的叠加发生可造成重大海洋灾害。为此，在新建沿海港区的规划建设中，首先应重视海平面上升和地面沉降的叠加影响，提升工程基准面尤其是港口码头基准面，以提高港口防潮防波的能力及适应性。其次，加强海洋灾害的监测和预测，提升港口及附近海域海洋环境要素的监测和预测的能力，以提高应对极端海洋灾害的预警预测能力。最后，有必要对现有尤其是重要港区的工程设计水位进行复核和检验，并加高加固海岸防护工程；对原本不需要防护的岸线也要考虑是否建设新的防护工程，以提高港区的防御等级和安全性。

14.4　结　　语

本章基于中国沿海验潮站数据，计算了中国沿海验潮站的余水位特征，考虑了潮汐与余水位相互独立和相互影响两种情况，最后得到了中国沿海验潮站的设计水位与校核水位（重现期为 100 年）。基于海平面上升情景下中国沿海验潮站极值水位的计算方法，将未来的海平面上升与当前极值水位相结合，通过 P-III 模型重新计算极值水位和重现期，研究当前极值水位与 RCPs 情景下极值水位重现期的变化。最后，分析了海平面上升对港口建设的影响和风险，并提出应对措施，主要结论如下。

1）当潮汐与余水位无关时，中国沿海验潮站余水位呈现自北向南逐渐减小的趋势，河口站点余水位的标准差普遍大于开阔海域站点余水位的标准差。南方港口余水位的偏度大多为正，而北方港口余水位的偏度大多为负。渤海、黄海和南海站点余水位的峰度较高，而东海站点余水位的峰度较低，但无论站点在哪一个海区，余水位的峰度都明显高于正态分布的峰度。

2）当潮汐与余水位相关时，中国沿海各验潮站余水位的标准差在不同潮汐条件下有所不同，北方沿岸的验潮站尤为明显。余水位的偏度在不同潮汐条件下也有所不同，但同一个站点的偏度不会相差太大。北方沿岸验潮站余水位的偏度大多为负，南方沿岸验潮站余水位的偏度则大多为正偏。余水位峰度的变化相对于偏度和标准差更大，但是对于同一个站点来说变化很小。

3）海平面的上升使得极端水位的重现期明显缩短。其中，RCP8.5 情景（高水平）

下重现期的缩短情况最为显著，正常情景下的 100 年一遇的极值水位将在 2050 年缩短为 17 年一遇，到 2100 年则缩短为 2 年一遇。基于 RCP8.5 情景（高水平）下的预测结果，即使是目前概率很低的当前极值水位 1000 年一遇事件，到 2050 年也将缩短为 172 年一遇。因此，极值水位重现期的显著缩短将使得沿海地区港口工程的风险显著增加。

4）在未来海平面上升情景下，中国沿海港口原本的设计水位和防洪标准将难以应对未来极值水位重现期缩短的严峻情况。以连云港站为例，其设计水位为 257.8 cm，堤顶高程为 394 cm（1985 国家高程基准）。在 10 年至 1000 年的重现期间，连云港站的风暴潮极值序列介于 147 cm 和 257 cm 之间；当重现期取 100 年时，该站风暴潮极值高达 202 cm，考虑余水位和潮汐水位相关和不相关情况下的校核水位分别为 344 cm 和 381.1 cm。在海平面上升背景下，该港区原本的设计水位和防洪标准将难以应对未来极值水位重现期缩短的严峻情况。建议将该港区的海堤工程防潮（洪）标准提升 1 ～ 2 个等级，海堤工程级别也应相对地提升 1 ～ 2 个等级。

5）未来的港口建设应首先重视海平面上升和地面沉降的叠加影响，将工程基准面尤其是港口码头基准面予以提升，以提高港口的防潮防波能力及适应性。对已有的港区，有必要对现有的工程设计水位进行复核和检验，提升已有海岸防护工程的防御等级，并建设新的防护工程，以提高港区的防御等级和安全性。港口建设规划还应加强海洋灾害的监测和预测，以提升港口应对极端海洋灾害的能力。

参 考 文 献

陈美香，白如冰，左军成，等 . 2013. 我国沿海海平面变化预测方法探究 . 海洋环境科学，32(3): 451-455.

丁文兰，刘凤树 . 1987. 渤海台风暴潮的数值模拟以及黄河口附近台风暴潮的数值估算 . 海洋与湖沼，18(5): 481-490.

窦正国 . 1991. 上海城市防洪综述 . 人民长江，22(8): 14-17.

方国洪，王骥，贾绍德，等 . 1993. 海洋工程中极值水位估计的一种条件分布联合概率方法 . 海洋科学集刊，(1): 1-30.

季子修，蒋自巽，朱季文，等 . 1989. 厦门地区海岸特征及海涂利用 //《中国科学院南京地理研究所集刊》编辑部 . 中国科学院南京地理与湖泊研究所集刊 第 6 号 . 北京：科学出版社：94-107.

金光炎 . 1964. 水文统计的原理与方法 . 北京：中国工业出版社：79-85.

杨桂山 . 2001. 中国海岸环境变化及其区域响应 . 南京：中国科学院研究生院 (南京地理与湖泊研究所) 博士学位论文 .

于宜法，刘兰，郭明克，等 . 2010. 海平面变化和调和常数不稳定性对一些工程设计参数的影响 . 中国海洋大学学报 (自然科学版)，40(6): 27-35.

于宜法，俞聿修 . 2003. 海平面长期变化对推算多年一遇极值水位的影响 . 海洋学报，25(3): 1-7.

中交第一航务工程勘察设计院有限公司 . 2015. 港口与航道水文规范 (JTS 145—2015). 北京：人民交通出版社 .

左军成，陈宗镛，戚建华 . 1997. 太平洋海域海平面变化的灰色系统分析 . 青岛海洋大学学报 (自然科学版)，(2): 138-144.

Allen S K, Plattner G K, Nauels A, et al. 2014. Climate Change 2013: The Physical Science Basis. An Overview of the Working Group I Contribution to the Fifth Assessment Report of the Intergovernmental Panel on Climate Change (IPCC). Vienna: EGU General Assembly Conference.

Chen Y M, Huang W R, Xu S D. 2014. Frequency analysis of extreme water levels affected by sea-level rise in east and southeast coasts of China. Journal of Coastal Research, 68(sp1): 105-112.

Cheng X H, Qi Y Q. 2007. Trends of sea level variations in the South China Sea from merged altimetry data. Global and Planetary Change, 57(3-4): 371-382.

Cheng X H, Xie S P, Du Y, et al. 2016. Interannual-to-decadal variability and trends of sea level in the South China Sea. Climate Dynamics, 46(9-10): 3113-3126.

Fang G H, Chen H Y, Wei Z X, et al. 2006. Trends and interannual variability of the South China Sea surface winds, surface height, and surface temperature in the recent decade. Journal of Geophysical Research Oceans, 111: C11S16.

Hinkel J, Lincke D, Vafeidis A T, et al. 2014. Coastal flood damage and adaptation costs under 21st century sea-level rise. Proceedings of the National Academy of Sciences of the United States of America, 111(9): 3292-3297.

IPCC. 2019. Summary for policymakers//Pörtner H O, Roberts D C, Masson-Delmotte V, et al. IPCC Special Report on the Ocean and Cryosphere in a Changing Climate. Cambridge: Cambridge University Press.

IPCC. 2022. Climate Change 2022: Impacts, Adaptation, and Vulnerability. Contribution of Working Group Ⅱ to the Sixth Assessment Report of the Intergovernmental Panel on Climate Change. Cambridge, New York: Cambridge University Press.

Kopp R E, Horton R M, Little C M, et al. 2014. Probabilistic 21st and 22nd century sea-level projections at a global network of tide-gauge sites. Earth's Future, 2(8): 383-406.

Little C M, Horton R M, Kopp R E, et al. 2015. Joint projections of US East Coast Sea level and storm surge. Nature Climate Change, 5(12): 1114-1120.

Lombard A, Cazenave A, DoMinh K, et al. 2005. Thermosteric sea level rise for the past 50 years; comparison with tide gauges and inference on water mass contribution. Global and Planetary Change, 48(4): 303-312.

Marcos M, Rohmer J, Vousdoukas M I, et al. 2019. Increased extreme coastal water levels due to the combined action of storm surges and wind waves. Geophysical Research Letters, 46(8): 4356-4364.

Merrifield M A. 2011. A shift in Western Tropical Pacific sea level trends during the 1990s. Journal of Climate, 24(15): 4126-4138.

Nerem R S, Chambers D P, Choe C, et al. 2010. Estimating mean sea level change from the TOPEX and Jason altimeter missions. Marine Geodesy, 33(sup1): 435-446.

Ofipcc W G I. 2013. Climate change 2013: The physical science basis. Contribution of Working, 43(22): 866-871.

Pugh D T, Vassie J M. 1978. Extreme sea levels from tide and surge probability. Coastal Engineering: 911-930.

Qiu B, Chen S M. 2012. Multidecadal sea level and gyre circulation variability in the northwestern tropical Pacific Ocean. Journal of Physical Oceanography, 42(1): 193-206.

Santamaria-Aguilar S, Vafeidis A T. 2018. Are extreme skew surges independent of high water levels in a mixed semidiurnal tidal regime? Journal of Geophysical Research: Oceans, 123(12): 8877-8886.

Serafin K A, Ruggiero P, Barnard P L. 2019. The influence of shelf bathymetry and beach topography on extreme total water levels: linking large-scale changes of the wave climate to local coastal hazards. Coastal Engineering, 150: 1-17.

Shaevitz D A, Camargo S J, Sobel A H, et al. 2014. Characteristics of tropical cyclones in high-resolution models in the present climate. Journal of Advances in Modeling Earth Systems, 6(4): 1154-1172.

Wu S H, Feng A Q, Gao J B, et al. 2017. Shortening the recurrence periods of extreme water levels under future sea-level rise. Stochastic Environmental Research and Risk Assessment, 31(10): 2573-2584.

Zuo J C, Yu Y F, Bao X W, et al. 2001. Effect of sea level variation on calculation of design water level. China Ocean Engineering, 15(3): 383-394.

第 15 章

影响、风险和适应综合评估

15.1 引　言

自工业革命以来，地球气候系统正在经历显著变暖的变化过程，并对海岸带和沿海地区自然和社会系统产生了明显的影响。其中，沿海地区温度的升高和海平面的上升，以及极端高温热浪、极端降水、强或超强台风等极端事件的增加尤其显著。这些气候因子的致灾危害性正在增加变强。近几十年来，由于沿海地区经济的快速发展，海岸带和沿海地区的人类开发活动不断增强，自然和社会系统的暴露度和脆弱性呈现增加的态势，气候致灾因子与自然和社会系统暴露度和脆弱性的相互作用，将导致未来海岸带和沿海地区的自然和社会系统面临重大气候风险，沿海地区经济社会的可持续发展也因此受到严重威胁。

研究揭示，中国沿海海平面的持续上升叠加台风风暴潮对红树林、盐沼和海草床等典型生境及沿海地区经济社会的发展产生了明显影响及严重威胁，而海洋的快速升温和频繁的海洋热浪等极端事件不时对海洋生物和海水养殖业等造成灾难性的影响，包括暖水珊瑚礁的严重白化、死亡，渔业资源退化和海水养殖业重大损失。与此同时，沿海地区的围填海、污染物排放和过度捕捞等人类活动增加了海岸带和沿海地区自然和社会系统的暴露度、脆弱性和灾害程度。气候变化叠加人类活动加剧了海岸带红树林、盐沼、海草床、珊瑚礁和河口生态系统的退化，以及重要海洋渔业资源的衰退，如渔业经济种类的低龄化和小型化等。

预估显示，在不同气候情景（RCP2.6、RCP4.5 和 RCP8.5）下，未来中国海岸带和沿海地区将受到更强烈的气候变暖、高温热浪、海平面上升以及更频繁的强台风等的综合影响，自然系统和沿海地区经济社会将面临更多的综合风险。到 21 世纪中叶，南海暖水珊瑚礁的衰退、长江河口及邻近海域赤潮的暴发以及沿海地区陆域植被生态系统面临突破气候临界点的风险。到 21 世纪末，中国近海的海水温度和海平面还将有大幅度的上升，并很可能成为全球海洋变化最为显著的区域之一。沿海许多地区当前 100 年一遇的极值水位（极端海面）事件将变为几年一遇，甚至低于 1 年一遇（RCP8.5），沿海地区经济社会如上海市、广州市和天津市将面临更严重的海岸洪水灾害风险（蔡榕硕和许炜宏，2022）。简而言之，在全球气候持续变暖的背景下，未来中国海岸带和沿海地区自然和社会系统面临的气候变化综合风险将显著增加，亟须深入探索海岸带和沿海地区自然生态系统的保护和经济社会应对气候变化的防灾减灾规划及适应策略措施。为此，本章旨在回顾并综述本书中有关气候变化对中国海岸带和沿海地区自然和社会系统的影响、风险和适应性评估结果。首先，总结中国海岸带和沿海地区主要气候致灾因子危害性的变化；其次，回顾本书中有关自然和社会系统承灾体对气候变化的响应及脆弱性，特别是气候变化对承灾体的主要不利影响与综合风险；再次，分析海岸带和沿海地区自然和社会系统适应气候变化亟须采取的前瞻性与变革性的海洋气候行动，包括有针对性的气候韧性适应对策措施或创新性的生态保护与修复对策；最后，探讨今后需进一步深入研究的若干科学与技术问题。

15.2　气候变化危害性基本特征

15.2.1　温度变化

IPCC 评估报告指出，相对于工业革命初期（1850～1900 年），全球表面温度在 2011～2020 年平均上升了 1.09℃（0.95～1.20℃），其中陆地表面温度平均上升了 1.59℃（1.34～1.83℃），SST 平均上升了 0.88℃（0.68～1.01℃）；过去的半个世纪中，每一个 10 年都比前一个 10 年更暖（IPCC，2021）。虽然地球表面（包括全球陆地和海洋表面）的升温变暖是确定的，但是不同区域的温度上升速率和幅度在时间和空间尺度上有很大的差异，并且全球和区域海水温度的快速上升还导致海洋热浪的发生频率、范围和强度显著增加，海洋热浪已经变得更频繁、范围更广、强度更大、持续时间更久（IPCC，2019，2021）。

中国海岸带和沿海地区位于东亚季风区，自北向南跨越了温带、亚热带和热带，相邻海域包括暖温带的渤海和黄海、亚热带的东海、南海北部陆架以及热带的南海大部，其海洋气候变化具有显著的全球变化背景下的区域性特征。例如，近几十年来，中国海岸带和沿海地区地表温度变化趋势基本与全球地表温度变化趋势一致，但处在更为快速的升温变化之中，呈现显著的年代际增温态势以及明显的区域性特征。研究显示，1965～2017 年，中国沿海年平均气温和 SST 分别以每 10 年 0.30℃ 和 0.15℃ 的速率上升（高于全球平均 SST 的上升速率每 10 年 0.11℃）（李琰等，2018）。研究还揭示，1960～2022 年中国近海年平均 SST 上升了（1.02±0.19）℃，其中东中国海年平均 SST 上升了（1.45±0.32）℃，冬季 SST 的上升尤为突出，上升了近 2℃（蔡榕硕和谭红建，2024），见图 15.1。

在全球变暖的背景下，1982～2016 年全球海洋热浪发生的频次增加了近 1 倍，其中高强度海洋热浪的发生频率增加了 20 倍，并且未来随着全球持续变暖，海洋热浪的频率和强度很可能会进一步增加（Frölicher et al.，2018；Oliver et al.，2019）。1982～2022 年，中国近海海洋热浪的发生频率显著增加，且持续时间也更长、范围更广、强度更大。南海北部和东海大部分海区海洋热浪发生的天数和强度平均每 10 年增加 20～30 d 和 1℃，这与最近 40 年来全球表面温度几乎每 10 年就增加一个层次的变化基本一致。2010～2019 年，东中国海、南海 5～9 月海洋热浪平均发生频率百分比分别为 20.0% 和 36.2%，分别是 1982～1989 年（1.0% 和 7.8%）的 20 倍和 4 倍多，见图 15.2。

此外，世界气象组织（WMO）发布的《2022 年全球气候状况》（*State of the Global Climate* 2022）报告指出，2015～2022 年是有记录以来最暖的 8 年。研究也表明，2015～2022 年中国海洋热浪的发生进入了一个高发期，年均发生频率超过 50 d/a。2016～2022

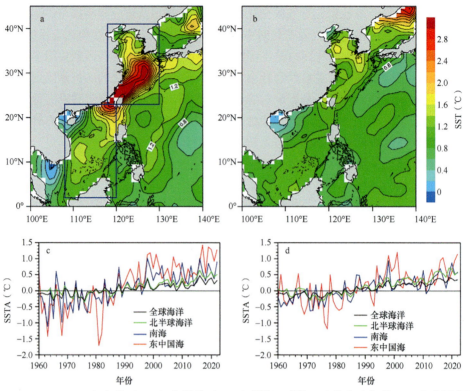

图 15.1　1960～2022 年冬季（a、c）和夏季（b、d）渤海、黄海、东海和南海的 SST 上升幅度及距平时间序列（相对于 1971～2000 年气候态平均值）（蔡榕硕和谭红建，2024）

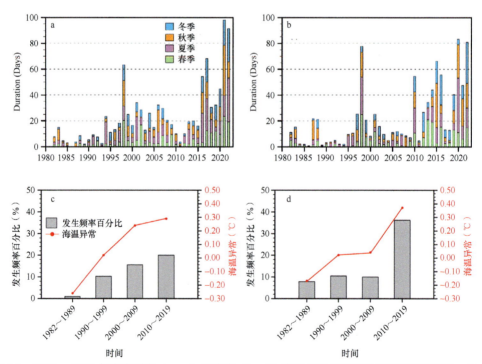

图 15.2　1982～2022 年东中国海（a，c）和南海（b，d）海洋热浪持续天数的四季长期变化、5～9月海洋热浪年代际发生频率百分比（%）以及海温异常（相对于 1982～2011）变化（c，d）（蔡榕硕和谭红建，2024）

年东中国海海洋热浪年均发生频率超过 50 d/a，2020～2022 年东中国海夏季海洋热浪年均发生频率更是激增至 20 d/a。到 21 世纪末，当前东中国海暴发的极端海洋热浪事件重现期可能缩短至几年一遇。类似地，南海海洋热浪也将进入一个连续的高发期。换言之，当前偶发的海洋热浪事件在未来可能成为常态，这将给大多数的海洋生物和生态系统带来灾难性的影响（蔡榕硕和谭红建，2024；Tan et al.，2022，2023a）。

15.2.2　海平面变化

近百年来，气候变暖引起的陆地冰川冰盖融化和海水温度升高引发的热膨胀导致全球海平面持续上升。海平面的持续上升将淹没沿海低洼地，加剧滨海湿地生境损失，叠加风暴潮、波浪和潮汐过程产生的极端海面事件对沿海地区经常造成严重的洪涝灾害。

最近几十年，全球和中国沿海海平面均呈现加速上升的趋势。在温室气体低浓度、很高浓度排放情景（SSP1-2.6、SSP5-8.5）下，相对于 1995～2014 年，到 2100 年预估全球平均海平面（GMSL）将分别上升 0.38 m、0.77 m（IPCC，2021）。自 1980 年以来，中国沿海海平面呈现加速上升趋势（图 15.3），平均上升速率为 3.5 mm/a；1993～2023 年，中国沿海海平面平均上升速率为 4.0 mm/a，高于同时段全球平均水平。海平面模式预估结果显示，未来海平面还将明显上升，上升速率还将进一步升高。预计未来 30 年海平面还将继续上升 70～176 mm（自然资源部，2024a）。未来长江三角洲地区、闽南沿海和雷州半岛等地滨海城市沿海海平面上升尤其明显，其中长江三角洲地区是未来中国沿海海平面上升幅度最大的区域，上升速度比全国平均高出 30% 左右（许炜宏和蔡榕硕，2022）。

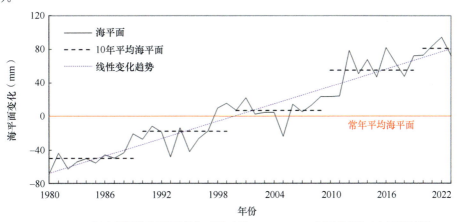

图 15.3　1980～2023 年中国沿海海平面变化（相对于 1993～2011 年平均值）（自然资源部，2024a）

此外，在 RCP2.6～RCP8.5 情景下，相对于 2000 年，到 2030 年、2050 年、2100 年中国红树林分布区平均海平面将分别上升 14.10～14.42 cm、25.05～29.85 cm、52.63～83.91 cm，平均海平面上升速率分别为 4.70～4.81 mm/a、5.01～5.97 mm/a、5.26～8.39 mm/a。

由于海平面的上升，当前较少发生的极端海面事件未来将变得较为频繁。例如，全球和中国很多沿海低洼地在当前条件下为 100 年一遇的极端海面事件，到 21 世纪末将变为 1 年一遇或更为频繁。其中，未来中国滨海城市沿海海面将有显著增高的趋势，当前极端海面事件的重现期将明显缩短。到 21 世纪末，中国滨海城市当前 100 年一遇的极端海面事件，重现期几乎都将缩短至 20 年以下；大连、青岛、上海和厦门等城市沿海极端海面事件重现期将缩短为（或低于）1 年（RCP4.5 和 RCP 8.5 情景）（许炜宏和蔡榕硕，2022）。

15.2.3 登陆中国的热带气旋变化

热带气旋（tropical cyclone，TC）是生成于热带洋面上的一种气旋性涡旋，通常伴随大风、暴雨和风暴潮等，也是全球破坏力最强的自然致灾因子之一。西北太平洋是热带气旋发生最频繁的海域，毗邻西北太平洋的中国海岸带和沿海地区深受热带气旋的影响，每年因此造成的经济损失约为 250 亿元，人员伤亡高达数百人。

未来强热带气旋如强台风或超强台风的强度和频率都将增加，并且由台风风暴潮引起的异常极端海面事件很可能增加，这将使得沿岸洪涝灾害进一步加剧，尤其是台风影响显著的中国东南沿海等地区（Feng and Tsimplis，2014；Tan et al.，2023b）。其中，在 RCPs 情景下，未来登陆中国的热带气旋的路径将更为偏北，并且强度更大、数量更多，到 21 世纪末期（2089～2098 年），登陆中国的热带气旋的强度、台风及以上级别热带气旋的总数的年平均值较历史时期（1986～2005 年）将分别增加 7% 和 1 个以上（RCP8.5 情景）。此外，未来登陆中国的台风的路径均有不同程度的北移趋势，RCP8.5 情景下最显著，即全球升温幅度越大，北移越明显（图 15.4）。未来中国沿海尤其是北方沿海的热带气旋暴露度将更高，从而很可能面临更严峻的台风灾害风险（聂心宇等，2023）。

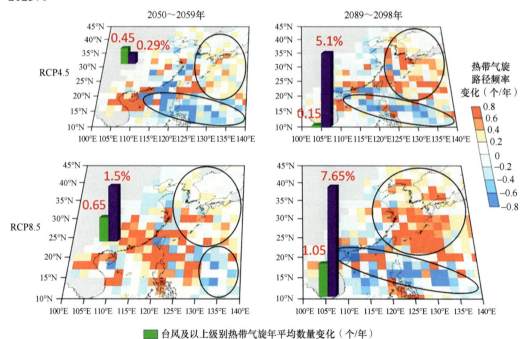

图 15.4 RCP4.5 和 RCP8.5 情景下未来登陆中国的热带气旋的路径相对于历史时期（1986～2005 年）的差值分布（聂心宇等，2023）

15.2.4　中国东部区域和沿海地区极端天气气候

研究揭示，自 1961 年以来，中国东部沿海陆域出现升温变暖、极端高温增加和极端低温减少的情况，且降水呈现南北差异，北方减少，南方增加，强降水事件增多，北方沿海地区呈现暖干化趋势（王晓利和侯西勇，2017），其中农牧交错带呈现显著的变暖和非显著的干燥趋势（Jiang et al., 2022）。1986 ～ 2015 年，中国沿海地区极端暖事件增加，极端冷事件减少，日较差明显降低。例如，暖昼时间增加 6.03 d/a，暖夜时间增加 9.45 d/a，冷昼时间减少 1.90 d/a，冷夜时间减少 3.95 d/a。降水量总体呈现降低趋势，但是降水强度增加，1 d 降水量以 2.5 mm/（10 a）的速度增加，5 d 降水量以 4.9 mm/（10 a）的速度增加，说明沿海地区总体呈现暖干化趋势，且北方沿海地区更为明显（图 15.5）。同时，强降水事件增加的态势也说明沿海地区呈现暖干化趋势。

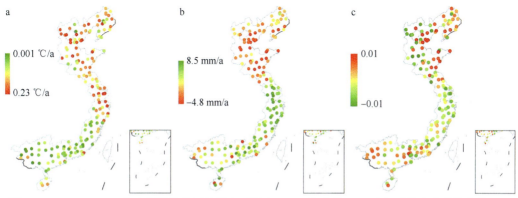

图 15.5　1961 ～ 2015 年中国沿海地区陆域表面温度（a）、降水量（b）和标准化降水蒸散指数（c）的变化趋势（Xu et al., 2020）

注：香港、澳门、台湾资料暂缺

预估显示，在不同气候情景（RCP2.6、RCP4.5、RCP8.5）下，中国东部区域和沿海地区极端高温热浪和极端降水事件均有显著的增加趋势，并且温室气体排放浓度越高，增加趋势越明显；其中，在 RCP4.5 情景下，到 21 世纪中期（2050 年左右），极端高温和极端降水的危害性增幅分别约为 10% 和 2%，而 RCP8.5 情景下到 21 世纪末两者危害性增幅分别约为 5% 和 60%（图 15.6）。

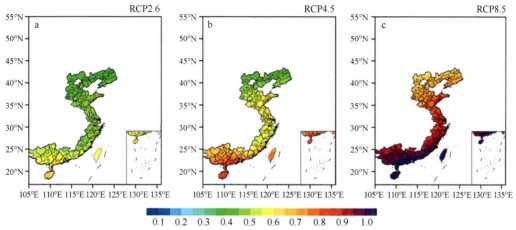

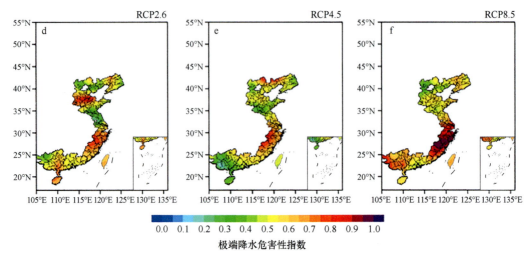

图 15.6　不同气候情景下未来（2006～2100 年）中国沿海地区极端高温（a～c）和极端降水（d～f）危害性变化趋势

极端高温（极端降水）危害性指数：高于第 90 百分位的最高气温（降水）持续时间（单位：d）×100%

15.3　自 然 系 统

15.3.1　海岸带生态系统

首先，本节综合分析了中国海岸带和沿海地区气候致灾因子危害性，以及自然生态系统承灾体，如红树林、盐沼与海草床、珊瑚礁、河口等，对气候变化的响应及变化趋势，包括气候变化不利影响的历史检测与归因分析；其次，基于 IPCC 气候变化综合风险的核心概念与定义，构建了中国红树林、盐沼与海草床、珊瑚礁、河口等承灾体的气候变化综合风险评估指标体系；再次，采用海洋大气的调查观测资料、再分析资料、遥感资料、历史和现场调查资料，气候模式模拟数据，以及现代数理统计等分析方法，评估了红树林、盐沼与海草床、珊瑚礁、河口等承灾体的暴露度和脆弱性；最后，基于不同气候情景（RCP2.6、RCP4.5、RCP8.5），评估了未来（2030 年、2050 年、2100 年）各种承灾体对气候变化危害性的响应及综合风险水平，再分析并提出发展具有气候恢复力（韧性）的适应策略措施。

1. 红树林

调查表明，近 60 年来，中国红树林主要分布区的面积大幅度减少，由 5.5 万 hm² 减少到 2.2 万 hm² 左右，大约消失了 60%，其变化呈现如下特点：1980 年之前快速减少，1980～2000 年相对稳定，2000 年之后有所恢复并增加。具体而言，1973～2000 年全国红树林减少了 30 199 hm²，红树林消失了约 62%；到 2000 年，红树林面积基本恢复到 20 世纪 80 年代的水平；2000～2020 年红树林面积增加 9408 hm²，增长了 51%（贾明明等，2021）。这主要归因于 2000 年之后红树林的保护和管理得到了空前的关注和重视。

研究显示，1980 年以来海平面的持续上升对红树林生境有一定的影响（Cai et al.，2022）。通过比较分析红树林面积变化及其原因可知，20 世纪 80 年代之前人类活动的破坏在红树林面积的变化中起到了重要作用，并且其影响大于海平面上升的影响。但是，分析表明，在 20 世纪 80～90 年代，红树林开始得到人们的关注和保护，破坏红树林的人类活动也逐步得到抑制，特别是在 2000 年之后，中国红树林得到了进一步的保护与修复。然而，气候变化背景下海平面的持续快速上升和登陆中国的强热带气旋的增加，使得气候变化对中国红树林生境的影响日益突显。由于人们对未来红树林面临的气候变化综合风险的了解仍较为欠缺，而这又是科学实施红树林保护与修复规划的必要前提，因此本书以中国海岸线的红树林主要分布区，即海南、广西、广东、福建和浙江 5 个省（区）沿海的红树林为主要研究对象，开展了中国主要红树林分布区对气候变化的响应及脆弱性评估，评估结果如下。

中国红树林的气候致灾因子主要为缓发性的海平面上升与突发性的强热带气旋，如台风和强台风；未来由海平面上升和强热带气旋形成的红树林气候致灾因子危害性将随着温室气体排放的增多而上升；到 21 世纪末期，海南、广东雷州半岛、福建和浙江的红树林面临的气候致灾因子综合危害性最大。值得注意的是，随着沿海海平面的持续快速上升和强热带气旋的北移，海平面上升对红树林的危害性将明显高于强热带气旋。在全国红树林的暴露度分布中，浙江暴露度等级最高，广东暴露度等级次之；在国家级和省级自然保护区中，广东珠海淇澳－担杆岛省级自然保护区的红树林暴露度最高，福建泉州湾河口湿地省级自然保护区的红树林暴露度最低。在全国红树林的脆弱性分布中，海南脆弱性等级最高，广东脆弱性等级次之，这主要取决于所在区域红树林树种对热带气旋敏感性的高低。在国家级和省级自然保护区中，海南清澜红树林省级自然保护区和福建漳江口红树林国家级自然保护区红树林的脆弱性最高，海南东寨港国家级自然保护区和广东湛江红树林国家级自然保护区红树林的脆弱性次之。一般地，国家级和省级自然保护区红树林连片面积较大，林带宽度较大，斑块破碎程度较低，红树林健康状况良好，因此相对于非保护区而言红树林脆弱性较低。在不同气候情景（RCP2.6、RCP4.5、RCP8.5）下，到 2030 年、2050 年、2100 年，全国红树林气候变化综合风险等级为高以上的区域面积分别占总面积的 19.15%、40.93% 和 79.64%；到 2100 年，在国家级和省级自然保护区中，广东珠海淇澳－担杆岛省级自然保护区的综合风险等级最高，主要归因于其暴露度较高。

适应性研究表明，以"自然恢复为主，人工干预为辅"和"基于自然的解决方案"等生态理念与原则为指南，对于综合风险等级较高的红树林区域而言，可考虑发展具有气候韧性途径的适应能力，具体措施主要包括：①红树林的保护与养育规划需要基于对海平面上升和强热带气旋等气候致灾因子的影响预估，如未来不同时期海平面上升淹没红树林湿地的可能性；②在红树林被破坏区域的靠海侧补种本地红树物种，科学增加土生红树物种的密度；③在红树林向海一侧构造生物护岸，并在靠陆一侧采取"退塘还林"，合理规划红树林后方陆域的开发利用，从而增强红树林适应海平面上升和强热带气旋等不利气候致灾因子影响的能力。此外，还可考虑提高流经红树林区域的入海河流泥沙输入量，增强红树林湿地的捕沙促淤效果，从而增强红树林湿地应对海平面上升的能力。

2. 盐沼与海草床

2020 年的首次全国滨海盐沼生态系统调查表明，滨海盐沼与海草床面积分别为

1132.15 km² 和 106.37 km²。其中，盐沼曾广泛分布于沿海地区，特别是杭州湾以北的沿海地区，但目前较完整的盐沼仅存在于辽宁盘锦双台子河口、黄河口、江苏盐城等地的自然保护区。近年来，盐沼生态系统面临海平面上升、高温热浪、生物入侵、富营养化和过度捕捞等气候变化或人为因素的影响，海草床植被类型南北空间差异显著，分布区水体及沉积物环境总体较好，大型底栖动物物种多样性丰富，但面临着渔业捕捞、海水养殖、自然灾害以及藻类等其他物种竞争等的威胁（王中建，2022）。分析显示，盐沼与海草床生境均面临海平面上升和极端高温热浪等气候致灾因子的胁迫。

基于历史调查数据资料，结合现场补充调查，以辽河口盐沼、黄河口盐沼、苏北盐城盐沼、广西茅尾海茳芏盐沼、海南陵水黎安港海草床和山东荣成天鹅湖海草床 6 个代表性的盐沼和海草床为主要研究对象，分析了碱蓬、柽柳、芦苇以及海草床的气候致灾因子危害性，构建了盐沼与海草床的气候变化综合风险评估指标体系，开展了盐沼和海草床对气候变化的响应及脆弱性评估，评估结果如下。

盐沼和海草床的气候致灾因子主要有缓发性的海平面上升和突发性的极端高温热浪；未来海平面上升和极端高温热浪形成的气候致灾因子危害性将随气候变暖而加剧。此外，在 6 个代表性的盐沼和海草床分布区中，黄河口盐沼分布区由于盐沼湿地的高程较低，暴露度最高，易受海平面上升的影响，而海南陵水黎安港海草床分布区暴露度则最低；辽河口盐沼、黄河口盐沼和苏北盐城盐沼分布区的敏感性较低，而海南陵水黎安港海草床、山东荣成天鹅湖海草床以及广西茅尾海茳芏盐沼分布区的敏感性则较高；广西茅尾海茳芏盐沼的适应性最高，苏北盐城盐沼及辽河口盐沼的适应性次之，黄河口盐沼的适应性最低，这主要归因于受侵蚀程度及地面沉降等因素的影响。

在 RCP8.5 情景下，到 2100 年盐沼与海草床的脆弱性由高到低排列顺序为山东荣成天鹅湖海草床＞海南陵水黎安港海草床＞黄河口盐沼＞辽河口盐沼＞广西茅尾海茳芏盐沼＞苏北盐城盐沼；盐沼与海草床的风险由高到低排列顺序为海南陵水黎安港海草床＞黄河口盐沼＞山东荣成天鹅湖海草床＞广西茅尾海茳芏盐沼＞苏北盐城盐沼＞辽河口盐沼。在不同气候情景（RCP2.6、RCP4.5 和 RCP8.5）下，到 2030 年盐沼与海草床的整体风险都处于很低水平，到 2050 年风险逐步上升，特别是黄河口盐沼在 RCP4.5 情景下风险升级为中等，预计现有盐沼分布区域的面积会减少 32.0%，到 2100 年风险进一步上升。在 RCP2.6 情景下，多数区域风险等级为中等。在 RCP8.5 情景下，到 2100 年现有碱蓬区域风险基本上为很高（90% 以上丧失）；黄河口盐沼及海南陵水黎安港海草床已经处于高风险，预计现有分布区域面积将分别减少 60.0% 及 64.8%。

滨海盐沼等湿地为适应气候与环境变化的影响通常向陆退化，造成生境损失。评估显示，现有的湿地区域在一定程度上将呈现衰退趋势，但也有区域可能产生新的盐沼及海草床分布区，可在某种程度上抵消原生境的损失。然而，由于盐沼湿地向陆一侧经常分布有人工堤坝，因此海平面上升影响下盐沼湿地向陆一侧的自然后退适应过程受到阻碍。由于湿地适应缓冲空间的缺失，其适应海平面上升等气候变化影响的能力降低。对于海草床而言，海平面上升、陆源污染物排放和高温热浪的增加，引起海域水体透明度下降、溶解氧消耗加剧和光合作用减弱，进而导致海草床的脆弱性升高，因而其适应气候变化的能力将受到影响。综上，通过滨海湿地生态修复及环境整治，降低海水富营养化程度，提高水质等级，为盐沼及海草床生境的变化提供缓冲空间，可有效提高其适应性，降低其脆弱性，达到降低海平面上升和极端高温热浪对现有盐沼和海草床的威胁和综合风险的目的。

3. 珊瑚礁

以往的分析表明，过去几十年来，中国近岸造礁石珊瑚消失了80%以上，南海的群岛和环礁上珊瑚平均覆盖率从20世纪60年代的60%以上下降到20%左右（Hughes et al.，2013）。进一步调查研究显示，1965～2018年近岸珊瑚覆盖率由85.57%下降到5.96%，2004～2015年离岸珊瑚覆盖率由52.02%下降到2.59%。总体而言，中国珊瑚礁总体处于快速退化之中，包括珊瑚覆盖率快速下降、物种多样性明显减少和生态功能显著退化。因此，以中国近岸和南海离岸的珊瑚礁为主要研究对象，开展了中国珊瑚礁对气候变化的响应、脆弱性及综合风险评估，研究结果如下。

自20世纪80年代以来，海洋升温、海洋热浪和强热带气旋等海洋气候致灾因子对南海珊瑚礁的危害性明显增加；与此同时，近岸海域的过度或破坏性捕捞、采挖和潜水等人类活动，也对珊瑚礁造成了严重损害，导致暖水珊瑚礁的脆弱性升高，并且海洋正在加速升温变暖，可能正在逐步逼近珊瑚的温度适应阈值。换言之，造成珊瑚礁严重退化的主要因素既有人类活动破坏，也有海洋升温及极端海洋热浪的影响。南海离岸岛礁的珊瑚礁整体上脆弱性较高，基本处于中高脆弱状态。其中，三亚和涠洲岛等的珊瑚礁处于中等脆弱状态；而大亚湾和东山岛珊瑚礁的脆弱性较差，处于高脆弱状态；相比之下，西沙群岛珊瑚礁的脆弱性水平相对较低。在RCP2.6、RCP4.5和RCP8.5情景下，到2030～2039年中国近岸发生严重珊瑚白化事件的频率在20%以内，西沙群岛和南沙群岛发生严重珊瑚白化事件的频率为30%～40%；在RCP4.5和RCP8.5情景下，到2050～2059年南海大部分近岸和离岸岛礁发生严重珊瑚白化事件的频率将超过50%，部分岛礁在RCP8.5情景下发生严重珊瑚白化事件的频率将接近或达到100%，珊瑚礁已面临突破气候临界点的风险；在RCP8.5情景下，到2090～2099年发生严重珊瑚白化事件的频率将达到80%，其中南海离岸岛礁的珊瑚礁发生严重珊瑚白化事件的频率将达到100%。这些结果表明，到21世纪中期，几乎所有珊瑚礁都面临突破气候临界点，发生严重珊瑚白化事件甚至消失的重大气候风险。

自20世纪80年代以来，人们为了增强珊瑚礁适应气候与环境变化的能力，开展了以珊瑚无性移植或结合人工基质为主的修复工程。然而，珊瑚无性移植不仅需要耗费大量人力物力，而且存活率低。例如，迄今日本移植了超过30万个珊瑚群落，4年后珊瑚存活率大多低于20%，而移植的高死亡率和高维护成本等负面因素未引起足够的重视并产生一种误解，即移植可用来解决填海造地造成的珊瑚礁危机。鉴于此，应该明确指出，珊瑚无性移植既不能恢复大规模的珊瑚礁生态系统，也不应该被用来为影响珊瑚礁生存的填海造地辩护（Okubo，2023）。为此，迫切需要探索提高处于快速退化中的珊瑚礁适应气候变化能力的新途径。自2019年以来，作者团队以"基于自然的解决方案"和"自然恢复为主，人工干预/支持为辅"的生态理念与原则为基础，开展了受损珊瑚礁有性繁殖修复实验，2020年12月在广西涠洲岛受损珊瑚礁海域投放人工生物礁，2021年3～10月观测到人工生物礁表面蓝藻门、变形菌门和浮游菌门成为三大优势菌门，与周围环境相比，其相对丰度显著增加，并与大型底栖动物的丰度正相关，生物礁体表面逐步经历了从微生物群落，到微生物黏膜，再到微生境的演变，为大型底栖动物包括珊瑚幼体的生长发育提供了良好的基础（Mohamed et al.，2023）。2022 年 9 月、2023 年 4 月和 12 月的跟踪调查显示，在人工生物礁上附着并成功变态、生长发育的当地造礁石珊瑚已超过 16 种；同时，生物礁群之间的生物多样性显著增加（Abd-Elgawad et al.，2023；蔡榕硕等，2021b），见图 15.7。这种变革性的方法在修复并重构南海受损珊瑚礁的气候韧性方面展现了极为广阔的前景。

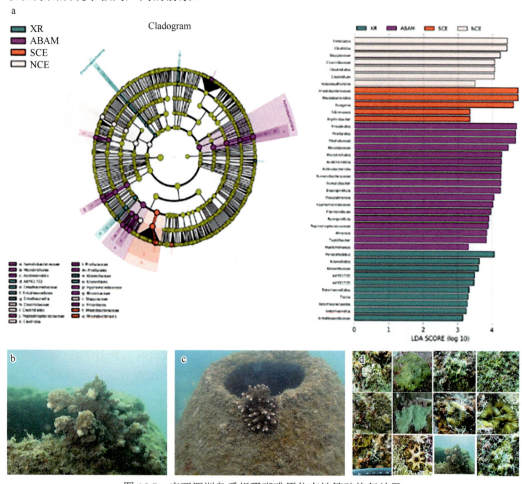

图 15.7　广西涠洲岛受损珊瑚礁原位有性繁殖修复效果

观测时间：下图 1、2、3 分别为 2022 年 9 月、2023 年 4 月和 12 月

4. 河口

近几十年来，在气候变化和人类活动的影响下，黄河口、长江口和珠江口等三大河口区近岸海域，尤其是长江口及邻近海域赤潮、绿潮和水母爆发性增殖等生态灾害频繁发生，严重影响了海洋生态系统的健康及其服务功能，使得河口区及邻近海域的海洋环境与生态对气候变化和人为活动的响应与适应成为突出的科学问题。其中，长江口海域生态系统的结构和功能的变化尤为显著，从原来以硅藻-甲壳类浮游动物-鱼类为主的生态系统，转变为以甲藻-原生动物和微型浮游动物-水母为主的生态系统（郭海峡等，2023）。长江口及邻近海域大面积赤潮暴发次数为中国三大河口之最（洛昊等，2013），

赤潮是该海域主要的生态灾害之一。例如，自 20 世纪 70 年代末以来，该海域赤潮的发生频率呈现年代际增加的趋势，并与气候变化背景下东亚季风和海温的变化有密切的对应关系（蔡榕硕等，2010；Cai et al.，2016），浮游植物生态系统已处于较高的不稳定性和脆弱性状态，长江口及邻近海域大规模甲藻等有害赤潮的暴发严重影响了海洋生态系统结构及其服务功能（蔡榕硕等，2010）。

据此，以长江口及邻近海域浮游植物生态特别是赤潮的暴发为主要研究对象，开展了长江口及邻近海域浮游植物生态系统对气候变化的响应及脆弱性评估。结果显示，近几十年来，人类活动的影响导致该海域海水富营养化程度急剧升高，这使得光照效应和 SST 变化很可能成为该海域赤潮暴发的重要限制因子。首先，赤潮暴发前一般有明显的升温现象（$\Delta SST \geqslant 1.4 ℃$），且海面风速日均值小于 2.93 m/s；并且前一年冬季有持续减弱的风场和升高的海温，这与翌年赤潮生物的聚集及暴发性增殖有密切关系（Guo et al.，2023；蔡榕硕等，2022）。其次，在 RCP2.6 情景下，该海域浮游植物的暴露度基本为中等及以下，高暴露度区域主要集中在长江口 31°～32°N，121.3°～123°E 区域，并向南延伸与岸线平行呈带状分布，其变化主要受升温区分布变化的影响；在 RCP4.5 和 RCP8.5 情景下，未来该海域暴露度将快速上升，到 21 世纪末期几乎整个海域的浮游植物暴露度处于很高水平（RCP8.5）。再次，该海域浮游植物脆弱性的空间分布差异较小，总体呈现近岸高、远岸低的分布特征，其中 123°E 附近以西海域总体处于很高脆弱性状态。最后，在 RCP2.6、RCP4.5 和 RCP8.5 情景下，未来长江口及邻近海域浮游植物生态综合风险呈现近岸高、远岸低的特征，且有增加的趋势，但以 RCP8.5 情景最为明显。

预估显示，在全球持续变暖情景下，至 21 世纪末长江口及邻近海域赤潮暴发次数将会显著增多，并将长期超越近 40 年来的最高水平。具体而言，在 RCP2.6、RCP4.5、RCP8.5 情景下，该海域 SST 上升分别达到（2.26±0.15）℃、（2.70±0.09）℃ 和（2.94±0.16）℃；相对于历史时期，到 21 世纪 40～50 年代，该海域赤潮暴发频率将显著增加，分别达到（92±7）次 /a、（111±22）次 /a 和（118±17）次 /a，即到 21 世纪 40 年代前后，该海域持续变暖可能导致浮游植物生态系统从一种状态转变为另一种状态，从而形成可以适应海温不断上升和营养物质不断变化的甲藻等有害藻华物种生长的环境。换言之，21 世纪 40 年代海洋气候环境的变化将使得该海域赤潮暴发很可能有突破气候临界点的风险。

为了降低长江口及邻近海域浮游植物的脆弱性和减小气候变化影响的风险，需要从整体海洋生态系统的角度出发，采取一系列措施。例如，加强陆海统筹，严控围填海规模、污染物排海和过度捕捞，降低近岸海域富营养化，减轻对海洋生态系统的破坏和缓解富营养化的加剧，从而降低浮游植物面临的生存压力，增强浮游植物生态系统的气候恢复力，通过加强科学研究，了解浮游植物生态系统在气候变化背景下的适应能力和响应机制，制定针对性的保护措施，减少赤潮生态灾害的发生频次，维护海洋生态系统的健康。

赤潮的暴发除了对近岸海域生态系统的健康和服务功能有严重影响，还对沿海地区社会经济和人类身体健康造成威胁，因此如何更好地开展赤潮的预警预报仍是未来需进一步深入研究的工作重点。然而，至今尚未有充分成熟有效且可提前预测预警赤潮暴发的方法。当前赤潮预测的方法主要包括经验预测法和数值预测法，前者基于监测资料多元统计方法预测预报赤潮的发生，后者应用生态动力学数值模型预测预报赤潮的发生，但是由于海上监测数据的缺乏，难以开展大范围赤潮的预报。由于遥感可及时快速获取区域和全球尺度的海洋参量信息，因此利用遥感观测手段开展即时赤潮的预测预警成为可能，有关赤潮暴发前 SST 有急剧上升的异常信号可为今后长江口及邻近海域赤潮事件的预警预报和减灾防灾等工作提供科学参考。

15.3.2　近海渔业资源

1. 渔业资源

近几十年来，人类捕捞活动和气候变暖对渔业资源均产生了显著影响。一是渔业资源捕捞量发生剧烈变化。例如，自 20 世纪 60 年代以来，中国近海渔业资源捕捞渔获量发生了显著变化，从 20 世纪 60 年代初不到 200 万 t 增加到 90 年代中的 1400 万 t 以上，在 90 年代末达到峰值后，开始呈现减少的趋势。二是渔业资源主要经济种明显衰退。例如，带鱼和小黄鱼等鱼龄结构下降和小型化。

归因分析表明，自 20 世纪 60 年代以来，中国近海渔船捕捞努力量持续增加，这是导致中国近海捕捞渔获量增加和渔业资源衰退的主要原因。然而，单位捕捞努力量渔获量（catch per unit effort，CPUE）的持续降低，从 20 世纪 60 年代的高于 4 t/kW 到 80 年代中锐减至 1 t/kW，包括渔获量与网产的降低、补充量的下降等，反映了单位渔业资源量的持续下降。与此同时，近海 SST 从 25.5℃持续上升到 26.6℃左右，与 CPUE 呈现高度的反相关关系。其中，SST 升高可能是影响渔业资源衰退的重要因素，如小黄鱼小型化和产卵场北移明显（李忠炉，2011；刘尊雷等，2018；卞晓东等，2022）。换言之，中国近海捕捞努力量保持不变，未来气候变暖可能成为驱动中国近海渔业资源种群变动和分布变化的主要因子。

本书重点关注大黄鱼、小黄鱼、蓝点马鲛、鳀、带鱼、大头鳕、玉筋鱼、曼氏无针乌贼、三疣梭子蟹、菲律宾蛤仔、口虾蛄和牡蛎等中国近岸海域的优势经济种类，开展了中国近海重要渔业资源对气候变化的响应脆弱性及综合风险评估，揭示了 RCP2.6、RCP4.5、RCP8.5 情景下未来渔业资源的脆弱性、风险分布特征，分析提出了应对气候变化的必要适应对策等措施，为气候变化背景下科学管理渔业资源提供了重要参考，结果如下。

第一，在 RCP2.6、RCP4.5、RCP8.5 情景下，相对于 2000～2014 年，未来海水温度总体呈现上升的趋势。到 2050 年，中国近海升温幅度由大到小依次为渤海、黄海、东海、南海；到 2100 年，升温幅度由高到低依次为 RCP8.5、RCP4.5、RCP2.6，其中 RCP2.6 情景下黄海深水区温度上升低于 2050 年。第二，在 RCP2.6、RCP4.5、RCP8.5 情景下，中国近海渔业资源优势经济种的脆弱性基本相似，但脆弱性等级由高到低依次为 RCP8.5、RCP4.5、RCP2.6；在相同 RCPs 情景下，脆弱性则随时间的延长而上升，在空间分布上，脆弱性水平从远岸向近岸或由南向北依次从高到低变化。第三，在 RCP2.6 情景下，到 2050 年渔业资源在东海深水区栖息地风险较高，黄海和渤海风险则较低；到 2100 年风险与 2050 年相似，但黄海南部风险等级升高。在 RCP4.5 和 RCP8.5

情景下，风险水平的变化情况与 RCP2.6 情景相似，但在 RCP8.5 情景下，到 2100 年黄海和渤海风险等级显著升高。第四，除大黄鱼、菲律宾蛤仔和牡蛎外，其他 9 种主要经济种的栖息地面积未来将明显减小。其中，在 RCP4.5 情景下，到 2100 蓝点马鲛、鳀、带鱼、三疣梭子蟹、口虾蛄等 5 种经济种 40%～50% 的栖息地将丧失；在 RCP8.5 情景下，到 2100 年上述 5 种经济种及小黄鱼和大头鳕的栖息地有消失风险的比例上升至 80%～90%，曼氏无针乌贼的栖息地损失风险也升高 40% 以上。第五，海洋升温对于经济种类的产卵场和索饵场有明显影响，近岸产卵场和索饵场丧失、部分优势产卵场及邻近索饵场北移以及洄游路线发生变化的各种风险增加。总体而言，相比于深水区，中国近岸海域渔业资源的脆弱性、风险将更高，其中渤海、黄海和东海渔业资源的脆弱性和风险未来将明显上升，而南海则相对较低。

2. 重要渔场

本书以辽东湾渔场、舟山渔场、闽南 - 台湾浅滩渔场和粤西渔场为研究区，基于历史（1960～2006 年）和未来（2006～2100 年）模式数据（HadGEM2-ES 全球气候模式数据），评估了不同 RCPs 情景下 1960～2100 年 4 个近海典型渔场环境生态要素的变化。结果表明，渔场的初级生产力、浮游植物丰度、浮游动物丰度、叶绿素含量、溶解氧含量、盐度和总氮含量等指标变化趋势基本一致。其中，初级生产力呈现下降趋势，粤西渔场最明显。在 RCP2.6 情景下，初级生产力变动较小；在 RCP4.5 和 RCP8.5 情景下，到 2100 年辽东湾渔场初级生产力分别下降 30.60% 和 40.64%，粤西渔场初级生产力分别下降 49.93% 和 76.85%，低纬度渔场的下降幅度总体大于高纬度渔场，这表明渔场整体稳定性和资源量有下降的风险。

综上所述，在 RCP2.6 情景下，辽东湾渔场、舟山渔场、闽南 - 台湾浅滩渔场和粤西渔场等的生态系统功能和结构较为稳定；在 RCP4.5 情景下，特别是 RCP8.5 情景下，未来辽东湾渔场等 4 个渔场的生态系统结构与功能将发生较剧烈的变化，到 2100 年渔场的生态系统健康度和稳定性有明显下降的趋势，渔业资源承载力也将下降，对于近海渔业资源的长期可持续发展十分不利。

15.3.3　沿海地区陆域生态系统

1. 陆域植被变化特征及归因

研究揭示，1985～2015 年中国沿海地区 73.71%（26.29%）的陆域生态系统的年净初级生产力（net primary production，NPP）呈现增加（减少）的态势（图 15.8），主要是 2000 年之前极端降水、高温事件增加分别对北方、南方沿海地区陆域植被的生长有轻度干扰补偿作用，而 2000 年之后则起到相反的作用（图 15.9，图 15.10）。与此同时，2000 年之前人类活动对陆域生态系统主要起负面作用，2000 年之后生态防护工程的建设维护了陆域生态系统，即气候变化和人类活动的综合效应是过去 20 年中国沿海陆域归一化植被指数（NDVI）季节增长的主要驱动力（图 15.8）。

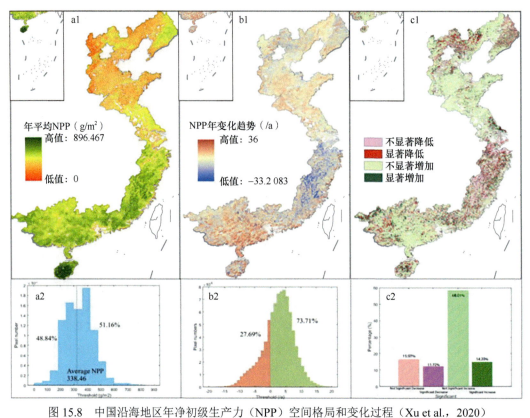

图15.8　中国沿海地区年净初级生产力（NPP）空间格局和变化过程（Xu et al.，2020）

a1.平均NPP空间分布；a2.平均NPP柱状图；b1.NPP年变化趋势分布；b2.NPP年变化趋势柱状图；c1.NPP变化显著性
分布；c2.NPP变化显著性柱状图

注：香港、澳门、台湾资料暂缺

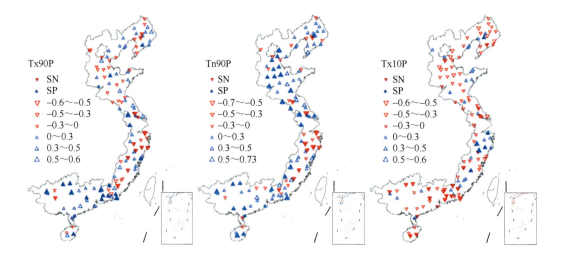

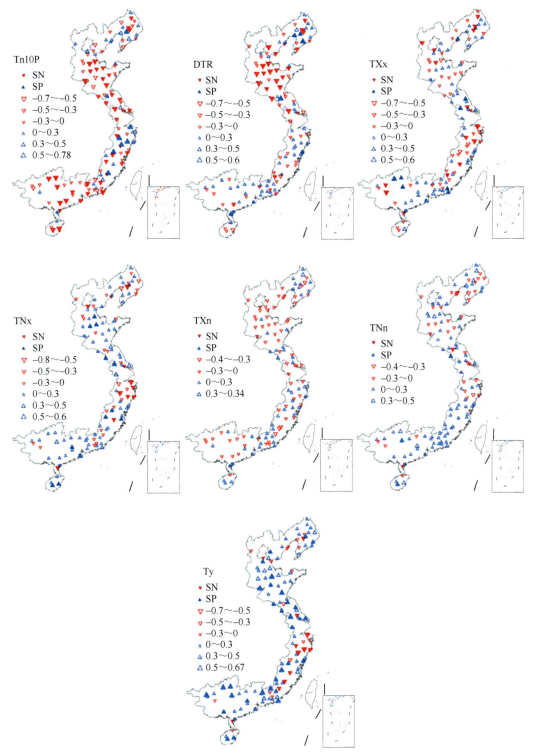

图 15.9 中国沿海地区极端温度指数与年净初级生产力（NPP）的相关性（Xu et al.，2020）

红色表示负相关，蓝色表示正相关，三角越大表明相关性越强

注：香港、澳门、台湾资料暂缺

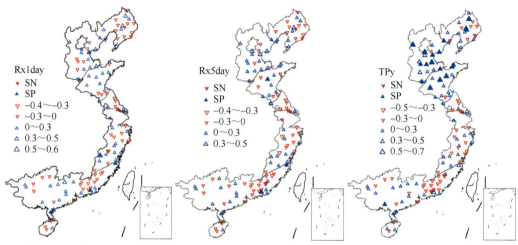

图 15.10　中国沿海地区极端降水指数与年净初级生产力（NPP）的相关性（Xu et al., 2020）

红色表示负相关，蓝色表示正相关，三角越大表明相关性越强

注：香港、澳门、台湾资料暂缺

2. 陆域植被脆弱性和风险分布特征

基于沿海陆域生态系统脆弱性及风险综合评估方法，开展了相关的脆弱性及风险评估。结果表明，在 RCP2.6、PCR4.5 情景下，2030 年之前脆弱性较低；到 2050 年脆弱性升高，约 72.62% 的当前陆域生态系统的适应能力将基本丧失。在 RCP8.5 情景下，到 2030 年、2050 年中度脆弱性以上地区占比分别为 33.79%、51.69%，由功能丧失导致生态系统更替的城市生态系统为 93.16%、耕地（农田）生态系统为 86.32%，变化较快的区域位于华北平原以及长江三角洲和珠江三角洲地区（表 15.1）。

表 15.1　不同气候情景下相对当前（2000～2014 年）未来 4 种生态系统功能的可能变化　（单位：%）

生态系统类型	RCP2.6				RCP4.5				RCP8.5			
	2030 年		2050 年		2030 年		2050 年		2030 年		2050 年	
	面积损失率	功能损失率	面积损失率	功能损失率	面积损失率	功能损失率	面积损失率	功能损失率	面积损失率	功能损失率	面积损失率	功能损失率
耕地	41.17	20.18	70.78	30.30	40.51	25.69	74.90	37.50	46.21	30.87	86.32	45.26
城市	36.64	13.76	76.39	17.3	37.26	16.97	73.91	24.93	54.03	18.20	93.16	21.70
草地	43.76	8.96	56.88	12.49	22.51	9.30	58.75	13.95	33.13	10.10	78.13	15.70
森林	24.31	7.63	26.32	10.50	21.78	10.00	41.18	15.25	17.51	16.43	26.32	24.00

以风险指数 85% 的分位数为阈值进行统计分析。结果表明，在 RCP2.6、RCP4.5 情景下，2030 年之前沿海陆域生态系统风险较低；到 2050 年风险均升高。在 RCP8.5 情景下，2030 年之后极端气候事件对陆域生态系统的负面作用日益显现，风险变化与脆弱性一致，到 2050 年前后分布于华北平原、长江三角洲和珠江三角洲的陆域生态系统面临的风险较高，其中城市和耕地（农田）生态系统尤其显著。

15.4　社　会　系　统

中国沿海地区集中了全国 70% 以上的大中城市，仅占陆域国土面积的 13%，却承载着全国 42% 的人口，并创造了全国 60% 以上的国内生产总值（gross domestic product, GDP）。其中，仅京津冀地区、长江三角洲和珠江三角洲等三大城市群的人口和 GDP 就分别占全国的 23%、39%。沿海地区的自然和社会系统长期受到气候变暖背景下海平面上升、台风风暴潮、海水入侵与土壤盐渍化、咸潮入侵等各种海洋灾害的影响，并经常衍生出一系列的连锁反应，社会经济系统（以下简称"社会经济"）也因此受到严重威胁。社会经济是一个以人为核心，包括社会、经济、教育、科学技术和生态环境等领域，涉及人类活动的各个方面和生存环境的复杂巨系统。本书以中国沿海地区（包括 11 个省份和直辖市行政区域，暂不含港澳台三地）社会经济、滨海城市（包含 9 个沿海城市）社会经济、港口建设（22 个港口）为主要研究对象，其中社会经济主要采用 GDP 和人口指标来表征。

40 多年来沿海海平面持续快速上升，迄今已较常年上升约 84 mm，其中 2021 年上升速率为 3.4 mm/a，高于同时段全球平均水平（自然资源部，2024a）。预计在气候变暖情景下，未来海平面还将继续上升，并且在未来登陆中国的热带气旋变化（台风增多、偏强、北移）的情景下，海平面上升叠加台风风暴潮将提高沿海地区洪涝灾害的发生频率，100 年一遇海岸极值水位重现期将显著缩短，滨海城市、港口建设和社会经济面临的风险将显著上升。

为此，本书将中国沿海省、市、县行政区的社会经济作为研究对象，通过构建中国沿海地区社会经济脆弱性评估指标体系，评估了不同气候情景（SSP1-2.6、SSP2-4.5、SSP5-8.5，简称 SSP*x-y*）下未来中国沿海地区社会经济脆弱性的发展变化特征，为制定中国沿海地区社会经济的适应对策提供参考，评估结果如下。

15.4.1　沿海地区

在 3 种不同 SSP*x-y* 情景下，相对于 2000 年，到 2030 年、2050 年和 2100 年中国沿海地区海平面显著上升，海平面的持续上升将加大沿海地区特别是低洼地的台风、风暴潮、海岸洪涝等致灾事件的灾害效应，并且随着沿海经济的快速发展，未来沿海地区的城市化进程还将进一步加快，中国沿海地区社会经济的暴露度将不断上升。此外，中国人口计划生育等政策有了较大的调整和变化，但未来中国沿海地区人口的老龄化仍然不断加剧，随着人口的老龄化，劳动力人口可能出现的短缺，也会导致沿海地区社会经济的适应性降低。这些均是中国沿海地区社会经济脆弱性整体上升的重要因素。以下分别从省级、市级及县级行政区域阐述相关评估结果，并提出适应策略。

1. 沿海省级区域

2010 年，中国沿海省级行政区的社会经济脆弱性整体上处于较低的水平，且存在显著的地域差异，脆弱性为很高和中等水平的区域主要分布在上海和江苏。在不同 SSP*x-y* 情景下，沿海地区社会经济脆弱性的由高到低等级变化依次为 SSP5-8.5、SSP2-4.5、

SSP1-2.6。换言之，全球气候变暖程度越高，沿海地区社会经济的脆弱性也就越高。到2100年，沿海地区海平面持续上升、台风风暴潮对社会经济的危害性达到21世纪最高程度，沿海省级行政区的脆弱性和风险达到最高（SSP5-8.5）。

2. 沿海市级区域

2010年，中国沿海市级行政区的社会经济脆弱性整体上也处于较低的水平，也有显著的地域差异。脆弱性很高的区域仍为上海，脆弱性次之的区域为环渤海湾的天津、沧州，长江三角洲的嘉兴、南通、盐城，以及珠三角沿岸的深圳、汕头。在不同SSP*x-y*情景下，未来沿海市级行政区社会经济的脆弱性总体上均呈现上升趋势，并在2100年达到最高水平。

3. 沿海县级区域

2010年，在中国沿海212个县级行政区中，社会经济脆弱性为高等级以上的约占8.5%。很高脆弱性的区域为上海浦东新区，脆弱性次之的区域为环渤海湾、长江三角洲及珠江三角洲的沿海县级行政区。在不同SSP*x-y*情景下，到2100年长江三角洲的脆弱性将明显上升，其中江苏为高脆弱区。在SSP5-8.5情景下，中国沿海县级行政区的社会经济脆弱性略高于SSP2-4.5和SSP1-2.6情景。

4. 适应策略

一是提高沿海地区的防潮、防洪排涝标准，降低沿海地区的暴露度。海平面上升及其对沿海极值水位的影响，极大地加剧了沿海地区海岸洪水灾害，这使得当前许多50年一遇和100年一遇的海岸防护工程将不能满足未来防洪排涝的要求。因此，需要重新校正沿海地区防洪、防风暴潮的海岸工程设计标准，采取加固和加高等措施提高海岸工程的防御能力，以降低沿海地区社会经济的暴露度。二是优化沿海低洼地的产业结构与布局，降低沿海地区的脆弱性。沿海地区地势低平，尤其是环渤海湾、长江三角洲、珠江三角洲区域，并且城市化程度高，人口聚集，经济发达。因此，沿海地区的城市规划需充分考虑海平面上升因素，避免人口和高GDP产业继续向沿海低洼地集中，推动部分重要产业向内陆转移，加快内陆地区的城市化进程，降低沿海地区社会经济的敏感性。三是控制温室气体的排放，降低气候致灾因子的危害性。在气候持续变暖的情景下，未来沿海地区社会经济的脆弱性不断升高，通过减少温室气体的排放来减缓气候变暖和海平面上升，可达到降低沿海地区海平面上升等气候致灾因子危害性的目的。四是完善海平面上升观测预报预警系统，提高沿海地区的适应能力。加强并完善沿海海平面上升包括海岸极值水位的观测、预报、预警体系的建设，建立与海平面上升有关的资源、环境和社会经济的影响、对策评估系统。依托海岸带红树林、海草床和盐沼等生态系统的保护与修复工程，构建具有气候恢复力的海岸带综合防护体系，提高沿海地区自然与社会系统防灾减灾的适应能力。

15.4.2 滨海城市

本书选取的大连市、天津市、青岛市、上海市、宁波市、厦门市、广州市、湛江市和海口市 9 个滨海城市，属于有一定人口、经济规模的区域以上中心城市和港口城市（图 13.1）。基于 IPCC 气候变化综合风险核心概念和理论框架，构建了中国滨海城市海岸洪水灾害的社会经济损失风险评估指标体系及方法，开展了滨海城市海岸洪水灾害的社会经济脆弱性和损失风险评估，结果如下。

1. 海岸洪水危害性

分析结果显示了滨海城市极值水位的危害性。在不同 RCPs 情景下，相较于 2000 年，到 2100 年沿海地区当前 100 年一遇极值水位几乎都将缩短至 20 年及以下一遇。其中，在 RCP8.5 情景下，大连市、青岛市、上海市、厦门市和湛江市等典型滨海城市的极值水位将明显缩短至 1 年一遇或低于 1 年一遇（图 15.11a）；在海平面上升 10～30 cm、40～60 cm、70～90 cm 情景下，中国滨海城市的海岸洪水发生频率将增至原来的 1.6～4.1 倍、6.5～16.8 倍、26.9～69.9 倍（图 15.11b）。

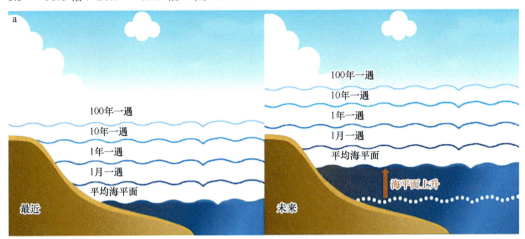

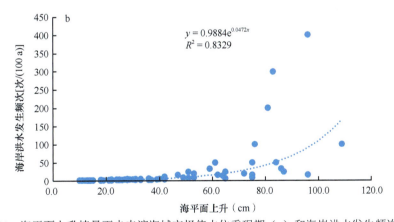

图 15.11　海平面上升情景下未来滨海城市极值水位重现期（a）和海岸洪水发生频次（b）

2. 脆弱性与风险

在不同 SSPx-y 情景下，上海市、天津市、广州市等滨海城市核心区社会经济脆弱性较突出，2050 年之后社会经济损失风险明显上升。其中，在 SSP2-4.5 和 SSP5-8.5 情景下，到 2050 年和 2100 年广州市、上海市的社会经济损失风险最高，天津位于第三，主要归因于海平面上升情景下海岸洪水危害性增强、社会经济暴露度高以及人口老龄化引起的高脆弱性。具体而言，到 2030 年滨海城市海岸洪水灾害的社会经济损失较小，损失比为 0.7%～3.0%；到 2050 年损失比为 0.4%～21.0%，有损失风险的城市增多，且损失比大于 12% 的城市达 4 个。其中，在 SSP2-4.5、SSP5-8.5 情景下，到 2050 年广州市的损失风险最高，上海市次之，天津第三；到 2100 年，随着损失比扩大至 4.3%～30.6%，上海市损失风险升为最高，广州市次之，天津第三。简言之，在温室气体中等浓度、高浓度排放情景下，到 2050 年广州市的损失风险最高，上海市次之，天津市第三；到 2100 年上海市的损失风险变为最高，广州市次之，天津市位居第三，见图 15.12。

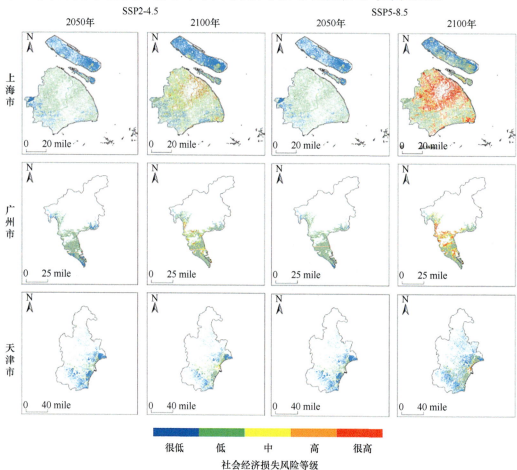

图 15.12　在温室气体中等浓度和高浓度排放情景下中国三大滨海城市海岸洪水灾害社会经济损失风险分布

3. 适应策略

　　滨海城市适应策略除了可借鉴沿海地区适应策略，还可发展以下适应策略。一是采用更有针对性的对策措施。例如，对于上海市，需提升市区北部和中部地区等高风险区河堤、海塘等防洪工程的高度，预计可降低未来上海市 70% 以上的社会经济损失。对于广州市，需提高市区中部及南部沿海地区海岸和河岸的高度，平均增加至少 75 cm。对于天津市，需加强滨海新区及周边地区的海岸防护建设，平均增加至少87 cm。二是采取具有气候韧性的城市解决框架。例如，针对地势低平、流域周边低洼、地面沉降较快、城市土地硬化等问题，需要提高建筑标准和楼面高度，加强流域综合管理，减少水土流失，严控地下水开采，防止海岸地面沉降，增加城市绿化，建造蓄洪绿地和防潮林，限制土地硬化，并控制低洼处的建设标准，维护城区排洪主干渠、地下水管网系统的运行能力，提升城市防洪排涝的能力。三是考虑采取不同主体贡献的结合方式。例如，地方政府引领，开展试点示范，增强社区适应，社会资本参与，并结合滨海大城市高层建筑多等特点，增强"竖向疏散"能力以应对海岸洪水灾害，扩大高层建筑和商业广场等临时紧急避难场所等。

15.4.3 港口建设

近40年来，中国沿海海平面的持续快速上升对港口建设构成了严重威胁。然而，当前沿海地区许多港口工程设计水位尚未充分考虑未来海平面上升带来的影响。为此，本书以海平面变化作为影响极值水位变化的重要因素，构建了基于海平面变化的沿海港口工程设计标准推算（修订）方法，评估了不同气候情景（RCP2.6、RCP4.5、RCP8.5）下港口建设面临的气候变化影响和风险，结果如下。

1. 沿海港口工程设计标准推算（修订）方法与水位校正值

基于条件分布联合概率方法计算沿海的极值水位，分离水位数据中的潮汐水位（天文高潮）和余水位（风暴潮），分别计算两者相互独立和相互影响时的极值水位，建立极值水位概率分布曲线，再将海平面上升纳入极值水位计算中，从而构建了不同气候情景下基于海平面变化的沿海港口工程设计标准推算（修订）方法（图15.13），包括设计高水位、设计低水位、极端水位等计算方法，如对于海岸和感潮河段常年潮流段的港口（资料充足），设计高（低）水位应采用高潮累积频率为10%（90%）的潮位或历史累积频率为1%（98%）的潮位，基于此，计算获得了未来全球气候变化情景下基于海平面变化的中国沿海港口工程水位校正值，见表15.2。

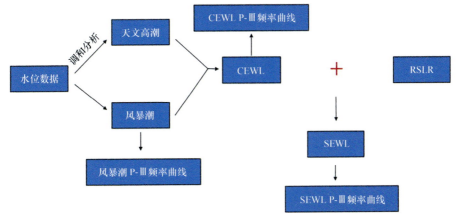

图15.13 基于海平面变化的沿海港口工程设计标准推算（修订）方法构建

CEWL-当前极值水位；SEWL-RCPs 情景下的极值水位；RSLR-不同 RCPs 情景下未来海平面上升

表 15.2　未来全球气候变化情景下基于海平面变化的中国沿海港口工程水位校正值（适用于 2100 年）

（单位：cm）

验潮站/港口	设计水位	气候情景								
		RCP2.6L	RCP2.6M	RCP2.6H	RCP4.5L	RCP4.5M	RCP4.5H	RCP8.5L	RCP8.5M	RCP8.5H
葫芦岛	215.1	396	403	409	425	433	443	450	457	469
青岛	213.4	481	491	497	500	506	516	522	529	544
连云港	257.8	453	462	465	472	480	486	492	498	511
长涂	185.8	486	507	524	540	551	569	582	606	630
厦门	295.8	444	451	455	462	469	474	480	488	500
汕尾	108.2	259	266	270	277	282	289	296	304	313
东方	152.5	336	342	347	354	362	372	376	383	392
北海	236.4	541	549	554	561	571	578	584	589	602
天津港	476.3	523	546	558	572	581	595	604	619	637
上海港	459.4	493	515	532	541	556	569	579	592	610
厦门港	620.7	774	786	798	812	821	834	847	858	864
广州港	264.8	300	312	320	333	340	354	362	370	380
湛江港	385.7	500	513	525	536	544	560	571	580	594
大连	184.2	305	320	334	343	366	382	397	409	421
龙口	118.8	268	280	316	329	340	349	361	378	389
烟台	142.3	380	395	410	432	444	459	468	480	501
石臼	226.8	523	534	550	564	580	599	608	617	632
东山	182.7	730	746	763	774	786	792	801	813	824
香港	120.2	290	304	315	333	347	356	371	384	398
闸坡	165.6	401	413	425	434	449	461	473	485	496
海口	115.8	349	361	373	385	406	427	448	469	488
沙埕港	295.8	487	498	515	522	543	556	572	589	600

注：设计水位主要引自《海平面变化对东中国海工程水位推算影响的研究》（于宜法，2003）。

　　在海平面上升背景下，未来沿海港口建设将面临极值水位显著变化的影响与威胁。综上分析，天津港、上海港、沙埕港、厦门港、广州港和湛江港等港口将难以适应未来海平面上升的影响，在不同气候情景下，到 2030 年、2050 年、2100 年各种情景的灾害损失风险将上升 1～3 个等级，因此港口建设的防潮标准和海堤工程需相应提升 1～3 个等级，港口工程水位设计可参考上述港口工程水位校正值，提高相应的设计水位标准，以应对未来海平面上升背景下突发的致灾事件的影响。

2. 适应措施

　　在未来海平面持续上升情景下，当前沿海港口的极值水位重现期将明显缩短，港口工程及设施将受到极端海面事件的严重威胁，因此需采取有前瞻性的工程对策措施。一是需要根据港区未来极值水位重现期的变化预估，将海堤工程防潮（洪）标准和海堤工程建设级别提升相应等级水平；二是港口建设应重视海平面上升和地面沉降的叠加影响，提高工程基准面，尤其是港口码头基准面，从而提升港口未来的防潮防波能力；三是需对当前沿海港口工程的设计水位进行复核和检验，并据此通过加固或重建等措施提升海岸防护工程等级，建设新的防护工程，以提高应对未来极端事件影响及风险的能力；四是港口建设规划与保护需重视未来海平面持续上升叠加台风风暴潮产生的复合灾害，并且还需加强海洋灾害的监测和预测，提升沿海港口应对极端气候事件的能力。

15.5　综合风险与适应对策

15.5.1　综合风险

近几十年来，中国海岸带和沿海地区气候致灾因子的危害性明显上升。自 20 世纪 60 年代以来，尤其是 70 年代末期以来，中国东部区域的海洋、陆地变暖显著，升温速率高于全球平均升温速率；20 世纪 80 年代以来，沿海海平面持续快速上升，上升速率为 3.4 mm，高于全球海洋平均海平面上升速率；强台风风暴潮、极值水位、海洋热浪等极端事件不断突破历史纪录，且趋频变强；沿海地区陆地极端暖事件增加，极端冷事件减少，北方沿海暖干化明显。在温室气体中等浓度和很高浓度排放情景（RCP4.5 和 RCP8.5）下，未来中国沿海地区和近海将继续大幅度升温，高温热浪的发生频率和强度还将增加；到 21 世纪中期，海岸带和沿海地区极端高温和极端降水事件的危害性也将持续升高。

近几十年来，海岸带和沿海地区的持续升温、海平面上升已对生态系统造成了严重影响，如生态结构和功能异常、赤潮等生态灾害频发、珊瑚礁大面积退化，并加剧了近海主要渔业资源的衰退，包括鱼龄结构下降和小型化，其中带鱼、小黄鱼、蓝点马鲛、鳀、三疣梭子蟹等高度洄游性物种的"三场一通道"受海洋升温的影响显著，尤其是近岸产卵场。加速上升的海平面和增多的强台风、海洋热浪等极端事件对红树林、盐沼与海草床的威胁日益显现。自 2000 年以来，极端降水、高温事件增多，对南北方沿海地区陆域植被的生长产生了负面影响。自 1980 年至今，中国沿海海平面较常年已上升 84 mm，显著抬高了海岸极端水位事件的基础高度，并且沿海海平面上升叠加台风风暴潮导致沿海洪涝灾害频发，造成环渤海地区、长江三角洲及珠江三角洲等地区的社会经济系统暴露度明显上升，对沿海地区社会经济发展构成的威胁愈显严重。

在 RCP4.5、RCP8.5 情景下，到 2040 ~ 2049 年中国海岸带和沿海地区将面临以下重大气候风险：长江口及邻近海域赤潮的暴发频次将大幅度增加，且 90% 以上的南海造礁石珊瑚将频繁发生大规模严重珊瑚白化事件；华北平原、长江三角洲和珠江三角洲等 72% 沿海地区的陆域生态系统适应能力将基本丧失；到 21 世纪末，南海造礁石珊瑚面临基本消失的灾难性风险，并分别有 5 种、7 种主要渔业经济种 40% ~ 50%、80% 以上的栖息地面临消失的风险，滨海城市海岸洪水发生频率将上升为当前的 10.5% ~ 69.9 倍，其中上海、广州和天津的海岸洪水灾害社会经济损失风险位居前列。综上所述，在全球不同升温条件下，中国海岸带和沿海地区生态系统、渔业资源和经济社会将面临不同程度风险（图 15.14），沿海地区经济社会的可持续发展将面临严重威胁。

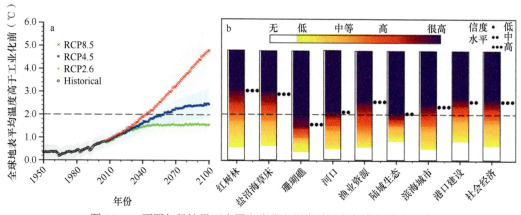

图 15.14　不同气候情景下中国海岸带和沿海地区气候变化综合风险

15.5.2　适应对策

在当前气候变暖速率下，到 21 世纪中叶前后中国海洋和陆地生态及经济社会将面临不可逆的气候变化灾害风险。为此，亟须开展气候变化综合风险管理，采取海岸带和沿海地区适应气候变化的策略措施。由于适应措施具有特定的对象和背景，且没有普遍适用的单一方法，因此本书基于 IPCC 气候变化综合风险理论及不同承灾体的特点，总结了中国海岸带和沿海地区承灾体对气候变化的响应特征及未来的气候变化综合风险，分析并提出了降低海岸带和沿海地区气候变化综合风险尤其是关键风险的应对措施，如图 15.15 和表 15.3 所示。当承灾体暴露于气候致灾因子的高危害性和（或）处于高脆弱性状态时，存在与气候变化相关的潜在严重影响的风险被认为是关键风险，主要基于以下判断标准：①影响的大幅度、高概率或者不可逆性；②影响的时机；③持续的脆弱性或暴露度；④通过适应或减缓来降低风险的潜力有限，而灾害风险可通过适应或减缓等措施降低，包括发展有气候韧性的适应途径（IPCC，2014，2022）。

图 15.15　中国海岸带和沿海地区全球变化综合风险与适应框架（改自 IPCC，2014，2022）

表 15.3 中国海岸带和沿海地区生态系统、近海渔业资源和沿海地区社会经济的气候变化关键风险与适应措施

承灾体		关键风险	适应措施	气候致灾因子危害性	时间范围
海岸带	红树林	到 21 世纪末，相对于 2000 年，全国范围内 11%（RCP2.6）、17%（RCP4.5）、22%（RCP8.5）以上的红树林面临淹没风险	发展具有气候恢复力（韧性）途径的防护体系；加强红树林保护与修复，开展"退塘还林"，种植红树，修复受损红树林；修复与维护红树林湿地环境，提升红树林潮滩捕沙促淤能力；在红树林向陆一侧建立缓冲带，必要时拆除红树林湿地后方的硬质护岸	海平面上升、热带气旋变化（强台风增多）	2090～2100 年
	盐沼与海草床	到 21 世纪末，相对于 2000 年，90% 以上的碱蓬分布区、50% 以上的山东荣成天鹅湖海草床分布区和 65% 以上的海南陵水黎安港海草床分布区将面临消失的风险（RCP8.5）	加强盐沼与海草床生态系统的趋势性监测；通过生态修复和环境整治为盐沼与海草床衰退提供缓冲空间	海平面上升、极端热（高温热浪）事件增加	
	珊瑚礁	到 2040～2049 年，90% 以上的南海造礁石珊瑚面临消失的风险（RCP4.5、RCP 8.5）；到 21 世纪末，基本消失	基于"自然恢复为主，人工干预为辅"的生态理念与原则，加强受损珊瑚礁有性繁殖修复研究，尽快实施退化珊瑚礁的规模化修复	海温升高、海洋热浪趋频增强	2040～2050 年
	河口浮游植物	到 21 世纪 40 年代，长江口及邻近海域赤潮暴发频次将跃增至百次以上（RCP4.5 和 RCP8.5）	"陆海统筹"，严控陆源污染物排海总量；加强高分辨率、高覆盖率和三维立体化观测、预测、预警体系建设；加强生态灾害风险评估与预估研究	海温升高、营养盐增加、低风速增多	2090～2100 年
近海渔业资源		到 21 世纪中叶、末期，分别有 5 种、7 种主要渔业经济种 30%、90% 以上的栖息地面临消失的风险（RCP8.5）；主要渔业资源分布中心北移，冷温性鱼类趋于衰竭；渔场的稳定性和资源量均面临显著下降的风险	将渔业资源调查纳入现有的海洋监测、预警体系；将全球变化的影响纳入海洋生态保护区的规划与建设；发展绿色智慧型渔业和水产养殖业	海温升高、海洋热浪频发	2040～2050 年 2090～2100 年
沿海地区陆域生态系统（城市、耕地、草地和森林）		到 2050 年前后，约 72.62% 的陆域生态系统的适应能力将丧失，存在可能发生系统演替的风险（RCP4.5、RCP8.5）	增加生态系统结构的复杂性；优化生态系统的景观结构与布局	极端高温、极端降水	2040～2050 年 2090～2100 年
滨海城市		到 2050 年，海岸极值水位当前 100 年一遇的重现期将缩短一半以上，海岸洪水发生频率将大幅度增加；到 21 世纪末，海岸极值水位当前 100 年一遇的重现期至少缩短至 20 年一遇及以下，其中大连市、青岛市、上海市、厦门市和湛江市将明显缩短至 1 年或以下，滨海城市的社会经济损失风险显著增加	基于"自然的解决方案"的生态理念，加强海岸生态防护工程建设；合理规划沿海地区产业结构与布局，加强沿海城市防洪排涝基础设施建设；完善海平面上升观测、预报、预警系统	海平面上升、台风 - 风暴潮增加	2040～2050 年 2090～2100 年

承灾体	关键风险	适应措施	气候致灾因子危害性	时间范围
港口建设	当前港口工程设计标准难以应对未来极值水位事件的影响	修订重要港口工程设计水位标准；基于海平面变化，校核港口工程设计	海平面上升、台风风暴潮增加	2040～2050年 2090～2100年
社会经济	到21世纪末，长江三角洲和珠江三角洲等地区社会经济损失风险显著增加	构建从感知到监测到分析再到优化决策一体化的沿海地区开发适应性策略	海平面上升、台风风暴潮增加	2040～2050年 2090～2100年

参 考 文 献

卞晓东, 万瑞景, 金显仕, 等. 2018. 近30年渤海鱼类种群早期补充群体群聚特性和结构更替. 渔业科学进展, 39(2): 1-15.

蔡榕硕, 等. 2010. 气候变化对中国近海生态系统的影响. 北京: 海洋出版社.

蔡榕硕, 郭海峡, Abd-Elgawad A, 等. 2021a. 全球变化背景下暖水珊瑚礁生态系统的适应性与修复研究. 应用海洋学学报, 40(1): 12-25.

蔡榕硕, 谭红建. 2024. 中国近海变暖和海洋热浪演变特征及气候成因研究进展. 大气科学, 48(1): 121-146.

蔡榕硕, 谭红建, 郭海峡. 2022. 气候变化与中国近海初级生产: 影响、适应和脆弱性. 北京: 科学出版社.

蔡榕硕, 王慧, 郑惠泽, 等. 2021b. 气候临界点及应对: 碳中和. 中国人口·资源与环境, 31(9): 16-23.

蔡榕硕, 许炜宏. 2022. 未来中国滨海城市海岸洪水灾害的社会经济损失风险. 中国人口·资源与环境, 32(8): 174-184.

陈洪举, 刘光兴. 2010. 夏季长江口及邻近海域水母类生态特征研究. 海洋科学, 34(4): 17-24.

陈云龙. 2014. 黄海鳀鱼种群特征的年际变化及越冬群体的气候变化情景分析. 青岛: 中国海洋大学硕士学位论文.

高宇, 章龙珍, 张婷婷, 等. 2017. 长江口湿地保护与管理现状、存在的问题及解决的途径. 湿地科学, 15(2): 302-308.

郭海峡, 蔡榕硕, 谭红建. 2023. 长江口及邻近海域浮游植物生态系统气候变化综合风险评估. 应用海洋学学报, 42(4): 549-558.

贾明明, 王宗明, 毛德华, 等. 2021. 面向可持续发展目标的中国红树林近50年变化分析. 科学通报, 66(30): 3886-3901.

李建生, 李圣法, 程家骅. 2004. 长江口渔场拖网渔业资源利用的结构分析. 海洋渔业, 26(1): 24-28.

李琰, 范文静, 骆敬新, 等. 2018. 2017年中国近海海温和气温气候特征分析. 海洋通报, 37(3): 296-302.

李忠炉. 2011. 黄渤海小黄鱼、大头鳕和黄鮟鱇种群生物学特征的年际变化. 北京: 中国科学院研究生院.

刘尊雷, 陈诚, 袁兴伟, 等. 2018. 基于调查数据的东海小黄鱼资源变化模式及评价. 中国水产科学, 25(3): 632-641.

洛昊, 马明辉, 梁斌, 等. 2013. 中国近海赤潮基本特征与减灾对策. 海洋通报, 32(5): 595-600.

聂心宇, 谭红建, 蔡榕硕, 等. 2023. 利用区域气候模式预估未来登陆中国热带气旋活动. 气候变化研究进展, 19(1): 23-37.

单秀娟, 金显仕. 2011. 长江口近海春季鱼类群落结构的多样性研究. 海洋与湖沼, 42(1): 32-40.

孙鹏飞, 戴芳群, 陈云龙, 等. 2015. 长江口及其邻近海域渔业资源结构的季节变化. 渔业科学进展, 36(6): 8-16.

王淼, 洪波, 张玉平, 等. 2016. 春季和夏季杭州湾北部海域鱼类种群结构分析. 水生态学杂志, 37(5): 75-81.

王晓利, 侯西勇. 2017. 1961—2014 年中国沿海极端气温事件变化及区域差异分析. 生态学报, 37(21): 7098-7113.

王中建. 2022. 海岸带保护修复工程系列标准发布. 中国自然资源报, 2022-04-05(1).

许炜宏, 蔡榕硕. 2022. 不同气候情景下中国滨海城市海岸极值水位重现期预估. 海洋通报, 41(4): 379-390.

于宜法. 2003. 海平面变化对东中国海工程水位推算影响的研究. 大连: 大连理工大学博士学位论文.

自然资源部. 2024a. 2023 中国海平面公报.

自然资源部. 2024b. 2023 中国海洋灾害公报.

Abd-Elgawad A, Cai R S, Hellal A, et al. 2023. Implementing a transformative approach to the coral reefs' recovery phase. Science of the Total Environment, 879: 163038.

Cai R S, Ding R Y, Yan X H, et al. 2022. Adaptive response of Dongzhaigang mangrove in China to future sea level rise. Scientific Reports, 12(1): 11495.

Cai R S, Tan H J, Qi Q H. 2016. Impacts of and adaptation to inter-decadal marine climate change in coastal China seas. International Journal of Climatology, 36(11): 3770-3780.

Ding S, Chen P P, Liu S M, et al. 2019. Nutrient dynamics in the Changjiang and retention effect in the Three Gorges Reservoir. Journal of Hydrology, 574: 96-109.

Feng X B, Tsimplis M N. 2014. Sea level extremes at the coasts of China. Journal of Geophysical Research: Oceans, 119(3): 1593-1608.

Frölicher T L, Fischer E M, Gruber N. 2018. Marine heatwaves under global warming. Nature, 560(7718): 360-364.

Guo H X, Cai R S, Tan H J. 2023. Projected harmful algal bloom frequency in the Yangtze River Estuary and adjacent waters. Marine Environmental Research, 183: 105832.

Hughes T P, Huang H, Young M A L. 2013. The wicked problem of China's disappearing coral reefs. Conservation Biology, 27(2): 261-269.

IPCC. 2014. Summary for Policymakers//Field C B, Barros V R, Dokken D J, et al. Climate Change 2014: Impacts, Adaptation, and Vulnerability. Part A: Global and Sectoral Aspects. Contribution of Working Group II to the Fifth Assessment Report of the Intergovernmental Panel on Climate Change. Cambridge, New York: Cambridge University Press: 1-32.

IPCC. 2019. Summary for policymakers//Pörtner H O, Roberts D C, Masson-Delmotte V, et al. IPCC Special Report on the Ocean and Cryosphere in a Changing Climate. Cambridge, New York: Cambridge University Press.

IPCC. 2021. Climate change 2021: the physical science basis. Contribution of Working Group I to the Sixth Assessment Report of the Intergovernmental Panel on Climate Change. Cambridge, New York: Cambridge University Press.

IPCC. 2022. Summary for policymakers//Pörtner H O, Roberts D C, Poloczanska E S, et al. Climate Change 2022: Impacts, Adaptation and Vulnerability. Contribution of Working Group II to the Sixth Assessment Report of the Intergovernmental Panel on Climate Change. Cambridge, New York: Cambridge University Press.

Jiang H L, Xu X, Zhang T, et al. 2022. The relative roles of climate variation and human activities in vegetation dynamics in coastal China from 2000 to 2019. Remote Sensing, 14: 2485.

Mohamed H F, Abd-Elgawad A, Cai R S, et al. 2023. Microbial community shift on artificial biological reef structures (ABRs) deployed in the South China Sea. Scientific Reports, 13(1): 3456.

Okubo N. 2023. Insights into coral restoration projects in Japan. Ocean & Coastal Management, 232: 106371.

Oliver E C J, Burrows M T, Donat M G, et al. 2019. Projected marine heatwaves in the 21st century and the potential for ecological impact. Frontiers in Marine Science, 6: 734.

Tan H J, Cai R S, Bai D P,et al. 2023a. Causes of 2022 summer marine heatwave in the East China Seas. Advances in Climate Change Research, 14(5): 633-641.

Tan H J, Cai R S, Guo Z Y. 2023b. Increasing compound hazard of landfalling tropical cyclones in China during 1980-2020. International Journal of Climatology: A Journal of the Royal Meteorological Society, 43(16): 7870-7882.

Tan H J, Cai R S, Wu R G. 2022. Summer marine heatwaves in the South China Sea: trend, variability and possible causes. Advances in Climate Change Research, 13(3): 323-332.

Xu X, Jiang H L, Guan M X, et al. 2020. Vegetation responses to extreme climatic indices in coastal China from 1986 to 2015. Science of the Total Environment, 744: 140784.